REPETITORIUM

ELEMENTARE MATHEMATIK 1

Repetitio est mater studiorum

Gerhard Merziger
Michael Holz
Detlef Wille

2. Auflage

Binomi Verlag	**Schützenstr. 9, 30890 Barsinghausen**	
	Telefon	**05105 6624000**
	E–Mail	**verlag@binomi.de**
	Internet	**www.binomi.de**

Druck	BWH GmbH www.bw-h.de

Zu beziehen beim Verlag oder im Buchhandel

ISBN 978–3–923 923–37–3

Hannover 10/19

REPETITORIUM
ELEMENTARE MATHEMATIK 1

Repetitio est mater studiorum

Gerhard Merziger
Michael Holz
Detlef Wille

REPETITORIUM
ELEMENTARE MATHEMATIK

Teil 1

Grundbegriffe
Beweise
Zahlen
Natürliche Zahlen
ggT, kgV
Euklidischer Algorithmus
Vollständige Induktion
Rationale Zahlen
Prozentrechnung
Reelle Zahlen
Potenzen
Logarithmen
Binomische Formeln
Pascalsches Dreieck
Koordinatensysteme
Geometrie
Dreieckskonstruktionen
Dreiecksberechnungen
Kreis, Ellipse, Hyperbel, Parabel
Gleichungen
Quadratische Gleichungen
Matrizen
Determinanten
Lineare Gleichungssysteme
Ungleichungen
Vektorrechnung
Skalarprodukt
Vektorprodukt
Spatprodukt
Geraden und Ebenen im Raum
Finanzmathematik
Dualsystem
Hexadezimalsystem

Teil 2

Polynome
Rationale Funktionen
Trigonometrische Funktionen
Exponentialfunktionen
Logarithmusfunktionen
Folgen
Reihen
Geometrische Reihe
Harmonische Reihe
Grenzwerte
Differentialrechnung
Ableitungen
Technik des Differenzierens
Kurvendiskussionen
l'Hospital
Extremwertaufgaben
Integralrechnung
Technik des Integrierens
Partielle Integration
Integration durch Substitution
Hauptsatz
Flächenberechnungen
Komplexe Zahlen
Zahlenebene
Betrag
Multiplikation, Division
Potenzen, Wurzeln
Quadratische Gleichungen in $\mathbb{C}$
Kombinatorik
Wahrscheinlichkeiten
Zufallsvariable
Verteilungen
Statistik

Vorwort

Das Scheitern von Studierenden in der Mathematik beruht in der Regel auf mangelnder Sicherheit im Umgang mit der elementaren Mathematik:

Dieses Buch will Studierenden an Universitäten und Fachhochschulen in allen Studiengängen, die Mathematikkenntnisse voraussetzen, aber auch Schülern bei der Abiturvorbereitung helfen, mathematische Kenntnisse aus dem Oberstufenbereich aufzufrischen und zu ergänzen.

Eine gründliche Vorbereitung auf ein Studium ist zu empfehlen, da wichtige mathematische Bereiche auch in Leistungskursen nicht abgedeckt aber in Vorlesungen hõufig vorausgesetzt werden.

Aus jahrelanger Erfahrung im Umgang mit Studierenden wissen die Autoren, dass **Beispiele** zum Verständnis unverzichtbar sind. Dieses Repetitorium ist zum Selbststudium bestens geeignet! Mathematische Sachverhalte werden an

mehr als **1000 völlig durchgerechneten Beispielen** erklärt und durch
mehr als **500 Skizzen** erläutert.

Ein ausführlicher Index mit ca. 1000 Stichwörtern erleichtert die Arbeit.

Auf Seiten, Beispiele, Aufgaben und Abschnitte, sowie auf die unten zitierte Literatur wird innerhalb eckiger Klammern verwiesen:
[Seite 210], [12.1], [Abschnitt 5.4], sowie [EM 1, 2.13], [HM, Seite 337] usw.

Wichtige Formeln und Begriffe stehen auf den Umschlagseiten F1, F2, F3, F4.

Natürlich können wir trotz aller verwendeten Sorgfalt Fehler nicht ausschließen. Ein aktuelles Fehlerverzeichnis findet man auf www.binomi.de.

Teilen Sie uns bitte Kritik, Hinweise und Anregungen auf www.binomi.de mit.

Die Autoren

Zitierte Literatur:

EM 1	*Merziger/Holz/Wille*	Repetitorium Elementare Mathematik 1
EM 2	*Merziger/Holz/Timmann/Wille*	Repetitorium Elementare Mathematik 2
FH	*Merziger/Mühlbach/Wille/Wirth*	Formeln + Hilfen Höhere Mathematik
HM	*Merziger/Wirth*	Repetitorium Höhere Mathematik
VK	*Wille*	Mathematik–Vorkurs
LA 1	*Wille*	Repetitorium Lineare Algebra, Teil 1
Ana 1	*Timmann*	Repetitorium Analysis, Teil 1

Weiterführende Literatur:

Holz/Wille	Repetitorium Lineare Algebra, Teil 2
Timmann	Repetitorium Analysis, Teil 2
Holz	Repetitorium Algebra
Timmann	Repetitorium Gewöhnliche Differentialgleichungen
Timmann	Repetitorium Funktionentheorie
Timmann	Repetitorium Topologie und Funktionalanalysis

Überwiegend positive Kommentare von Studierenden und Dozenten zu diesen Büchern findet man auf www.binomi.de. Hier richten Sie Ihre Fragen direkt an die Autoren!

Inhaltsverzeichnis

1 Grundbegriffe

1.1 Logische Grundlagen, Aussagen

Mathematik ist ohne Logik undenkbar. Hier reichen einfache logische Prinzipien, die sich aus dem gesunden Menschenverstand erklären. Mathematik präsentiert sich in **Aussagen**, im Folgenden mit großen Buchstaben $A, B, C, \ldots$ bezeichnet.

Eine **Aussage** ist entweder **wahr** oder **falsch** — ein Drittes gibt es nicht!

Zum Beispiel sind Befehlssätze und Fragesätze keine Aussagen.

1.1 *Beispiele für (mathematische) Aussagen:*

$3^2 > 2^3$	ist eine wahre Aussage (ist richtig, gilt).
4 ist eine Primzahl	ist eine falsche Aussage (ist falsch, gilt nicht).
Es gibt unendlich viele Primzahlzwillinge.	Wahr oder falsch? Ein bis heute ungelöstes Problem! [1]

Keine Aussagen sind z.B.:
Berechne die Zahl 2^9! Ist 4 eine Primzahl? 17 – 26

Aus (einfachen) Aussagen kann man weitere (kompliziertere) Aussagen bilden:

Bezeichnung	Symbole	Lies	ist genau dann wahr, wenn
Negation	$\neg A$	nicht A	A falsch ist.
Konjunktion	$A \wedge B$	A und B	A wahr und B wahr ist.
Adjunktion	$A \vee B$	A oder B	A wahr oder B wahr oder beide.
Implikation	$A \Longrightarrow B$	aus A folgt B	A falsch oder B wahr ist.
Äquivalenz	$A \Longleftrightarrow B$	A äquivalent B	A, B beide wahr oder beide falsch.

Ist $A \Longleftrightarrow B$ wahr, so schreibt man auch $A \equiv B$.

Belegt man die Aussagen A und B mit Wahrheitswerten $\boldsymbol{w}$ für "wahr" und $\boldsymbol{f}$ für "falsch", so ergeben sich die Wahrheitswerte der abgeleiteten Aussagen wie folgt:

A	B	$\neg A$	$\neg B$	$A \wedge B$	$A \vee B$	$A \Longrightarrow B$	$A \Longleftrightarrow B$
w	w	f	f	w	w	w	w
w	f	f	w	f	w	f	f
f	w	w	f	f	w	w	f
f	f	w	w	f	f	w	w

Hier wird „oder“ stets als nichtausschließendes oder verwendet, d.h. die Aussage $A \vee B$ ist auch wahr, wenn beide Aussagen A, B wahr sind.

$A \Longrightarrow B$: A heißt Voraussetzung (Prämisse) und B Folgerung (Konklusion).
Merke: Ist die Voraussetzung A falsch, so ist jede Implikation $A \Longrightarrow B$ wahr!

Ist A wahr und $A \Longrightarrow B$ wahr, so ist B wahr. Ist die Voraussetzung A eine wahre Aussage, so kommt man durch richtige Schlüsse zu einer wahren Aussage B.

[1] Primzahlzwillinge sind z.B. 3,5 und 17,19 und 41,43 usw.

1.2 *Sind folgende Aussagen wahr oder falsch?*

(a) $\neg 2\cdot 2=4$ (b) $\frac{1}{\sqrt{2}}=\frac{1}{2}\sqrt{2}$ (c) $2\cdot 2=5\vee\frac{1}{2}<\frac{3}{5}$

(d) $2\cdot 2=5\wedge\frac{1}{2}<\frac{3}{5}$ (e) $\frac{1}{2}<\frac{2}{5}\Longrightarrow\frac{1}{2}<\frac{3}{5}$ (f) $\frac{1}{2}<\frac{2}{5}\Longleftrightarrow\frac{1}{2}<\frac{3}{5}$

(a)	$\neg 2\cdot 2=4$	falsch , da	$2\cdot 2=4$ wahr ist.
(b)	$\frac{1}{\sqrt{2}}=\frac{1}{2}\sqrt{2}$	wahr , da	$\frac{1}{\sqrt{2}}=\frac{\sqrt{2}}{\sqrt{2}\cdot\sqrt{2}}=\frac{1}{2}\sqrt{2}$.
(c)	$2\cdot 2=5\vee\frac{1}{2}<\frac{3}{5}$	wahr , da	$\frac{1}{2}<\frac{3}{5}$ wahr ist, denn $\frac{1}{2}<\frac{3}{5}\Longleftrightarrow 5<6$.
(d)	$2\cdot 2=5\wedge\frac{1}{2}<\frac{3}{5}$	falsch , da	$2\cdot 2=5$ falsch ist.
(e)	$\frac{1}{2}<\frac{2}{5}\Longrightarrow\frac{1}{2}<\frac{3}{5}$	wahr , da	$\frac{1}{2}<\frac{2}{5}$ falsch ist, denn $\frac{1}{2}<\frac{2}{5}\Longleftrightarrow 5<4$.
(f)	$\frac{1}{2}<\frac{2}{5}\Longleftrightarrow\frac{1}{2}<\frac{3}{5}$	falsch , da	$\frac{1}{2}<\frac{2}{5}$ falsch und $\frac{1}{2}<\frac{3}{5}$ wahr ist.

Sprechweisen

Gilt $A\Longleftrightarrow B$, d.h. $A\equiv B$, sagt man:	Gilt $A\Longrightarrow B$, sagt man:
A ist äquivalent (gleichbedeutend) zu (mit) B.	Aus A folgt B.
A gilt **genau dann, wenn** B gilt.	A ist **hinreichend** für B.
A ist **notwendig und hinreichend** für B.	B ist **notwendig** für A.

Vereinbarung: $\neg$ bindet stärker als $\wedge,\vee$ und $\wedge,\vee$ binden stärker als $\Longrightarrow,\Longleftrightarrow$.

$\neg A\wedge B\ \equiv\ (\neg A)\wedge B$ und $\neg A\wedge B\Longrightarrow A\vee B\ \equiv\ \big((\neg A)\wedge B\big)\Longrightarrow(A\vee B)$.

Logische Regeln

$\neg\neg A$	$\equiv$	A	doppelte Verneinung
$A\Longrightarrow B$	$\equiv$	$\neg A\vee B$	Ersetzen der Implikation [1.3]
$A\Longrightarrow B$	$\equiv$	$\neg B\Longrightarrow\neg A$	Kontraposition [1.4]
$A\Longleftrightarrow B$	$\equiv$	$(A\Longrightarrow B)\wedge(B\Longrightarrow A)$	Ersetzen der Äquivalenz
	$\equiv$	$\neg A\Longleftrightarrow\neg B$	
$\neg(A\wedge B)$	$\equiv$	$\neg A\vee\neg B$	de Morgansche Regel
$\neg(A\vee B)$	$\equiv$	$\neg A\wedge\neg B$	de Morgansche Regel [1.5]
$\neg(A\Longrightarrow B)$	$\equiv$	$A\wedge\neg B$	Verneinung der Implikation [1.6]
$\neg(A\Longleftrightarrow B)$	$\equiv$	$(A\wedge\neg B)\vee(\neg A\wedge B)$	Verneinung der Äquivalenz
$A\wedge(B\vee C)$	$\equiv$	$(A\wedge B)\vee(A\wedge C)$	Distributivgesetz
$A\vee(B\wedge C)$	$\equiv$	$(A\vee B)\wedge(A\vee C)$	Distributivgesetz

Außer diesen Regeln gelten die Kommutativgesetze für $\vee$ und $\wedge$, es ist also $A\vee B\equiv B\vee A$ und $A\wedge B\equiv B\wedge A$.

Ferner gelten die Assoziativgesetze für Konjunktion $\wedge$ und Adjunktion $\vee$, also $A\wedge(B\wedge C)\equiv(A\wedge B)\wedge C\equiv A\wedge B\wedge C$ und $A\vee(B\vee C)\equiv(A\vee B)\vee C\equiv A\vee B\vee C$.

Deshalb braucht man bei Konjunktion bzw. Adjunktion von mehr als zwei Aussagen keine Klammern zu setzen.

Beweis von Äquivalenzen mittels Wahrheitstafeln

Ausgehend von den vier möglichen Wahrheitswertbelegungen für A und B zeigt man, dass die Wahrheitswerte der Aussagen, deren Äquivalenz zu zeigen ist, übereinstimmen.

1.3 *Man zeige* $A \Longrightarrow B \;\equiv\; \neg A \vee B$ *(Ersetzung der Implikation).*

A	B	$\boldsymbol{A \Longrightarrow B}$	$\neg A$	$\boldsymbol{\neg A \vee B}$
w	w	$\boldsymbol{w}$	f	$\boldsymbol{w}$
w	f	$\boldsymbol{f}$	f	$\boldsymbol{f}$
f	w	$\boldsymbol{w}$	w	$\boldsymbol{w}$
f	f	$\boldsymbol{w}$	w	$\boldsymbol{w}$

$A \Longrightarrow B$ und $\neg A \vee B$ haben stets dieselben Wahrheitswerte. Die Aussagen sind also äquivalent.

1.4 *Man zeige* $A \Longrightarrow B \;\equiv\; \neg B \Longrightarrow \neg A$ *(Kontraposition).*

A	B	$\neg A$	$\neg B$	$\boldsymbol{A \Longrightarrow B}$	$\boldsymbol{\neg B \Longrightarrow \neg A}$
w	w	f	f	$\boldsymbol{w}$	$\boldsymbol{w}$
w	f	f	w	$\boldsymbol{f}$	$\boldsymbol{f}$
f	w	w	f	$\boldsymbol{w}$	$\boldsymbol{w}$
f	f	w	w	$\boldsymbol{w}$	$\boldsymbol{w}$

$A \Longrightarrow B$ und $\neg B \Longrightarrow \neg A$ haben stets dieselben Wahrheitswerte. Die Aussagen sind also äquivalent.

1.5 *Man zeige* $\neg(A \vee B) \;\equiv\; \neg A \wedge \neg B$ *(de Morgansche Regel).*

A	B	$\neg A$	$\neg B$	$A \vee B$	$\boldsymbol{\neg(A \vee B)}$	$\boldsymbol{\neg A \wedge \neg B}$
w	w	f	f	w	$\boldsymbol{f}$	$\boldsymbol{f}$
w	f	f	w	w	$\boldsymbol{f}$	$\boldsymbol{f}$
f	w	w	f	w	$\boldsymbol{f}$	$\boldsymbol{f}$
f	f	w	w	f	$\boldsymbol{w}$	$\boldsymbol{w}$

$\neg(A \vee B)$ und $\neg A \wedge \neg B$ haben stets dieselben Wahrheitswerte. Die Aussagen sind also äquivalent.

1.6 *Man zeige* $\neg(A \Longrightarrow B) \;\equiv\; A \wedge \neg B$ *(Verneinung der Implikation)*

(a) *mittels Wahrheitstafel.*

(b) *mittels Umformungen auf Grund bekannter Regeln.*

(a) Mittels Wahrheitstafel:

A	B	$\neg B$	$A \Longrightarrow B$	$\boldsymbol{\neg(A \Longrightarrow B)}$	$\boldsymbol{A \wedge \neg B}$
w	w	f	w	$\boldsymbol{f}$	$\boldsymbol{f}$
w	f	w	f	$\boldsymbol{w}$	$\boldsymbol{w}$
f	w	f	w	$\boldsymbol{f}$	$\boldsymbol{f}$
f	f	w	w	$\boldsymbol{f}$	$\boldsymbol{f}$

$\neg(A \Longrightarrow B)$ und $A \wedge \neg B$ haben stets dieselben Wahrheitswerte. Die Aussagen sind also äquivalent.

(b) Mittels Umformungen aufgrund bekannter Regeln:

$$\begin{aligned} \neg(A \Longrightarrow B) &\equiv \neg(\neg A \vee B), && \text{Ersetzen der Implikation,} \\ &\equiv \neg\neg A \wedge \neg B, && \text{de Morgansche Regel,} \\ &\equiv A \wedge \neg B, && \text{doppelte Verneinung.} \end{aligned}$$

1.7 *Die Aussage $x^2 \geq x \implies (x \leq 0) \vee (1 \leq x)$ ist gleichbedeutend (äquivalent) mit der Aussage $0 < x < 1 \implies x^2 < x$.*

Ist A die Aussage $x^2 \geq x$ und B die Aussage $(x \leq 0) \vee (1 \leq x)$, so ist $\neg A$ die Aussage $x^2 < x$ und $\neg B$ die Aussage $0 < x < 1$. Die beiden Implikationen sind von der Form $A \implies B$ bzw. $\neg B \implies \neg A$, sie sind daher äquivalent.

Häufig enthalten Aussagen die **Quantoren "für alle ...** " oder "**es gibt ...** ".
Die Negation der Aussage:

"Für alle $x \in X$ gilt die Aussage $A(x)$." ist offensichtlich:
"Es gibt (mindestens) ein $x \in X$, für das $A(x)$ falsch ist."

Quantoren

$\forall x \in X:\ A(x)$	lies:	Für alle $x \in X$ ist $A(x)$ wahr.
$\exists x \in X:\ A(x)$		Es gibt ein $x \in X$, für das $A(x)$ wahr ist.

Negation

$\neg\forall x \in X : A(x)$	$\equiv \exists x \in X : \neg A(x)$	Es gibt ein $x \in X$, für das $A(x)$ falsch ist.
$\neg\exists x \in X : A(x)$	$\equiv \forall x \in X : \neg A(x)$	Für alle $x \in X$ ist $A(x)$ falsch.

1.8 *Es sei $X = \{x \in \mathbb{R} \mid 0 < x \leq 1\}$.*
Man negiere folgende Aussagen. Welche Aussagen sind wahr?

(a) $\forall x \in X\ :\ x^2 \leq 1.$
(b) $\forall x \in X\ :\ \frac{1}{x} > 1.$
(c) $\forall x \in X\ :\ 2x + 1 \geq -3 + 4x.$

(a) $\forall x \in X:\ x^2 \leq 1$ ist wahr. Die Negation $\exists x \in X\ :\ x^2 > 1$ ist falsch.

(b) $\forall x \in X:\ \frac{1}{x} > 1$ ist falsch, da für $x = 1 \in X$ gilt: $\frac{1}{1} = 1$.
Die Negation $\exists x \in X:\ \frac{1}{x} \leq 1$ ist wahr, da $1 \in X$ und $\frac{1}{1} \leq 1$.

(c) $\forall x \in X:\ 2x + 1 \geq -3 + 4x$ wahr, da $2x + 1 \geq -3 + 4x \iff 4 \geq 2x \iff x \leq 2$.
Die Negation $\exists x \in X:\ 2x + 1 < -3 + 4x$ ist folglich falsch.

1.2 Beweismethoden

Direkter Beweis

Man beweist die Aussage $A \implies B$, indem mit der Voraussetzung A die Behauptung B durch Anwendung von bereits bewiesenen Aussagen und logischen Regeln bewiesen wird.

1.9 *Man zeige: Ist n eine ungerade natürliche Zahl, so ist n^2 ungerade.*

Ist n eine ungerade natürliche Zahl, so lässt sich n darstellen als $n = 2k + 1$, wobei k eine natürliche Zahl oder 0 ist. Die erste binomische Formel liefert nun: $n^2 = (2k + 1)^2 = 4k^2 + 4k + 1 = 2(2k^2 + 2k) + 1$. Also ist n^2 ungerade.

1.10 *Man zeige* $\frac{1}{\sqrt{2}} + \frac{1}{\sqrt{3}} = \frac{3\sqrt{2}+2\sqrt{3}}{6}$.

Erweitern mit $\sqrt{2}$ bzw. $\sqrt{3}$ und Hauptnennerbildung ergibt direkt:

$$\frac{1}{\sqrt{2}} + \frac{1}{\sqrt{3}} = \frac{1}{2}\sqrt{2} + \frac{1}{3}\sqrt{3} = \frac{3}{6}\sqrt{2} + \frac{2}{6}\sqrt{3} = \frac{3\sqrt{2}+2\sqrt{3}}{6}.$$

Beweis durch Kontraposition

$$\boldsymbol{A \Longrightarrow B \qquad \equiv \qquad \neg B \Longrightarrow \neg A}$$

1.11 *Man zeige durch Kontraposition:*
Ist n^2 eine ungerade natürliche Zahl, so ist n ungerade.

$A \Longrightarrow B$	n^2 ungerade $\Longrightarrow$	n ungerade	zu beweisende Aussage
$\neg B \Longrightarrow \neg A$	n nicht ungerade $\Longrightarrow$	n^2 nicht ungerade	Kontraposition
$\neg B \Longrightarrow \neg A$	**n gerade** $\Longrightarrow$	**n^2 gerade**	äquivalente Aussage

Ist n gerade, so hat n die Form $n = 2k$, wobei k eine natürliche Zahl ist.
Es folgt die Behauptung direkt: $n^2 = (2k)^2 = 4k^2 = 2(2k^2)$, also ist n^2 gerade.

Indirekter Beweis

Man beweist die Aussage $A \Longrightarrow B$, indem man aus der Annahme, dass die Behauptung B falsch ist, einen Widerspruch herleitet.
Man nimmt also zu der Voraussetzung A (wozu natürlich vieles gehört, das nicht extra aufgeführt wird, z.B. bereits bewiesene Aussagen) noch die Annahme $\neg B$ hinzu und führt die Aussage $A \wedge \neg B$ auf eine der drei folgenden Arten zu einem **Widerspruch** (Zeichen : #).

$A \wedge \neg B \Longrightarrow \neg A$, also #	Widerspruch zur Voraussetzung A, [1.12]
$A \wedge \neg B \Longrightarrow B$, also #	Widerspruch zur Annahme $\neg B$, [1.14]
$A \wedge \neg B \Longrightarrow F$, also #	F steht für eine offensichtl. falsche Aussage, [1.13].

Ergibt sich aus $A \wedge \neg B$ (durch richtige Schlüsse) ein Widerspruch (etwas Falsches), muss $A \wedge \neg B$ falsch sein. Also muss, wenn A richtig ist, $\neg B$ falsch, also B richtig sein, d.h. $A \Longrightarrow B$ ist wahr. Klingt kompliziert, ist aber logisch und wird häufig benutzt.

1.12 *Man zeige indirekt:*
Ist n eine natürliche Zahl und n^2 gerade, so ist auch n gerade.
Formal: $n \in \mathbb{N} \wedge n^2$ gerade $\Longrightarrow n$ gerade.

Annahme: n ist ungerade.
Ist n ungerade, so folgt aus [1.9], dass n^2 ungerade ist, # zur Voraussetzung.
Man erhält einen Widerspruch zur Voraussetzung, dass n^2 gerade ist! Also ist die Annahme falsch und ihre Negation wahr. Damit ist die Behauptung bewiesen.

1.13 *Man zeige* $\frac{7}{8} > \frac{6}{7}$: (a) *direkt,* (b) *indirekt.*

(a) $\frac{7}{8} > \frac{6}{7}$ (Multiplikat. mit $8 \cdot 7$) $\Longleftrightarrow 7 \cdot 7 > 6 \cdot 8 \Longleftrightarrow 49 > 48$, offensichtlich richtig.

(b) Annahme $\frac{7}{8} \leq \frac{6}{7}$. Dann gilt: $\frac{7}{8} \leq \frac{6}{7} \Longleftrightarrow 7 \cdot 7 \leq 6 \cdot 8 \Longleftrightarrow 49 \leq 48$, #.
Also ist die Negation der Annahme richtig und die Behauptung damit bewiesen.

1.14 *Man beweise indirekt:* $\sqrt{2}$ *ist irrational (d.h. nicht rational).*

Annahme: $\sqrt{2}$ ist rational, d.h. $\sqrt{2}$ schreibt sich in gekürzter Bruchdarstellung:
$\sqrt{2} = \frac{m}{n}$, mit $m, n \in \mathbb{N}$, $\operatorname{ggT}(m,n) = 1$ (ggT siehe [Abschnitt 3.3]).

Man schließt nun folgendermaßen, wobei benutzt wird, siehe [Seite 40]:
(∗) Teilt eine Primzahl ein Produkt, so teilt sie mindestens einen Faktor.

$$\sqrt{2} = \frac{m}{n} \Longrightarrow 2n^2 = m^2 \Longrightarrow 2 \mid m^2 \overset{(*)}{\Longrightarrow} 2 \mid m \text{ (da 2 Primzahl), etwa } m = 2t,$$
$$\Longrightarrow \sqrt{2} = \frac{2t}{n} \Longrightarrow 2 = \frac{4t^2}{n^2} \Longrightarrow n^2 = 2t^2 \Longrightarrow 2 \mid n^2 \overset{(*)}{\Longrightarrow} 2 \mid n.$$

Also folgt $2 \mid m$ und $2 \mid n$ im Widerspruch zur Annahme $\operatorname{ggT}(m,n) = 1$.

Die Annahme, dass $\sqrt{2}$ rational ist, führt auf einen Widerspruch und ist folglich falsch. Damit ist bewiesen, dass $\sqrt{2}$ nicht rational, also irrational ist.

1.15 *Ist* p *eine Primzahl, so ist* $\sqrt{p}$ *irrational.*

Man kopiert obigen Beweis wörtlich, indem man lediglich 2 durch p ersetzt.

1.16 *Man beweise indirekt: Es gibt unendlich viele Primzahlen.*

Annahme: Es gibt nur die endlich vielen Primzahlen $p_1, \cdots, p_n$.

Da jede natürliche Zahl ≥ 2 das Produkt von Primzahlen ist [Seite 40],
muss $n = p_1 \cdots p_n + 1$ von einer der Primzahlen $p_1, \cdots, p_n$ geteilt werden.
n lässt aber bei Division durch jede der Primzahlen $p_1, \cdots, p_n$ den Rest 1, wird also von keiner der Primzahlen $p_1, \cdots, p_n$ geteilt. Widerspruch!

Die Annahme ist falsch. Es gibt unendlich viele Primzahlen.

1.17 *Es sei* $n \geq 2$ *eine natürliche Zahl. Man zeige:*

(a) *Ist* n *keine Primzahl, so hat* n *einen Primfaktor* $p \leq \sqrt{n}$.
(b) *Hat* n *keinen Primfaktor* $p \leq \sqrt{n}$, *so ist* n *eine Primzahl.*

Die beiden Aussagen sind offensichtlich äquivalent, da sie durch Kontraposition ineinander übergehen. In [3.10] wird (b) einschließlich Umkehrung gezeigt.
Hier der indirekte Beweis von (a). Benutzt wird der Satz über die Primfaktorzerlegung natürlicher Zahlen [Seite 40].

(a) Annahme:
n hat keinen Primfaktor $p \leq \sqrt{n}$, d.h. für jeden Primfaktor p von n ist $p > \sqrt{n}$.
Ist n keine Primzahl, hat die Primfaktorzerlegung von n mindestens zwei Primfaktoren p und q, die nach Voraussetzung beide $> \sqrt{n}$ sind. Also folgt
$n \geq p \cdot q > \sqrt{n} \cdot \sqrt{n} = n$, also $n > n$, Widerspruch!

1.3 Mengen

Die Mathematik formuliert ihre Ergebnisse in mengentheoretischer Sprache. Dabei sind Menge und Element grundlegende Begriffe. Wichtige Schreibweisen sind:

$\boldsymbol{x \in M}$	: x ist Element der Menge M,	kurz:	x in M, x aus M.
$\boldsymbol{x \notin M}$	: x ist kein Element der Menge M,	kurz:	x nicht in M.

Mengen

Es gibt zwei Möglichkeiten, Mengen M zu definieren:

1. $M = \{a_1, \ldots, a_n\}$ durch **explizite Angabe aller Elemente**.
M ist die Menge, die genau die Elemente $a_1, \ldots, a_n$ hat, wobei es auf die Reihenfolge der Elemente nicht ankommt.

2. $M = \{x \mid E(x)\}$ durch eine **definierende Eigenschaft**.
M ist die Menge, die genau die Elemente x aus einer vorgegebenen Grundmenge G enthält, die die Eigenschaft $E(x)$ haben, für die also die Aussage $E(x)$ wahr ist.
Oft gibt man die Grundmenge an und schreibt $M = \{x \in G \mid E(x)\}$.

$a \in \{x \mid E(x)\} \iff E(a)$ und $a \in \{x \in G \mid E(x)\} \iff a \in G \wedge E(a)$

1.18 *Für folgende Mengen benutzt man Standardbezeichnungen:*

$\mathbb{P} = \{2, 3, 5, 7, 11, 13, \ldots\}$	Menge der **Primzahlen.**
$\mathbb{N} = \{1, 2, 3, 4, 5, \ldots\}$	Menge der **natürlichen Zahlen.**
$\mathbb{Z} = \{\ldots, -3, -2, -1, 0, 1, 2, 3, \ldots\}$	Menge der **ganzen Zahlen.**
$\mathbb{Q} = \{\frac{r}{s} \mid r, s \in \mathbb{Z},\ s \neq 0\}$	Menge der **rationalen Zahlen.**
$\mathbb{R}$	Menge der **reellen Zahlen**, s. [Kap. 5].
$\mathbb{C} = \{x + iy \mid x, y \in \mathbb{R}\}$	Menge der **komplexen Zahlen**, s. [**EM2**].

$\emptyset$ **leere Menge**, das ist diejenige Menge, die keine Elemente hat.

1.19 *Sind folgende Aussagen wahr oder falsch?*

(a) $17 \in \mathbb{P}$, (b) $2^{100} \in \mathbb{N}$, (c) $-5 \in \mathbb{Z}$, (d) $\frac{2}{3} \in \mathbb{Z}$,
(e) $\sqrt{2} \in \mathbb{Q}$, (f) $-\frac{3}{9} \in \mathbb{Q}$, (g) $\pi \in \mathbb{R}$, (h) $\frac{\sqrt{2}-2}{7} \in \mathbb{Q}$.

(a) 17 ist eine Primzahl, es gilt $17 \in \mathbb{P}$; die Aussage ist wahr.

(b) Da $2 \in \mathbb{N}$ und Produkte natürlicher Zahlen wieder natürliche Zahlen sind, gilt auch $2^{100} \in \mathbb{N}$. Übrigens: 2^{100} hat im Dezimalsystem 31 Stellen, siehe [2.22].

(c) -5 ist eine ganze Zahl, $-5 \in \mathbb{Z}$ ist wahr.

(d) $\frac{2}{3}$ ist eine rationale, aber keine ganze Zahl, $\frac{2}{3} \in \mathbb{Z}$ ist falsch, es gilt $\frac{2}{3} \notin \mathbb{Z}$.

(e) $\sqrt{2}$ ist nicht rational [1.14]. $\sqrt{2} \in \mathbb{Q}$ ist falsch, es gilt $\sqrt{2} \notin \mathbb{Q}$.

(f) $-\frac{3}{9} = \frac{-3}{9}$ ist Quotient ganzer Zahlen, denn $-3 \in \mathbb{Z}$, $9 \in \mathbb{Z}$. $-\frac{3}{9} \in \mathbb{Q}$ ist wahr.

(g) Die Kreiszahl $\pi = 3.14159\ldots$ ist eine reelle Zahl, also ist $\pi \in \mathbb{R}$ wahr.

(h) Summe und Produkt rationaler Zahlen sind wieder rationale Zahlen, s. [Kap. 4].
$\frac{\sqrt{2}-2}{7} \in \mathbb{Q} \implies \sqrt{2} - 2 \in \mathbb{Q} \implies \sqrt{2} \in \mathbb{Q}$ #, nach [1.14] ist $\sqrt{2}$ irrational.
Die Annahme $\frac{\sqrt{2}-2}{7} \in \mathbb{Q}$ führt also auf den Widerspruch $\sqrt{2} \in \mathbb{Q}$.
Damit ist $\frac{\sqrt{2}-2}{7} \notin \mathbb{Q}$ indirekt bewiesen, die Aussage $\frac{\sqrt{2}-2}{7} \in \mathbb{Q}$ ist falsch.

1.20 *Welche Elemente haben die folgenden Mengen?*
Welche Mengen sind endlich, welche unendlich?
Eine Menge heißt unendlich, wenn sie unendlich viele Elemente besitzt.

(a) $M_1 = \{2, 3, 5, 7\}$, (b) $M_2 = \{x \in \mathbb{P} \mid x \leq 10\}$,
(c) $M_3 = \{x \in N \mid x \text{ ist gerade}\}$, (d) $M_4 = \{x \in \mathbb{R} \mid 0 \leq x \leq 1\}$,
(e) $M_5 = \{x \in \mathbb{N} \mid x \text{ teilt } 12\}$, (f) $M_6 = \{x \in \mathbb{R} \mid 2x^2 + x - 1 = 0\}$,
(g) $M_7 = \{x \in \mathbb{Z} \mid 2x^2 + x - 1 = 0\}$, (h) $M_8 = \{x \in \mathbb{N} \mid 2x^2 + x - 1 = 0\}$.

(a) $M_1 = \{2, 3, 5, 7\}$ ist die Menge, die genau die Elemente 2, 3, 5, 7 hat. Als Menge mit genau vier Elementen ist sie endlich.

(b) $a \in M_2 \iff a \in \mathbb{P} \wedge a \leq 10$.
M_2 enthält genau die Primzahlen, die ≤ 10 sind, also $M_2 = \{2, 3, 5, 7\}$.
Da M_1 und M_2 dieselben Elemente haben, gilt $M_1 = M_2$. M_2 ist endlich.

(c) $M_3 = \{2, 4, 6, \ldots\}$ besteht aus den unendlich vielen geraden natürlichen Zahlen.

(d) M_4 enthält genau die reellen Zahlen x mit $0 \leq x \leq 1$, ist also das abgeschlossene Intervall $[0, 1]$, siehe [Abschnitt 5.5].
M_4 ist unendlich, da sie die unendlich vielen Brüche $\frac{1}{n}$, $n \in \mathbb{N}$ enthält.

(e) $a \in M_5 \iff a \in \mathbb{N} \wedge a$ teilt 12.
M_5 hat daher genau diejenigen natürlichen Zahlen als Elemente, die Teiler von 12 sind, also 1, 2, 3, 4, 6, 12. Als Menge mit genau sechs Elementen ist M_5 endlich.

(f) $x \in M_6 \iff x \in \mathbb{R} \wedge 2x^2 + x - 1 = 0$.
Als Lösungen der quadratischen Gleichung $2x^2 + x - 1 = 0$ erhält man mittels p, q-Formel [Seite 181] -1 und $\frac{1}{2}$. Also ist $M_6 = \{-1, \frac{1}{2}\}$ eine endliche Menge.

(g) Die Lösungen der quadratischen Gleichung $2x^2 + x - 1 = 0$ sind -1 und $\frac{1}{2}$.
Da $-1 \in \mathbb{Z}$ und $\frac{1}{2} \notin \mathbb{Z}$ gilt, ist $M_7 = \{-1\}$ eine endliche Menge.

(h) Die Lösungen der quadratischen Gleichung $2x^2 + x - 1 = 0$ sind -1 und $\frac{1}{2}$.
Da -1 und $\frac{1}{2}$ keine natürlichen Zahlen sind, folgt $M_8 = \emptyset$.
Die leere Menge $\emptyset$ hat 0 Elemente, M_8 ist also endlich.

Gleichheit von Mengen, Teilmengenbeziehung

Bezeichnung	Lies	Bedeutung
$M = N$	M **gleich** N	$x \in M \Longleftrightarrow x \in N$
$M \subseteq N$	M **Teilmenge** von N	$x \in M \Longrightarrow x \in N$
$M \subset N$	M **echte Teilmenge** von N	$M \subseteq N \wedge M \neq N$
$M = N \Longleftrightarrow M \subseteq N \wedge N \subseteq M$		Zwei Mengen sind genau dann gleich, wenn sie gegenseitig ineinander enthalten sind!

Statt $M \subseteq N$ schreibt man auch $N \supseteq M$, statt $M \subset N$ auch $N \supset M$.

1.21 *Für die Gleichheit von Mengen kommt es nicht darauf an, wie diese definiert sind, sondern nur darauf, welche Elemente sie enthalten, z.B. ist*

(a) $\{1, 2, 2\} = \{2, 1, 1\} = \{1, 2\}$.

(b) $\{x \in \mathbb{P} \mid x \text{ gerade}\} = \{2\}$.

(a) Alle drei Mengen haben genau die Elemente 1 und 2, sind also gleich.

(b) 2 ist die einzige gerade Primzahl, die Mengen sind also gleich.

1.22 *Man zeige die Gleichheit folgender Mengen:*

$M = \{n \in \mathbb{N} \mid n^2 - 6n + 8 = 0\}$ *und* $N = \{n \in \mathbb{N} \mid 2^n = n^2\}$.

Beide Mengen sind gleich der Menge $\{2, 4\}$:

(i) $M = \{2, 4\}$: Die quadratische Gleichung $x^2 - 6x + 8 = 0$ hat genau die Lösungen 2 und 4, also $\underline{M = \{2, 4\}}$.

(ii) $N = \{2, 4\}$: Da $2^2 = 2^2$ und $2^4 = 4^2$ ist, gilt $2, 4 \in N$ und folglich $\{2, 4\} \subseteq N$.
Bleibt zu zeigen, dass 2 und 4 die einzigen Elemente von N sind:
$1 \notin N$ wegen $2^1 \neq 1^2$ und $3 \notin N$ wegen $8 = 2^3 \neq 3^2 = 9$.
Für alle $n \geq 5$ gilt $2^n > n^2$ [3.52], d.h. für $n \geq 5$ ist $n \notin N$, folglich $\underline{N = \{2, 4\}}$.
Also gilt $\underline{M = N = \{2, 4\}}$.

Mengenbildungen

Bezeichnung	Lies	Bedeutung
$M \cup N$	**Vereinigung** von M und N	$= \{x \mid x \in M \vee x \in N\}$
$M \cap N$	**Durchschnitt** von M und N	$= \{x \mid x \in M \wedge x \in N\}$
$M \setminus N$	**Differenz** von M und N	$= \{x \mid x \in M \wedge x \notin N\}$

Veranschaulichung mittels sogenannter **Venn–Diagramme**:

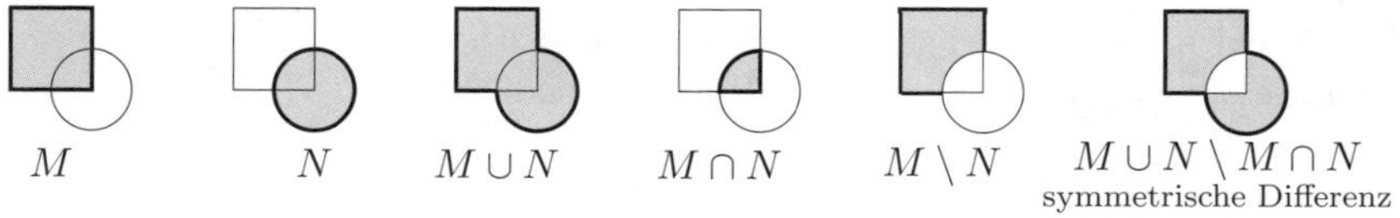

Für die symmetrische Differenz gilt: $M \cup N \setminus M \cap N = (M \setminus N) \cup (N \setminus M)$.

1.23 *Man bestimme für die Intervalle* [Abschnitt 5.5] *M und N jeweils*
$M \cup N, \quad M \cap N, \quad M \setminus N, \quad N \setminus M.$

(a) $M = [-1, 4] = \{x \in \mathbb{R} \mid -1 \leq x \leq 4\}, \quad N = [1, 5] = \{x \in \mathbb{R} \mid 1 \leq x \leq 5\}.$

(b) $M = [-1, 5] = \{x \in \mathbb{R} \mid -1 \leq x \leq 5\}, \quad N = [1, 3] = \{x \in \mathbb{R} \mid 1 \leq x \leq 3\}.$

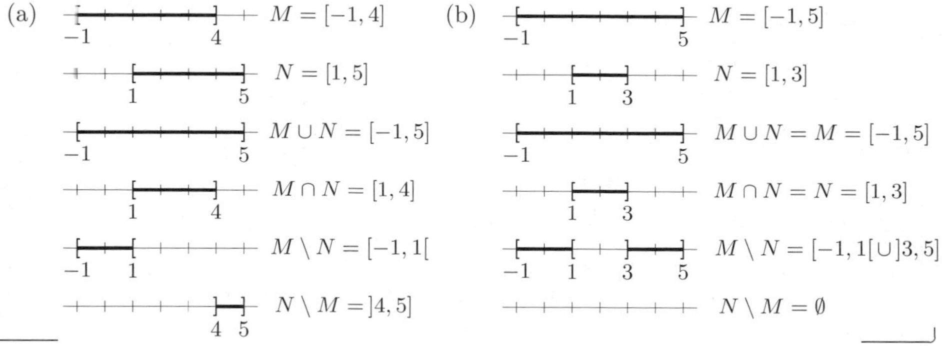

Potenzmenge

$\boldsymbol{\mathcal{P}(M)} = \{X \mid X \subseteq M\}$ heißt **Potenzmenge** von M.
Die Potenzmenge $\mathcal{P}(M)$ ist die Menge aller Teilmengen von M.
Hat M genau m Elemente, so hat die Potenzmenge $\mathcal{P}(M)$ genau 2^m Elemente!

1.24 *Man bestimme die Potenzmenge von* (a) $M = \{1, 2, 3\}$,
(b) $N = \{1, 2, 3, 4\}$.

(a) Teilmengen von M haben 0, 1, 2 oder 3 Elemente:

Elementanzahl	Teilmengen von M
0	$\emptyset$
1	$\{1\}, \{2\}, \{3\}$
2	$\{1,2\}, \{1,3\}, \{2,3\}$
3	M

$\mathcal{P}(M) = \{\emptyset, \{1\}, \{2\}, \{3\}, \{1,2\}, \{1,3\}, \{2,3\}, \{1,2,3\}\}$ hat $2^3 = 8$ Elemente.

(b) Dasselbe Verfahren führt auch für N zum Ziel.

Benutzt man $M \subseteq N$, also $\mathcal{P}(M) \subseteq \mathcal{P}(N)$, so schließt man einfacher:

Für die Teilmengen Z von N gibt es zwei Möglichkeiten: $4 \notin Z$ oder $4 \in Z$.

Die Mengen Z mit $4 \notin Z$ haben wir gerade bestimmt als Teilmengen von M.
Die Mengen Z mit $4 \in Z$ erhält man offensichtlich, indem man zu den Teilmengen von M jeweils das Element 4 hinzufügt.

$\mathcal{P}(N)$ hat also doppelt so viele Elemente wie $\mathcal{P}(M)$, also $2 \cdot 2^3 = 2^4$. Es gilt:

$\mathcal{P}(N) = \mathcal{P}(M) \cup \{\{4\}, \{1,4\}, \{2,4\}, \{3,4\}, \{1,2,4\}, \{1,3,4\}, \{2,3,4\}, \{1,2,3,4\}\}.$

Geordnete Paare

$\boldsymbol{(a, b)}$ heißt geordnetes Paar.

a, b heißen Komponenten (Koordinaten) des geordneten Paares (a, b).

Zwei geordnete Paare sind genau dann gleich, wenn sie in beiden Komponenten übereinstimmen: $(a, b) = (c, d) \iff a = c \wedge b = d$.

(a, b) und $\{a, b\}$ sind zu unterscheiden, so gilt z.B.: $\begin{matrix}(1,2) \neq (2,1) \\ \{1,2\} = \{2,1\}\end{matrix}$

Analog: Geordnete Tripel (a, b, c) und geordnete n–Tupel $(a_1, a_2, \ldots, a_n)$.

Kartesische Produkte

$\boldsymbol{M \times N} = \{(x, y) \mid x \in M, y \in N\}$ heißt **kartesisches Produkt** von M und N.

Das kartesische Produkt $M \times N$ ist die Menge der geordneten Paare (x, y), deren erste Komponente x aus M und deren zweite Komponente y aus N ist.

Man setzt $M \times M = M^2$, $M \times M \times M = M^3$ usw. So bezeichnet

$\mathbb{R}^2 = \{(x, y) \mid x, y \in \mathbb{R}\}$ die sogenannte x, y-Ebene und

$\mathbb{R}^3 = \{(x, y, z) \mid x, y, z \in \mathbb{R}\}$ den dreidimensionalen Anschauungsraum.

1.25 *Man bestimme für $M := \{2, 3, 4\}$ und $N := \{1, 2\}$ die Menge $M \times N$ und skizziere sie in der x, y-Ebene.*

Für jedes $x \in M$ enthält $M \times N$ die beiden Paare $(x, 1)$ und $(x, 2)$. Damit ist

$$M \times N = \{2, 3, 4\} \times \{1, 2\} = \{(2,1), (2,2), (3,1), (3,2), (4,1), (4,2)\}.$$

Die 6 Punkte bilden ein **Gitter** in der Ebene.

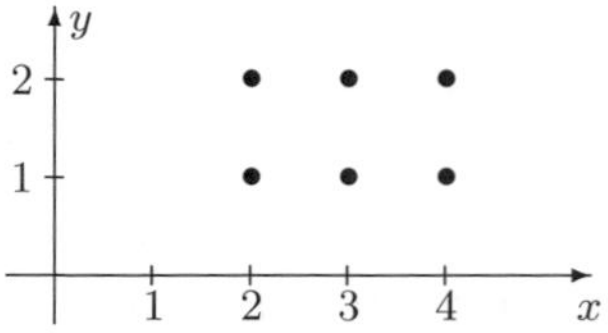

Gitter $\{2, 3, 4\} \times \{1, 2\}$

1.26 *Man skizziere folgende kartesischen Produkte:*

(a) $A = \{3\} \times \mathbb{R}$, $B = \mathbb{R} \times \{2\}$

(b) $A = [-2, 2] \times \mathbb{R}$, $B = [3, 5[\times \mathbb{Z}$

(c) $A = [-2, 2] \times [-1, 3] \times \{0\}$, $B = [-2, 2] \times [-1, 3] \times \{2\}$

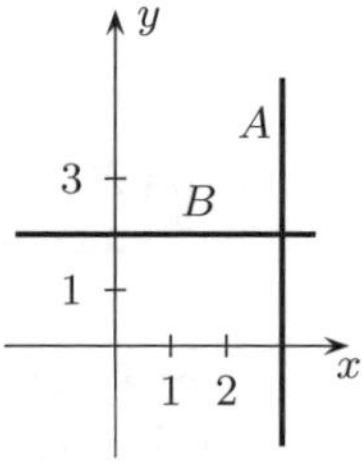

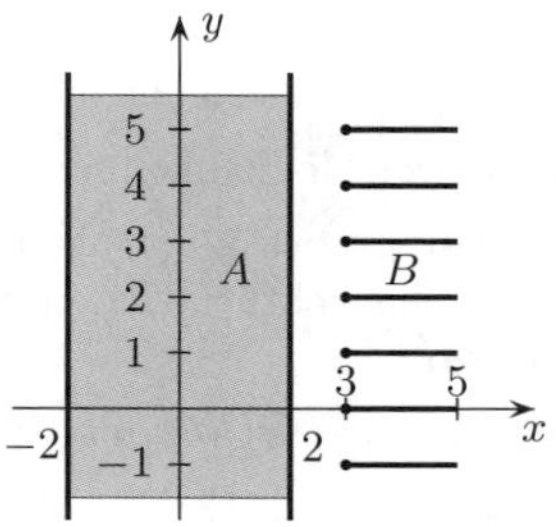

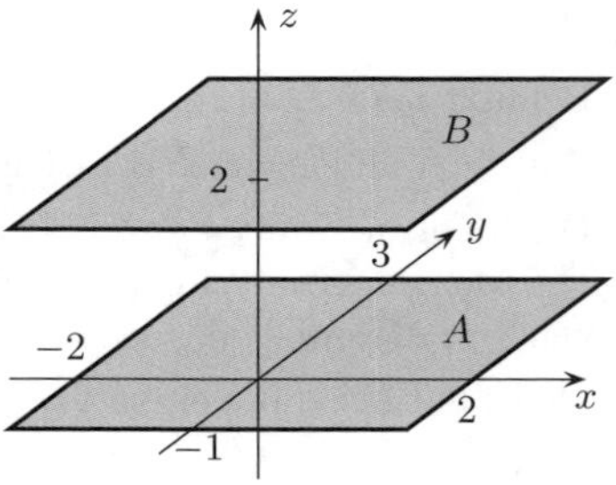

1.27 *Sei $M = [0,1]$ und $N = \{0,1\}$. Man bestimme*

(a) $M^2 = [0,1]^2$, (b) $N^2 = \{0,1\}^2$,
(c) $M^3 = [0,1]^3$, (d) $N^3 = \{0,1\}^3$.

(a) $M^2 = [0,1]^2$ ist die Menge aller geordneten Paare (x,y) mit $x, y \in [0,1]$.
$[0,1]^2$ ist das Einheitsquadrat in der Ebene.

(b) $N^2 = \{0,1\}^2 = \{(0,0),(1,0),(0,1),(1,1)\}$.
Die Elemente von N^2 sind die 4 Ecken des Einheitsquadrats.

(c) $M^3 = [0,1]^3$ ist die Menge aller geordneten Tripel (x,y,z) mit $x, y, z \in [0,1]$.
$[0,1]^3$ ist der Einheitswürfel im Raum.

(d) $N^3 = \{0,1\}^3$
$= \{(0,0,0),(1,0,0),(0,1,0),(1,1,0),(0,0,1),(1,0,1),(0,1,1),(1,1,1)\}$.
Die Elemente von N^3 sind die 8 Ecken des Einheitswürfels.

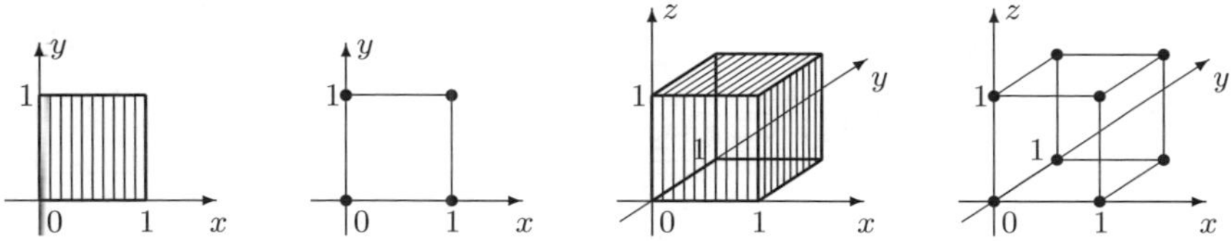

(a) $\mathbf{[0,1]^2}$ Einheitsquadrat — (b) $\mathbf{\{0,1\}^2}$ 4 Ecken des Einheitsquadrats — (c) $\mathbf{[0,1]^3}$ Einheitswürfel — (d) $\mathbf{\{0,1\}^3}$ 8 Ecken des Einheitswürfels

1.28 *Sei $M = [1,3] = \{x \in \mathbb{R} | 1 \le x \le 3\}$ und $N = [1,2] = \{x \in \mathbb{R} | 1 \le x \le 2\}$. Man bestimme alle Elemente von $M \times N$ und skizziere die Menge im $\mathbb{R}^2$.*

$M \times N = \{(x,y) \in \mathbb{R}^2 \mid |1 \le x \le 3,\ 1 \le y \le 2\}$
$= [1,3] \times [1,2]$.

Das kartesische Produkt zweier Intervalle ist ein Rechteck im $\mathbb{R}^2$.

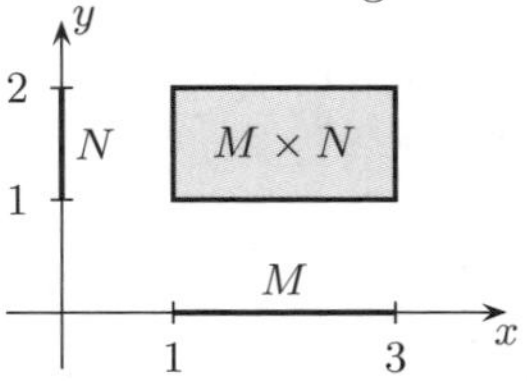

1.29 *Im $\mathbb{R}^2$ seien die Mengen $M = [1,4] \times [2,4]$ und $N = [2,5] \times [1,3]$ gegeben. Man bestimme $M \cap N$, $M \cup N$, $M \setminus N$, $N \setminus M$.*

$M = [1,4] \times [2,4]$ und
$N = [2,5] \times [1,3]$
sind nach [1.28] Rechtecke im $\mathbb{R}^2$.

$M \cap N$
$= [1,4] \times [2,4] \ \cap\ [2,5] \times [1,3]$
$= [2,4] \times [2,3]$ ist ein Rechteck.

$M \cup N$ ist die Menge der Punkte, die in einem der beiden Rechtecke liegen.

$M \setminus N$ und $N \setminus M$ siehe Skizze.

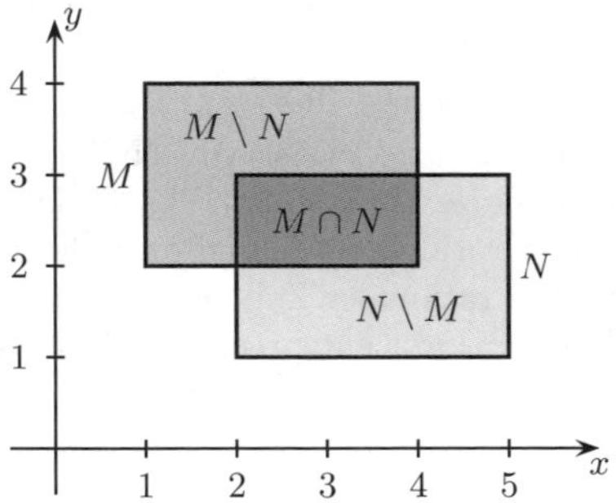

2 Zahlen

2.1 Grundrechenarten

Die wichtigsten Zahlenmengen

			Menge der
$\mathbb{N}$	$=$	$\{1, 2, 3, 4, \ldots\}$	natürlichen Zahlen,
$\mathbb{N}_0$	$=$	$\{0, 1, 2, 3, 4, \ldots\}$	nichtnegativen ganzen Zahlen,
$\mathbb{Z}$	$=$	$\{\ldots, -3, -2, -1, 0, 1, 2, 3, \ldots\}$	ganzen Zahlen,
$\mathbb{Q}$	$=$	$\{\frac{r}{s} \mid r, s \in \mathbb{Z},\ s \neq 0\}$	rationalen Zahlen.
$\mathbb{R}$			reellen Zahlen, siehe [Kap. 5].
$\mathbb{C}$	$=$	$\{x + iy \mid x, y \in \mathbb{R}\}$	komplexen Zahlen, siehe [**EM2**].

$$\mathbb{N} \subseteq \mathbb{N}_0 \subseteq \mathbb{Z} \subseteq \mathbb{Q} \subseteq \mathbb{R} \subseteq \mathbb{C}$$

Die vier Grundrechenarten
Addieren, Subtrahieren, Multiplizieren, Dividieren

In jeder der o. a. Mengen kann man beliebig addieren und multiplizieren.
In $\mathbb{Z}$, $\mathbb{Q}$, $\mathbb{R}$, $\mathbb{C}$ kann man beliebig addieren, subtrahieren und multiplizieren.
In $\mathbb{Q}$, $\mathbb{R}$, $\mathbb{C}$ sind alle vier Grundrechenarten bis auf Division durch 0 erlaubt.

Ist M eine der oben genannten Zahlenmengen und sind $a, b \in M$, so ist auch $a + b \in M$ und $a \cdot b \in M$.

In $\mathbb{N}$ kann man nicht beliebig subtrahieren. Die Differenz zweier Elemente von $\mathbb{N}$ muss keine natürliche Zahl sein, so ist $2 - 6 = -4 \notin \mathbb{N}$. Dies motiviert die Erweiterung von $\mathbb{N}$ zur Menge $\mathbb{Z}$ der ganzen Zahlen, denn die Differenz zweier ganzer Zahlen ist eine ganze Zahl. Letzteres gilt entsprechend für $\mathbb{Q}$, $\mathbb{R}$ und $\mathbb{C}$.

In $\mathbb{Z}$ kann man nicht beliebig dividieren. $\frac{a}{b}$ heißt **Quotient** der Zahlen a und b, auch gelesen als ***a* dividiert durch *b***. Wenn man von Division spricht, ist immer klar, dass durch 0 nicht dividiert werden darf, da die Division durch 0 zu Widersprüchen führt.

Der Quotient zweier von Null verschiedener ganzer Zahlen ist nicht notwendig eine ganze Zahl; so ist $\frac{-2}{3} \notin \mathbb{Z}$. Dies motiviert die Erweiterung von $\mathbb{Z}$ zur Menge $\mathbb{Q}$ der rationalen Zahlen bzw. der Brüche, siehe [Kapitel 4], denn jeder Quotient zweier rationaler Zahlen, dessen Nenner $\neq 0$ ist, ist wieder eine rationale Zahl. Letzteres gilt entsprechend für $\mathbb{R}$ und $\mathbb{C}$.

Klammerrechnung geht vor jede andere Rechnung

$((14+7)-8)) \cdot (19-(17-3)) = (21-8) \cdot (19-14) = 13 \cdot 5 = \underline{65}.$

Punktrechnung geht vor Strichrechnung

$a + b \cdot c = a + (b \cdot c), \quad a - b : c = a - (b : c) \quad$ usw.

$28 - 3 \cdot 7 = 28 - 21 = \underline{7},\ 4 - 12 : 4 = 4 - 3 = \underline{1},\ 34 : 17 - 6 = 2 - 6 = \underline{-4}.$

Klammerrechnung geht vor jede andere Rechnung bedeutet, dass geklammerte Teilausdrücke zuerst berechnet werden, von innen nach außen.

Punktrechnung geht vor Strichrechnung bedeutet, dass **·** und **:** stärker binden als **+** und **−**. So lassen sich Klammern sparen, z.B. $3 + (2 \cdot 4) = 3 + 2 \cdot 4$.

2.1 *Man berechne:*

(a) $2 + 3 \cdot 5$ *und* $(2+3) \cdot 5$,

(b) $(40-4) : (2+4)$, $(40-4) : 2 + 4$ *und* $40 - 4 : 2 + 4$,

(c) $25 : 5 + ((11 + 17 - 18) : 5 + 9 \cdot 3) \cdot 2 + 6 : (3 + (26 - 23))$.

(a) $2 + 3 \cdot 5 = 2 + 15 = \underline{17}$ und $(2+3) \cdot 5 = 5 \cdot 5 = \underline{25}$.

(b) $(40-4) : (2+4) = 36 : 6 = \underline{6}$,
$(40-4) : 2 + 4 = 18 + 4 = \underline{22}$ und
$40 - 4 : 2 + 4 = 40 - 2 + 4 = \underline{42}$.

(c) $25 : 5 + ((11 + 17 - 18) : 5 + 9 \cdot 3) \cdot 2 + 6 : (3 + (26 - 23)) = 5 + 29 \cdot 2 + 6 : 6 = \underline{64}$.

Grundgesetze der Addition und Multiplikation

$a + b$	$=$	$b + a$	Kommutativgesetze für + und ·
$a \cdot b$	$=$	$b \cdot a$	
$(a + b) + c$	$=$	$a + (b + c)$	Assoziativgesetze für + und ·
$(a \cdot b) \cdot c$	$=$	$a \cdot (b \cdot c)$	
$a \cdot (b + c)$	$=$	$a \cdot b + a \cdot c$	Distributivgesetze
$(b + c) \cdot a$	$=$	$b \cdot a + c \cdot a$	

Die Kommutativgesetze besagen, dass man in Summen bzw. Produkten die Summanden bzw. Faktoren beliebig vertauschen darf. Die Assoziativgesetze besagen, dass es egal ist, wie man Summen oder Produkte klammert. Man lässt daher die Klammern einfach weg, es ist $a + b + c = a + (b + c) = (a + b) + c$ usw.

Eines der Distributivgesetze kann man weglassen, da es wegen der Kommutativgesetze aus dem anderen folgt.

Den Multiplikationspunkt · lässt man häufig weg, wenn keine Missverständnisse zu befürchten sind. Man schreibt $2x$, ab, $a(b + c)$ statt $2 \cdot x$, $a \cdot b$, $a \cdot (b + c)$. Der Unterschied zwischen 23 und $2 \cdot 3$ ist natürlich zu beachten!

Sprechweisen	
Ausmultiplizieren	Übergang von $a \cdot (b+c)$ zu $a \cdot b + a \cdot c$,
Ausklammern, Faktorisieren	Übergang von $a \cdot b + a \cdot c$ zu $a \cdot (b+c)$.

So ergibt Ausmultiplizieren $x \cdot (x^3 - 3x^2 + 5x) = x^4 - 3x^3 + 5x^2$. Bei dem Ausdruck $x^4 - 3x^3 + 5x^2$ kann man sowohl x ausklammern, $x^4 - 3x^3 + 5x^2 = x \cdot (x^3 - 3x^2 + 5x)$, als auch x^2 ausklammern, $x^4 - 3x^3 + 5x^2 = x^2(x^2 - 3x + 5)$.
Das Ausklammern ist der wichtigere Prozess, da bei der Betrachtung von mathematischen Termen ein Produkt meist aussagekräftiger ist als eine Summe.

Da Vorzeichenfehler bei der Anwendung der Rechenregeln am häufigsten sind, fügen wir direkt die folgenden Regeln an.

Vorzeichenregeln

$-(-a) = a$	$-a = (-1) \cdot a$
$-(a+b) = -a - b$	$-(a-b) = -a + b$

2.2 *Mit den obigen Regeln kann man vernünftig* rechnen, *u.a. erlauben sie bei sogenannten Kettenaufgaben den Verzicht auf Klammersetzung sowie Rechenvereinfachungen.*

$23 - 11 + 17 + 20 - 9 = (23 + 17) + 20 - (11 + 9) = \underline{40}$,
$7 \cdot 8 \cdot 5 \cdot 3 \cdot 4 = 21 \cdot 8 \cdot 20 = 42 \cdot 8 \cdot 10 = \underline{3360}$,
$14 - (-7) + 8 - 4 = 10 + 15 = \underline{25}$.

2.3 *Man multipliziere folgende Ausdrücke aus:*

(a) $-3(4a - 3(b - 2a - 2(a - 3b)))$,
(b) $-(a-b)(b-a)$,
(c) $(2x + y - 3z)(4a - 2b)$.

(a) $-3(4a - 3(b - 2a - 2(a - 3b))) = -3(4a - 3b + 6a + 6a - 18b) = \underline{-48a + 63b}$,

(b) $-(a-b)(b-a) = -(ab - a^2 - b^2 + ba) = \underline{a^2 - 2ab + b^2}$,

(c) $$\begin{aligned}(2x + y - 3z)(4a - 2b) &= (2x + y - 3z)2(2a - b)\\ &= 2(4ax - 2bx + 2ay - by - 6az + 3bz)\\ &= \underline{8ax - 4bx + 4ay - 2by - 12az + 6bz}.\end{aligned}$$

2.4 *Man klammere bei den folgenden Ausdrücken aus:*

(a) $3a^2xy - 2bxy + 6ax^2y^2$,
(b) $-6a^2bc + 8ab^2c + 4abc^2$,
(c) $7x^2y + 49xy - 21x$.

(a) $3a^2xy - 2bxy + 6ax^2y^2 = \underline{xy(3a^2 - 2b + 6axy)}$,

(b) $-6a^2bc + 8ab^2c + 4abc^2 = \underline{2abc(-3a + 4b + 2c)} = \underline{-2abc(3a - 4b - 2c)}$,

(c) $7x^2y + 49xy - 21x = 7(x^2y + 7xy - 3x) = x(7xy + 49y - 21) = \underline{7x(xy + 7y - 3)}$.

2.5 *Man faktorisiere* $21x^2a^2b - 63xa^2 + 49xab$ *auf verschiedene Arten.*

Die auftretenden ganzen Zahlen $21, 63, 49$ haben den gemeinsamen Teiler 7 (siehe [Seite 47]), die Produkte x^2a^2b, xa^2, xab haben xa als gemeinsamen Faktor.

Man kann $7, -7, x, -x, a, -a, 7x, -7x, \ldots$ ausklammern und erhält z.B.:

$$\begin{aligned} 21x^2a^2b - 63xa^2 + 49xab &= 7(3x^2a^2b - 9xa^2 + 7xab) \\ &= -xa(-21xab + 63a - 49b) \\ &= \underline{7xa(3xab - 9a + 7b)}. \end{aligned}$$

2.6 *Man berechne die Nullstellen des Polynoms* $p(x) = x^4 - 2x^3 + x^2$.
Hinweis: *Faktorisieren, Nullstellen der Faktoren berechnen!*

Polynome werden ausführlich in [Abschnitt 10.4] behandelt. Man beachte:
Ein Produkt ist genau dann Null, wenn mindestens ein Faktor Null ist!
Gelingt es, einen Faktor der Form $x - a$ auszuklammern, ist also
$p(x) = (x - a)q(x)$, so ist $p(a) = 0$, folglich hat $p(x)$ die Nullstelle a.

Faktorisieren ergibt: $x^4 - 2x^3 + x^2 = x^2(x^2 - 2x + 1) = x^2(x - 1)^2$.

$\underline{p(x) \text{ hat also die (doppelten) Nullstellen 0 und 1.}}$

2.7 *Man faktorisiere folgende Ausdrücke:*

(a) $3a(2x + y) - 2b(2x + y)$, (b) $4a(x - y) + 2b(y - x)$,

(c) $7xy + y - 7xx - x$, (d) $x^3 + x^2y - x - y$.

(a) $3a(2x + y) - 2b(2x + y) = \underline{(3a - 2b)(2x + y)}$,

(b) $4a(x - y) + 2b(y - x) = 4a(x - y) - 2b(x - y) = \underline{(4a - 2b)(x - y)}$,

(c) $7xy + y - 7xx - x = 7x(y - x) + (y - x) = \underline{(7x + 1)(y - x)}$,

(d) $x^3 + x^2y - x - y = x^2(x + y) - (x + y) = \underline{(x^2 - 1)(x + y)}$,
oder $= x(x^2 - 1) + y(x^2 - 1) = (x + y)(x^2 - 1) = \underline{(x^2 - 1)(x + y)}$.

2.8 *Ein Hörsaal mit mittlerem Aufgang hat 23 Reihen. Die Reihen links vom Aufgang haben 8, die rechts vom Aufgang 13 Plätze. Man berechne die Gesamtzahl der Plätze auf zwei Weisen. Welches Rechengesetz steckt dahinter?*

(1) Links vom Aufgang befinden sich $8 \cdot 23$, rechts vom Aufgang $13 \cdot 23$ Plätze, das sind $8 \cdot 23 + 13 \cdot 23 = 184 + 299 = \underline{483}$ Plätze. Oder

(2) Jede Reihe hat $8 + 13$ Plätze, das sind insgesamt $(8 + 13) \cdot 23 = 21 \cdot 23 = \underline{483}$ Plätze. Es ist $(8 + 13) \cdot 23 = 8 \cdot 23 + 13 \cdot 23 = \underline{483}$ nach dem Distributivgesetz.

2.9 *Man addiere die Zahlen von* 1 *bis* 100 *durch geeignetes Zusammenfassen je zweier Summanden mit derselben Summe (siehe auch [3.28]).*

$$\begin{aligned} &1 + 2 + \cdots + 50 + 51 + \cdots + 99 + 100 \\ &\quad = 1 + 100 + 2 + 99 + \cdots + 50 + 51 \\ &\quad = (1 + 100) + (2 + 99) + \cdots + (50 + 51)\ \text{, alle 50 Klammern ergeben je 101.} \\ &\quad = 101 + 101 + \cdots + 101 = 50 \cdot 101 = \underline{5\,050}. \end{aligned}$$

2.2 Summen und Produkte

Sei n eine natürliche Zahl, für jede natürliche Zahl k mit $1 \leq k \leq n$ sei eine reelle Zahl a_k gegeben. Dann nennt man

$$a_1 \ , \ a_2 \ , \ a_3 \ , \ \ldots \ , \ a_n$$

eine **endliche Zahlenfolge** oder auch kurz **endliche Folge**.

Der Wert $\boldsymbol{a_k}$ heißt $\boldsymbol{k}$**-tes Glied** der Folge, $\boldsymbol{n}$ heißt **Länge** der Folge.

So ist 9 das fünfte Glied der Folge $1, 3, 5, 7, 9, 11$, die Länge der Folge ist 6, die Glieder sind $a_1 = 1$, $a_2 = 3$, $a_3 = 5$, $a_4 = 7$, $a_5 = 9$, $a_6 = 11$.

Streng genommen ist eine solche Folge eine Funktion, siehe [**EM2**], die jeder natürlichen Zahl k mit $1 \leq k \leq n$ eine reelle Zahl $f(k)$ zuordnet, wobei man den Ausdruck a_k zur Bezeichnung des Funktionswertes $f(k)$ an der Stelle k verwendet. k nennt man auch einen **Index**.
Oft beginnt man auch bei $k = 0$, verwendet also Folgen $a_0, a_1, \ldots a_n$.

Endliche Folgen

Eine endliche Folge $a_1, \ldots, a_n$ ist gegeben:

(a) Durch Angabe aller Glieder $a_1, \ldots, a_n$,

(b) Explizit durch Angabe eines Bildungsgesetzes $a_k = f(k), \ k = 1, \ldots, n$,

(c) Rekursiv durch Angabe von $\begin{cases} a_1 \text{ und eines Bildungsgesetzes} \\ a_{k+1} = f(a_k), \ k = 1, \ldots, n-1. \end{cases}$

2.10 *Für die gegebenen Folgen bestimme man sowohl ein explizites als auch ein rekursives Bildungsgesetz.*

(a) $2, 4, 6, 8, 10, 12, 14.$ (b) $1, 2, 4, 8, 16, 32, 64.$ (c) $1, 3, 7, 15, 31.$
(d) $2, 5, 8, 11, 14, 17.$ (e) $-8, -3, 2, 7, 12.$ (f) $1, -1, 1, -1, 1, -1.$

(a) $2, 4, 6, 8, 10, 12, 14$ ist die Folge der 7 geraden Zahlen von 2 bis 14.
Explizit: $\underline{a_k = 2k}$, $k = 1, \ldots, 7$, liefert $a_1 = 2\ , \ a_2 = 4\ , \ \ldots\ , \ a_7 = 14$.
Rekursiv: $\underline{a_1 = 2, \ a_{k+1} = a_k + 2}$, $k = 1, \ldots, 6$, liefert $a_1 = 2\ , \ \ldots\ , \ a_7 = 14$.

(b) $1, 2, 4, 8, 16, 32, 64$ ist die Folge der Zweierpotenzen von $1 = 2^0$ bis $64 = 2^6$.
Explizit: $\underline{a_k = 2^k}$, $k = 0, \ldots, 6$, liefert $a_0 = 1, a_1 = 2, \ldots, a_6 = 64$.
Rekursiv: $\underline{a_0 = 1, \ a_{k+1} = 2a_k}$, $k = 0, \ldots, 5$, liefert $a_0 = 1, a_1 = 2, \ldots, a_6 = 64$.

(c) $1, 3, 7, 15, 31$: Man erkennt aus (b):
Explizit: $\underline{a_k = 2^k - 1}$, $k = 1, \ldots, 5$, liefert $a_1 = 1\ , \ a_2 = 3\ , \ \ldots\ , \ a_5 = 31$.
Rekursiv: $\underline{a_1 = 1, \ a_{k+1} = 2a_k + 1}$, $k = 1, \ldots, 4$, liefert $a_1 = 1\ , \ \ldots\ , \ a_5 = 31$.

(d) $2, 5, 8, 11, 14, 17$: Die Differenz benachbarter Folgenglieder ist 3, also:
Explizit: $\underline{a_k = 2 + 3k}$, $k = 0, \ldots, 5$, liefert $a_0 = 2\ , \ a_1 = 5\ , \ \ldots\ , \ a_5 = 17$.
Rekursiv: $\underline{a_0 = 2, \ a_{k+1} = a_k + 3}$, $k = 0, \ldots, 4$, liefert $a_0 = 2\ , \ \ldots\ , \ a_5 = 17$.

(e) $-8, -3, 2, 7, 12$. Die Differenz benachbarter Folgenglieder ist 5, also:

Explizit: $\underline{a_k = -8 + 5k}$, $k = 0, \ldots, 4$, liefert $a_0 = -8, a_1 = -3, \ldots, a_4 = 12$.
Rekursiv: $\underline{a_1 = -8,\ a_{k+1} = a_k + 5}$, $k = 1, \ldots, 4$, liefert $a_1 = -8, \ldots, a_5 = 12$.

(f) $1, -1, 1, -1, 1, -1$. Ein explizites Bildungsgesetz sieht man leicht.

Explizit: $\underline{a_k = (-1)^k}$, $k = 0, \ldots, 5$, liefert $a_0 = 1$, $a_1 = -1$, ..., $a_5 = -1$.

Aus der Differenz ± 2 benachbarter Folgenglieder leitet man ab:

Rekursiv: $\underline{a_1 = 1,\ a_{k+1} = a_k + 2(-1)^k}$, $k = 1, \ldots, 5$.

2.11 *Für die Folge* $1, 3, 0, 4, -1, 5$ *bestimme man ein rekursives Bildungsgesetz.*
Hinweis: *Differenzenfolge, was wäre das nächste Glied der Folge?*

$1, 3, 0, 4, -1, 5$. Die Differenzenfolge $2, -3, 4, -5, 6$ wird durch -7 fortgesetzt.
Also wird die Folge durch $5 - 7 = -2$ fortgesetzt.
Die Differenzen haben die Form $(-1)^k k$, $k = 2, \ldots, 6$.
So ergibt sich $a_7 = 5 - 7 = a_6 + (-1)^7 7 = -2$ und man erhält:

Rekursiv: $\underline{a_1 = 1,\ a_{k+1} = a_k + (-1)^{k+1} \cdot (k+1)}$, $k = 1$, ..., 5.

2.12 *Für die Folge* $1, 4, 10, 22, 46$ *bestimme man sowohl ein explizites als auch ein rekursives Bildungsgesetz.*
Hinweis: *Differenzenfolge, was wäre das nächste Glied der Folge?*

(1) $1, 4, 10, 22, 46$. Die Differenzenfolge ist $3, 6, 12, 24$ und wird durch 48 fortgesetzt. Also wird die Folge durch $46 + 48 = 94$ fortgesetzt.

Die Differenzen $a_{k+1} - a_k$ haben die Form $3 \cdot 2^{k-1}$, $k = 1, \ldots, 4$. Man erhält:
Rekursiv: $\underline{a_1 = 1,\ a_{k+1} = a_k + 3 \cdot 2^{k-1}}$, $k = 1, \ldots, 4$.

Durch "Rückwärtseinsetzen" gewinnt man ein explizites Bildungsgesetz:

$$\begin{aligned} a_5 &= a_4 + 3 \cdot 2^3 = a_3 + 3 \cdot 2^2 + 3 \cdot 2^3 = a_2 + 3 \cdot 2^1 + 3 \cdot 2^2 + 3 \cdot 2^3 \\ &= a_1 + 3 \cdot 2^0 + 3 \cdot 2^1 + 3 \cdot 2^2 + 3 \cdot 2^3 = 1 + 3(1 + 2^1 + 2^2 + 2^3) \\ &= 1 + 3(2^4 - 1) \text{ , endl. geometr. Reihe [3.31] } 1 + 2 + \cdots + 2^n = 2^{n+1} - 1. \end{aligned}$$

Explizit: $\underline{a_k = 1 + 3(2^{k-1} - 1)}$ oder $\underline{a_k = 3 \cdot 2^{k-1} - 2}$, für $k = 1, \ldots, 5$.

(2) Folgende rekursive Darstellung ist evtl. einfacher zu erkennen:

$a_1 = 1$ und $a_{k+1} = 2a_k + 2 = 2(a_k + 1)$, $k = 1, \ldots, 5$.

Aus ihr erhält man durch "Rückwärtseinsetzen" ein explizites Bildungsgesetz:

$$\begin{aligned} a_k &= 2a_{k-1} + 2 \\ &= 2(2a_{k-2} + 2) + 2 \\ &= 2^2 a_{k-2} + 2^2 + 2 \text{ , man sieht, wie es weitergeht:} \\ &= 2^3 a_{k-3} + 2^3 + 2^2 + 2 = \cdots = 2^{k-1} a_{k-(k-1)} + 2^{k-1} + \cdots + 2^2 + 2 \\ &= 2^{k-1} a_1 + 2^{k-1} + \cdots + 2^2 + 2 = 2^{k-1} + (2^{k-1} + \cdots + 2^2 + 2) \text{ , da } a_1 = 1, \\ &= 2^{k-1} + 2 \cdot (2^{k-2} + \cdots + 2 + 1) = 2^{k-1} + 2(2^{k-1} - 1) \text{ , geom. Reihe, also} \end{aligned}$$

Explizit: $\underline{a_k = 3 \cdot 2^{k-1} - 2}$, für $k = 1, \ldots, 5$.

Summen $\sum_{k=1}^{n} a_k$ und Produkte $\prod_{k=1}^{n} a_k$

Ist $a_1, \ldots, a_n$ eine endliche Folge, so ist

$\sum_{k=1}^{n} a_k = a_1 + a_2 + \cdots + a_n$ die **Summe** der Zahlen $a_1, \ldots, a_n$,

$\prod_{k=1}^{n} a_k = a_1 \cdot a_2 \cdots a_n$ das **Produkt** der Zahlen $a_1, \ldots, a_n$,

lies: Summe (bzw. Produkt) a_k von $k = 1$ bis n.

Entsprechend wird, für $m \leq n$, definiert:

$$\sum_{k=m}^{n} a_k = a_m + a_{m+1} + \cdots + a_n \quad \text{und} \quad \prod_{k=m}^{n} a_k = a_m \cdot a_{m+1} \cdots a_n\,.$$

2.13 *Schreibe folgende Ausdrücke mit $\sum$ bzw. $\prod$.*

(a) $1 + 2 + 3 + 4 + 5 + 6 + 7 + 8 + 9 + 10$,

(b) $1 \cdot 2 \cdot 3 \cdot 4 \cdot 5 \cdot 6 \cdot 7$,

(c) $2 + 4 + 6 + 8 + 10 + 12 + 14$,

(d) $1 + 3 + 5 + 7 + 9 + 11 + 13$,

(e) $2 + 4 + 8 + 16 + 32 + 64 + 128$,

(f) $1 - 2 + 3 - 4 \pm \cdots + 99 - 100$,

(g) $\frac{2}{3} + \frac{4}{5} + \frac{6}{7} + \frac{8}{9} + \frac{10}{11}$,

(h) $x^2 - x^3 + x^4 - x^5 \pm \cdots + x^{10} - x^{11}$,

(i) $(x-1)(x-2)(x-3)\cdots(x-9)(x-10)$,

(k) $(1+2)\cdot(2+3)\cdot(3+4)\ldots(8+9)\cdot(9+10)$,

(l) $1 + 1 + 1 + 1 + 1 + 1 + 1 + 1 + 1 + 1 + 1 + 1$,

(m) $\frac{1\cdot 2}{3} + \frac{2\cdot 3}{4} + \frac{3\cdot 4}{5} + \cdots + \frac{9\cdot 10}{11}$.

(a) $1 + 2 + 3 + 4 + 5 + 6 + 7 + 8 + 9 + 10 = \sum_{k=1}^{10} k$,

(b) $1 \cdot 2 \cdot 3 \cdot 4 \cdot 5 \cdot 6 \cdot 7 = \prod_{k=1}^{7} k$,

(c) $2 + 4 + 6 + 8 + 10 + 12 + 14 = \sum_{k=1}^{7} 2k$ Summe der ersten 7 geraden Zahlen,

(d) $1 + 3 + 5 + 7 + 9 + 11 + 13 = \sum_{k=1}^{7}(2k-1) = \sum_{k=0}^{6}(2k+1)$
Summe der ersten 7 ungeraden Zahlen,

(e) $2+4+8+16+32+64+128 = 2^1+2^2+2^3+3^4+2^5+2^6+2^7 = \sum_{k=1}^{7} 2^k$,

(f) $1-2+3-4\pm\cdots+99-100 = \sum_{k=1}^{100}(-1)^{k+1}k$,

(g) $\frac{2}{3}+\frac{4}{5}+\frac{6}{7}+\frac{8}{9}+\frac{10}{11} = \sum_{k=1}^{5}\frac{2k}{2k+1}$,

(h) $x^2-x^3+x^4-x^5\pm\cdots+x^{10}-x^{11} = \sum_{k=2}^{11}(-1)^k x^k =$

$= \sum_{k=1}^{10}(-1)^{k+1}x^{k+1} = \sum_{k=1}^{10}(-x)^{k+1}$,

(i) $(x-1)(x-2)(x-3)\cdots(x-9)(x-10) = \prod_{k=1}^{10}(x-k)$,

(k) $(1+2)\cdot(2+3)\cdot(3+4)\ldots(8+9)\cdot(9+10) = \prod_{k=1}^{9}(k+(k+1))$,

(l) $1+1+1+1+1+1+1+1+1+1+1+1 = \sum_{k=1}^{12}1$,

(m) $\frac{1\cdot 2}{3}+\frac{2\cdot 3}{4}+\frac{3\cdot 4}{5}+\cdots+\frac{9\cdot 10}{11} = \sum_{k=1}^{9}\frac{k(k+1)}{k+2}$.

2.14 *Schreibe folgende Ausdrücke ohne $\sum$ bzw. $\prod$.*

(a) $\sum_{k=1}^{5}(k+1)$, (b) $\sum_{k=3}^{12}k^2$, (c) $\sum_{k=1}^{10}(-1)^{k+1}\frac{1}{k}$, (d) $\sum_{k=3}^{11}(-2)$,

(e) $\prod_{k=1}^{5}(k+1)$, (f) $\prod_{k=3}^{7}(k+k^2)$, (g) $\prod_{k=1}^{4}\frac{2k+1}{k}$, (h) $\prod_{k=2}^{7}5$.

(a) $\sum_{k=1}^{5}(k+1) = 2+3+4+5+6$,

(b) $\sum_{k=3}^{12}k^2 = 3^2+4^2+5^2+6^2+7^2+8^2+9^2+10^2+11^2+12^2$,

(c) $\sum_{k=1}^{10}(-1)^{k+1}\frac{1}{k} = \frac{1}{1}-\frac{1}{2}+\frac{1}{3}-\frac{1}{4}+\frac{1}{5}-\frac{1}{6}+\frac{1}{7}-\frac{1}{8}+\frac{1}{9}-\frac{1}{10}$,

(d) $\sum_{k=3}^{11}(-2) = (-2)+(-2)+(-2)+(-2)+(-2)+(-2)+(-2)+(-2)+(-2)$.

k läuft von 3 bis 11, also durchläuft k genau 9 natürliche Zahlen. Es wird daher die Zahl -2 neunmal als Summand hingeschrieben.

(e) $\prod_{k=1}^{5}(k+1) = 2 \cdot 3 \cdot 4 \cdot 5 \cdot 6,$

(f) $\prod_{k=3}^{7}(k+k^2) = (3+3^2)(4+4^2)(5+5^2)(6+6^2)(7+7^2),$

(g) $\prod_{k=1}^{4} \frac{2k+1}{k} = \frac{3}{1} \cdot \frac{5}{2} \cdot \frac{7}{3} \cdot \frac{9}{4},$

(h) $\prod_{k=2}^{7} 5 = 5 \cdot 5 \cdot 5 \cdot 5 \cdot 5 \cdot 5.$

k läuft von 2 bis 7, also durchläuft k genau 6 natürliche Zahlen. Es wird daher die Zahl 5 sechsmal als Faktor hingeschrieben.

2.15 *Berechne für die Folge* $a_1 = 1,\ a_2 = 4,\ a_3 = 5,\ a_4 = 7,\ a_5 = 8,\ a_6 = 11$

(a) $\sum_{k=1}^{6} a_k$, (b) $\prod_{k=1}^{6} a_k$, (c) $\sum_{k=4}^{6} a_k$, (d) $\prod_{k=1}^{3} a_{2k}$, (e) $\sum_{k=1}^{6} 2a_k$, (f) $\prod_{k=2}^{4} a_k^2$.

(a) $\sum_{k=1}^{6} a_k = a_1 + \cdots + a_6 = 1+4+5+7+8+11 = \underline{36},$

(b) $\prod_{k=1}^{6} a_k = a_1 \cdots a_6 = 1 \cdot 4 \cdot 5 \cdot 7 \cdot 8 \cdot 11 = \underline{12\,320},$

(c) $\sum_{k=4}^{6} a_k = a_4 + a_5 + a_6 = 7+8+11 = \underline{26},$

(d) $\prod_{k=1}^{3} a_{2k} = a_2 \cdot a_4 \cdot a_6 = 4 \cdot 7 \cdot 11 = \underline{308},$

(e) $\sum_{k=1}^{6} 2a_k = 2\sum_{k=1}^{6} a_k = 2 \cdot 36 = \underline{72}$, siehe (a),

(f) $\prod_{k=2}^{4} a_k^2 = a_2^2 \cdot a_3^2 \cdot a_4^2 = 4^2 \cdot 5^2 \cdot 7^2 = (4 \cdot 5 \cdot 7)^2 = 140^2 = \underline{19\,600}.$

Man erhält $\sum_{k=1}^{n} a_k$, indem man alle Glieder der Folge $a_1, \ldots, a_n$ addiert, oder auch indem man für den sog. **Laufindex** k sukzessive die Zahlen $1, \ldots, n$ einsetzt und die so entstehenden Zahlen a_k addiert. Der Laufindex kann beliebig benannt werden, verboten ist in diesem Fall nur n, das ja konstant ist.

$$\sum_{k=1}^{n} a_k = \sum_{i=1}^{n} a_i = \sum_{j=1}^{n} a_j \quad \text{und} \quad \prod_{k=1}^{n} a_k = \prod_{i=1}^{n} a_i = \prod_{j=1}^{n} a_j$$

2.16 *Man berechne die folgenden Summen und Produkte:*

(a) $\sum_{k=1}^{10} k$, (b) $\sum_{k=1}^{5}(2k-1)$, (c) $\sum_{k=1}^{5} 2k$, (d) $\sum_{k=1}^{5} k^2$,

(e) $\sum_{k=1}^{10} 3k$, (f) $\sum_{k=1}^{10} 3$, (g) $\sum_{k=1}^{10}(2k-3)$, (h) $\sum_{k=1}^{5}(k^2+3)$,

(i) $\prod_{k=1}^{4} 3$, (k) $\prod_{k=1}^{6} \frac{1}{k}$, (l) $\prod_{k=1}^{5} \frac{k}{k+1}$, (m) $\sum_{k=1}^{5}(k^2+2k+7)$.

(a) $\sum_{k=1}^{10} k = 1+2+\cdots+9+10 = \underline{55} = \underline{\frac{10\cdot 11}{2}}$.

> Die Summe der ersten n natürlichen Zahlen ist $\frac{n(n+1)}{2}$, siehe [3.28].

(b) $\sum_{k=1}^{5}(2k-1) = 1+3+5+7+9 = \underline{25} = \underline{5^2}$.

> Die Summe der ersten n ungeraden Zahlen ist n^2, siehe [3.30].

(c) $\sum_{k=1}^{5} 2k = 2+4+6+8+10 = \underline{30} = \underline{5\cdot 6}$.

> Die Summe der ersten n geraden Zahlen ist $n(n+1)$, siehe [3.29].

(d) $\sum_{k=1}^{5} k^2 = 1+4+9+16+25 = \underline{55} = \underline{\frac{5\cdot 6\cdot 11}{6}}$.

> Die Summe der ersten n Quadratzahlen ist $\frac{n(n+1)(2n+1)}{6}$, siehe [3.54].

(e) $\sum_{k=1}^{10} 3k = 3\cdot\sum_{k=1}^{10} k = 3\cdot 55 = \underline{165}$, siehe (a).

(f) $\sum_{k=1}^{10} 3 = 10\cdot 3 = \underline{30}$, es sind 10 Summanden, alle sind gleich 3.

(g) $\sum_{k=1}^{10}(2k-3) = -1+1+3+5+7+9+11+13+15+17 = \underline{80}$, oder

$\sum_{k=1}^{10}(2k-3) = 2\cdot\sum_{k=1}^{10} k - \sum_{k=1}^{10} 3 = 2\cdot 55 - 10\cdot 3 = \underline{80}$, siehe (a) und (f).

(h) $\sum_{k=1}^{5}(k^2+3) = 4+7+12+19+28 = \underline{70}$, oder

$\sum_{k=1}^{5}(k^2+3) = \sum_{k=1}^{5} k^2 + \sum_{k=1}^{5} 3 = 55+5\cdot 3 = \underline{70}$, siehe (d), (f).

(i) $\prod_{k=1}^{4} 3 = 3^4 = \underline{81}$, es sind 4 Faktoren, alle sind gleich 3.

(k) $\prod_{k=1}^{6} \frac{1}{k} = \frac{1}{1}\cdot\frac{1}{2}\cdot\frac{1}{3}\cdot\frac{1}{4}\cdot\frac{1}{5}\cdot\frac{1}{6} = \frac{1}{1\cdot 2\cdot 3\cdot 4\cdot 5\cdot 6} = \frac{1}{6!} = \underline{\frac{1}{720}}$, siehe [Seite 103].

(l) $\prod_{k=1}^{5} \frac{k}{k+1} = \frac{1}{2}\cdot\frac{2}{3}\cdot\frac{3}{4}\cdot\frac{4}{5}\cdot\frac{5}{6} = \underline{\frac{1}{6}}$, Kürzen!

(m) $\sum_{k=1}^{5}(k^2+2k+7) = \sum_{k=1}^{5} k^2 + 2\cdot\sum_{k=1}^{5} k + \sum_{k=1}^{5} 7 = 55+2\cdot 15+5\cdot 7 = \underline{120}$, s. (d), (c).

2.17 *Die Folge* (a_k) *sei gegeben durch* $a_k = k^2 + 2k$.

Warum ist $\sum_{k=2}^{6} a_{k-2} = \sum_{k=0}^{4} a_k$? *Man berechne diese Summe.*

Ferner berechne man $\sum_{i=4}^{6} a_{i+1}$ *und* $\prod_{j=4}^{6} a_{j-2}$.

$\sum_{k=2}^{6} a_{k-2}$ erhält man, indem man in a_{k-2} für k sukzessive die Zahlen $2, \dots, 6$ einsetzt und die entstehenden Ausdrücke addiert. Somit ist

$$\sum_{k=2}^{6} a_{k-2} = a_0 + a_1 + a_2 + a_3 + a_4 = \sum_{k=0}^{4} a_k = 0 + 3 + 8 + 15 + 24 = \underline{50}.$$

Oder man **substituiert** $j = k - 2$: $\sum_{k=2}^{6} a_{k-2} = \sum_{j=0}^{4} a_j = a_0 + a_1 + a_2 + a_3 + a_4$.

$$\sum_{i=4}^{6} a_{i+1} = \sum_{k=5}^{7} a_k = a_5 + a_6 + a_7 = 35 + 48 + 63 = \underline{146}\,,$$

$$\prod_{j=4}^{6} a_{j-2} = \prod_{k=2}^{4} a_k = a_2 \cdot a_3 \cdot a_4 = 8 \cdot 15 \cdot 24 = \underline{2\,880}\,.$$

Endliche geometrische Reihe

$$\sum_{k=0}^{n} q^k = 1 + q + q^2 + \cdots + q^n = \frac{q^{n+1}-1}{q-1} = \frac{1-q^{n+1}}{1-q} \quad (q \in \mathbb{R},\ q \neq 1)$$

Erläuterung und Beweis siehe [2.19, 3.31].

2.18 *Man berechne folgende endliche geometrische Reihen:*

(a) $\sum_{k=0}^{5} 2^k$, (b) $\sum_{k=0}^{5} (1.1)^k$, (c) $1 + \frac{1}{2} + \frac{1}{4} + \frac{1}{8} + \frac{1}{16} + \frac{1}{32}$,

(d) $\sum_{k=0}^{4} (-\frac{1}{2})^k$, (e) $\sum_{k=0}^{5} \left(-\frac{1}{\sqrt{2}}\right)^k$, (f) $-\frac{1}{2} + \frac{1}{4} - \frac{1}{8} + \frac{1}{16} - \frac{1}{32}$,

(g) $\sum_{k=0}^{5} \sqrt{2}^{\,k}$, (h) $\sum_{k=0}^{4} (-\sqrt{3}\,)^{3k}$, (i) $\frac{1}{9} + \frac{1}{3} + 1 + 3 + 9 + 27$.

(a) $\sum_{k=0}^{5} 2^k = 2^0 + 2^1 + 2^2 + 2^3 + 2^4 + 2^5 = \frac{2^6-1}{2-1} = 2^6 - 1 = \underline{63},$

(b) $\sum_{k=0}^{5} (1.1)^k = \frac{1.1^6-1}{1.1-1} = \frac{1.1^6-1}{0.1} = 10 \cdot (1.1^6 - 1) = 10 \cdot 0.771561 = \underline{7.71561},$

(c) $1 + \frac{1}{2} + \frac{1}{4} + \frac{1}{8} + \frac{1}{16} + \frac{1}{32} = \sum_{k=0}^{5} (\frac{1}{2})^k = \frac{1-(\frac{1}{2})^6}{1-\frac{1}{2}} = 2(1 - \frac{1}{64}) = 2 - \frac{1}{32} = \underline{\frac{63}{32}},$

(d) $\displaystyle\sum_{k=0}^{4}(-\tfrac{1}{2})^k = 1-\tfrac{1}{2}+\tfrac{1}{4}-\tfrac{1}{8}+\tfrac{1}{16} = \frac{1-(-\frac{1}{2})^5}{1-(-\frac{1}{2})} = \tfrac{2}{3}(1+\tfrac{1}{32}) = \tfrac{2}{3}\cdot\tfrac{33}{32} = \underline{\tfrac{11}{16}},$

(e) $\displaystyle\sum_{k=0}^{5}(-\tfrac{1}{\sqrt{2}})^k = \frac{1-(-\frac{1}{\sqrt{2}})^6}{1-(-\frac{1}{\sqrt{2}})} = \frac{1-(\frac{1}{2})^3}{1+\frac{1}{\sqrt{2}}} = \frac{1-\frac{1}{8}}{1+\frac{1}{\sqrt{2}}} \approx \underline{0.51},$

(f) $\displaystyle -\tfrac{1}{2}+\tfrac{1}{4}-\tfrac{1}{8}+\tfrac{1}{16}-\tfrac{1}{32} = -\tfrac{1}{2}(1-\tfrac{1}{2}+\tfrac{1}{4}-\tfrac{1}{8}+\tfrac{1}{16})$

$$= -\tfrac{1}{2}\sum_{k=0}^{4}(-\tfrac{1}{2})^k \overset{(d)}{=} -\tfrac{1}{2}\cdot\tfrac{11}{16} = -\tfrac{11}{32} = \underline{-0.34375},$$

(g) $\displaystyle\sum_{k=0}^{5}\sqrt{2}^{\,k} = \frac{\sqrt{2}^{\,6}-1}{\sqrt{2}-1} = \frac{2^3-1}{\sqrt{2}-1} = \frac{7}{\sqrt{2}-1} \approx \underline{16.9},$

(h) $\displaystyle\sum_{k=0}^{4}(-\sqrt{3}\,)^{3k} = \sum_{k=0}^{4}\big((-\sqrt{3}\,)^3\big)^k = \sum_{k=0}^{4}(-3\sqrt{3}\,)^k$

$$= \frac{1-(-3\sqrt{3}\,)^5}{1-(-3\sqrt{3}\,)} = \frac{1+3^5\sqrt{3}^{\,5}}{1+3\sqrt{3}} = \frac{1+3^7\sqrt{3}}{1+3\sqrt{3}} \approx \underline{611.51},$$

(i) $\tfrac{1}{9}+\tfrac{1}{3}+1+3+9+27 = \tfrac{1}{9}(1+3+3^2+3^3+3^4+3^5) = \tfrac{1}{9}\cdot\frac{3^6-1}{3-1} = \tfrac{364}{9} \approx \underline{40.\bar{4}}.$

2.19 *Man beweise die Summenformel für die endliche geometrische Reihe*

$$\sum_{k=0}^{n} q^k = 1+q+q^2+\cdots+q^n = \frac{q^{n+1}-1}{q-1},\ \textit{für } q \neq 1.$$

(a) Man multipliziert beide Seiten der Gleichung $S_n = 1+q+q^2+\cdots+q^{n-1}+q^n$ mit q und bildet dann die Differenz:

$$\begin{array}{rcl} S_n &=& 1+q+q^2+\cdots+q^{n-1}+q^n \\ qS_n &=& \quad\ q+q^2+\cdots+q^{k-1}+q^n+q^{n+1} \\ \hline (q-1)S_n &=& q^{n+1}-1 \implies \underline{S_n = \frac{q^{n+1}-1}{q-1}} \end{array}$$

(b) Oder Polynomdivision: Es gilt $\frac{x^{n+1}-1}{x-1} = x^n + x^{n-1} + \cdots + x + 1$, siehe [S. 189].

2.20 *Man zeige:* $\displaystyle\sum_{k=m}^{n} q^k = \frac{q^{n+1}-q^m}{q-1}$, *für* $m \le n$ *und* $q \neq 1$.

$$\sum_{k=m}^{n} q^k = q^m\sum_{k=m}^{n} q^{k-m} = q^m\sum_{j=0}^{n-m} q^j = q^m\frac{q^{n-m+1}-1}{q-1} = \underline{\frac{q^{n+1}-q^m}{q-1}}.$$

Oder: $\displaystyle\sum_{k=m}^{n} q^k = \sum_{k=0}^{n} q^k - \sum_{k=0}^{m-1} q^k = \frac{q^{n+1}-1}{q-1} - \frac{q^m-1}{q-1} = \frac{q^{n+1}-1-(q^m-1)}{q-1} = \underline{\frac{q^{n+1}-q^m}{q-1}}.$

2.21 *Man berechne* (a) $\sum_{k=0}^{10} 2^k$, (b) $\sum_{k=4}^{10} 2^k$, (c) $\sum_{k=11}^{20} 2^k$.

(a) $\sum_{k=0}^{10} 2^k = \frac{2^{11}-1}{2-1} = 2048 - 1 = \underline{2\,047}$.

(b) $\sum_{k=4}^{10} 2^k = \sum_{k=0}^{10} 2^k - \sum_{k=0}^{3} 2^k = 2\,047 - 15 = \underline{2\,032}$,

oder $\sum_{k=4}^{10} 2^k = 2^4 \sum_{k=0}^{6} 2^k = 2^4 \frac{2^7-1}{2-1} = 16 \cdot 127 = \underline{2\,032}$.

(c) $\sum_{k=11}^{20} 2^k = \sum_{k=0}^{20} 2^k - \sum_{k=0}^{10} 2^k = (2^{21}-1) - (2^{11}-1) = 2\,097\,151 - 2\,047 = \underline{2\,095\,104}$,

oder $\sum_{k=11}^{20} 2^k = 2^{11} \cdot \sum_{k=0}^{9} 2^k = 2^{11} \frac{2^{10}-1}{2-1} = 2\,048 \cdot 1\,023 = \underline{2\,095\,104}$.

2.22 *Einer Legende nach soll der Erfinder des Schachspiels als Belohnung bei seinem König einen Wunsch frei gehabt haben. Er wünschte sich, dass das Schachbrett für ihn wie folgt mit Reiskörnern gefüllt werden sollte: Ein Korn sollte auf das erste Feld, zwei auf das zweite, vier auf das dritte, acht auf das vierte usw. gelegt werden, d.h. auf jedes weitere Feld immer doppelt so viele Reiskörner wie auf das vorangehende. Der König, der sich über diesen vermeintlich bescheidenen Wunsch wunderte, versprach, den Wunsch zu erfüllen, konnte sein Versprechen aber nicht halten.*

Wieviele Reiskörner müssten am Schluss auf dem Schachbrett liegen? Wieviele Stellen hat diese Zahl im Dezimalsystem?

Auf dem ersten Feld liegt ein Korn, $1 = 2^0$, auf dem zweiten liegen 2^1 Körner, auf dem dritten 2^2 Körner usw., auf dem 64. und letzten 2^{63} Körner. Nach der Summenformel für die endliche geometrische Reihe sind dies insgesamt

$$2^0 + 2^1 + 2^2 + \cdots + 2^{62} + 2^{63} = \sum_{k=0}^{63} 2^k = \frac{2^{64}-1}{2-1} = \underline{2^{64}-1} \quad \text{Reiskörner.}$$

Um zu erkennen, wieviele Stellen $2^{64}-1$ bzw. 2^{64} im Dezimalsystem hat, berechnet man x aus $2^{64} = 10^x$. Dies wird ausführlich in [Abschnitt 5.4] behandelt!

Man erhält durch Logarithmieren $x = \frac{64 \ln 2}{\ln 10}$ oder $x = 64 \log 2 \approx 19.3$.

2^{64} (und wohl auch $2^{64}-1$) hat also <u>20 Stellen</u> im Dezimalsystem.

Ein Taschenrechner zeigt $2^{64} - 1 \approx 1.8446744 \cdot 10^{19}$, also <u>20 Stellen</u>,

und der exakte Wert ist $2^{64} - 1 = 18\,446\,744\,073\,709\,551\,615$.

2.3 Aufgaben

2.23 *Man rechne aus:*

(a) $25 : 5 - ((11 + 17 - 18) : 5 - 9 \cdot 3) \cdot 2 - 6 : (3 - (23 - 26))$,
(b) $(((26 : 13 - 4) : 2 - 13) : 7) \cdot 3 - (106 - 12 \cdot 7) : 11$.

2.24 *Man multipliziere die folgenden Ausdrücke aus:*

(a) $-c(4a - 3c(b - 2a - 2(c - 3b)))$,
(b) $-(3a - 2b)(2b + 3a)$,
(c) $(2x + y - 3z)(4xy - 2xz + yz)$.

2.25 *Man klammere bei den folgenden Ausdrücken aus:*

(a) $-3ax^2y - 2aby + 6a^2x^2$,
(b) $-3by^2 - 2abx - 6a^2b^2y$,
(c) $5a^2b + 35ab - 15a$.

2.26 *Welche Ausdrücke kann man ausklammern:* $-21x^2y - 15xy^2 + 36ay$?

2.27 *Man berechne die Nullstellen des Polynoms* $p(x) = x^5 + 2x^4 - 15x^3$.

2.28 *Durch Ausklammern faktorisiere man die folgenden Summen, d.h. man stelle sie als Produkt zweier Ausdrücke dar:*

(a) $5x(2a - b) - 2y(2a - b) + 2az - bz$,
(b) $4a(x - y) + 2b(y - x)$,
(c) $4ax^2y + 4acx - bxy - bc$.

2.29 *Ein Kinosaal mit mittlerem Aufgang hat 19 Reihen. Die Reihen links vom Aufgang haben jeweils 13, die rechts vom Aufgang 15 Plätze. Mit Hilfe des Distributivgesetzes zähle man die Gesamtzahl der Plätze auf zwei Weisen.*

2.30 *Man addiere die Zahlen von 1 bis 999 durch geschicktes Zusammenfassen. Welche Rechengesetze wurden verwendet?*

2.31 *Für die gegebenen Folgen bestimme man sowohl ein explizites als auch ein rekursives Bildungsgesetz. Bei (f) bis (i) beachte man die Differenzenfolge.*

(a) $5, 8, 11, 14, 17$. (b) $\frac{1}{9}, \frac{1}{12}, \frac{1}{15}, \frac{1}{18}, \frac{1}{21}$. (c) $\frac{1}{9}, -\frac{1}{27}, \frac{1}{81}, -\frac{1}{243}, \frac{1}{729}$.
(d) $10, 6, 2, -2, -6$. (e) $-1, 3, -9, 27, -81, 243$. (f) $1, 5, 12, 22, 35$.
(g) $3, 9, 19, 33, 51, 73$. (h) $3, -9, 19, -33, 51, -73$. (i) $1, 3, 6, 10, 15, 21$.

2.32 *Für die Folge* $a_1, \ldots, a_n$ *berechne man jeweils die Zahlen* $\sum_{k=1}^{n} a_k$ *und* $\prod_{k=1}^{n} a_k$:

(a) $1, 3, 6, 9, 12$. (b) $2, 3, 5, 7, 11$.
(c) $a_k = 2k + 2$, für $k = 1, \ldots, 4$, (d) $a_k = 2k^3 - 2$, für $k = 1, \ldots, 6$.

2.33 *Man berechne die folgenden Summen und Produkte:*

(a) $\sum_{k=1}^{25}(k + 13)$ (b) $\sum_{j=1}^{6} \frac{1}{2j}$ (c) $\prod_{i=1}^{6} \frac{1}{2i}$ (d) $\sum_{k=3}^{8} 3^k$ (e) $\sum_{k=0}^{8} (\frac{1}{2})^k$ (f) $\sum_{k=9}^{15} (\frac{1}{2})^k$.

2.34 *Man berechne* $\sum_{k=1}^{7}(2k + k^2 + 2^k)$. *Welche Formeln lassen sich benutzen?*

2.35 *Eine Folge der Form $a_0, a_0+d, a_0+2d, \ldots, a_0+nd$, wobei d eine reelle Zahl ist, heißt endliche* **arithmetische Folge**. *Die Folge $a_0, a_1, \ldots, a_n$ ist genau dann arithmetisch, wenn $a_{k+1} = a_k + d$ bzw. $a_{k+1} - a_k = d$ für $k = 0, \ldots, n-1$ gilt.*
Beispiele: $2, 5, 8, 11, \ldots, 26$ mit $d = 3$ und $15, 11, 7, 3, -1, -5, -9$ mit $d = -4$.

Welche Folgen sind arithmetisch?

(a) $-7, 8, 23, 38$, (b) $2, 4, 7, 11$, (c) $4, -1, -6, -11, -16$.

2.36 (a) *Man berechne die Summe $2 + 5 + 8 + 11 + \cdots + 26$.*

(b) *Man berechne die Summe $15 + 11 + 7 + 3 - 1 - 5 - 9$.*

(c) *Man berechne für die arithmetische Folge (a_k) die Summe $\sum_{k=0}^{n} a_k$.*

2.4 Lösungen

2.23

(a) $25 : 5 - ((11 + 17 - 18) : 5 - 9 \cdot 3) \cdot 2 - 6 : (3 - (23 - 26))$
$= 5 - (-25) \cdot 2 - 6 : 6 = \underline{54}$,

(b) $(((26 : 13 - 4) : 2 - 13) : 7) \cdot 3 - (106 - 12 \cdot 7) : 11 = (-2) \cdot 3 - 2 = \underline{-8}$.

2.24

(a) $-c(4a - 3c(b - 2a - 2(c - 3b))) = \underline{-4ac + 21bc^2 - 6ac^2 - 6c^3}$.

(b) $-(3a - 2b)(2b + 3a) = (2b - 3a)(2b + 3a) = \underline{4b^2 - 9a^2}$.

(c) $(2x+y-3z)(4xy-2xz+yz) = \underline{8x^2y - 4x^2z + 4xy^2 + y^2z + 6xz^2 - 3yz^2 - 12xyz}$.

2.25

(a) $-3ax^2y - 2aby + 6a^2x^2 = \underline{a(-3x^2y - 2by + 6ax^2)}$ oder
$-3ax^2y - 2aby + 6a^2xy^2 = \underline{-a(3x^2y + 2by - 6ax^2)}$.

(b) $-3by^2 - 2abx - 6a^2b^2y = \underline{-b(3y^2 + 2ax + 6a^2by)}$ oder
$-3by^2 - 2abx - 6a^2b^2y = \underline{b(-3y^2 - 2ax - 6a^2by)}$.

(c) $5a^2b + 35ab - 15a = \underline{5(a^2b + 7ab - 3a)}$ oder
$5a^2b + 35ab - 15a = \underline{5a(ab + 7b - 3)}$.

2.26 Es lassen sich 3, y und $3y$ ausklammern, jeweils auch mit negativem Vorzeichen, z.B. $-21x^2y - 15xy^2 + 36ay = -3y(7x^2 + 5xy - 12a)$.

2.27 $p(x) = x^5 + 2x^4 - 15x^3 = x^3(x^2 + 2x - 15) = x^3(x - 3)(x + 5)$.
$p(x)$ hat die Nullstellen $\underline{-5,\ 0,\ 3}$, wobei 0 eine dreifache Nullstelle ist.

2.28

(a) $5x(2a - b) - 2y(2a - b) + 2az - bz = 5x(2a - b) - 2y(2a - b) + z(2a - b)$
$= \underline{(5x - 2y + z)(2a - b)}$.

(b) $4a(x - y) + 2b(y - x) = 4a(x - y) - 2b(x - y) = \underline{(4a - 2b)(x - y)}$.

(c) $4ax^2y + 4acx - bxy - bc = 4ax(xy + c) - b(xy + c) = \underline{(4ax - b)(xy + c)}$.

2.29 Links vom Aufgang $19 \cdot 13$, rechts $19 \cdot 15$ Plätze: $19 \cdot 13 + 19 \cdot 15 = 247 + 285 = \underline{532}$ Plätze. Oder: Jede Reihe hat $13 + 15 = 28$ Plätze, insgesamt $\underline{19 \cdot 28 = 532 \text{ Plätze}}$.

2.30 $1 + 2 + \cdots + 999 = (1 + 999) + (2 + 998) + (3 + 997) + \cdots + (499 + 501) + 500$
$= 499 \cdot 1\,000 + 500 = \underline{499\,500}$, verwendet wurden das Kommutativ- und Assoziativgesetz für + sowie das Distributivgesetz.

2.31

(a) Explizit: $\underline{a_k = 3k + 2}$, für $k = 1, \ldots, 5$.
Rekursiv: $\underline{a_1 = 5,\ a_{k+1} = a_k + 3}$, für $k = 1, \ldots, 4$.

(b) Explizit: $\underline{a_k = \frac{1}{3(k+2)}}$, für $k = 1, \ldots, 5$.
Rekursiv: $\underline{a_1 = \frac{1}{9},\ a_{k+1} = \frac{1}{a_k^{-1} + 3}}$, für $k = 1, \ldots, 4$.

(c) Explizit: $\underline{a_k = (-1)^{k+1} \frac{1}{3^{k+1}}}$, für $k = 1, \ldots, 5$.
Rekursiv: $\underline{a_1 = \frac{1}{9},\ a_{k+1} = -\frac{1}{3} a_k}$, für $k = 1, \ldots, 4$.

(d) Rekursiv: $\underline{a_1 = 10,\ a_{k+1} = a_k - 4}$ für $k = 1, \ldots, 4$.
Explizit: $\underline{a_k = 10 - 4(k-1)}$, $k = 1, \ldots, 5$, arithmetische Folge, siehe [2.35].

(e) Explizit: $\underline{a_k = (-1)^{k+1} 3^k}$, $k = 0, \ldots, 5$.
Rekursiv: $\underline{a_0 = -1,\ a_{k+1} = -3\, a_k}$, $k = 0, \ldots, 4$.

(f) Die Differenzenfolge ist $4, 7, 10, 13$, $a_{k+1} - a_k = 3k + 1$, also
Rekursiv: $\underline{a_1 = 1,\ a_{k+1} = a_k + 3k + 1}$, für $k = 1, \ldots, 4$.
$a_1 = 1$, $a_2 = a_1 + 3 + 1$, $a_3 = a_2 + 3 \cdot 2 + 1 = 1 + 3 \cdot 1 + 1 + 3 \cdot 2 + 1$,
$a_4 = a_3 + 3 \cdot 3 + 1 = 1 + 3 \cdot 1 + 1 + 3 \cdot 2 + 1 + 3 \cdot 3 + 1$ führt zu
Explizit: $a_k = 3 \sum_{j=1}^{k-1} j + k = \frac{3}{2} k(k-1) + k$, also $\underline{a_k = \frac{3}{2} k^2 - \frac{1}{2} k}$, $k = 1, \ldots, 5$.
Oder "Herunterrechnen":
$a_k = a_{k-1} + 3(k-1) + 1 = a_{k-2} + 3(k-2) + 1 + 3(k-1) + 1 = \ldots$
$= a_1 + 3 \cdot 1 + 1 + \cdots + 3 \cdot (k-1) + 1$
$= k + 3\big(1 + \cdots + (k-2) + (k-1)\big) = \underline{\frac{3}{2} k^2 - \frac{1}{2} k}$, $k = 1, \ldots, 5$.

(g) Differenzenzenfolge ist $6, 10, 14, 18, 22$, also $a_{k+1} - a_k = 4k + 2$.
Rekursiv: $\underline{a_1 = 3,\ a_{k+1} = a_k + 4k + 2}$, $k = 1, \ldots, 5$.
Explizit: Vielleicht erkennt man $\underline{a_k = 2k^2 + 1}$, $k = 1, \ldots, 6$.
Sonst rechne man "herunter":
$a_k = a_{k-1} + 4(k-1) + 2 = a_{k-2} + 4(k-2) + 2 + 4(k-1) + 2 = \ldots$
$= 3 + 4 \cdot \frac{1}{2} k(k-1) + (k-1)2 = \underline{2k^2 + 1}$.

(h) Explizit: Kennt man (e), so ist $\underline{a_k = (-1)^{k+1}(2k^2 + 1)}$, $k = 1, \ldots, 6$.
$a_{k+1} - a_k = (-1)^{k+2}(2(k+1)^2 + 1) - (-1)^{k+1}(2k^2 + 1)$
$= 4(-1)^k (k^2 + k + 1)$, also:
Rekursiv: $\underline{a_1 = 3,\ a_{k+1} = a_k + (-1)^k (4k^2 + 4k + 4)}$, $k = 1, \ldots, 5$.

(i) Die Folge der Differenzen $a_{k+1} - a_k$, $k = 1, \ldots, 5$ ist $2, 3, 4, 5, 6$, die Differenz aufeinanderfolgender Glieder wird also jeweils um 1 größer.
Rekursiv: $\underline{a_1 = 1,\ a_{k+1} = a_k + k + 1,}\ \ k = 1, \ldots, 5$.
Es ist $a_2 = a_1 + 2 = 1 + 2 = 3$, $a_3 = a_2 + 3 = 1 + 2 + 3 = 6$, usw. Also:
Explizit: $\underline{a_k = 1 + 2 + \cdots + k = \frac{1}{2}\, k(k+1),}\ k = 1, \ldots, 6$.

2.32

$a_1, \ldots, a_n$	$\sum_{k=1}^{n} a_k$	$\prod_{k=1}^{n} a_k$
$1, 3, 6, 9, 12$	$1 + 3 + 6 + 9 + 12 = 31$	$1 \cdot 3 \cdot 6 \cdot 9 \cdot 12 = 1\,944$
$2, 3, 5, 7, 11$	$2 + 3 + 5 + 7 + 11 = 28$	$2 \cdot 3 \cdot 5 \cdot 7 \cdot 11 = 2\,310$
$a_k = 2k + 2,\ k = 1, \ldots, 4$	$4 + 6 + 8 + 10 = 28$	$4 \cdot 6 \cdot 8 \cdot 10 = 1\,920$
$a_k = 2k^3 - 2,\ k = 1, \ldots, 6$	$0 + 14 + \cdots + 430 = 870$	$0 \cdot 14 \cdots 430 = 0$

2.33

(a) $\sum_{k=1}^{25} (k + 13) = 14 + 15 + \cdots + 38$

$\sum_{k=1}^{25} (k + 13) = \sum_{k=1}^{25} k + \sum_{k=1}^{25} 13 = \frac{1}{2} \cdot 25 \cdot 26 + 25 \cdot 13 = 325 + 325 = \underline{650}$, oder

$\sum_{k=1}^{25} (k + 13) = \sum_{k=1}^{38} k - \sum_{k=1}^{13} k = \frac{1}{2} \cdot 38 \cdot 39 - \frac{1}{2} \cdot 13 \cdot 14 = 741 - 91 = \underline{650}$.

(b) $\sum_{j=1}^{6} \frac{1}{2j} = \frac{1}{2} + \frac{1}{4} + \frac{1}{6} + \frac{1}{8} + \frac{1}{10} + \frac{1}{12} = \frac{60+30+20+15+12+10}{120} = \frac{147}{120} = \underline{\frac{49}{40}}$, oder

$\sum_{j=1}^{6} \frac{1}{2j} = \frac{1}{2} \sum_{j=1}^{6} \frac{1}{j} = \frac{1}{2}\left(1 + \frac{1}{2} + \frac{1}{3} + \frac{1}{4} + \frac{1}{5} + \frac{1}{6}\right) = \underline{\frac{49}{40}}$.

(c) $\prod_{i=1}^{6} \frac{1}{2i} = \frac{1}{2^6} \prod_{i=1}^{6} \frac{1}{i} = \frac{1}{64} \cdot \frac{1}{1 \cdot 2 \cdot 3 \cdot 4 \cdot 5 \cdot 6} = \frac{1}{64} \cdot \frac{1}{6!} = \frac{1}{64} \cdot \frac{1}{720} = \underline{\frac{1}{46\,080}}$.

(d) $\sum_{k=3}^{8} 3^k = \sum_{k=0}^{8} 3^k - 3^0 - 3^1 - 3^2 = \frac{3^9 - 1}{3 - 1} - 13 = \frac{19\,682}{2} - 13 = \underline{9\,828}$, oder

$\sum_{k=3}^{8} 3^k = 3^3 \cdot \sum_{k=3}^{8} 3^{k-3} = 3^3 \cdot \sum_{j=0}^{5} 3^j = 3^3 \cdot \frac{3^6 - 1}{3 - 1} = 27 \cdot 364 = \underline{9\,828}$.

(e) $\sum_{k=0}^{8} \left(\frac{1}{2}\right)^k = \frac{1 - \left(\frac{1}{2}\right)^9}{1 - \frac{1}{2}} = 2\left(1 - \frac{1}{512}\right) = \underline{\frac{511}{256}}$.

(f) $\sum_{k=9}^{15} \left(\frac{1}{2}\right)^k = \sum_{k=0}^{15} \left(\frac{1}{2}\right)^k - \sum_{k=0}^{8} \left(\frac{1}{2}\right)^k = 2\left(1 - \left(\frac{1}{2}\right)^{16}\right) - 2\left(1 - \left(\frac{1}{2}\right)^9\right)$

$= -\left(\frac{1}{2}\right)^{15} + \left(\frac{1}{2}\right)^8 = \frac{-1 + 2^7}{2^{15}} = \underline{\frac{127}{32\,768}}$, oder

$\sum_{k=9}^{15} \left(\frac{1}{2}\right)^k = \frac{\left(\frac{1}{2}\right)^{16} - \left(\frac{1}{2}\right)^9}{\frac{1}{2} - 1} = \left(\frac{1}{2}\right)^8 - \left(\frac{1}{2}\right)^{15} = \underline{\frac{127}{32\,768}}$ nach [2.20].

2.34 $\sum_{k=1}^{7}(2k+k^2-2^k) = \sum_{k=1}^{7} 2k + \sum_{k=1}^{7} k^2 - \sum_{k=1}^{7} 2^k$, die einzelnen Summen ergeben:

$\sum_{k=1}^{7} 2k = 2 + \cdots + 14 = \underline{56}$ oder mit Formel $\sum_{k=1}^{7} 2k = 2 \cdot \frac{7\cdot 8}{2} = \underline{56}$,

$\sum_{k=1}^{7} k^2 = 1 + 4 \cdots + 49 = \underline{140}$ oder mit [2.16 (d)] $\sum_{k=1}^{7} k^2 = \frac{7\cdot 8\cdot 15}{6} = \underline{140}$,

$\sum_{k=1}^{7} 2^k = 2 + 4 + \cdots + 128 = \underline{254}$ oder mit Formel $\sum_{k=1}^{7} 2^k = \frac{2^8-1}{2-1} - 1 = \underline{254}$.

Also $\sum_{k=1}^{7}(2k+k^2-2^k) = \sum_{k=1}^{7} 2k + \sum_{k=1}^{7} k^2 - \sum_{k=1}^{7} 2^k = 56 + 140 - 254 = \underline{-58}$.

2.35

(a) $-7, 8, 23, 38$ ist <u>arithmetisch, $d = 15$</u>,

(b) $2, 4, 7, 11$ ist <u>nicht arithmetisch</u>, die Differenz benachbarter Folgenglieder ist nicht konstant!

(c) $4, -1, -6, -11, -16$ ist <u>arithmetisch, $d = -5$</u>.

2.36 Man benötigt die Summe der Zahlen 1 bis n: $\sum_{k=1}^{n} k = \frac{n(n+1)}{2}$, siehe [2.16].

(a)
$$\begin{aligned} & 2 + 5 + 8 + 11 + \cdots + 26 \\ &= (2 + 0\cdot 3) + (2 + 1\cdot 3) + (2 + 2\cdot 3) + \cdots + (2 + 8\cdot 3) \\ &= \sum_{k=0}^{8}(2 + k\cdot 3) = \sum_{k=0}^{8} 2 + \sum_{k=0}^{8} 3k = 9\cdot 2 + 3\sum_{k=0}^{8} k = 18 + 3\cdot\frac{8(8+1)}{2} = \underline{126}. \end{aligned}$$

(b)
$$\begin{aligned} & 15 + 11 + 7 + 3 - 1 - 5 - 9 \\ &= (15 + 0\cdot(-4)) + (15 + 1\cdot(-4)) + (15 + 2\cdot(-4)) + \cdots + (15 + 6\cdot(-4)) \\ &= \sum_{k=0}^{6}(15 + k\cdot(-4)) = \sum_{k=0}^{6} 15 + \sum_{k=0}^{6} -4k = 7\cdot 15 - 4\sum_{k=0}^{6} k = 105 - 4\cdot\frac{6\cdot 7}{2} = \underline{21}. \end{aligned}$$

Oder: $15 + 11 + 7 + 3 - 1 - 5 - 9 = -9 - 5 - 1 + 3 + 7 + 11 + 15 =$

$$\sum_{k=0}^{6}(-9 + k\cdot 4) = \sum_{k=0}^{6}(-9) + \sum_{k=0}^{6} 4k = 7\cdot(-9) + 4\sum_{k=0}^{6} k = -63 + 4\cdot\frac{6\cdot 7}{2} = \underline{21}.$$

(c) Allgemein gilt für eine arithmetische Folge $a_0, a_1, \ldots, a_n$:

$$\sum_{k=0}^{n} a_k = \sum_{k=0}^{n}(a_0 + kd) = \sum_{k=0}^{n} a_0 + \sum_{k=0}^{n}(kd) = (n+1)a_0 + d\sum_{k=0}^{n} k = \underline{(n+1)a_0 + \frac{n(n+1)}{2}d}.$$

> Summenformel für die endliche arithmetische Reihe
>
> $$\sum_{k=0}^{n}(a_0 + kd) = (n+1)(a_0 + \tfrac{1}{2}nd) = \tfrac{1}{2}(n+1)(2a_0 + nd).$$

3 Natürliche Zahlen

Natürliche Zahlen sind die Zahlen $1, 2, 3, 4, \ldots$, die Menge der natürlichen Zahlen bezeichnet man mit $\mathbb{N}$. In der Regel sind sie als Dezimalzahlen gegeben. So ist

$56\,093 = 50\,000 + 6\,000 + 90 + 3 = 5 \cdot 10^4 + 6 \cdot 10^3 + 0 \cdot 10^2 + 9 \cdot 10^1 + 3 \cdot 10^0.$

5, 6, 0, 9, 3 heißen **Ziffern** der Dezimaldarstellung von 56 093.

Andere Darstellungen, so die für die Computertechnik unverzichtbare Dualdarstellung, die nur die Ziffern $0, 1$ benutzt, findet man auf [Seite 45 ff.].

3.1 Primzahlen und Teilbarkeit

Eine natürliche Zahl a heißt **Teiler** der natürlichen Zahl b, geschrieben als $a \mid b$ (lies auch: a teilt b), wenn es ein $c \in \mathbb{N}$ gibt mit $a \cdot c = b$. Die natürliche Zahl b heißt dann **Vielfaches** von a. Gleichbedeutend mit $a \mid b$ ist also $\frac{b}{a} \in \mathbb{N}$.

So ist 25 ein Teiler von 100 und 65 ein Vielfaches von 13. Aber 6 ist kein Teiler von 22 und 55 kein Vielfaches von 17. 1 teilt jede natürliche Zahl b wegen $1 \cdot b = b$.

Natürliche Zahlen a und b, die außer 1 keinen gemeinsamen Teiler haben, heißen **teilerfremd**. So sind 30 und 77 teilerfremd, je zwei verschiedene Primzahlen sind teilerfremd, 6 und 22 sind nicht teilerfremd wegen des gemeinsamen Teilers 2.

Teilbarkeitsaussagen für ganze Zahlen werden analog formuliert.
Jede ganze Zahl a teilt 0, da $a \cdot 0 = 0$ gilt.

3.1 *Man bestimme alle natürlichen Teiler von 90 bzw.*
alle ganzzahligen Teiler von 20.

Für $a, b \in \mathbb{N}$ gilt: $a \mid b \iff$ Es gibt ein $c \in \mathbb{N}$ mit $a \cdot c = b \iff \frac{b}{a} \in \mathbb{N}$.

Die natürlichen Teiler von 90 sind $1, 2, 3, 5, 6, 9, 10, 15, 18, 30, 45, 90$.
Die ganzzahligen Teiler von 20 sind $\pm 1, \pm 2, \pm 4, \pm 5, \pm 10, \pm 20$.

Aus der Primfaktorzerlegung einer Zahl erhält man leicht alle Teiler!

Primzahlen

Eine natürliche Zahl p heißt eine **Primzahl**, wenn sie verschieden von 1 ist und außer 1 und sich selbst keine natürlichen Zahlen als Teiler hat.

Die Folge der Primzahlen beginnt mit 2, 3, 5, 7, 11 usw.

$\mathbb{P} = \{2, 3, 5, 7, 11, \ldots\}$ bezeichnet die Menge der Primzahlen.

Wichtige Eigenschaften von Primzahlen

Es gibt unendlich viele Primzahlen (EUKLID), Beweis siehe [1.16].

Für jede Primzahl p gilt: Aus $p \mid mn$ folgt $p \mid m$ oder $p \mid n$.

Hauptsatz der elementaren Zahlentheorie:
Jede natürliche Zahl $n \geq 2$ ist als Produkt von Primzahlen darstellbar.
Die Darstellung ist eindeutig bis auf die Reihenfolge der Faktoren.
Dieses Produkt nennt man die **Primfaktorzerlegung** von n.

3.2 *Man zerlege in Primfaktoren:* 105, 1 000, 1 024, 2 100.

Hilfen zur Primfaktorzerlegung folgen unten. Man fasst gleiche Primfaktoren zusammen und ordnet die entstehenden Primzahlpotenzen aufsteigend nach der Größe der Primfaktoren.

$$105 = \underline{3\cdot 5\cdot 7}, \qquad 1\,024 = \underline{2^{10}},$$
$$1\,000 = 10^3 = (2\cdot 5)^3 = \underline{2^3\cdot 5^3}, \qquad 2\,100 = 21\cdot 100 = 3\cdot 7\cdot 10^2 = \underline{2^2\cdot 3\cdot 5^2\cdot 7}.$$

3.3 *Man bestimme alle nichtnegativen Teiler von* 40 *und von* 200.

Es ist $40 = 2^3\cdot 5$ und $200 = 2^3\cdot 5^2$. Teiler von 40 sind alle Produkte von Primzahlen, in denen der Faktor 2 höchstens dreimal und der Faktor 5 höchstens einmal und sonst keine Primzahl vorkommt, entsprechend für 200.

Teiler von 40: $1, 2, 4, 8, 5, 10, 20, 40$.
Teiler von 200: $1, 2, 4, 8, 5, 10, 20, 40, 25, 50, 100, 200$.

3.4 *Bestimme alle ganzzahligen Lösungen* (x, y) *der Gleichung* $25x + 15y = 0$.

$25x + 15y = 0 \iff 5x + 3y = 0 \iff y = -\frac{5\cdot x}{3}$.
Da 3 eine Primzahl ist, die 5 nicht teilt, gilt:
$y = -\frac{5\cdot x}{3}$ ist ganzzahlig $\iff x = 3k,\ y = -5k$ für eine beliebige ganze Zahl k.
Die ganzzahligen Lösungen von $25x+15y = 0$ sind also $\underline{(x, y) = (3k, -5k)},\ k \in \mathbb{Z}$.

3.5 *Bestimme alle ganzzahligen Lösungen* (x, y) *der Gleichung* $125x - 30y = 0$.

$125x - 30y = 0 \iff 25x - 6y = 0 \iff y = \frac{25\cdot x}{6}$.
Da $6 = 2\cdot 3$ ist und die Primzahlen 2 und 3 keine Teiler von 25 sind, gilt:
$y = \frac{25\cdot x}{6}$ ist ganzzahlig $\iff x = 6k,\ y = 25k$ für eine beliebige ganze Zahl k.
Die ganzzahligen Lösungen von $125x-30y = 0$ sind also $\underline{(x, y) = (6k, 25k)},\ k \in \mathbb{Z}$.

3.6 *Bestimme alle ganzzahligen Lösungen* (x, y) *der Gleichung* $15x + 40y = 0$.

$15x + 40y = 0 \iff 3x + 8y = 0 \iff y = \frac{-3x}{8}$.
Da 8 und 3 teilerfremd sind, gilt:
$y = \frac{-3x}{8}$ ist ganzzahlig $\iff x = 8k,\ y = -3k$ für eine beliebige ganze Zahl k.
Die ganzzahligen Lösungen von $15x+40y = 0$ sind also $\underline{(x, y) = (8k, -3k)},\ k \in \mathbb{Z}$.

3.7 *Warum ist eine natürliche Zahl* n

(a) *durch* 30 *teilbar, wenn sie durch* 2, 3 *und* 5 *teilbar ist?*
(b) *durch* 1 800 *teilbar, wenn sie durch* 8, 25 *und* 9 *teilbar ist?*
(c) *nicht notwendig durch* 36 *teilbar, wenn sie durch* 2, 3, 6 *teilbar ist?*

(a) Ist n durch 2, 3 und 5 teilbar, so kommen diese Zahlen nach dem Hauptsatz in der Primfaktorzerlegung von n vor. Daher hat n den Teiler $2\cdot 3\cdot 5 = 30$.

(b) Man argumentiert wie in (a) für $8 = 2^3$, $9 = 3^2$ und $25 = 5^2$ wegen $8\cdot 9\cdot 25 = 1800$.

(c) Ist n durch 2, 3 und 6 teilbar, so kommen 2 und 3 in der Primfaktorzerlegung von n vor. Man kann also allenfalls schließen, dass n durch 6 teilbar ist!

Beispiele: $n = 6$, $n = 12$ sind beide durch 2, 3 und 6 teilbar, aber nicht durch 36.

Die Zerlegung in Primfaktoren kann im Einzelfall sehr mühsam und speziell für gewisse Produkte großer Primzahlen sogar für Hochleistungsrechner unmöglich sein. Hierauf beruht ein in der Praxis häufig angewandtes Kodierungsverfahren, der nach seinen Erfindern River, Shamir und Adleman benannte RSA-Algorithmus.

Für kleinere natürliche Zahlen sind beim Primzahltest und auch für die Primfaktorzerlegung die folgenden Teilbarkeitsregeln hilfreich.
Bei großen Zahlen bedient man sich auch Tests, die eine vorgelegte Zahl nur mit einer gewissen Wahrscheinlichkeit zur Primzahl erklären.

Quersumme von $n \in \mathbb{N}$:
Summe aller Ziffern in der Dezimaldarstellung von n.

alternierende Quersumme von $n \in \mathbb{N}$:
Summe der Zahlen, die entstehen, wenn die Ziffern der Dezimaldarstellung von n, von hinten beginnend, abwechselnd positives und negatives Vorzeichen erhalten.

---

56 293
hat die Quersumme 25, denn $3 + 9 + 2 + 6 + 5 = 25$, und die
alternierende Quersumme -5, denn $3 - 9 + 2 - 6 + 5 = -5$.

Teilbarkeitsregeln

Eine natürliche Zahl $n \geq 2$ ist genau dann teilbar durch

2	wenn ihre letzte Ziffer durch 2 teilbar ist.
3	wenn ihre Quersumme durch 3 teilbar ist (**Dreierprobe**) .
4	wenn die Zahl aus ihren letzten beiden Ziffern durch 4 teilbar ist.
5	wenn ihre letzte Ziffer durch 5 teilbar ist.
8	wenn die Zahl aus ihren letzten drei Ziffern durch 8 teilbar ist.
9	wenn ihre Quersumme durch 9 teilbar ist (**Neunerprobe**).
11	wenn ihre alternierende Quersumme durch 11 teilbar ist (**Elferprobe**).
25	wenn die Zahl aus ihren letzten beiden Ziffern durch 25 teilbar ist.

Sind $a_1, \ldots, a_n$ paarweise teilerfremde natürliche Zahlen (d.h. sind a_i und a_j für alle $i \neq j$ teilerfremd), und ist die natürliche Zahl n durch jede dieser Zahlen teilbar, so ist n auch durch ihr Produkt teilbar.

Hat $n \geq 2$ keinen Primteiler $p \leq \sqrt{n}$, so ist n eine Primzahl, [1.17, 3.10].

3.8 *Sind folgende Zahlen durch 3 oder sogar durch 9 teilbar?*

(a) 4 501 896,

(b) 534 782 601,

(c) 835 874 996 948 878 959

(a) Die Quersumme ist $4 + 5 + 0 + 1 + 8 + 9 + 6 = 33$ und durch 3, aber nicht durch 9 teilbar. Folglich ist auch 4 501 896 durch 3 teilbar, aber nicht durch 9.

(b) Die Quersumme ist 36, also ist 534 782 601 sogar durch 9 teilbar.

(c) Die Quersumme ist 126. Um zu entscheiden, ob 126 durch 3 oder 9 teilbar ist, bilden wir hiervon nochmals die Quersumme und erhalten 9. Die Riesenzahl ist also durch 9 teilbar, da die Quersumme der Quersumme durch 9 teilbar ist.

Man kann beim Quersummentest (natürlich nicht beim Bilden der alternierenden Quersumme) alle Ziffern 9 und Ziffern, deren Summe 9 ergibt, weglassen, was die Arbeit erheblich erleichtert.

3.9 *Teste* 534, 2 508, 279, 7 282, 49 599 *auf Teilbarkeit durch* 3, 9 *und* 11.

Man erhält mit Dreier–, Neuner– und Elferprobe und evtl. Bilden mehrfacher Quersummen bei der Dreier– bzw. Neunerprobe:

Zahl	Quersumme bzw. mehrfache Quersumme	alternierende Quersumme	Teiler 3	9	11
534	12 bzw. 3	6	ja	nein	nein
2 508	15 bzw. 6	11	ja	nein	ja
279	18 bzw. 9	4	ja	ja	nein
7 282	19 bzw. 1	−11	nein	nein	ja
49 599	36 bzw. 9	0	ja	ja	ja

3.10 *Ist $n \geq 2$ eine natürliche Zahl, so gilt:*

n ist eine Primzahl $\iff$ n hat keinen Primfaktor $p \leq \sqrt{n}$.

Ersetzt man die Äquivalenz gemäß [S. 11] $A \iff B \equiv (A \implies B) \wedge (B \implies A)$, so kann man den Beweis *in zwei Richtungen* führen:

$(A \implies B)$

Die Primzahl n hat nur die Teiler 1 und n, also keinen Primfaktor $p \leq \sqrt{n}$.

$(B \implies A)$

Indirekter Beweis: Wir nehmen an, dass $n \geq 2$ keine Primzahl ist, obwohl n keinen Primfaktor $p \leq \sqrt{n}$ hat, d.h. jeder Primfaktor $p > \sqrt{n}$ ist.

Ist $n \geq 2$ keine Primzahl, hat die Primfaktorzerlegung von n mindestens zwei Primfaktoren p und q, die nach Voraussetzung beide $> \sqrt{n}$ sind. Also folgt $n \geq p \cdot q > \sqrt{n} \cdot \sqrt{n} = n$, also $n > n$, #. Damit ist die Äquivalenz bewiesen!

3.11 *Man bestimme die Primfaktorzerlegungen der folgenden Zahlen:*
(a) 1 536, (b) 30 000, (c) 113 256, (d) 641.

(a) Die Quersumme von 1 536 ist 15, also gilt $3 \mid 1\,536$. 4 teilt 36, also $4 \mid 1\,536$. 3 und 4 sind teilerfremd, also $3 \cdot 4 \mid 1\,536$. Zwischenergebnis: $1\,536 = 3 \cdot 4 \cdot 128$.
Aus $128 = 2^7$ ergibt sich nun $1\,536 = 3 \cdot 2^2 \cdot 2^7 = \underline{2^9 \cdot 3}$.

(b) $30\,000 = 3 \cdot 10\,000 = 3 \cdot 10^4 = 3 \cdot (2 \cdot 5)^4 = 3 \cdot 2^4 \cdot 5^4 = \underline{2^4 \cdot 3 \cdot 5^4}$.

(c) 113 256 ist zunächst durch 4 teilbar, da 56 durch 4 teilbar ist. Da $256 = 8 \cdot 32$, ist die Zahl sogar duch 8 teilbar.
Ihre Quersumme ist 18, also ist sie durch 9 teilbar.
Die alternierende Quersumme ist $6 - 5 + 2 - 3 + 1 - 1 = 0$ und durch 11 teilbar, also ist die Zahl durch 11 teilbar.
Somit ist sie durch $8 \cdot 9 \cdot 11 = 792$ teilbar, also $113\,256 = 143 \cdot 792 = 11 \cdot 13 \cdot 792$.
Die Primfaktorzerlegung ist also $113\,256 = \underline{2^3 \cdot 3^2 \cdot 11^2 \cdot 13}$.

(d) Als Primteiler von 641 kommen nur Primzahlen $\leq \sqrt{641} \approx 25$ in Frage!
Da 641 durch keine der Primzahlen 2, 3, 5, 11 teilbar ist, kann sie also höchstens noch die Primzahlen 7, 13, 17, 19, 23 als Teiler haben, was man durch Division ausschließt. <u>641 ist eine Primzahl</u>.

3.12 *Welche der folgenden Zahlen sind Primzahlen:*

$$2 \cdot 3 \cdot 5 \cdot 7 + 1, \qquad 2 \cdot 3 \cdot 5 \cdot 7 \cdot 11 + 1, \qquad 2 \cdot 3 \cdot 5 \cdot 7 \cdot 11 \cdot 13 + 1\ ?$$

An der Darstellung von $2 \cdot 3 \cdot 5 \cdot 7 + 1 = 211$ erkennt man sofort, dass 2, 3, 5, 7 keine Teiler sind, da sie den ersten Summanden teilen, aber nicht den zweiten. Da $\sqrt{211} < 15$, bleiben noch 11 und 13 zu testen. Man findet $11 \nmid 211$ und $13 \nmid 211$, <u>211 ist also eine Primzahl</u>.

Für $2 \cdot 3 \cdot 5 \cdot 7 \cdot 11 + 1 = 2\,311$ gilt $\sqrt{2\,311} \approx 48$. Hier ist also mehr Rechnen erforderlich. Man erhält (Taschenrechner): Die Primzahlen zwischen 13 und 47 sind keine Teiler von 2 311. Also folgt: <u>2 311 ist eine Primzahl</u>.

$2 \cdot 3 \cdot 5 \cdot 7 \cdot 11 \cdot 13 + 1 = 30\,031$ und $\sqrt{30\,031} \approx 173$. Mit etwas Mühe erhält man: 59 teilt 30 031 und $30\,031 = 59 \cdot 509$, <u>30 031 ist keine Primzahl</u>.

Merke: Das Produkt der ersten k Primzahlen $+1$ muss keine Primzahl sein!

3.2 Division mit Rest

Eine einfache, aber wichtige Tatsache über Teilbarkeit ist die Division mit Rest, auch Lemma von Euklid genannt. Durch Iteration (mehrfache Anwendung) gewinnt man aus ihm die Darstellung natürlicher Zahlen in anderen Zahlsystemen, siehe [3.14 - 3.16], und den Euklidischen Algorithmus zur Berechnung des größten gemeinsamen Teilers zweier natürlicher Zahlen (und damit auch zweier ganzer Zahlen). Im Gegensatz zur Berechnung des größten gemeinsamen Teilers mit der Primfaktorzerlegung braucht der euklidische Algorithmus auch bei großen Zahlen auf dem Computer nur Bruchteile von Sekunden.

Division mit Rest

Zu $a, b \in \mathbb{N}_0$ mit $b \neq 0$ gibt es eindeutig bestimmte Zahlen q (der **Quotient**) und r (der **Rest**) mit

$$\boldsymbol{a = qb + r} \quad \text{und} \quad 0 \leq r < b.$$

3.13 *Man dividiere mit Rest* (a) 359 *durch* 17, (b) 876 543 *durch* 5678.

(a) Für $a = 359$ und $b = 17$ erhält man (Kopfrechnen, schriftlich, Taschenrechner): $a = 359 = \underline{21 \cdot 17 + 2}$, also $q = 21$ und $r = 2$.

(b) Für $a = 876\,543$ und $b = 5\,678$ hilft ein Taschenrechner.
Zuerst ist nämlich $876\,543 : 5\,678 \approx 154.3$. Damit ist der Quotient $q = 154$, und $5\,678 \cdot 154 = 874\,412$. Man erhält den Rest $r = 876\,543 - 874\,412 = 2\,131$.

Folglich $876\,543 = \underline{154 \cdot 5\,678 + 2\,131}$.

Das Dualsystem:

Jede natürliche Zahl ist Summe von Zweierpotenzen!

Um z.B. 29 als Summe von Zweierpotenzen darzustellen, bestimmt man die höchste Zweierpotenz ≤ 29, das ist 16. Also $29 = 16 + 13$. Mit $13 = 8 + 5$ setzt man dieses Verfahren fort und erhält:

$$\begin{aligned} 29 &= 16 + 13 \\ &= 16 + 8 + 5 \\ &= 16 + 8 + 4 + 1 \\ &= 2^4 + 2^3 + 2^2 + 2^0 \\ &= 1 \cdot 2^4 + 1 \cdot 2^3 + 1 \cdot 2^2 + 0 \cdot 2^1 + 1 \cdot 2^0 \\ &= (11101)_2 \text{ , heißt } \textbf{Dualdarstellung} \text{ von 29.} \end{aligned}$$

Man sieht die Analogie zur Dezimaldarstellung $29 = 2 \cdot 10^1 + 9 \cdot 10^0$.

Beispiel: $(101\,001)_2 = 1 \cdot 2^5 + 0 \cdot 2^4 + 1 \cdot 2^3 + 0 \cdot 2^2 + 0 \cdot 2^1 + 1 \cdot 2^0 = 41$,
$1\,024 = 2^{10} = (10\,000\,000\,000)_2$

Im Dualsystem braucht man im Vergleich zum Dezimalsystem weniger Ziffern, nämlich nur 0 und 1. Dafür wird die Ziffernfolge erheblich länger!

Natürlich kann man statt 2 größere Zahlen verwenden. [3.16] und [3.42] sind Beispiele zum Fünfersystem.

Wichtiger ist das **Hexadezimalsystem** (Sechzehnersystem), siehe [3.15].

Das Hexadezimalsystem wird in [Kapitel 17] ausführlich behandelt!

Die Division mit Rest liefert einen Algorithmus (Rechenverfahren) zur Berechnung der Dualdarstellung. Die Reste bei fortgesetzter Division durch 2 liefern, **beginnend mit der letzten Ziffer**, die Ziffern der Dualdarstellung von 29. Entsprechend verfährt man bei anderen Zahlsystemen.

Rechenverfahren zur Dualdarstellung

$$\begin{array}{rclcl} 29 &=& 14\cdot 2+\mathbf{1} &=& q_1\cdot 2+r_0\\ q_1=14 &=& 7\cdot 2+\mathbf{0} &=& q_2\cdot 2+r_1\\ q_2=\ 7 &=& 3\cdot 2+\mathbf{1} &=& q_3\cdot 2+r_2\\ q_3=\ 3 &=& 1\cdot 2+\mathbf{1} &=& q_4\cdot 2+r_3\\ q_4=\ 1 &=& 0\cdot 2+\mathbf{1} &=& r_4 \end{array}$$

ergibt durch fortgesetztes Einsetzen $29 = r_4 2^4 + r_3 2^3 + r_2 2^2 + r_1 2^1 + r_0 2^0$ $= 2^4 + 2^3 + 2^2 + 2^0 = (11101)_2$.
Die Reste liefern also die Vorfaktoren 0 oder 1 der entsprechenden Zweierpotenzen.

$29 = (\mathbf{11101})_2$, Reste von unten nach oben gelesen!

3.14 *Man berechne die Dualdarstellung von* 425.

$$\begin{array}{rcl} 425 &=& 212\cdot 2+\mathbf{1}\\ 212 &=& 106\cdot 2+\mathbf{0}\\ 106 &=& 53\cdot 2+\mathbf{0}\\ 53 &=& 26\cdot 2+\mathbf{1}\\ 26 &=& 13\cdot 2+\mathbf{0}\\ 13 &=& 6\cdot 2+\mathbf{1}\\ 6 &=& 3\cdot 2+\mathbf{0}\\ 3 &=& 1\cdot 2+\mathbf{1}\\ 1 &=& 0\cdot 2+\mathbf{1} \end{array}\uparrow$$

Man bricht ab, wenn der Quotient 0 ist. Es ist

$$\begin{array}{rcl} 425 &=& (110101001)_2\\ &=& 2^8+2^7+2^5+2^3+2^0. \end{array}$$

Die Probe
$425 = 256 + 128 + 32 + 8 + 1$ stimmt.

Das Sechzehnersystem oder **Hexadezimalsystem** spielt in der Computertechnik eine große Rolle. Da hier als Vorfaktoren auch die Ziffern $10, 11, 12, 13, 14, 15$ auftreten können, führt man für sie die Abkürzungen A,B,C,D,E,F ein.

Um eine Zahl z darzustellen, berechnet man Zahlen n und r_j mit $0 \le r_j \le 15$ und $z = \sum_{j=0}^{n} r_j (16)^j$, z.B. ist $709 = 2\cdot 16^2 + 11\cdot 16 + 15\cdot 16^0 = (2\mathrm{BF})_{16}$.

Die fortgesetzte Division mit Rest liefert auch hier das passende Verfahren:

3.15 (a) *Man stelle* 425 *im Hexadezimalsystem (Sechzehnersystem) dar. Benutze dazu auch die Dualdarstellung von* 425 *aus* [3.14].

(b) *Man stelle* 987 654 *im Hexadezimalsystem dar und gewinne daraus die Dualdarstellung.*

(a1)
$$\begin{array}{rcl} 425 &=& 26\cdot 16+\ \mathbf{9}\\ 26 &=& 1\cdot 16+\mathbf{10}\\ 1 &=& 0\cdot 16+\ \mathbf{1} \end{array}\uparrow \quad\Longrightarrow\quad 425 = \mathbf{1}\cdot 16^2 + \mathbf{10}\cdot 16 + \mathbf{9}\cdot 16^0 = \underline{(1\mathrm{A}9)_{16}}.$$

(a2) Alternativ stellt man zunächst 425 im Dualsystem dar [3.14] und fasst dann Viererblöcke von hinten beginnend zusammen:

$$\Longrightarrow\quad 425 = (110101001)_2 = (1\,\underbrace{1010}_{10}\,\underbrace{1001}_{9})_2 = \underline{(1\mathrm{A}9)_{16}}.$$

(b)
$$\begin{array}{rcl} 987\,654 &=& 61\,728\cdot 16+\ \mathbf{6}\\ 61\,728 &=& 3\,858\cdot 16+\ \mathbf{0}\\ 3\,858 &=& 241\cdot 16+\ \mathbf{2}\\ 241 &=& 15\cdot 16+\ \mathbf{1}\\ 15 &=& 0\cdot 16+\mathbf{15} \end{array}\uparrow$$

Damit ist $987\,654 = 15\cdot 16^4 + 1\cdot 16^3 + 2\cdot 16^2 + 0\cdot 16^1 + 6\cdot 16^0 = \underline{(\mathrm{F}1206)_{16}}$.

Löst man die Ziffern des Hexadezimalsystems in Viererblöcke auf, erhält man die Dualdarstellung: $987\,654 = (\text{F}1206)_{16} = (\underbrace{1111}_{\text{F}}\ \underbrace{0001}_{1}\ \underbrace{0010}_{2}\ \underbrace{0000}_{0}\ \underbrace{0110}_{6})_2$.

$987\,654 = (987\,654)_{10} = (\text{F}1206)_{16} = (1111\,0001\,0010\,0000\,0110)_2$.

3.16 *Man stelle 454 im Fünfersystem dar.*

$$\begin{array}{rcr} 454 &=& 90\cdot 5+4 \\ 90 &=& 18\cdot 5+0 \\ 18 &=& 3\cdot 5+3 \\ 3 &=& 0\cdot 5+3 \end{array}\ \Big\uparrow$$

Man bricht ab, wenn der Quotient 0 ist. Einsetzen ergibt $454 = 90\cdot 5+4 = (18\cdot 5)\cdot 5+4 = 18\cdot 5^2+4 = (3\cdot 5+3)\cdot 5^2+4 = 3\cdot 5^3+3\cdot 5^2+4 = 3\cdot 5^3+3\cdot 5^2+0\cdot 5^1+4\cdot 5^0 = (3304)_5$.

$454 = 3\cdot 5^3+3\cdot 5^2+0\cdot 5^1+4\cdot 5^4 = (3304)_5$

$454 = (3304)_5$ heißt **Darstellung** von 454 **im Fünfersystem**.

3.3 ggT und kgV

ggT, kgV

$d \in \mathbb{N}$ heißt
gemeinsamer Teiler von $a, b \in \mathbb{N} \iff d\,|\,a$ und $d\,|\,b$.

$s \in \mathbb{N}$ heißt
gemeinsames Vielfaches von $a, b \in \mathbb{N} \iff a\,|\,s$ und $b\,|\,s$.

$d \in \mathbb{N}$ heißt
größter gemeinsamer Teiler (ggT) von a und b, geschrieben
$d = \text{ggT}(a, b)$, wenn d gemeinsamer Teiler von a und b ist und jeder gemeinsame Teiler von a und b kleiner oder gleich d ist.

$s \in \mathbb{N}$ heißt
kleinstes gemeinsames Vielfaches (kgV) von a und b, geschrieben
$s = \text{kgV}(a, b)$, wenn s gemeinsames Vielfaches von a und b ist und jedes gemeinsame Vielfache von a und b größer oder gleich s ist.

1 ist Teiler aller Zahlen.

7 ist ein gemeinsamer Teiler von 28 und 42, aber nicht der größte, da beide Zahlen auch durch 14 teilbar sind. Genauer:
28 hat genau die Teiler 1, 2, 4, 7, 14, 28. Es ist 14 ist Teiler von 42, aber 28 ist kein Teiler von 42. Also ist 14 der größte gemeinsame Teiler, d.h. $\text{ggT}(28, 42) = 14$.

Das Produkt zweier Zahlen ist immer ein gemeinsames Vielfaches der Zahlen, aber nicht unbedingt das kleinste!

420 ist ein gemeinsames Vielfaches von 28 und 42, denn $420 = 15\cdot 28 = 10\cdot 42$, jedoch nicht das kleinste, da 84 ebenfalls ein gemeinsames Vielfaches ist, und offensichtlich das kleinste, da 42 kein Vielfaches von 28 ist. Also $\text{kgV}(28, 42) = 84$.

3.17 *Man berechne* $\operatorname{ggT}(a,b)$ *und* $\operatorname{kgV}(a,b)$ *für:*

(a) $a = 15,\ b = 20.$ (b) $a = 17,\ b = 31.$

(c) $a = 315,\ b = 1\,800.$ (d) $a = 2\,331,\ b = 6\,825.$

Hinweis zu (c), (d)*: Man verwende die Primfaktorzerlegung von* a *und* b.

(a) Wir halten uns an die Definition, zur Methode der Berechnung siehe unten.

Teiler von 15 sind 1,3,**5**,15.
Teiler von 20 sind 1,2,4,**5**,10,20. $\Longrightarrow$ $\underline{\operatorname{ggT}(15,20) = 5}$.

Vielfache von 15 sind 15,30,45,**60**,75 ...
Vielfache von 20 sind 20,40,**60**,80, ... $\Longrightarrow$ $\underline{\operatorname{kgV}(15,20) = 60}$.

(b) 17 und 31 sind Primzahlen. Nach Definition einer Primzahl sind zwei verschiedene Primzahlen immer teilerfremd, also $\underline{\operatorname{ggT}(17,31) = 1}$.

Die erforderlichen Vielfachen hinzuschreiben ist mühsam, aber: Jedes gemeinsame Vielfache von 17 und 31 wird durch 17 und durch 31 geteilt, also auch durch $17 \cdot 31 = 527$. Das kgV ist somit mindestens 527, aber auch höchstens 527, da das Produkt immer ein gemeinsames Vielfaches ist. Daher ist $\underline{\operatorname{kgV}(17,31) = 527}$.

(c) Man berechnet die Primfaktorzerlegungen und bestimmt damit ggT und kgV: Es ist $315 = 3^2 \cdot 5 \cdot 7$ und $1800 = 2^3 \cdot 3^2 \cdot 5^2$. Schematisch:

$$\begin{array}{lll l}
a = \ \ 315 & = 3\cdot3\cdot5\cdot7 & = 2^0\cdot3^2\cdot5^1\cdot7^1 & \\
b = 1\,800 & = 2\cdot2\cdot2\cdot3\cdot3\cdot5\cdot5 & = 2^3\cdot3^2\cdot5^2\cdot7^0 & \\ \hline
\operatorname{ggT}(315,1\,800) & = 3\cdot3\cdot5 & = 2^0\cdot3^2\cdot5^1\cdot7^0 & \text{(kleinster Expon.)} \\
 & = \underline{45} & & \\
\operatorname{kgV}(315,1\,800) & = 2\cdot2\cdot2\cdot3\cdot3\cdot5\cdot5\cdot7 & = 2^3\cdot3^2\cdot5^2\cdot7^1 & \text{(größter Exponent)} \\
 & = \underline{12\,600} & &
\end{array}$$

Der **ggT** besitzt genau die Primfaktoren, die in der Zerlegung **beider** Zahlen auftreten, also hier 3^2 und 5 (nach Ergänzen von 2^0 bzw. 7^0, also des Faktors 1, jeweils der **kleinste** Exponent in den Primzahlprodukten).
Das **kgV** besitzt genau die Primfaktoren, die in der Primfaktorzerlegung **einer** der Zahlen auftreten, also hier $2^3, 3^2, 5^2, 7$ (nach Ergänzen von 2^0 bzw. 7^0 jeweils der **größte** Exponent in den Primzahlprodukten).

(d) Wir gehen wie in (c) vor.
$9 \mid 2\,331$ (9 teilt die Quersumme), $7 \mid 2\,331$ (Probieren) und $\frac{2\,331}{3^2\cdot7} = 37$.
So erhält man $\underline{2\,331 = 3^2 \cdot 7 \cdot 37}$, und 37 ist eine Primzahl.

$3 \mid 6\,825$ und $25 \mid 6\,825$, ferner $7 \mid 6\,825$ (Probieren), also $\underline{6\,825 = 3 \cdot 5^2 \cdot 7 \cdot 13}$.

$$\begin{array}{lll}
a = 2\,331 & = 3\cdot3\cdot7\cdot37 & = 3^2\cdot5^0\cdot7^1\cdot13^0\cdot37^1 \\
b = 6\,825 & = 3\cdot5\cdot5\cdot7\cdot13 & = 3^1\cdot5^2\cdot7^1\cdot13^1\cdot37^0 \\ \hline
\operatorname{ggT}(2\,331,6\,825) & = 3\cdot7 & = 3^1\cdot5^0\cdot7^1\cdot13^0\cdot37^0 \\
 & = \underline{21}\ \ \text{(jeweils der kleinste Exponent)} & \\
\operatorname{kgV}(2\,331,6\,825) & = 3\cdot3\cdot5\cdot5\cdot7\cdot13\cdot37 & = 3^2\cdot5^2\cdot7^1\cdot13^1\cdot37^1 \\
 & = \underline{757\,575}\ \ \text{(jeweils der größte Exponent)} &
\end{array}$$

Eigenschaften von ggT und kgV

$c \,|\, a$ und $c \,|\, b \implies c \,|\, \mathrm{ggT}(a,b)$,
d.h. jeder gemeinsame Teiler von a und b ist ein Teiler von $\mathrm{ggT}(a,b)$.

Man berechnet $\mathrm{ggT}(a,b)$ mit dem **euklidischen Algorithmus** [3.20], oder für kleine Zahlen a, b mit Hilfe der Primfaktorzerlegung [3.18, 3.19].

Es gibt ganze Zahlen x, y mit $x \cdot a + y \cdot b = \mathrm{ggT}(a,b)$.
Man berechnet x und y mit dem euklidischen Algorithmus [3.23].

Allgemeiner: Die **diophantische Gleichung** $ax + by = c$ hat genau dann eine ganzzahlige Lösung (x,y), wenn c ein Vielfaches von $\mathrm{ggT}(a,b)$ ist.
Zur Berechnung aller Lösungen siehe [3.24, 3.25].

$a \,|\, c$ und $b \,|\, c \implies \mathrm{kgV}(a,b) \,|\, c$,

d.h. jedes gemeinsame Vielfache von a und b ist ein Vielfaches von $\mathrm{kgV}(a,b)$.

$$\boldsymbol{a \cdot b = \mathrm{ggT}(a,b) \cdot \mathrm{kgV}(a,b).}$$

Sind a, b teilerfremd, so ist $\mathrm{ggT}(a,b) = 1$ und $\mathrm{kgV}(a,b) = a \cdot b$.

3.18 *Man bestimme mittels Primfaktorzerlegung* $\mathrm{ggT}(a,b)$ *und* $\mathrm{kgV}(a,b)$*:*
(a) $a = 45, b = 600.$ (b) $a = 34, b = 93.$ (c) $a = 252, b = 22\,050.$

(a) $45 = 3^2 \cdot 5$ und $600 = 2^3 \cdot 3 \cdot 5^2 \implies$ $\mathrm{ggT}(45,600) = 3 \cdot 5 = \underline{15}$, $\mathrm{kgV}(45,20) = \frac{45 \cdot 600}{\mathrm{ggT}(45,600)} = \frac{45 \cdot 600}{15} = \underline{1\,800}.$

(b) $34 = 2 \cdot 17$ und $93 = 3 \cdot 31 \implies$ $\mathrm{ggT}(34,93) = \underline{1}$, $\mathrm{kgV}(34,93) = \frac{34 \cdot 93}{1} = \underline{3\,162}.$

(c) $4 \,|\, 252$ und $9 \,|\, 252 \implies 2^2 \cdot 3^2 = 36 \,|\, 252.$
Aus $\frac{252}{36} = 7$ folgt nun $252 = 2^2 \cdot 3^2 \cdot 7.$
$2 \,|\, 22\,050,\ 9 \,|\, 22\,050,\ 25 \,|\, 22\,050 \implies 2 \cdot 3^2 \cdot 5^2 \,|\, 22\,050.$
Aus $\frac{22\,050}{2 \cdot 3^2 \cdot 5^2} = 49 = 7^2$ folgt nun $22\,050 = 2 \cdot 3^2 \cdot 5^2 \cdot 7^2$. Man erhält

$$\begin{aligned} 252 &= 2^2 \cdot 3^2 \cdot 7 \\ 22\,050 &= 2 \cdot 3^2 \cdot 5^2 \cdot 7^2 \end{aligned} \implies \begin{aligned} \mathrm{ggT}(252, 22\,050) &= 2 \cdot 3^2 \cdot 7 = \underline{126}, \\ \mathrm{kgV}(252, 22\,050) &= 2^2 \cdot 3^2 \cdot 5^2 \cdot 7^2 = \underline{44\,100}. \end{aligned}$$

Oder: $\mathrm{kgV}(a,b) = \frac{a \cdot b}{\mathrm{ggT}(a,b)} \implies \mathrm{kgV}(252, 22\,050) = \frac{252 \cdot 22\,050}{126} = \underline{44\,100}.$

3.19 *Bestimme mittels Primfaktorzerlegung* $\mathrm{ggT}(a,b)$ *und* $\mathrm{kgV}(a,b)$*, vgl.* [3.20]*:*
(a) $a = 420,\ b = 154.$ (b) $a = 24\,843,\ b = 74\,529.$

Der Taschenrechner hilft beim Finden der Primfaktorzerlegungen:

(a) $$\begin{aligned} 420 &= 2^2 \cdot 3^1 \cdot 5^1 \cdot 7^1 \\ 154 &= 2 \cdot 7^1 \cdot 11^1 \end{aligned} \implies \begin{aligned} \mathrm{ggT}(420,154) &= 2 \cdot 7 = \underline{14}, \\ \mathrm{kgV}(420,154) &= 2^2 \cdot 3 \cdot 5 \cdot 7 \cdot 11 = \underline{4\,620}. \end{aligned}$$

(b) $$\begin{aligned} 24\,843 &= 3^1 \cdot 7^2 \cdot 13^2 \\ 74\,529 &= 3^2 \cdot 7^2 \cdot 13^2 \end{aligned} \implies \begin{aligned} \mathrm{ggT}(24\,843, 74\,529) &= 3 \cdot 7^2 \cdot 13^2 = \underline{24\,843}, \\ \mathrm{kgV}(24\,843, 74\,529) &= 3^2 \cdot 7^2 \cdot 13^2 = \underline{74\,529}. \end{aligned}$$

3.4 Euklidischer Algorithmus

Euklidischer Algorithmus
zur Bestimmung von ggT(a, b)

Seien $a, b \in \mathbb{N}$. Wiederholte Anwendung der Division mit Rest liefert eine Folge $r_1 > r_2 > r_3 > \cdots > \boldsymbol{r_n} > 0$. Der letzte Rest $r_n > 0$ ist **ggT(a, b)**.

$$\begin{array}{lll} a = q_0 b & + r_1 & 0 < r_1 < b \\ b = q_1 r_1 & + r_2 & 0 < r_2 < r_1 \\ r_1 = q_2 r_2 & + r_3 & 0 < r_3 < r_2 \\ \quad \cdots & & \quad \cdots \\ r_{n-2} = q_{n-1} r_{n-1} & + \boldsymbol{r_n} & 0 < r_n < r_{n-1} \implies \boldsymbol{r_n = \mathrm{ggT}\,(a, b)} \\ r_{n-1} = q_n r_n & + 0 & \end{array}$$

Durch **Rückwärtseinsetzen** [3.21 ff.] erhält man $x, y \in \mathbb{Z}$ mit

$$\mathbf{ggT}(\boldsymbol{a}, \boldsymbol{b}) = \boldsymbol{xa} + \boldsymbol{yb}.$$

3.20 *Man berechne mit dem euklidischen Algorithmus, vergleiche* [3.19, 3.17]*:*
(a) ggT(420, 154), kgV(420, 154). (b) ggT(6825, 2331), kgV(6825, 2331).

(a)
$$\begin{aligned} 420 &= 2 \cdot 154 + 112 \\ 154 &= 1 \cdot 112 + 42 \\ 112 &= 2 \cdot 42 + 28 \\ 42 &= 1 \cdot 28 + 14 \quad \implies \quad \mathrm{ggT}\,(420, 154) = \underline{14} \\ 28 &= 2 \cdot 14 + 0 \end{aligned}$$

$$\mathrm{ggT}\,(420, 154) = 14 \implies \mathrm{kgV}\,(420, 154) = \frac{420 \cdot 154}{\mathrm{ggT}\,(420{,}154)} = \frac{64\,680}{14} = \underline{4\,620}.$$

(b)
$$\begin{aligned} 6825 &= 2 \cdot 2331 + 2163 \\ 2331 &= 1 \cdot 2163 + 168 \\ 2163 &= 12 \cdot 168 + 147 \\ 168 &= 1 \cdot 147 + 21 \quad \implies \quad \mathrm{ggT}\,(6825, 2331) = \underline{21} \\ 147 &= 7 \cdot 21 + 0 \end{aligned}$$

$$\mathrm{ggT}\,(6825, 2331) = 21 \implies \mathrm{kgV}\,(6825, 2331) = \frac{6825 \cdot 2331}{\mathrm{ggT}\,(6825{,}2331)} = \cdots = \underline{757\,575}.$$

3.21 *Man berechne ganze Zahlen x und y mit $14 = \mathrm{ggT}(420, 154) = 420x + 154y$.*

Wir setzen $a = 420$ und $b = 154$. Aus dem Euklidischen Algorithmus erhält man

$$\begin{aligned} \mathrm{ggT}\,(a, b) = r_n &= r_{n-2} - q_{n-1} r_{n-1} \\ &= r_{n-2} - q_{n-1}(r_{n-3} - q_{n-2} r_{n-2}) \\ &= -q_{n-1} r_{n-3} + (1 + q_{n-1} q_{n-2}) r_{n-2} \qquad \text{usw..} \end{aligned}$$

Durch Rückwärtseinsetzen der Reste werden diese weiter eliminiert und man erhält den ggT (a, b) als ganzzahlige Kombination $ax + by$ aus a und b:

Man entnimmt [3.20 (a)]:

$$\begin{aligned}14 = \operatorname{ggT}(420,154) &= 42 - 1\cdot 28 &&= 42 - 1(112 - 2\cdot 42)\\ &= -112 + 3\cdot 42 &&= -112 + 3(154 - 112)\\ &= 3\cdot 154 - 4\cdot 112 &&= 3\cdot 154 - 4(420 - 2\cdot 154)\\ & &&= \underline{-4\cdot 420 + 11\cdot 154}\end{aligned}$$

Die gesuchten Zahlen sind $\underline{x = -4}$ und $\underline{y = 11}$. Probe: $-4\cdot 420 + 11\cdot 154 = 14$.

3.22 *Man berechne ganze Zahlen x, y mit $21 = \operatorname{ggT}(6\,825, 2\,331) = 6\,825x + 2\,331y$.*

Wir gehen vor wie in der vorangehenden Aufgabe: Man entnimmt [3.20 (b)]:

$$\begin{aligned}21 = \operatorname{ggT}(6\,825,2\,331) &= 168 - 1\cdot 147 &&= 168 - 1(2163 - 12\cdot 168)\\ &= -2163 + 13\cdot 168 &&= -2163 + 13(2\,331 - 2\,163)\\ &= 13\cdot 2\,331 - 14\cdot 2\,163 &&= 13\cdot 2\,331 - 14(6\,825 - 2\cdot 2\,331)\\ & &&= \underline{-14\cdot 6\,825 + 41\cdot 2\,331}.\end{aligned}$$

Die gesuchten Zahlen sind $\underline{x = -14}$, $\underline{y = 41}$. Probe: $-14\cdot 6\,825 + 41\cdot 2\,331 = 21$.

3.23 *Bestimme* $\operatorname{ggT}(15,40)$ *und ganze Zahlen x, y mit* $\operatorname{ggT}(15,40) = 15x + 40y$.

Euklidischer Algorithmus und Rückwärtseinsetzen:

$$\left.\begin{aligned}40 &= 2\cdot 15 + 10\\ 15 &= 1\cdot 10 + 5\\ 10 &= 2\cdot 5\end{aligned}\right. \implies \underline{\operatorname{ggT}(15,40) = 5}.$$ Rückwärtseinsetzen liefert:

$5 = 15 - 10 = 15 - (40 - 2\cdot 15) = \underline{3\cdot 15 - 40}$, also $\underline{(x,y) = (3,-1)}$.

Evtl. erkennt man auch $(-5,2)$ als Lösung, denn $5 = (-5)\cdot 15 + 2\cdot 40$. Es gibt also mehr als eine Lösung, sogar unendlich viele, siehe [3.24, 3.25].

3.24 (a) *Sind (x_1,y_1) und (x_2,y_2) Lösungen von $15x + 40y = 5$, so ist $(x_1,y_1) - (x_2,y_2) = (x_1 - x_2, y_1 - y_2)$ eine Lösung von $15x + 40y = 0$.*

(b) *Ist (x_1,y_1) Lösung von $15x + 40y = 5$ und ist (x_0,y_0) Lösung von $15x + 40y = 0$, so ist $(x_1,y_1) + (x_0,y_0) = (x_1 + x_0, y_1 + y_0)$ eine Lösung von $15x + 40y = 5$.*

(a) $\begin{aligned}15x_1 + 40y_1 &= 5\\ 15x_2 + 40y_2 &= 5\end{aligned} \implies$ durch Subtraktion der Gleichungen $\implies 15(x_1 - x_2) + 40(y_1 - y_2) = 0.$

(b) $\begin{aligned}15x_1 + 40y_1 &= 5\\ 15x_0 + 40y_0 &= 0\end{aligned} \implies$ durch Addition der Gleichungen $\implies 15(x_1 + x_0) + 40(y_1 + y_0) = 5.$

Folgerung: Man erhält **alle** Lösungen von $15x + 40y = 5$, indem man zu **einer** Lösung von $15x + 40y = 5$ **alle** Lösungen von $15x + 40y = 0$ addiert!

3.25 *Man bestimme alle ganzzahligen Lösungen von $15x + 40y = 5$, d.h. man löse die* **diophantische Gleichung** $15x + 40y = 5$.

Eine Lösung von	$15x + 40y = 5$ ist	$(3,-1)$.	[3.23]
Alle Lösungen von	$15x + 40y = 0$ sind	$(8k,-3k)$, $k \in \mathbb{Z}$.	[3.6]
Alle Lösungen von	$15x + 40y = 5$ sind	$(3,-1) + (8k,-3k)$, $k \in \mathbb{Z}$.	[3.24]

Schreibweisen:

$\underline{(x,y) = (3,-1) + (8k,-3k) = (3,-1) + k\cdot(8,-3) = (3+8k, -1-3k),\ k \in \mathbb{Z}}.$

So erhält man für $k = 0$ bzw. $k = 1$ die Lösungen $(3,-1)$ bzw. $(-5,2)$ aus [3.23].

3.26 (a) *Warum hat $25x + 20y = 35$ eine ganzzahlige Lösung (x, y)?*
(b) *Man berechne eine ganzzahlige Lösung (x_1, y_1) von $25x + 20y = 35$.*
(c) *Man berechne alle ganzzahligen Lösungen (x, y) von $25x + 20y = 35$.*

(a) $\text{ggT}(25, 20) = 5$. Die Gleichung ist ganzzahlig lösbar, da $\text{ggT}(25, 20) = 5 \mid 35$.

(b) Mit dem euklidischen Algorithmus findet man ganze Zahlen x_1, y_1 mit $25x_1 + 20y_1 = 5 = \text{ggT}(25, 20)$. Hier sieht man ohne Rechnung $(x_1, y_1) = (1, -1)$.
$25 \cdot 1 + 20 \cdot (-1) = 5$ Multiplikation der Gleichung mit 7 ergibt:
$25 \cdot 7 + 20 \cdot (-7) = 35.$ Eine Lösung von $25x + 20y = 35$ ist also $\underline{(7, -7)}$.

(c) Alle Lösungen von $25x + 20y = 35$ erhält man , indem man zu einer Lösung von $25x + 20y = 35$ **alle** Lösungen von $25x + 20y = 0$ addiert!

Alle ganzzahligen Lösungen von $25x + 20y = 0$ sind noch zu bestimmen:
$25x + 20y = 0 \iff y = -\frac{5 \cdot x}{4}$ ist ganzzahlig $\iff x = 4k,\ y = -5k,\ k \in \mathbb{Z}$.
Die ganzzahligen Lösungen von $25x + 20y = 0$ sind also $\underline{(x, y) = (4k, -5k)},\ k \in \mathbb{Z}$.

Eine Lösung von $25x + 20y = 35$ ist $(7, -7)$.
Alle Lösungen von $25x + 20y = 0$ sind $(4k, -5k),\ k \in \mathbb{Z}$.
Alle Lösungen von $25x + 20y = 35$ sind $\underline{(7 + 4k, -7 - 5k),\ k \in \mathbb{Z}}$.

3.27 *Eine Firma verkauft an einem Tag Drucker zum Preis 96 Euro und Drucker mit Kabel zum Preis von 108 Euro. Die Tageseinnahme aus diesen Verkäufen beträgt 2 532 Euro. Leider sind die Kassenausdrucke verloren gegangen. Der Geschäftsführer will abends wissen, wieviele Kunden x den Drucker ohne und wieviele Kunden y den Drucker mit Kabel gekauft haben. Er erinnert sich, dass nur wenige Kunden den Drucker ohne Kabel gekauft haben.*

Kann man ihm ohne Sichtung der Bestände eine eindeutige Antwort geben?

Es sind nichtnegative ganze Zahlen x und y gesucht mit $96x + 108y = 2\,532$. Teilen der Gleichung durch $12 = \text{ggT}(96, 108)$ ergibt die äquivalente Gleichung

$$(*)\quad 8x + 9y = 211.$$

Diese diophant. Gleichung ist lösbar, da 211 ein Vielfaches von $\text{ggT}(8, 9) = 1$ ist.

$8 \cdot (-1) + 9 \cdot 1 = 1 = \text{ggT}(8, 9)$, sieht man, Multiplikation mit 211 liefert
$8 \cdot (-211) + 9 \cdot 211 = 211$, eine Lösung von $(*)$ ist also $\underline{(-211, 211)}$.

Alle ganzzahligen Lösungen von $(*)$ erhält man nun, indem man zu der einen Lösung $(-211, 211)$ von $(*)$ alle Lösungen von $8x + 9y = 0$ addiert!
$8x + 9y = 0 \iff y = -\frac{8x}{9} \iff \underline{x = 9k},\ \underline{y = -8k},\ k \in \mathbb{Z}$.
Alle ganzzahligen Lösungen von $(*)$ sind also $\underline{(-211 + 9k, 211 - 8k)},\quad k \in \mathbb{Z}$.
Nun sind die k zu bestimmen, für die x und y nicht negativ sind:

$$\begin{matrix} -211 + 9k \geq 0 \\ 211 - 8k \geq 0 \end{matrix} \iff \begin{matrix} k \geq \frac{211}{9} \\ k \leq \frac{211}{8} \end{matrix} \iff 24 \leq k \leq 26 \iff k \in \{24, 25, 26\}.$$

Die Frage lässt also zunächst drei Antworten zu:

$$\text{Für}\quad \begin{matrix} k = 24 \\ k = 25 \\ k = 26 \end{matrix} \quad \text{erhält man} \quad \begin{matrix} x = 5 \\ x = 14 \\ x = 23 \end{matrix} \quad \text{Drucker und} \quad \begin{matrix} y = 19 \\ y = 11 \\ y = 3 \end{matrix} \quad \text{Drucker mit Kabel.}$$

Da nur wenige Kunden den Drucker ohne Kabel gekauft haben, wurden <u>5 Drucker ohne</u> und <u>19 Drucker mit Kabel</u> verkauft.

3.5 Vollständige Induktion

Das Prinzip der vollständigen Induktion ist die wichtigste Eigenschaft der Menge $\mathbb{N}$ der natürlichen Zahlen. Es dient dazu, Aussagen über natürliche Zahlen zu beweisen, ist aber auch Grundlage wichtiger Anwendungen. Soll per Computer ein Ausdruck $f(n)$ für natürliche Zahlen n berechnet werden, genügt $f(1)$ und ein Programm, das zu gegebenem $f(k)$ den Ausdruck $f(k+1)$ berechnet. Man sagt dann auch, dass der Ausdruck $f(n)$ **rekursiv** oder **durch Rekursion** oder auch durch **vollständige Induktion** gegeben ist. Der Computer berechnet mittels des gegebenen Programms $f(2)$ aus der gegebenen Größe $f(1)$, dann analog $f(3)$ aus $f(2)$ usw. und zum Schluss $f(n)$ aus $f(n-1)$ und gibt $f(n)$ aus.

Vollständige Induktion

Ist $A(n)$ für jedes $n \in \mathbb{N}$ eine Aussage über die natürliche Zahl n und sind die beiden folgenden Aussagen richtig:

		formal
1)	Die Aussage gilt für 1. (Induktionsanfang)	1) $A(1)$
2)	Gilt die Aussage für k, so auch für $k+1$. (Induktionsschluss)	2) $A(k) \Longrightarrow A(k+1)$

Dann gilt die Aussage $A(n)$ für jede natürliche Zahl $n \in \mathbb{N}$.

Induktionsanfang nicht 1, sondern $n_0 > 1$ siehe [3.36, 3.50, 3.51].

3.28 *Summe der ersten n natürlichen Zahlen:*
Für jede natürliche Zahl n gilt: $1+2+\cdots+n = \frac{n(n+1)}{2}$.

1) Die Aussage gilt für 1 (Induktionsanfang): $1 = \frac{1(1+1)}{2}$ ist offensichtlich richtig.
2) Induktionsschluss:
Gilt die Aussage für k (Induktionsvoraussetzung), so auch für $k+1$ (Induktionsbehauptung):
$1+2+\cdots+k = \frac{k(k+1)}{2}$ (Induktionsvoraussetzung)
Zu zeigen ist: $1+2+\ldots+(k+1) = \frac{(k+1)(k+2)}{2}$ (Induktionsbehauptung)
Addition von $(k+1)$ auf beiden Seiten der Gleichung der Induktionsvorauss.:
$1+2+\cdots+k+\underline{(k+1)} = \frac{k(k+1)}{2} + \underline{(k+1)} = \frac{k(k+1)+2(k+1)}{2} = \frac{(k+1)(k+2)}{2}$.
Daher gilt die Aussage für 1 und, falls sie für k gilt, auch für $k+1$.
Die Aussage gilt also für alle natürlichen Zahlen.

3.29 *Summe der ersten n geraden natürlichen Zahlen:*
Für jede natürliche Zahl n gilt: $2+4+6+\cdots+2n = n(n+1)$.

(a) $A(1)$: $2 = 1(1+1)$ richtig.
$A(k) \Longrightarrow A(k+1)$ (Schluss von k auf $k+1$):
$2+4+6+\cdots+2k = k(k+1)$, Addition von $2(k+1)$:
$2+4+6+\cdots+2k+\underline{2(k+1)} = k(k+1)+\underline{2(k+1)} = (k+1)(k+2)$.
Die Aussage gilt für 1 und, falls sie für k gilt, auch für $k+1$ und ist damit für alle natürlichen Zahlen bewiesen.

(b) Beweis ohne vollständige Induktion durch Rückgang auf [2.16 (a)]:

$$2+4+6+\cdots+2k = 2(1+2+3+\cdots+k) = 2\frac{k(k+1)}{2} = k(k+1).$$

3.30 *Summe der ersten n ungeraden Zahlen:*

Für jede natürliche Zahl n gilt:

$1+3+5+\cdots+(2n-1) = n^2.$

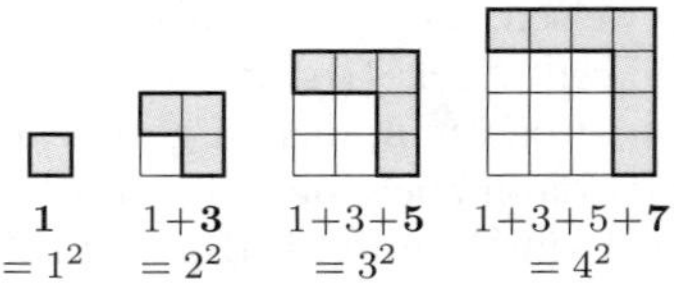

$A(1)$: $1 = 1^2$ ist richtig.

$A(k) \Longrightarrow A(k+1)$:

$$1+3+5+\cdots+(2k-1) = k^2, \quad \text{Addition von } (2k+1):$$

$$1+3+5+\cdots+(2k-1)+\underline{(2k+1)} = k^2+\underline{(2k+1)} = (k+1)^2.$$

Die Aussage gilt für 1, und ist sie für k richtig, so auch für $k+1$.
Damit gilt die Aussage für alle $n \in \mathbb{N}$.

3.31 *Endliche geometrische Reihe:*

Für jede natürliche Zahl n gilt: $1+q+q^2+\cdots+q^n = \frac{q^{n+1}-1}{q-1}$, *für $q \neq 1$.*

$A(1)$: Zu zeigen ist $1+q = \frac{q^2-1}{q-1}$. Dies folgt aus $q^2-1 = (q-1)(q+1)$.

$A(k) \Longrightarrow A(k+1)$:

$$1+q+q^2+\cdots+q^k = \frac{q^{k+1}-1}{q-1}, \quad \text{Addition von } q^{k+1}:$$

$$1+q+q^2+\cdots+q^k+\underline{q^{k+1}} = \frac{q^{k+1}-1}{q-1}+\underline{q^{k+1}} = \frac{q^{k+1}-1+q^{k+1}(q-1)}{q-1}$$

$$= \frac{q^{k+1}-1+q^{k+2}-q^{k+1}}{q-1} = \frac{q^{k+2}-1}{q-1}, \text{ fertig!}$$

3.32 *Bernoullische Ungleichung:*

Ist $x \geq -1$, so gilt $(1+x)^n \geq 1+nx$ für alle $n \in \mathbb{N}$.

1) $A(1)$: $1+x \geq 1+x$ ist offensichtlich richtig.

2) $A(k) \Longrightarrow A(k+1)$: Ist $x \geq -1$ d.h. $(1+x) \geq 0$ und $(1+x)^k \geq 1+kx$, so folgt durch Multiplikation der Ungleichung $(1+x)^k \geq 1+kx$ mit $(1+x)$:

$(1+x)^{k+1} = (1+x)^k\underline{(1+x)} \geq (1+kx)\underline{(1+x)} = 1+(k+1)x+kx^2 \geq 1+(k+1)x,$

da $kx^2 \geq 0$ ist. Also $\overline{(1+x)^{k+1} \geq 1+(k+1)}x$.

Damit ist die Bernoullische Ungleichung bewiesen.

3.33 *Monotonie von x^n für $x \geq 0$:*

Ist $x \geq 0$, so ist x^n streng monoton wachsend für alle $n \in \mathbb{N}$.

Zu zeigen ist: $0 \leq a < b \Longrightarrow a^n < b^n$ für alle $n \in \mathbb{N}$.

Für $n = 1$ ist die Aussage offensichtlich richtig.

Ist $0 \leq a$ und $a < b$ und $a^k < b^k$, so multipliziert man diese gleichsinnigen Ungleichungen [S. 249] und erhält $a \cdot a^k < b \cdot b^k$, also $a^{k+1} < b^{k+1}$.

Damit ist die Behauptung bewiesen.

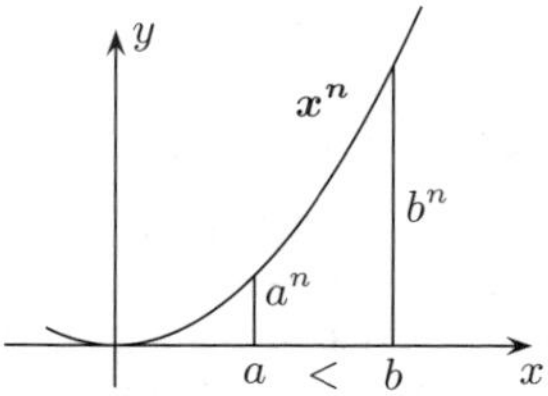

Skizzen sind hilfreich, ersetzen aber keinen Beweis!

3.34 *Man formuliere [3.28 – 3.31] mittels Summenzeichen $\sum$.*

Für jede natürliche Zahl n gilt

3.28 $1+2+3+\cdots+n = \sum_{k=1}^{n} k = \frac{n(n+1)}{2}$.

3.29 $2+4+6+\cdots+2n = \sum_{k=1}^{n} 2k = n(n+1)$.

3.30 $1+3+5+\cdots+(2n-1) = \sum_{k=1}^{n}(2k-1) = n^2$.

3.31 $1+q+q^2+q^3+\cdots+q^n = \sum_{k=0}^{n} q^k = \frac{q^{n+1}-1}{q-1}$, für $q \neq 1$.

3.35 *Für alle $n \in \mathbb{N}$ gilt* $\sum_{k=1}^{n} \frac{1}{k(k+1)} = \frac{1}{1\cdot 2} + \frac{1}{2\cdot 3} + \frac{1}{3\cdot 4} + \cdots + \frac{1}{n(n+1)} = \frac{n}{n+1}$.

$\sum_{k=1}^{1} \frac{1}{k(k+1)} = \frac{1}{1\cdot 2} = \frac{1}{2}$. Für $n = 1$ ist die Aussage richtig.

Da als Summationsindex k gewählt wurde, zeigt man hier:
Gilt die Aussage für n, so auch für $n+1$:

$$\sum_{k=1}^{n} \frac{1}{k(k+1)} = \frac{n}{n+1}, \qquad \text{Addition von } \frac{1}{(n+1)(n+2)}$$

$$\sum_{k=1}^{n} \frac{1}{k(k+1)} + \frac{1}{(n+1)(n+2)} = \frac{n}{n+1} + \frac{1}{(n+1)(n+2)}, \qquad \text{Hauptnenner}$$

$$\sum_{k=1}^{n+1} \frac{1}{k(k+1)} = \frac{n(n+2)+1}{(n+1)(n+2)} = \frac{n^2+2n+1}{(n+1)(n+2)}, \qquad \text{binomische Formel}$$

$$= \frac{(n+1)^2}{(n+1)(n+2)} = \underline{\frac{n+1}{n+2}}.$$

Die Aussage gilt für 1 und gilt sie für n, so auch für $n+1$, also für alle $n \in \mathbb{N}$.

3.36 *Für jede natürliche Zahl $n \geq 10$ gilt* $2^n > n^3$.

Hier ist eine Aussage für alle natürlichen Zahlen ab $n_0 = 10$ zu zeigen.

$2^{10} = 1024 > 1000 = 10^3$, also gilt die Aussage für $n_0 = 10$.

Ist nun $k \geq 10$ und $2^k > k^3$, so folgt durch Multiplikation mit 2:

$$2^{k+1} = 2 \cdot 2^k > 2k^3 = k^3 + k^3 = k^3 + (k-1)k^2 + (k-1)k + k$$
$$\geq k^3 + 3k^2 + 3k + 1 = (k+1)^3, \quad \text{da } k-1 \geq 3, \text{ d.h. } k \geq 4 \text{ ist.}$$

Beim Schluss von k auf $k+1$ wurde $k-1 \geq 3$ benutzt. Die geschickten Umformungen sind schon etwas anspruchsvoller!

Die Aussage gilt für 10, und gilt sie für k, so auch für $k+1$, also gilt sie für alle $n \geq 10$, $n \in \mathbb{N}$.

Für $n = 1$ ist die Aussage richtig.
Für $2 \leq n \leq 9$ ist die Aussage falsch, z.B. $2^9 = 512 < 729 = 9^3$.

3.6 Aufgaben

3.37 *Man teste auf Teilbarkeit durch 3, 9 und 11:*
(a) 534 951 (b) 4 249 509.

3.38 *Man bestimme die Primfaktorzerlegung von*
(a) 638, (b) 15 588, (c) 13 721 400.

3.39 *Man dividiere mit Rest:*
(a) 459 *durch* 19, (b) 9 876 543 *durch* 56 789.

3.40 *Man berechne die Dualdarstellung und daraus die Hexadezimaldarstellung von*
(a) 64, (b) 155, (c) 716, (d) 1 023.

3.41 *Man berechne die Hexadezimaldarstellung und daraus die Dualdarstellung von*
(a) 716, (b) 234 095 .

3.42 *Man stelle im Fünfersystem dar:* (a) 625, (b) 716.

3.43 *Nach wieviel Umdrehungen befinden sich zwei ineinander greifende Zahnräder mit 15 bzw. 18 Zähnen gleichzeitig wieder in der Ausgangslage?*

3.44 *Man berechne* $\mathrm{ggT}(a, b)$ *und* $\mathrm{kgV}(a, b)$ *mit Hilfe der Primfaktorzerlegung:*
(a) $a = 385$, $b = 140$; (b) $a = 7\,425$, $b = 693$.

3.45 *Man berechne* $\mathrm{ggT}(a, b)$ *und* $\mathrm{kgV}(a, b)$ *mit Hilfe des euklidischen Algorithmus:*
(a) $a = 385$, $b = 140$; (b) $a = 7\,425$, $b = 693$; (c) $a = 5\,183$, $b = 3\,763$.

3.46 *Hat die Gleichung* $385x + 140y = 770$ *eine ganzzahlige Lösung* (x, y)*? Wenn ja, berechne man eine solche. Gibt es weitere Lösungen?*

3.47 *Man berechne ganze Zahlen* x *und* y *mit* $\mathrm{ggT}(a, b) = xa + yb$*. Ferner gebe man jeweils alle Lösungen dieser Gleichung an.*
(a) $a = 385$, $b = 140$; (b) $a = 7\,425$, $b = 693$; (c) $a = 5\,183$, $b = 3\,763$.

3.48 *Ein Geschäft verkauft an einem Tag einen Artikel für 10 Euro, seine bessere Version für 23 Euro. Tageseinnahme hieraus: 228 Euro. Stimmt die Kasse? Kann man sagen, wieviele Kunden Version 1, wieviele Version 2 gekauft haben?*

3.49 *Eine Firma hat eine Lieferung eines Luxusfernsehers mit zugehöriger Stereoanlage erhalten und verkauft an einem Tag den Fernseher für 3 763 Euro und den Fernseher mit Anlage zu 5 183 Euro. Die Tageseinnahme aus diesen Verkäufen beträgt 22 933 Euro. Stimmt die Kasse?*

3.50 *Für alle natürl. Zahlen* $n \in \mathbb{N}$ *ist* $\frac{n}{6} + \frac{n^2}{2} + \frac{n^3}{3}$ *eine natürliche Zahl, vgl.* [3.54].

3.51 *Für alle natürlichen Zahlen* $n \geq 3$ *ist* $(n + 1)^2 < 2n^2$.

3.52 *Für alle natürlichen Zahlen* $n \geq 5$ *ist* $n^2 < 2^n$.

3.53 *Für alle natürlichen Zahlen* $n \in \mathbb{N}$ *ist* 133 *ein Teiler von* $11^{n+1} + 12^{2n-1}$.

3.54 *Summe der ersten* n *Quadratzahlen:* $\sum_{k=1}^{n} k^2 = \frac{n(n+1)(2n+1)}{6}$.

3.55 *Auf den Induktionsanfang, d.h. auf den Nachweis, dass* $A(1)$ *oder* $A(n_0)$ *richtig ist, darf nicht verzichtet werden. Man gebe ein Beispiel an!*

3.7 Lösungen

3.37

(a) $a = 534\,951$ hat die Quersumme 27 und die alternierende Quersumme $1 - 5 + 9 - 4 + 3 - 5 = -1$, also gilt $9 \mid a$, $11 \nmid a$.

(b) $b = 4\,249\,509$ hat die Quersumme 33 und die alternierende Quersumme $9 - 0 + 5 - 9 + 4 - 2 + 4 = 11$, also gilt $3 \mid b$, $9 \nmid b$, $11 \mid b$.

3.38

(a) $638 = 2 \cdot 319 = \underline{2 \cdot 11 \cdot 29}$.

(b) $15\,588 = 2^2 \cdot 3\,897 = \underline{2^2 \cdot 3^2 \cdot 433}$. $\sqrt{433} \approx 20.8$, keine Primzahl ≤ 19 teilt 433.

(c) $13\,721\,400 = 8 \cdot 1\,715\,175 = 8 \cdot 25 \cdot 68\,607 = 8 \cdot 25 \cdot 9 \cdot 7\,623 = 8 \cdot 25 \cdot 9^2 \cdot 847$
$= 8 \cdot 25 \cdot 9^2 \cdot 11 \cdot 77 = \underline{2^3 \cdot 3^4 \cdot 5^2 \cdot 7 \cdot 11^2}$, 11 teilt die alt. Quersumme von 847.

3.39

(a) $459 = \underline{24 \cdot 19 + 3}$.

(b) $9\,876\,543 : 56\,789 \approx 173.9$, $\quad 173 \cdot 56\,789 = 9\,824\,497$,
$9\,876\,543 - 9\,824\,497 = 52\,046$, $\quad 9\,876\,543 = \underline{173 \cdot 56\,789 + 52\,046}$.

3.40 Mit obigem Algorithmus oder der Schulmethode erhält man:

(a) $64 = 2^6 = \underline{(100\,0000)_2} = \underline{(40)_{16}}$, Vitererblöcke zusammengefasst.

(b) $155 = 128 + 16 + 8 + 2 + 1 = 2^7 + 2^4 + 2^3 + 2^1 + 2^0 = \underline{(1001\,1011)_2} = \underline{(9B)_{16}}$.

(c) $716 = 512 + 128 + 64 + 8 + 4 = 2^9 + 2^7 + 2^6 + 2^3 + 2^2 = \underline{(10\,1100\,1100)_2} = \underline{(2CC)_{16}}$.

(d) $1\,023 = 1\,024 - 1 = 2^{10} - 1 = \sum_{k=0}^{9} 2^k = \underline{(11\,1111\,1111)_2} = \underline{(3FF)_{16}}$, geo. Reihe.

3.41

(a) $716 = 2 \cdot 256 + 204 = 2 \cdot 16^2 + 12 \cdot 16 + 12 = \underline{(2CC)_{16}} = \underline{(10\,1100\,1100)_2}$.

(b)
$$\begin{aligned} 234\,095 &= 14\,630 \cdot 16 + 15 \\ 14\,630 &= 914 \cdot 16 + 6 \\ 914 &= 57 \cdot 16 + 2 \\ 57 &= 3 \cdot 16 + 9 \\ 3 &= 0 \cdot 16 + 3 \end{aligned} \uparrow$$

Damit ist $234\,095 = \underline{(3926F)_{16}}$.
Auflösung in Vierblöcke ergibt:
$234\,095 = \underline{(11\,1001\,0010\,0110\,1111)_2}$.

3.42

(a) $625 = 5^4 = \underline{(10000)_5}$.

(b) $716 = 625 + 91 = 625 + 75 + 15 + 1 = 1 \cdot 5^4 + 3 \cdot 5^2 + 3 \cdot 5^1 + 1 \cdot 5^0 = \underline{(10331)_5}$.

3.43 Es ist $\text{kgV}(15, 18) = 90$. Nach Ineinandergreifen von 90 Zähnen sind die Zahnräder in Ausgangslage, d.h. nach 6 Umdrehungen des Zahnrades mit 15 Zähnen bzw. 5 Umdrehungen des Zahnrades mit 18 Zähnen.

3.44

(a) $385 = 5 \cdot 77 = 5 \cdot 7 \cdot 11$, $140 = 4 \cdot 35 = 2^2 \cdot 5 \cdot 7$.
Der ggT hat genau die Faktoren 5 und 7, also $\text{ggT}(385, 140) = \underline{35}$, das kgV hat genau die Faktoren 2^2, 5, 7 und 11, also $\text{kgV}(385, 140) = 2^2 \cdot 5 \cdot 7 \cdot 11 = \underline{1\,540}$.

(b) $7\,425 = 3^3 \cdot 5^2 \cdot 11$, $\quad 693 = 3^2 \cdot 7 \cdot 11$.
$\text{ggT}(7\,425, 693) = 3^2 \cdot 11 = \underline{99}$, $\quad \text{kgV}(7\,425, 693) = 3^3 \cdot 5^2 \cdot 7 \cdot 11 = \underline{51\,975}$.

3.45

(a) $385 = 2 \cdot 140 + 105$, $140 = 105 + 35$, $105 = 3 \cdot 35 + 0$, $\text{ggT}(385, 140) = \underline{35}$, $\text{kgV}(385, 140) = \frac{385 \cdot 140}{35} = 11 \cdot 140 = \underline{1540}$, siehe [3.44].

(b) $7\,425 = 10 \cdot 693 + 495$, $693 = 1 \cdot 495 + 198$, $495 = 2 \cdot 198 + 99$, $198 = 2 \cdot 99 + 0$. $\text{ggT}(7\,425, 693) = \underline{99}$. $\text{kgV}(7\,425, 693) = \frac{7\,425 \cdot 693}{99} = 75 \cdot 693 = \underline{51\,975}$, siehe [3.44].

(c) $5\,183 = 3\,763 + 1\,420$, $3\,763 = 2 \cdot 1\,420 + 923$, $1\,420 = 923 + 497$, $923 = 497 + 426$, $497 = 426 + 71$, $426 = 6 \cdot 71 \implies \text{ggT}(5\,183, 3\,763) = \underline{71}$,

$\text{kgV}(5\,183, 3\,763) = \frac{5\,183 \cdot 3\,763}{71} = 73 \cdot 3763 = \underline{274\,699}$. Die Primzahlzerlegungen $5183 = 71 \cdot 73$ und $3763 = 53 \cdot 71$ sind hier nicht offensichtlich.

3.46 Der $\text{ggT}(385, 140)$ ist 35, siehe [3.44]. Die Gleichung ist also lösbar, denn 770 ist ein Vielfaches von $\text{ggT}(385, 140) = 35$, $(770 = 22 \cdot 35)$.

Durch Probieren oder nach [3.21 ff.] findet man ganze Zahlen $x_1 = -1$ und $y_1 = 3$ mit $385x_1 + 140y_1 = 35$.

Multiplikation mit 22 ergibt: $385 \cdot (-22) + 140 \cdot 66 = 770$.

Da $385 = 11 \cdot 35$ und $140 = 4 \cdot 35$ (ggT abspalten!), ist $385 \cdot 4k - 140 \cdot 11k = 0$ für alle $k \in \mathbb{Z}$. Es folgt: $\underline{(x, y) = (-22 + 4k,\ 66 - 11k),\ k \in \mathbb{Z}}$, sind (alle!) Lösungen.

3.47 Wir verwenden [3.44]:

(a) $\text{ggT}(385, 140) = 35 = 140 - 105 = 140 - (385 - 2 \cdot 140) = \underline{-385 + 3 \cdot 140}$.

Da $385 = 11 \cdot 35$ und $140 = 4 \cdot 35$, ist $385 \cdot 4k - 140 \cdot 11k = 0$ für jedes $k \in \mathbb{Z}$. Einsetzen in $35 = -385 + 3 \cdot 140$ ergibt $35 = 385(-1 + 4k) + 140(3 - 11k)$.

$\underline{(x, y) = (-1 + 4k, 3 - 11k)}$, $k \in \mathbb{Z}$, liefert alle Lösungen.

(b) $\text{ggT}(7\,425, 693) = 99 = 495 - 2 \cdot 198 = 495 - 2(693 - 495)$
$= -2 \cdot 693 + 3 \cdot 495 = -2 \cdot 693 + 3(7425 - 10 \cdot 693) = \underline{3 \cdot 7425 - 32 \cdot 693}$.

$7425 = 75 \cdot 99$, $693 = 7 \cdot 99$, $7425 \cdot 7k - 693 \cdot 75k = 0$,

$\underline{99 = 7425(3 + 7k) + 693(-32 - 75k)}$, $k \in \mathbb{Z}$, liefert alle Lösungen.

(c) $\text{ggT}(5\,183, 3\,763) = 71 = 497 - 426 = 497 - (923 - 497) = -923 + 2 \cdot 497 =$
$-923 + 2(1420 - 923) = -3 \cdot 923 + 2 \cdot 1420$
$= -3(3763 - 2 \cdot 1420) + 2 \cdot 1420 = 8 \cdot 1420 - 3 \cdot 3763 = 8(5183 - 3763) - 3 \cdot 3763$
$= \underline{8 \cdot 5183 - 11 \cdot 3763}$.

$5183 = 71 \cdot 73$, $3763 = 53 \cdot 71$, $5183 \cdot 53k - 3763 \cdot 73k = 0$,

$\underline{71 = 5183(8 + 53k) + 3763(-11 - 73k)}$, $k \in \mathbb{Z}$, liefert alle Lösungen.

3.48 Bei solch kleinen Zahlen findet man eine Lösung durch Probieren.
Systematisch: Gesucht $x, y \in \mathbb{N}_0$ mit $10x + 23y = 228$.
$\text{ggT}(10, 23) = 1 = 7 \cdot 10 - 3 \cdot 23$, $228 = 1596 \cdot 10 - 684 \cdot 23$.

Alle Lösungen, siehe oben: $(1596 + 23k, -684 - 10k)$.

$y = -684 - 10k$ ist nicht negativ für $k \leq -69$. Für $k = -69$ ist $x = 9$ und $y = 6$, für $k = -70$ ist $x = -14$ bereits negativ. Eindeutige Antwort: Die Kasse stimmt, 9 Kunden haben den Artikel, 6 Kunden seine teurere Version gekauft.

3.49 Siehe Aufgabe [3.47 (c)]: Da $22\,933 = 323 \cdot 71$ und $8 \cdot 5\,183 - 11 \cdot 3\,763 = 71$ nach dieser Aufgabe, ist $323 \cdot 8 \cdot 5\,183 - 323 \cdot 11 \cdot 3\,763 = 22\,933$.
Die Gleichung $5\,183x - 3\,763y = 22\,933$ hat daher die Lösung $(2\,584, 3\,553)$.
Die Kasse stimmt, wenn es nichtnegative ganze Zahlen x und y gibt mit $5\,183x + 3\,763y = 22\,933$. Dann hätte aber nach Division durch 323 auch die Gleichung $5\,183x + 3\,763y = 71$ eine nichtnegative Lösung.
Nach Aufgabe [3.47 (c)] kennen wir mit $(8 + 53k, -11 + 73k)$ alle Lösungen dieser Gleichung.
Genau für $k \geq 0$ ist $8 + 53k$ positiv. Aber dann ist $-11 - 73k$ negativ, es gibt also keine „positive" Lösung, die Kasse kann nicht stimmen.

3.50 *Für alle natürlichen Zahlen $n \in \mathbb{N}$ ist $\frac{n}{6} + \frac{n^2}{2} + \frac{n^3}{3}$ eine natürliche Zahl.*

Induktionsanfang: Die Aussage gilt für $n_0 = 1$.
Zu zeigen ist: $\frac{1}{6} + \frac{1^2}{2} + \frac{1^3}{3}$ ist eine natürliche Zahl.
Es ist $\frac{1}{6} + \frac{1^2}{2} + \frac{1^3}{3} = \frac{1}{6} + \frac{1}{2} + \frac{1}{3} = 1 \in \mathbb{N}$, also ist der Induktionsanfang bewiesen.
Induktionsvoraussetzung ist die Aussage: $s_k := \frac{k}{6} + \frac{k^2}{2} + \frac{k^3}{3} \in \mathbb{N}$.
Aus ihr ist die Induktionbeh. $s_{k+1} = \frac{k+1}{6} + \frac{(k+1)^2}{2} + \frac{(k+1)^3}{3} \in \mathbb{N}$ zu folgern.
Beweis der Induktionsbehauptung:

$$s_{k+1} = \frac{k+1}{6} + \frac{(k+1)^2}{2} + \frac{(k+1)^3}{3} = \frac{k}{6} + \frac{k^2}{2} + \frac{k^3}{3} + \frac{1}{6} + \frac{2k+1}{2} + \frac{3k^2+3k+1}{3}$$
$$= s_k + \frac{1}{6} + \frac{1}{2} + \frac{1}{3} + k + k^2 + k = s_k + 1 + 2k + k^2 = s_k + (k+1)^2 \in \mathbb{N}.$$

3.51 *Für alle natürlichen Zahlen $n \geq 3$ ist $(n+1)^2 < 2n^2$.*

Diese Aussage ergibt sich ohne vollständige Induktion.
Wegen $(n+1)^2 = n^2 + 2n + 1$ ist $(n+1)^2 < 2n^2$ äquivalent zu $2n + 1 < n^2$.

$$2n + 1 < n^2 \iff 1 < n^2 - 2n \iff 2 < (n-1)^2$$

Die letzte Aussage ist für $n \geq 3$ richtig.

3.52 *Für alle natürlichen Zahlen $n \geq 5$ ist $n^2 < 2^n$.*

Für $n = 1$ ist die Aussage richtig, aber für $n = 2, 3, 4$ ist die Ausage falsch.
$5^2 < 2^5 \iff 25 < 32$, die Aussage gilt also für $n = 5$. (Induktionsanfang)
Ist $k \geq 5$ und $k^2 < 2^k$, so folgt hieraus mit der vorangehenden Aufgabe:
$(k+1)^2 < 2k^2 < 2 \cdot 2^k = 2^{k+1}$. Also ist $(k+1)^2 < 2^{k+1}$.
Die Aussage gilt also für die Zahl 5, und gilt sie für k, so auch für $k + 1$.
Also gilt die Aussage für alle $n \in \mathbb{N}$ mit $n \geq 5$.

3.53 *Für alle natürlichen Zahlen $n \in \mathbb{N}$ ist 133 ein Teiler von $11^{n+1} + 12^{2n-1}$.*

Induktionsanfang: Für $n = 1$ ist $11^{n+1} + 12^{2n-1} = 11^2 + 12^1 = 133$.
Induktionsvoraussetzung: $133 \mid 11^{k+1} + 12^{2k-1}$,
d.h. es gibt $c \in \mathbb{N}$ mit $11^{k+1} + 12^{2k-1} = 133c$.
Induktionsbehauptung: $133 \mid 11^{k+1+1} + 12^{2(k+1)-1}$

Beweis der Induktionsbehauptung:

$$\begin{aligned} 11^{k+1+1} + 12^{2(k+1)-1} &= 11 \cdot 11^{k+1} + 144 \cdot 12^{2k-1} \\ &= 11 \cdot 11^{k+1} - 144 \cdot 11^{k+1} + 144 \cdot 11^{k+1} + 144 \cdot 12^{2k-1} \\ &= -133 \cdot 11^{k+1} + 144(11^{k+1} + 12^{2k-1}) \\ &= -133 \cdot 11^{k+1} + 144 \cdot 133c \qquad \text{nach Ind.Vorauss.} \\ &= 133(-11^{k+1} + 144c). \end{aligned}$$

Also gilt $133 \mid 11^{k+2} + 12^{2k+1}$, und die Aussage ist für alle $n \in \mathbb{N}$ bewiesen.

3.54 Summe der ersten n Quadratzahlen: $\sum\limits_{k=1}^{n} k^2 = 1^2 + 2^2 + \cdots + n^2 = \frac{n(n+1)(2n+1)}{6}$.

Für $n = 1$ ist die Aussage richtig: $\sum\limits_{k=1}^{1} k^2 = 1 = \frac{1(1+1)(2+1)}{6}$.

$$\begin{aligned} \sum_{k=1}^{n} k^2 &= \frac{n(n+1)(2n+1)}{6} && \text{Addition von } (n+1)^2: \\ \sum_{k=1}^{n} k^2 + (n+1)^2 &= \frac{n(n+1)(2n+1)}{6} + (n+1)^2 && \text{Hauptnenner, Ausklammern:} \\ \sum_{k=1}^{n+1} k^2 &= \frac{(n+1)[n(2n+1)+6(n+1)]}{6} && \text{Ausrechnen:} \\ \sum_{k=1}^{n+1} k^2 &= \frac{(n+1)(2n^2+7n+6)}{6} && \text{Faktorisieren: } 2n^2 + 7n + 6 = (n+2)(2n+3) \\ \sum_{k=1}^{n+1} k^2 &= \frac{(n+1)(n+2)(2n+3)}{6} && \text{Umschreiben:} \\ \sum_{k=1}^{n+1} k^2 &= \frac{(n+1)\big((n+1)+1\big)(2(n+1)+1)}{6} && \text{ist die Aussage für } (n+1). \end{aligned}$$

Die Aussage gilt für $n = 1$. Gilt sie für n, so auch für $n + 1$. Fertig!

Es ist $\sum\limits_{k=1}^{n} k^2 = 1^2 + 2^2 + \cdots + n^2 = \frac{n(n+1)(2n+1)}{6} = \frac{n}{6} + \frac{n^2}{2} + \frac{n^3}{3}$, vgl. [3.50].

3.55 Auf den Induktionsanfang, d.h. auf den Nachweis, dass $A(1)$ oder $A(n_0)$ richtig ist, darf nicht verzichtet werden!

Der Induktionsschluss, d.h. $A(k) \Longrightarrow A(k+1)$ lässt sich auch für die offensichtlich falsche Behauptung $1 + 2 + \cdots + n < \frac{n(n+1)}{2}$ durchführen, siehe [3.28]:

$$\begin{aligned} 1 + 2 + \cdots + k &< \frac{k(k+1)}{2} && \text{Addition von } (k+1): \\ 1 + 2 + \cdots + k + (k+1) &< \frac{k(k+1)}{2} + (k+1) = \frac{(k+1)(k+2)}{2}. \end{aligned}$$

Gilt die Aussage für k, so auch für $k + 1$. Natürlich findet man keinen Induktionsanfang, denn die Aussage gilt wegen [3.28] für keine natürliche Zahl!

4 Rationale Zahlen

4.1 Bruchrechnung

Brüche haben die Form $\boldsymbol{\frac{a}{b}}$, wobei a, b ganze Zahlen sind und $b \neq 0$ gilt.
$\frac{a}{b}$ ist zu lesen als "a geteilt durch b". Dividieren durch 0 ist nicht definiert.

Die Zahl $\boldsymbol{a}$ heißt **Zähler**, die Zahl $\boldsymbol{b}$ **Nenner** des Bruches. Die Menge $\mathbb{Q}$ aller Brüche heißt Menge der rationalen Zahlen,

$$\mathbb{Q} = \{\frac{a}{b} \mid a, b \in \mathbb{Z},\ b \neq 0\}.$$

Spezielle Brüche		
echte Brüche	$\frac{2}{7}, \frac{1}{4}, \frac{13}{19}$	Zähler **kleiner** als der Nenner
unechte Brüche	$\frac{4}{3}, \frac{19}{14}, \frac{9}{5}$	Zähler **größer** als der Nenner
Stammbrüche	$\frac{1}{7}, \frac{1}{4}, \frac{1}{19}$	Zähler **gleich 1**

Rationale Zahlen können auf verschiedene Art durch Brüche dargestellt sein: Zum einen gilt z.B. $\frac{-9}{5} = \frac{9}{-5} = -\frac{9}{5}$, zum anderen sind $\frac{4}{5}, \frac{8}{10}, \frac{48}{60}, \frac{-12}{-15}$ unterschiedliche Darstellungen derselben rationalen Zahl.

Die Darstellung einer rationalen Zahl durch einen Bruch ist also nicht eindeutig.

Der Übergang von einer dieser Darstellungen zu einer anderen Darstellung erfolgt durch **Erweitern** bzw. **Kürzen**.

Erweitern und Kürzen		
Erweitern:	$\frac{4}{5} = \frac{4 \cdot 12}{5 \cdot 12} = \frac{48}{60}$	**Erweitern** heißt: Zähler **und** Nenner eines Bruches mit derselben Zahl $\neq 0$ multiplizieren.
Kürzen:	$\frac{-12}{-15} = \frac{-3 \cdot 4}{-3 \cdot 5} = \frac{4}{5}$	**Kürzen** heißt: Zähler **und** Nenner eines Bruches durch dieselbe Zahl dividieren.
Allgemein:	$\frac{a}{b} = \frac{a \cdot c}{b \cdot c} = \frac{ac}{bc} \quad (c \neq 0)$	Der Multiplikationspunkt $\cdot$ wird üblicherweise weggelassen und nur geschrieben, um z.B. $4 \cdot 12$ von 412 zu unterscheiden.

4.1 *Beispiele für Bruchumformungen:*

$\frac{7}{9} = \frac{28}{36}$, $\quad \frac{3}{4} = \frac{27}{36}$, $\quad \frac{-2}{3} = \frac{2}{-3} = -\frac{2}{3}$ Erweitern mit 4 bzw. 9 bzw. -1.

$\frac{25}{60} = \frac{5}{12}$, $\quad \frac{27}{-36} = \frac{-3}{4}$, $\quad -\frac{24}{30} = -\frac{4}{5}$, Kürzen mit 5 bzw. -9 bzw. 6.

$\frac{-28}{84} = \frac{-7}{21} = \frac{-1}{3} = -\frac{1}{3}$, Kürzen mit 4, dann mit 7, bzw. gleich mit 28.

$\frac{b-a}{d-c} = \frac{-(a-b)}{-(c-d)} = \frac{a-b}{c-d}$ Kürzen mit (-1).

4.2 *Man kürze, soweit möglich:* (a) $\frac{8 \cdot 6 \cdot 75}{20 \cdot 15 \cdot 54}$, (b) $\frac{8\,687}{7\,081}$, (c) $\frac{57\,834\,504}{163\,864\,428}$.

(a) $\frac{8 \cdot 6 \cdot 75}{20 \cdot 15 \cdot 54} = \frac{2^4 \cdot 3^2 \cdot 5^2}{2^3 \cdot 3^4 \cdot 5^2} = \underline{\frac{2}{9}}$.

(b) Ist 8 687 keine Primzahl, so hat sie einen Primfaktor kleiner als $\sqrt{8\,687} \approx 93$, siehe [3.10]. Ebenso sucht man Primteiler von 7 081 zwischen 2 und $\sqrt{7\,081} \approx 84$.

Man testet also die Primzahlen, die kleiner als 84 sind, auf Teilbarkeit von Zähler und Nenner und findet schließlich 73 als einzigen gemeinsamen Primteiler.
$\frac{8\,687}{7\,081} = \frac{119 \cdot 73}{97 \cdot 73} = \underline{\frac{119}{97}}$.

Findet man keinen gemeinsamen Primteiler, so ist der Bruch bereits gekürzt.

(c) Bei so großen Zahlen benutzen wir den **euklidischen Algorithmus**, um den größten gemeinsamen Teiler ggT (57 834 504, 163 864 428) zu bestimmen:

$$163\,864\,428 = 2 \cdot 57\,834\,504 + 48\,195\,420$$
$$57\,834\,504 = 1 \cdot 48\,195\,420 + \underline{9\,639\,084}$$
$$48\,195\,420 = 5 \cdot 9\,639\,084 + 0$$
Also ggT $= \underline{9\,639\,084}$.

Euklidischer Algorithmus
Fortgesetzte Division mit Rest:
Der letzte von 0 verschiedene Rest ist der ggT, siehe [Abschnitt 3.4].

Kürzen mit dem ggT ergibt $\frac{57\,834\,504}{163\,864\,428} = \frac{9\,639\,084 \cdot 6}{9\,639\,084 \cdot 17} = \underline{\frac{6}{17}}$.

Addition und Subtraktion von Brüchen

$$\frac{a}{c} \pm \frac{b}{c} = \frac{a \pm b}{c}$$

Brüche mit **gleichem Nenner** werden addiert (subtrahiert), indem man die Zähler addiert (subtrahiert) und den Nenner beibehält.

$$\frac{a}{b} \pm \frac{c}{d} = \frac{ad \pm bc}{bd}$$

Bei der Addition (Subtraktion) von Brüchen erweitert man die Brüche so, dass sie gleiche Nenner haben. Statt bd wählt man zweckmäßigerweise kgV (b, d), das kleinste gemeinsame Vielfache von b und d, siehe [Abschnitt 3.3], als gemeinsamen Nenner, den sog. **Hauptnenner** der Brüche.

4.3 *Man berechne* (a) $\frac{3}{4} + \frac{5}{6}$, (b) $\frac{5}{6} + \frac{3}{4} - \frac{7}{9}$, (c) $\frac{7}{15} - \frac{6}{5} + \frac{2}{9} - \frac{1}{3}$.

(a) $\frac{3}{4} + \frac{5}{6} = \frac{3 \cdot 3}{4 \cdot 3} + \frac{5 \cdot 2}{6 \cdot 2} = \frac{9}{12} + \frac{10}{12} = \frac{9+10}{12} = \underline{\frac{19}{12}}$, Hauptnenner = kgV (4, 6) = 12.

oder: $\frac{3}{4} + \frac{5}{6} = \frac{3 \cdot 6 + 5 \cdot 4}{24} = \frac{38}{24} = \frac{19}{12}$. Auch richtig; hier wird nach der Addition noch gekürzt.

(b) $\frac{5}{6} + \frac{3}{4} - \frac{7}{9} = \frac{30}{36} + \frac{27}{36} - \frac{28}{36} = \frac{30+27-28}{36} = \underline{\frac{29}{36}}$, Hauptnenner = kgV (6, 4, 9) = 36.

(c) $\frac{7}{15} - \frac{6}{5} + \frac{2}{9} - \frac{1}{3} = \frac{21-54+10-15}{45} = \underline{-\frac{38}{45}}$, Hauptnenner = kgV (15, 5, 9, 3) = 45.

Multiplikation und Division von Brüchen

$$\boxed{\frac{a}{b}\cdot\frac{c}{d}=\frac{ac}{bd}}$$

Man multipliziert zwei Brüche, indem man rechnet:

$$\frac{\textbf{Zähler}\cdot\textbf{Zähler}}{\textbf{Nenner}\cdot\textbf{Nenner}}$$

$$\boxed{\frac{a}{b}:\frac{c}{d}=\frac{a}{b}\cdot\frac{d}{c}=\frac{ad}{bc}}$$

Man teilt durch einen Bruch, indem man mit dem Kehrwert dieses Bruches multipliziert.
Zu $\frac{c}{d}$ mit $c \neq 0$ heißt $\frac{d}{c}$ der **Kehrwert**.

Speziell gilt: Ein Bruch wird mit einer ganzen Zahl **multipliziert**, indem der **Zähler** mit der ganzen Zahl multipliziert wird.

Ein Bruch wird durch eine ganze Zahl **dividiert**, indem der **Nenner** mit der ganzen Zahl multipliziert wird.

Um beim Multiplizieren und Dividieren von Brüchen mit kleineren Zahlen zu arbeiten, ist es zweckmäßig, **vor dem Weiterrechnen zu kürzen!**

4.4 *Man berechne* (a) $\frac{5}{7}\cdot\frac{14}{35}$, (b) $\frac{2}{9}\cdot 15$, (c) $\frac{2}{9}\cdot\frac{1}{12}$.

(a) $\frac{5}{7}\cdot\frac{14}{35}=\frac{5\cdot 14}{7\cdot 35}=\underline{\frac{2}{7}}$ Kürzen mit 5 und 7.

(b) $\frac{2}{9}\cdot 15=\frac{2\cdot 15}{9}=\frac{2\cdot 5}{3}=\underline{\frac{10}{3}}$, (c) $\frac{2}{9}\cdot\frac{1}{12}=\frac{2}{9\cdot 12}=\frac{1}{9\cdot 6}=\underline{\frac{1}{54}}$.

4.5 *Man berechne* (a) $\frac{13}{7}:\frac{39}{28}$, (b) $\frac{\frac{1}{2}-\frac{1}{3}}{\frac{3}{4}+\frac{1}{12}}$, (c) $\frac{\frac{1}{2}-\frac{1}{3}+\frac{1}{4}}{\frac{1}{3}-\frac{1}{4}+\frac{1}{5}}$.

(a) $\frac{13}{7}:\frac{39}{28}=\frac{13\cdot 28}{7\cdot 39}=\underline{\frac{4}{3}}$ Kürzen mit 7 und 13.

(b) $\frac{\frac{1}{2}-\frac{1}{3}}{\frac{3}{4}+\frac{1}{12}}=\frac{6-4}{9+1}=\frac{2}{10}=\underline{\frac{1}{5}}$ Erweitern mit 12.

(c) $\frac{\frac{1}{2}-\frac{1}{3}+\frac{1}{4}}{\frac{1}{3}-\frac{1}{4}+\frac{1}{5}}=\frac{30-20+15}{20-15+12}=\underline{\frac{25}{17}}$ Erweitern mit 60.

4.6 *Weitere Übungsbeispiele zum Rechnen mit Brüchen*

$\frac{7}{12}+\frac{9}{20}=\frac{35}{60}+\frac{27}{60}=\frac{62}{60}=\underline{\frac{31}{30}}$, $\frac{4}{5}-\frac{9}{10}=\frac{8}{10}-\frac{9}{10}=\underline{-\frac{1}{10}}$,

$\frac{17}{38}\cdot\frac{57}{85}=\frac{1\cdot 3}{2\cdot 5}=\underline{\frac{3}{10}}$, $\frac{11}{62}:(-\frac{99}{217})=-\frac{11}{62}\cdot\frac{217}{99}=\underline{-\frac{7}{18}}$,

$(\frac{1}{2}+\frac{1}{4}+\frac{1}{8}+\frac{1}{16}):5=\frac{15}{16}:5=\underline{\frac{3}{16}}$, $102:(3+\frac{1}{5}-\frac{2}{7})=102:\frac{102}{35}=\underline{35}$,

$\frac{\frac{4}{7}+\frac{1}{5}}{\frac{9}{8}-\frac{9}{2}}=\frac{27}{35}:(-\frac{27}{8})=\underline{-\frac{8}{35}}$, $\frac{\frac{3}{5}-\frac{2}{10}}{\frac{7}{20}-\frac{1}{5}}=\frac{12-4}{7-4}=\underline{\frac{8}{3}}$.

4.7 *Man berechne*

(a) $(1+\frac{1}{2}+\frac{1}{3}+\frac{1}{4}+\frac{1}{5}):(1-\frac{1}{2}+\frac{1}{3}-\frac{1}{4}+\frac{1}{5})$, (b) $\frac{1}{1+\frac{1}{1+\frac{1}{1+1}}}$.

(a) Hauptnenner der auftretenden Brüche = kgV (2, 3, 4, 5) = 60.

Also $(1+\frac{1}{2}+\frac{1}{3}+\frac{1}{4}+\frac{1}{5}):(1-\frac{1}{2}+\frac{1}{3}-\frac{1}{4}+\frac{1}{5})$

$$= \frac{60+30+20+15+12}{60} : \frac{60-30+20-15+12}{60} = \frac{137}{60} : \frac{47}{60} = \frac{137}{60} \cdot \frac{60}{47} = \underline{\frac{137}{47}}.$$

(b) $\frac{1}{1+\frac{1}{1+\frac{1}{1+1}}} = \frac{1}{1+\frac{1}{1+\frac{1}{2}}} = \frac{1}{1+\frac{1}{\frac{3}{2}}} = \frac{1}{1+\frac{2}{3}} = \frac{1}{\frac{5}{3}} = \underline{\frac{3}{5}}.$

4.8 *Man berechne* (a) $-\frac{2}{3}\cdot\frac{3}{5}-\frac{7}{20}$, (b) $-\frac{2}{3}\cdot(\frac{1}{4}+\frac{5}{6})$,

(c) $\frac{1}{3}(-\frac{1}{2}(\frac{2}{5}+\frac{4}{5}))$, (d) $\frac{2}{3}(\frac{1}{2}-\frac{1}{5})-\frac{3}{2}:(\frac{2}{3}-\frac{1}{2})$.

(a) $-\frac{2}{3}\cdot\frac{3}{5}-\frac{7}{20} = -\frac{2\cdot 3}{3\cdot 5}-\frac{7}{20} = -\frac{2}{5}-\frac{7}{20} = -\frac{15}{20} = \underline{-\frac{3}{4}}.$

(b) $-\frac{2}{3}\cdot(\frac{1}{4}+\frac{5}{6}) = -\frac{2}{3}\cdot\frac{13}{12} = \underline{-\frac{13}{18}}.$

(c) $\frac{1}{3}(-\frac{1}{2}(\frac{2}{5}+\frac{4}{5})) = \frac{1}{3}(-\frac{1}{2}\cdot\frac{6}{5}) = \frac{1}{3}(-\frac{3}{5}) = \underline{-\frac{1}{5}}.$

(d) $\frac{2}{3}(\frac{1}{2}-\frac{1}{5})-\frac{3}{2}:(\frac{2}{3}-\frac{1}{2}) = \frac{2}{3}\cdot\frac{3}{10}-\frac{3}{2}:\frac{1}{6} = \frac{1}{5}-\frac{3}{2}\cdot 6 = \frac{1}{5}-9 = \underline{-\frac{44}{5} = -(8+\frac{4}{5})}.$

Bei Brüchen wie $\frac{44}{5}$ kann man ganzzahlige Anteile abspalten: $\frac{44}{5} = \frac{40}{5}+\frac{4}{5} = 8+\frac{4}{5}$, so dass als Rest $\frac{4}{5}$ ein echter Bruch verbleibt. Die Schreibweise $8\frac{4}{5}$ anstelle von $8+\frac{4}{5}$ führt häufig zu Missverständnissen, da sie mit $8\cdot\frac{4}{5}$ verwechselt werden kann. Daher werden wir diese Schreibweise der sog. **gemischten Zahlen** hier kaum benutzen.

Beachte wie üblich bei umfangreicheren Umformungen:

Punktrechnung geht vor Strichrechnung! Klammerrechnung geht vor Punktrechnung! Klammern von innen nach außen berechnen!

Warnung vor häufig gemachten Fehlern!

$\frac{2\cdot\mathbf{2}+3}{5+3\cdot\mathbf{2}}$ ist nicht $\frac{2+3}{5+3}$ (Aus Summen kürzen nur die Dummen!)

$\frac{1}{a+b}$ ist nicht $\frac{1}{a}+\frac{1}{b}$ $\frac{a+b}{c+d}$ ist nicht $\frac{a}{c}+\frac{b}{d}$

Beachte die Sprechweisen:
Beim Übergang von $\frac{2}{3}$ zu $\frac{10}{15}$ wird mit 5 **erweitert** und nicht etwa mit 5 multipliziert.
Beim Übergang von $\frac{10}{15}$ zu $\frac{2}{3}$ wird mit 5 **gekürzt** und nicht etwa durch 5 dividiert.

> Brüche mit Variablen werden analog behandelt.
> Zu beachten ist immer, dass die Nenner jeweils $\neq 0$ sind.

4.9 *Rechnen mit Brüchen, die Variable enthalten:*

(1) $(\frac{3}{4}a - \frac{5}{6}b) - (\frac{3}{2}a - \frac{4}{3}b) = (\frac{3}{4} - \frac{3}{2})a + (-\frac{5}{6} + \frac{4}{3})b = \underline{-\frac{3}{4}a + \frac{1}{2}b}.$

(2) $\frac{2}{a} + \frac{3}{b} - \frac{4}{c} = \underline{\frac{2bc+3ac-4ab}{abc}},$ Hauptnenner ist abc.

(3) $\frac{2x}{9y} + \frac{5xz}{6uy} = \frac{2x\cdot 2u+5xz\cdot 3}{18uy} = \underline{\frac{4ux+15xz}{18uy}},$ Hauptnenner ist $18uy$.

(4) $10bz \cdot \frac{8ax}{30by} = \underline{\frac{8axz}{3y}},$ Kürzen mit 10 und b.

(5) $\frac{125ab}{10xy} \cdot \frac{30yz}{25bc} = \underline{\frac{15az}{xc}},$ Kürzen mit $25, 10, b$ und y.

(6) $\frac{18x}{15y} : \frac{3b}{5a} = \frac{18x\cdot 5a}{15y\cdot 3b} = \underline{\frac{2ax}{by}},$ Kürzen mit 3 und 5 und noch mal mit 3.

(7) $(2\frac{2}{5}a : 4\frac{2}{3}b) \cdot 5\frac{1}{4}c = (\frac{12a}{5} : \frac{14b}{3}) \cdot \frac{21c}{4} = \frac{12a\cdot 3\cdot 21c}{5\cdot 14b\cdot 4} = \underline{\frac{27ac}{10b}}.$

(8) $(39abd - 12acd + 45bcd) : 3d = \underline{13ab - 4ac + 15bc}.$

(9) $(\frac{18bc}{5x} + \frac{21abc}{2y} - \frac{12ab}{5c}) : 3ab = \underline{\frac{6c}{5ax} + \frac{7c}{2y} - \frac{4}{5c}}.$

(10) $(\frac{1}{a} + \frac{1}{b}) \cdot \frac{a}{a+b} = \frac{b+a}{ab} \cdot \frac{a}{a+b} = \underline{\frac{1}{b}},$ Kürzen mit $a + b$ und a.

(11) $\dfrac{\frac{a}{b}+\frac{c}{d}}{\frac{a}{b}-\frac{c}{d}} = \underline{\frac{ad+bc}{ad-bc}},$ Erweitern mit bd.

(12) $\frac{a^2-b^2}{a+b} = \frac{(a-b)(a+b)}{a+b} = \underline{a-b},$ Kürzen mit $a + b$.

(13) $\frac{a}{a-b} - \frac{b}{b-a} - \frac{b}{b+a} = \frac{a}{a-b} + \frac{b}{a-b} - \frac{b}{b+a} = \frac{a(a+b)+b(a+b)-b(a-b)}{(a+b)(a-b)}$
$= \frac{a^2+ab+ab+b^2-ab+b^2}{a^2-b^2} = \underline{\frac{a^2+ab+2b^2}{a^2-b^2}}.$

(14) $\left(\frac{5x-3y}{15a} - \frac{9x-8y}{12b}\right) : \left(\frac{4b-9a}{4y} - \frac{3b-10a}{5x}\right) = \frac{4b(5x-3y)-5a(9x-8y)}{60ab} \cdot \frac{20xy}{5x(4b-9a)-4y(3b-10a)}$
$= \frac{xy(20bx-12by-45ax+40ay)}{3ab(20bx-45ax-12by+40ay)} = \underline{\frac{xy}{3ab}}.$

(15) $\frac{x^4-2x^2y^2+y^4}{x^2+2xy+y^2} = \frac{(x^2-y^2)^2}{(x+y)^2} = \frac{((x-y)(x+y))^2}{(x+y)^2} = \frac{(x-y)^2(x+y)^2}{(x+y)^2} = \underline{(x-y)^2}.$
(Zu den binomischen Formeln siehe auch Abschnitt [6.1].)

(16) $\frac{4x^2-9y^2}{2ax+3ay} : \frac{2x-3y}{a^2+a} + \frac{a^2+2a+1}{(x-y)(x+y)} : \frac{a^2-1}{x^2-y^2}$
$= \frac{(2x+3y)(2x-3y)}{a(2x+3y)} \cdot \frac{a(a+1)}{2x-3y} + \frac{(a+1)^2}{(x-y)(x+y)} \cdot \frac{(x-y)(x+y)}{(a+1)(a-1)} = a + 1 + \frac{a+1}{a-1} = \underline{\frac{a^2+a}{a-1}}.$

Größenvergleich zweier Brüche $\frac{a}{b}$ und $\frac{c}{d}$

Ist $b > 0$ und $d > 0$, so gilt $\boxed{\frac{a}{b} \geq \frac{c}{d} \iff ad \geq bc}$

$b, d > 0$ lässt sich durch evtl. Erweitern mit -1 stets erreichen.

4.10 *Man vergleiche folgende Brüche bzw. Terme bzgl. $\geq$.*

(a) $\frac{5}{8}$ und $\frac{8}{13}$, (b) $-\frac{5}{4}$ und $-\frac{9}{7}$, (c) $\frac{1}{2} - \frac{1}{6}$ und $\frac{2}{3} - \frac{1}{4}$.

(a) $\frac{5}{8} \geq \frac{8}{13} \iff 5 \cdot 13 \geq 8 \cdot 8 \iff 65 \geq 64.$

Die letzte Aussage ist sicher richtig, also gilt $\underline{\frac{5}{8} \geq \frac{8}{13}}$ und sogar $\frac{5}{8} > \frac{8}{13}$.

Wir haben auch die Möglichkeit, die Brüche auf den Hauptnenner, hier $\text{kgV}(8, 13) = 8 \cdot 13 = 104$, zu bringen und dann zu vergleichen:

$\frac{5}{8} \geq \frac{8}{13} \iff \frac{5 \cdot 13}{104} \geq \frac{8 \cdot 8}{104} \iff \frac{65}{104} \geq \frac{64}{104} \iff 65 \geq 64,$ richtig.

Oder auch: $\frac{5}{8} \geq \frac{8}{13} \iff \frac{5}{8} - \frac{8}{13} \geq 0 \iff \frac{65}{104} - \frac{64}{104} = \frac{1}{104} \geq 0,$ richtig.

(b) $-\frac{5}{4} \geq -\frac{9}{7}$, da $-5 \cdot 7 = -35 \geq -36 = -9 \cdot 4$ richtig ist.

Oder: $-\frac{5}{4} = \frac{-35}{28}$ und $-\frac{9}{7} = \frac{-36}{28}$.

Wegen $-35 \geq -36$ gilt $\frac{-35}{28} \geq \frac{-36}{28}$, also auch $\underline{-\frac{5}{4} \geq -\frac{9}{7}}$.

(c) $\frac{1}{2} - \frac{1}{6} = \frac{1}{3}$ und $\frac{2}{3} - \frac{1}{4} = \frac{8}{12} - \frac{3}{12} = \frac{5}{12}$. Zu vergleichen sind also $\frac{1}{3}$ und $\frac{5}{12}$.

$1 \cdot 12 = 12 \leq 15 = 3 \cdot 5$, also gilt $\frac{1}{3} \leq \frac{5}{12}$ und damit $\underline{\frac{1}{2} - \frac{1}{6} \leq \frac{2}{3} - \frac{1}{4}}$.

Oder: $\frac{1}{3} = \frac{4}{12} \leq \frac{5}{12}$, also $\frac{1}{3} \leq \frac{5}{12}$ und folglich $\underline{\frac{1}{2} - \frac{1}{6} \leq \frac{2}{3} - \frac{1}{4}}$.

Oder: $\frac{1}{2} - \frac{1}{6} - (\frac{2}{3} - \frac{1}{4}) = \frac{1}{2} - \frac{1}{6} - \frac{2}{3} + \frac{1}{4} = \frac{6-2-8+3}{12} = -\frac{1}{12} \leq 0$, also $\underline{\frac{1}{2} - \frac{1}{6} \leq \frac{2}{3} - \frac{1}{4}}$.

4.11 *Man ordne die Brüche jeweils nach ihrer Größe:*

(a) $\frac{3}{4}, \frac{5}{7}$ (b) $\frac{2}{3}, \frac{5}{7}, \frac{11}{18}, \frac{5}{9}$ (c) $\frac{15}{36}, \frac{17}{40}, \frac{52}{126}$

(a) Mit dem Hauptnenner $\text{kgV}(4, 7) = 4 \cdot 7 = 28$ gilt $\underline{\frac{3}{4} = \frac{21}{28} > \frac{20}{28} = \frac{5}{7}}$.

(b) Mit dem Hauptnenner $\text{kgV}(3, 7, 18, 9) = 7 \cdot 18 = 126$ gilt

$\frac{2}{3} = \frac{84}{126}$, $\frac{5}{7} = \frac{90}{126}$, $\frac{11}{18} = \frac{77}{126}$, $\frac{5}{9} = \frac{70}{126}$, also $\underline{\frac{5}{9} < \frac{11}{18} < \frac{2}{3} < \frac{5}{7}}$.

(c)
$$\begin{array}{rcl} 36 = 2^2 \cdot 3^2 & = & 2^2 \cdot 3^2 \cdot 5^0 \cdot 7^0 \\ 40 = 2^3 \cdot 5 & = & 2^3 \cdot 3^0 \cdot 5^1 \cdot 7^0 \\ 126 = 2 \cdot 3^2 \cdot 7 & = & 2^1 \cdot 3^2 \cdot 5^0 \cdot 7^1 \\ \hline \text{kgV}(36, 40, 126) & = & 2^3 \cdot 3^2 \cdot 5^1 \cdot 7^1 = \underline{2\,520} \end{array}$$

$$\frac{15}{36} = \frac{15 \cdot 70}{36 \cdot 70} = \frac{1\,050}{2\,520}, \quad \frac{17}{40} = \frac{17 \cdot 63}{40 \cdot 63} = \frac{1\,071}{2\,520}, \quad \frac{52}{126} = \frac{52 \cdot 20}{126 \cdot 20} = \frac{1\,040}{2\,520}$$

Es ist $\frac{1\,071}{2\,520} > \frac{1\,050}{2\,520} > \frac{1\,040}{2\,520}$, also $\underline{\frac{17}{40} > \frac{15}{36} > \frac{52}{126}}$.

4.2 Prozentrechnung

% ist eine andere Schreibweise für den Bruch $\frac{1}{100}$.

4.12 *Man schreibe mit dem Prozentzeichen bzw. als Bruch:*
225%, 0.175, $\frac{1}{8}$, 3.7%, 0.025%, 0.025, $\frac{2}{3}$.

$225\% = 225 \cdot \frac{1}{100} = \frac{225}{100} = \underline{\frac{9}{4}}$, $\quad 0.175 = \frac{17.5}{100} = \underline{17.5\%}$, $\quad \frac{1}{8} = \frac{125}{1000} = \frac{12.5}{100} = \underline{12.5\%}$,
$3.7\% = \frac{3.7}{100} = \underline{\frac{37}{1000}}$, $\quad 0.025\% = \frac{0.025}{100} = \frac{25}{100\,000} = \underline{\frac{1}{4\,000}}$,
$0\,025 = \frac{25}{1000} = \frac{2.5}{100} = \underline{2.5\%}$, $\quad \frac{2}{3} = 0.66666\ldots \approx \frac{66.67}{100} = \underline{66.67\%}$.

Grundformel der Prozentrechnung

Bezeichnungen: G Grundwert, $p\,\%$ Prozentsatz, W Prozentwert

Zusammenhang: $\boldsymbol{W = G \cdot p\,\% = G \cdot \frac{p}{100}}$

4.13 *Sind zwei der drei Größen G, p, W bekannt, kann die dritte berechnet werden. So ergeben sich die drei Grundaufgaben der Prozentrechnung:*

(a) *Ein Kapital von 5000 € wird jährlich mit 4.5% verzinst. Wieviel Zinsen erhält man nach einem Jahr?*

(b) *Bei einer 4 % igen Verzinsung möchte man nach einem Jahr 1 200 € Zinsen erhalten. Wieviel Geld muss man anlegen?*

(c) *Ein Kapital von 8 000 € bringt in einem Jahr 336 € Zinsen. Zu welchem Zinssatz ist es angelegt?*

(a) Gegeben sind $G = 5\,000$ und $p = 4.5$. Gesucht ist W. Nach der Grundformel erhält man:
$W = G \cdot \frac{p}{100} = 5\,000 \cdot \frac{4.5}{100} = 5 \cdot 45 = 225.$ <u>Man erhält 225 € Zinsen.</u>

(b) Gegeben sind $W = 1\,200$ und $p = 4$. Gesucht ist G. Auflösen der Grundformel nach G ergibt:
$W = G \cdot p\% \Longrightarrow G = \frac{100W}{p} = \frac{100 \cdot 1\,200}{4} = 30\,000.$ <u>Man muss 30 000 € anlegen.</u>

(c) Gegeben sind $G = 8\,000$ und $W = 336$. Gesucht ist p. Auflösen der Grundformel nach p ergibt:
$W = G \cdot p\% \Longrightarrow p = \frac{100W}{G} = \frac{33\,600}{8\,000} = 4.2.$ <u>Der Zinssatz beträgt 4.2 %.</u>

4.14 *Ein landwirtschaftlicher Großbetrieb mit 600 ha Fläche baut auf 30 % der Fläche Weizen an, auf 55 % der Fläche Raps, und der Rest ist Weideland. Wie groß sind die jeweiligen Anbauflächen?*

$600 \cdot \frac{30}{100} = 180, \qquad 600 \cdot \frac{55}{100} = 330, \qquad \text{Rest} = 600 - 330 - 180 = 90.$

Auf 180 ha wird Weizen angebaut, auf 330 ha Raps. Die restlichen 90 ha sind Weideland und das sind $\frac{90}{600} = \frac{15}{100} = 15\%$. Probe: $30\% + 55\% + 15\% = 100\%$.

4.15 *Eine Ware verteuert sich von 200€ auf 250€.*
(a) *Um wieviel % ist sie teurer geworden?* (b) *Wieviel % war sie billiger?*

(a) Gefragt ist: Wieviel % von 200€ sind 50€?
Also $G = 200$ und $W = 50$; gesucht $p\,\%$.
$p\% = \frac{p}{100} = \frac{W}{G} = \frac{50}{200} = \frac{25}{100} = \underline{25\%}$ ist die Ware teurer geworden.

(b) Gefragt ist jetzt: Wieviel % von 250€ sind 50€?
Also $G = 250$, $W = 50$; gesucht $p\,\% = \frac{p}{100} = \frac{W}{G} = \frac{50}{250} = \frac{20}{100} = \underline{20\%}$.
20% war die Ware vorher billiger.

Zusammenfassend: 50 sind 25% von 200 (Preis vorher), 20% von 250 (Preis nachher).

Man beachte:
Wird eine Ware um $p\,\%$ teurer, so war sie vorher um $\boxed{\frac{100p}{100+p}\,\%}$ billiger.

Im obigen Beispiel gilt: Verteuerung um 25 % bedeutet, dass vorher die Ware um $\frac{2500}{100-25}\% = 20\,\%$ billiger war.

Zu beachten ist also, auf welchen Grundwert sich der Prozentwert W bezieht:
Ist z.B. A 200 cm groß und B nur 160 cm, so ist

A 25% größer als B (40 sind 25% vom Grundwert 160), aber
B 20% kleiner als A (40 sind 20% vom Grundwert 200).

4.16 *Wieviel Prozent spart ein Autofahrer bei fester Wegstrecke an Zeit, wenn er sein Durchschnittstempo von 100 km/h auf 125 km/h, also um 25%, erhöht?*

Es gilt: Weg = Geschwindigkeit mal Zeit, allgemein geschrieben als $s = vt$.

Wird also v bei gleichem Weg um 25 % gesteigert, d.h. durch $1.25v$ ersetzt, so muss die Zeit $1t$ durch $\frac{1}{1.25}t = 0.8t$ ersetzt werden ($s = vt = 1.25v \cdot \frac{1}{1.25}t$).

Die Zeitersparnis beträgt $1 - 0.8 = 0.2 = \underline{20\,\%}$.

Mit obiger Formel erhält man: Zeitersparnis $= \frac{100 \cdot 25}{100+25}\% = \frac{2500}{125}\% = \underline{20\%}$.

4.17 *Ein Kapital von 5 000€ wird für 4 Jahre zu einem jährlichen Zinssatz von 4.5% angelegt, wobei die Zinsen jeweils am Ende eines Jahres dem Kapital zugeschlagen werden. Welchen Betrag erhält man nach Ablauf der 4 Jahre?*

Wir lösen die Aufgabe allgemein für: Kapital K_0, Zinssatz $p\%$, n Jahre.

K_0 wächst bei $p\%$ in einem Jahr auf: $K_1 = K_0 + K_0 \cdot p\% = K_0(1 + \frac{p}{100})$
K_0 wächst bei $p\%$ in zwei Jahren auf: $K_2 = K_1(1 + \frac{p}{100}) = K_0(1 + \frac{p}{100})^2$
und weiter:
K_0 wächst bei $p\%$ in n Jahren auf:

Zinseszinsformel

$$\boldsymbol{K_n = K_0(1 + \frac{p}{100})^n}$$

Hier: $K_4 = 5\,000 \cdot (1 + \frac{4.5}{100})^4 \approx 5\,963$ (siehe Potenzrechnung [5.2]).

Nach 4 Jahren ist das Kapital auf $\underline{5\,963€}$ angewachsen (siehe [Kap. 15]).

4.3 Dreisatz

Eine typische Fragestellung aus dem täglichen Leben ist z.B.

30 Liter Benzin kosten 42 Euro. Wie teuer sind 50 Liter Benzin?

Als Lösungsmethode kann man den sogenannten **Dreisatz** benutzen:

Bekannt ist:	30 Liter Benzin kosten 42 Euro.
Es folgt:	1 Liter Benzin kostet $\frac{42}{30}$ Euro.
Also:	50 Liter Benzin kosten $50 \cdot \frac{42}{30}$ Euro.
	$50 \cdot \frac{42}{30} = 5 \cdot 14 = 70$, also kosten 50 Liter Benzin 70 Euro.

Prinzip des Dreisatzes

Aus bekannten gegebenen Daten (1. Satz) wird zunächst auf eine Einheit geschlossen (2. Satz) und damit dann auf die gesuchte Größe (3. Satz).

4.18 *Ein Fahrzeug fährt mit 30 Liter Benzin 350 km weit.*
Wieviel Liter braucht es für 600 km?

1. Bekannt: 30 Liter für 350 km.
2. Folgerung: $\frac{30}{350}$ Liter für 1 km.
3. Schluss: $\frac{30}{350} \cdot 600$ Liter für 600 km.

$\frac{30}{350} \cdot 600 = \frac{6 \cdot 60}{7} \approx 51.4$, der Verbrauch für 600 km beträgt ca. 51.4 Liter Benzin.

4.19 *Ein mit konstanter Geschwindigkeit fahrendes Fahrzeug legt 300 km in 3 Stunden 20 Minuten zurück.*
Wie weit kommt es in 5 Stunden?

1. Bekannt: 300 km in 3 Std. 20 Min $= \frac{10}{3}$ Stunden.
2. Folgerung: $300 : \frac{10}{3} = 90$ km in 1 Stunde.
3. Schluss: $5 \cdot 90 =$ 450 km in 5 Stunden.

4.20 *Ein mit konstanter Geschwindigkeit von 90 km/h fahrendes Kfz legt eine gewisse Strecke in 3 Stunden 20 Minuten zurück.*
Wie schnell muss es fahren, um in 3 Stunden am Ziel zu sein?

Hier geht es ohne Dreisatz einfacher:

Bei Tempo 90 km/h fährt das Kfz in 3 Stunden 20 Minuten genau 300 km.
Um diese Strecke in 3 Stunden zurückzulegen, muss es Tempo 100 km/h fahren.

4.21 *3 Maler streichen eine gewisse Fläche in 15 Stunden.*
Wie lange benötigen 5 Maler für diese Fläche?

1. Bekannt: 3 Maler benötigen 15 Stunden.
2. Folgerung: 1 Maler benötigt $15 \cdot 3$ Stunden.
3. Schluss: 5 Maler benötigen $\frac{15 \cdot 3}{5} =$ 9 Stunden.

Bei den folgenden Aufgaben spricht man vom **doppelten Dreisatz**, da zunächst zweimal auf eine Einheit geschlossen wird, und danach durch zweimaliges Schließen die gesuchte Größe gefunden wird.

4.22 *4 Arbeiter pflastern $25\,m^2$ Fläche in 12 Stunden. Wie lange brauchen 5 Arbeiter für $40\,m^2$ Fläche?*

Bekannt:	4 Arbeiter pflastern $25\,\mathrm{m}^2$ Fläche in 12 Stunden.
Folg. für eine Einheit:	1 Arbeiter pflastert $25\,\mathrm{m}^2$ in $4 \cdot 12$ Stunden.
Folg. für eine zweite Einh.:	1 Arbeiter pflastert $1\,\mathrm{m}^2$ in $\frac{4 \cdot 12}{25}$ Stunden.
1. Schluss:	5 Arbeiter pflastern $1\,\mathrm{m}^2$ in $\frac{4 \cdot 12}{25 \cdot 5}$ Stunden.
2. Schluss:	5 Arbeiter pflastern $40\,\mathrm{m}^2$ in $\frac{4 \cdot 12 \cdot 40}{25 \cdot 5} = \frac{384}{25}$ Stunden.

5 Arbeiter pflastern $40\,\mathrm{m}^2$ in $\frac{384}{55} = 15.36$ Stunden,
also in ca. <u>15 Stunden und 22 Minuten</u>.

Hinweis: Bei den Rechnungen im letzten Beispiel muss man aufpassen, ob jeweils zu multiplizieren oder zu dividieren ist. Man beachte folgende Regeln.

Gilt:

Je weniger, desto mehr	muss man Multiplizieren!	Zeile 2 im Beispiel
Je weniger, desto weniger	muss man Dividieren!	Zeile 3 im Beispiel
Je mehr, desto weniger	muss man Dividieren!	Zeile 4 im Beispiel
Je mehr, desto mehr	muss man Multiplizieren!	Zeile 5 im Beispiel

4.23 *Bei einer Expedition benötigt man für 3 Personen in 7 Tagen 63 Liter Wasser. Nun soll eine 3-wöchige Expedition mit 5 Teilnehmern durchgeführt werden. Wieviel Liter Wasser muss man mitnehmen?*

Bekannt:	3 Personen verbrauchen in 7 Tagen 63 Liter Wasser.
Folg.:	1 Person verbraucht in 7 Tagen $\frac{63}{3}$ Liter Wasser.
Folg.:	1 Person verbraucht an einem Tag $\frac{63}{3 \cdot 7} = 3$ Liter Wasser.
1. Schluss:	5 Personen verbrauchen an einem Tag $\frac{63}{3 \cdot 7} \cdot 5 = 15$ Liter Wasser.
2. Schluss:	5 Personen verbrauchen in 21 Tagen $\frac{63}{3 \cdot 7} \cdot 5 \cdot 21 =$ <u>315 Liter Wasser</u>.

4.24 *2 Arbeiter brauchen 6 Stunden, um eine Mauer zu erstellen. Mauern sie mit einem dritten Arbeiter, so ist die Mauer in 5 Stunden fertig. Wie lange braucht der dritte Arbeiter allein, um die Mauer zu erstellen?*

Die beiden Arbeiter schaffen in einer Stunde $\frac{1}{6}$ der Mauer, in 5 Stunden also $\frac{5}{6}$ der Mauer.
Der dritte Arbeiter schafft in 5 Stunden daher $\frac{1}{6}$ der Mauer. Er braucht also $6 \cdot 5$ Stunden = <u>30 Stunden</u>, um die Mauer zu erstellen.

4.4 Dezimaldarstellung von Brüchen

Die Darstellung einer reellen Zahl als Dezimalzahl nennt man auch Dezimalbruch, ihre Umwandlung in eine Dezimalzahl auch Dezimalbruchentwicklung.

Brüche und periodische Dezimalbrüche

Die rationalen Zahlen sind genau die reellen Zahlen, deren Dezimalbruchentwicklung periodisch ist.

Dabei ordnet man den abbrechenden Dezimalbrüchen die Periode $\overline{0}$ zu.

Umwandlung eines Bruches in einen periodischen Dezimalbruch siehe [4.24].

Umwandlung eines periodischen Dezimalbruchs in einen Bruch s. [4.25, 4.26].

4.25 *Man schreibe folgende Brüche als Dezimalbrüche (ohne Taschenrechner):* $\frac{73}{100}$, $\frac{73}{40}$, $\frac{73}{30}$, $\frac{73}{7}$.

Der Bruch $\frac{a}{b}$, wobei a, b ganze Zahlen sind und $b \neq 0$ ist, lässt sich in einen **abbrechenden oder periodischen Dezimalbruch** verwandeln, indem man a durch b dividiert. Dabei sind folgende Fälle möglich:

Der Nenner ist eine Zehnerpotenz:

$$\frac{73}{100} = \frac{70}{100} + \frac{3}{100} = \frac{7}{10} + \frac{3}{100} = \underline{0.73}.$$

Der Nenner enthält nur die Primfaktoren 2 und 5.

Durch Erweitern erhält man eine Zehnerpotenz als Nenner:

$$\frac{73}{40} = \frac{73}{2^3 \cdot 5} = \frac{73 \cdot 5^2}{2^3 \cdot 5 \cdot 5^2} = \frac{73 \cdot 5^2}{1000} = \frac{1825}{1000} = \underline{1.825}.$$

(oder man dividiert schriftlich)

Der Nenner b enthält von 2 und 5 verschiedene Primfaktoren.

Der zugehörige Dezimalbruch ist periodisch und die Periodenlänge ist höchstens $|b| - 1$ (Anzahl der mögl. Reste). Schriftliches Dividieren liefert:

$\frac{73}{30} = \underline{2.4\overline{3}}$, Periodenlänge 1. (Lies: 2 Komma 4 Periode 3)

$\frac{73}{7} = \underline{10.\overline{428571}}$, Periodenlänge 6. (Lies: 10 Komma Periode 4 2 8 5 7 1)

4.26 *Man wandle um in gewöhnliche Brüche:*

(a) $x = 0.\overline{15}$, (b) $y = 0.0\overline{072}$, (c) $z = 1.32\overline{5}$.

Verschieben um eine Periodenlänge durch Multiplikation mit geeigneter Zehnerpotenz und Subtraktion liefert:

(a) $x = 0.\overline{15} \implies$
$$\begin{array}{rcl} 100x & = & 15.\overline{15} \\ -x & = & -0.\overline{15} \\ \hline 99x & = & 15.00 \end{array} \implies x = \frac{15}{99} = \underline{\frac{5}{33}}.$$

(b) $y = 0.0\overline{072} \implies$
$$\begin{array}{rcl} 1000y & = & 7.2\overline{072} \\ -y & = & -0.0\overline{072} \\ \hline 999y & = & 7.2000 \end{array} \implies y = \frac{72}{9990} = \underline{\frac{4}{555}}.$$

(c) $z = 1.32\overline{5} \implies$
$$\begin{array}{rcl} 10z & = & 13.25\overline{5} \\ -z & = & -1.32\overline{5} \\ \hline 9z & = & 11.930 \end{array} \implies z = \underline{\frac{1193}{900}}.$$

4.27 *Man zeige:* $0.\overline{9} = 1$.

Für $x = 0.\overline{9}$ gilt:
$$\begin{array}{rcl} 10x &=& 9.999\ldots \\ -x &=& -0.999\ldots \\ \hline 9x &=& 9.000\ldots \end{array} \implies x = 1, \text{ also } \underline{0.\overline{9} = 1}.$$

Oder $\frac{1}{3} = 0.\overline{3} \implies 1 = 3 \cdot \frac{1}{3} = 3 \cdot 0.\overline{3} = \underline{0.\overline{9}}$.

Oder mit der unendlichen geometrischen Reihe, siehe [**EM 2**]:
$$0.\overline{9} = \frac{9}{10} + \frac{9}{10^2} + \frac{9}{10^3} + \cdots = \frac{9}{10}(1 + \frac{1}{10} + \frac{1}{10^2} + \cdots) = \frac{9}{10}\sum_{k=0}^{\infty}\left(\frac{1}{10}\right)^k = \frac{9}{10}\frac{1}{1-\frac{1}{10}} = \underline{1}.$$

Wegen $\mathbf{1 = 0.\overline{9}}$ ist die Darstellung eines Bruches durch einen Dezimalbruch also nicht eindeutig, beispielsweise gilt:
$$32 = 31.\overline{9}, \quad \frac{1}{2} = 0.5 = 0.4\overline{9}, \quad \frac{7}{4} = 1.75 = 1.74\overline{9}, \quad \frac{701}{1000} = 0.701 = 0.700\overline{9}\,.$$

4.28 (a) *Man schreibe* $\frac{0.0\overline{072}}{0.00\overline{72}}$ *als gewöhnlichen Bruch und als Dezimalbruch.*

(b) *Man schreibe als Dezimalbruch:* (1) $\frac{0.\overline{12}}{12}$, (2) $\frac{14}{0.\overline{12}}$.

(c) *Was ist* $0.\overline{7} \cdot 0.\overline{8} - 0.\overline{56}$*?*

(a) Es ist $0.0\overline{072} = \frac{4}{555}$, siehe [4.26 (b)]. Der Nenner $0.00\overline{72}$ ergibt sich wie üblich:
$$x = 0.00\overline{72} \implies \begin{array}{rcl} 100x &=& 0.72\overline{72} \\ -x &=& -0.00\overline{72} \\ \hline 99x &=& 0.72 \end{array} \implies x = \frac{72}{9\,900} = \underline{\frac{2}{275}}.$$

Damit ist $\frac{0.0\overline{072}}{0.00\overline{72}} = \frac{4}{555} \cdot \frac{275}{2} = \underline{\frac{110}{111}}$. Schriftliche Division ergibt $\frac{110}{111} = \underline{0.\overline{990}}$.

(b) Man berechnet zunächst $0.\overline{12} = \frac{12}{99} = \frac{4}{33}$ (übliche Berechnung).

(1) Damit erhält man $\frac{0.\overline{12}}{12} = \frac{4}{33} \cdot \frac{1}{12} = \underline{\frac{1}{99}} = \underline{0.\overline{01}}$.

Oder: $\frac{1}{12} \cdot 0.\overline{12} = \frac{1}{12}(\frac{12}{10^2} + \frac{12}{10^4} + \frac{12}{10^6} + \cdots) = \frac{1}{10^2} + \frac{1}{10^4} + \frac{1}{10^6} + \cdots = \underline{0.\overline{01}}$.

Oder: Schriftliche Division ergibt (natürlich) ebenfalls $\frac{0.\overline{12}}{12} = \underline{0.\overline{01}}$.

(2) Man erhält $\frac{14}{0.\overline{12}} = 14 \cdot \frac{33}{4} = \frac{231}{2} = \underline{115.5}$.

(c) Wie oben berechnet man $0.\overline{7} = \frac{7}{9}$, $0.\overline{8} = \frac{8}{9}$ und $0.\overline{56} = \frac{56}{99}$. Damit ist
$$0.\overline{7} \cdot 0.\overline{8} - 0.\overline{56} = \frac{7}{9} \cdot \frac{8}{9} - \frac{56}{99} = \frac{56}{81} - \frac{56}{99} = \underline{\frac{112}{891}}.$$
Dies ist ein Dezimalbruch mit Periodenlänge 18.

4.5 Aufgaben

4.29 *Man ordne die folgenden Brüche nach ihrer Größe:*

(a) $\frac{17}{35}$, $\frac{19}{37}$, $\frac{51}{111}$. (b) $\frac{201}{1\,400}$, $\frac{501}{3\,500}$, $\frac{301}{1\,960}$.

4.30 *Man vergleiche die folgenden Terme bzgl.* <, =, >:

(a) $\frac{3}{7}+\frac{5}{8}$ *und* $\frac{4}{9}+\frac{6}{11}$. (b) $(\frac{1}{2}-\frac{1}{3}):(\frac{1}{4}-\frac{1}{5})$ *und* $(\frac{1}{6}-\frac{1}{7})\cdot(\frac{240}{14}+\frac{4\,300}{35})$.

(c) $\dfrac{1}{1+\frac{1}{1+1}}+\dfrac{2}{2+\frac{2}{2+2}}$ *und* $\dfrac{3+\frac{3}{3+3}}{3}+\dfrac{4+\frac{4}{4+4}}{4}$.

(d) $\dfrac{1}{1+\frac{1}{1+1}}+\dfrac{4+\frac{4}{4+4}}{4}$ *und* $\dfrac{2}{2+\frac{2}{2+2}}+\dfrac{3+\frac{3}{3+3}}{3}$.

4.31 *Eine Bauelementefirma gibt auf eine Markise, deren Nettopreis 1 950€ beträgt, 20% Rabatt, auf den Funkmotor für 400€ (Nettopreis) aber nicht. Wie sieht die Rechnung für den Kunden aus (mit Nettopreis, 19% Mehrwertsteuer und Bruttopreis)?*

4.32 *Ein Kühlschrank für 450€ wird zunächst um 8% verteuert, anschließend wird der Preis wieder um 5% gesenkt. Wie teuer ist er jetzt, und wie hoch ist die prozentuale Erhöhung bezogen auf den Ausgangspreis?*

4.33 *Ein Kapital von 4 000€ wird 5 Jahre lang angelegt. Die vereinbarte Auszahlungssumme beträgt 4 900€. Wie hoch ist der jährliche Zinssatz, wenn man Zinseszinsen zugrundelegt?*

4.34 *Ein Kapital von 4 000€ wird zu 4% pro Jahr angelegt und soll zum Auszahlungstermin (wieder bei Zinseszinsen) auf mindestens 5 000€ angewachsen sein. Wieviele Jahre muss man es mindestens festlegen?*

4.35 *"Jakobspfennig"*

Unterschied zwischen *Zins und Zinseszins bzw.*
linearem und exponentiellem Wachstum.

Wenn Jakob zur Geburt seines Sohnes vor 2 000 Jahren 1 Cent bei einer Bank angelegt hätte, auf wieviel Euro – bzw. Kilogramm Gold – wäre das Kapital heute angewachsen, wenn das Kapital 1 Cent

(a) *mit 2 % Zins jährlich angelegt worden wäre?*

(b) *mit 2 % Zins und Zinseszins jährlich angelegt worden wäre?*

Man schätze zunächst das Ergebnis dieser hypothetischen Frage und lege einen Goldpreis von 30 000€ pro kg zugrunde.

4.36 *30 kg Farbe kosten 42€.* (a) *Wieviel kosten 50 kg Farbe?*
(b) *Wieviel Farbe bekommt man für 63€?*

4.37 *24 Arbeiter können ein Stück Autobahn in 6 Tagen ausbessern.*
Wieviele Arbeiter sind nötig, damit die Arbeit in 4 Tagen fertig wird?

4.38 *Ein Flugzeug benötigt bei 540 km/h für eine Flugstrecke 2 Stunden 20 Minuten.*
Wie lange braucht ein Flugzeug, das 720 km/h fliegt, für diese Strecke?

4.39 *3 Maschinen stellen in 40 Stunden 10 000 Stück eines gewissen Produktes her.*
Es sollen mindestens 20 000 Stück in 30 Stunden hergestellt werden.
Wieviel Maschinen sind nötig?

4.40 *Ein Gestüt braucht für 25 Pferde pro Woche 525 kg Hafer. Wieviel Hafer wird für 20 Pferde in 14 Tagen benötigt?*

4.41 (a) *Man schreibe als Dezimalbruch:*

$\frac{11}{20}, \quad \frac{17}{11}, \quad \frac{11}{-17}, \quad \frac{23}{8}, \quad \frac{1}{-33}.$

(b) *Man wandle um in gewöhnliche Brüche:*

$2.03\overline{8}, \quad -31.0\overline{10}, \quad 0.03\overline{131}.$

4.6 Lösungen

4.29 Zur Berechnung des kgV siehe [Abschnitt 3.3].

(a) $\text{kgV}(35, 37, 111) = 35 \cdot 37 \cdot 3 = 3\,885;\quad \frac{17}{35} = \frac{1\,887}{3\,885},\quad \frac{19}{37} = \frac{1\,995}{3\,885},\quad \frac{51}{111} = \frac{1\,785}{3\,885},$
also $\underline{\frac{51}{111} < \frac{17}{35} < \frac{19}{37}}$.

(b)
$$\begin{aligned} 1\,400 &= 2^3 \cdot 5^2 \cdot 7^1 \\ 3\,500 &= 2^2 \cdot 5^3 \cdot 7^1 \\ 1\,960 &= 2^3 \cdot 5^1 \cdot 7^2 \\ \hline \text{kgV}\,(36, 40, 126) &= 2^3 \cdot 5^3 \cdot 7^2 = \underline{49\,000} \end{aligned}$$

$$\frac{201}{1\,400} = \frac{201 \cdot 35}{1\,400 \cdot 35} = \frac{7\,035}{49\,000}$$
$$\frac{501}{3\,500} = \frac{501 \cdot 14}{3\,500 \cdot 14} = \frac{7\,014}{49\,000}$$
$$\frac{301}{1\,960} = \frac{301 \cdot 25}{1\,960 \cdot 25} = \frac{7\,525}{49\,000}$$

Da $\frac{7\,014}{49\,000} < \frac{7\,035}{49\,000} < \frac{7\,525}{49\,000}$, folgt $\underline{\frac{501}{3\,500} < \frac{201}{1\,400} < \frac{301}{1\,960}}$.

4.30

(a) $\frac{3}{7} + \frac{5}{8} = \frac{24+35}{56} = \frac{59}{56},\quad \frac{4}{9} + \frac{6}{11} = \frac{44+54}{99} = \frac{98}{99}.$
Also ist $\underline{\frac{4}{9} + \frac{6}{11} < \frac{3}{7} + \frac{5}{8}}$, da $\frac{98}{99} < 1$ und $\frac{59}{56} > 1$ gilt.

(b) $(\frac{1}{2} - \frac{1}{3}) : (\frac{1}{4} - \frac{1}{5}) = \frac{1}{6} : \frac{1}{20} = \frac{10}{3}$
$(\frac{1}{6} - \frac{1}{7}) \cdot (\frac{240}{14} + \frac{4\,300}{35}) = \frac{1}{42} \cdot \frac{1\,200+8\,600}{70} = \frac{1}{42} \cdot 140 = \frac{10}{3}$
Die Terme sind gleich groß.

(c) Es gilt $\underline{\frac{1}{1+\frac{1}{1+1}} + \frac{2}{2+\frac{2}{2+2}} < \frac{3+\frac{3}{3+3}}{3} + \frac{4+\frac{4}{4+4}}{4}}$, da in der ersten Summe jeder Summand < 1 und in der zweiten Summe jeder Summand > 1 ist.

(d) Jetzt muss man doch rechnen:

$$\frac{1}{1+\frac{1}{1+1}} = \frac{2}{3}, \qquad \frac{2}{2+\frac{2}{2+2}} = \frac{4}{5}, \qquad \frac{3+\frac{3}{3+3}}{3} = 1 + \frac{1}{3+3} \quad \text{(Kürzen mit 3)}$$
$$= \frac{7}{6}$$
$$\frac{4+\frac{4}{4+4}}{4} = 1 + \frac{1}{4+4} \quad \text{(Kürzen mit 4)}$$
$$= \frac{9}{8}$$

Hier bietet sich natürlich die Rechnung

$\frac{n}{n+\frac{n}{n+n}} = \frac{n}{\frac{2n^2+n}{2n}} = \frac{2n^2}{2n^2+n} = \frac{2n}{2n+1}$ an, mit der man die obigen vier Ergebnisse sofort bekommt – die letzten beiden durch Kehrwertbildung.

Weiter mit der Aufgabe: $\frac{2}{3} + \frac{9}{8} = \frac{43}{24} = \frac{430}{240}$, $\frac{4}{5} + \frac{7}{6} = \frac{59}{30} = \frac{472}{240}$.

Also gilt $\underline{\frac{1}{1+\frac{1}{1+1}} + \frac{4+\frac{4}{4+4}}{4} < \frac{2}{2+\frac{2}{2+2}} + \frac{3+\frac{3}{3+3}}{3}}$.

4.31 Rechnung:

Markise	1 950,00€
Rabatt 20%	-390,00€
Motor	400,00€
Nettosumme	1 960,00€
MWSt 19%	372,40€
Rechnungssumme	2 332,40€

4.32 8% von 450€ ergibt 36€, also den Preis von 486€.
5% von 486€ ergibt 24, 30€, also den gesuchten Preis von $\underline{461,70}$€.
Die Erhöhung um 11, 70€ entspricht einer Erhöhung um $\frac{11.70}{450} = 0.026 = \underline{2.6\%}$.

4.33 In der Zinseszinsformel [S. 68] $K_n = K_0(1 + \frac{p}{100})^n$ sind K_n, K_0 und n gegeben. Wir lösen nach p auf:

$$\frac{K_n}{K_0} = (1 + \frac{p}{100})^n \Longrightarrow 1 + \frac{p}{100} = \sqrt[n]{\frac{K_n}{K_0}} \Longrightarrow p = 100 \cdot \Big(\sqrt[n]{\frac{K_n}{K_0}} - 1\Big).$$

In unserem Beispiel: $p = 100 \cdot \Big(\sqrt[5]{\frac{4\,900}{4\,000}} - 1\Big) \approx \underline{4.1}$.

Der gegebene Zinssatz beträgt 4.1%.

4.34 In der Zinseszinsformel $K_n = K_0(1 + \frac{p}{100})^n$ sind K_n, K_0 und p gegeben. Wir lösen durch Logarithmieren (siehe [Abschnitt 5.4]) nach n auf:

$$\frac{K_n}{K_0} = (1 + \frac{p}{100})^n \Longrightarrow n \log(1 + \frac{p}{100}) = \log \frac{K_n}{K_0} \Longrightarrow n = \frac{\log K_n - \log K_0}{\log(1+\frac{p}{100})}.$$

Hier: $n = \frac{\log 5\,000 - \log 4\,000}{\log(1+\frac{4}{100})} \approx \underline{5.69}$, die Anlagedauer ist also mindestens 6 Jahre.

4.35

(a) 1 Cent bringt bei 2% Zins jährlich 0.02 Cent Zinsen. Das Kapital wächst linear. In 2 000 Jahren wächst es auf $(1 + 2\,000 \cdot 0.02)$ Cent $= \underline{41 \text{ Cent}}$.

(b) Im Unterschied zum linearen Wachstum lassen die Zinseszinsen das Kapital nun exponentiell wachsen, und jede Schätzung wird wohl falsch werden:

Mit $K = 1$, $p = 2\%$ und $n = 2\,000$ erhält man $K_{2\,000} = 1.02^{2\,000} \approx 1.6 \cdot 10^{17}$.

Das Kapital beträgt nun nach 2 000 Jahren ca. $1.6 \cdot 10^{17}$ Cent $= \underline{1.6 \cdot 10^{15} \text{ Euro}}$.

Beim Goldpreis von 30 000€ pro kg sind das $\frac{1.6 \cdot 10^{15}}{30\,000} \approx 0.53 \cdot 10^{11}$ kg Gold.

$0.53 \cdot 10^{11} = 53 \cdot 10^{9}$ und $53 \cdot 10^{9}$ kg $= 53 \cdot 10^{6}$ t, da 1 t = 1 000 kg ist.

Unvorstellbar: Aus 1 Cent sind ca. $53 \cdot 10^{6} = \underline{53\,000\,000 \text{ Tonnen Gold}}$ geworden.

4.36 1 kg Farbe kostet $\frac{42}{30}$€. Also kosten 50 kg Farbe $\frac{42}{30} \cdot 50 = \underline{70€}$.
Für 1€ bekommt man $\frac{30}{42}$ kg Farbe. Für 63€ also $\frac{30}{42} \cdot 63 = \underline{45 \text{ kg}}$ Farbe.

4.37 24 Arbeiter brauchen 6 Tage und $24 \cdot 6$ Arbeiter folglich nur 1 Tag.
$\frac{24 \cdot 6}{4} = \underline{36}$ Arbeiter schaffen also die Arbeit in 4 Tagen.

4.38 Die Strecke beträgt $540 \cdot \frac{7}{3}$ km, also 1 260 km. Bei 720 km/h beträgt die Flugzeit $\frac{1\,260}{720}$ Stunden. $\frac{1\,260}{720} = \frac{7}{4}$, die Flugzeit beträgt also 1 Stunde und 45 Minuten.

4.39 In 40 Stunden fertigen 3 Maschinen 10 000 Stück und 6 Maschinen 20 000 Stück.
$6 \cdot 4$ Maschinen fertigen in 10 Stunden 20 000 Stück.
$\frac{6 \cdot 4}{3} = 8$ Maschinen fertigen in 30 Stunden 20 000 Stück. Man braucht $\underline{8 \text{ Maschinen}}$.

4.40 25 Pferde fressen in 7 Tagen 525 kg Hafer.
1 Pferd frisst in 7 Tagen $\frac{525}{25}$ kg Hafer, folglich in 14 Tagen $\frac{525}{25} \cdot 2$ kg Hafer.
20 Pferde fressen in 14 Tagen $\frac{525}{25} \cdot 2 \cdot 20$ kg $= 21 \cdot 40 = \underline{840}$ kg Hafer.

4.41

(a) $\frac{11}{20} = 0.55$, $\frac{17}{11} = 1.\overline{54}$, $\frac{11}{17} = 0.\overline{6470588235294117}$.
(Hier entsteht die beim Nenner 17 maximale Periodenlänge von 16 Stellen. Geht die Division nicht auf, fällt der Rest 0 weg, so dass nur die Reste $1, 2, \ldots, 16$ auftreten können. Spätestens danach muss sich ein Rest wiederholen.)
$\frac{23}{8} = 2.875$, $\frac{1}{-33} = -0.\overline{03}$.

(b) (i) $x = 2.03\overline{8} \implies$
$$\begin{array}{rcl} 10x &=& 20.38\overline{8} \\ -x &=& -2.03\overline{8} \\ \hline 9x &=& 18.350 \end{array} \implies x = \frac{1\,835}{900} = \underline{\frac{367}{180}}.$$

(ii) $x = -31.\overline{010} \implies$
$$\begin{array}{rcl} 100x &=& -3101.0\overline{10} \\ -x &=& 31.0\overline{10} \\ \hline 99x &=& -3070.000 \end{array} \implies x = \underline{-\frac{3\,070}{99}}.$$

(iii) $x = 0.03\overline{131} \implies$
$$\begin{array}{rcl} 1\,000x &=& 31.31\overline{131} \\ -x &=& -0.03\overline{131} \\ \hline 999x &=& 31.28000 \end{array} \implies x = \frac{3\,128}{99\,900} = \underline{\frac{782}{24\,975}}.$$

5 Reelle Zahlen

5.1 Grundlagen

Außer den rationalen Zahlen als Zahlen mit periodischer Dezimalbruchentwicklung gibt es Dezimalzahlen, die nicht periodisch sind, bei denen es in den Nachkommastellen also keine Ziffernfolge gibt, die sich ab einer Stelle ohne Unterbrechungen stets wiederholt. Solche nichtperiodischen Dezimalzahlen sind z.B.

$$\begin{array}{rll} 17.101001000100001000001\ldots & & \\ -0.11121314151617181921\ldots & & \\ 3.14159265358979323 85\ldots & = \pi & \text{(Kreiszahl)} \\ 2.7182818284590452354\ldots & = \mathrm{e} & \text{(Eulersche Zahl)} \\ -1.4142135623730950488\ldots & = -\sqrt{2} & \end{array}$$

Diese Zahlen stellen keine Brüche dar, sondern sind sog. **irrationale Zahlen**. Zusammen bilden die rationalen Zahlen (Brüche) und die irrationalen Zahlen die Menge $\mathbb{R}$ der **reellen Zahlen**.
Dargestellt werden die reellen Zahlen auf der **Zahlengeraden**:

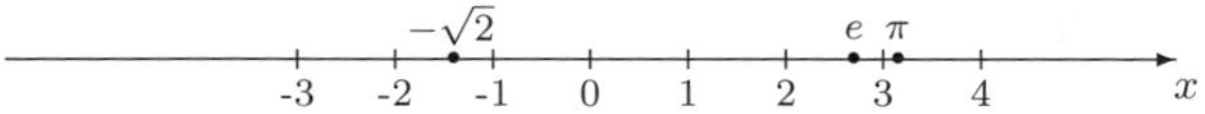

Hierdurch wird angedeutet, dass die reellen Zahlen angeordnet sind – man kann sie der Größe nach vergleichen: Liegt a auf der Zahlengeraden rechts von b, so ist a größer als b ($a > b$) (siehe [Abschnitt 5.5]). Jeder Punkt auf der Zahlengeraden entspricht genau einer reellen Zahl.
Ein Taschenrechner gibt die Zahl π z.B. mit 3.141592654 an. Dabei wird auf 9 Nachkommastellen **gerundet**.
Wir schreiben $\pi \approx 3.141592654$ ($\approx$ bedeutet ungefähr gleich).

Prinzip des Rundens (bei positiven Zahlen)		Beispiel: Runden auf 3 Nachkommastellen
Aufrunden:	falls die nächste Ziffer $5, 6, 7, 8, 9$ ist	$4.315817 \approx 4.316$
Abrunden:	falls die nächste Ziffer $0, 1, 2, 3, 4$ ist	$0.01239 \approx 0.012$
Prinzip des Rundens (bei negativen Zahlen)		
Abrunden:	falls die nächste Ziffer $5, 6, 7, 8, 9$ ist	$-3.4999 \approx -3.500$
Aufrunden:	falls die nächste Ziffer $0, 1, 2, 3, 4$ ist	$-0.55529 \approx -0.555$

5.1 *Man runde auf 2 und auf 3 Nachkommastellen:*

3.1457	0.77199	11.0045	0.9971	4.3962
−3.1457	−0.77199	−21.9977	−7.4029	−4.3962

Runden auf 2 Nachkommastellen:

$3.1457 \approx 3.15$	(aufgerundet)	$-3.1457 \approx -3.15$	(abgerundet!)
$0.77199 \approx 0.77$	(abgerundet)	$-0.77199 \approx -0.77$	(aufgerundet!)
$11.0045 \approx 11$	(abgerundet)	$-21.9977 \approx -22$	(abgerundet)
$0.9971 \approx 1$	(aufgerundet)	$-7.4029 \approx -7.4$	(aufgerundet)
$4.3962 \approx 4.4$	(aufgerundet)	$-4.3962 \approx -4.4$	(abgerundet)

Runden auf 3 Nachkommastellen:

$3.1457 \approx 3.146$	(aufgerundet)	$-3.1457 \approx -3.146$	(abgerundet!)
$0.77199 \approx 0.772$	(aufgerundet)	$-0.77199 \approx -0.772$	(abgerundet!)
$11.0045 \approx 11.005$	(aufgerundet)	$-21.9977 \approx -21.998$	(abgerundet)
$0.9971 \approx 0.997$	(abgerundet)	$-7.4029 \approx -7.403$	(abgerundet)
$4.3962 \approx 4.396$	(abgerundet)	$-4.3962 \approx -4.396$	(aufgerundet)

Mit Zahlen kann man rechnen; dabei gelten gewisse Regeln. Die wichtigsten Rechenregeln für das Rechnen mit reellen Zahlen sind die in [Abschnitt 2.1] angegebenen Rechenregeln für Zahlen, die wir hier noch einmal wiederholen:

Grundgesetze der Addition und Multiplikation

$$a + b = b + a, \quad a \cdot b = b \cdot a$$ Kommutativgesetze für + und ·

$$(a + b) + c = a + (b + c), \quad (a \cdot b) \cdot c = a \cdot (b \cdot c)$$ Assoziativgesetze für + und ·

$$a \cdot (b + c) = a \cdot b + a \cdot c, \quad (b + c) \cdot a = b \cdot a + c \cdot a$$ Distributivgesetze

Vorzeichenregeln

$$-(-a) = a \qquad -a = (-1) \cdot a$$

$$-(a + b) = -a - b \qquad -(a - b) = -a + b$$

5.2 *Man multipliziere aus:*

(a) $(-3a+2)(4+5b) - (3-4a)(2b-1)$, (b) $-(a-b)(x-y)(-z+u)$.

(a) $(-3a + 2)(4 + 5b) - (3 - 4a)(2b - 1) =$
$= -12a + 8 - 15ab + 10b - 6b + 3 + 8ab - 4a$
$= \underline{-16a + 4b - 7ab + 11}$.

(b) $-(a - b)(x - y)(-z + u) =$
$= -(ax - ay - bx + by)(-z + u)$
$= -(-axz + ayz + bxz - byz + aux - auy - bux + buy)$
$= \underline{axz - ayz - bxz + byz - aux + auy + bux - buy}$.

5.3 *Man klammere aus:*

(a) $(3a - 6b)(2x + y) + 3b(2x + y) - (2x + y)(a - b)$,

(b) $3ab - 3ac + ab - ac - ac + ab$,

(c) $20ux + 16uy + 6vz - 4uz - 30vx - 24vy$.

(a) $(3a - 6b)(2x + y) + 3b(2x + y) - (2x + y)(a - b) = (2x + y)(3a - 6b + 3b - a + b)$
$= \underline{2(2x + y)(a - b)}$.

(b) $3ab - 3ac + ab - ac - ac + ab = a(3b - 3c + b - c - c + b) = a(5b - 5c) = \underline{5a(b-c)}$
oder erst zusammenfassen:
$3ab - 3ac + ab - ac - ac + ab = 5ab - 5ac = \underline{5a(b-c)}$.

(c) $20ux + 16uy + 6vz - 4uz - 30vx - 24vy = 4u(5x + 4y) + 2z(3v - 2u) - 6v(5x + 4y)$
$= (5x + 4y)(4u - 6v) + 2z(3v - 2u) = (5x + 4y)(4u - 6v) - z(4u - 6v)$
$= \underline{(4u - 6v)(5x + 4y - z)}$.

5.4 *Man vereinfache:*

(a) $\dfrac{(2n+1)(2-n)-3n}{(n+1)(n-1)}$, (b) $\dfrac{8+5n}{n+1} - \dfrac{7a+3}{5a-3} - \dfrac{36n+15a+27}{5an-3n+5a-3}$.

(a) $\dfrac{(2n+1)(2-n)-3n}{(n+1)(n-1)} = \dfrac{4n+2-2n^2-n-3n}{n^2+n-n-1} = \dfrac{-2(n^2-1)}{n^2-1} = \underline{-2}$.

(b) $\dfrac{8+5n}{n+1} - \dfrac{7a+3}{5a-3} - \dfrac{36n+15a+27}{5an-3n+5a-3} = \dfrac{8+5n}{n+1} - \dfrac{7a+3}{5a-3} - \dfrac{36n+15a+27}{(5a-3)(n+1)}$

$= \dfrac{(8+5n)(5a-3)-(7a+3)(n+1)-36n-15a-27}{(5a-3)(n+1)}$

$= \dfrac{18a+18an-54n-54}{(5a-3)(n+1)} = \dfrac{18(n+1)(a-3)}{(5a-3)(n+1)} = \underline{\dfrac{18(a-3)}{5a-3}}$.

5.2 Potenzen

Potenzen mit ganzen Zahlen als Exponenten:

$a \in \mathbb{R}$, $n \in \mathbb{N}$

$$\boldsymbol{a^n := \underbrace{a \cdot a \cdots a}_{n \text{ Faktoren}}} \qquad \boldsymbol{a^0 := 1} \qquad \boldsymbol{a^{-n} := \frac{1}{a^n}}$$

In der **Potenz** $\boldsymbol{a^n}$ heißt $\boldsymbol{a}$ **Basis** und $\boldsymbol{n}$ heißt **Exponent**.

5.5 *Erste Beispiele zum Berechnen von Potenzen:*

$5^3 = 5 \cdot 5 \cdot 5 = 125$.

$(-1)^3 = (-1) \cdot (-1) \cdot (-1) = -1$.

$(-4)^4 = (-4) \cdot (-4) \cdot (-4) \cdot (-4) = 256$

$0.7^4 = 0.7 \cdot 0.7 \cdot 0.7 \cdot 0.7 = 0.2401$.

$3^6 = 3 \cdot 3 \cdot 3 \cdot 3 \cdot 3 \cdot 3 = 729$.

$(\frac{2}{3})^4 = \frac{2}{3} \cdot \frac{2}{3} \cdot \frac{2}{3} \cdot \frac{2}{3} = \frac{16}{81}$.

$3.5^3 = 3.5 \cdot 3.5 \cdot 3.5 = 42.875,$
$= \frac{7}{2} \cdot \frac{7}{2} \cdot \frac{7}{2} = \frac{343}{8}$.

$0.1^6 = (\frac{1}{10})^6 = \frac{1}{10^6} = 0.000001$.

5.6 *Die wichtigen Potenzen* 2^n*:*

$2^1=2$	$2^4=16$	$2^7=128$	$\boldsymbol{2^{10}=1024}$
$2^2=4$	$2^5=32$	$2^8=256$	$2^{11}=2048$
$2^3=8$	$2^6=64$	$2^9=512$	$2^{12}=4096$ usw.

5.7 *Einige Beispiele für Potenzen mit negativen Exponenten und Exponent 0:*

$2^{-2} = \frac{1}{2^2} = \frac{1}{4}.$ $5^{-3} = \frac{1}{5^3} = \frac{1}{125}.$

$(\frac{1}{3})^{-1} = \frac{1}{\frac{1}{3}} = 3.$ $7^0 = 1 \qquad (-7)^0 = 1.$

$(\frac{2}{3})^{-3} = (\frac{3}{2})^3 = \frac{27}{8}.$ $(1.25)^{-2} = \frac{1}{(1.25)^2} = \frac{1}{(\frac{5}{4})^2} = \frac{16}{25}.$

$(-1)^{-1} = \frac{1}{-1} = -1.$ $(-1)^{-2} = \frac{1}{(-1)^2} = 1.$

$(-\frac{1}{2})^{-5} = \frac{1}{(-\frac{1}{2})^5} = -32.$ $(-10)^{-10} = \frac{1}{(-10)^{10}} = \frac{1}{10\,000\,000\,000}.$

$0.1^{-8} = 100\,000\,000.$ $1^{-8} = (-1)^{-8} = 1.$

Beachte: Ist n eine ganze Zahl, so folgt aus der Definition der Potenzen $(-a)^n = (-1)^n a^n$. Ist also n **gerade,** so ist $(-a)^n = a^n$, **ungerade,** so ist $(-a)^n = -a^n$.

Potenzen mit rationalen Exponenten

Sei $a \in \mathbb{R}, a > 0, n \in \mathbb{N}$ und $m \in \mathbb{Z}$.

$\boldsymbol{a^{\frac{1}{n}}}$ **ist diejenige nichtnegative Zahl** $\boldsymbol{b}$ **mit** $\boldsymbol{b^n = a}$.

$$\boldsymbol{a^{\frac{m}{n}} = (a^{\frac{1}{n}})^m = (a^m)^{\frac{1}{n}}}$$

5.8 *Man berechne:*

(a) $4^{\frac{1}{2}}$, $27^{\frac{1}{3}}$, $0.01^{\frac{1}{2}}$, $(\frac{16}{81})^{\frac{1}{4}}$, $(\frac{1}{10^6})^{\frac{1}{6}}$.

(b) $4^{\frac{3}{2}}$, $27^{\frac{4}{3}}$, $125^{\frac{2}{3}}$, $0.00001^{\frac{4}{5}}$, $(\frac{16}{625})^{\frac{3}{4}}$.

(c) $9^{-\frac{1}{2}}$, $(\frac{1}{4})^{-\frac{1}{2}}$, $1000^{-\frac{1}{3}}$, $64^{-\frac{2}{3}}$, $0.01^{-\frac{5}{2}}$.

(a) $4^{\frac{1}{2}} = \underline{2}$, denn $2^2 = 4$. $27^{\frac{1}{3}} = \underline{3}$, denn $3^3 = 27$.

$0.01^{\frac{1}{2}} = \underline{0.1}$, denn $0.1^2 = 0.01$. $(\frac{16}{81})^{\frac{1}{4}} = \underline{\frac{2}{3}}$, denn $(\frac{2}{3})^4 = \frac{16}{81}$.

$(\frac{1}{10^6})^{\frac{1}{6}} = \underline{\frac{1}{10}}$, denn $(\frac{1}{10})^6 = \frac{1}{10^6}$.

(b) $4^{\frac{3}{2}} = (4^{\frac{1}{2}})^3 = 2^3 = \underline{8}.$ $27^{\frac{4}{3}} = (27^{\frac{1}{3}})^4 = 3^4 = \underline{81}.$

$125^{\frac{2}{3}} = (125^{\frac{1}{3}})^2 = 5^2 = \underline{25}.$ $0.00001^{\frac{4}{5}} = (0.00001^{\frac{1}{5}})^4 = 0.1^4 = \underline{0.0001}.$

$(\frac{16}{625})^{\frac{3}{4}} = ((\frac{16}{625})^{\frac{1}{4}})^3 = (\frac{2}{5})^3 = \underline{\frac{8}{125}}.$

(c) $9^{-\frac{1}{2}} = \frac{1}{9^{\frac{1}{2}}} = \underline{\frac{1}{3}}.$ $(\frac{1}{4})^{-\frac{1}{2}} = \frac{1}{(\frac{1}{4})^{\frac{1}{2}}} = \frac{1}{\frac{1}{2}} = \underline{2}.$

$1\,000^{-\frac{1}{3}} = \frac{1}{1\,000^{\frac{1}{3}}} = \underline{\frac{1}{10}}.$ $64^{-\frac{2}{3}} = \frac{1}{64^{\frac{2}{3}}} = \frac{1}{(64^{\frac{1}{3}})^2} = \frac{1}{4^2} = \underline{\frac{1}{16}}.$

$0.01^{-\frac{5}{2}} = \frac{1}{0.01^{\frac{5}{2}}} = \frac{1}{(0.01^{\frac{1}{2}})^5} = \frac{1}{0.1^5} = \frac{1}{0.00001} = \underline{100\,000}.$

Oder: $0.01^{-\frac{5}{2}} = (10^{-2})^{-\frac{5}{2}} = 10^5 = \underline{100\,000}$ (siehe folgende Gesetze).

Potenzrechengesetze

1. $a^n \cdot a^m = a^{n+m}$	Potenzen mit gleicher Basis werden **multipliziert**, indem man die Exponenten **addiert**.
2. $a^n : a^m = a^{n-m}$	Potenzen mit gleicher Basis werden **dividiert**, indem man die Exponenten **subtrahiert**.
3. $(a^n)^m = a^{nm}$	Potenzen werden **potenziert**, indem man die Exponenten **multipliziert**.
4. $a^n \cdot b^n = (ab)^n$	Potenzen mit gleichen Exponenten werden multipliziert, indem man das Produkt der Basen mit dem gemeinsamen Exponenten potenziert.
5. $\frac{a^n}{b^n} = \left(\frac{a}{b}\right)^n$	Potenzen mit gleichen Exponenten werden dividiert, indem man den Quotienten der Basen mit dem gemeinsamen Exponenten potenziert.

5.9 *Man berechne:*

(a) $3^{-3} \cdot 3^4 \cdot 3^{-1}$, (b) $\frac{3^{-2}}{3^3}$, (c) $(-2)^4 : 2^5$,

(d) $(2^{-2})^{-3}$, (e) $(\frac{2}{5})^{-2} \cdot (\frac{1}{2})^{-2}$, (f) $\frac{(-5)^3}{10^3}$,

(g) $\frac{2^5 \cdot 2^8}{2^{10}}$, (h) $\frac{5^3 \cdot 5^{-7}}{5^{-2} \cdot 5}$, (i) $(2^{-4})^2 : (2^{-3})$.

(a) $3^{-3} \cdot 3^4 \cdot 3^{-1} = 3^{-3+4-1} = 3^0 = \underline{1}.$

(b) $\frac{3^{-2}}{3^3} = 3^{-2-3} = 3^{-5} = \frac{1}{3^5} = \underline{\frac{1}{243}}.$

(c) $(-2)^4 : 2^5 = ((-1)^4 \cdot 2^4) : 2^5 = 2^4 : 2^5 = 2^{4-5} = 2^{-1} = \underline{\frac{1}{2}}.$

(d) $(2^{-2})^{-3} = 2^{(-2)\cdot(-3)} = 2^6 = \underline{64}.$

(e) $(\frac{2}{5})^{-2} \cdot (\frac{1}{2})^{-2} = (\frac{2}{5} \cdot \frac{1}{2})^{-2} = (\frac{1}{5})^{-2} = (5^{-1})^{-2} = 5^2 = \underline{25}.$

(f) $\frac{(-5)^3}{10^3} = (\frac{-5}{10})^3 = (-\frac{1}{2})^3 = (-1)^3(\frac{1}{2})^3 = \underline{-\frac{1}{8}}.$

(g) $\frac{2^5 \cdot 2^8}{2^{10}} = \frac{2^{13}}{2^{10}} = 2^3 = \underline{8}.$

(h) $\frac{5^3 \cdot 5^{-7}}{5^{-2} \cdot 5} = \frac{5^{-4}}{5^{-1}} = 5^{-4-(-1)} = 5^{-3} = \underline{\frac{1}{125}}.$

oder $= \frac{5^{-4}}{5^{-1}} = \frac{5^1}{5^4} = \frac{1}{5^3} = 5^{-3} = \underline{\frac{1}{125}}.$

(i) $(2^{-4})^2 : (2^{-3}) = 2^{-8} : 2^{-3} = 2^{-8-(-3)} = 2^{-8+3} = 2^{-5} = \underline{\frac{1}{32}},$

oder $= 2^{-8} : 2^{-3} = \frac{2^3}{2^8} = \frac{1}{2^5} = \underline{\frac{1}{32}}.$

5.10 *Man berechne $(2^3)^2$ und $2^{(3^2)}$.*

$(2^3)^2 = 2^{3\cdot 2} = 2^6 = \underline{64}$ und $2^{(3^2)} = 2^9 = \underline{512}$.

Mit der Schreibweise 2^{3^2} meint man üblicherweise $2^{(3^2)}$; man sollte die Schreibweise mit Klammern wählen, um Missverständnisse zu vermeiden.

5.11 *Man vereinfache jeweils mit den Potenzrechengesetzen:*

(1) $z^{2r+1} \cdot z^{-3r+2} = z^{2r+1-3r+2} = z^{-r+3} = \underline{z^{3-r}}$.

(2) $(\frac{2}{3}ab)^3 : (\frac{1}{9}bc)^2 = ((\frac{2}{3})^3a^3b^3) : ((\frac{1}{9})^2b^2c^2) = \frac{8}{27}a^3b^3 : (\frac{1}{81}b^2c^2) = \underline{\frac{24a^3b}{c^2}}$.

(3) $\frac{x^2y^2}{ab} : \frac{xy^{-1}}{a^3b} = \frac{x^2y^2a^3b}{abxy^{-1}} = \underline{a^2xy^3}$.

(4) $((a^2b^{-3})^{-2})^4 = (a^{-4}b^6)^4 = a^{-16}b^{24} = \underline{\frac{b^{24}}{a^{16}}}$.

(5)
$$\begin{aligned}(-a^2)^3 &= (-1)^3(a^2)^3 = \underline{-a^6}.\\ ((-a)^2)^3 &= ((-1)^2a^2)^3 = (a^2)^3 = \underline{a^6}.\\ (-a^3)^2 &= (-a^3)\cdot(-a^3) = \underline{a^6}.\\ ((-a)^3)^2 &= ((-1)^3a^3)^2 = (-a^3)^2 = \underline{a^6}.\end{aligned}$$

(6) $\left(\frac{4x^{-2}y^3}{-3w^2z^{-5}}\right)^{-3} = \frac{4^{-3}\cdot x^6\cdot y^{-9}}{(-1)^{-3}\cdot 3^{-3}\cdot w^{-6}\cdot z^{15}} = \underline{-\frac{27w^6x^6}{64y^9z^{15}}}$, oder

$$\left(\frac{4x^{-2}y^3}{-3w^2z^{-5}}\right)^{-3} = \left(-\frac{4y^3z^5}{3w^2x^2}\right)^{-3} = \left(-\frac{3w^2x^2}{4y^3z^5}\right)^3 = \underline{-\frac{27w^6x^6}{64y^9z^{15}}}.$$

Üblicherweise schreibt man Ergebnisse solcher Aufgaben als Brüche, bei denen keine Potenzen mit negativen Exponenten mehr auftreten.

(7) $\left(\frac{a^2}{b^3}\right)^{-2} \cdot \left(\frac{2b}{5a}\right)^{-1} \cdot (5ab^{-2})^{-1} = \frac{5}{2} \cdot \frac{1}{5} \cdot \frac{a^{-4}b^{-1}a^{-1}b^2}{b^{-6}a^{-1}} = \frac{1}{2}a^{-4}b^7 = \underline{\frac{b^7}{2a^4}}$.

(8) $(1.25\,a^3b^{-2})^{-2} : (4a^{-4}b^3)^3 = (\frac{4}{5})^2a^{-6}b^4 \cdot (\frac{1}{4})^3a^{12}b^{-9} = \underline{\frac{a^6}{100\,b^5}}$.

5.12 *Man berechne:*

(a) $2^{\frac{1}{2}} \cdot 2^{\frac{1}{2}}$, (b) $5^{\frac{2}{3}} \cdot 5^{\frac{4}{3}}$, (c) $81^{\frac{1}{2}} \cdot 9^{-\frac{1}{2}}$,
(d) $0.001^{-\frac{3}{2}} \cdot (\frac{1}{10})^{\frac{1}{2}} \cdot 100^3$, (e) $6^{\frac{1}{2}} \cdot 24^{\frac{1}{2}}$, (f) $(\frac{3}{2})^{\frac{3}{4}} \cdot (\frac{2}{3})^{\frac{6}{8}}$,
(g) $\frac{5^{\frac{1}{3}}}{135^{\frac{1}{3}}}$, (h) $\frac{0.001^{-\frac{1}{2}}}{0.01^{-\frac{3}{4}}}$, (i) $3^{-\frac{1}{4}} \cdot 27^{\frac{6}{8}} \cdot (\frac{1}{243})^{-\frac{2}{5}}$.

(a) $2^{\frac{1}{2}} \cdot 2^{\frac{1}{2}} = 2^{\frac{1}{2}+\frac{1}{2}} = 2^1 = \underline{2}$. (b) $5^{\frac{2}{3}} \cdot 5^{\frac{4}{3}} = 5^{\frac{2}{3}+\frac{4}{3}} = 5^2 = \underline{25}$.

(c) $81^{\frac{1}{2}} \cdot 9^{-\frac{1}{2}} = (9^2)^{\frac{1}{2}} \cdot 9^{-\frac{1}{2}} = 9 \cdot 9^{-\frac{1}{2}} = 9^{1-\frac{1}{2}} = 9^{\frac{1}{2}} = \underline{3}$.

(d) $0.001^{-\frac{3}{2}} \cdot (\frac{1}{10})^{\frac{1}{2}} \cdot 100^3 = (10^{-3})^{-\frac{3}{2}} \cdot (10^{-1})^{\frac{1}{2}} \cdot (10^2)^3 = 10^{\frac{9}{2}} \cdot 10^{-\frac{1}{2}} \cdot 10^6 = \underline{10^{10}}$.

(e) $6^{\frac{1}{2}} \cdot 24^{\frac{1}{2}} = (6 \cdot 24)^{\frac{1}{2}} = 144^{\frac{1}{2}} = \underline{12}.$

(f) $(\frac{3}{2})^{\frac{3}{4}} \cdot (\frac{2}{3})^{\frac{6}{8}} = (\frac{3}{2})^{\frac{3}{4}} \cdot ((\frac{3}{2})^{-1})^{\frac{6}{8}} = (\frac{3}{2})^{\frac{3}{4}} \cdot (\frac{3}{2})^{-\frac{3}{4}} = (\frac{3}{2})^0 = \underline{1}.$

(g) $\frac{5^{\frac{1}{3}}}{135^{\frac{1}{3}}} = (\frac{5}{135})^{\frac{1}{3}} = (\frac{1}{27})^{\frac{1}{3}} = \underline{\frac{1}{3}}.$

(h) $\frac{0.001^{-\frac{1}{2}}}{0.01^{-\frac{3}{4}}} = \frac{(10^{-3})^{-\frac{1}{2}}}{(10^{-2})^{-\frac{3}{4}}} = \frac{10^{\frac{3}{2}}}{10^{\frac{3}{2}}} = \underline{1}.$

(i) $3^{-\frac{1}{4}} \cdot 27^{\frac{6}{8}} \cdot (\frac{1}{243})^{-\frac{2}{5}} = 3^{-\frac{1}{4}} \cdot (3^3)^{\frac{3}{4}} \cdot (3^{-5})^{-\frac{2}{5}} = 3^{-\frac{1}{4}} \cdot 3^{\frac{9}{4}} \cdot 3^2 = 3^4 = \underline{81}.$

5.3 Wurzeln

Wurzeln

Es sei $a \in \mathbb{R}, a \geq 0$ und $n \in \mathbb{N}$.

Statt $\boldsymbol{a^{\frac{1}{2}}}$ schreibt man $\boldsymbol{\sqrt{a}}$ (**Wurzel** aus a).

Statt $\boldsymbol{a^{\frac{1}{n}}}$ schreibt man $\boldsymbol{\sqrt[n]{a}}$ (**n-te Wurzel** aus a).

In $\boldsymbol{\sqrt[n]{a}}$ heißt a **Radikand** und n heißt **Wurzelexponent**.

Bemerkungen:

1. Wegen $a^{\frac{m}{n}} = (a^{\frac{1}{n}})^m = (a^m)^{\frac{1}{n}}$ ist $\boxed{\boldsymbol{a^{\frac{m}{n}} = (\sqrt[n]{a})^m = \sqrt[n]{a^m}}}$

   und speziell $(\sqrt[n]{a})^n = \sqrt[n]{a^n} = a$ (beachte $a \geq 0$!).

2. Für ungerade Wurzelexponenten lassen sich Wurzeln $\sqrt[n]{a}$ auch für negative a definieren. So kann man z.B. setzen: $\sqrt[3]{-64} = -4$, denn $(-4)^3 = -64$. Wir beschränken uns hier aber bei einem Term $\sqrt[n]{a}$ stets auf $a \geq 0$, um lästige Fallunterscheidungen zu vermeiden.

5.13 *Einige einfache Wurzeln:*

(1) $\sqrt{64} = 8$, denn $8^2 = 64$, $\sqrt{9} = 3$, denn $3^2 = 9$.

$\sqrt{\frac{4}{9}} = \frac{2}{3}$, denn $(\frac{2}{3})^2 = \frac{4}{9}$, $\sqrt{2\,500} = 50$, denn $50^2 = 2\,500$.

$\sqrt{0.01} = 0.1$, denn $0.1^2 = 0.01$, $\sqrt{1.44} = 1.2$, denn $1.2^2 = 1.44$.

(2) $\sqrt[3]{64} = 4$, denn $4^3 = 64$, $\sqrt[3]{125} = 5$, denn $5^3 = 125$.

$\sqrt[3]{729} = 9$, denn $9^3 = 729$, $\sqrt[3]{0.729} = 0.9$, denn $0.9^3 = 0.729$.

(3) $\sqrt[5]{100\,000} = 10$, denn $10^5 = 100\,000$,

$\sqrt[5]{1024} = 4$, denn $4^5 = (2^2)^5 = 2^{10} = 1024$.

5.14 *Schon die alten Griechen hatten Probleme mit $\sqrt{2}$ ...*

Um eine Zahl zu berechnen, deren Quadrat 2 ist, hilft zunächst keine Potenzrechnung, denn es gibt keine rationale Zahl, deren Quadrat 2 ist. Klar ist aber

$$1 < \sqrt{2} < 2, \quad \text{da} \quad 1 < 2 < 4 \quad \text{ist (quadriert) und}$$

$$1.4 < \sqrt{2} < 1.5, \quad \text{da} \quad 1.4^2 = 1.96 < 2 < 2.25 = 1.5^2 \quad \text{ist.}$$

So kann man fortfahren und weitere Dezimalstellen von $\sqrt{2}$ berechnen. Die Dezimalbruchentwicklung von $\sqrt{2}$ ist nicht periodisch, $\sqrt{2}$ ist eine irrationale Zahl. Ein auf 9 Stellen rundender Taschenrechner zeigt die Näherung $\sqrt{2} \approx 1.414213562$. Die meisten Wurzeln sind irrational, d.h. nichtperiodische Dezimalzahlen.

5.15 *Umformungen von Potenzen mit rationalen Exponenten zu Wurzeln:*

(1) $4^{\frac{1}{2}} = \sqrt{4} = 2,$ $\qquad 2^{\frac{3}{2}} = (2^3)^{\frac{1}{2}} = \sqrt{2^3} = \sqrt{8}.$

(2) $81^{\frac{1}{4}} = \sqrt[4]{81} = 3,$ $\qquad 30^{\frac{2}{5}} = (30^2)^{\frac{1}{5}} = \sqrt[5]{30^2} = \sqrt[5]{900}.$

(3) $2^{-\frac{5}{4}} = 2^{\frac{-5}{4}} = \sqrt[4]{2^{-5}} = \sqrt[4]{\frac{1}{32}},$ $\qquad (\frac{1}{3})^{-\frac{2}{3}} = 3^{\frac{2}{3}} = \sqrt[3]{3^2} = \sqrt[3]{9}.$

5.16 *Umformungen von Wurzeln zu Potenzen mit rationalen Exponenten:*

(1) $\sqrt{8} = 8^{\frac{1}{2}},$ $\qquad \frac{1}{\sqrt{8}} = \frac{1}{8^{\frac{1}{2}}} = 8^{-\frac{1}{2}}.$

(2) $\sqrt[3]{a^2} = (a^2)^{\frac{1}{3}} = a^{\frac{2}{3}},$ $\qquad \sqrt[3]{\sqrt[2]{5}} = \sqrt[3]{5^{\frac{1}{2}}} = (5^{\frac{1}{2}})^{\frac{1}{3}} = 5^{\frac{1}{6}}.$

5.17 *Schreibe ohne Wurzeln und ohne negative Exponenten:*

(1) $$\frac{2^{-\frac{3}{2}} \cdot \sqrt{5} \cdot 3^{-2}}{\sqrt{3} \cdot \sqrt[4]{2} \cdot 6^{-2}} = \frac{5^{\frac{1}{2}} \cdot 2^2 \cdot 3^2}{2^{\frac{3}{2}} \cdot 3^{\frac{1}{2}} \cdot 2^{\frac{1}{4}} \cdot 3^2} = \underline{\frac{2^{\frac{1}{4}} \cdot 5^{\frac{1}{2}}}{3^{\frac{1}{2}}}}.$$

(2) $$\frac{(\frac{1}{2})^{-1} \cdot \sqrt[3]{\frac{2}{3}} \cdot \sqrt[4]{\frac{5}{6}}}{\sqrt{10} \cdot \frac{1}{\sqrt{3}} \cdot 15^{-\frac{1}{3}}} = \frac{2^1 \cdot 2^{\frac{1}{3}} \cdot 5^{\frac{1}{4}} \cdot 3^{\frac{1}{2}} \cdot 3^{\frac{1}{3}} \cdot 5^{\frac{1}{3}}}{3^{\frac{1}{3}} \cdot 6^{\frac{1}{4}} \cdot 2^{\frac{1}{2}} \cdot 5^{\frac{1}{2}}} = \underline{2^{\frac{7}{12}} \cdot 3^{\frac{1}{4}} \cdot 5^{\frac{1}{12}}}.$$

Die obigen Potenzrechengesetze liefern entsprechende Wurzelgesetze:

	Potenzrechengesetze	**Wurzelgesetze**
1.	$a^{\frac{1}{n}} \cdot a^{\frac{1}{m}} = a^{\frac{1}{n}+\frac{1}{m}} = a^{\frac{n+m}{nm}}$	$\sqrt[n]{a} \cdot \sqrt[m]{a} = \sqrt[mn]{a^{n+m}}$
2.	$a^{\frac{1}{n}} : a^{\frac{1}{m}} = a^{\frac{1}{n}-\frac{1}{m}} = a^{\frac{m-n}{nm}}$	$\sqrt[n]{a} : \sqrt[m]{a} = \sqrt[mn]{a^{m-n}}$
3.	$(a^{\frac{1}{n}})^{\frac{1}{m}} = a^{\frac{1}{nm}}$	$\sqrt[m]{\sqrt[n]{a}} = \sqrt[mn]{a} = \sqrt[n]{\sqrt[m]{a}}$
4.	$a^{\frac{m}{n}} = a^{\frac{mq}{nq}}$	$\sqrt[n]{a^m} = \sqrt[nq]{a^{mq}}$
5.	$a^{\frac{1}{n}} \cdot b^{\frac{1}{n}} = (ab)^{\frac{1}{n}}$	$\sqrt[n]{a} \cdot \sqrt[n]{b} = \sqrt[n]{ab}$
6.	$\frac{a^{\frac{1}{n}}}{b^{\frac{1}{n}}} = (\frac{a}{b})^{\frac{1}{n}}$	$\frac{\sqrt[n]{a}}{\sqrt[n]{b}} = \sqrt[n]{\frac{a}{b}}$
speziell:	$(\frac{1}{a})^{\frac{1}{n}} = \frac{1}{a^{\frac{1}{n}}}$	$\sqrt[n]{\frac{1}{a}} = \frac{1}{\sqrt[n]{a}}$

5.18 *Man berechne:*

(a) $\sqrt{2}\cdot\sqrt{8}$. (b) $\sqrt{\sqrt{5}}$. (c) $\frac{\sqrt{12}}{\sqrt{3}}$.

(d) $\frac{\sqrt[3]{81}}{\sqrt[3]{3}}$. (e) $\sqrt[5]{125}\cdot\sqrt[5]{25}$. (f) $\sqrt[3]{4}\cdot\sqrt[5]{4}$.

(g) $\sqrt[5]{\sqrt{5^{20}}}$. (h) $\sqrt[4]{5^2}$. (i) $\frac{\sqrt[6]{8}}{\sqrt{8}}$.

Diese Aufgaben kann man mit den Wurzelgesetzen lösen oder man formt die Wurzeln in Potenzen um und benutzt Potenzrechengesetze. Dieser Rechenweg ist häufig einfacher. Wir stellen beide Lösungswege nebeneinander:

(a) $\sqrt{2}\cdot\sqrt{8}=\sqrt{16}=\underline{4}$, $\sqrt{2}\cdot\sqrt{8}=2^{\frac12}\cdot 8^{\frac12}=(2\cdot 8)^{\frac12}=\underline{4}$.

(b) $\sqrt{\sqrt{5}}=\underline{\sqrt[4]{5}}$, $\sqrt{\sqrt{5}}=(5^{\frac12})^{\frac12}=\underline{5^{\frac14}}$.

(c) $\frac{\sqrt{12}}{\sqrt{3}}=\sqrt{\frac{12}{3}}=\sqrt{4}=\underline{2}$, $\frac{\sqrt{12}}{\sqrt{3}}=\frac{12^{\frac12}}{3^{\frac12}}=(\frac{12}{3})^{\frac12}=4^{\frac12}=\underline{2}$.

(d) $\frac{\sqrt[3]{81}}{\sqrt[3]{3}}=\sqrt[3]{\frac{81}{3}}=\sqrt[3]{27}=\underline{3}$, $\frac{\sqrt[3]{81}}{\sqrt[3]{3}}=\frac{81^{\frac13}}{3^{\frac13}}=(\frac{81}{3})^{\frac13}=27^{\frac13}=\underline{3}$.

(e) $\sqrt[5]{125}\cdot\sqrt[5]{25}=\sqrt[5]{5^3}\cdot\sqrt[5]{5^2}=\sqrt[5]{5^5}=\underline{5}$, $\sqrt[5]{125}\cdot\sqrt[5]{25}=5^{\frac35}\cdot 5^{\frac25}=5^1=\underline{5}$.

(f) $\sqrt[3]{4}\cdot\sqrt[5]{4}=\sqrt[15]{4^{3+5}}=\sqrt[15]{4^8}=\sqrt[15]{2^{16}}=\sqrt[15]{2^{15}\cdot 2}=\sqrt[15]{2^{15}}\cdot\sqrt[15]{2}=\underline{2\sqrt[15]{2}}$,
oder $\sqrt[3]{4}\cdot\sqrt[5]{4}=4^{\frac13}\cdot 4^{\frac15}=4^{\frac13+\frac15}=\underline{4^{\frac{8}{15}}}=\underline{2\sqrt[15]{2}}$, wie eben.

(g) $\sqrt[5]{\sqrt{5^{20}}}=\sqrt[10]{5^{20}}=5^2=\underline{25}$, $\sqrt[5]{\sqrt{5^{20}}}=(5^{\frac{20}{2}})^{\frac15}=5^2=\underline{25}$.

(h) $\sqrt[4]{5^2}=\underline{\sqrt{5}}$ (Gesetz 4. mit $q=\frac12$), $\sqrt[4]{5^2}=5^{\frac24}=5^{\frac12}=\underline{\sqrt{5}}$.

(i) $\frac{\sqrt[6]{8}}{\sqrt{8}}=\sqrt[12]{8^{2-6}}=\sqrt[12]{8^{-4}}=\sqrt[12]{\frac{1}{8^4}}=\sqrt[12]{\frac{1}{(2^3)^4}}=\sqrt[12]{\frac{1}{2^{12}}}=\underline{\frac12}$,
oder $\frac{\sqrt[6]{8}}{\sqrt{8}}=\frac{\sqrt[6]{2^3}}{\sqrt{4\cdot 2}}=\frac{\sqrt{2}}{2\sqrt{2}}=\underline{\frac12}$, oder $\frac{\sqrt[6]{8}}{\sqrt{8}}=\frac{2^{\frac36}}{2^{\frac32}}=2^{\frac12-\frac32}=2^{-1}=\underline{\frac12}$.

Steht in einem Bruch eine Wurzel im Nenner, z.B. bei $\frac{4}{\sqrt{5}}$, kann man die Wurzel im Nenner entfernen, indem man den Bruch so erweitert, dass die Wurzel im Nenner wegfällt, hier also mit $\sqrt{5}$. Man erhält $\frac{4}{\sqrt{5}}=\frac{4\cdot\sqrt{5}}{\sqrt{5}\cdot\sqrt{5}}=\frac45\sqrt{5}$.

Diesen Rechenschritt nennt man Beseitigung von Wurzeln im Nenner.

Beseitigung von Wurzeln im Nenner

$\frac{1}{\sqrt{2}}=\frac{1}{\sqrt{2}}\cdot\frac{\sqrt{2}}{\sqrt{2}}=\frac12\sqrt{2}$ erweitert mit $\sqrt{2}$,

$\frac{1}{\sqrt[3]{5^2}}=\frac{1}{\sqrt[3]{5^2}}\cdot\frac{\sqrt[3]{5}}{\sqrt[3]{5}}=\frac15\sqrt[3]{5}$ erweitert mit $\sqrt[3]{5}$,

Wichtig: $\mathbf{\frac{1}{\sqrt{2}}=\frac12\sqrt{2}}$

Allgemein: $\frac{a}{\sqrt[n]{b^m}}=\frac{a\cdot\sqrt[n]{b^{n-m}}}{\sqrt[n]{b^m}\cdot\sqrt[n]{b^{n-m}}}=\frac{a\sqrt[n]{b^{n-m}}}{\sqrt[n]{b^n}}=\frac{a}{b}\sqrt[n]{b^{n-m}}$ $(m\le n)$.

5.19 *Man vereinfache soweit wie möglich:*

(a) $1 : 3^{-2} + \sqrt{63} \cdot 7^{0.5}$. (b) $12^{\frac{1}{2}} \cdot 3^{0.5} + \sqrt[3]{4} \cdot \sqrt[3]{2}$.

(c) $4 \cdot \sqrt{2} \cdot 50^{0.5} - \frac{\sqrt{28}}{7^{0.5}} + \frac{\sqrt{\frac{1}{2}}}{\sqrt{2}}$. (d) $\sqrt[3]{5} \cdot \sqrt[3]{25} + \sqrt[4]{144} \cdot \sqrt[4]{9}$.

(e) $\frac{\sqrt[3]{7^2}}{\sqrt[4]{7}}$. (f) $\frac{\sqrt{5}}{\sqrt[3]{25}} + \frac{\sqrt[3]{25}}{\sqrt{5}}$.

(a) $1 : 3^{-2} + \sqrt{63} \cdot 7^{0.5} = 3^2 + \sqrt{63} \cdot \sqrt{7} = 9 + \sqrt{7 \cdot 9} \cdot \sqrt{7} = 9 + 3 \cdot 7 = \underline{30}$.

(b) $12^{\frac{1}{2}} \cdot 3^{0.5} + \sqrt[3]{4} \cdot \sqrt[3]{2} = \sqrt{12} \cdot \sqrt{3} + \sqrt[3]{2^2} \cdot \sqrt[3]{2} = \sqrt{36} + \sqrt[3]{2^3} = 6 + 2 = \underline{8}$.

(c)
$$4 \cdot \sqrt{2} \cdot 50^{0.5} - \frac{\sqrt{28}}{7^{0.5}} + \frac{\sqrt{\frac{1}{2}}}{\sqrt{2}} = 4 \cdot \sqrt{2} \cdot \sqrt{50} - \frac{\sqrt{28}}{\sqrt{7}} + \frac{1}{\sqrt{2} \cdot \sqrt{2}}$$
$$= 4 \cdot \sqrt{100} - \sqrt{\frac{28}{7}} + \frac{1}{2} = 4 \cdot 10 - 2 + \frac{1}{2} = \underline{\frac{77}{2}}.$$

(d) $\sqrt[3]{5} \cdot \sqrt[3]{25} + \sqrt[4]{144} \cdot \sqrt[4]{9} = \sqrt[3]{5^3} + \sqrt[4]{16 \cdot 9} \cdot \sqrt[4]{9} = 5 + \sqrt[4]{2^4} \cdot \sqrt[4]{3^4} = 5 + 2 \cdot 3 = \underline{11}$.

(e) $\frac{\sqrt[3]{7^2}}{\sqrt[4]{7}} = \frac{\sqrt[3]{7^2} \cdot \sqrt[4]{7^3}}{\sqrt[4]{7} \cdot \sqrt[4]{7^3}}$ Beseitigung der Wurzel im Nenner.

$= \frac{1}{7}(\sqrt[3]{7^2} \cdot \sqrt[4]{7^3})$ Mit den Wurzelgesetzen kommt man jetzt nur umständlich weiter.

Einfacher rechnet man mit Potenzen:

$$\frac{\sqrt[3]{7^2}}{\sqrt[4]{7}} = \frac{7^{\frac{2}{3}}}{7^{\frac{1}{4}}} = 7^{\frac{2}{3} - \frac{1}{4}} = \underline{7^{\frac{5}{12}}} = \underline{\sqrt[12]{7^5}}.$$

(f) $\frac{\sqrt{5}}{\sqrt[3]{25}} + \frac{\sqrt[3]{25}}{\sqrt{5}} = \frac{\sqrt{5} \cdot \sqrt[3]{5}}{\sqrt[3]{5^2} \cdot \sqrt[3]{5}} + \frac{\sqrt[3]{25} \cdot \sqrt{5}}{\sqrt{5} \cdot \sqrt{5}}$, Beseitigung der Wurzel im Nenner.

$= \underline{\frac{1}{5}\sqrt{5} \cdot (\sqrt[3]{5} + \sqrt[3]{5^2})}$.

Oder man rechnet mit Potenzen:

$$\frac{\sqrt{5}}{\sqrt[3]{25}} + \frac{\sqrt[3]{25}}{\sqrt{5}} = \frac{5^{\frac{1}{2}}}{5^{\frac{2}{3}}} + \frac{5^{\frac{2}{3}}}{5^{\frac{1}{2}}} = 5^{\frac{1}{2} - \frac{2}{3}} + 5^{\frac{2}{3} - \frac{1}{2}} = 5^{-\frac{1}{6}} + 5^{\frac{1}{6}} = \underline{\frac{1}{\sqrt[6]{5}} + \sqrt[6]{5}},$$

oder ohne Wurzeln im Nenner: $= \underline{\frac{1}{5}\sqrt[6]{5^5} + \sqrt[6]{5}}$.

Die Gleichheit beider Ergebnisse erkennt man am besten durch Umformung des ersten Ergebnisses mittels Potenzen:

$$\underline{\frac{1}{5}\sqrt{5}(\sqrt[3]{5} + \sqrt[3]{5^2})} = 5^{-\frac{1}{2}}(5^{\frac{1}{3}} + 5^{\frac{2}{3}}) = 5^{-\frac{1}{2} + \frac{1}{3}} + 5^{-\frac{1}{2} + \frac{2}{3}} = 5^{-\frac{1}{6}} + 5^{\frac{1}{6}} = \underline{\frac{1}{\sqrt[6]{5}} + \sqrt[6]{5}}.$$

5.20 *Man schreibe jeweils mit nur einer Wurzel und als Potenz:*

(a) $\sqrt[3]{\sqrt[4]{27}}$. (b) $\sqrt[3]{\sqrt{1331}}$. (c) $\sqrt{2\sqrt{2\sqrt{2}}}$.

(d) $\sqrt{\frac{2}{\sqrt{2}}}$. (e) $\sqrt[3]{\frac{4}{\sqrt[5]{2}}}$. (f) $\sqrt[5]{\frac{x}{\sqrt[3]{x}}}$.

(a) $\sqrt[3]{\sqrt[4]{27}} = \sqrt[4]{\sqrt[3]{27}} = \underline{\sqrt[4]{3} = 3^{\frac{1}{4}}}$.

(b) $\sqrt[3]{\sqrt{1331}} = \sqrt[6]{1\,331} = \sqrt[6]{11 \cdot 121} = \sqrt[6]{11^3} = \underline{\sqrt{11}} = \underline{11^{\frac{1}{2}}}$, (Elferprobe [S. 42]).

(c) $\sqrt{2\sqrt{2\sqrt{2}}} = (2\sqrt{2\sqrt{2}}\,)^{\frac{1}{2}} = (2(2\sqrt{2}\,)^{\frac{1}{2}})^{\frac{1}{2}} = (2(2 \cdot 2^{\frac{1}{2}})^{\frac{1}{2}})^{\frac{1}{2}} = (2(2^{\frac{3}{2}})^{\frac{1}{2}})^{\frac{1}{2}}$

$= (2 \cdot 2^{\frac{3}{4}})^{\frac{1}{2}} = (2^{\frac{7}{4}})^{\frac{1}{2}} = \underline{2^{\frac{7}{8}}} = \underline{\sqrt[8]{2^7}}$ oder

$\sqrt{2\sqrt{2\sqrt{2}}} = \sqrt{2\sqrt{2^{\frac{3}{2}}}} = \sqrt{2 \cdot 2^{\frac{3}{4}}} = \sqrt{2^{\frac{7}{4}}} = \underline{2^{\frac{7}{8}}}$ oder

$\sqrt{2\sqrt{2\sqrt{2}}} = \sqrt{2\sqrt{\sqrt{2^2 \cdot 2}}} = \sqrt{\sqrt{2^2\sqrt{2^3}}} = \sqrt{\sqrt{\sqrt{2^4 \cdot 2^3}}} = \underline{\sqrt[8]{2^7}}$.

(d) $\sqrt{\frac{2}{\sqrt{2}}} = \sqrt{\sqrt{2}} = \underline{\sqrt[4]{2}} = \underline{2^{\frac{1}{4}}}$, beachte $\frac{2}{\sqrt{2}} = \sqrt{2}$.

(e) $\sqrt[3]{\frac{4}{\sqrt[5]{2}}} = (\frac{2^2}{2^{\frac{1}{5}}})^{\frac{1}{3}} = (2^{\frac{9}{5}})^{\frac{1}{3}} = \underline{2^{\frac{3}{5}}} = \underline{\sqrt[5]{2^3}} = \underline{\sqrt[5]{8}}$.

(f) $\sqrt[5]{\frac{x}{\sqrt[3]{x}}} = \left(\frac{x}{x^{\frac{1}{3}}}\right)^{\frac{1}{5}} = (x^{\frac{2}{3}})^{\frac{1}{5}} = \underline{x^{\frac{2}{15}}} = \underline{\sqrt[15]{x^2}}$.

Warnung vor häufigen Fehlern!

$\sqrt{a+b}$ ist nicht $\sqrt{a} + \sqrt{b}$, z.B. $\sqrt{2} = \sqrt{1+1} \neq \sqrt{1} + \sqrt{1} = 2$.

$\sqrt[m]{a} \cdot \sqrt[n]{a}$ ist nicht $\sqrt[mn]{a}$, z.B. $\sqrt[3]{5} \cdot \sqrt[7]{5} \neq \sqrt[21]{5}$

sondern $\sqrt[3]{5} \cdot \sqrt[7]{5} = \sqrt[21]{5^{3+7}}$, Gesetz 1.

$\sqrt[m]{\sqrt[n]{a}}$ ist nicht $\sqrt[m+n]{a}$, z.B. $\sqrt[3]{\sqrt[4]{5}} \neq \sqrt[7]{5}$

sondern $\sqrt[3]{\sqrt[4]{5}} = \sqrt[12]{5}$, Gesetz 3.

5.4 Logarithmen

Für Potenzen gilt:

Für $0 < a \neq 1$ und $c > 0$ hat die Gleichung $a^x = c$ genau eine Lösung.

Definition des Logarithmus

Für $0 < a \neq 1$ und $c > 0$ ist die Zahl $\boldsymbol{\log_a c}$
(lies: Logarithmus von c zur Basis a) definiert durch $a^{\log_a c} = c$.

Der Logarithmus von c zur Basis a ist also derjenige Exponent, mit dem man a potenzieren muß, um c zu erhalten.

$\log_a c = b \iff a^b = c$ z.B. $\log_{10} 100 = 2$, da $10^2 = 100$.

5.21 *Berechne die folgenden Logarithmen durch Rückgang auf Potenzrechnung.*

(a) $\log_2 8$, (b) $\log_5 25$, (c) $\log_3 \frac{1}{3}$,
(d) $\log_5 \sqrt{5}$, (e) $\log_{\frac{1}{2}} 1024$, (f) $\log_7 1$.

(a) $\log_2 8 = 3$, da $2^3 = 8$. (b) $\log_5 25 = 2$, da $5^2 = 25$.
(c) $\log_3 \frac{1}{3} = -1$, da $3^{-1} = \frac{1}{3}$. (d) $\log_5 \sqrt{5} = \frac{1}{2}$, da $5^{\frac{1}{2}} = \sqrt{5}$.
(e) $\log_{\frac{1}{2}} 1024 = -10$, da $(\frac{1}{2})^{-10} = 1024$. (f) $\log_7 1 = 0$, da $7^0 = 1$.

5.22 *Man berechne jeweils x:*

$\log_{\frac{1}{3}} 81 = x$, $\log_2 x = -3$, $\log_x 9 = 2$.

$\log_{\frac{1}{3}} 81 = x \iff (\frac{1}{3})^x = 81 \iff x = -4$ Logarithmieren
$\log_2 x = -3 \iff 2^{-3} = x \iff x = \frac{1}{8}$ Potenzieren
$\log_x 9 = 2 \iff x^2 = 9 \iff x = \sqrt{9} = 3$ Radizieren

5.23 *Man berechne die folgenden Logarithmen:*

(a) $\log_{\frac{1}{2}} 8$, (b) $\log_2 \sqrt[3]{16}$, (c) $\log_2 4^{\frac{7}{10}}$,
(d) $\log_{10} \frac{1}{10^5}$, (e) $\log_{\frac{1}{2}} \sqrt[7]{1024}$, (f) $\log_{\frac{2}{3}} \sqrt{\frac{8}{27}}$.

(a) $\log_{\frac{1}{2}} 8 = x \iff (\frac{1}{2})^x = 8 \iff 2^{-x} = 2^3 \iff \underline{x = -3}$.

(b) $\log_2 \sqrt[3]{16} = x \iff 2^x = \sqrt[3]{16} \iff 2^x = 2^{\frac{4}{3}} \iff \underline{x = \frac{4}{3}}$.

(c) $\log_2 4^{\frac{7}{10}} = x \iff 2^x = 4^{\frac{7}{10}} \iff 2^x = (2^2)^{\frac{7}{10}} \iff \underline{x = \frac{7}{5}}$.

(d) $\log_{10} \frac{1}{10^5} = x \iff 10^x = \frac{1}{10^5} \iff \underline{x = -5}$.

(e) $\log_{\frac{1}{2}} \sqrt[7]{1024} = x \iff (\frac{1}{2})^x = \sqrt[7]{1024} \iff 2^{-x} = 2^{\frac{10}{7}} \iff \underline{x = -\frac{10}{7}}$.

(f) $\log_{\frac{2}{3}} \sqrt{\frac{8}{27}} = x \iff (\frac{2}{3})^x = \sqrt{\frac{8}{27}} \iff (\frac{2}{3})^x = (\frac{2^3}{3^3})^{\frac{1}{2}} \iff (\frac{2}{3})^x = (\frac{2}{3})^{\frac{3}{2}}$
$\iff \underline{x = \frac{3}{2}}$.

Für spezielle Basen sind spezielle Schreibweisen für Logarithmen üblich:

Spezielle Logarithmen

$\lg c := \log_{10} c$ heißt dekadischer Logarithmus.
$\mathbf{\ln c} := \log_{\mathrm{e}} c$ heißt **natürlicher Logarithmus**.
wobei $\mathrm{e} = 2.718281\ldots$ die Eulersche Zahl ist (siehe [Seite 77]).

Für das Rechnen mit Logarithmen (Exponenten) gelten die folgenden Gesetze:

Logarithmengesetze (a Basis, mit $0 < a \neq 1$)

$\log_a xy = \log_a x + \log_a y$

$\log_a \frac{x}{y} = \log_a x - \log_a y$ speziell $\log_a \frac{1}{y} = -\log_a y$

$\log_a x^r = r \log_a x$

Logarithmen zu verschiedenen Basen:

$\log_a x = \frac{\log_b x}{\log_b a}$ speziell $\log_a x = \frac{\ln x}{\ln a}$

Wichtige Regeln:

$a^{\log_a x} = x\,,\ x > 0$ speziell $\mathbf{e^{\ln x} = x}$ für $\boldsymbol{x > 0}$

$\log_a(a^x) = x\,,\ x \in \mathbb{R}$ speziell $\mathbf{\ln e^x = x\,,\ x \in \mathbb{R}}$

5.24 *Man berechne* $\lg 1000$, $\lg 0.01$, $\lg \sqrt[3]{10000}$, $\lg \frac{1}{10}$.

$\lg 1000 = \lg 10^3 = \underline{3}$, $\lg 0.01 = \lg 10^{-2} = \underline{-2}$,

$\lg \sqrt[3]{10000} = \lg 10^{\frac{4}{3}} = \underline{\frac{4}{3}}$, $\lg \frac{1}{10} = -\lg 10 = \underline{-1}$.

5.25 *Gegeben sind* $\ln 2 \approx 0.69$, $\ln 3 \approx 1.10$, $\ln 5 \approx 1.61$.
Man berechne hiermit jeweils die folgenden Logarithmen:

(1) $\ln 6 = \ln(2 \cdot 3) = \ln 2 + \ln 3 \approx \underline{1.79}$ $\ln ab = \ln a + \ln b$

(2) $\ln 75 = \ln(3 \cdot 25) = \ln 3 + 2\ln 5 \approx \underline{4.32}$

(3) $\ln 81 = \ln 3^4 = 4\ln 3 \approx \underline{4.40}$ $\ln a^b = b \ln a$

(4) $\ln 1000 = \ln 10^3 = 3\ln 10 = 3(\ln 2 + \ln 5) \approx \underline{6.90}$

(5) $\ln \frac{2}{3} = \ln 2 - \ln 3 \approx \underline{-0.41}$ $\ln \frac{a}{b} = \ln a - \ln b$

(6) $\ln \frac{1}{1000} = -\ln 1000 \approx \underline{-6.90}$

(7) $\ln \frac{4}{9} = \ln(\frac{2}{3})^2 = 2\ln \frac{2}{3} \approx \underline{-0.82}$

(8) $\ln \sqrt{5} = \frac{1}{2}\ln 5 \approx \underline{0.81}$

(9) $\ln \sqrt[3]{15} = \frac{1}{3}(\ln 3 + \ln 5) \approx \underline{0.90}$

(10) $\ln \frac{1}{2} = -\ln 2 \approx \underline{-0.69}$

5.26 *Man berechne mit den Logarithmengesetzen und dem Taschenrechner:*

(a) $\log_5 7$, (b) $\log_2 30$, (c) $\log_7 0.01$,

(d) $\log_8 \frac{3}{7}$, (e) $\log_{0.5} \frac{1}{3}$, (f) $\log_{10} \mathrm{e}$.

Auf Taschenrechnern findet man üblicherweise die Tasten ln für den natürlichen Logarithmus und die Taste log für den Logarithmus zur Basis 10. Man beachte dabei die Beschreibung des Taschenrechners.

Wir benutzen hier nur den ln und das spezielle Gesetz $\boxed{\log_a x = \frac{\ln x}{\ln a}}$.

(a) $\log_5 7 = \frac{\ln 7}{\ln 5} \approx \underline{1.21}$, (b) $\log_2 30 = \frac{\ln 30}{\ln 2} \approx \underline{4.91}$,

(c) $\log_7 0.01 = \frac{\ln 0.01}{\ln 7} \approx \underline{-2.37}$, (d) $\log_8 \frac{3}{7} = \frac{\ln 3 - \ln 7}{\ln 8} \approx \underline{-0.41}$,

(e) $\log_{0.5} \frac{1}{3} = -\log_{0.5} 3 = -\frac{\ln 3}{\ln 0.5} \approx \underline{1.58}$,

(f) $\log_{10} \mathrm{e} = \lg \mathrm{e} = \frac{\ln \mathrm{e}}{\ln 10} = \frac{1}{\ln 10} \approx \underline{0.43}$.

5.27 *Man vereinfache jeweils mit den Logarithmengesetzen:*

(1) $\log_2 8 + \log_2 4 - \log_2 16 = \log_2 \frac{8 \cdot 4}{16} = \log_2 2 = \underline{1}$.

(2) $\log_7 14 - \log_7 4 + \log_7 6 = \log_7 \frac{14 \cdot 6}{4} = \log_7 (3 \cdot 7) = \log_7 3 + 1 \approx \underline{1.56}$.

(3) $\ln(3\mathrm{e})^2 - \ln 9 = \ln \frac{3^2\,\mathrm{e}^2}{9} = \ln \mathrm{e}^2 = \underline{2}$.

(4) $\ln \sqrt[3]{5} + \ln \sqrt{2} - \ln \sqrt{10} = \frac{1}{3} \ln 5 + \frac{1}{2} \ln 2 - \frac{1}{2} \ln(2 \cdot 5) =$

$\frac{1}{3} \ln 5 + \frac{1}{2} \ln 2 - \frac{1}{2} \ln 2 - \frac{1}{2} \ln 5 = -\frac{1}{6} \ln 5 \approx \underline{-0.27}$.

(5) $\lg \frac{\sqrt{a} \cdot \sqrt[3]{b^2}}{\sqrt[5]{c^4}} - 4 \lg \frac{\sqrt{a}}{\sqrt[3]{b} \cdot \sqrt[5]{c}} = \lg \frac{\sqrt{a} \cdot \sqrt[3]{b^2}}{\sqrt[5]{c^4}} - \lg \left(\frac{\sqrt{a}}{\sqrt[3]{b} \cdot \sqrt[5]{c}}\right)^4 =$

$$= \lg \frac{a^{\frac{1}{2}} \cdot b^{\frac{2}{3}}}{c^{\frac{4}{5}}} - \lg \frac{a^2}{b^{\frac{4}{3}} \cdot c^{\frac{4}{5}}} = \lg\left(\frac{a^{\frac{1}{2}} \cdot b^{\frac{2}{3}}}{c^{\frac{4}{5}}} \cdot \frac{b^{\frac{4}{3}} \cdot c^{\frac{4}{5}}}{a^2}\right) = \lg \frac{b^2}{a^{\frac{3}{2}}} = \underline{2 \lg b - \frac{3}{2} \lg a}.$$

5.28 *Wieviele Stellen hat die Zahl 2^{64}?*

Schreibt man eine natürliche Zahl, z.B. 5 763, als Produkt einer Zahl zwischen 0 und 1 und einer Zehnerpotenz, also $5\,763 = 0.5763 \cdot 10^4$, so gibt der Exponent der Zehnerpotenz die Anzahl der Stellen der Zahl an. Daher machen wir für die gesuchte Stellenanzahl x den Ansatz $2^{64} = 10^x$. Auf beiden Seiten gehen wir zum natürlichen Logarithmus über.

$2^{64} = 10^x \iff \ln 2^{64} = \ln 10^x \iff 64 \ln 2 = x \ln 10$ (Logarithmengesetz)

$\iff x = \frac{64 \ln 2}{\ln 10} \approx 19.3$.

Damit ist $2^{64} \approx 10^{19.3} = 10^{-0.7} \cdot 10^{20}$ $(0 < 10^{-0.7} < 1)$.

Die Zahl 2^{64} hat also 20 Stellen.

Die genaue Zahl ist $2^{64} = 18\,446\,744\,073\,709\,551\,616$.

5.5 Intervalle und Beträge

Die Menge $\mathbb{R}$ der reellen Zahlen ist **angeordnet**, d.h. man kann zwei beliebige reelle Zahlen a, b der Größe nach vergleichen.

Größenvergleich reeller Zahlen

Für je zwei reelle Zahlen a, b gilt:

$a < b$ (kleiner) oder $a = b$ (gleich) oder $a > b$ (größer).

Anschaulich: Eine Zahl a ist kleiner als eine Zahl b, wenn a auf der Zahlengeraden links von b liegt.

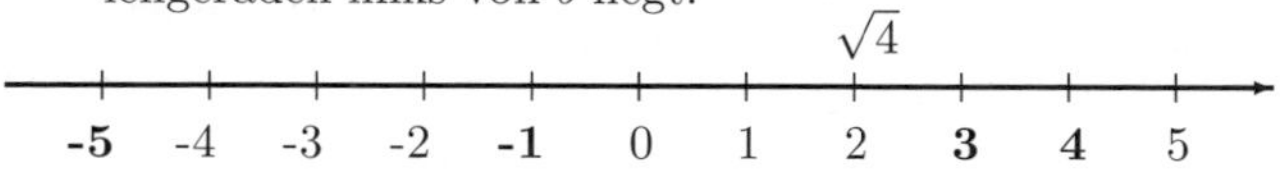

$-5 < -1$ $\qquad$ $\sqrt{4} = 2$ $\qquad$ $4 > 3$

Es sind ferner die Ungleichheitszeichen $\leq$ (lies: kleiner oder gleich) und $\geq$ (lies: größer oder gleich) gebräuchlich.

5.29 *Welche der folgenden Aussagen sind wahr bzw. falsch?*

$$12 < 15 \;,\; 3 > 4 \;,\; -2 \leq 1 \;,\; 5 < -5 \;,\; 0 \geq 0 \;,\; -3 \geq 0 \;,$$
$$-\tfrac{1}{2} < -\tfrac{1}{4} \;,\; \tfrac{3}{4} \leq \tfrac{2}{3} \;,\; -\tfrac{8}{7} > -\tfrac{7}{8} \;,\; \sqrt{3} \geq \sqrt{2} \;,\; -\sqrt{7} > -2.5 \;,$$
$$e < \pi \;,\; \sqrt{10} \leq \pi \;,\; \pi > \tfrac{21}{7} \;,\; \pi < \tfrac{22}{7} \;,\; \sqrt{2} = 1.414213562 \,.$$

Wahre Aussagen sind:

$$12 < 15 \;,\; -2 \leq 1 \;,\; 0 \geq 0 \;,\; -\tfrac{1}{2} < -\tfrac{1}{4} \;,\; \sqrt{3} \geq \sqrt{2} \,,$$
$$e < \pi \;,\; \pi > \tfrac{21}{7} \;,\; \pi < \tfrac{22}{7}.$$

Die letzten beiden Aussagen schreibt man kurz: $\frac{21}{7} < \pi < \frac{22}{7}$.

Leicht als falsche Aussagen nachzuweisen sind:

$$3 > 4 \;,\; 5 < -5 \;, -3 \geq 0 \;,\; \tfrac{3}{4} \leq \tfrac{2}{3} \;,\; -\tfrac{8}{7} > -\tfrac{7}{8} \;,\; -\sqrt{7} > -2.5 \;,\; \sqrt{10} \leq \pi.$$

Auch $\sqrt{2} = 1.414213562$ ist falsch. Ein Taschenrecher gibt zwar für $\sqrt{2}$ die angegebene abbrechende Dezimalzahl an, aber hierbei wird auf 9 Stellen nach dem Komma gerundet. Die angegebene Ziffernfolge für $-\sqrt{2}$ am Anfang dieses Kapitels zeigt, dass $\sqrt{2} > 1.414213562$ gilt.

5.30 *Welche der drei Größenbeziehungen $<, =, >$ gilt für a und b?*

(a) $a = \sqrt{3} \quad b = 1.732051$, $\qquad$ (b) $a = 1 \quad b = 0.\overline{9}$,

(c) $a = \sqrt{(-2)^2} \quad b = -2$, $\qquad$ (d) $a = \frac{17}{53} \quad b = \frac{35}{107}$.

(a) $\sqrt{3} < 1.732051$, da ein Taschenrechner $\sqrt{3} \approx 1.732050808$ liefert.

(b) $1 = 0.\overline{9}$. $0.\overline{9}$ ist eine andere Schreibweise für 1.

(c) $\sqrt{(-2)^2} > -2$. Beachte hier $\sqrt{x^2} = |x|$, also $\sqrt{(-2)^2} = 2$.

(d) $\frac{17}{53} < \frac{35}{107}$. Hier muss man rechnen: $\frac{17}{53} = \frac{1819}{53 \cdot 107} < \frac{1855}{53 \cdot 107} = \frac{35}{107}$.

Ist $a < b$, so bildet die Menge aller reellen Zahlen x, die zwischen a und b liegen, für die also $a < x < b$ gilt, ein **Intervall**. Skizze: 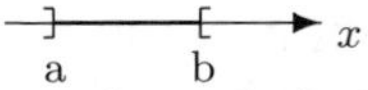

Die unterschiedlichen Intervalltypen, die sich daraus ergeben, ob die Endpunkte a und b zum Intervall gehören oder nicht, sind im folgenden Kasten zusammengestellt.

Definition von Intervallen

Beschränkte Intervalle:

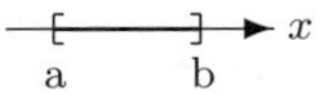
$[a,b] = \{x \mid a \leq x \leq b\}$: **abgeschlossenes** Intervall, die Randpunkte gehören dazu.

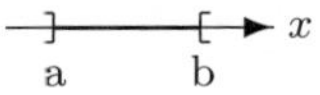
$]a,b[= \{x \mid a < x < b\}$: **offenes** Intervall, die Randpunkte gehören nicht dazu.

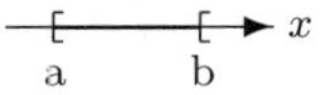
$[a,b[= \{x \mid a \leq x < b\}$: linker Randpunkt gehört dazu, rechter Randpunkt gehört nicht dazu.

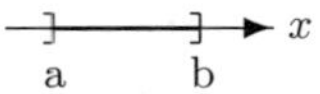
$]a,b] = \{x \mid a < x \leq b\}$: linker Randpunkt gehört nicht dazu, rechter Randpunkt gehört dazu.

Unbeschränkte Intervalle:

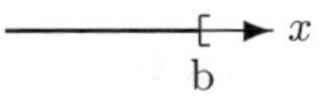
$]-\infty, b[= \{x \mid x < b\}$ speziell $\mathbb{R}_{<0} =]-\infty, 0[= \{x \mid x < 0\}$

$[a, \infty[= \{x \mid x \geq a\}$ speziell $\mathbb{R}_{\geq 0} = [0, \infty[= \{x \mid x \geq 0\}$

$\mathbb{R} =]-\infty, \infty[= \mathbb{R}_{<0} \cup \mathbb{R}_{\geq 0}$

Schreibweisen: Wenn keine Missverständnisse – z.B. Verwechselung mit dem geordneten Paar (a,b), siehe [Seite 20] – zu befürchten sind, schreibt man auch:

$]a,b[= (a,b)$, $]a,b] = (a,b]$ usw. und skizziert: 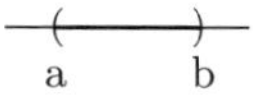 statt 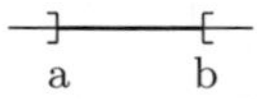 usw.

5.31 *Man skizziere die Intervalle* $[-2,3]$, $]-1,1[$ *und* $]-3,0]$:

$[-2,3]$: 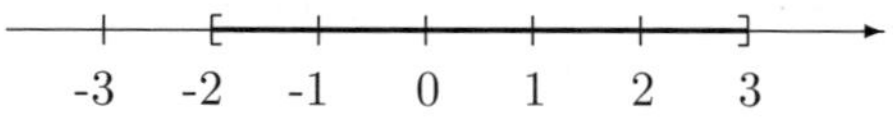

$]-1,1[$: 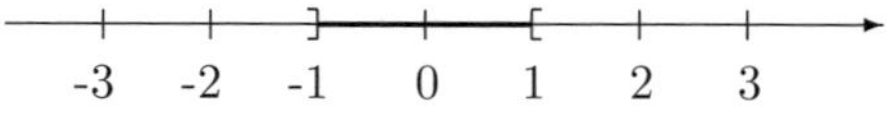

$]-3,0]$: 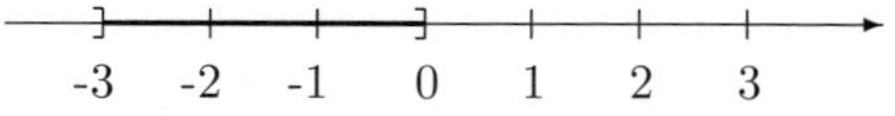

Der Betrag einer reellen Zahl x, geschrieben $|x|$, ist definiert durch:

Betrag $|x|$ einer Zahl x

$$|x| = \begin{cases} x & \text{falls } x \geq 0 \\ -x & \text{falls } x < 0 \end{cases}$$

Damit gilt:

$$\begin{aligned} \sqrt{x^2} &= |x| \\ x^2 &= |x^2| = |x|^2 \\ |x| &= |-x| \end{aligned}$$

Geometrisch gesehen ist auf der Zahlengeraden $|x|$ der **Abstand** der Zahl x vom Nullpunkt, und $|x-a|$ ist der **Abstand der Zahl x von der Zahl a**.

Damit ist $|x+a| = |x-(-a)|$ der Abstand von x und $-a$.

5.32 *Einige Beträge und Beispiele zu den fett gedruckten Regeln:*

$|7| = 7$, $|-11| = 11$, $|-\frac{3}{2}| = \frac{3}{2}$, $|-\pi| = \pi$, $|2-3| = |3-2| = 1$.

Beachte:

$\sqrt{(-3)^2} = \sqrt{9} = 3 = |-3|$ also i.a. $\sqrt{x^2} \neq x$!

$\sqrt{x^2} = x$ gilt nur für $x \geq 0$.

$(-6)^2 = 36 = |6^2| = |-6|^2$

5.33 *Beispiele zu Abständen auf der Zahlengeraden:*

$|5| = 5$, $|-5| = 5$

5 und -5 auf der Zahlengeraden haben den gleichen Abstand vom Nullpunkt.

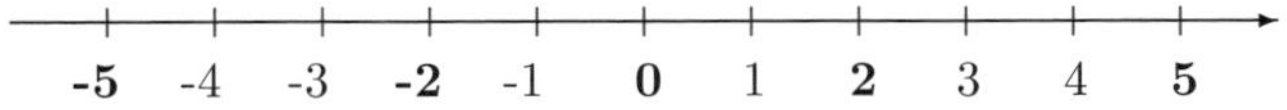

$|2-5| = |-3| = 3$ — 2 und 5 haben den Abstand 3 auf der Zahlengeraden.

$|-2-5| = |-7| = 7$ — -2 und 5 haben den Abstand 7 auf der Zahlengeraden.

$|2+5| = |2-(-5)| = |7| = 7$ — 2 und -5 haben den Abstand 7 auf der Zahlengeraden.

$|-2+5| = |-2-(-5)| = |3| = 3$ — -2 und -5 haben den Abstand 3 auf der Zahlengeraden.

Rechnen mit Beträgen

Für alle $a, b \in \mathbb{R}$ gilt:

$$|a \cdot b| = |a| \cdot |b| \quad \text{und} \quad \left|\frac{a}{b}\right| = \frac{|a|}{|b|} \quad \text{für } b \neq 0$$

$$|a| \leq |b| \iff a^2 \leq b^2$$

$$|a+b| \leq |a| + |b|$$ **Dreiecksungleichung**

5.34 *Beispiele zum Rechnen mit Beträgen:*

(1) $|7 \cdot 9| = |7| \cdot |9| = 7 \cdot 9 = 63.$ $|(-2) \cdot 8| = |-2| \cdot |8| = 2 \cdot 8 = 16.$
$|(-5) \cdot (-6)| = |-5| \cdot |-6| = 5 \cdot 6 = 30.$ $|(-4)^3| = |-4|^3 = 4^3 = 64.$

(2) $\left|\frac{-2}{5}\right| = \frac{|-2|}{|5|} = \frac{2}{5}.$ $\left|\frac{6}{(-3)^3}\right| = \frac{6}{3^3} = \frac{2}{9}.$ $\left|\frac{-7}{-42}\right| = \frac{7}{42} = \frac{1}{6}.$

(3) $|6+9| \le 6+9.$ $|-6+9| \le |-6| + |9| = 6+9,$ sogar $|-6+9| < |-6| + |9|.$
$|-6-9| = |-6+(-9)| \le |-6| + |-9| = 6+9.$

5.35 *Schreibe in anderer Form mit Ungleichungen oder Beträgen:*

(a) $A = [2, 5],$ (b) $B = [-3, -1] \cup [1, 3],$

(c) $1 \le x \le 5,$ (d) $|x-3| \ge 2,$

(e) $\sqrt{x^2} < 1,$ (f) $\sqrt{x^2 - 1} \le 2.$

(a) $A = [2, 5] = \{x \,|\, 2 \le x \le 5\} = \{x \,|\, |x - 3.5| \le 1.5\}.$

(b) $B = [-3, -1] \cup [1, 3] = \{x \,|\, -3 \le x \le -1 \text{ oder } 1 \le x \le 3\}$
$= \{x \,|\, |x+2| \le 1 \text{ oder } |x-2| \le 1\}$
oder: $= \{x \,|\, 1 \le |x| \le 3\}.$

(c) $1 \le x \le 5 \iff |x-3| \le 2.$

(d) $|x-3| \ge 2 \iff x - 3 \ge 2 \text{ oder } x - 3 \le -2 \iff x \ge 5 \text{ oder } x \le 1.$

(e) $\sqrt{x^2} < 1 \iff |x| < 1 \iff -1 < x < 1.$

(f) $\sqrt{x^2 - 1} \le 2 \iff 0 \le x^2 - 1 \le 4 \iff 1 \le x^2 \le 5$
$\iff 1 \le x \le \sqrt{5}$
$\iff |x - \frac{\sqrt{5}+1}{2}| \le \frac{\sqrt{5}-1}{2}.$

Skizze:

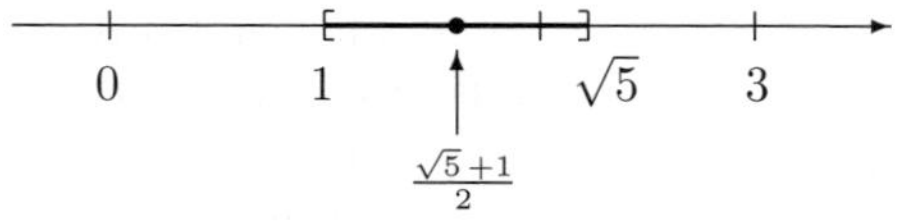

5.6 Aufgaben

In den Aufgaben ist für den Grundbereich der Variablen stets zu beachten, dass nicht durch 0 geteilt werden darf und Potenzen und Wurzeln definiert sein müssen.

5.36 *Man vereinfache:*

(a) $\left(\frac{7a^2}{3b}\right)^4 \cdot \left(\frac{9b^2}{14a}\right)^3$ (b) $\left(\frac{12a^3b}{49c^4d}\right)^2 : \left(\frac{7cd}{6ab}\right)^{-3}$

(c) $(27a^{-3}b^{-3})^{-2} : (9a^2b^{-2})^3$ (d) $\left(\frac{32x^{-1}y^{-2}}{9u^2v}\right)^{-2} : \left(\frac{3x^{-2}y^{-1}}{64v^2u}\right)^3$

5.37 *Man berechne:*

(a) $36^{\frac{1}{2}}$, $1024^{\frac{1}{5}}$, $\left(\frac{1}{81}\right)^{\frac{1}{2}}$, $\left(\frac{1}{27}\right)^{\frac{1}{3}}$, $0.36^{-\frac{1}{2}}$, $\left(\frac{16}{81}\right)^{-\frac{1}{4}}$.

(b) $27^{\frac{2}{3}}$, $1.44^{\frac{3}{2}}$, $625^{\frac{3}{4}}$, $729^{-\frac{4}{3}}$, $0.0169^{-\frac{3}{2}}$, $\left(\frac{64}{125}\right)^{-\frac{2}{3}}$.

5.38 *Man schreibe mit Wurzeln:*

$7^{\frac{1}{2}}$, $4^{\frac{2}{7}}$, $3^{-\frac{2}{3}}$, $\left(\frac{7}{11}\right)^{\frac{1}{3}}$, $\left(\frac{1}{5}\right)^{-\frac{1}{5}}$, $0.1^{\frac{2}{5}}$, $0.01^{-\frac{3}{4}}$.

5.39 *Man schreibe mit rationalen Exponenten:*

(a) $\sqrt{15}$ (b) $\sqrt[3]{49}$ (c) $\sqrt[5]{512}$ (d) $\sqrt[4]{0.001}$

(e) $\sqrt[14]{3^7}$ (f) $\sqrt[10]{2^{15}}$ (g) $\sqrt[12]{4^8}$ (h) $\sqrt[16]{3^{-4}}$

5.40 *Man erweitere, so dass im Nenner keine Wurzeln vorkommen:*

(a) $\frac{3}{\sqrt{5}}$ (b) $\frac{2}{\sqrt[3]{2}}$ (c) $\sqrt[3]{\frac{7}{11}}$ (d) $\frac{1}{\sqrt[3]{\frac{3}{2}}}$

(e) $\frac{20-\sqrt{96}}{\sqrt{8}}$ (f) $\frac{\sqrt{60}+\sqrt{48}}{\sqrt{6}}$ (g) $\frac{1}{3-\sqrt{2}}$ (h) $\frac{8}{\sqrt{5}+\sqrt{3}}$

5.41 *Man berechne:*

(a) $\sqrt[3]{\sqrt{512}}$ (b) $\sqrt{\sqrt[3]{144}}$ (c) $\sqrt[5]{9} \cdot \sqrt[5]{27} \cdot 3^{\frac{1}{2}}$

(d) $\sqrt[4]{625} + \sqrt[3]{27} - \sqrt{64}$ (e) $\sqrt[4]{32} + \sqrt[5]{64}$ (f) $\sqrt[3]{192} + \sqrt[3]{24} - \sqrt[3]{81}$

5.42 *Man vereinfache jeweils:*

(a) $\frac{a^2}{\sqrt[3]{ab^2}}$ (b) $\sqrt[6]{\left(\frac{a^4b^3}{c^2}\right)^2}$

(c) $4\sqrt{x} \cdot \sqrt[3]{x} + 6\sqrt[6]{x} \cdot \sqrt[6]{x^5}$ (d) $\sqrt{a^3b^{-2}} : \sqrt{a^{-3}b^{-4}}$

(e) $\sqrt[7]{a^5 \cdot \sqrt[4]{a^8}} + \sqrt[3]{\sqrt[6]{x^{10}}} \cdot \sqrt{\sqrt[9]{x^8}}$ (f) $\sqrt[3]{24a^4b^4c} + \sqrt[3]{81ab^4c^4} + \sqrt[3]{192a^4bc^4}$

(g) $\sqrt[n]{x^{2m+1}} : \sqrt[2n]{x^{2m-1}}$ (h) $\sqrt[3]{a^{2n}b^{4n}} \cdot \sqrt[3]{a^nb^{2n}}$

5.43 *Man vereinfache:*

(a) $(125x^3y^9)^{n+1} : (5x^ny^{3n+1})^3$ (b) $(a^{-6}b^{-3})^{2n} : (a^nb^{2n})^{-3}$

(c) $\dfrac{x^{\frac{2}{3}}}{\sqrt[3]{x}} + 3x^{-\frac{5}{6}} \cdot x^{\frac{4}{3}}$ (d) $\sqrt{\sqrt{\sqrt{x}}} - (\frac{1}{x})^{-\frac{1}{8}}$

(e) $\sqrt[n]{x^{n^2+2n}} : \sqrt{x^{n+2}}$ (f) $\dfrac{2\sqrt[n]{a}}{\sqrt[n]{b}} + \dfrac{4\sqrt[n]{a^2}}{\sqrt[n]{ab}} - 3\sqrt[n]{\dfrac{a}{b}}$

5.44 *Man vereinfache durch Rückgang auf rationale Exponenten:*

(a) $\sqrt{\sqrt[3]{a^4b^6}}$ (b) $\sqrt[3]{\sqrt[5]{x^3y^6}}$ (c) $\dfrac{\sqrt[3]{\sqrt{a}}}{\sqrt[4]{\sqrt[5]{a^3}}}$

(d) $\sqrt{a\sqrt[3]{a\sqrt[4]{a}}}$ (e) $\sqrt[3]{\dfrac{\sqrt{a}}{\sqrt[4]{a}}}$ (f) $\sqrt{\dfrac{1}{\sqrt{\dfrac{1}{\sqrt{a}}}}}$

5.45 *Zur Bestimmung von $\sqrt{a}$ mit $a > 0$ kann man das sog. Heron-Verfahren benutzen (Heron von Alexandria, um 100 n.Ch.). Die rekursiv definierte Folge $x_{n+1} = \dfrac{x_n + \frac{a}{x_n}}{2}$ (siehe [S. 26]) konvergiert (siehe [**EM 2**]) bei vernünftig gewähltem Startwert x_0 gegen $\sqrt{a}$.*
Man berechne für $a = 2$ und $a = 3$ jeweils mit Startwert $x_0 = 1$ die Folgenglieder x_1, x_2, x_3 der Folge, und vergleiche x_3 mit dem Wert $\sqrt{a}$, den ein Taschenrechner liefert.

5.46 *Man berechne bzw. vereinfache:*

(a) $\log_{100}\sqrt[7]{10}$, $\log_{216}\frac{1}{36}$, $\log_{\frac{11}{2}}\frac{4}{121}$, $\log_{\sqrt[3]{\frac{3}{2}}}\frac{2}{3}$.

(b) $\lg 10000$, $\lg\frac{1}{100}$, $\lg\sqrt{1000}$, $\lg 0.001$.

(c) $\ln\sqrt{e}$, $\ln\frac{1}{e^3}$, $\ln\frac{1}{\sqrt[3]{e}}$, $\ln\frac{1}{e-1}$.

(d) $\log_2 9.5$, $\log_3 0.31$, $\log_{\frac{1}{7}}\frac{3}{2}$, $\log_{0.3} 0.4$.

(e) $2\lg 7 - \lg\sqrt{7} + \lg\dfrac{1}{\sqrt[3]{7}}$, $\frac{1}{3}\ln 25 + \ln 5 - 2\ln\dfrac{5}{\sqrt[3]{5}}$.

(f) $\frac{1}{2}\lg(a^2 - b^2) - \lg(a + b)$, $2\lg\dfrac{x-y}{x+y} - \lg(x - y)^2$.

5.47 *Welche der drei Größenbeziehungen $<$, $=$, $>$ gilt für a und b?*

(a) $a = \frac{5}{7}$, $b = \frac{3}{4}$ (b) $a = -1.\overline{9}$, $b = -2$,

(c) $a = 3.74\overline{9}$, $b = \frac{15}{4}$, (d) $a = \sqrt{6}$, $b = \dfrac{90^{\frac{1}{2}}}{\sqrt{3}\cdot\sqrt{5}}$,

(e) $a = \frac{1}{1-\sqrt{2}}$, $b = -\frac{1}{2}\sqrt{2}$, (f) $a = 2 - \sqrt[3]{4}$, $b = 1 - \sqrt{2}$.

5.7 Lösungen

5.36

(a) $\left(\frac{7a^2}{3b}\right)^4 \cdot \left(\frac{9b^2}{14a}\right)^3 = \frac{7^4 \cdot a^8 \cdot 9^3 \cdot b^6}{3^4 \cdot b^4 \cdot 14^3 \cdot a^3} = \frac{7^4 \cdot 3^6 \cdot a^5 \cdot b^2}{3^4 \cdot 2^3 \cdot 7^3} = \frac{7 \cdot 9}{2^3} a^5 b^2 = \underline{\frac{63}{8} a^5 b^2}.$

(b) $\left(\frac{12a^3b}{49c^4d}\right)^2 : \left(\frac{7cd}{6ab}\right)^{-3} = \left(\frac{12a^3b}{49c^4d}\right)^2 \cdot \left(\frac{7cd}{6ab}\right)^3 = \frac{2^2 \cdot 6^2 \cdot a^6 \cdot b^2}{7^4 \cdot c^8 \cdot d^2} \cdot \frac{7^3 \cdot c^3 \cdot d^3}{6^3 \cdot a^3 \cdot b^3} = \frac{2^2}{7 \cdot 6} \cdot \frac{a^3 d}{c^5 b}$
$= \underline{\frac{2a^3 d}{21bc^5}}.$

(c) $(27a^{-3}b^{-3})^{-2} : (9a^2b^{-2})^3 = 3^{-6} \cdot a^6 \cdot b^6 \cdot 3^{-6} \cdot a^{-6} \cdot b^6 = \underline{\left(\frac{b}{3}\right)^{12}}.$

(d) $\left(\frac{32x^{-1}y^{-2}}{9u^2v}\right)^{-2} : \left(\frac{3x^{-2}y^{-1}}{64v^2u}\right)^3 = \frac{2^{-10} \cdot x^2 \cdot y^4 \cdot 2^{18} \cdot v^6 \cdot u^3}{3^{-4} \cdot u^{-4} \cdot v^{-2} \cdot 3^3 \cdot x^{-6} \cdot y^{-3}} = \underline{768u^7v^8x^8y^7}.$

5.37

(a) $36^{\frac{1}{2}} = \underline{6}$, denn $6^2 = 36$.

$1024^{\frac{1}{5}} = \underline{4}$, denn $2^{10} = 1024$, also $(2^2)^5 = 4^5 = 1024$.

$\left(\frac{1}{81}\right)^{\frac{1}{2}} = \underline{\frac{1}{9}}$, denn $\left(\frac{1}{9}\right)^2 = \frac{1}{81}$. $\left(\frac{1}{27}\right)^{\frac{1}{3}} = \underline{\frac{1}{3}}.$

$0\,36^{-\frac{1}{2}} = \frac{1}{0.36^{\frac{1}{2}}} = \frac{1}{0.6} = \frac{10}{6} = \underline{\frac{5}{3}}.$ $\left(\frac{16}{81}\right)^{-\frac{1}{4}} = \left(\frac{81}{16}\right)^{\frac{1}{4}} = \underline{\frac{3}{2}}.$

(b) $27^{\frac{2}{3}} = (27^{\frac{1}{3}})^2 = 3^2 = \underline{9}.$

$1.44^{\frac{3}{2}} = (1.44^{\frac{1}{2}})^3 = 1.2^3 = \underline{1.728}.$

$625^{\frac{3}{4}} = (625^{\frac{1}{4}})^3 = 5^3 = \underline{125}.$

$729^{-\frac{4}{3}} = \frac{1}{729^{\frac{4}{3}}} = \frac{1}{(729^{\frac{1}{3}})^4} = \frac{1}{9^4} = \underline{\frac{1}{6561}}.$

$0.0169^{-\frac{3}{2}} = \frac{1}{(0.0169^{\frac{1}{2}})^3} = \frac{1}{0.13^3} = \underline{\frac{1}{0.002197}} \approx 455.2.$

$\left(\frac{64}{125}\right)^{-\frac{2}{3}} = \left(\frac{125}{64}\right)^{\frac{2}{3}} = \left(\left(\frac{125}{64}\right)^{\frac{1}{3}}\right)^2 = \left(\frac{5}{4}\right)^2 = \underline{\frac{25}{16}}.$

5.38

$7^{\frac{1}{2}} = \underline{\sqrt{7}}.$ $4^{\frac{2}{7}} = \sqrt[7]{4^2} = \underline{\sqrt[7]{16}}.$ $3^{-\frac{2}{3}} = \frac{1}{\sqrt[3]{3^2}} = \underline{\frac{1}{\sqrt[3]{9}}}.$

$\left(\frac{7}{11}\right)^{\frac{1}{3}} = \sqrt[3]{\frac{7}{11}}.$ $\left(\frac{1}{5}\right)^{-\frac{1}{5}} = \frac{1}{\sqrt[5]{\frac{1}{5}}} = \underline{\sqrt[5]{5}}.$ $0.1^{\frac{2}{5}} = \sqrt[5]{0.1^2} = \underline{\sqrt[5]{0.01}}.$

$0.01^{-\frac{3}{4}} = \left(\frac{1}{100}\right)^{-\frac{3}{4}} = 100^{\frac{3}{4}} = \sqrt[4]{100^3} = \underline{\sqrt[4]{1\,000\,000}}.$

5.39

(a) $\sqrt{15} = \underline{15^{\frac{1}{2}}}.$ (b) $\sqrt[3]{49} = \underline{49^{\frac{1}{3}} = 7^{\frac{2}{3}}}.$ (c) $\sqrt[5]{512} = \underline{512^{\frac{1}{5}} = 2^{\frac{9}{5}}}.$

(d) $\sqrt[4]{0.001} = \underline{0.001^{\frac{1}{4}} = 10^{-\frac{3}{4}}}.$ (e) $\sqrt[14]{3^7} = 3^{\frac{7}{14}} = \underline{3^{\frac{1}{2}}}.$ (f) $\sqrt[10]{2^{15}} = 2^{\frac{15}{10}} = \underline{2^{\frac{3}{2}}}.$

(g) $\sqrt[12]{4^8} = 4^{\frac{8}{12}} = \underline{4^{\frac{2}{3}}}.$ (h) $\sqrt[16]{3^{-4}} = 3^{-\frac{4}{16}} = \underline{3^{-\frac{1}{4}}}.$

5.40

(a) $\frac{3}{\sqrt{5}} = \frac{3 \cdot \sqrt{5}}{\sqrt{5} \cdot \sqrt{5}} = \underline{\frac{3}{5}\sqrt{5}}.$ (b) $\frac{2}{\sqrt[3]{2}} = \frac{2\sqrt[3]{2^2}}{\sqrt[3]{2} \cdot \sqrt[3]{2^2}} = \underline{\sqrt[3]{2^2} = \sqrt[3]{4}}.$

(c) $\sqrt[3]{\frac{7}{11}} = \frac{\sqrt[3]{7}}{\sqrt[3]{11}} = \frac{\sqrt[3]{7}\cdot\sqrt[3]{11^2}}{\sqrt[3]{11}\cdot\sqrt[3]{11^2}} = \frac{\sqrt[3]{7}\cdot\sqrt[3]{121}}{\sqrt[3]{11^3}} = \underline{\frac{1}{11}\sqrt[3]{847}}.$

(d) $\frac{1}{\sqrt[3]{\frac{3}{2}}} = \frac{\sqrt[3]{2}}{\sqrt[3]{3}} = \frac{\sqrt[3]{2}\cdot\sqrt[3]{3^2}}{\sqrt[3]{3}\cdot\sqrt[3]{3^2}} = \underline{\frac{1}{3}\sqrt[3]{18}}.$

(e) $\frac{20-\sqrt{96}}{\sqrt{8}} = \frac{20\sqrt{8}-\sqrt{96}\cdot\sqrt{8}}{\sqrt{8}\cdot\sqrt{8}} = \frac{40\sqrt{2}-8\sqrt{12}}{8} = \underline{5\sqrt{2}-2\sqrt{3} = \sqrt{50}-\sqrt{12}}.$

(f) $\frac{\sqrt{60}+\sqrt{48}}{\sqrt{6}} = \frac{\sqrt{60}\cdot\sqrt{6}+\sqrt{48}\cdot\sqrt{6}}{\sqrt{6}\cdot\sqrt{6}} = \frac{6\sqrt{10}+6\sqrt{8}}{6} = \underline{\sqrt{10}+\sqrt{8}}.$

(g) $\frac{1}{3-\sqrt{2}} = \frac{3+\sqrt{2}}{(3-\sqrt{2})(3+\sqrt{2})} = \frac{3+\sqrt{2}}{3^2-(\sqrt{2})^2} = \underline{\frac{3+\sqrt{2}}{7}}.$

(Erweitern, so dass die 3. binomische Formel im Nenner anwendbar ist; s. [Abschnitt 6.1].)

(h) $\frac{8}{\sqrt{5}+\sqrt{3}} = \frac{8(\sqrt{5}-\sqrt{3})}{(\sqrt{5}+\sqrt{3})(\sqrt{5}-\sqrt{3})} = \frac{8(\sqrt{5}-\sqrt{3})}{2} = \underline{4(\sqrt{5}-\sqrt{3})}.$

5.41

(a) $\sqrt[3]{\sqrt{512}} = \sqrt{\sqrt[3]{2^9}} = \sqrt{2^3} = \underline{2\sqrt{2}}.$

(b) $\sqrt{\sqrt[3]{144}} = \sqrt[3]{\sqrt{144}} = \underline{\sqrt[3]{12}}.$

(c) $\sqrt[5]{9}\cdot\sqrt[5]{27}\cdot 3^{\frac{1}{2}} = 3^{\frac{2}{5}}\cdot 3^{\frac{3}{5}}\cdot 3^{\frac{1}{2}} = 3^{\frac{2}{5}+\frac{3}{5}+\frac{1}{2}} = \underline{3^{\frac{3}{2}} = 3\sqrt{3}}.$

(d) $\sqrt[4]{625}+\sqrt[3]{27}-\sqrt{64} = 5+3-8 = \underline{0}.$

(e) $\sqrt[4]{32}+\sqrt[5]{64} = \sqrt[4]{2^5}+\sqrt[5]{2^6} = 2\sqrt[4]{2}+2\sqrt[5]{2} = \underline{2(\sqrt[4]{2}+\sqrt[5]{2})}.$

(f) $\sqrt[3]{192}+\sqrt[3]{24}-\sqrt[3]{81} = \sqrt[3]{64\cdot 3}+\sqrt[3]{8\cdot 3}-\sqrt[3]{27\cdot 3} = 4\sqrt[3]{3}+2\sqrt[3]{3}-3\sqrt[3]{3} = \underline{3\sqrt[3]{3}}.$

5.42

(a) $\frac{a^2}{\sqrt[3]{ab^2}} = \frac{a^2\cdot\sqrt[3]{a^2b}}{\sqrt[3]{ab^2}\cdot\sqrt[3]{a^2b}} = \frac{a^2\cdot\sqrt[3]{a^2b}}{ab} = \underline{\frac{a}{b}\sqrt[3]{a^2b}}.$

(b) $\sqrt[6]{(\frac{a^4b^3}{c^2})^2} = \sqrt[6]{\frac{a^8b^6}{c^4}} = \sqrt[6]{\frac{a^6a^2b^6c^2}{c^6}} = \frac{ab}{c}\sqrt[6]{a^2c^2} = \underline{\frac{ab}{c}\sqrt[3]{ac}}.$

(c) $4\sqrt{x}\cdot\sqrt[3]{x}+6\sqrt[6]{x}\cdot\sqrt[6]{x^5} = 4\sqrt[6]{x^5}+6\sqrt[6]{x^6} = \underline{6x+4\sqrt[6]{x^5}}.$

(d) $\sqrt{a^3b^{-2}} : \sqrt{a^{-3}b^{-4}} = \frac{\sqrt{\frac{a^3}{b^2}}}{\sqrt{\frac{1}{a^3b^4}}} = \sqrt{\frac{a^3a^3b^4}{b^2}} = \sqrt{a^6b^2} = \underline{a^3b}.$

(e) $\sqrt[7]{a^5\cdot\sqrt[4]{a^8}}+\sqrt[3]{\sqrt[6]{x^{10}}}\cdot\sqrt{\sqrt[9]{x^8}} = \sqrt[7]{a^5a^2}+\sqrt[18]{x^{10}}\cdot\sqrt[18]{x^8} = \sqrt[7]{a^7}+\sqrt[18]{x^{18}} = \underline{a+x}.$

(f) $\sqrt[3]{24a^4b^4c}+\sqrt[3]{81ab^4c^4}+\sqrt[3]{192a^4bc^4} = 2ab\sqrt[3]{3abc}+3bc\sqrt[3]{3abc}+4ac\sqrt[3]{3abc}$
$= \underline{(2ab+3bc+4ac)\sqrt[3]{3abc}}.$

(g) $\sqrt[n]{x^{2m+1}} : \sqrt[2n]{x^{2m-1}} = x^{\frac{2m+1}{n}} : x^{\frac{2m-1}{2n}} = x^{\frac{2m+1}{n}-\frac{2m-1}{2n}} = x^{\frac{4m+2}{2n}-\frac{2m-1}{2n}} = x^{\frac{2m+3}{2n}}$
$= \underline{\sqrt[2n]{x^{2m+3}}},$

oder $\sqrt[n]{x^{2m+1}} : \sqrt[2n]{x^{2m-1}} = \frac{\sqrt[2n]{x^{4m+2}}}{\sqrt[2n]{x^{2m-1}}} = \sqrt[2n]{x^{4m+2-(2m-1)}} = \underline{\sqrt[2n]{x^{2m+3}}}.$

(h) $\sqrt[3]{a^{2n}b^{4n}} \cdot \sqrt[3]{a^n b^{2n}} = \sqrt[3]{a^{3n}b^{6n}} = \sqrt[3]{(a^n b^{2n})^3} = \underline{a^n b^{2n}}.$

5.43

(a) $(125x^3y^9)^{n+1} : (5x^n y^{3n+1})^3 = \frac{5^{3(n+1)} \cdot x^{3(n+1)} \cdot y^{9(n+1)}}{5^3 \cdot x^{3n} \cdot y^{3(3n+1)}} = 5^{3n} \cdot x^3 \cdot y^6 = \underline{(5^n xy^2)^3}.$

(b) $(a^{-6}b^{-3})^{2n} : (a^n b^{2n})^{-3} = \frac{a^{-12n}b^{-6n}}{a^{-3n}b^{-6n}} = a^{-9n} = \underline{\frac{1}{a^{9n}}}.$

(c) $\frac{x^{\frac{2}{3}}}{\sqrt[3]{x}} + 3x^{-\frac{5}{6}} \cdot x^{\frac{4}{3}} = \frac{x^{\frac{2}{3}}}{x^{\frac{1}{3}}} + 3x^{-\frac{5}{6}+\frac{4}{3}} = x^{\frac{1}{3}} + 3x^{\frac{1}{2}} = \underline{\sqrt[3]{x} + 3\sqrt{x}}.$

(d) $\sqrt{\sqrt{\sqrt{x}}} - (\frac{1}{x})^{-\frac{1}{8}} = x^{\frac{1}{8}} - x^{\frac{1}{8}} = \underline{0}.$

(e) $\sqrt[n]{x^{n^2+2n}} : \sqrt{x^{n+2}} = \frac{\sqrt[n]{x^{n(n+2)}}}{\sqrt{x^{n+2}}} = \frac{\sqrt[n]{(x^{n+2})^n}}{\sqrt{x^{n+2}}} = \frac{x^{n+2}}{\sqrt{x^{n+2}}} = \underline{\sqrt{x^{n+2}}}.$

(f) $\frac{2\sqrt[n]{a}}{\sqrt[n]{b}} + \frac{4\sqrt[n]{a^2}}{\sqrt[n]{ab}} - 3\sqrt[n]{\frac{a}{b}} = 2\sqrt[n]{\frac{a}{b}} + 4\sqrt[n]{\frac{a}{b}} - 3\sqrt[n]{\frac{a}{b}} = \underline{3\sqrt[n]{\frac{a}{b}}}.$

5.44

(a) $\sqrt{\sqrt[3]{a^4b^6}} = ((a^4b^6)^{\frac{1}{3}})^{\frac{1}{2}} = (a^4b^6)^{\frac{1}{6}} = \underline{a^{\frac{2}{3}} \cdot b^1 = b\sqrt[3]{a^2}}.$

(b) $\sqrt[3]{\sqrt[5]{x^3y^6}} = (x^{\frac{3}{5}} \cdot y^{\frac{6}{5}})^{\frac{1}{3}} = x^{\frac{1}{5}} \cdot y^{\frac{2}{5}} = \sqrt[5]{x} \cdot \sqrt[5]{y^2} = \underline{\sqrt[5]{xy^2}}.$

(c) $\frac{\sqrt[3]{\sqrt{a}}}{\sqrt[4]{\sqrt[5]{a^3}}} = \frac{a^{\frac{1}{6}}}{a^{\frac{3}{20}}} = a^{\frac{1}{6}-\frac{3}{20}} = a^{\frac{10-9}{60}} = \underline{a^{\frac{1}{60}} = \sqrt[60]{a}}.$

(d) $\sqrt{a\sqrt[3]{a\sqrt[4]{a}}} = (a(a \cdot a^{\frac{1}{4}})^{\frac{1}{3}})^{\frac{1}{2}} = (a \cdot a^{\frac{5}{12}})^{\frac{1}{2}} = \underline{a^{\frac{17}{24}} = \sqrt[24]{a^{17}}}.$

(e) $\sqrt[3]{\frac{\sqrt{a}}{\sqrt[4]{a}}} = (\frac{a^{\frac{1}{2}}}{a^{\frac{1}{4}}})^{\frac{1}{3}} = (a^{\frac{1}{4}})^{\frac{1}{3}} = \underline{a^{\frac{1}{12}} = \sqrt[12]{a}}.$

(f) $\sqrt{\frac{1}{\sqrt{\frac{1}{\sqrt{a}}}}} = (\frac{1}{(\frac{1}{a^{\frac{1}{2}}})^{\frac{1}{2}}})^{\frac{1}{2}} = \frac{1}{\frac{1}{a^{\frac{1}{8}}}} = \underline{a^{\frac{1}{8}} = \sqrt[8]{a}}.$

5.45 Für $a = 2$ berechnet man:

$x_1 = \frac{1+\frac{2}{1}}{2} = \frac{3}{2} = 1.5$

$x_2 = \frac{\frac{3}{2}+\frac{4}{3}}{2} = \frac{17}{12} \approx 1.4166667$

$x_3 = \frac{\frac{17}{12}+\frac{24}{17}}{2} = \frac{577}{408} = 1.414215686$

Für $a = 3$ berechnet man:

$x_1 = \frac{1+\frac{3}{1}}{2} = 2$

$x_2 = \frac{2+\frac{3}{2}}{2} = \frac{7}{4} = 1.75$

$x_3 = \frac{\frac{7}{4}+\frac{12}{7}}{2} = \frac{97}{56} = 1.732142857$

Ein Taschenrechner liefert $\sqrt{2} \approx 1.414213562$ und $\sqrt{3} \approx 1.732050808$.

Im Heron-Verfahren ist x_3 bei $\sqrt{2}$ damit schon auf 5 Nachkommastellen und bei $\sqrt{3}$ auf 3 Nachkommastellen exakt.

5.46

(a) $\log_{100} \sqrt[7]{10} = x \iff 100^x = \sqrt[7]{10} \iff 10^{2x} = 10^{\frac{1}{7}} \iff \underline{x = \frac{1}{14}}.$

$\log_{216} \frac{1}{36} = x \iff 216^x = \frac{1}{36} \iff 6^{3x} = 6^{-2} \iff \underline{x = -\frac{2}{3}}.$

$\log_{\frac{11}{2}} \frac{4}{121} = x \iff (\frac{11}{2})^x = \frac{4}{121} \iff (\frac{11}{2})^x = (\frac{2}{11})^2$

$\iff (\frac{11}{2})^x = (\frac{11}{2})^{-2} \iff \underline{x = -2}.$

$\log_{\sqrt[3]{\frac{3}{2}}} \frac{2}{3} = x \iff \left(\sqrt[3]{\frac{3}{2}}\right)^x = \frac{2}{3} \iff (\frac{3}{2})^{\frac{1}{3}x} = (\frac{3}{2})^{-1} \iff \underline{x = -3}.$

(b) $\lg 10000 = \underline{4}$, $\lg \frac{1}{100} = \underline{-2}$, $\lg \sqrt{1000} = \underline{\frac{3}{2}}$, $\lg 0.001 = \underline{-3}$.

(c) $\ln \sqrt{\mathrm{e}} = \underline{\frac{1}{2}}$, $\ln \frac{1}{\mathrm{e}^3} = \underline{-3}$, $\ln \frac{1}{\sqrt[3]{\mathrm{e}}} = \underline{-\frac{1}{3}}$, $\ln \frac{1}{\mathrm{e}-1} = -\ln(\mathrm{e}-1) \approx \underline{-0.54}$.

(d) $\log_2 9.5 = \frac{\ln 9.5}{\ln 2} \approx \underline{3.25}$. $\log_3 0.31 = \frac{\ln 0.31}{\ln 3} \approx \underline{-1.07}$.

$\log_{\frac{1}{7}} \frac{3}{2} = \frac{\ln \frac{3}{2}}{\ln \frac{1}{7}} \approx \underline{-0.21}$. $\log_{0.3} 0.4 = \frac{\ln 0.4}{\ln 0.3} \approx \underline{0.76}$.

(e) $2\lg 7 - \lg \sqrt{7} + \lg \frac{1}{\sqrt[3]{7}} = \lg \frac{49}{\sqrt{7}\cdot\sqrt[3]{7}} = \lg 7^{2-\frac{1}{2}-\frac{1}{3}} = \lg 7^{\frac{7}{6}} = \underline{\frac{7}{6}\lg 7} \approx 0.99.$

oder

$2\lg 7 - \lg \sqrt{7} + \lg \frac{1}{\sqrt[3]{7}} = 2\lg 7 - \frac{1}{2}\lg 7 - \frac{1}{3}\lg 7 = \frac{7}{6}\lg 7.$

$\frac{1}{3}\ln 25 + \ln 5 - 2\ln \frac{5}{\sqrt[3]{5}} = \ln 5^{\frac{2}{3}} + \ln 5 - \ln \frac{5^2}{(\sqrt[3]{5})^2} = \ln 5^{\frac{2}{3}+1-2+\frac{2}{3}} = \underline{\frac{1}{3}\ln 5} \approx 0.54.$

(f) $\frac{1}{2}\lg(a^2-b^2) - \lg(a+b) = \lg \frac{\sqrt{(a+b)(a-b)}}{a+b} = \lg \sqrt{\frac{a-b}{a+b}} = \underline{\frac{1}{2}\lg \frac{a-b}{a+b}}$

oder

$\frac{1}{2}\lg(a^2-b^2) - \lg(a+b) = \frac{1}{2}\lg(a+b) + \frac{1}{2}\lg(a-b) - \lg(a-b)$

$= \frac{1}{2}\lg(a+b) - \frac{1}{2}\lg(a-b) = \frac{1}{2}\lg \frac{a-b}{a+b}.$

$2\lg \frac{x-y}{x+y} - \lg(x-y)^2 = \lg \frac{(x-y)^2}{(x+y)^2(x-y)^2} = 2\lg \frac{1}{x+y} = \underline{-2\lg(x+y)}.$

5.47

(a) Es gilt $\underline{\frac{5}{7} < \frac{3}{4}}$, denn $\frac{5}{7} = \frac{20}{28} < \frac{21}{28} = \frac{3}{4}$.

(b) Es gilt $\underline{-1.\overline{9} = -2}$.

(c) Es ist $a = 3.74\overline{9} = 3.75 = \frac{15}{4}$, also gilt $\underline{a = b}$.

(d) Wegen $b = \frac{90^{\frac{1}{2}}}{\sqrt{3}\cdot\sqrt{5}} = \sqrt{\frac{90}{3\cdot 5}} = \sqrt{6}$ gilt $\underline{a = b}$.

(e) Es gilt $a = \frac{1}{1-\sqrt{2}} = \frac{1+\sqrt{2}}{1-2} = -1-\sqrt{2} < -\sqrt{2} < -\frac{1}{2}\sqrt{2} = b$. Also ist $\underline{a < b}$.

(f) Es ist $a = 2 - \sqrt[3]{4} > 0$ und $b = 1 - \sqrt{2} < 0$, also $\underline{a > b}$.

6 Binomische Formeln

6.1 Binomische Formeln

In der Potenzrechnung rechnet man häufig mit **Binomen** $(a+b)$ bzw. $(a-b)$. Besonders wichtig sind deren Quadrate und ihr Produkt.

Binomische Formeln

$$\begin{aligned}(a+b)^2 &= a^2+2ab+b^2\\(a-b)^2 &= a^2-2ab+b^2\\(a+b)(a-b) &= a^2-b^2\end{aligned}$$

6.1 *Man berechne mit den binomischen Formeln:*

(a) $(2x+3y)^2$. (b) $(9a-7b)^2$. (c) $(4x^2+5y^3)^2$.

(d) $(2x-y)(2x+y)$. (e) $(2x^2+3a^5)(2x^2-3a^5)$. (f) $(\frac{1}{3}a-\frac{2}{5}b)^2$.

(a) $(2x+3y)^2=(2x)\cdot(2x)+2\cdot 2x\cdot 3y+(3y)\cdot(3y)=\underline{4x^2+12xy+9y^2}$.

(b) $(9a-7b)^2=(9a)\cdot(9a)-2\cdot 9a\cdot 7b+(7b)\cdot(7b)=\underline{81a^2-126ab+49b^2}$.

(c) $(4x^2+5y^3)^2=\underline{16x^4+40x^2y^3+25y^6}$.

(d) $(2x-y)(2x+y)=\underline{4x^2-y^2}$.

(e) $(2x^2+3a^5)(2x^2-3a^5)=\underline{4x^4-9a^{10}}$.

(f) $(\frac{1}{3}a-\frac{2}{5}b)^2=\underline{\frac{1}{9}a^2-\frac{4}{15}ab+\frac{4}{25}b^2}$.

6.2 *Binomische Formeln können Kopfrechnen erleichtern:*

(1) 81^2 lässt sich so berechnen: $81^2=(80+1)^2=6400+2\cdot 80\cdot 1+1=\underline{6\,561}$.

(2) 58^2 lässt sich so berechnen: $58^2=(60-2)^2=3600-2\cdot 2\cdot 60+4=\underline{3\,364}$.

(3) $71\cdot 69$ lässt sich so berechnen: $71\cdot 69=(70+1)(70-1)=4900-1=\underline{4\,899}$.

(4) $(12.3)^2$ entsprechend (1): $(12.3)^2=(12+0.3)^2=144+7.2+0.09=\underline{151.29}$.

(5) $5.5\cdot 4.5$ entsprechend (3): $5.5\cdot 4.5=(5+0.5)(5-0.5)=25-0.25=\underline{24.75}$.

(6) Ein Rechentrick: Berechnung von 75^2.

Multipliziere die Zehnerziffer mit der um 1 größeren Zahl, hier $7\cdot 8=56$, und hänge 25 an, also $75^2=5\,625$.

Entsprechend 35^2: $3\cdot 4=12$, also $35^2=1\,225$.

Man zeige, dass dieses Verfahren für alle Quadrate $(a5)^2$ mit allen Ziffernfolgen a klappt.

$a5$ ist die Zahl $10a+5$. (Z.B. für $a=239$: $2\,395=10\cdot 239+5$.) Quadrieren: $(a5)^2=(10a+5)^2=100a^2+100a+25$ nach der 1. binomischen Formel.

Beim Verfahren wird berechnet: $a(a+1)=a^2+a$. Anhängen von zwei Nullen bedeutet Multiplikation mit 100, also erhält man $100a^2+100a$. Dazu wird nun 25 addiert (Ersetzen der zwei Nullen durch 25). Es entsteht $100a^2+100a+25$ und das ist $(a5)^2$, wie gerade berechnet.

Das Verfahren klappt also auch bei größeren Zahlen:

z.B. 205^2: $20\cdot 21=420$, also $205^2=42\,025$.

6.3 *Man vereinfache jeweils unter Anwendung der binomischen Formeln:*

(1) $\frac{a^2-b^2}{(a+b)^2} = \frac{(a+b)(a-b)}{(a+b)^2} = \underline{\frac{a-b}{a+b}}.$

(2) $(a+b)^2(a-b) = (a^2+2ab+b^2)(a-b) = a^3 - a^2b + 2a^2b - 2ab^2 + ab^2 - b^3$
$= \underline{a^3 + a^2b - ab^2 - b^3}$
oder $= (a^2-b^2)(a+b) = \underline{a^3 + a^2b - ab^2 - b^3}.$

(3) $\frac{4a^2+12ab+9b^2}{4a^2-9b^2} = \frac{(2a+3b)^2}{(2a-3b)(2a+3b)} = \underline{\frac{2a+3b}{2a-3b}}.$

(4) $\frac{a^3+2a^2b+ab^2}{a^2+ab} = \frac{a(a+b)^2}{a(a+b)} = \underline{a+b}.$

(5) $\frac{6(a^2-2ab+b^2)}{7(a+b)} : \frac{9(a-b)^3}{14(a^2+2ab+b^2)} = \frac{6(a-b)^2 \cdot 14(a+b)^2}{7(a+b) \cdot 9(a-b)^3} = \underline{\frac{4}{3} \cdot \frac{a+b}{a-b}}.$

(6) $\frac{16r^2-s^2}{(4r-s)r} - \frac{3s+rs}{r(3+r)} = \frac{(4r-s)(4r+s)}{(4r-s)r} - \frac{s(3+r)}{r(3+r)} = \frac{4r+s}{r} - \frac{s}{r} = \underline{4}.$

(7) $\frac{4a-4b}{7a+7b} : \frac{12a^2-24ab+12b^2}{63a^2-63b^2} = \frac{4(a-b) \cdot 63(a+b)(a-b)}{7(a+b) \cdot 12(a-b)^2} = \underline{3}.$

(8) $\frac{x^2-y^2}{(y-x)x} + \frac{y^2-x^2}{(y+x)x} = \frac{(x^2-y^2)(y+x)+(y^2-x^2)(y-x)}{(y-x)(y+x)\,x}$

$= \frac{(y^2-x^2)((-1)(y+x)+y-x)}{(y^2-x^2)\,x} = \frac{-2x}{x} = \underline{-2}.$

(9) $\frac{a-b}{a+b} : \frac{a^2-b^2}{(a+b)^2} = \frac{(a-b)(a+b)^2}{(a+b)(a+b)(a-b)} = \underline{1}.$

(10) $(\frac{a^2-4}{a^2-1} : \frac{a^2+4a+4}{a^2-4a+4}) \cdot \frac{a^2+2a}{a^2-a} = \frac{(a-2)(a+2)(a-2)^2 \cdot a \cdot (a+2)}{(a-1)(a+1)(a+2)^2 \cdot a \cdot (a-1)} = \underline{\frac{(a-2)^3}{(a-1)^2(a+1)}}.$

$$\boxed{(a+b+c)^2 = a^2+b^2+c^2+2ab+2ac+2bc}$$

6.4 *Man leite mittels der binomischen Formel $(a+b) = a^2+2ab+b^2$ die Formel $(a+b+c)^2 = a^2+b^2+c^2+2ab+2ac+2bc$ her.*

Man wendet die binomische Formel zweimal an und erhält:

$$\begin{aligned}(a+b+c)^2 = \big((a+b)+c\big)^2 &= (a+b)^2 + 2(a+b)c + c^2 \\ &= a^2+2ab+b^2+2ac+2bc+c^2 \\ &= a^2+b^2+c^2+2ab+2ac+2bc.\end{aligned}$$

6.5 *Man berechne mit obiger Formel:*

(a) $(2+x+a)^2$, (b) $(2x-3-y)^2$, (c) $(2-\sqrt{2}+\frac{1}{2})^2$.

(a) $(2+x+a)^2 = \underline{4+x^2+a^2+4x+4a+2xa}.$

(b) $(2x-3-y)^2 = \underline{4x^2+9+y^2-12x-4xy+6y}.$

(c) $(2-\sqrt{2}+\frac{1}{2})^2 = 4+2+\frac{1}{4}-4\sqrt{2}+2-\sqrt{2} = \underline{\frac{33}{4}-5\sqrt{2}}.$

6.2 Binomialkoeffizienten, Pascalsches Dreieck

Das Produkt der natürlichen Zahlen von 1 bis n bezeichnet man mit $n!$ (lies: n–Fakultät). Aus Zweckmäßigkeitsgründen setzt man zusätzlich $0! = 1$.

Definition von n-Fakultät

$$n! = 1 \cdot 2 \cdot 3 \cdots n \qquad n \in \mathbb{N}$$
$$0! = 1$$

6.6 *Man berechne die Fakultäten 1! bis 10!:*

$1! = 1$	$2! = 2$	$3! = 6$	$4! = 24$	$5! = 120$
$6! = 720$	$7! = 5040$	$8! = 40\,320$	$9! = 362\,880$	$10! = 3\,628\,800$

Die Fakultäten wachsen sehr schnell.
Mit dem Taschenrechner erhält man z.B. $13! = 6\,227\,020\,800$.

6.7 *In einer Urne liegen eine rote, eine blaue, eine grüne und eine gelbe Kugel.*

(a) *Sie werden nacheinander gezogen und in eine Reihe gelegt. Wie viele Farbmuster können entstehen?*

(b) *Es wird eine Kugel gezogen, die Farbe notiert und dann die Kugel in die Urne zurückgelegt. Dies wird noch dreimal wiederholt. Wie viele Farbnotierungen sind jetzt möglich?*

(a) Für die 1. Stelle gibt es 4 Möglichkeiten, für die 2. Stelle dann noch 3 Möglichkeiten, für die 3. Stelle noch 2 Möglichkeiten und die letzte Stelle liegt dann fest. Es sind also insgesamt genau $4 \cdot 3 \cdot 2 \cdot 1 = 4! = \underline{24}$ verschiedene Farbmuster möglich.

(b) Jetzt können an der 1. Stelle 4 Farben notiert werden, an der 2. Stelle aber wieder 4 Farben usw., insgesamt sind nach vier Ziehungen also $4 \cdot 4 \cdot 4 \cdot 4 = 4^4 = \underline{256}$ Farbnotierungen möglich.

Bildet man Potenzen des Binoms $(a + b)$, so entsteht eine Summe aus Termen der Art $a^{n-k}b^k$. Die vor den Termen $a^{n-k}b^k$ auftretenden Koeffizienten heißen **Binomialkoeffizienten**:

$$(a+b)^0 = 1$$
$$(a+b)^1 = a + b$$
$$(a+b)^2 = a^2 + 2ab + b^2$$
$$(a+b)^3 = a^3 + 3a^2b + 3ab^2 + b^3$$
$$(a+b)^4 = a^4 + 4a^3b + 6a^2b^2 + 4ab^3 + b^4$$
$$(a+b)^5 = a^5 + 5a^4b + 10a^3b^2 + 10a^2b^3 + 5ab^4 + b^5$$

Den Koeffizienten von $a^{n-k}b^k$ in der Potenz $(a+b)^n$ schreibt man als $\binom{n}{k}$, gelesen "n über k", und nennt ihn Binomialkoeffizienten.

Allgemeine binomische Formel

$$(a+b)^n = \sum_{k=0}^{n} \binom{n}{k} a^k b^{n-k} = \sum_{k=0}^{n} \binom{n}{k} a^{n-k} b^k$$

$$= \binom{n}{0} a^n + \binom{n}{1} a^{n-1} b^1 + \binom{n}{2} a^{n-2} b^2 + \cdots + \binom{n}{k} a^{n-k} b^k + \cdots + \binom{n}{n} b^n$$

Formeln für die Binomialkoeffizienten

$n = 0, 1, 2, \ldots \qquad k = 1, 2, \ldots \qquad k \leq n$

$$\binom{n}{k} = \frac{n!}{k!(n-k)!} = \frac{n(n-1)(n-2)\cdots(n-k+1)}{k!} = \binom{n}{n-k} \qquad \binom{n}{0} = 1$$

$\binom{n+1}{k} = \binom{n}{k} + \binom{n}{k-1}$ (**Rekursionsformel**)

$\binom{n}{k}$ ist die Anzahl der k-elementigen Teilmengen einer n-elementigen Menge.

6.8 *Man berechne:* $\binom{6}{2}$, $\binom{8}{3}$, $\binom{7}{5}$, $\binom{20}{17}$, $\binom{49}{6}$.

$\binom{6}{2} = \frac{6!}{2!\cdot 4!} = \frac{6\cdot 5}{1\cdot 2} = \underline{15}$. $\qquad \binom{8}{3} = \frac{8!}{3!\cdot 5!} = \frac{8\cdot 7\cdot 6}{1\cdot 2\cdot 3} = \underline{56}$.

$\binom{7}{5} = \frac{7!}{5!\cdot 2!} = \frac{7!}{2!\cdot 5!} = \binom{7}{2} = \frac{7\cdot 6}{1\cdot 2} = \underline{21}$. $\qquad$ (Beachte stets $\binom{n}{k} = \binom{n}{n-k}$.)

$\binom{20}{17} = \binom{20}{3} = \frac{20\cdot 19\cdot 18}{1\cdot 2\cdot 3} = \underline{1\,140}$. $\qquad \binom{49}{6} = \frac{49\cdot 48\cdot 47\cdot 46\cdot 45\cdot 44}{1\cdot 2\cdot 3\cdot 4\cdot 5\cdot 6} = \underline{13\,983\,816}$.

Da $\binom{49}{6}$ die Anzahl der 6-elementigen Teilmengen einer 49-elementigen Menge ist und jeder Lottotipp im deutschen Zahlenlotto eine 6-elementige Teilmenge der 49-elementigen Menge $\{1, 2, \ldots, 49\}$ ist, gibt die oben ausgerechnete Zahl genau die Anzahl der möglichen Lottotipps an.

6.9
(a) *Wie viele Schachpaarungen können bei einem Turnier mit 5 Spielern zusammengestellt werden?*

(b) *Wie viele Skatrunden können bei einem Turnier mit 5 Spielern zusammengestellt werden?*

(c) *Wie viele verschiedene Skatblätter kann ein Spieler beim Skatspiel bekommen?*

(d) *Wie viele verschiedene Blattverteilungen an die drei Spieler sind beim Skatspiel insgesamt möglich?*

(a) Der erste Spieler kann einer der 5 Spieler sein, für den zweiten Spieler gibt es dann noch 4 Wahlmöglichkeiten. Da die Reihenfolge der Spieler aber unerheblich ist, muss die Anzahl $4\cdot 5$ durch 2 geteilt werden. Es sind also 10 Spielerpaarungen möglich.
Mit den Binomialkoeffizienten folgt direkt, dass 2 Spieler aus 5 Spielern auf $\binom{5}{2} = \frac{5\cdot 4}{1\cdot 2} = 10$ Arten ausgewählt werden können.

(b) Es können $\binom{5}{3} = \binom{5}{2} = 10$ Skatrunden zusammengestellt werden, also die gleiche Anzahl wie unter (a), was man auch daran sieht, dass die dort jeweils verbleibenden 3 Spieler stets eine Skatrunde bilden können.

(c) Ein Skatblatt besteht aus 32 Karten. Jeder Spieler bekommt 10 Karten. Diese bilden eine 10-elementige Teilmenge der 32-elementigen Menge (des Skatblatts). Also gibt es $\binom{32}{10} = 64\,512\,240$ Möglichkeiten, ein Skatblatt zu bekommen.

(d) Die drei Skatspieler werden wie üblich mit Vorhand, Mittelhand und Hinterhand bezeichnet. Nach (c) kann Vorhand $\binom{32}{10}$ verschiedene Skatblätter bekommen. Entsprechend bestehen dann für Mittelhand noch $\binom{22}{10}$ Blattmöglichkeiten und für Hinterhand noch $\binom{12}{10}$ Möglichkeiten. Die verbleibenden 2 Karten bilden den Skat. Ingesamt sind also $\binom{32}{10} \cdot \binom{22}{10} \cdot \binom{12}{10} \approx 2.75 \cdot 10^{15}$ Blattverteilungen möglich.

Mit dem **Pascalschen Dreieck** können Binomialkoeffizienten $\binom{n}{k}$ für kleine n und k leicht berechnet werden.

Pascalsches Dreieck

$$
\begin{array}{ccccccccccccc}
\multicolumn{13}{c}{\text{Binomialkoeffizienten } \binom{n}{k}} \\
&&&&&& \binom{0}{0} &&&&&& \\
&&&&& \binom{1}{0} && \binom{1}{1} &&&&& \\
&&&& \binom{\mathbf{2}}{\mathbf{0}} && \binom{\mathbf{2}}{\mathbf{1}} && \binom{\mathbf{2}}{\mathbf{2}} &&&& \\
&&& \binom{3}{0} && \binom{3}{1} && \binom{3}{2} && \binom{3}{3} &&& \\
&& \binom{4}{0} && \binom{4}{1} && \binom{4}{2} && \binom{4}{3} && \binom{4}{4} && \\
& \binom{5}{0} && \binom{5}{1} && \binom{5}{2} && \binom{5}{3} && \binom{5}{4} && \binom{5}{5} & \\
\binom{6}{0} && \binom{6}{1} && \binom{6}{2} && \binom{6}{3} && \binom{6}{4} && \binom{6}{5} && \binom{6}{6} \\
&&&& \vdots &&&& \vdots &&&&
\end{array}
$$

$(a+b)^2 = \mathbf{1}a^2 + \mathbf{2}ab + \mathbf{1}b^2$

$$
\begin{array}{ccccccccccccccc}
\multicolumn{15}{c}{\text{ausgerechnet}} \\
&&&&&&& 1 &&&&&&& \\
&&&&&& 1 && 1 &&&&&& \\
&&&&& \mathbf{1} && \mathbf{2} && \mathbf{1} &&&&& \\
&&&& 1 && 3 && 3 && 1 &&&& \\
&&& 1 && 4 && 6 && 4 && 1 &&& \\
&& 1 && 5 && 10 && 10 && 5 && 1 && \\
& 1 && 6 && 15 & + & 20 && 15 && 6 && 1 & \\
&&&&&&& \vee &&&&&&& \\
1 && 7 && 21 && 35 && 35 && 21 && 7 && 1
\end{array}
$$

Das Berechnungsschema ist angedeutet, z.B.: $35 = \binom{7}{3} = \binom{6}{2} + \binom{6}{3} = 15 + 20$. Die angegebene Rekursionsformel $\binom{n+1}{k} = \binom{n}{k} + \binom{n}{k-1}$ ergibt genau das Berechnungsschema für die Zahlen im Pascalschen Dreieck. Jeder Koeffizient ist die Summe der beiden direkt über ihm stehenden Koeffizienten.

6.10 *Zeilensummen im Pascalschen Dreieck*

Setzt man in $(a+b)^n = \sum_{k=1}^{n} \binom{n}{k} a^{n-k} b^k$ speziell $a = b = 1$, so folgt

$$2^n = (1+1)^n = \sum_{k=0}^{n} \binom{n}{k} = \binom{n}{0} + \binom{n}{1} + \cdots + \binom{n}{n},$$

das ist die Summe der Koeffizienten in der n-ten Zeile des Pascal-Dreiecks. Z.B.: $2^4 = 16 = 1+4+6+4+1$.
Die Zeilensummen im Pascalschen Dreieck ergeben jeweils eine Zweierpotenz.

Setzt man speziell $a = 1$ und $b = -1$, so folgt

$0 = (1-1)^n = \sum_{k=0}^{n} \binom{n}{k}(-1)^k = \binom{n}{0} - \binom{n}{1} + \cdots + (-1)^n \binom{n}{n}$, z.B.: $0 = 1-4+6-4+1$.
Die sog. alternierenden Zeilensummen ergeben für $n \geq 1$ jeweils 0.

6.11 *Spaltensummen im Pascalschen Dreieck*

Die Spalten des Pascalschen Dreiecks bilden die Zahlenfolgen, die in einer Geraden parallel zum linken Rand des Dreiecks stehen. Spalte 0 *ist die Folge* $\binom{0}{0}\binom{1}{0}, \binom{2}{0}, \ldots$, *Spalte* 1 *ist die Folge* $\binom{1}{1}, \binom{2}{1}, \binom{3}{1}, \ldots$, *Spalte* 2 *die Folge* $\binom{2}{2}, \binom{3}{2}, \binom{4}{2}, \ldots$.
Allgemein ist Spalte k *die Folge* $\binom{k}{k}, \binom{k+1}{k}, \binom{k+2}{k}, \ldots$, *der Binomialkoeffizient* $\binom{n}{k}$ *steht also in Zeile* n *und Spalte* k *des Pascalschen Dreiecks.*
Man berechne die Summe der Koeffizienten in den Spalten des Pascalschen Dreiecks jeweils bis einschließlich Zeile 5 *bzw. Zeile* 6 *und interpretiere das Ergebnis im Pascaldreieck. Welche allgemeine Aussage bietet sich an?*

Spaltennr.	Koeffizienten bis Zeile 6	Summe bis Zeile 5	Summe bis Zeile 6
0	1, 1, 1, 1, 1, 1, 1	6	7
1	1, 2, 3, 4, 5, 6	15	21
2	1, 3, 6, 10, 15	20	35
3	1, 4, 10, 20	15	35
4	1, 5, 15	6	21
5	1, 6	1	7
6	1		1

Vergleicht man mit dem Pascalschen Dreieck, so ergibt sich: Die Spaltensummen bis Zeile 5 liefern die sechste, die Spaltensummen bis Zeile 6 die siebte Zeile des Pascaldreiecks bis auf die linksstehende 1.

Allgemeine Vermutung: Summiert man in Spalte k bis Zeile n, so ist das Ergebnis $\binom{n+1}{k+1}$, das ist der Binomialkoeffizient, der in der nächsten Zeile rechts unterhalb des letzten Koeffizienten in der Summe steht. Diese Vermutung ist allgemein richtig. Es gilt für $k \leq n$: $\sum_{j=k}^{n} \binom{j}{k} = \binom{k}{k} + \binom{k+1}{k} + \cdots + \binom{n}{k} = \binom{n+1}{k+1}$.
Dies liefert eine weitere Methode, das Pascaldreieck zu erzeugen, wenn man außen Einsen hinschreibt.

6.3 Aufgaben

6.12 *Man berechne:*

(a) $(0.3\,ab^2 + 0.7\,a^2b)^2$. (b) $(\frac{1}{3}a^{-3} - \frac{1}{4}b^{-2})^2$.

(c) $(a^{-1} + a)^2$. (d) $(a^2 - b^3)(b^3 + a^2)$.

(e) $(x^{-2} + y^{-2})^2 - (x^{-2} - y^{-2})^2$. (f) $(6u - 5v)^2 + (3v - 2u)(3v + 2u)$.

6.13 *Man berechne:*

(a) $(2x + 5y)^2$. (b) $(2x + 5y)^3$. (c) $(2x + 5y)^4$.

(d) $(3a - 4b)^2$. (e) $(3a - 4b)^3$. (f) $(3a - 4b)^4$.

6.14 *Man berechne:*

(a) $(2x - 3y + 4z)^2$. (b) $(5a - 3b - 6c)^2 - (3a - 5b)^2$.

(c) $(a + b + c + d)^2$. (d) $(2u - 3v - 4w + 5x)^2$.

6.15 *Man berechne die folgenden Binomialkoeffizienten:*

(a) $\binom{8}{4}$, $\binom{10}{3}$, $\binom{23}{20}$, $\binom{27}{22}$, $\binom{100}{2}$, $\binom{1000}{3}$.

(b) $\binom{2n+1}{2}$, $\binom{2(n+1)}{2}$, $\binom{2n+1}{3}$, $\binom{2n+1}{k}$.

6.16 *Auf wie viele Arten kann man 8 Türme so auf einem Schachbrett aufstellen, dass sie sich nicht gegenseitig bedrohen?*

6.17 *Auf einer Gesellschaft mit 12 Personen begrüßt jeder jeden mit den Worten "Guten Abend". Wie oft wird "Guten Abend" gesagt?*

6.18 *Wie viele verschiedene dreistellige Zahlen gibt es,*

(a) *bei denen die drei Ziffern paarweise verschieden sind?*

(b) *bei denen nur die Ziffern* $1, 2, 3$ *vorkommen?*

(c) *die nur ungerade Ziffern enthalten?*

6.19 *Wie viele Wurfbilder sind beim Bowling möglich,*

(a) *wenn genau* k *Pins stehenbleiben* ($k = 0, 1, 2, \ldots, 10$)*?*

(b) *insgesamt?*

6.20 *12 Personen fahren mit 3 Pkw zu einer Sportveranstaltung. In jedem Auto sollen 4 Personen sitzen. Wie viele Verteilungsmöglichkeiten gibt es für die Personen?*

6.21 *Man zeige:*

(a) $\binom{32}{10} \cdot \binom{22}{10} \cdot \binom{12}{10} = \binom{32}{2} \cdot \binom{30}{10} \cdot \binom{20}{10}$. (b) $\sum_{k=0}^{n} \binom{n}{k}^2 = \binom{2n}{n}$.

(c) *Für* $n \geq 3$ *gilt* $\sum_{j=3}^{n} \binom{j}{3} = \binom{3}{3} + \binom{4}{3} + \cdots + \binom{n}{3} = \binom{n+1}{4}$ *(siehe [6.11]).*

6.4 Lösungen

6.12

(a) $(0.3\,ab^2 + 0.7\,a^2b)^2 = \underline{0.09\,a^2b^4 + 0.42\,a^3b^3 + 0.49\,a^4b^2}.$

(b) $(\frac{1}{3}a^{-3} - \frac{1}{4}b^{-2})^2 = \underline{\frac{1}{9}a^{-6} - \frac{1}{6}a^{-3}b^{-2} + \frac{1}{16}b^{-4}}.$

(c) $(a^{-1} + a)^2 = \underline{a^{-2} + 2 + a^2}.$

(d) $(a^2 - b^3)(b^3 + a^2) = (a^2 - b^3)(a^2 + b^3) = \underline{a^4 - b^6}.$

(e) $$\begin{aligned}(x^{-2} + y^{-2})^2 - (x^{-2} - y^{-2})^2 &= x^{-4} + 2x^{-2}y^{-2} + y^{-4} - (x^{-4} - 2x^{-2}y^{-2} + y^{-4})\\ &= \underline{4x^{-2}y^{-2}}.\end{aligned}$$

(f) $$\begin{aligned}(6u - 5v)^2 + (3v - 2u)(3v + 2u) &= 36u^2 - 60uv + 25v^2 + 9v^2 - 4u^2\\ &= \underline{32u^2 - 60uv + 34v^2}.\end{aligned}$$

6.13

(a) $(2x + 5y)^2 = \underline{4x^2 + 20xy + 25y^2}.$

(b) $$\begin{aligned}(2x + 5y)^3 &= (2x)^3 + \binom{3}{1}(2x)^2 \cdot 5y + \binom{3}{2}(2x)(5y)^2 + (5y)^3\\ &= \underline{8x^3 + 60x^2y + 150xy^2 + 125y^3}.\end{aligned}$$

(c) $$\begin{aligned}(2x + 5y)^4 &= (2x)^4 + \binom{4}{1}(2x)^3 \cdot 5y + \binom{4}{2}(2x)^2(5y)^2 + \binom{4}{3}(2x)(5y)^3 + (5y)^4\\ &= \underline{16x^4 + 160x^3y + 600x^2y^2 + 1\,000xy^3 + 625y^4}.\end{aligned}$$

(d) $(3a - 4b)^2 = \underline{9a^2 - 24ab + 16b^2}.$

(e) $$\begin{aligned}(3a - 4b)^3 &= (3a)^3 + \binom{3}{1}(3a)^2(-4b) + \binom{3}{2}(3a)(-4b)^2 + (-4b)^3\\ &= \underline{27a^3 - 108a^2b + 144ab^2 - 64b^3}.\end{aligned}$$

(f) $$\begin{aligned}(3a - 4b)^4 &= (3a)^4 + \binom{4}{1}(3a)^3(-4b) + \binom{4}{2}(3a)^2(-4b)^2 + \binom{4}{3}(3a)(-4b)^3 + (-4b)^4\\ &= \underline{81a^4 - 432a^3b + 864a^2b^2 - 768ab^3 + 256b^4}.\end{aligned}$$

6.14

(a) $$\begin{aligned}(2x - 3y + 4z)^2 &= ((2x - 3y) + 4z)^2 = (2x - 3y)^2 + 8z(2x - 3y) + 16z^2\\ &= \underline{4x^2 - 12xy + 9y^2 + 16xz - 24yz + 16z^2},\end{aligned}$$

oder direkt mit der Formel von [Seite 102]

$$= \underline{4x^2 + 9y^2 + 16z^2 - 12xy + 16xz - 24yz}.$$

(b) $$\begin{aligned}&(5a - 3b - 6c)^2 - (3a - 5b)^2\\ &= 25a^2 + 9b^2 + 36c^2 - 30ab - 60ac + 36bc - (9a^2 - 30ab + 25b^2)\\ &= 25a^2 + 9b^2 + 36c^2 - 30ab - 60ac + 36bc - 9a^2 + 30ab - 25b^2\\ &= \underline{16a^2 - 16b^2 + 36c^2 - 60ac + 36bc}.\end{aligned}$$

(c) Man kann z.B. wie folgt rechnen:

$$\begin{aligned}&(a + b + c + d)^2 = ((a + b) + (c + d))^2 = (a + b)^2 + 2(a + b)(c + d) + (c + d)^2\\ &= a^2 + 2ab + b^2 + 2ac + 2ad + 2bc + 2bd + c^2 + 2cd + d^2\\ &= \underline{a^2 + b^2 + c^2 + d^2 + 2(ab + ac + ad + bc + bd + cd)}.\end{aligned}$$

(d) $(2u - 3v - 4w + 5x)^2$
$= 4u^2 + 9v^2 + 16w^2 + 25x^2 + 2(-6uv - 8uw + 10ux + 12vw - 15vx - 20wx)$
nach Teil (c).

6.15
(a) Mit Binomialkoeffizienten: $\binom{8}{4} = \frac{8\cdot7\cdot6\cdot5}{1\cdot2\cdot3\cdot4} = \underline{70}$.
Oder man berechnet die nächste Reihe im Pascal-Dreieck auf [Seite 105]
1 8 28 56 70 56 28 8 1, und liest $\binom{8}{4} = 70$ ab.

$\binom{10}{3} = \frac{10\cdot9\cdot8}{1\cdot2\cdot3} = \underline{120}$.

$\binom{23}{20} = \binom{23}{3} = \frac{23\cdot22\cdot21}{1\cdot2\cdot3} = 23 \cdot 77 = \underline{1\,771}$.

$\binom{27}{22} = \binom{27}{5} = \frac{27\cdot26\cdot25\cdot24\cdot23}{1\cdot2\cdot3\cdot4\cdot5} = 9 \cdot 26 \cdot 5 \cdot 3 \cdot 23 = \underline{80\,730}$.

$\binom{100}{2} = \frac{100\cdot99}{1\cdot2} = \underline{4\,950}$.

$\binom{1000}{3} = \frac{1000\cdot999\cdot998}{1\cdot2\cdot3} = \underline{166\,167\,000}$.

(b) $\binom{2n+1}{2} = \frac{(2n+1)(2n)}{2} = \underline{n(2n+1)}$.

$\binom{2(n+1)}{2} = \binom{2n+2}{2} = \frac{(2n+2)(2n+1)}{2} = \frac{2(n+1)(2n+1)}{2} = \underline{(n+1)(2n+1)}$.

$\binom{2n+1}{3} = \frac{(2n+1)(2n)(2n-1)}{1\cdot2\cdot3} = \underline{\frac{1}{3}n(2n+1)(2n-1)}$.

$\binom{2n+1}{0} = \underline{1}$, $\binom{2n+1}{1} = \underline{2n+1}$, und für $k \geq 2$ gilt:

$\binom{2n+1}{k} = \frac{(2n+1)(2n)(2n-1)\cdots(2n+1-(k-1))}{k!} = \underline{\frac{(2n+1)(2n)(2n-1)\cdots(2n+2-k)}{k!}}$.

6.16 Beim Schachspiel schlagen Türme in waagerechten und senkrechten Reihen. Der 1. Turm kann auf 8 Arten in die 1. Reihe gestellt werden. Für den 2. Turm gibt es dann noch 7 Möglichkeiten, ihn in die 2. Reihe zu stellen, da die Spalte, die der 1. Turm abdeckt, ausfällt. Führt man diese Überlegung fort, so ergeben sich $8 \cdot 7 \cdot 6 \cdot 5 \cdot 4 \cdot 3 \cdot 2 \cdot 1 = 8! = \underline{40\,320}$ Möglichkeiten, die 8 Türme zu stellen.

6.17 1. Lösungsmöglichkeit:
Jeder der Gäste sagt 11 mal "Guten Abend". Insgesamt wird also $12 \cdot 11 = \underline{132}$ mal "Guten Abend" gesagt.
2. Lösungsmöglichkeit:
Je zwei Personen, die sich begrüßen, bilden eine zweielementige Teilmenge einer 12-elementigen Menge. Es gibt $\binom{12}{2} = 66$ zweielementige Teilmengen einer 12-elementigen Menge. Da bei jedem dieser Paare jeder zum anderen "Guten Abend" sagt, wird insgesamt $2 \cdot 66 = 132$ mal "Guten Abend" gesagt.

6.18

(a) Für die erste Ziffer (Hunderter) gibt es 9 Möglichkeiten, nämlich die Ziffern $1, 2, \ldots, 9$. Für die 2. Ziffer (Zehner) fällt die gewählte 1. Ziffer aus, dafür darf jetzt aber auch eine 0 stehen. Also gibt es ebenfalls 9 Möglichkeiten für die 2. Ziffer. Für die 3. Ziffer verbleiben dann noch 8 Möglichkeiten. Also gibt es $9 \cdot 9 \cdot 8 = \underline{648}$ verschiedene dreistellige Zahlen mit paarweise verschiedenen Ziffern.

(b) $1, 2, 3$ können an allen drei Stellen stehen, also gibt es $3 \cdot 3 \cdot 3 = \underline{27}$ solche Zahlen.

(c) Es gibt 5 ungerade Ziffern $(1, 3, 5, 7, 9)$. Damit gibt es $5 \cdot 5 \cdot 5 = \underline{125}$ dreistellige Zahlen mit nur ungeraden Ziffern.

6.19

(a) Die k stehengebliebenen Pins bilden eine k-elementige Teilmenge der 10-elementigen Menge der Pins. Also gibt es $\underline{\binom{10}{k}}$ Wurfbilder, wenn k Pins stehenbleiben.

(b) Der Anzahl der Wurfbilder insgesamt ist dann

$$\binom{10}{0} + \binom{10}{1} + \cdots + \binom{10}{9} + \binom{10}{10} = \sum_{k=0}^{10} \binom{10}{k} = 2^{10} = \underline{1\,024}.$$

Auf diese Art lässt sich auch zeigen, dass eine n-elementige Menge genau 2^n Teilmengen besitzt.

6.20 Bei dieser Aufgabe muss unterschieden werden, ob es eine Rolle spielt, in welchem Pkw die Personen sitzen.

(a) Auch die Pkw sind zu unterscheiden.

Die 4 Personen im 1. Pkw können auf $\binom{12}{4}$ Arten gewählt werden und die im 2. Pkw danach auf $\binom{8}{4}$ Arten. Die Besetzung des 3. Pkw steht dann fest.
Also gibt es $\binom{12}{4} \cdot \binom{8}{4} = 495 \cdot 70 = \underline{34\,650}$ Verteilungsmöglichkeiten.

(b) Die Pkw spielen keine Rolle.

Sind drei Personenmengen A, B, C wie in (a) gebildet, so sind die nebenstehenden Verteilungen, die unter (a) als verschieden gezählt wurden, jetzt zu identifizieren: Jeweils 6 Verteilungen sind also zu identifizieren.

Damit gibt es jetzt nur noch

$\frac{1}{6} \cdot 34\,650 = \underline{5\,775}$ Verteilungsmöglichkeiten.

1. Pkw	2. Pkw	3. Pkw
A	B	C
A	C	B
B	A	C
B	C	A
C	A	B
C	B	A

6.21

(a) Mit direkter Rechnung ergibt sich

$\binom{32}{10}\binom{22}{10}\binom{12}{10} = \frac{32\cdot 31\cdots 23}{10!}\cdot\frac{22\cdot 21\cdots 13}{10!}\cdot\frac{12\cdot 11}{2!}$ und

$\binom{32}{2}\binom{30}{10}\binom{20}{10} = \frac{32\cdot 31}{2!}\cdot\frac{30\cdot 29\cdots 21}{10!}\cdot\frac{20\cdot 19\cdots 11}{10!}$,

und man erkennt, dass beide Terme gleich sind.

Alternativ kann man [6.9 (c)] benutzen.

Dort wurde gezeigt, dass $\binom{32}{10}\binom{22}{10}\binom{12}{10}$ die Anzahl der Blattverteilungen beim Skatspiel ist. Diese Anzahl kann man auf eine zweite Art bestimmen:

Zunächst werden die zwei Karten des Skats gelegt. Das geht auf $\binom{32}{2}$ Arten. Für Vorhand gibt es dann $\binom{30}{10}$ und für Mittelhand $\binom{20}{10}$ Blattmöglichkeiten. Hinterhand erhält die restlichen Karten. Das liefert $\binom{32}{2}\binom{30}{10}\binom{20}{10}$ Blattverteilungen beim Skatspiel. Also sind die beiden Anzahlen gleich (Prinzip der doppelten Abzählung, siehe (b)).

(b) $\binom{2n}{n}$ ist die Anzahl der n-elementigen Teilmengen einer $2n$-elementigen Menge. Diese Anzahl wird jetzt auf eine zweite Art bestimmt:
Man teilt die $2n$-elementige Menge in zwei Teile aus je n Elementen. Wählt man nun für ein k mit $0 \le k \le n$ aus dem ersten Teil eine k-elementige Teilmenge und aus dem zweiten Teil eine $(n-k)$-elementige Teilmenge aus, so erhält man insgesamt eine n-elementige Teilmenge der $2n$-elementigen Menge. So entstehen $\binom{n}{k}\cdot\binom{n}{n-k}$ n-elementige Teilmengen. Summation über alle k liefert alle n-elementigen Teilmengen der $2n$-elementigen Menge.

Also ist die gesuchte Anzahl $\sum_{k=0}^{n}\binom{n}{k}\binom{n}{n-k}$, und das ist $\sum_{k=0}^{n}\binom{n}{k}^2$ wegen $\binom{n}{n-k} = \binom{n}{k}$. Damit ist die behauptete Gleichung bewiesen.

(c) Vollständige Induktion:

Induktionsanfang: $n = 3 \quad \sum_{j=3}^{3}\binom{j}{3} = \binom{3}{3} = 1 = \binom{4}{4}$.

Induktionsschluss: Sei $\sum_{j=3}^{n}\binom{j}{3} = \binom{3}{3} + \binom{4}{3} + \cdots + \binom{n}{3} = \binom{n+1}{4}$. Dann folgt:

$$\begin{aligned}\sum_{j=3}^{n+1}\binom{j}{3} &= \binom{3}{3} + \binom{4}{3} + \cdots + \binom{n}{3} + \binom{n+1}{3}\\ &= \binom{n+1}{4} + \binom{n+1}{3} && \text{nach Induktionsvoraussetzung}\\ &= \binom{n+2}{4} && \text{nach der Rekursionsformel.}\end{aligned}$$

Für festes k und alle $n \ge k$ kann man die allgemeine Formel [6.11] auf die gleiche Art beweisen.

7 Koordinatensysteme

7.1 Koordinatensysteme in der Ebene

Kartesische Koordinaten x, y
Polarkoordinaten r, φ

Kartesische Koordinaten x, y

Ein kartesisches Koordinatensystem in der Ebene wird aus zwei sich senkrecht in einem Punkt O (Nullpunkt oder Ursprung) rechtwinklig schneidenden orientierten Geraden gebildet. Man bezeichnet sie als x-Achse und y-Achse. Die y-Achse folgt mathematisch positiv (d.h. gegen den Uhrzeigersinn) auf die x-Achse.
Auf jeder Achse wird eine Einheit ausgezeichnet. Jedem Punkt P der Ebene wird dann durch senkrechte Projektion auf die Achsen umkehrbar eindeutig ein Zahlenpaar (x, y) zugeordnet. Man nennt x, y die (kartesischen) Koordinaten von P, schreibt $P = (x, y)$ und nennt die Ebene auch **(x, y)-Ebene**.

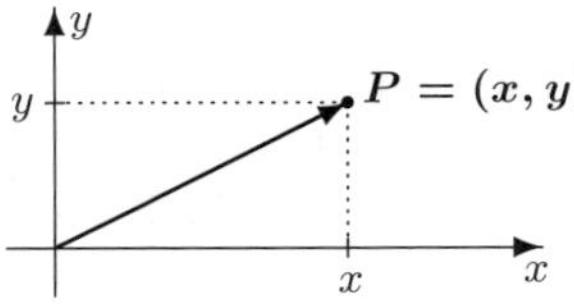

Polarkoordinaten r, φ

Jeder Punkt $P = (x, y)$ der (x, y)-Ebene lässt sich auch eindeutig durch Angabe seiner Polarkoordinaten r, φ beschreiben. r ist der Abstand des Punktes P vom Nullpunkt O und φ der Winkel zwischen der positiven Richtung der x-Achse und der Strecke $\overline{OP}$ (math. positiv, siehe Skizze). Dabei gilt $0 \leq r$ und $0 \leq \varphi < 2\pi$. Dem Nullpunkt $(0, 0)$ ordnet man $r = 0$, aber keinen Winkel zu.

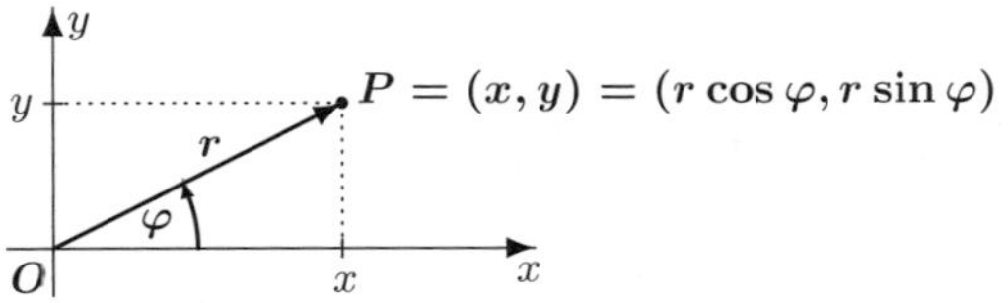

Zu den trigonometrischen Funktionen sin, cos und tan siehe [**EM 2**].

Umformung

Polarkoordinaten in kartesische Koordinaten x, y	**Kartesische Koordinaten in Polarkoordinaten r, φ**
$x = r\cos\varphi$ $y = r\sin\varphi$	$r = \sqrt{x^2 + y^2}$ $\tan\varphi = \dfrac{y}{x}$ Quadranten beachten! $x = 0$ siehe [7.2 (c)]

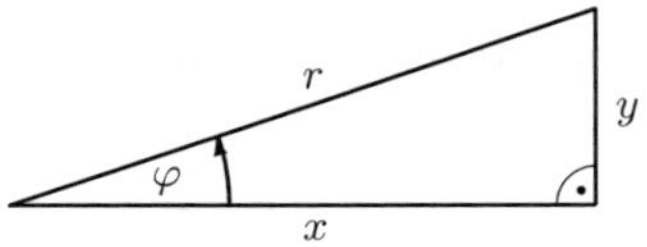

$(x, y) = (r\cos\varphi, r\sin\varphi)$

7.1 *Die Polarkoordinaten von P sind $r = 2$ und $\varphi = \frac{2}{3}\pi$. Man berechne die kartesischen Koordinaten von P.*

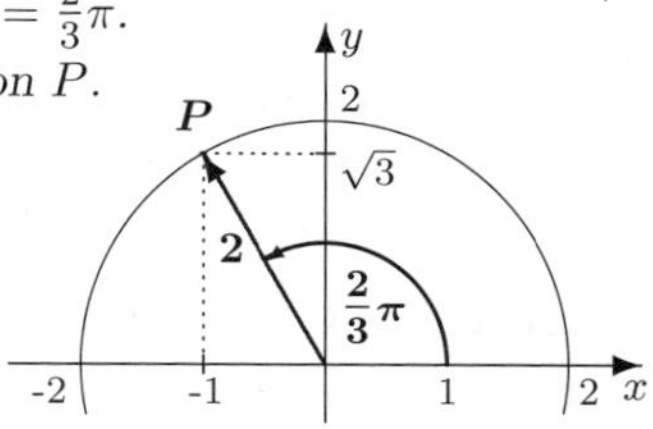

$x = r\cos\varphi = 2\cos\frac{2}{3}\pi = -1$

$y = r\sin\varphi = 2\sin\frac{2}{3}\pi = \sqrt{3}$, also $P = \underline{(-1, \sqrt{3})}$.

Die Berechnung der kartesischen Koordinaten $x = r\cos\varphi$ und $y = r\sin\varphi$ aus den Polarkoordinaten r und φ macht keine Schwierigkeiten, ebensowenig wie die Berechnung von $r = \sqrt{x^2 + y^2}$ aus den kartesischen Koordinaten x und y.

Anders die Berechnung von φ aus x und y:
Da tan die Periode π hat, der Winkel φ aber zwischen 0 und 2π liegt, ergibt

$$\tan\varphi = \frac{y}{x}$$

zwei mögliche Winkel φ_1 und φ_2, die sich um π unterscheiden.
Durch "Quadranten beachten" entscheidet man sich für den richtigen Winkel.
Beachte: Ein TR gibt als Lösung von $\tan\varphi = \frac{y}{x}$ stets φ zwischen $-\frac{\pi}{2}$ und $\frac{\pi}{2}$ an.

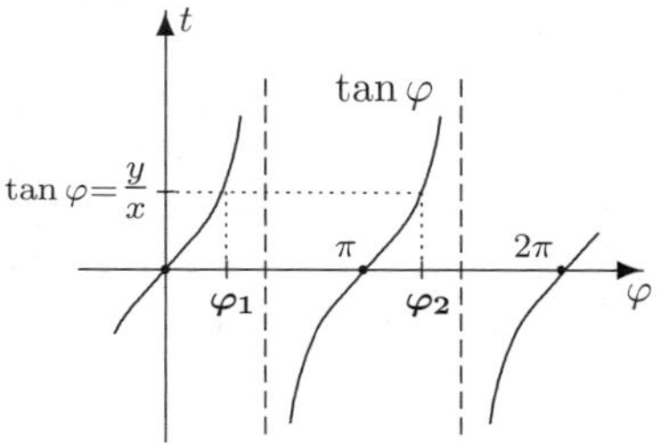

$t = \tan\varphi$ (π-periodisch)

7.2 *Man berechne die Polarkoordinaten von:*
(a) $P = (2, -2)$, (b) $Q = (-\sqrt{2}, \sqrt{2})$, (c) $R = (0, -1.5)$.

(a) $r = \sqrt{2^2 + (-2)^2} = \underline{2\sqrt{2}}$,
$\tan\varphi = -2/2 = -1 \Longrightarrow \varphi = \frac{3}{4}\pi$ oder $\varphi = \frac{7}{4}\pi$.
Der Punkt $P = (2, -2)$ liegt im 4. Quadranten, also ist $\varphi = \underline{\frac{7}{4}\pi}$.

Die Festlegung $0 \le \varphi < 2\pi$ ist willkürlich.
Statt $\varphi = \frac{7}{4}\pi$ ist $\varphi = -\frac{1}{4}\pi$ (TR!) genau so richtig.

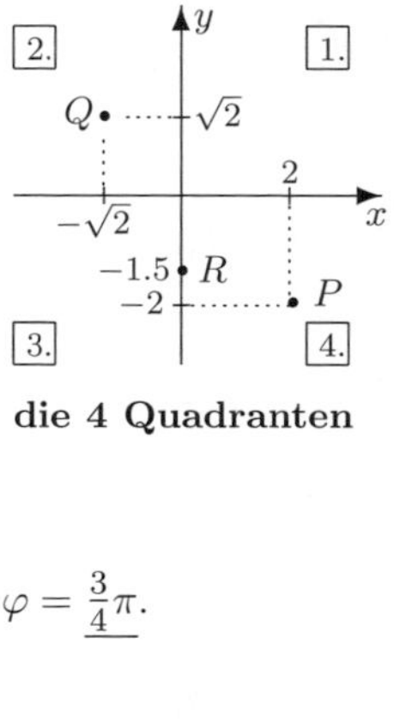

die 4 Quadranten

(b) $r = \sqrt{(-\sqrt{2})^2 + \sqrt{2}^2} = \underline{2}$,
$\tan\varphi = -1 \Longrightarrow \varphi = \frac{3}{4}\pi$ oder $\varphi = \frac{7}{4}\pi$.
Der Punkt $Q = (-\sqrt{2}, \sqrt{2})$ liegt im 2. Quadranten, also ist $\varphi = \underline{\frac{3}{4}\pi}$.

(c) $r = \sqrt{0^2 + (-1.5)^2} = \underline{1.5}$,
R liegt auf der negativen y-Achse, also ist $\varphi = \frac{3}{2}\pi$.

Mit etwas Routine erkennt man die Winkel in (a) und (b) natürlich ohne Rechnung!

7.2 Koordinatensysteme im Raum

Kartesische Koordinaten x, y, z
Zylinderkoordinaten r, φ, z
Kugelkoordinaten ρ, θ, φ

Kartesische Koordinaten x, y, z

Ein kartesisches Koordinatensystem im Raum wird aus drei sich paarweise senkrecht in einem Punkt O (Nullpunkt oder Ursprung) rechtwinklig schneidenden orientierten Geraden gebildet. Man bezeichnet sie als x-Achse, y-Achse und z-Achse. Die drei Achsen bilden ein **Rechtssystem**: Sie sind so orientiert, dass der Daumen der rechten Hand in x-Richtung, der Zeigefinger der rechten Hand in y-Richtung und der Mittelfinger der rechten Hand in z-Richtung zeigen (eine Rechtsschraube mit der rechten Hand vom Daumen zum Zeigefinger gedreht bewegt sich in Richtung des Mittelfingers). Auf den Achsen werden Einheiten festgelegt. Jedem Punkt P des Raumes wird dann umkehrbar eindeutig ein Zahlentripel (x, y, z) zugeordnet. Man nennt x, y, z die kartesischen Koordinaten von P, schreibt $P = (x, y, z)$ und nennt den Raum auch **(x, y, z)-Raum**.

Übliche Möglichkeiten, ein kartes. Koordinatensystem im Raum zu zeichnen:

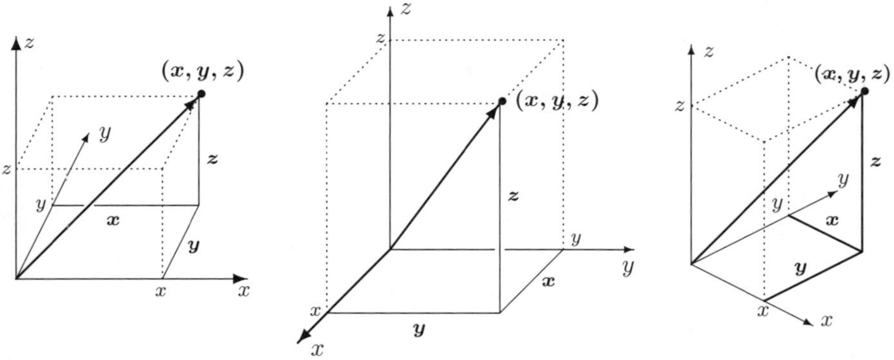

7.3 *Man skizziere den Quader mit den acht Eckpunkten $(\pm 3, \pm 2, \pm 1)$.*

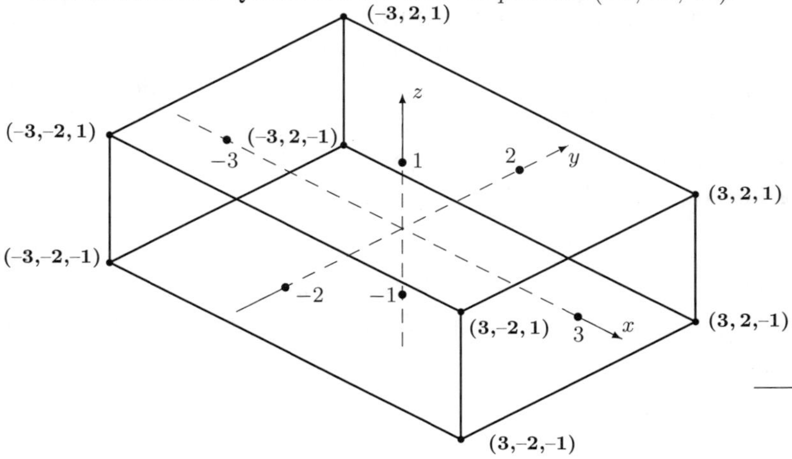

Zylinderkoordinaten r, φ, z

Jeder Punkt $P = (x, y, z)$ des Raumes lässt sich eindeutig durch die Angabe seiner Zylinderkoordinaten $\boldsymbol{r, \varphi, z}$ beschreiben.

Zylinderkoordinaten r, φ, z sind im Wesentlichen ebene Polarkoordinaten r und φ die um eine dritte Koordinate z ergänzt werden. z gibt die Höhe eines Punktes $P = (x, y, z)$ senkrecht über (oder unter) der Ebene des Polarkoordinatensystems an. Die Koordinate r gibt den Abstand eines Punktes P von der z-Achse (und nicht den Abstand vom Koordinatenursprung) an.

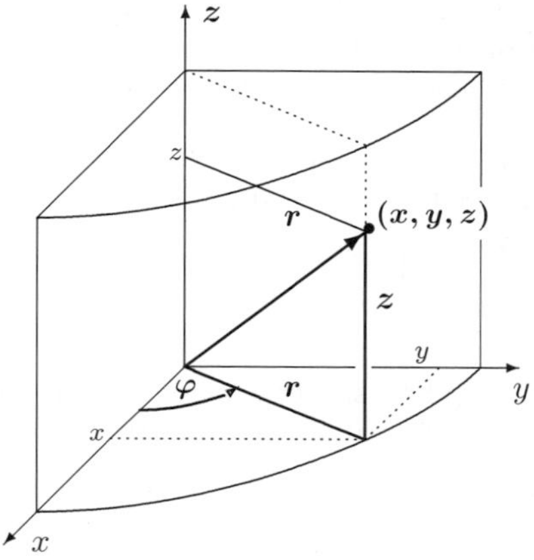

Umformung

Zylinderkoord. in kartesische Koord.

$\boldsymbol{x, y, z}$

$x = r\cos\varphi$

$y = r\sin\varphi$

$z = z$

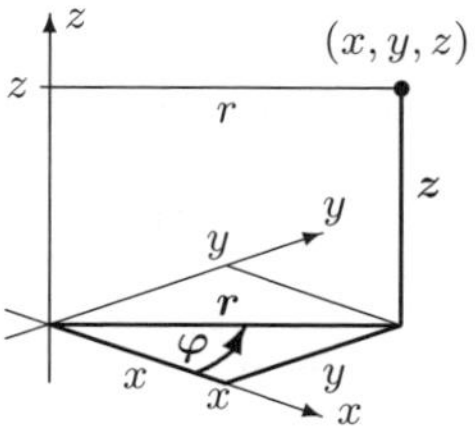

Kart. Koordinaten in Zylinderkoordinaten

$\boldsymbol{r, \varphi, z}$

$r = \sqrt{x^2 + y^2}$

$\tan\varphi = \dfrac{y}{x}$ Quadranten beachten!

$x = 0$ siehe [7.2 (c)]

$z = z$

7.4 *Die Zylinderkoordinaten von P sind $r = 2$, $\varphi = \frac{\pi}{6}$ und $z = 3$. Man berechne die kartesischen Koordinaten von P.*

$$x = r\cos\varphi = 2\cos\tfrac{\pi}{6} = 2 \cdot \tfrac{1}{2}\sqrt{3} = \underline{\sqrt{3}},$$
$$y = r\sin\varphi = 2\sin\tfrac{\pi}{6} = 2 \cdot \tfrac{1}{2} = \underline{1}, \qquad \text{, also } P = \underline{(\sqrt{3}, 1, 3)}.$$
$$z = z = \underline{3}.$$

7.5 *Berechne die Zylinderkoordinaten von $P = (1, -2, 2)$ und $Q = (0, 2, -2)$.*

Zu P: $r = \sqrt{x^2 + y^2} = \sqrt{1^2 + (-2)^2} = \underline{\sqrt{5}}$ $\tan\varphi = \frac{y}{x} = \frac{-2}{1} = -2$.
$(1, -2)$ liegt im 4. Quadr., also ist $\varphi \approx \underline{-63.43°}$, bzw. $\varphi \approx \underline{296.57°}$. $z = \underline{2}$.

Zu Q: $r = \underline{2}$ und $\varphi = \underline{\frac{\pi}{2}}$ ((0, 2, 0) liegt auf der pos. y-Achse), $z = \underline{-2}$.

Kugelkoordinaten $\boldsymbol{\rho, \theta, \varphi}$

Jeder Punkt $P = (x, y, z)$ des Raumes lässt sich eindeutig durch die Angabe seiner Kugelkoordinaten $\boldsymbol{\rho, \theta, \varphi}$ beschreiben.

$\boldsymbol{\rho}$ (rho) ist der Abstand des Punktes P vom Ursprung, es ist $\rho \geq 0$.

$\boldsymbol{\theta}$ (theta) ist der Winkel zwischen der z-Achse und dem Vektor (x, y, z), es ist $0 \leq \theta \leq \pi$.

$\boldsymbol{\varphi}$ (phi) ist der von den Polar– und Zylinderkoordinaten bekannte Winkel, es ist $0 \leq \varphi < 2\pi$.

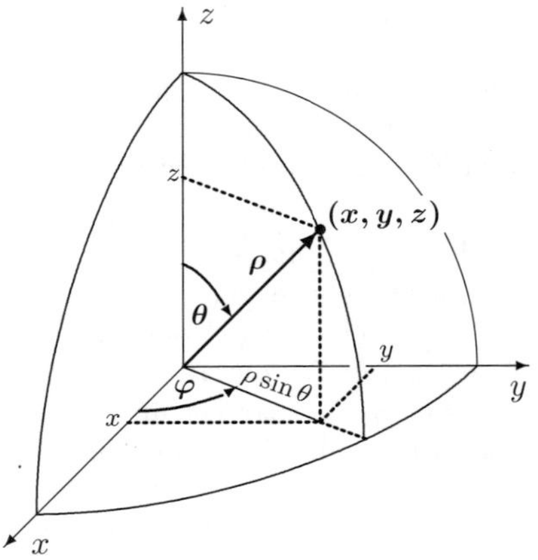

Beachte: Bei Kugelkoordinaten ist ρ der Abstand von P zum Nullpunkt, während bei Zylinderkoordinaten r der Abstand von P zum z-Achse ist. (Die Bezeichnungen ρ und r werden auch umgekehrt benutzt!)

Hinweis: Manchmal bezeichnet θ mit $-\pi/2 \leq \theta \leq \pi/2$ den Winkel (Breitenkreis) zwischen dem Vektor (x, y, z) und der (x, y)-Ebene (Äquatorebene), siehe [**HM**].
Ist ρ der Erdradius, so ähneln Kugelkoordinaten dann geographischen Koordinaten.

Umformung

kartesische Koord.

$\boldsymbol{x, y, z}$

$x = \rho \sin\theta \cos\varphi$
$y = \rho \sin\theta \sin\varphi$
$z = \rho \cos\theta$

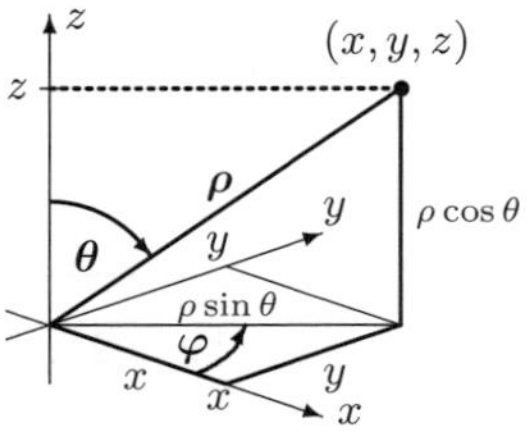

Kugelkoordinaten

$\boldsymbol{\rho, \theta, \varphi}$

$\rho = \sqrt{x^2 + y^2 + z^2}$

$\tan\theta = \dfrac{\sqrt{x^2+y^2}}{z}$

$\tan\varphi = \dfrac{y}{x}$ Quadranten beachten!

$z = 0 \implies \theta = 90°$
$x = 0$ wie üblich

Bei den folgenden Beispielen kann in Gradmaß (DEG) oder Bogenmaß (RAD) gerechnet werden (Taschenrechner einstellen!)

7.6 *Die Kugelkoordinaten von P sind $\rho = 2,\ \theta = 60°,\ \varphi = \frac{7}{6}\pi$.*
Man berechne die kartesischen Koordinaten von P.

$60° = \frac{\pi}{3},\ \frac{7}{6}\pi = 210°$. Es gilt $\cos 210° = -\cos 30°$ und $\sin 210° = -\sin 30°$.

$$x = \rho \sin\theta \cos\varphi = 2\sin 60° \cos 210° = 2 \cdot \tfrac{1}{2}\sqrt{3} \cdot (-\tfrac{1}{2}\sqrt{3}) = \underline{-\tfrac{3}{2}},$$
$$y = \rho \sin\theta \sin\varphi = 2\sin 60° \sin 210° = 2 \cdot \tfrac{1}{2}\sqrt{3} \cdot (-\tfrac{1}{2}) = \underline{-\tfrac{1}{2}\sqrt{3}},$$
$$z = \rho \cos\theta \qquad = 2\cos 60° = 2 \cdot \tfrac{1}{2} = \underline{1}, \text{ also } P = \underline{(-\tfrac{3}{2}, -\tfrac{1}{2}\sqrt{3}, 1)}.$$

7.7 *Man bestimme die Kugelkoordinaten von $P = (-1, 2, 2)$.*

$$\rho = x^2 + y^2 + z^2 = \sqrt{(-1)^2 + 2^2 + 2^2} = \sqrt{9} = \underline{3},$$

$$\tan\theta = \frac{\sqrt{x^2+y^2}}{z} = \underline{\frac{\sqrt{5}}{2}} \implies \theta \approx \underline{48.19°},$$

$$\tan\varphi = \frac{y}{x} = \frac{2}{-1} = -2 \quad \text{(2. Quadr., vgl. [7.2 (b)])} \implies \varphi \approx \underline{116.57°}.$$

7.8 *Die Kugelkoordinaten von P sind $\rho = 3,\ \theta = 120° = \frac{2}{3}\pi,\ \varphi = 240° = \frac{4}{3}\pi$. Man berechne die Zylinderkoordinaten und kartesischen Koordinaten.*

Hinweis: Aus Symmetriegründen gilt, siehe auch [**EM 2**]:

$$\sin 120° = \sin 60° = \tfrac{1}{2}\sqrt{3} \qquad \sin 240° = -\sin 60° = -\tfrac{1}{2}\sqrt{3}$$
$$\cos 120° = -\cos 60° = -\tfrac{1}{2} \qquad \cos 240° = -\cos 60° = -\tfrac{1}{2}\,.$$

(a) Wir berechnen zunächst die kartesischen Koordinaten:

$$x = \rho\sin\theta\cos\varphi = 3\sin 120°\cos 240° = 3\cdot\tfrac{1}{2}\sqrt{3}\cdot(-\tfrac{1}{2}) = \underline{-\tfrac{3}{4}\sqrt{3}}\,,$$
$$y = \rho\sin\theta\sin\varphi = 3\sin 120°\sin 240° = 3\cdot\tfrac{1}{2}\sqrt{3}\cdot(-\tfrac{1}{2}\sqrt{3}) = \underline{-\tfrac{9}{4}},$$
$$z = \rho\cos\theta = 3\cos 120° = 3\cdot(-\tfrac{1}{2}) = \underline{-\tfrac{3}{2}}, \quad \text{also} \quad P = \underline{(-\tfrac{3}{4}\sqrt{3}, -\tfrac{9}{4}, -\tfrac{3}{2})}.$$

Mittels der kartesischen Koordinaten erhält man die Zylinderkoordinaten, wie in [7.5]:

$$r = \sqrt{x^2+y^2} = \sqrt{(-\tfrac{3}{4}\sqrt{3})^2 + (-\tfrac{9}{4})^2} = \sqrt{\tfrac{108}{16}} = \sqrt{\tfrac{27}{4}} = \underline{\tfrac{3}{2}\sqrt{3}}\,,$$

$\varphi = 240°$ ist durch die Aufgabe gegeben, oder zur Übung:

$$\tan\varphi = \frac{y}{x} = \frac{-\frac{9}{4}}{-\frac{3}{4}\sqrt{3}} = \sqrt{3} \text{ (3. Quadrant)} \implies \varphi = \underline{240°},$$
$$z = z = \underline{-\tfrac{3}{2}}.$$

(b) Natürlich kann man die Zylinderkoordinaten auch direkt aus den Kugelkoordinaten berechnen (siehe Skizze in **Umformung**):

$$r = \rho\sin\theta = 3\sin 120° = 3\cdot\tfrac{1}{2}\sqrt{3} = \underline{\tfrac{3}{2}\sqrt{3}}\,,$$
$$\varphi = \underline{240°} \quad \text{ist gegeben,}$$
$$z = \rho\cos\theta = 3\cos 120° = 3(-\tfrac{1}{2}) = \underline{-\tfrac{3}{2}}.$$

7.9 *Die Zylinderkoordinaten von P sind $r = 4,\ \varphi = \frac{1}{4}\pi = 45°,\ z = 3$. Man berechne die Kugelkoordinaten $\rho,\ \theta,\ \varphi$ von P.*

$$\rho = \sqrt{r^2+z^2} = \sqrt{16+9} = \underline{5},$$
$$\tan\theta = \frac{r}{z} = \frac{4}{3} \implies \theta \approx \underline{53.13°},$$
$$\varphi = \frac{\pi}{4} = \underline{45°} \quad \text{ist gegeben.}$$

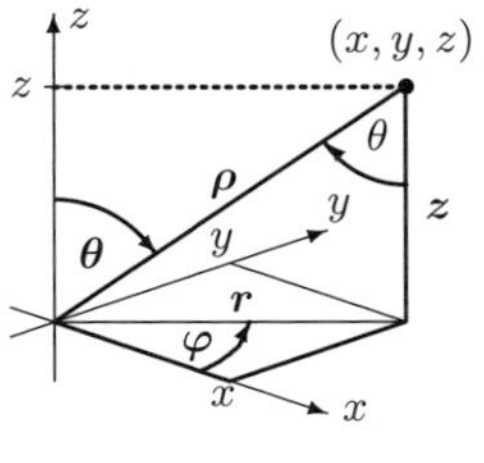

8 Geometrie

8.1 Winkel

Winkel werden in Grad (z.B. $\alpha = 30°$) oder im Bogenmaß gemessen.
Das **Bogenmaß** eines Winkels ist das Verhältnis des Kreisbogens dieses Winkels zum Radius des Kreises oder die Länge des zugehörigen Bogens am Einheitskreis. Das Bogenmaß b wird häufig mit Radiant (rad) bezeichnet; b ist eine reelle Zahl.

Umrechnung: Gradmaß – Bogenmaß

Es besteht folgender Zusammenhang zwischen dem

- **Winkel α** in Grad und dem
- **Bogenmaß b**.

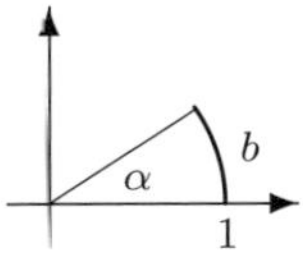

$$\boxed{\frac{\alpha}{180°} = \frac{b}{\pi}}$$

$$\alpha = \frac{b}{\pi} 180°\,, \quad b = 1 \implies \alpha = \frac{180°}{\pi} \approx 57.296°$$

$$b = \frac{\alpha}{180°}\pi\,, \quad \alpha = 1° \implies b = \frac{1°}{180°}\pi \approx 0.017$$

Benutzt man einen Taschenrechner, vergewissere man sich, ob er auf Winkel im Gradmaß (DEG) oder im Bogenmaß (RAD) eingestellt ist.

8.1

(a) *Für den Winkel α mit Bogenmaß $b = 2.5$ bestimme man das Gradmaß.*

(b) *Für die Winkel $\alpha = 30°$ bzw. $\alpha = 360°$ bestimme man das Bogenmaß.*

(a) $b = 2.5 \implies \alpha = \frac{180°}{\pi} b \approx \underline{143.24°}$

(b) $\alpha = 30° \implies b = \frac{\alpha}{180°}\pi = \frac{\pi}{6} \approx \underline{0.52}$

$\alpha = 360° \implies b = 2\pi \approx \underline{6.283}$

Der Umfang des Einheitskreises beträgt 2π.

Wichtige Zuordnungen zwischen Gradmaß und Bogenmaß:

Winkel in Grad	360°	270°	180°	90°	60°	45°	30°	1°	57.296°
Winkel im Bogenmaß	2π	$\frac{3}{2}\pi$	π	$\frac{\pi}{2}$	$\frac{\pi}{3}$	$\frac{\pi}{4}$	$\frac{\pi}{6}$	0.017	1

8.2 *Von einem Kreissektor mit Radius r, Länge des Kreisbogens l und Winkel α in Grad bzw. Bogenmaß b berechne man die fehlenden Größen.*

(a) Radius $r = 3$ und Winkel $\alpha = 70°$.
(b) Radius $r = 2$ und Länge des Kreisbogens $l = 4$.
(c) Winkel $\alpha = 30°$ und Länge des Kreisbogens $l = 5$.
(d) Winkel mit Bogenmaß $b = 2$ und Länge des Kreisbogens $l = 2$.

Für die Größen gilt: $\boxed{b = \frac{l}{r} = \frac{\alpha}{180°}\pi}$

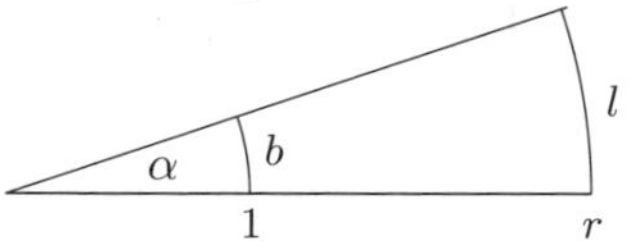

(a) $r = 3,\ \alpha = 70° \implies b = \frac{70°}{180°}\pi \approx \underline{1.22}$ und $l = rb \approx \underline{3.66}$.

(b) $r = 2,\ l = 4 \implies b = \frac{l}{r} = \underline{2}$ und $\alpha = \frac{b}{\pi}180° \approx \underline{114.59°}$.

(c) $\alpha = 30°,\ l = 5 \implies b = \frac{30°}{180°}\pi = \frac{\pi}{6} \approx \underline{0.52}$ und $r = \frac{l}{b} \approx \underline{9.55}$.

(d) $b = 2\,,\ l = 2 \implies r = \frac{l}{b} = \underline{1}$ und $\alpha = \frac{b}{\pi}180° \approx \underline{114.59°}$.

Nebenwinkel, Scheitelwinkel, Stufenwinkel, Wechselwinkel

Werden **Parallelen** von einer Geraden geschnitten, so sind je zwei der Winkel gleich oder ergänzen sich zu 180°.

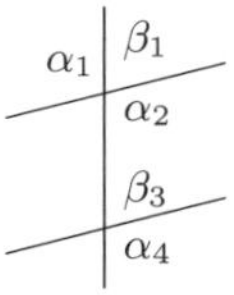

$\alpha_1 + \beta_1 = 180°$	**Nebenwinkel**
$\alpha_1 = \alpha_2$	**Scheitelwinkel**
$\beta_1 = \beta_3$	**Stufenwinkel**
$\alpha_1 = \alpha_4$	**Wechselwinkel**

8.3 *In der Skizze seien $\alpha = 110°$ und $\beta = 49°$. Man berechne die Winkel $\alpha_1, \ldots, \alpha_7$ und $\beta_1, \ldots, \beta_7$.*

$\alpha + \alpha_1 = 180°$ Nebenwinkel
$\alpha_1 = 180° - \alpha$
$\alpha_1 = 180° - 110° = \underline{70°}$

$\alpha_2 = \alpha_1 = 70°$ Scheitelwinkel
$\alpha_3 = \alpha = 110°$ Scheitelwinkel
$\alpha_4 = \alpha = 110°$ Stufenwinkel
$\alpha_5 = \alpha_1 = 70°$ Stufenwinkel
$\alpha_6 = \alpha_1 = 70°$ Wechselwinkel
$\alpha_7 = \alpha = 110°$ Wechselwinkel

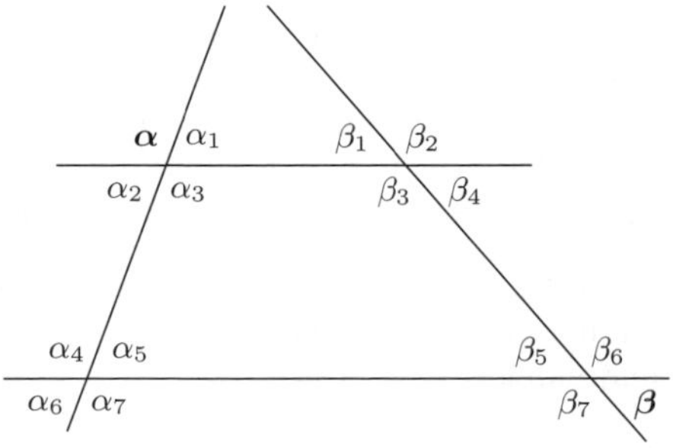

Ebenso erhält man $\beta = \beta_1 = \beta_4 = \beta_5 = \underline{49°}$ und $\beta_2 = \beta_3 = \beta_6 = \beta_7 = \underline{131°}$.

8.2 Grundkonstruktionen

Strecke halbieren, Mittelsenkrechte konstruieren [8.4]

Winkel halbieren, Winkelhalbierende konstruieren [8.5]

Senkrechte errichten [8.6]

Lot fällen [8.7]

Parallele ziehen [8.8]

8.4 *Man halbiere die Strecke $\overline{AB}$ und konstruiere die Mittelsenkrechte.*

Man schlägt jeweils um A und um B einen Kreis, dessen Radius etwas größer ist als der halbe Abstand von A und B, so dass die beiden Kreise zwei Schnittpunkte haben.

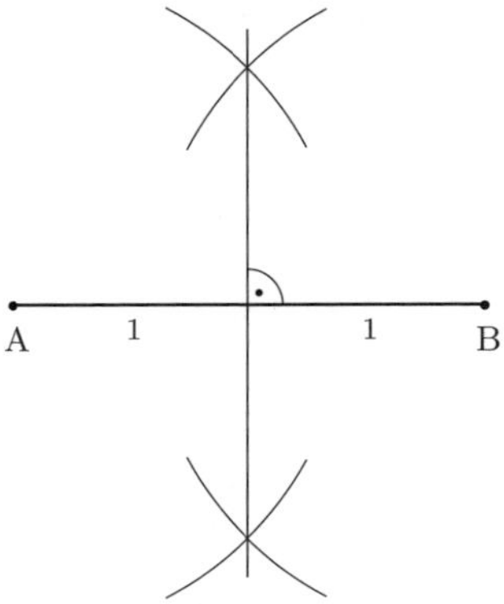

Die Gerade L (Lotgerade) durch die beiden Schnittpunkte

steht senkrecht auf der Geraden durch A und B,
halbiert die Strecke $\overline{AB}$,
ist die Mittelsenkrechte der Strecke $\overline{AB}$.

8.5 *Man halbiere den Winkel α und konstruiere die Winkelhalbierende.*

Man bestimmt auf den freien Schenkeln von α zwei Punkte A und B, die vom Scheitelpunkt S gleichen Abstand haben, indem man um S einen Kreis mit geeignetem Radius schlägt.
Man schlägt nun jeweils um A und um B einen Kreis mit gleichem Radius, so dass diese beiden Kreise zwei Schnittpunkte haben. Die Gerade durch den Scheitelpunkt S und durch einen dieser Schnittpunkte ist die gesuchte Winkelhalbierende.

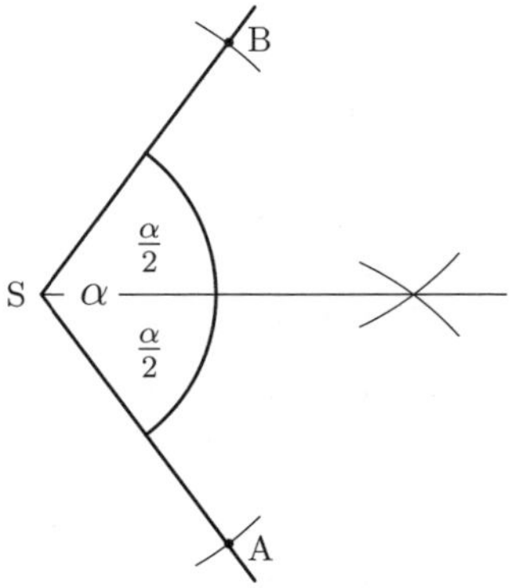

Nach der vorigen Aufgabe steht sie senkrecht auf der Geraden durch A und B und halbiert die Strecke $\overline{AB}$.

8.6 *Man konstruiere die Gerade L (Lotgerade), die eine gegebene Gerade G im Punkt P senkrecht schneidet.*

Man bestimmt auf der Geraden G zwei Punkte A und B, die von P gleichen Abstand haben, indem man um P einen Kreis mit beliebigem Radius schlägt.

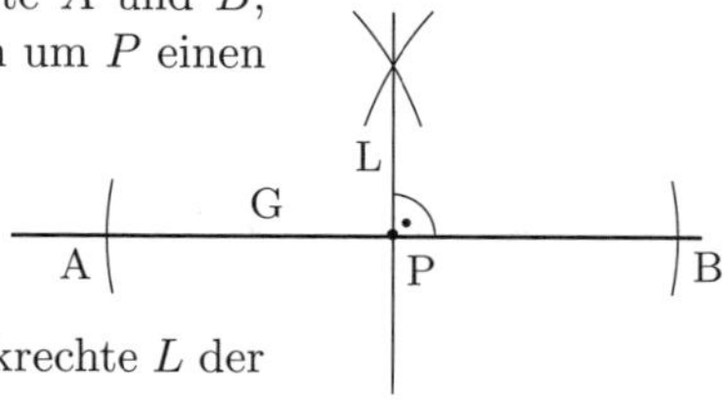

Wie in [8.4] konstruiert man nun die Mittelsenkrechte L der Strecke $\overline{AB}$. Diese ist die gesuchte Lotgerade (Orthogonale) L zu G im Punkt P.

8.7 *Man konstruiere die Lotgerade L vom Punkt P auf die Gerade G, sowie den Lotfußpunkt F.*

Man bestimmt auf der Geraden G zwei Punkte A und B, die von P gleichen Abstand haben, indem man um P einen Kreis mit geeignetem Radius schlägt.

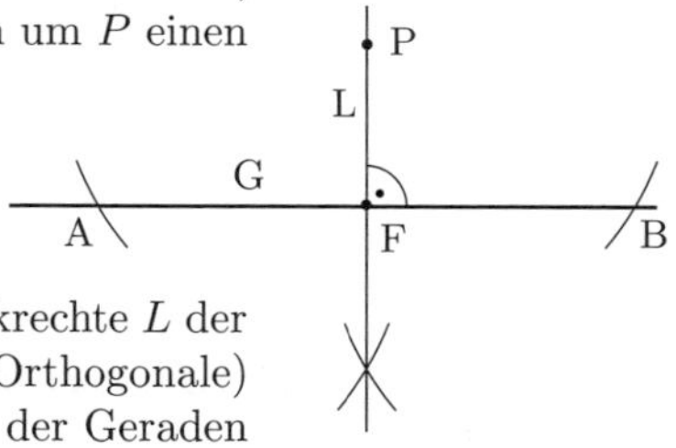

Wie in [8.4] konstruiert man nun die Mittelsenkrechte L der Strecke $\overline{AB}$. Diese ist die gesuchte Lotgerade (Orthogonale) L zu G durch den Punkt P. Der Schnittpunkt der Geraden L und G ist der Lotfußpunkt F.

8.8 *Man konstruiere die Parallele H zur Geraden G durch den Punkt P.*

Man bestimmt die Lotgerade L durch P auf G, siehe [8.7] und anschließend die Lotgerade H zu L durch P, siehe [8.6].

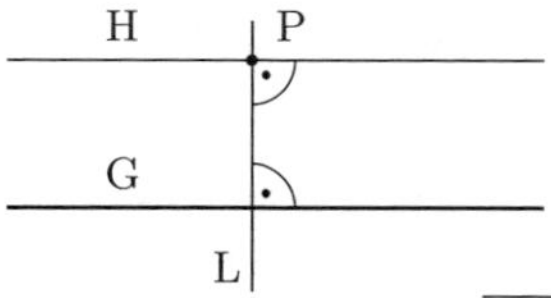

8.3 Strahlensatz

Strahlensatz

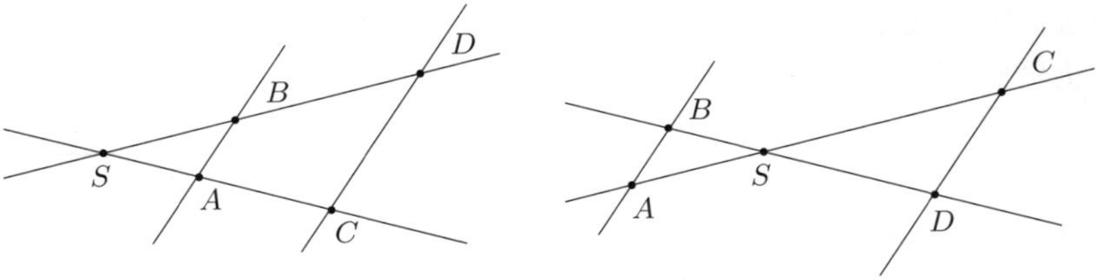

$$\overline{SA} : \overline{SC} \;=\; \overline{SB} : \overline{SD} \;=\; \overline{AB} : \overline{CD}$$

8.9 *Man berechne die fehlenden Seiten x und y.*

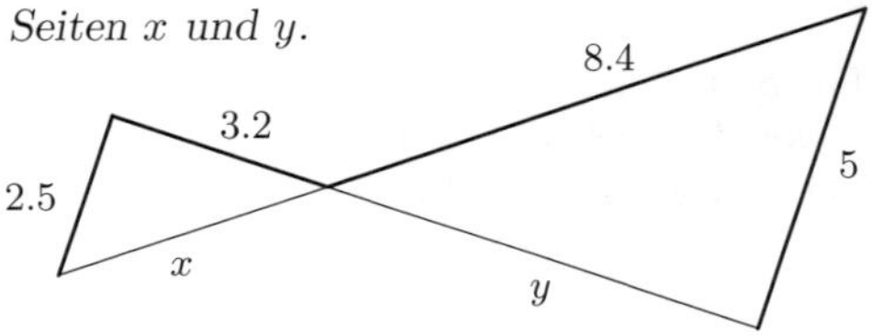

Mit dem Strahlensatz erhält man:

$$\frac{5}{2.5} = \frac{8.4}{x} \implies \underline{x = 4.2},$$

$$\frac{5}{2.5} = \frac{y}{3.2} \implies \underline{y = 6.4}.$$

8.10 *Ein senkrecht stehender Stab von 2 m Länge wirft einen 1.5 m langen Schatten. Der Schatten eines Mastes ist 4.5 m länger. Wie hoch ist Mast?*

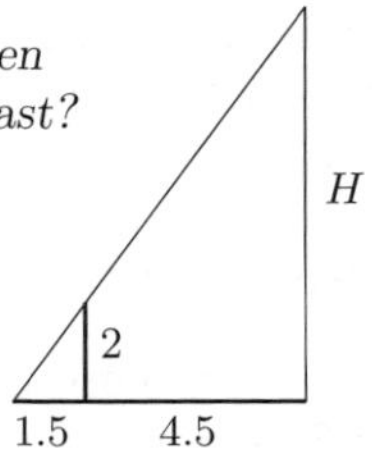

Für die Höhe H des Mastes in Metern gilt:

$$\frac{H}{2} = \frac{1.5+4.5}{1.5} = \frac{6}{1.5} \implies \underline{H = 8}.$$

Der Mast ist $\underline{8\,\text{m}}$ hoch.

8.11 *Bestimme die Breite B des Flusses nach den Angaben der Skizze. Die Längen sind in Metern angegeben.*

Für die Breite B gilt:

$$\frac{B+2}{4.5} = \frac{B+2+4}{6}$$

$$\iff \quad 6B + 6 \cdot 2 = 4.5B + 4.5 \cdot 6$$

$$\iff \quad 1.5B = 15 \iff \underline{B = 10}$$

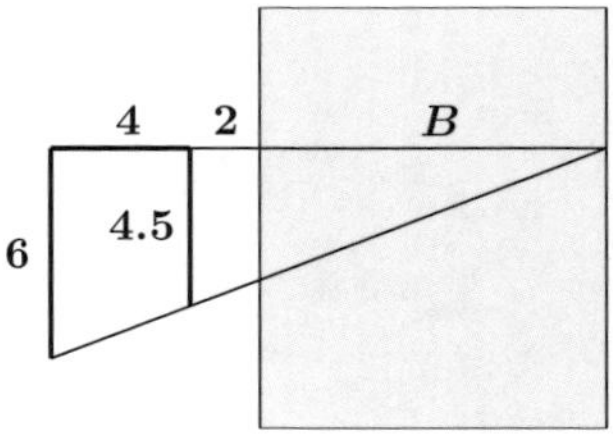

Der Fluss ist $\underline{10\,\text{m}}$ breit.

8.4 Teilung einer Strecke

Ein Punkt P auf einer Strecke $\overline{AB}$ teilt diese Strecke im **Teilungsverhältnis** $m : n$, wobei m, n positive Zahlen sind, falls gilt: $\dfrac{|\overline{AP}|}{|\overline{PB}|} = \dfrac{m}{n}$.

Mit Hilfe des Strahlensatzes lässt sich die Strecke $\overline{AB}$ in einem beliebigen Verhältnis $m : n$ teilen. Dazu legt man durch A den positiven Teil einer Zahlengerade, die nicht parallel zur Strecke $\overline{AB}$ ist, mit A als Nullpunkt und beliebiger Einheit. Man markiert nun auf dieser Zahlengeraden die Punkte X und Y mit $|\overline{AX}| = m$ und $|\overline{XY}| = n$, verbindet Y mit B und zieht eine Parallele zu $\overline{BY}$ durch X. Diese Parallele schneidet die Strecke $\overline{AB}$ im Punkt P,
der die Strecke $\overline{AB}$ im Verhältnis $m : n$ teilt.

Teilung der Strecke $\overline{AB}$ im Teilungsverhältnis $m : n$

$$\frac{|\overline{AP}|}{|\overline{PB}|} = \frac{m}{n}.$$

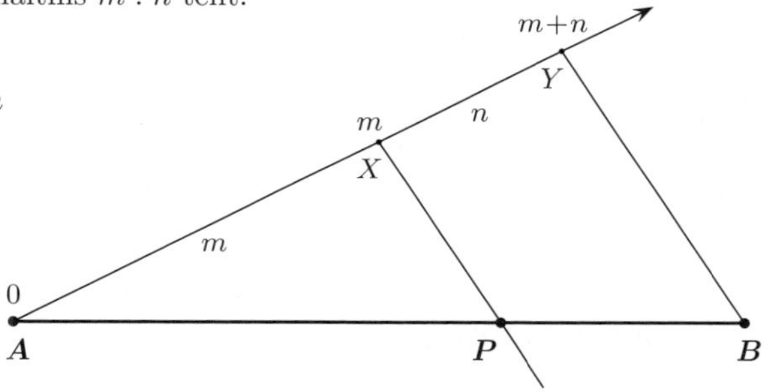

8.12 *Man teile eine Strecke $\overline{AB}$ im Teilungsverhältnis 3 : 5.*

Man zeichnet eine Strecke $\overline{AB}$, trägt eine Zahlengerade durch A an, und verfährt wie beschrieben:

$$\frac{|\overline{AP}|}{|\overline{PB}|} = \frac{3}{5}.$$

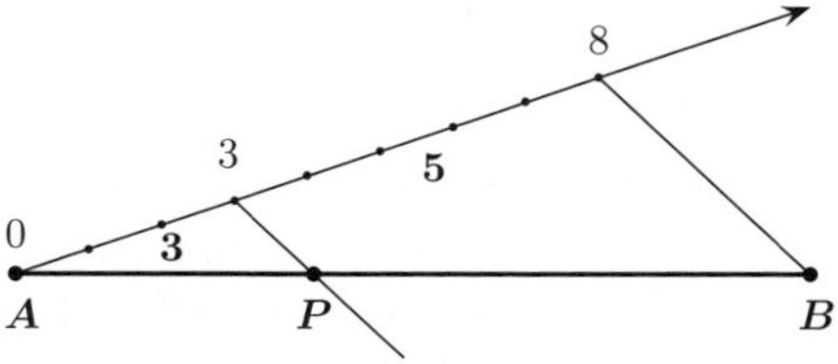

8.13 *Zu wieviel Prozent ist das Fass der Höhe H gefüllt?*

Man verlängert am Fassboden zu einer Zahlengeraden, trägt eine Skala an und zeichnet wie oben beschrieben 2 Parallelen, so dass der Strahlensatz anwendbar ist:

$$x = \frac{xH}{H} = \frac{0.7}{1} = 0.7 = 70\%.$$

Das Fass ist zu ca. 70 Prozent gefüllt.

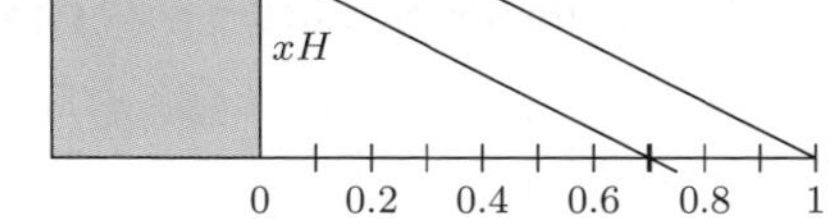

Goldener Schnitt

Eine Strecke $\overline{AB}$ ist im **goldenen Schnitt** geteilt, wenn sich die ganze Strecke zum größeren Abschnitt wie dieser zum kleineren Abschnitt verhält:

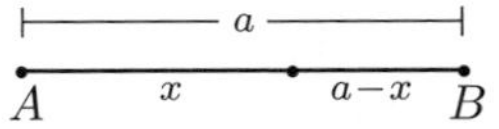

$$\frac{\text{ganze Strecke}}{\text{größerer Abschnitt}} = \frac{\text{größerer Abschnitt}}{\text{kleinerer Abschnitt}}$$

Teilungsverhältnis $\approx$ **61,8 % = 0.618**

goldener Schnitt: $\frac{a}{x} = \frac{x}{a-x}$

$$x = \frac{\sqrt{5}-1}{2}a \approx \mathbf{0.618}\,a$$

Konstruktionsmöglichkeit für den goldenen Schnitt

Trage an $\overline{AB}$ in B senkrecht die halbe Strecke $\overline{AB}$ an. Der Endpunkt sei C. Schlage um C einen Kreis mit $r = \frac{a}{2}$, der die Strecke $\overline{AC}$ in D trifft. Schlage dann um A einen Kreis durch D. Der Schnittpunkt dieses Kreises mit $\overline{AB}$ teilt $\overline{AB}$ im Verhältnis des goldenen Schnitts.

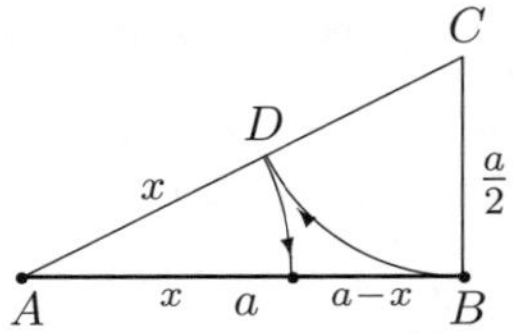

8.14 *Man zeige, dass die angegebene Konstruktion die Strecke $\overline{AB}$ im Verhältnis des goldenen Schnitts teilt.*

Es ist $\overline{AC}^2 = a^2 + (\frac{a}{2})^2$ (Pythagoras)

$\Longrightarrow$ $\overline{AC} = \sqrt{\frac{5}{4}a^2} = \frac{1}{2}\sqrt{5}\,a\,.$

Also gilt $x = \overline{AD} = \frac{1}{2}\sqrt{5}\,a - \frac{a}{2} = \frac{\sqrt{5}-1}{2}a.$

8.15 *Ein Rechteck habe die Breite x und die Höhe 1. Man bestimme x so, dass*

(a) *das Rechteck nach dem goldenen Schnitt aufgebaut ist.*

(b) *das Verhältnis Breite zu Höhe dem einer DIN A4 Seite entspricht. Faltet man eine DIN A4 Seite in der Mitte des größeren Randes, so bleibt das Verhältnis von kleinerer zu größerer Seite erhalten.*

(a) Nach dem goldenen Schnitt gilt $\underline{x = 0.62}$.

(b) Faltet man eine DIN A4 Seite, erhält man eine DIN A5 Seite.

Das Verhältnis bleibt erhalten, also

$$\frac{1}{x} = \frac{x}{\frac{1}{2}} \iff x^2 = \frac{1}{2} \Longrightarrow \underline{x = \frac{1}{2}\sqrt{2} \approx 0.71.}$$

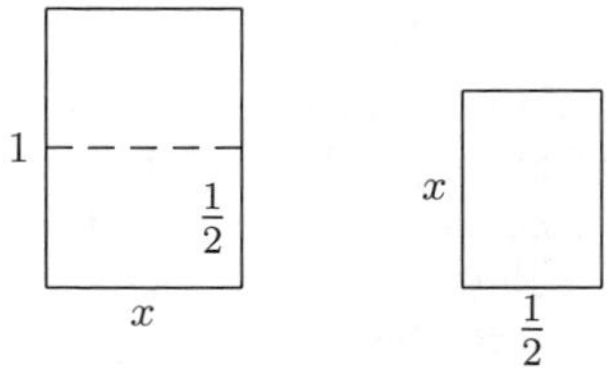

goldener Schnitt

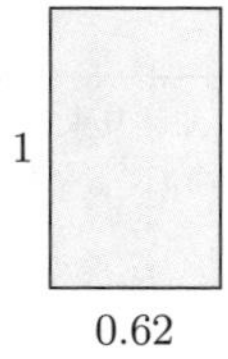

DIN A4 Format

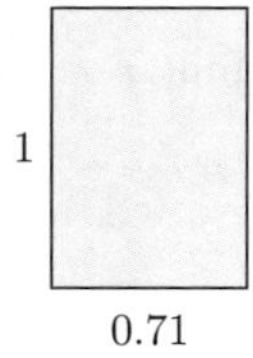

DIN 4=210 mm x 297 mm (Deutsches Briefformat)

8.5 Dreieck

Dreiecksformen

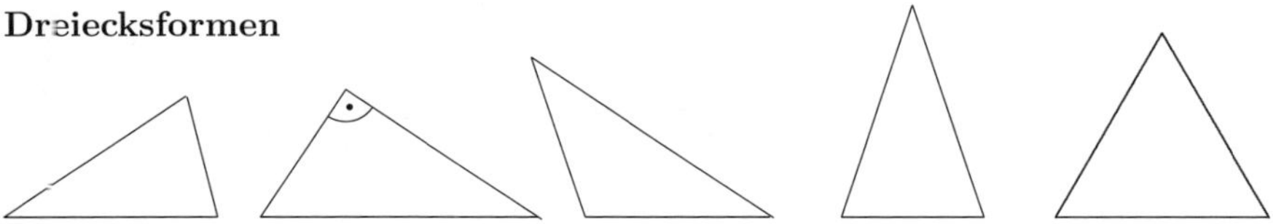

spitzwinklig rechtwinklig stumpfwinklig gleichschenklig gleichseitig

allgemeines Dreieck

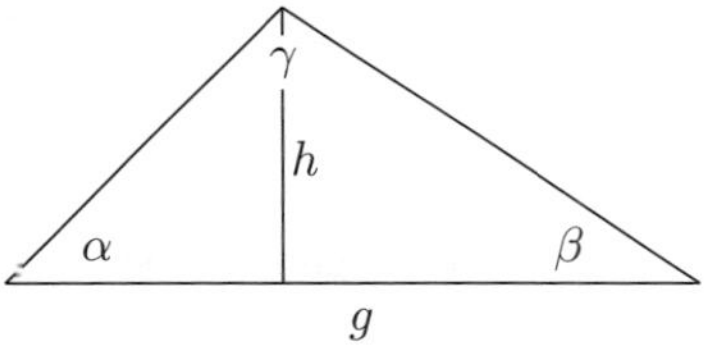

$$\text{Winkelsumme} = \alpha + \beta + \gamma = 180°,$$

$$\text{Fläche} \quad F = \frac{1}{2}\, g\, h.$$

8.16 *Man leite obige Formeln für das allgemeine Dreieck her.*

(a) Winkelsumme:

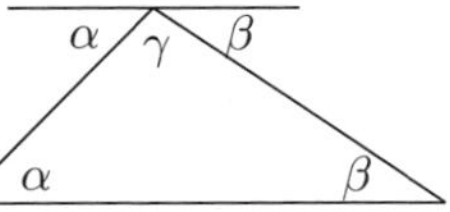

Wechselwinkel sind gleich!

Man sieht: $\underline{\alpha + \gamma + \beta = 180°}$.

(b) Fläche:

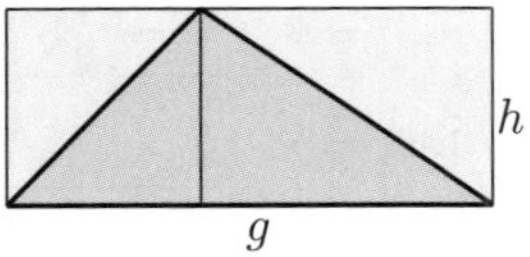

Man sieht:

$$\text{Dreiecksfläche} \quad F = \frac{1}{2}\ \text{Rechtecksfläche},$$

$$\underline{F = \frac{1}{2}\, g\, h}.$$

gleichschenkliges Dreieck

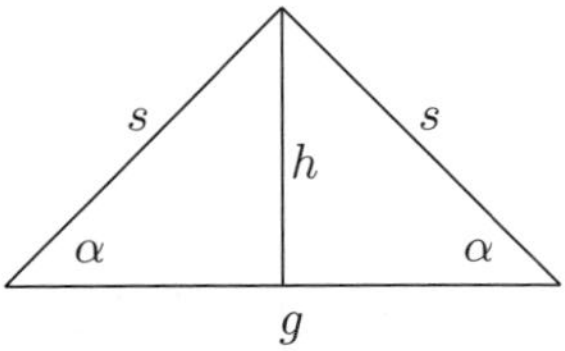

$$h = \sqrt{s^2 - \tfrac{1}{4}g^2} = s \sin\alpha,$$

$$F = \frac{1}{2}\, g\, h = \frac{1}{2}\, g \sqrt{s^2 - \tfrac{1}{4}g^2} = \frac{1}{2}\, g\, s \sin\alpha.$$

8.17 *Man leite obige Formeln für das gleichschenklige Dreieck her.*

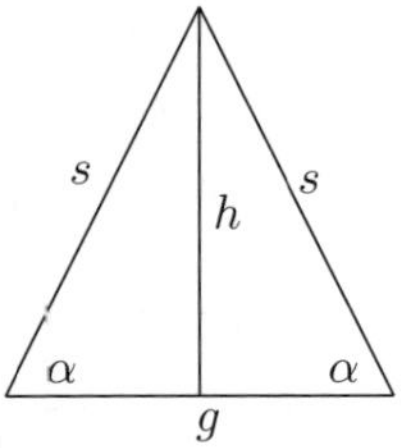

$$h^2 + (\tfrac{1}{2}g)^2 = s^2 \qquad \text{Pythagoras}$$

$$\Longrightarrow \; h^2 = s^2 - \tfrac{1}{4}g^2 \Longrightarrow \underline{h = \sqrt{s^2 - \tfrac{1}{4}g^2}},$$

$$\sin\alpha = \frac{h}{s} \Longrightarrow \underline{h = s\sin\alpha},$$

$$\Longrightarrow \; F = \tfrac{1}{2}\,g\,h = \underline{\tfrac{1}{2}g\sqrt{s^2 - \tfrac{1}{4}g^2}} = \underline{\tfrac{1}{2}gs\sin\alpha}.$$

gleichseitiges Dreieck

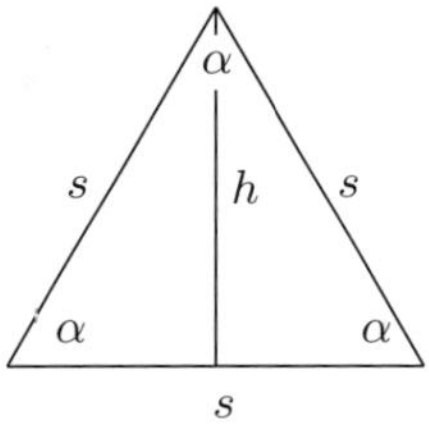

$$\alpha = 60^\circ,$$

$$h = \tfrac{1}{2}\sqrt{3}\,s,$$

$$F = \tfrac{1}{4}\sqrt{3}\,s^2.$$

Im gleichseitigen Dreieck sind alle drei Winkel und alle drei Seiten gleich!

8.18 *Man leite obige Formeln für das gleichseitige Dreieck her.*

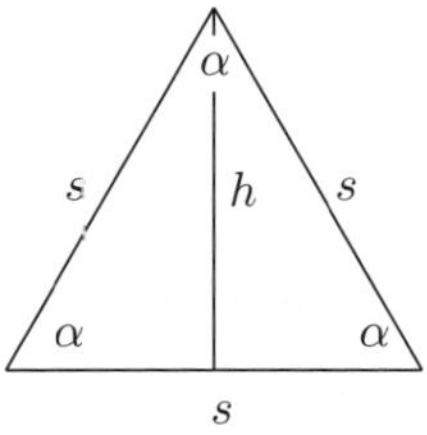

$$3\alpha = 180^\circ \qquad \Longrightarrow \quad \underline{\alpha = 60^\circ},$$

$$h = \sqrt{s^2 - \tfrac{1}{4}s^2} \qquad \Longrightarrow \quad \underline{h = \tfrac{1}{2}\sqrt{3}\,s}.$$

$$F = \tfrac{1}{2}\,g\,h = \tfrac{1}{2}\,s\tfrac{1}{2}\sqrt{3}\,s \qquad \Longrightarrow \quad \underline{F = \tfrac{1}{4}\sqrt{3}\,s^2}.$$

8.19 *Man zeige: Ist ein Dreieck gleichschenklig und ist ein Winkel* 60°*, so sind alle Winkel* 60° *und das Dreieck ist gleichseitig.*

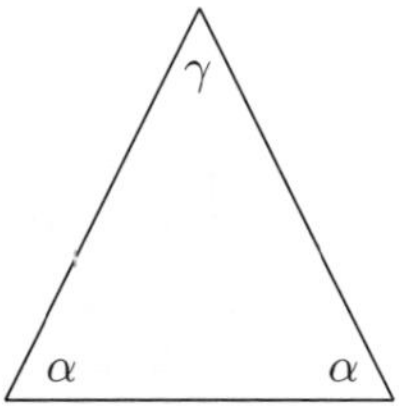

Zwei Fälle sind zu unterscheiden:

$\alpha = 60^\circ \Longrightarrow 2\cdot 60^\circ + \gamma = 180^\circ \Longrightarrow \underline{\gamma = 60^\circ}$,

$\gamma = 60^\circ \Longrightarrow 2\alpha + 60^\circ = 180^\circ \Longrightarrow \underline{\alpha = 60^\circ}$.

Alle Winkel sind also 60°. Das Dreieck ist gleichseitig.

Wichtige Punkte im Dreieck

Die Höhen schneiden sich in einem Punkt.

Die Seitenhalbierenden schneiden sich in einem Punkt (Schwerpunkt).

Die Mittelsenkrechten schneiden sich in einem Punkt (Mittelpunkt des Umkreises).

Die Winkelhalbierenden schneiden sich in einem Punkt (Mittelpunkt des Inkreises).

8.20 *Gegeben sei das Dreieck*
mit den Eckpunkten $A = (0,0),\ B = (10.5,0),\ C = (2.1,8.4)$.
Man konstruiere den
Schnittpunkt der Höhen $= H$,
Schnittpunkt der Seitenhalbierenden $= S$ $=$ *Schwerpunkt,*
Schnittpunkt der Mittelsenkrechten $= M$ $=$ *Mittelpunkt des Umkreises,*
sowie die Eulersche Gerade.

Hinweis:
S teilt jede Seitenhalbierende im Verhältnis 2 : 1.
S teilt die Strecke $\overline{HM}$ im Verhältnis 2 : 1.
H, S, M liegen auf einer Geraden (**Eulersche Gerade**).

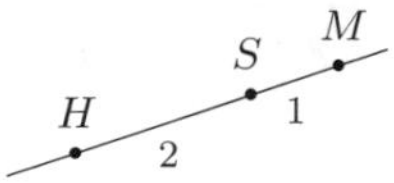

Natürlich kann man mit den Grundaufgaben alle Schnittpunkte und die Eulersche Gerade konstruieren.

Einfacher konstruiert man zwei Seitenmittelpunkte [8.4], die beiden Seitenhalbierenden und ihren Schnittpunkt S, sowie zwei Mittelsenkrechte [8.6] und ihren Schnittpunkt M. Dadurch ist dann die Eulersche Gerade gegeben,

und auf ihr liegt der Höhenschnittpunkt H:
Verlängere die Strecke $\overline{MS}$ über S hinaus um das 2-fache oder konstruiere eine Höhe [8.7] und schneide diese mit der Eulerschen Geraden.
Natürlich gibt es weitere Möglichkeiten.

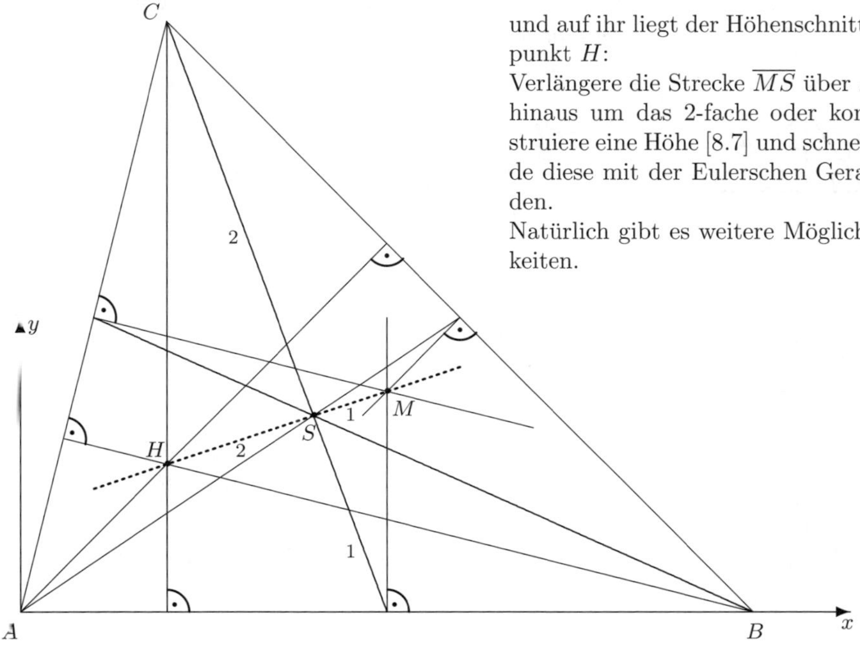

8.6 Rechtwinklige Dreiecke

In einem rechtwinkligen Dreieck heißen die am rechten Winkel anliegenden Seiten a und b **Katheten**, c heißt **Hypotenuse**.

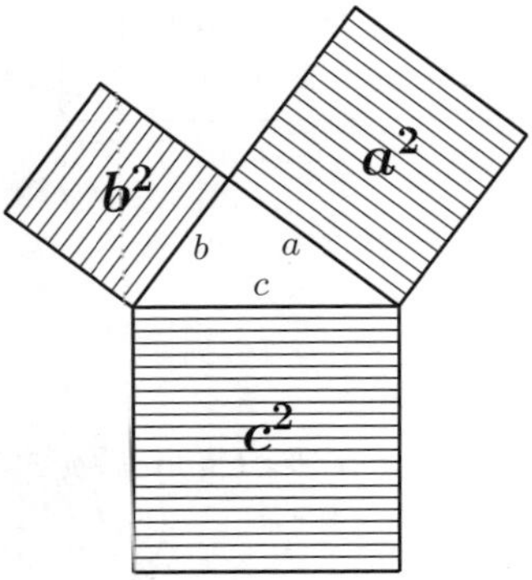

Satz des Pythagoras
$$a^2 + b^2 = c^2$$

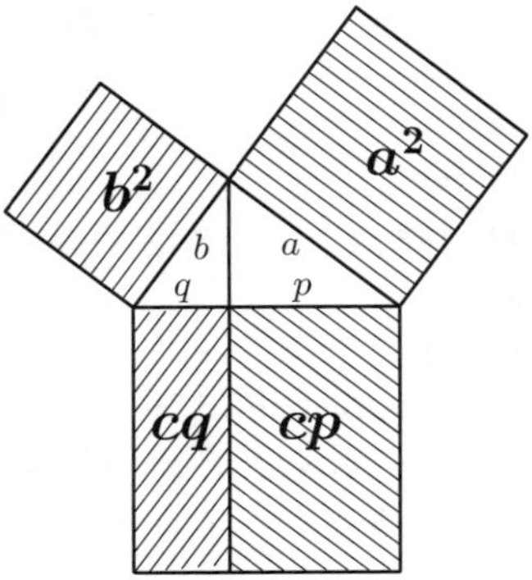

Kathetensatz
$$a^2 = cp \;,\quad b^2 = cq$$

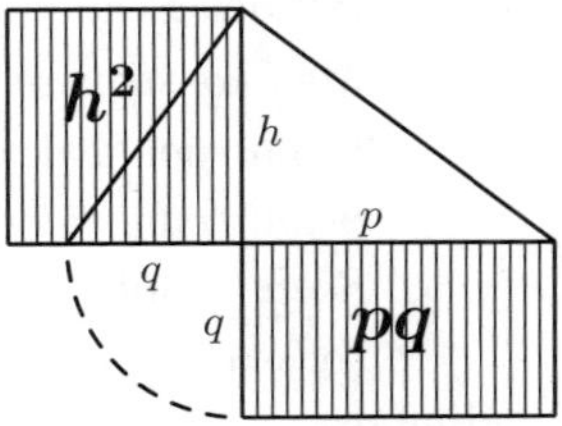

Höhensatz des Euklid
$$h^2 = pq$$

Sind in einem rechtwinkligen Dreieck mit $\gamma = 90°$ von den sechs Größen a, b, c, h, p, q zwei bekannt, lassen sich die restlichen vier mit diesen Sätzen berechnen.

8.21 *Im rechtwinkligen Dreieck mit $\gamma = 90°$ sind gegeben*

(a) $a = 8,\ b = 6.$	(b) $a = 8,\ c = 10.$	(c) $a = 5,\ h = 3.$
(d) $a = 5,\ p = 3.$	(e) $p = 1,\ q = 4.$	(f) $p = 1,\ c = 5.$
(g) $p = 3,\ h = 4.$	(h) $a = 3,\ q = \frac{16}{5}.$	(i) $c = 10,\ h = 4.$

Man berechne jeweils die fehlenden vier Größen.

(a) $a = 8,\ b = 6$

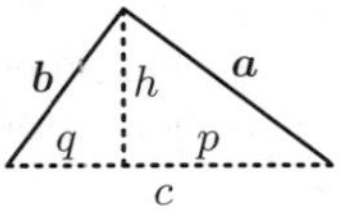

$c = \sqrt{a^2 + b^2} = \sqrt{64 + 36} = \underline{10}$ [Pythagoras],

$p = \frac{a^2}{c} = \frac{64}{10} = \frac{32}{5} = \underline{6.4}$ [Kathetensatz],

$q = \frac{b^2}{c} = \frac{36}{10} = \frac{18}{5} = \underline{3.6}$ [Kathetensatz],

$h = \sqrt{pq} = \sqrt{\frac{32}{5} \cdot \frac{18}{5}} = \frac{24}{5} = \underline{4.8}$ [Höhensatz].

(b) $a = 8,\ c = 10$

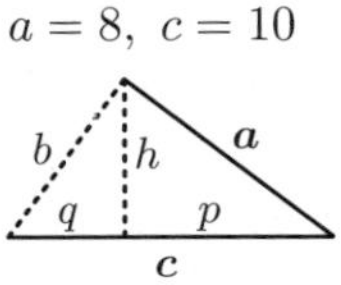

$b = \sqrt{c^2 - a^2} = \sqrt{100 - 64} = \underline{6}$ [Pythagoras],

Nun weiter wie in (a):

$p = \underline{6.4},\ q = \underline{3.6},\ h = \underline{4.8}.$

(c) $a = 5,\ h = 3$

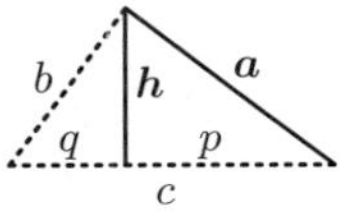

$p = \sqrt{a^2 - h^2} = \sqrt{5^2 - 3^2} = \underline{4}$ [Pythagoras],

$q = \frac{h^2}{p} = \frac{9}{4} = \underline{2.25}$ [Kathetensatz],

$c = p + q = 4 + 2.25 = \underline{6.25}$

$b = \sqrt{c^2 - a^2} = \sqrt{6.25^2 - 5^2} = \underline{3.75}$ [Pythagoras].

(d) $a = 5,\ p = 3$

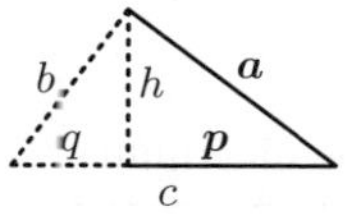

$h = \sqrt{a^2 - p^2} = \sqrt{5^2 - 3^2} = \underline{4}$ [Pythagoras],

$q = \frac{h^2}{p} = \frac{16}{3} = \underline{5.\overline{3}}$ [Kathetensatz],

$c = p + q = 3 + 5.\overline{3} = \underline{8.\overline{3}}$

$b = \sqrt{c^2 - a^2} = \sqrt{8.\overline{3}^2 - 25} = \underline{6.\overline{6}}$ [Pythagoras].

(e) $p = 1,\ q = 4$

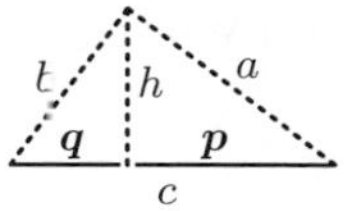

$c = p + q = 1 + 4 = \underline{5}$

$h = \sqrt{pq} = \underline{2}$ [Kathetensatz]

$a = \sqrt{p^2 + h^2} = \underline{\sqrt{5}}$ [Pythagoras],

$b = \sqrt{q^2 + h^2} = \sqrt{20} = \underline{2\sqrt{5}}$ [Pythagoras].

(f) $p = 1,\ c = 5$

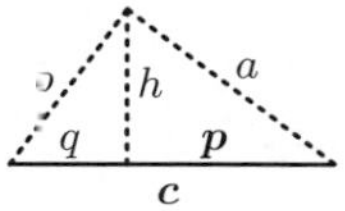

$q = c - p = \underline{4}$,

nun weiter wie (e):

$h = \underline{2},\ a = \underline{\sqrt{5}},\ b = \underline{2\sqrt{5}}$.

(g) $p = 3,\ h = 4$

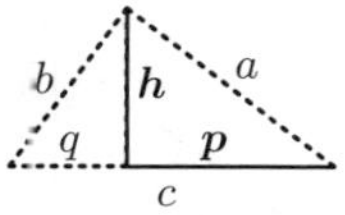

$a = \sqrt{h^2 + p^2} = \underline{5}$ [Pythagoras],

$q = \frac{h^2}{p} = \frac{16}{3} = \underline{5.\overline{3}}$ [Kathetensatz],

$c = p + q = 3 + 5.\overline{3} = \underline{8.\overline{3}}$

$b = \sqrt{c^2 - a^2} = \sqrt{8.\overline{3}^2 - 25} = \underline{6.\overline{6}}$ [Pythagoras].

(h) $c = 3,\ q = \frac{16}{5}$

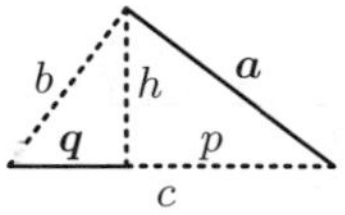

Zunächst berechnet man p und verwendet dabei $c = p + q$:
$a^2 = cp = (p+q)p = p^2 + \frac{16}{5}p$ [Kathetensatz], also $p^2 + \frac{16}{5}p = 9$.
Aus dieser quadratischen Gleichung berechnet man p:
$p_{1,2} = -\frac{8}{5} \pm \sqrt{\frac{64}{25} + 9} = -\frac{8}{5} \pm \sqrt{\frac{289}{25}} = -\frac{8}{5} \pm \frac{17}{5}$.
Da p nicht negativ ist, folgt $p = -\frac{8}{5} + \frac{17}{5} = \frac{9}{5} = \underline{1.8}$ und
$c = p + q = \frac{9}{5} + \frac{16}{5} = \underline{5}$ und $b = \sqrt{c^2 - a^2} = \sqrt{5^2 - 3^2} = \underline{4}$.

(i) $c = 10,\ h = 4$

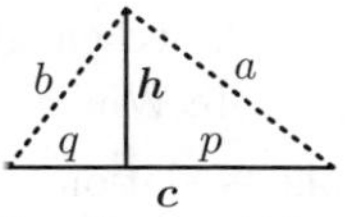

Zunächst berechnet man p und verwendet dabei $q = c - p$:
$h^2 = pq = p(c - p)$ [Höhensatz], also $p^2 - 10p + 16 = 0$.
Aus dieser quadratischen Gleichung berechnet man p:
$p_{1,2} = 5 \pm \sqrt{25 - 16} = 5 \pm 3$, also $p_1 = \underline{8}$ und $p_2 = \underline{2}$.

Es gibt zwei Lösungen:

(1) $p_1 = 8$, dann ist $q_1 = c - p_1 = 2$ und
$a_1 = \sqrt{p_1^2 + h^2} = \sqrt{80} = \underline{4\sqrt{5}},\ b_1 = \sqrt{q_1^2 + h^2} = \sqrt{20} = \underline{2\sqrt{5}}$,

(2) $p_2 = 2$, dann ist $q_2 = c - p_2 = 8$ und
$a_2 = \sqrt{p_2^2 + h^2} = \sqrt{20} = \underline{2\sqrt{5}},\ b_2 = \sqrt{q_2^2 + h^2} = \sqrt{80} = \underline{4\sqrt{5}}$.

8.7 Ähnlichkeitssätze

Zwei Dreiecke heißen ähnlich, wenn sie in allen drei Winkeln übereinstimmen.

> Zwei Dreiecke sind **ähnlich**, wenn sie übereinstimmen
>
> (1) in drei Seitenverhältnissen,
>
> oder (2) im Verhältnis zweier Seiten und dem eingeschlossenen Winkel,
>
> oder (3) in zwei Winkeln,
>
> oder (4) im Verhältnis zweier Seiten und dem Gegenwinkel der größeren Seite.

8.22 *Untersuche die Dreiecke $\mathcal{A}, \mathcal{B}, \mathcal{C}, \mathcal{D}, \mathcal{E}$ auf Ähnlichkeit:*

$\mathcal{A}$: $a = 3,\ b = 4,\ c = 5,$ $\mathcal{D}$: $\alpha = 64°,\ \beta = 64°,$

$\mathcal{B}$: $a = 10,\ c = 6,\ \alpha = 90°,$ $\mathcal{E}$: $\alpha = 64°,\ \beta = 52°.$

$\mathcal{C}$: $a = 9,\ c = 12,\ \beta = 90°.$

Das Dreieck $\mathcal{A}$ ist rechtwinklig, denn $3^2 + 4^2 = 5^2$. Die Dreiecke $\mathcal{A}, \mathcal{B}, \mathcal{C}$ sind also rechtwinklig.

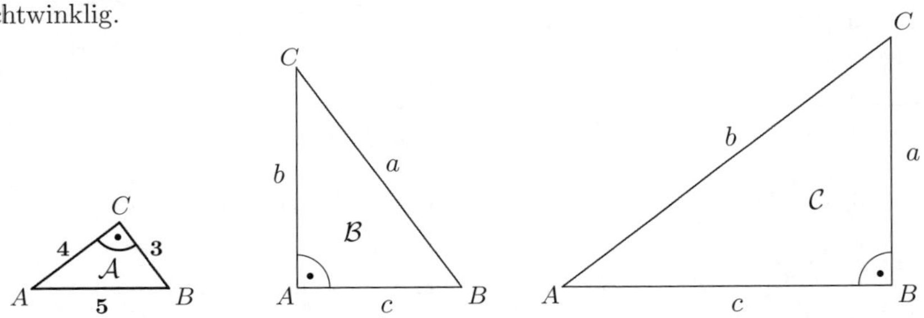

$\mathcal{A}$ hat die Katheten a, b und die Hypotenuse c.
$\mathcal{B}$ hat die Katheten b, c und die Hypotenuse a.
$\mathcal{C}$ hat die Katheten a, c und die Hypotenuse b (siehe Skizzen).

$\mathcal{A}$ ähnlich $\mathcal{B}$ gilt nach (4), da $\frac{3}{5} = \frac{6}{10}$ und der Gegenwinkel der größeren Seite (Hypotenuse) jeweils der rechte Winkel ist.

$\mathcal{A}$ ähnlich $\mathcal{C}$ gilt nach (2). Das Seitenverhältnis der Katheten in den Dreiecken ist gleich, $\frac{3}{4} = \frac{9}{12}$. Ferner ist der eingeschlossene Winkel jeweils der rechte Winkel.

Aus $\mathcal{A}$ ähnlich $\mathcal{B}$ und $\mathcal{A}$ ähnlich $\mathcal{C}$ folgt $\mathcal{B}$ ähnlich $\mathcal{C}$ (die Ähnlichkeitsrelation ist *symmetrisch* und *transitiv*).

Die Dreiecke $\mathcal{D}, \mathcal{E}$ sind nicht rechtwinklig, also nicht zu $\mathcal{A}, \mathcal{B}, \mathcal{C}$ ähnlich.
$\mathcal{D}$ hat den dritten Winkel $\gamma = 52°$, $\mathcal{E}$ hat den dritten Winkel $\gamma = 64°$, da $64° + 64° + 52° = 180°$. Also sind sie ähnlich, da sie in allen drei Winkeln übereinstimmen.

8.23 *Begründe, warum in nebenstehender Skizze alle auftretenden Dreiecke ähnlich sind.*

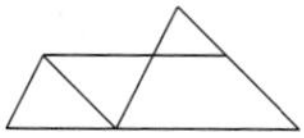

Scheitelwinkel  Stufenwinkel  Wechselwinkel  sind gleich.

Man sieht: Alle Dreiecke stimmen in zwei Winkeln überein, sind also ähnlich.

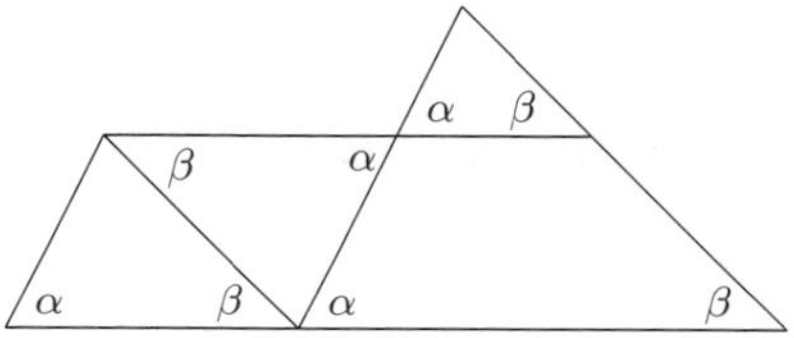

8.8 Dreieckskonstruktionen

Die **Kongruenz** von zwei ebenen geometrischen Figuren macht man sich am besten anschaulich klar. Wenn man nach dem Ausschneiden einer dieser Figuren aus Papier diese deckungsgleich auf die andere legen kann, dann sind die Figuren kongruent.

Kongruenzsätze

Zwei Dreiecke sind **kongruent**, wenn sie übereinstimmen in:	Symbol	Dreiecks-Konstruktion	Berechnung der fehlenden Seiten/Winkel
(1) drei Seiten	**(sss)**	[8.24]	**Kosinussatz** [8.29]
(2) zwei Seiten und dem eingeschlossenen Winkel	**(sws)**	[8.25]	**Kosinussatz** [8.30]
(3) einer Seite und zwei Winkeln	**(wsw)** **(sww)**	[8.26]	**Sinussatz** [8.31]
(4) zwei Seiten und dem Gegenwinkel der größeren Seite [1)]	**(SsW)**	[8.27]	**Sinussatz** [8.32]

[1)] Ist der Gegenwinkel der kleineren Seite gegeben, gibt es zwei, ein oder kein Dreieck mit diesen Vorgaben [8.28].

In diesen vier Fällen lässt sich ein Dreieck aus den gegebenen Größen eindeutig konstruieren [8.24 – 8.27]. Die fehlenden Seiten bzw. Winkel lassen sich berechnen [8.29 – 8.32].

8.24 *Konstruiere ein Dreieck aus* $a = 3.8,\ b = 2.4,\ c = 4.3$ **(sss)**.

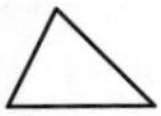

(sss)

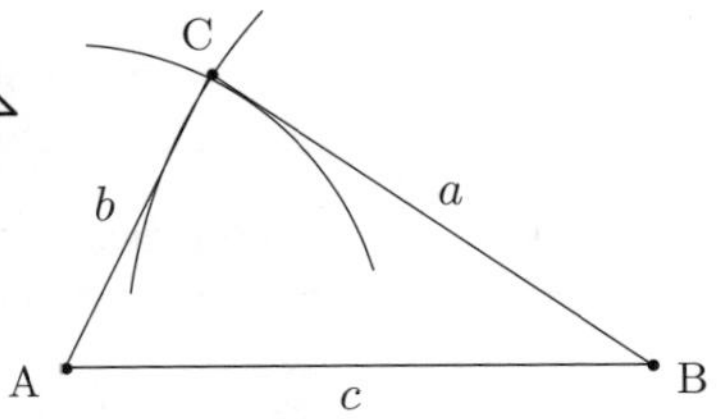

Zeichne die Strecke $\overline{AB}$ der Länge $c = 4.3$.

Der Punkt C liegt

1.) auf dem Kreis um A mit Radius $b = 2.4$,
2.) auf dem Kreis um B mit Radius $a = 3.8$.

8.25 *Konstruiere ein Dreieck aus* $b = 3.75,\ \alpha = 45°,\ c = 3.5$ **(sws)**.

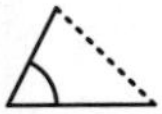

(sws)

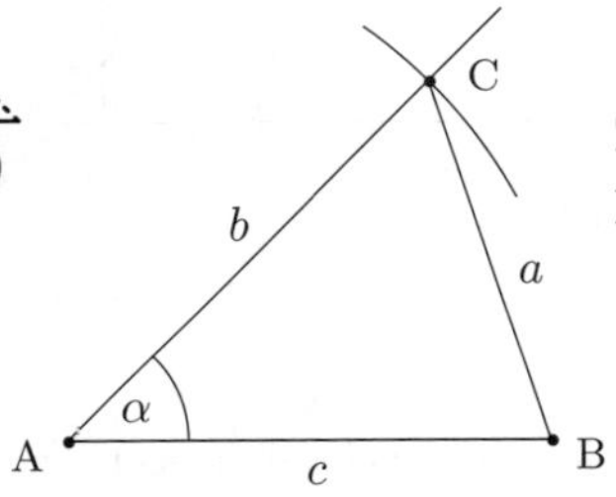

Zeichne die Strecke $\overline{AB}$ der Länge $c = 3.5$.

Der Punkt C liegt

1.) auf dem freien Schenkel des Winkels $\alpha = 45°$, angetragen an die Strecke $\overline{AB}$ im Punkt A,
2.) auf dem Kreis um A mit Radius $b = 3.75$.

8.26 *Konstruiere ein Dreieck aus* $\alpha = 71.6°,\ c = 3.5,\ \beta = 45°$ **(wsw)**.

(wsw)

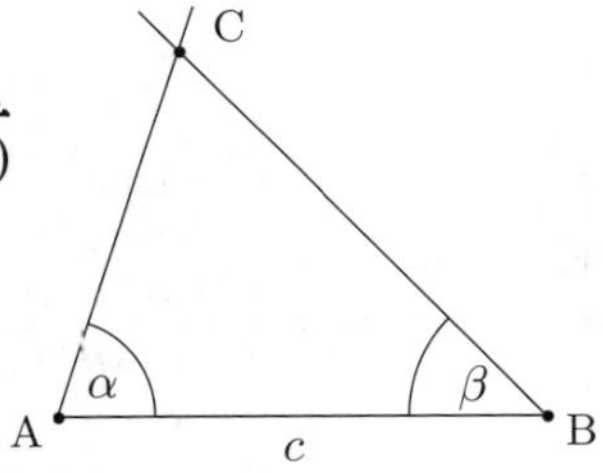

Zeichne die Strecke $\overline{AB}$ der Länge $c = 3.5$.

Der Punkt C liegt

1.) auf dem freien Schenkel des Winkels $\alpha = 71.6°$, angetragen an die Strecke $\overline{AB}$ im Punkt A,
2.) auf dem freien Schenkel des Winkels $\beta = 45°$, angetragen an die Strecke $\overline{AB}$ im Punkt B.

8.27 *Konstruiere ein Dreieck aus* $a = 3.8,\ b = 2.4,\ \alpha = 64.4°$ **(SsW)**.
Gegenwinkel der größeren Seite, eindeutige Lösung:

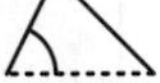

(SsW)

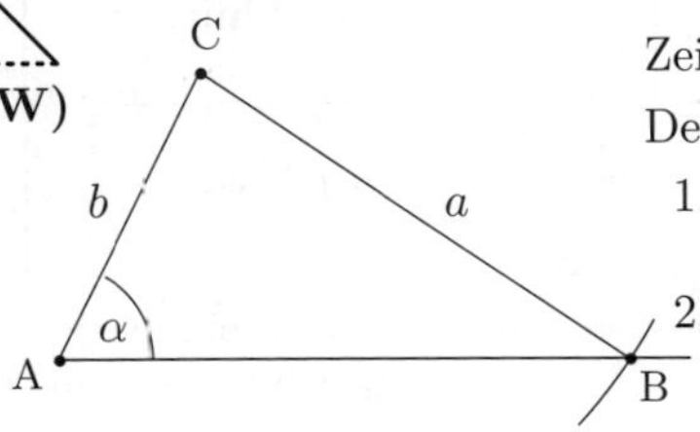

Zeichne die Strecke $\overline{AC}$ der Länge $b = 2.4$.

Der Punkt B liegt

1.) auf dem freien Schenkel des Winkels $\alpha = 63.4°$, angetragen an die Strecke $\overline{AC}$ im Punkt A,
2.) auf dem Kreis um C mit Radius $a = 3.8$.

Ist der Gegenwinkel der kleineren Seite gegeben, gibt es zwei Lösungen, genau eine Lösung oder keine Lösung, wie folgendes Beispiel zeigt:

8.28 *Konstruiere ein Dreieck aus $a = 3.8,\ b = 2.4,\ \beta = 34.7°$* **(ssw)**.

β ist Gegenwinkel der kleineren Seite, hier gibt es zwei Lösungen:

(ssw)

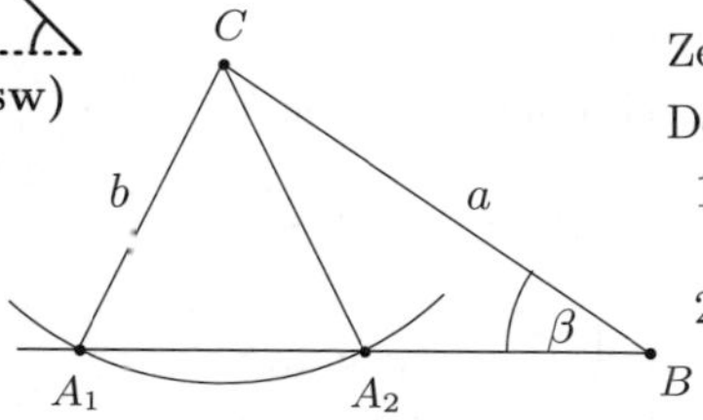

Zeichne die Strecke $\overline{BC}$ der Länge $a = 3.8$.

Der Punkt A liegt

1.) auf dem freien Schenkel des Winkels $\beta = 34.7°$ angetragen an die Strecke $\overline{BC}$ im Punkt B,

2.) auf dem Kreis um C mit Radius $b = 2.4$.

Man sieht: Schneidet der Kreisbogen um C mit Radius b den freien Schenkel des Winkels β

in zwei Punkten,	so gibt es zwei Dreiecke,
in genau einem Punkt,	so gibt es genau ein Dreieck,
nicht,	so gibt es kein Dreieck

mit den geforderten Eigenschaften.

8.9 Dreiecksberechnungen

Um fehlende Seiten und Winkel allgemeiner Dreiecke berechnen zu können, benötigt man den Kosinussatz und den Sinussatz:

Kosinussatz

$$c^2 = a^2 + b^2 - 2ab\cos\gamma$$

Speziell für $\gamma = 90°$:

Pythagoras

$$c^2 = a^2 + b^2$$

Sinussatz

$$\frac{a}{\sin\alpha} = \frac{b}{\sin\beta} = \frac{c}{\sin\gamma}$$

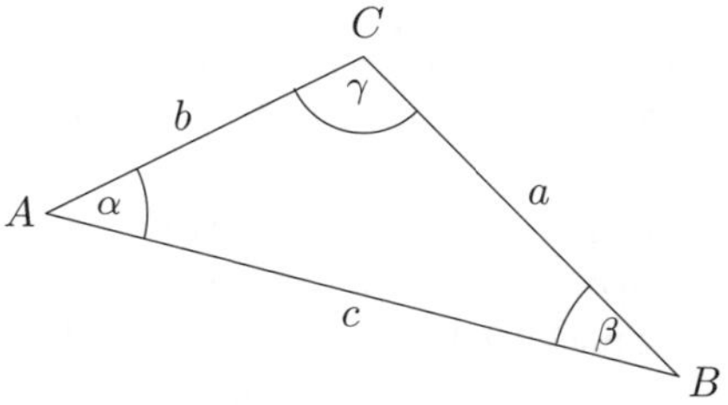

Einfache Beweise dieser Sätze mittels Skalarprodukt, siehe [**HM**].

Rundungsfehler
können bei folgenden Rechnungen zu geringfügig abweichenden Ergebnissen führen!

Die in [8.24] bis [8.28] konstruktiv gelösten Aufgaben werden nun rechnerisch behandelt:

8.29 *Gegeben sei ein Dreiecks durch $a = 3.8,\ b = 2.4,\ c = 4.3$* **(sss)**, *berechne α, β, γ. Vergleiche Konstruktion* [8.24].

$$\cos\alpha = \tfrac{b^2+c^2-a^2}{2bc} \approx 0.475 \implies \underline{\alpha \approx 61.62^\circ} \quad \text{[Kosinussatz]}$$
$$\cos\beta = \tfrac{a^2+c^2-b^2}{2ac} \approx 0.831 \implies \underline{\beta \approx 33.76^\circ} \quad \text{[Kosinussatz]}$$
$$\alpha + \beta + \gamma = 180^\circ \implies \underline{\gamma \approx 84.62^\circ} \quad \text{[Winkelsumme im Dreieck]}$$

8.30 *Gegeben sei ein Dreieck durch $b = 3.75,\ \alpha = 45^\circ,\ c = 3.5$* **(sws)**, *berechne a, β, γ. Vergleiche Konstruktion* [8.25].

$a^2 = b^2 + c^2 - 2bc\cos\alpha = 3.75^2 + 3.5^2 - 2 \cdot 3.75 \cdot 3.5 \cdot \frac{1}{2}\sqrt{2} \implies a \approx \underline{2.784}$.

Nun berechne die Winkel mit Kosinussatz wie in [8.29] oder mit Sinussatz:

$$\cos\beta = \tfrac{a^2+c^2-b^2}{2ac} \implies \beta \approx \underline{72.3^\circ} \quad \text{[Kosinussatz]}$$
$$\sin\beta = \tfrac{b}{a}\sin\alpha \implies \beta \approx \underline{72.3^\circ} \quad \text{[Sinussatz]}$$
$$\alpha + \beta + \gamma = 180^\circ \implies \gamma \approx \underline{62.7^\circ} \quad \text{[Winkelsumme im Dreieck]}$$

8.31 *Gegeben sei ein Dreieck durch $\alpha = 71.6^\circ,\ c = 3.5,\ \beta = 45^\circ$* **(wsw)**, *berechne a, b, γ. Vergleiche Konstruktion* [8.26].

$$\gamma = 180^\circ - \alpha - \beta = \underline{63.4^\circ} \quad \text{[Winkelsumme im Dreieck]}$$
$$a = \tfrac{\sin\alpha}{\sin\gamma}\, c \approx \underline{3.7} \quad \text{[Sinussatz]}$$
$$b = \tfrac{\sin\beta}{\sin\gamma}\, c \approx \underline{2.8} \quad \text{[Sinussatz]}$$

8.32 *Gegeben sei ein Dreieck durch $a = 3.8,\ b = 2.4,\ \alpha = 64.4^\circ$* **(SsW)**, *berechne c, β, γ. Vergleiche Konstruktion* [8.27].

Gegenwinkel der größeren Seite, eindeutige Lösung:

$$\sin\beta = \tfrac{b}{a}\sin\alpha \implies \beta \approx \underline{34.7^\circ} \text{ oder } \beta \approx 145.3^\circ \text{ (entfällt, da } \alpha + \beta < 180^\circ \text{ ist)}$$
$$\gamma = 180^\circ - \alpha - \beta \implies \gamma \approx \underline{80.9^\circ} \quad \text{[Winkelsumme im Dreieck]}$$
$$c = \tfrac{\sin\gamma}{\sin\beta}\, b \implies c \approx \underline{4.2} \quad \text{[Sinussatz].}$$

8.33 *Gegeben sei ein Dreieck durch $a = 3.8,\ b = 2.4,\ \beta = 34.7^\circ$* **(ssw)**, *berechne c, α, γ. Vergleiche Konstruktion* [8.28].

Gegenwinkel der kleineren Seite, zwei Lösungen:

$$\sin\alpha = \tfrac{a}{b}\sin\beta \implies \begin{array}{l} \alpha_1 \approx \underline{64.3^\circ} \implies \gamma_1 = 180^\circ - \alpha_1 - \beta \approx \underline{81^\circ} \\ \alpha_2 = \underline{115.7^\circ} \implies \gamma_2 = 180^\circ - \alpha_2 - \beta \approx \underline{29.6^\circ} \end{array}$$
$$c = \tfrac{\sin\gamma}{\sin\beta}\, b \implies \begin{array}{l} c_1 \approx \underline{4.2} \\ c_2 \approx \underline{2.1} \end{array}$$

Man sieht:

$$\sin\alpha = \tfrac{a}{b}\sin\beta < 1 \implies \text{Es gibt zwei verschiedene Lösungen } \alpha_1 \text{ und } \alpha_2.$$
$$\sin\alpha = \tfrac{a}{b}\sin\beta = 1 \implies \text{Es gibt genau eine Lösung, nämlich } \alpha = 90^\circ.$$
$$\sin\alpha = \tfrac{a}{b}\sin\beta > 1 \implies \text{Es gibt keine Lösung.}$$

8.10 Viereck

Allgemeines Viereck

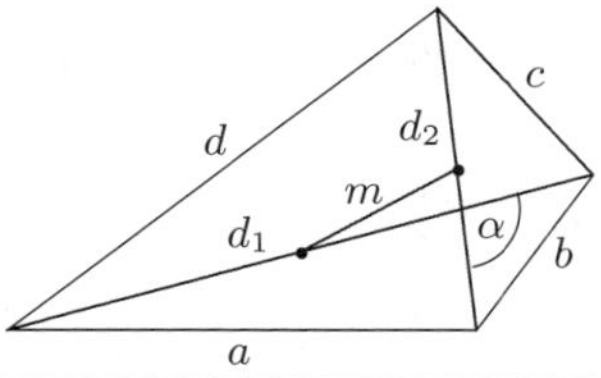

Winkelsumme		$= 360°$
Fläche	F	$= \frac{1}{2} d_1 d_2 \sin\alpha$
$a^2 + b^2 + c^2 + d^2$		$= d_1^2 + d_2^2 + 4m^2$

m: Länge der Verbindungslinie der Mittelpunkte der Diagonalen

Parallelogramm

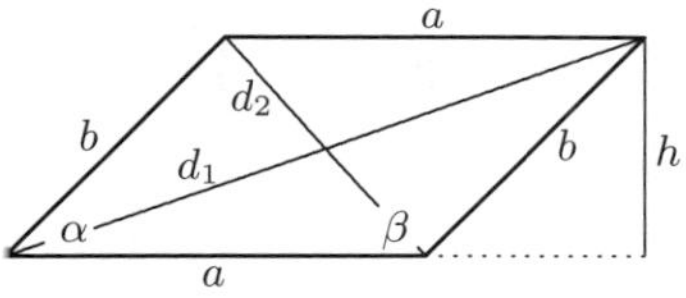

Winkel	$\alpha + \beta = 180°$
Höhe	$h = b\sin\alpha = b\sin\beta$
Diagonalen	$d_{1,2} = \sqrt{h^2 + (a \pm b\cos\alpha)^2}$
	$d_1^2 + d_2^2 = 2(a^2 + b^2)$
Fläche	$F = ah = ab\sin\alpha$

Ein **Viereck** ist ein **Parallelogramm**

$\iff$ je zwei gegenüberliegende Seiten sind gleich lang,
$\iff$ je zwei gegenüberliegende Seiten sind parallel,
$\iff$ je zwei gegenüberliegende Winkel sind gleich,
$\iff$ zwei gegenüberliegende Seiten sind parallel und gleich lang,
$\iff$ die Diagonalen halbieren sich.

Rhombus (Raute)

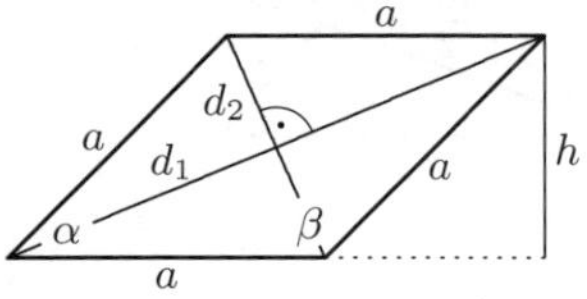

Winkel	$\alpha + \beta = 180°$
Höhe	$h = a\sin\alpha = a\sin\beta$
Diagonalen	$d_1^2 + d_2^2 = 4a^2$
	$d_1 = 2a\cos\frac{\alpha}{2},\quad d_2 = 2a\sin\frac{\alpha}{2}$
Fläche	$F = ah = a^2\sin\alpha = \frac{1}{2} d_1 d_2$

Ein **Parallelogramm** ist ein **Rhombus**

$\iff$ alle Seiten sind gleich lang,
$\iff$ die Diagonalen sind die Winkelhalbierenden,
$\iff$ die Diagonalen stehen senkrecht aufeinander.

Trapez

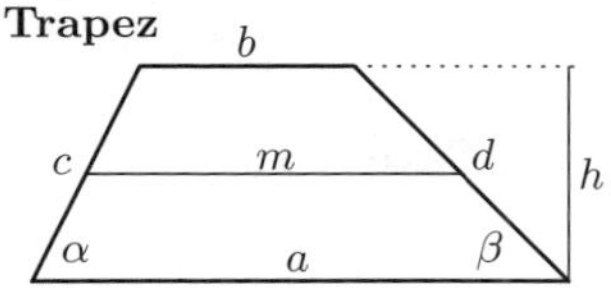

$m = \frac{a+b}{2}$

Ein Viereck ist ein **Trapez**, wenn zwei Seiten parallel sind.

Höhe	$h = c\sin\alpha = d\sin\beta$,
Fläche	$F = mh = \frac{1}{2}(a+b)h$

Quadrat

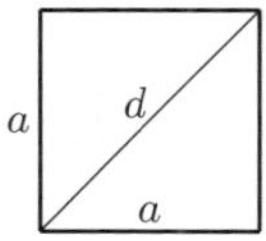

Diagonale	$d = a\sqrt{2}$
Seite	$a = \frac{1}{2}\sqrt{2}\,d = \sqrt{F}$
Fläche	$F = a^2 = \frac{1}{2} d^2$

8.34 *Von einem Parallelogramm sind gegeben:*

(a) $a = 86,\ b = 63.6,\ \alpha = \frac{1}{4}\pi = 45°$.

(b) $a = 86,\ d_1 = 138.5,\ d_2 = 60.9$.

Man konstruiere das Parallelogramm und berechne die fehlenden Größen.

(a) Konstruktion:

Man konstruiert das Dreieck ABD gemäß Grundaufgabe [8.25] **(sws)**.
Der Punkt C liegt erstens auf dem Kreisbogen um B mit Radius b und zweitens auf dem Kreisbogen um D mit Radius a.

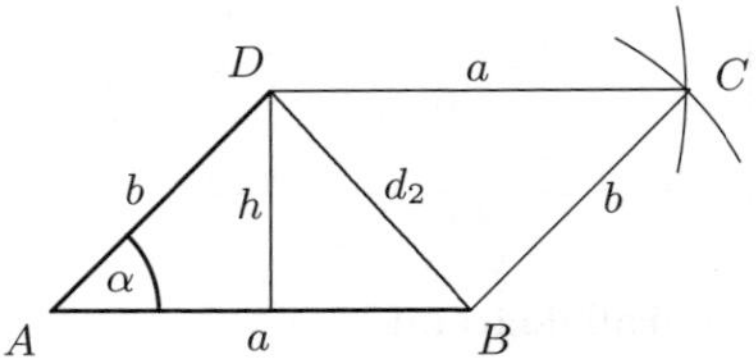

Berechnung der fehlenden Größen. Gegeben $a = 86,\ b = 63.6,\ \alpha = \frac{1}{4}\pi = 45°$.

$\alpha + \beta = 180° \Longrightarrow \beta = 180° - \alpha = \underline{\frac{3}{4}\pi} = \underline{135°}$.

$h = b\ \sin\alpha = 63.6\ \sin\frac{3}{4}\pi = 63.6 \cdot \frac{1}{2}\sqrt{2} \approx \underline{45.0}$.

$d_{1,2} = \sqrt{h^2 + (a \pm b\cos\alpha)^2)} = \sqrt{45^2 + (86 \pm 63.6 \cdot \frac{1}{2}\sqrt{2}\,)^2}$

$\Longrightarrow d_1 \approx \underline{138.5}$ und $d_2 \approx \underline{60.9}$.

$F = ah \approx 86 \cdot 45 = \underline{3\,870}$.

(b) Konstruktion:

Da sich die Diagonalen halbieren, konstruiert man zunächst das Dreieck ABM gemäß Grundaufgabe [8.24] **(sss)**.
C liegt erstens auf der Verlängerung der Strecke $\overline{AM}$ und zweitens auf dem Kreisbogen um M mit Radius $\frac{d_1}{2}$.
Analog konstruiert man den Punkt D.

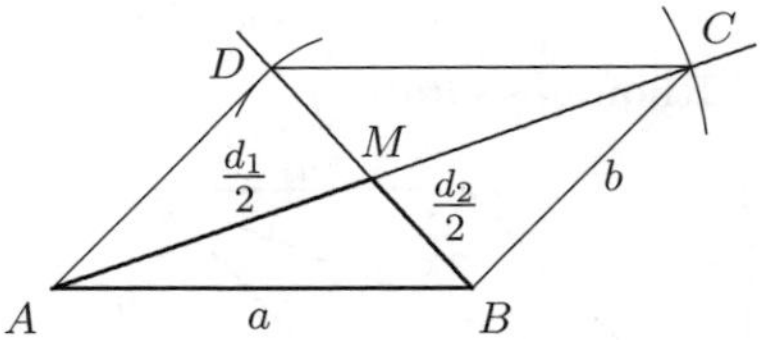

Berechnung der fehlenden Größen. Gegeben $a = 86,\ d_1 = 138.5,\ d_2 = 60.9$:

$d_1^2 + d_2^2 = 2(a^2 + b^2) \Longrightarrow b = \sqrt{\frac{1}{2}(d_1^2 + d_2^2) - a^2} \approx \underline{63.6}$,

$h = b\ \sin\alpha \approx 63.6\ \sin\frac{3}{4}\pi = 63.6 \cdot \frac{1}{2}\sqrt{2} \approx \underline{45.0}$.

$d_1^2 = a^2 + b^2 - 2ab\cos\beta \Longrightarrow \beta \approx \underline{135°}$, Kosinussatz [Seite 133],

$\alpha + \beta = 180° \Longrightarrow \alpha = 180° - \beta \approx \underline{45°}$,

$F = ah \approx 86 \cdot 45 = \underline{3\,870}$.

8.11 Regelmäßiges Sechseck

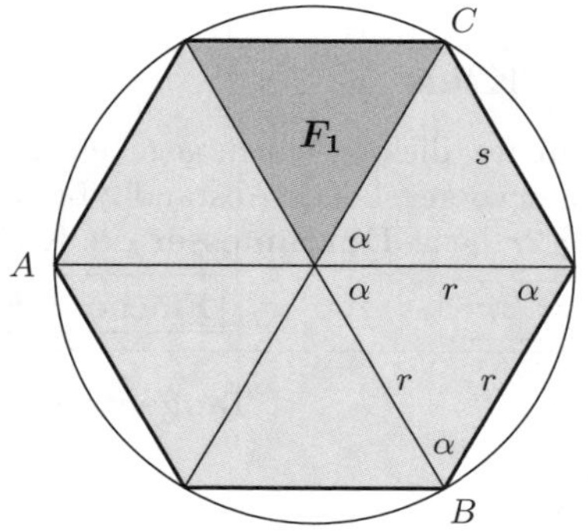

$$\alpha = 60°$$
$$s = r$$
$$F_1 = \frac{1}{4}\sqrt{3}\,r^2$$
$$F = 6F_1 = \frac{3}{2}\sqrt{3}\,r^2$$

8.35 *Gegeben sei ein regelmäßiges Sechseck der Seitenlänge $s = 2$.*

(a) *Man zeige: Das Sechseck besteht aus sechs gleichseitigen Teildreiecken.*
(b) *Man berechne den Flächeninhalt F_1 eines Teildreiecks.*
(c) *Man berechne den Flächeninhalt F des Sechsecks.*
(d) *Man konstruiere ein regelmäßiges Sechseck der Seitenlänge $s = 2$.*
(e) *Verbindet man drei nichtbenachbarte Ecken A, B, C des Sechsecks miteinander, entsteht ein gleichseitiges Dreieck (regelmäßiges Dreieck). Man berechne seinen Flächeninhalt F_2 und seine Seitenlänge a.*

(a) Alle sechs Teildreiecke sind gleichschenklig und es ist $\alpha = \frac{1}{6}360° = 60°$. Folglich sind alle Winkel im Teildreieck 60° und das Teildreieck ist gleichseitig [8.19].

(b) Der Flächeninhalt F_1 eines gleichseitigen Dreiecks mit der Seitenlänge $s = 2$ ist $F_1 = \frac{1}{4}\sqrt{3}\,s^2 \implies \underline{F_1 = \sqrt{3}}$.

(c) Das Sechseck besteht aus sechs Teildreiecken, der Flächeninhalt F des Sechsecks ist also $F = 6F_1$.
$F = 6F_1 \implies \underline{F = 6\sqrt{3}}$.

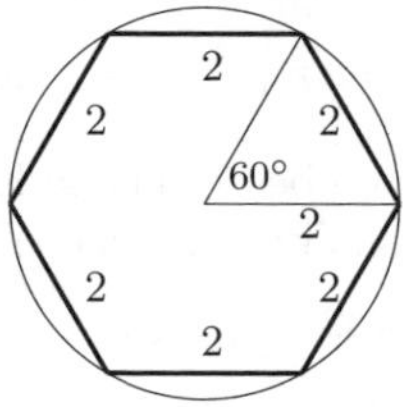

(d) Trägt man von einem Punkt eines Kreises vom Radius $r = 2$ sechs Sehnen der Länge $s = r = 2$ ab, so erhält man die Eckpunkte eines regelmäßigen Sechsecks der Seitenlänge $s = 2$.

(e) Aus Symmetriegründen gilt für den Flächeninhalt F_2 des Dreiecks A, B, C

$$F_2 = \frac{1}{2}F = \frac{1}{2}\cdot 6\sqrt{3} \implies \underline{F_2 = 3\sqrt{3}},$$
$$F_2 = \frac{1}{4}\sqrt{3}\,a^2 \implies \underline{a = 2\sqrt{3}}.$$

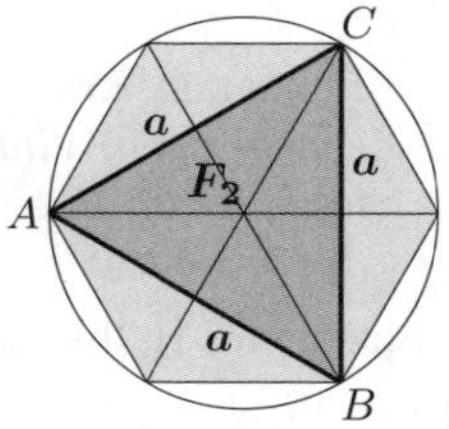

9 Kreis, Ellipse, Hyperbel, Parabel

9.1 Kreis

Kreis

Ein **Kreis** ist die Menge aller Punkte, die von einem gegebenen Punkt (dem **Mittelpunkt** des Kreises) den fest vorgegebenen Abstand r besitzen.
$\boldsymbol{r}$ heißt **Radius** des Kreises; $\boldsymbol{d = 2r}$ heißt **Durchmesser** des Kreises.

Umfang: $\boldsymbol{U = \pi d = 2\pi r}$ **Fläche:** $\boldsymbol{F = \pi r^2}$

Kreissektor

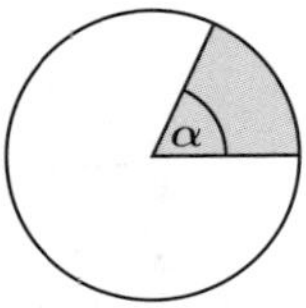

Fläche:
$F = \frac{\alpha}{360°}\pi r^2$

Kreisabschnitt

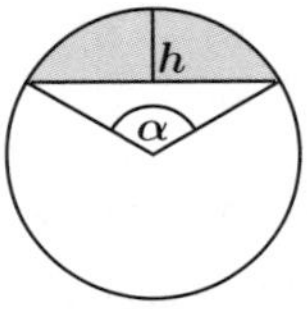

h gegeben:
$\alpha = 2\arccos\frac{r-h}{r}$

α gegeben:
$h = r - r\cos\frac{\alpha}{2}$

Fläche:
$F = \frac{\alpha}{360°}\pi r^2 - \frac{1}{2}r^2\sin\alpha$

Tangente und Sekante

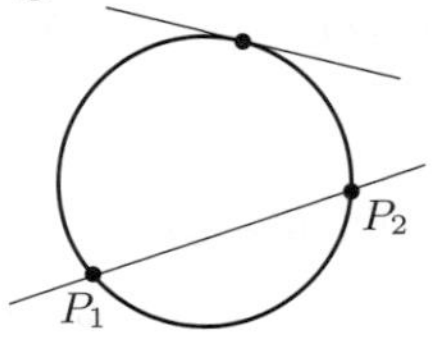

Eine Tangente ist eine Gerade, die mit dem Kreis genau einen Punkt gemeinsam hat.
Eine Sekante ist eine Gerade, die mit dem Kreis genau zwei Punkte P_1, P_2 gemeinsam hat.
Die Strecke $\overline{P_1P_2}$ heißt **Sehne** des Kreises.

9.1 *Für ein Quadrat mit der Seitenlänge 1 berechne man den Umfang U_E und die Fläche F_E des einbeschriebenen sowie den Umfang U_U und die Fläche F_U des umbeschriebenen Kreises.*

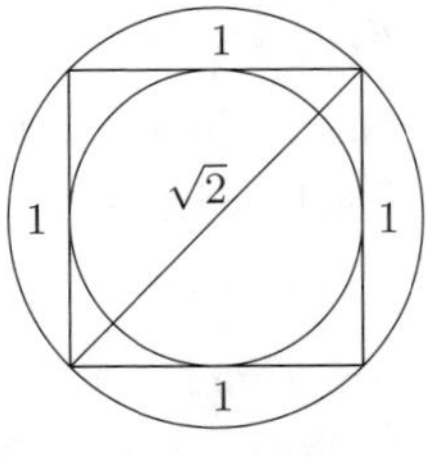

Der einbeschriebene Kreis hat den Radius $\frac{1}{2}$, also gilt

$U_E = 2 \cdot \frac{1}{2} \cdot \pi = \underline{\pi}$ und $F_E = \pi(\frac{1}{2})^2 = \frac{\pi}{4} \approx \underline{0.79}$.

Der umbeschriebene Kreis hat den Radius $\frac{1}{2}\sqrt{2}$ (die halbe Diagonale des Quadrats), also gilt

$U_U = 2 \cdot \frac{1}{2}\sqrt{2} \cdot \pi = \underline{\sqrt{2}\,\pi}$ und $F_U = \pi(\frac{1}{2}\sqrt{2})^2 = \frac{\pi}{2} \approx \underline{1.57}$.

Die Fläche des umbeschriebenen Kreises ist doppelt so groß wie die Fläche des einbeschriebenen Kreises.

9.2 *Für einen Kreis mit dem Radius $r = 1$ und $h = \frac{1}{2}$ berechne man den zugehörigen Winkel α des Kreissektors bzw. Kreisabschnitts, die Flächeninhalte von Kreissektor F_S und Kreisabschnitt F_A zum Winkel α, sowie die prozentualen Anteile dieser Flächen an der Halbkreisfläche F_H.*

Die Fläche des Halbkreises mit $r = 1$ beträgt $F_H = \frac{1}{2}\pi r^2 = \frac{1}{2}\pi \approx \underline{1.57}$.

Für den Winkel α gilt: $\alpha = 2\arccos\frac{r-h}{r} = 2\arccos\frac{1}{2} = \underline{120°} = \underline{\frac{2}{3}\pi}$.

Damit beträgt die Fläche des Kreissektors
$F_S = \frac{\alpha}{360^\circ}\,\pi r^2 = \frac{120^\circ}{360^\circ}\pi = \underline{\frac{\pi}{3}}$.
Das sind $\frac{F_S}{F_H} = \frac{\frac{\pi}{3}}{\frac{\pi}{2}} = \frac{2}{3} \approx \underline{66.7\%}$ vom Halbkreis.

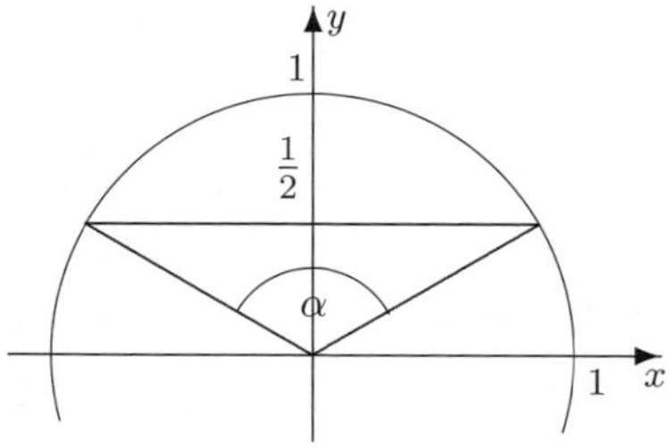

Für die Fläche des Kreisabschnitts gilt

$$F_A = \frac{\alpha}{360^0}\,\pi r^2 - \tfrac{1}{2}r^2 \sin\alpha = F_S - \tfrac{1}{2}r^2 \sin 120^\circ = \frac{\pi}{3} - \frac{\sqrt{3}}{4} \approx \underline{0.61}.$$

Das sind $\frac{F_A}{F_H} = \frac{0.61}{1.57} \approx \underline{38.9\%}$ vom Halbkreis.

Wichtige Sätze am Kreis

1. **Satz des Thales**
   Ist $\overline{P_1P_2}$ ein Kreisdurchmesser und A ein weiterer Punkt des Kreises, so ist das Dreieck P_1AP_2 rechtwinklig.
   (Jeder Umfangswinkel über einem Durchmesser ist ein rechter Winkel.)

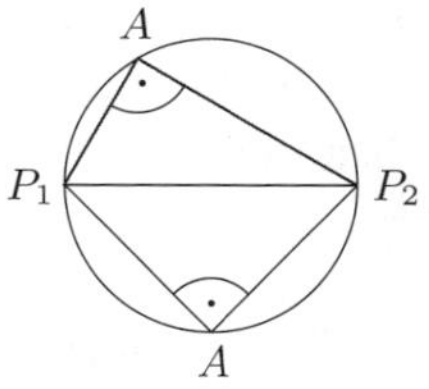

Allgemeiner:

2. Alle Umfangswinkel über einer Kreissehne sind gleich groß, und zwar halb so groß wie der zugehörige Mittelpunktswinkel.

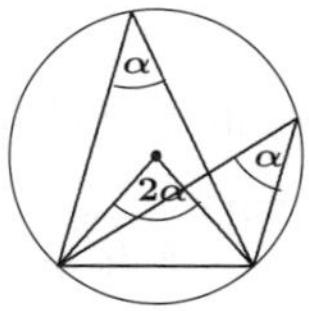

Kreisgleichungen, Radius r

1.	**kartesisch:**	$x^2 + y^2 = r^2$	Mittelpunkt $(0,0)$
		$(x - x_m)^2 + (y - y_m)^2 = r^2$	Mittelpunkt (x_m, y_m)
2.	**Parameter-darstellung:**	$x(t) = r\cos t\ ,\ y(t) = r\sin t\ ,\ 0 \le t < 2\pi$	
		$\vec{x}(t) = \begin{pmatrix} x(t) \\ y(t) \end{pmatrix} = \begin{pmatrix} r\cos t \\ r\sin t \end{pmatrix}$	Mittelpunkt $(0,0)$
		$x(t) = x_m + r\cos t\ ,\ y(t) = y_m + r\sin t\ ,\ 0 \le t < 2\pi$	
		$\vec{x}(t) = \begin{pmatrix} x_m \\ y_m \end{pmatrix} + \begin{pmatrix} r\cos t \\ r\sin t \end{pmatrix}$	Mittelpunkt (x_m, y_m)
3.	**vektoriell:**	$\lvert\vec{x}\rvert = r$	Mittelpunkt $(0,0)$
		$\lvert\vec{x} - \vec{x}_m\rvert = r$	Mittelpunkt (x_m, y_m)

9.3 (a) *Man stelle den Kreis mit dem Mittelpunkt $(2,-1)$ und $r=2$ auf jede der drei oben angegebenen Arten dar.*

(b) *Durch drei nicht auf einer Geraden liegenden Punkte ist genau ein Kreis gegeben. Man finde Gleichungen für den Kreis durch die drei Punkte $(-3,5)$, $(4,6)$, $(6,2)$.*

(a) Kartesisch: $(x-2)^2+(y+1)^2=4.$

Parameterdarstellung: $x(t)=2+2\cos t\ ,\ y(t)=-1+2\sin t\ ,\ 0\le t<2\pi,$

Vektoriell: $|\vec{x}-\begin{pmatrix}2\\-1\end{pmatrix}|=2.$

Mit $\vec{x}=\begin{pmatrix}x\\y\end{pmatrix}$ folgt:

$$|\begin{pmatrix}x\\y\end{pmatrix}-\begin{pmatrix}2\\-1\end{pmatrix}|=|\begin{pmatrix}x-2\\y+1\end{pmatrix}|=2 \iff \sqrt{(x-2)^2+(y+1)^2}=2$$
$$\iff (x-2)^2+(y+1)^2=4,$$

und das ist wieder die kartesische Gleichung.

(b) Gesucht sind Mittelpunkt und Radius des Kreises. Durch Einsetzen der Punkte in die Gleichung $(x-x_m)^2+(y-y_m)^2=r^2$ erhält man drei Gleichungen für x_m, y_m und r.

$$\begin{array}{lcl} & \text{Klammern auflösen} & \\ (-3-x_m)^2+(5-y_m)^2=r^2 & \iff & x_m^2+6x_m+y_m^2-10y_m+34=r^2 \\ (4-x_m)^2+(6-y_m)^2=r^2 & \iff & x_m^2-8x_m+y_m^2-12y_m+52=r^2 \\ (6-x_m)^2+(2-y_m)^2=r^2 & \iff & x_m^2-12x_m+y_m^2-4y_m+40=r^2 \end{array}$$

(Subtraktionen: erste minus zweite Gleichung, zweite minus dritte Gleichung.)

Die angedeuteten Subtraktionen liefern: $\begin{array}{l} 14x_m+2y_m-18=0 \quad |\cdot 3 \\ 18x_m-6y_m-\ 6=0 \end{array}\ ]+$

Die Addition ergibt $60x_m-60=0$, also $x_m=1$, und durch Einsetzen in eine der Gleichungen erhält man $y_m=2$. Weiter folgt $r^2=16+9=25$, also $r=5$.

Die Gleichungen lauten: $(x-1)^2+(y-2)^2=25,$

oder $x(t)=1+5\cos t\ ,\ y(t)=2+5\sin t\ ,\ 0\le t<2\pi,$

oder $(\vec{x}-\begin{pmatrix}2\\1\end{pmatrix})^2=25.$

Schnitt des Kreises $x^2+y^2=r^2$ mit der Geraden $y=ax+b$

Einsetzen für y in die Kreisgleichung liefert eine quadratische Gleichung für x: $x^2+(ax+b)^2=r^2$, für die man wie üblich die Lösungen berechnet:

$$x_{1,2}=-\frac{ab}{1+a^2}+\frac{1}{1+a^2}\sqrt{(1+a^2)r^2-b^2}\,.$$

Die Anzahl der Schnittpunkte hängt vom Radikanden $(1+a^2)r^2-b^2$ ab. Der Kreis und die Gerade haben für

$(1+a^2)r^2-b^2$	<0	keine Punkte gemeinsam.
	$=0$	genau einen Punkt gemeinsam. (Gerade ist Tangente.)
	>0	genau zwei Punkte gemeinsam. (Gerade ist Sekante.)

9.4 *Gegeben ist der Kreis $x^2 + y^2 = 9$.*

(a) *Welche Lage hat die Gerade $y = -2x + 4$ zum Kreis?*

(b) *Welche der Geraden $y = -2x + b$ sind Tangenten an den Kreis?*

(a) $x^2 + (-2x+4)^2 = 9 \iff 5x^2 - 16x + 7 = 0$

$$\iff x^2 - \tfrac{16}{5}x + \tfrac{7}{5} = 0$$

$$\iff x_{1,2} = \tfrac{8}{5} \pm \sqrt{\tfrac{64}{25} - \tfrac{35}{25}}$$

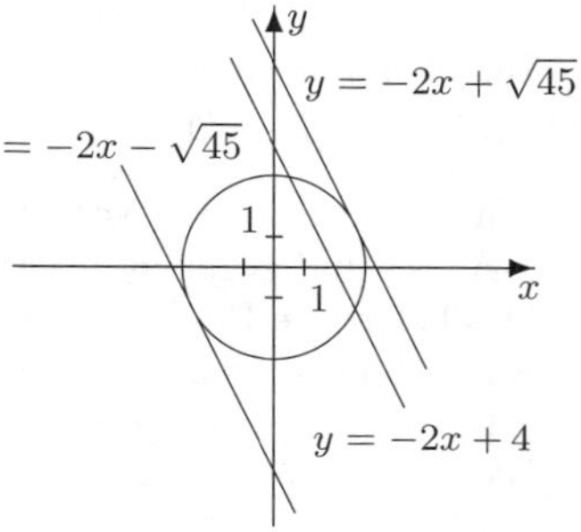

Wegen $\frac{64}{25} - \frac{35}{25} > 0$ schneidet die Gerade den Kreis in genau zwei Punkten, sie ist eine Sekante.

(b) Wir benutzen das Kriterium aus dem Kasten:
Es ist $(1 + a^2)r^2 = (1+4)9 = 45$.
Damit die Gerade eine Tangente wird, muss $(1+a^2)r^2 - b^2 = 0$ gelten, also $b^2 = 45$. Es folgt $b = \sqrt{45}$ oder $b = -\sqrt{45}$.
Tangenten an den Kreis sind die Geraden $y = -2x + \sqrt{45}$ und $y = -2x - \sqrt{45}$.

Tangente und Normale

Ist T eine Tangente an einen Kreis im Punkt $P = (x_1, y_1)$, so heißt die Gerade N, die in P senkrecht auf T steht, eine **Normale** des Kreises.

- Die Tangente in P steht senkrecht auf dem Berührradius, das ist die Strecke von P zum Kreismittelpunkt.
- Eine Normale geht stets durch den Mittelpunkt des Kreises.

Für einen **Kreis** $x^2 + y^2 = r^2$ um den Ursprung mit Radius r und den Kreispunkt (x_1, y_1) ist

(1) $y = \dfrac{y_1}{x_1}x$ bzw. $x_1 y - y_1 x = 0$
eine **Gleichung der Normale** durch (x_1, y_1), und

(2) $y - y_1 = -\dfrac{x_1}{y_1}(x - x_1)$ bzw. $yy_1 + xx_1 = r^2$
eine **Gleichung der Tangente** durch (x_1, y_1).

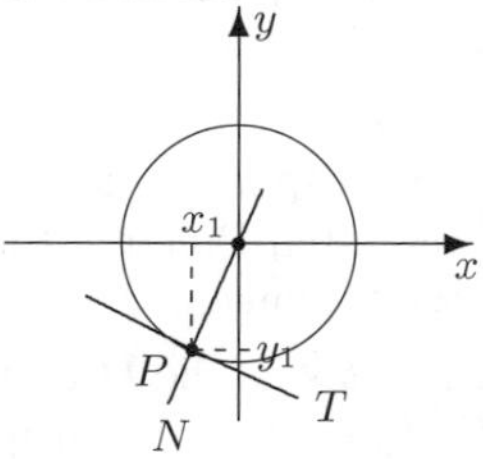

Für einen **Kreis** $(x - x_m)^2 + (y - y_m)^2 = r^2$ mit **Mittelpunkt** (x_m, y_m) und einen Kreispunkt $P = (x_1, y_1)$ ist

(1) $y = \dfrac{y_1 - y_m}{x_1 - x_m}(x - x_1) + y_1$
eine **Gleichung der Normale** in P und

(2) $y = -\dfrac{x_1 - x_m}{y_1 - y_m}(x - x_1) + y_1$
eine **Gleichung der Tangente** in P.

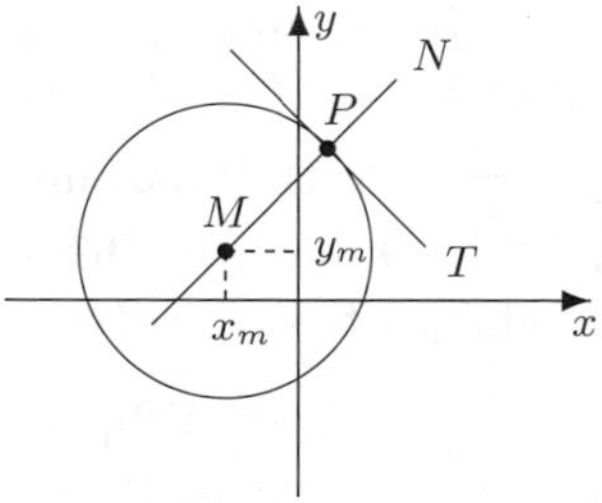

Äquivalente Darstellungen sind:

$(y_1 - y_m)(x - x_1) - (x_1 - x_m)(y - y_1) = 0$	Normalengleichung
$(x_1 - x_m)(x - x_1) + (y_1 - y_m)(y - y_1) = 0$	Tangentengleichung
$(x_1 - x_m)(x - x_m) + (y_1 - y_m)(y - y_m) = r^2$	Tangentengleichung

9.5 (a) *Für den Kreis mit der Gleichung* $x^2 + y^2 = 4$ *bestimme man im Punkt* $(1, \sqrt{3})$ *eine Gleichung der Tangente und der Normale.*

(b) *Für den Kreis* $(x-4)^2 + (y-3)^2 = 25$ *bestimme man die Tangenten und Normalen in den Schnittpunkten mit den Koordinatenachsen.*

(a) Die oben angegebenen Formeln liefern für die
Normale: $y = \sqrt{3}\, x$, Tangente: $\sqrt{3}\, y + x = 4$ bzw. $y = -\frac{1}{\sqrt{3}}\, x + \frac{4}{\sqrt{3}}$.

(b) Mittelpunkt des Kreises ist $M = (4, 3)$. Die Schnittpunkte des Kreises mit der x-Achse sind gegeben durch $y = 0$, also: $(x-4)^2 + 9 = 25 \iff |x-4| = 4$. Das liefert die Punkte $(0,0)$ und $(8,0)$.
Entsprechend erhält man mit $x = 0$ die Punkte $(0,0)$ und $(0,6)$ als Schnittpunkte des Kreises mit der y-Achse.
Die obigen Formeln liefern:

	Tangente	**Normale**
$P_1 = (0,0)$:	$y = -\frac{0-4}{0-3}\, x$	$y = \frac{-3}{-4}\, x$
	$y = -\frac{4}{3}\, x$	$y = \frac{3}{4}\, x$
Entsprechend:		
$P_2 = (8,0)$:	$y = \frac{4}{3}\, x - \frac{32}{3}$	$y = -\frac{3}{4}\, x + 6$
$P_3 = (0,6)$:	$y = \frac{4}{3}\, x + 6$	$y = -\frac{3}{4}\, x + 6$

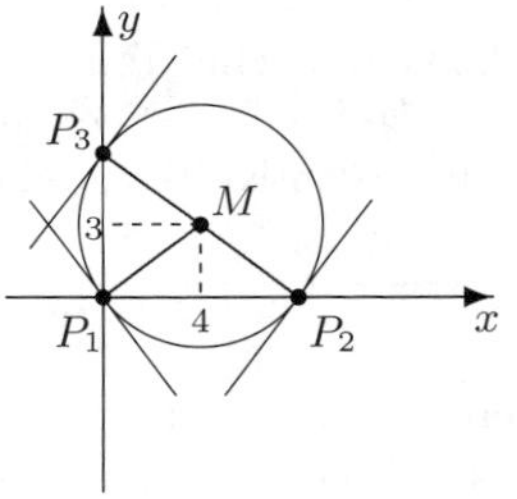

9.2 Ellipse

Definitionen zur Ellipse

Eine **Ellipse** ist die Menge aller Punkte, für die die Summe der Abstände von zwei festen Punkten (den Brennpunkten F_1 und F_2) konstant ist.
Bezeichnungen:

a und b sind die **Halbachsen**.
F_1, F_2 sind die **Brennpunkte**.
(Die Abstandssumme ist gleich $2a$.)
Ist a die größere Halbachse, so heißt
$e = \sqrt{a^2 - b^2}$ **lineare Exzentrizität**.
Es ist $F_1 = (e, 0)$ und $F_2 = (-e, 0)$.
$p = \dfrac{b^2}{a}$ heißt **Halbparameter**.
p ist die Ordinate im Brennpunkt.

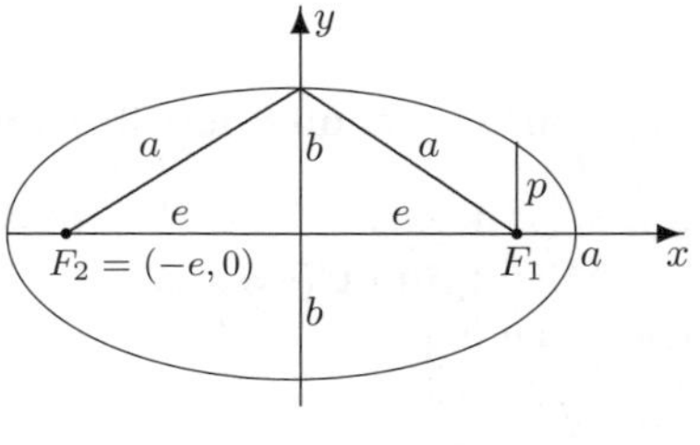

Ein Ellipse besitzt zwei **Symmetrieachsen**, hier die x-Achse und die y-Achse.

Ellipse als affines Bild des Kreises

Eine Ellipse mit den Halbachsen a und b entsteht aus einem Kreis vom Radius a durch Stauchung der y-Koordinaten der Kreispunkte mit dem Faktor $\frac{b}{a}$.

Gilt bei einer Ellipse für die Halbachsen $a = b$, so ist die Ellipse ein Kreis. Die beiden Brennpunkte fallen zusammen und sind der Mittelpunkt des Kreises.

Ellipsenkonstruktionen

Gärtnerkonstruktion

1. Man benutzt die Definition der Ellipse: Ein Faden der Länge $2a$ wird an zwei Punkten F_1 und F_2 befestigt. Mit einem Bleistift wird der Faden gespannt und ringsum geführt. So entsteht eine Ellipse.

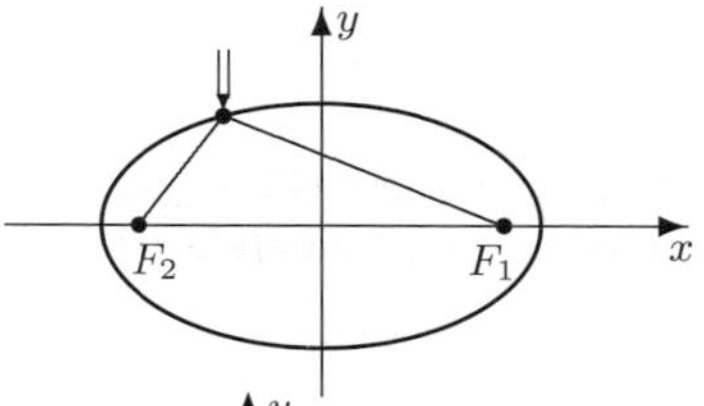

Ellipse als affines Bild des Kreises

2. Man zeichne zwei konzentrische Kreise mit den Radien a und b. Ein Radius des größeren Kreises schneide diesen im Punkt A und den kleineren Kreis im Punkt B. Der Schnittpunkt der Senkrechten durch A zur x-Achse mit der Parallelen durch B zur x-Achse ist ein Ellipsenpunkt P.

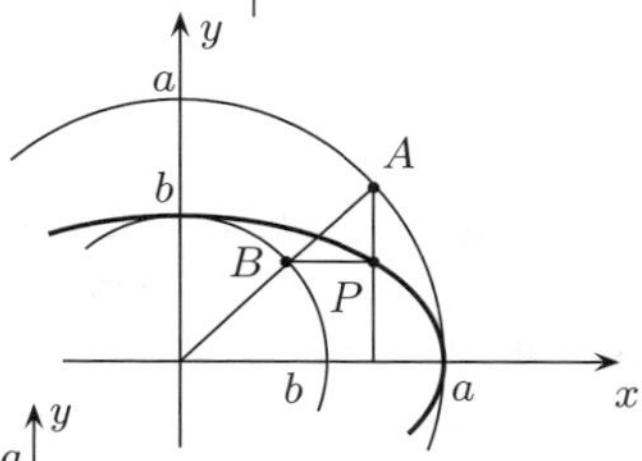

3. Zeichne einen Kreis vom Radius a um den Ursprung, markiere die Punkte $(0, a)$ und $(0, b)$ auf der y-Achse. Schneidet die Gerade durch $(0, a)$ und den Kreispunkt A im Punkt S die x-Achse, so schneidet die Gerade durch $(0, b)$ und S die Senkrechte durch A zur x-Achse in einem Ellipsenpunkt P.

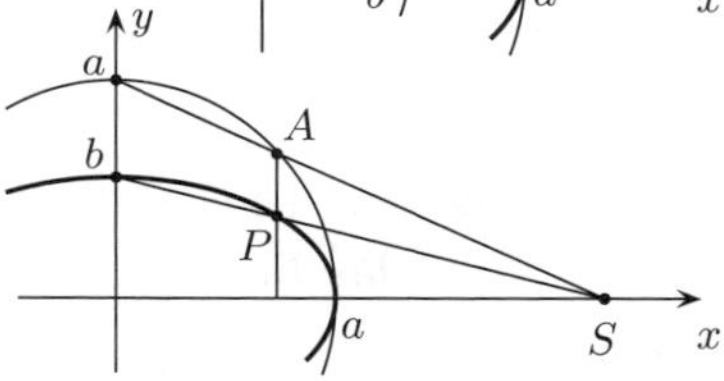

In beiden Fällen gilt nach dem Strahlensatz: $\frac{y_P}{y_A} = \frac{b}{a}$, also $\boldsymbol{y_P = \frac{b}{a}\, y_A}$.

Ellipsengleichungen, Halbachsen a und b

1. **kartesisch:**

$$\frac{x^2}{a^2} + \frac{y^2}{b^2} = 1 \qquad \text{Mittelpunkt } (0,0)$$

$$\frac{(x-x_m)^2}{a^2} + \frac{(y-y_m)^2}{b^2} = 1 \qquad \text{Mittelpunkt } (x_m, y_m)$$

2. **Parameterdarstellung:**

$$x(t) = a\cos t\,,\ y(t) = b\sin t\,,\ 0 \le t < 2\pi$$

$$\vec{x}(t) = \begin{pmatrix} x(t) \\ y(t) \end{pmatrix} = \begin{pmatrix} a\cos t \\ b\sin t \end{pmatrix} \qquad \text{Mittelpunkt } (0,0)$$

$$x(t) = x_m + a\cos t\,,\ y(t) = y_m + b\sin t\,,\ 0 \le t < 2\pi$$

$$\vec{x}(t) = \begin{pmatrix} x(t) \\ y(t) \end{pmatrix} = \begin{pmatrix} x_m \\ y_m \end{pmatrix} + \begin{pmatrix} a\cos t \\ b\sin t \end{pmatrix} \qquad \text{Mittelpunkt } (x_m, y_m)$$

9.6 *Eine Ellipse hat die Halbachsen $a = 5$ und $b = 3$.*
Man gebe Gleichungen der Ellipse an, falls

(a) *der Mittelpunkt der Ellipse im Ursprung liegt.*
(b) $(2, -1)$ *der Ellipsenmittelpunkt ist. Wo liegen hier die Brennpunkte?*

(a) Kartesische Darstellungen: $\frac{x^2}{25} + \frac{y^2}{9} = 1$, äquivalent $9x^2 + 25y^2 = 225$.

Parameterdarstellung: $\vec{x}(t) = \begin{pmatrix} x(t) \\ y(t) \end{pmatrix} = \begin{pmatrix} 5\cos t \\ 3\sin t \end{pmatrix}$, $0 \le t < 2\pi$.

(b) Kartesische Darstellungen: $\dfrac{(x-2)^2}{25} + \dfrac{(y+1)^2}{9} = 1$ oder

$9(x-2)^2 + 25(y+1)^2 = 225$ oder

$9x^2 - 36x + 25y^2 + 50y - 164 = 0$

Warum die letzte Gleichung eine Ellipse mit den Halbachsen 5 und 3 und Mittelpunkt $(2, -1)$ darstellt, siehe [Abschnitt 9.5].

Parameterdarstellung: $x(t) = 2 + 5\cos t\,,\ y(t) = -1 + 3\sin t \quad , \ 0 \le t < 2\pi,$

$$\vec{x}(t) = \begin{pmatrix} x(t) \\ y(t) \end{pmatrix} = \begin{pmatrix} 2 \\ -1 \end{pmatrix} + \begin{pmatrix} 5\cos t \\ 3\sin t \end{pmatrix} \quad , \ 0 \le t < 2\pi.$$

Es ist $e = \sqrt{25-9} = 4$.

Die Brennpunke liegen auf der Symmetrieachse der Ellipse, die durch die größere Halbachse gegeben ist, im Abstand e vom Mittelpunkt$(2, -1)$.

Also gilt hier $\underline{F_1 = (6, -1)}$ und $\underline{F_2 = (-2, -1)}$.

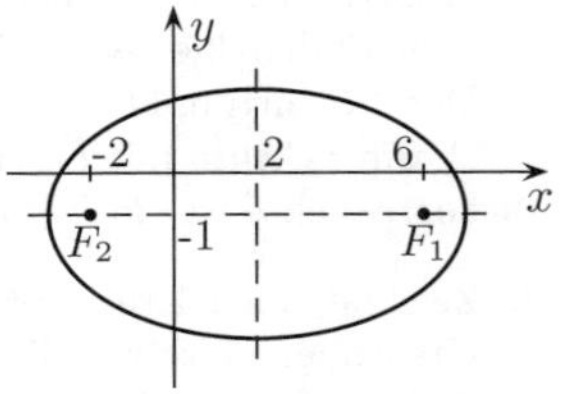

9.7 *Wie unterscheiden sich die Ellipsen $\dfrac{x^2}{9} + \dfrac{y^2}{4} = 1$ und $\dfrac{x^2}{4} + \dfrac{y^2}{9} = 1$?*
Wo liegen ihre Brennpunkte, welche Punkte haben sie gemeinsam?

Die Halbachsen der Ellipsen sind vertauscht. Die Ellipsen sind kongruent (deckungsgleich). Aus $e = \sqrt{a^2 - b^2} = \sqrt{9-4} = \sqrt{5}$, wobei $a = 3$ die größere Halbachse ist, ergeben sich die Brennpunkte.

Brennpunkte auf der x-Achse: $F_{1,2} = (\pm\sqrt{5}\,, 0)$

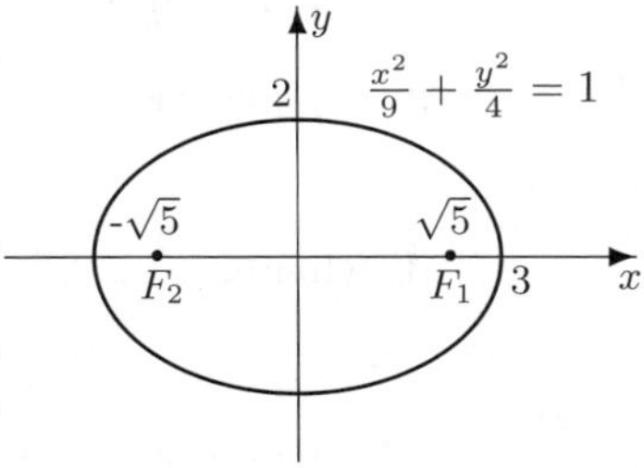

Brennpunkte auf der y-Achse: $F_{1,2} = (0, \pm\sqrt{5}\,)$

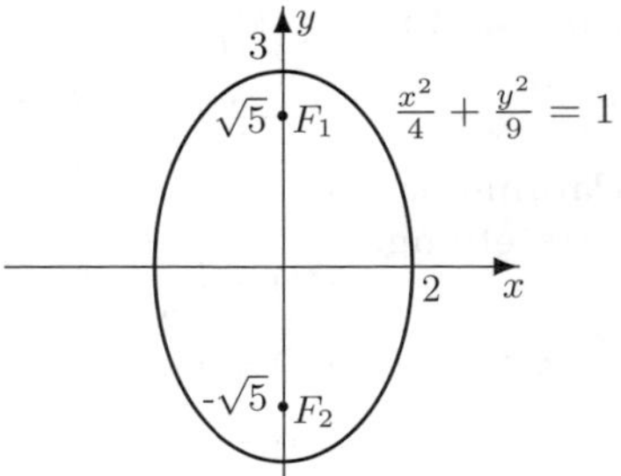

Aus Symmetriegründen haben die Ellipsen genau vier gemeinsame Punkte, jeweils auf den Winkelhalbierenden der Quadranten, symmetrisch zur x-Achse und zur y-Achse.

Schneidet man $\dfrac{x^2}{9} + \dfrac{y^2}{4} = 1$ und $y = x$, so erhält man $\dfrac{x^2}{9} + \dfrac{x^2}{4} = 1 \iff 13x^2 = 36 \iff x = \pm\dfrac{6}{\sqrt{13}}$.

Die Ellipsen schneiden sich also in den vier Punkten $\dfrac{6}{\sqrt{13}}(\pm 1, \pm 1) \approx (\pm 1.7\,, \pm 1.7)$.

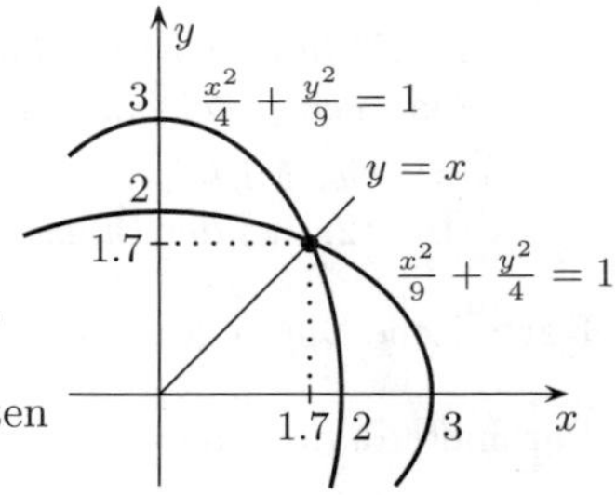

9.8 *Eine Ellipse in Ursprungslage soll die Punkte $(1, \frac{2}{3}\sqrt{2})$ und $(-\frac{3}{2}\sqrt{3}, -\frac{1}{2})$ enthalten. Wie lauten die Halbachsen der Ellipse?*

Einsetzen der Punkte in die Gleichung $\frac{x^2}{a^2} + \frac{y^2}{b^2} = 1$ liefert zwei Gleichungen für a und b, und zwar: $\frac{1}{a^2} + \frac{8}{9b^2} = 1$ und $\frac{27}{4a^2} + \frac{1}{4b^2} = 1$.
Gleichsetzen und äquivalentes Umformen liefert:

$$\frac{1}{a^2} + \frac{8}{9b^2} = \frac{27}{4a^2} + \frac{1}{4b^2} \iff 36b^2 + 32a^2 = 243b^2 + 9a^2$$
$$\iff 3a^2 = 207b^2 \iff a^2 = 9b^2$$

Einsetzen in die Gleichung $\frac{1}{a^2} + \frac{8}{9b^2} = 1$ ergibt $\frac{9}{a^2} = 1$, also $a = 3$ und aus $a^2 = 9b^2$ folgt schließlich $b = 1$. $\underline{a = 3}$ und $\underline{b = 1}$ sind die gesuchten Halbachsen.

Tangente und Normale

Eine **Tangente** an eine Ellipse berührt sie in einem Punkt P; die Gerade, die in P senkrecht auf der Tangente steht, ist eine **Normale** der Ellipse.

Tangente bzw. Normale in einem Ellipsenpunkt P ist die Winkelhalbierende des äußeren bzw. inneren Winkels zwischen den Brennpunktradiusvektoren des Berührpunktes.

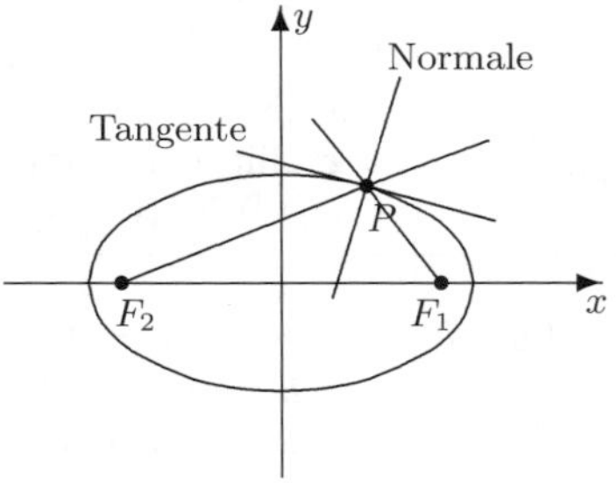

Für eine **Ellipse** $\frac{x^2}{a^2} + \frac{y^2}{b^2} = 1$ und den Ellipsenpunkt $P = (x_1, y_1)$ ist

(1) $y = \frac{a^2}{b^2} \cdot \frac{y_1}{x_1}(x - x_1) + y_1$
eine **Gleichung der Normale** durch P, und

(2) $y = -\frac{b^2}{a^2} \cdot \frac{x_1}{y_1}(x - x_1) + y_1$ oder umgeformt $\frac{xx_1}{a^2} + \frac{yy_1}{b^2} = 1$
eine **Gleichung der Tangente** durch P.

Für eine **Ellipse** $\frac{(x-x_m)^2}{a^2} + \frac{(y-y_m)^2}{b^2} = 1$ **mit Mittelpunkt** $\boldsymbol{(x_m, y_m)}$ und den Ellipsenpunkt $P = (x_1, y_1)$ ist

(1) $y = \frac{a^2}{b^2} \cdot \frac{y_1-y_m}{x_1-x_m}(x - x_1) + y_1$
eine **Gleichung der Normale** in P, und

(2) $y = -\frac{b^2}{a^2} \cdot \frac{x_1-x_m}{y_1-y_m}(x - x_1) + y_1$
eine **Gleichung der Tangente** in P.

Äquivalente Darstellungen sind:

(1) $\iff \frac{(x_1-x_m)(y-y_1)}{a^2} - \frac{(y_1-y_m)(x-x_1)}{b^2} = 0$ Normalengleichung

(2) $\iff \frac{(y_1-y_m)(y-y_1)}{b^2} + \frac{(x_1-x_m)(x-x_1)}{a^2} = 0$ Tangentengleichung

$\iff \frac{(y_1-y_m)(y-y_m)}{b^2} + \frac{(x_1-x_m)(x-x_m)}{a^2} = 1$ Tangentengleichung

9.9 *Gegeben ist die Ellipse mit* $\frac{x^2}{25} + \frac{y^2}{4} = 1$ *und der Punkt* $P = (-3, y_1)$ *der Ellipse mit* $y_1 < 0$.
Wie lauten Gleichungen der Tangente und Normale in diesem Punkt?

Es ist $a = 5$, $b = 2$, $x_1 = -3$ und für y_1 gilt $\frac{9}{25} + \frac{y_1^2}{4} = 1$, also $y_1^2 = \frac{64}{25}$. Mit $y_1 < 0$ folgt daraus $y_1 = -\frac{8}{5}$. Die im Kasten angegebenen Gleichungen liefern:

Normale: $y = \frac{25}{4}(-\frac{8}{5\cdot(-3)})(x+3) - \frac{8}{5}$,

$y = \frac{10}{3}(x+3) - \frac{8}{5}$, $\underline{y = \frac{10}{3}x + \frac{42}{5}}$.

Tangente: $y = -\frac{3}{10}(x+3) - \frac{8}{5}$, $\underline{y = -\frac{3}{10}x - \frac{5}{2}}$.

Fläche und Umfang der Ellipse

Fläche: $F = \pi ab$

Umfang: $U \approx \pi(3\frac{a+b}{2} - \sqrt{ab})$
Der Umfang lässt sich exakt nur mittels eines sog. elliptischen Integrals (siehe [**F+H**]) angeben.

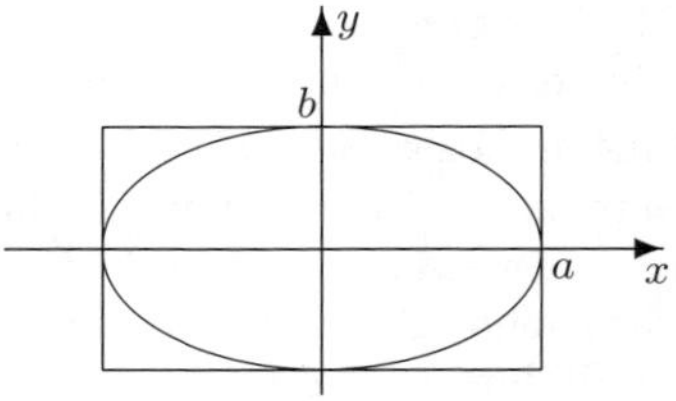

9.10 *Für eine Ellipse mit* $a = 2$ *und* $b = 1$ *berechne man näherungsweise Umfang und Flächeninhalt und vergleiche die Werte mit den entsprechenden Werten für einen Kreis mit dem Radius 1 bzw. dem Radius 2.*

Umfang der Ellipse:	$U \approx \pi(3 \cdot \frac{3}{2} - \sqrt{2}) \approx 9.7$
Fläche der Ellipse:	$F = 2\pi \approx 6.28$
Umfang des Kreises mit $r = 1$:	$U = 2\pi \approx 6.28$
Fläche des Kreises mit $r = 1$:	$F = \pi \approx 3.14$
Umfang des Kreises mit $r = 2$:	$U = 4\pi \approx 12.57$
Fläche des Kreises mit $r = 2$:	$F = 4\pi \approx 12.57$

Die Ellipse hat (**in diesem Fall**) den halben Flächeninhalt des umbeschriebenen Kreises und den doppelten Flächeninhalt des einbeschriebenen Kreises.

Allgemein gilt: $\frac{F_E}{F_{K_a}} = \frac{b}{a}$ und $\frac{F_E}{F_{K_b}} = \frac{a}{b}$, wobei F_E die Fläche der Ellipse, F_{K_a} die Fläche des Kreises mit $r = a$ und F_{K_b} die Fläche des Kreises mit $r = b$ ist.

9.3 Hyperbel

Definitionen zur Hyperbel

Eine **Hyperbel** ist die Menge aller Punkte, für die der Betrag der Differenz der Abstände r_1 und r_2 von zwei festen Punkten (den Brennpunkten F_1 und F_2) konstant ist ($|r_1 - r_2| = 2a$).

Legt man die Brennpunkte F_1 und F_2 in die Punkte $(e, 0)$ und $(-e, 0)$ des Koordinatensystems, so sind $S_1 = (a, 0)$ und $S_2 = (-a, 0)$ zwei Punkte der Hyperbel, die sog. **Scheitelpunkte**.

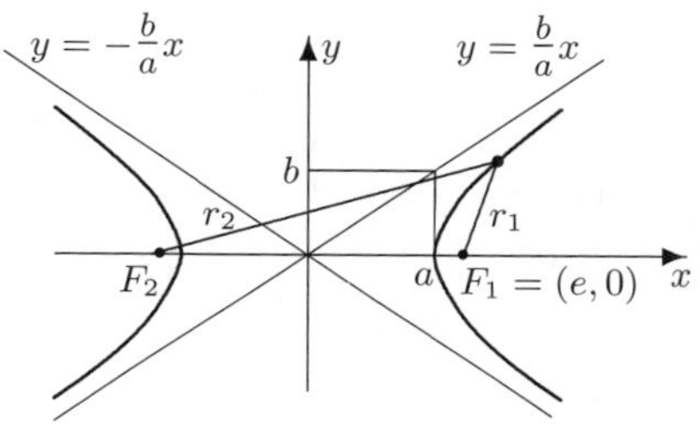

a und b heißen **Halbachsen**.

$a^2 + b^2 = e^2$

$e = \sqrt{a^2 + b^2}$ heißt **lineare Exzentrizität**.

Eine Hyperbel besteht aus zwei symmetrischen **Ästen**.

Eine Hyperbel besitzt **Asymptoten**.

In obiger Skizze sind $y = \pm\frac{b}{a}\,x$ die Asymptoten.

Hyperbelgleichungen

1. kartesische Darstellung:

$\boxed{\frac{x^2}{a^2} - \frac{y^2}{b^2} = 1}$ Hyperbel mit Mittelpunkt $(0, 0)$, Scheitelpunkten $(a, 0)$ und $(-a, 0)$, in x-Richtung geöffnet und mit den Asymptoten $y = \pm\frac{b}{a}\,x$.

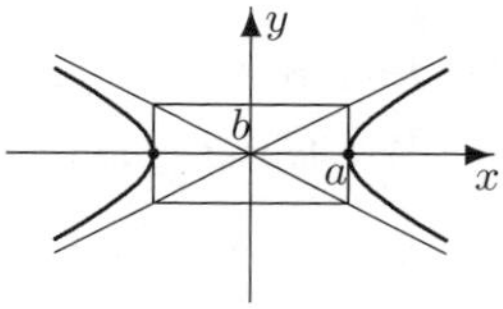

$\boxed{-\frac{x^2}{a^2} + \frac{y^2}{b^2} = 1}$ Hyperbel mit Mittelpunkt $(0, 0)$, Scheitelpunkten $(0, b)$ und $(0, -b)$, in y-Richtung geöffnet und mit den Asymptoten $y = \pm\frac{b}{a}\,x$.

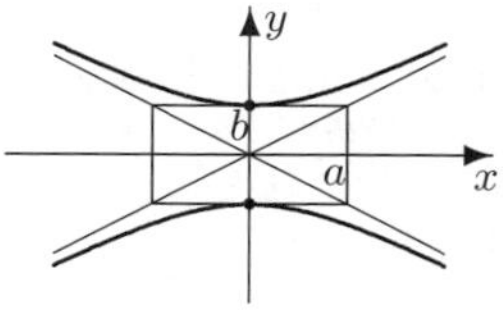

Hyperbel mit Mittelpunkt (x_m, y_m):

$$\frac{(x-x_m)^2}{a^2} - \frac{(y-y_m)^2}{b^2} = 1$$
in x-Richtung geöffnet

$$-\frac{(x-x_m)^2}{a^2} + \frac{(y-y_m)^2}{b^2} = 1$$
in y-Richtung geöffnet.

Die Asymptoten lauten $y - y_m = \pm\frac{b}{a}(x - x_m)$.

2. Parameterdarstellung:

$x(t) = a\cosh t\ ,\ y(t) = b\sinh t\ ,\ -\infty < t < \infty$

$\vec{x}(t) = \begin{pmatrix} a\cosh t \\ b\sinh t \end{pmatrix}\ ,\ -\infty < t < \infty$ (zu sinh und cosh siehe [**EM 2**].)

beschreibt den rechten Ast der Hyperbel $\frac{x^2}{a^2} - \frac{y^2}{b^2} = 1$.

9.11 *Man skizziere die durch* $\frac{x^2}{9} - \frac{y^2}{4} = 1$ *bzw.* $\frac{y^2}{4} - \frac{x^2}{9} = 1$ *gegebenen Hyperbeln und berechne ihre Brennpunkte.*

Es ist $a = 3$ und $b = 2$.
Daraus ergibt sich $e = \sqrt{a^2 + b^2} = \sqrt{13} \approx 3.9$, und das liefert die Brennpunkte.

$\frac{x^2}{9} - \frac{y^2}{4} = 1$	$\frac{y^2}{4} - \frac{x^2}{9} = 1$
Hyperbel in x-Richtung geöffnet.	Hyperbel in y-Richtung geöffnet.
Scheitelpunkte: $(3, 0)$ und $(-3, 0)$	Scheitelpunkte: $(0, 2)$ und $(0, -2)$
Brennpunkte: $(\sqrt{13}, 0)$ und $(-\sqrt{13}, 0)$	Brennpunkte: $(0, \sqrt{13})$ und $(0, -\sqrt{13})$
Asymptoten: $y = \pm\frac{2}{3}x$	Asymptoten: $y = \pm\frac{2}{3}x$

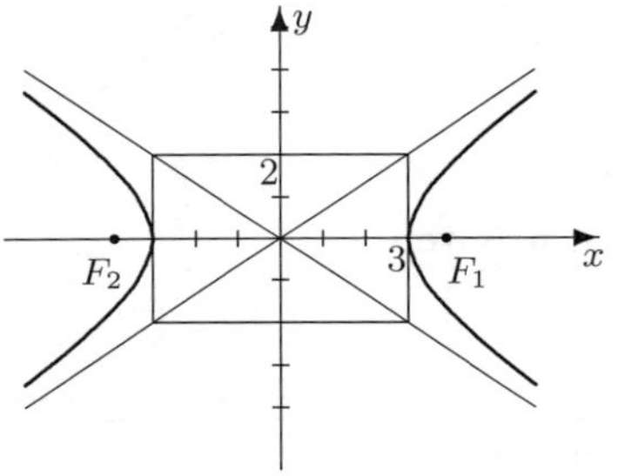

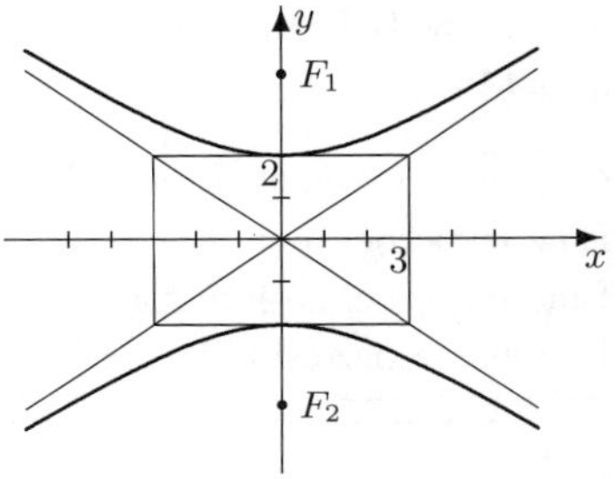

9.12 *Ein Ast einer Hyperbel mit dem Mittelpunkt im Ursprung geht durch die Punkte* $P_1 = (\frac{15}{4}, 3)$ *und* $P_2 = (5, -\frac{16}{3})$.
Wie lautet eine Gleichung der Hyperbel?

Die gegebenen Punkte zeigen, dass die Hyperbel in x-Richtung geöffnet ist Ihre Gleichung hat also die Form $\frac{x^2}{a^2} - \frac{y^2}{b^2} = 1$, da der Mittelpunkt im Ursprung liegt.
Einsetzen der Punkte liefert zwei Gleichungen für a und b.

(1) $\frac{225}{16a^2} - \frac{9}{b^2} = 1,$ (2) $\frac{25}{a^2} - \frac{256}{9b^2} = 1.$

Gleichsetzen: $\frac{225}{16a^2} - \frac{9}{b^2} = \frac{25}{a^2} - \frac{256}{9b^2} \iff \frac{175}{9b^2} = \frac{175}{16a^2} \iff 16a^2 = 9b^2.$

Einsetzen z.B. in (2) ergibt
$\frac{25}{a^2} - \frac{256}{16a^2} = 1 \iff \frac{25}{a^2} - \frac{16}{a^2} = 1 \iff \frac{9}{a^2} = 1 \Longrightarrow a = 3.$

Aus $16a^2 = 9b^2$ und $a = 3$ folgt nun $b = 4$.

Die Hyperbel hat die Gleichung $\underline{\frac{x^2}{9} - \frac{y^2}{16} = 1}$.

Tangente und Normale

Tangente bzw. Normale in einem Hyperbelpunkt P ist die Winkelhalbierende des inneren bzw. äußeren Winkels zwischen den Brennpunktradiusvektoren des Berührpunktes.

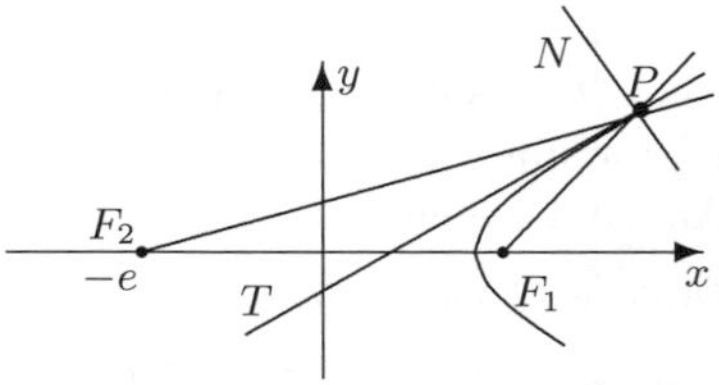

Für eine **Hyperbel** $\frac{x^2}{a^2} - \frac{y^2}{b^2} = \pm 1$ und den Hyperbelpunkt $P = (x_1, y_1)$ ist

(1) $y = -\frac{a^2}{b^2} \cdot \frac{y_1}{x_1}(x - x_1) + y_1$
eine **Gleichung der Normale** durch P und

(2) $y = \frac{b^2}{a^2} \cdot \frac{x_1}{y_1}(x - x_1) + y_1$
eine **Gleichung der Tangente** durch P.

Für eine **Hyperbel** $\frac{(x-x_m)^2}{a^2} - \frac{(y-y_m)^2}{b^2} = \pm 1$ **mit Mittelpunkt** (x_m, y_m) und den Hyperbelpunkt $P = (x_1, y_1)$ ist

(1) $y = -\frac{a^2}{b^2} \cdot \frac{y_1 - y_m}{x_1 - x_m}(x - x_1) + y_1$
eine **Gleichung der Normale** durch P und

(2) $y = \frac{b^2}{a^2} \cdot \frac{x_1 - x_m}{y_1 - y_m}(x - x_1) + y_1$
eine **Gleichung der Tangente** durch P.

9.13 *Gegeben ist die Hyperbel mit $(y-1)^2 - (x-2)^2 = 1$ und der Hyperbelpunkt $P = (1, y_1)$ mit $y_1 > 0$.*

(a) *Wie lauten die Brennpunkte und die Asymptoten der Hyperbel?*
(b) *Wie lauten die Tangente und Normale an die Hyperbel im Punkt P?*

(a) Die Hyperbel hat den Mittelpunkt $(2,1)$, und es gilt $a = b = 1$. Es ergibt sich $e = \sqrt{a^2 + b^2} = \sqrt{2}$. Da die Hyperbel in y-Richtung geöffnet ist, lauten die Brennpunkte $F_1 = (2, 1 + \sqrt{2})$ und $F_2 = (2, 1 - \sqrt{2})$.
Asymptoten sind die Geraden durch den Mittelpunkt $(2,1)$ der Hyperbel mit der Steigung $\pm\frac{b}{a} = \pm 1$, also die Geraden $y = x - 1$ und $y = -x + 3$ (siehe [**EM 2**]).

(b) Es ist $a = b = 1$, $x_m = 2$, $y_m = 1$ und $x_1 = 1$ gegeben. Für y_1 gilt $(y_1 - 1)^2 - 1 = 1$, also $(y_1 - 1)^2 = 2$ und $y_1 > 0$.
Daraus folgt $y_1 = 1 + \sqrt{2}$.
Die oben angegebenen Gleichungen liefern:

Normale: $y = -\frac{\sqrt{2}}{-1}(x - 1) + 1 + \sqrt{2}$,
$y = \sqrt{2}\,x + 1$.

Tangente: $y = \frac{-1}{\sqrt{2}}(x - 1) + 1 + \sqrt{2}$,
$y = -\frac{1}{\sqrt{2}}\,x + 1 + \frac{3}{2}\sqrt{2}$.

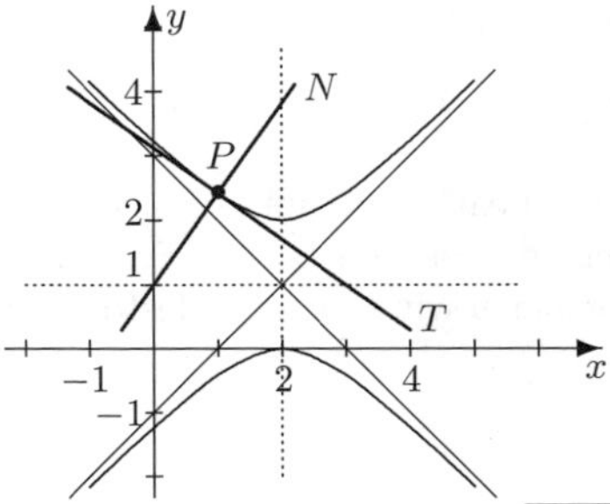

9.4 Parabel

Definitionen zur Parabel

Eine **Parabel** ist die Menge aller Punkte, die von einem festen Punkt (dem Brennpunkt F) und einer festen Geraden (der Leitlinie L) den gleichen Abstand haben.

Übliche Bezeichnungen:

Brennpunkt: $F = (\frac{p}{2}, 0)$

Leitlinie: $L: \ x = -\frac{p}{2}$

Scheitelpunkt: $S = (0, 0)$

p heißt **Halbparameter** $(p > 0)$.

p ist der Abstand Brennpunkt – Leitlinie.

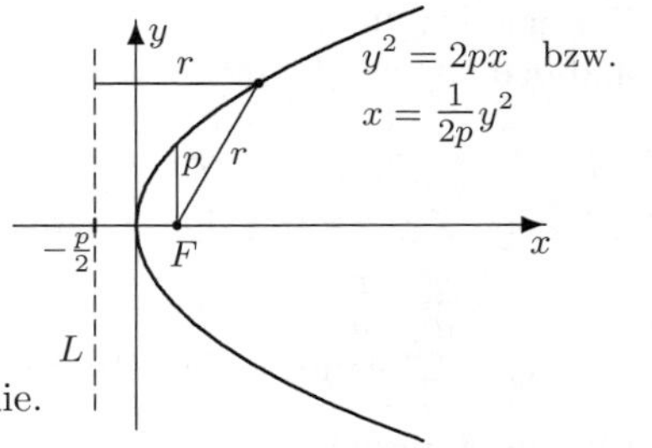

9.14 *Man skizziere*

(a) *die Parabel* $y^2 = 2px$ *für* $p = \frac{1}{4}$ *und* $p = 2$.

(b) *die Parabel* $y^2 = -2px$ *für* $p = \frac{1}{4}$ *und* $p = 2$.

(a) $y^2 = 2px$ für

$p = \frac{1}{4}$: $y^2 = \frac{1}{2} x$
Brennpunkt: $F = (\frac{1}{8}, 0)$
Leitlinie L: $x = -\frac{1}{8}$

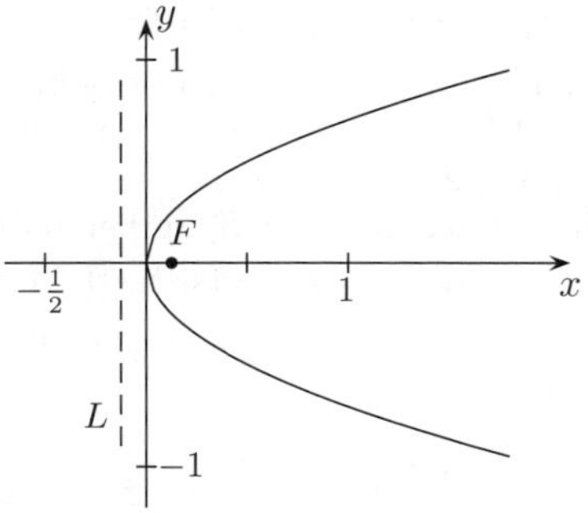

$p = 2$: $y^2 = 4x$
Brennpunkt: $F = (1, 0)$
Leitlinie L: $x = -1$

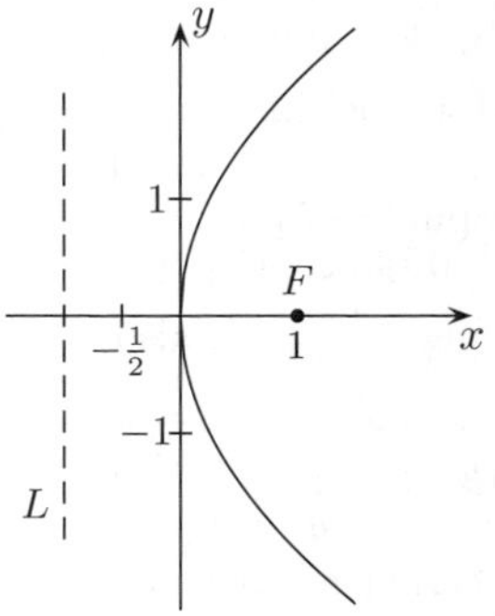

Man beachte die unterschiedlichen Maßstäbe bei beiden Skizzen, um den Unterschied zwischen beiden Parabeln zu erkennen. Je größer p ist, desto weiter, je kleiner p wird $(p > 0)$, desto enger ist die Parabel geöffnet.

(b) $y^2 = -2px$ für

$p = \frac{1}{4}$: $y^2 = -\frac{1}{2}x$

Brennpunkt: $F = (-\frac{1}{8}, 0)$

Leitlinie: $x = \frac{1}{8}$

$p = 2$: $y^2 = -4x$

Brennpunkt: $F = (-1, 0)$

Leitlinie: $x = 1$

Diese Parabeln sind nach links geöffnet.

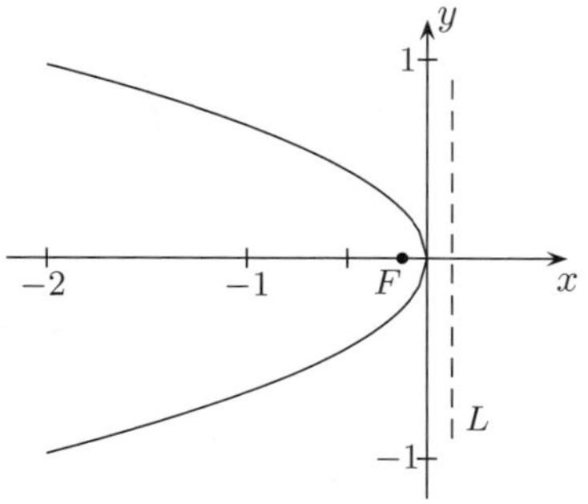

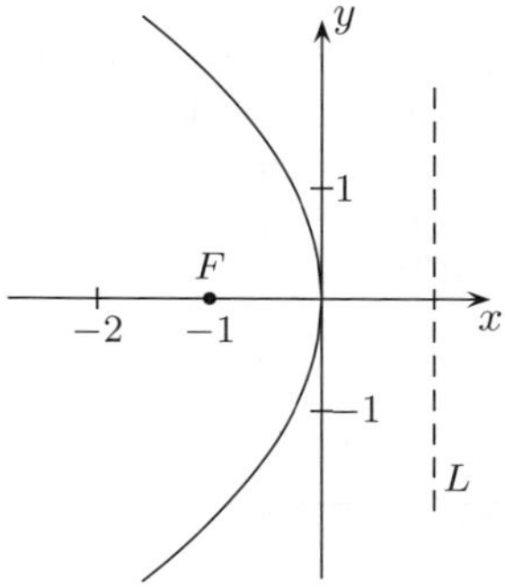

9.15 *Eine nach links geöffnete Parabel $y^2 = -2px$ geht durch den Punkt $(-6, 6)$. Wo liegen Brennpunkt und Leitlinie der Parabel?*

Aus $y^2 = -2px$ ergibt sich durch Einsetzen des gegebenen Punktes $(-6, 6)$:

$36 = 12p$, also $p = 3$.

Brennpunkt der Parabel ist $F = (-\frac{3}{2}, 0)$; Leitlinie L ist die Gerade $y = \frac{3}{2}$.

Normalparabeln ($p = \frac{1}{2}$)

Liegt der Scheitelpunkt im Ursprung, erhält man folgende vier Hauptlagen der Normalparabel ($p = \frac{1}{2}$, Brennpunkt und Leitlinie sind eingezeichnet):

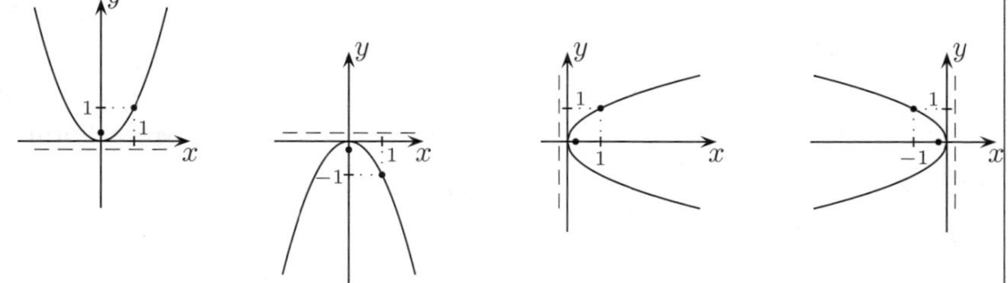

$y = x^2$	$y = -x^2$	$x = y^2$	$x = -y^2$
n. oben geöffnet	n. unten geöffnet	n. rechts geöffnet	n. links geöffnet

9.16 *Skizziere eine nach oben geöffnete Normalparabel im Bereich $-3 \leq x \leq 3$.*

Zum Skizzieren von Kurven – hier der Normalparabel – wird gegebenenfalls eine **Wertetabelle** aufgestellt.

x	0	1	2	3	−1	−2	−3
y	0	1	4	9	1	4	9

Im Handel sind Schablonen von Normalparabeln erhältlich, bei denen die Einheit 1 üblicherweise 1 cm beträgt. Hier haben wir aus Platzgründen als Einheit 0.5 cm gewählt.

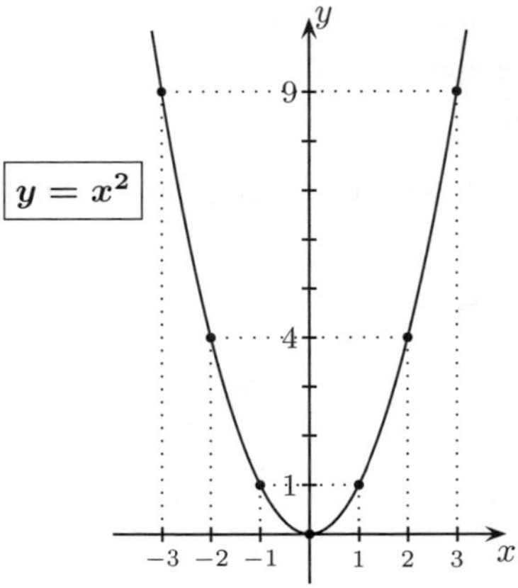

Normalparabel in allgemeiner Lage

Eine Normalparabel (nach oben geöffnet) mit Scheitelpunkt $S = (x_s, y_s)$ ist gegeben durch

$y - y_s = (x - x_s)^2$ **Scheitelform**
bzw.
$y = x^2 + bx + c$ **Normalform**.

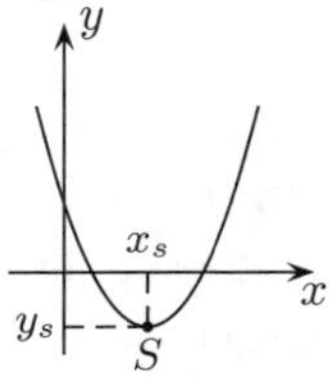

9.17 *Man skizziere die folgenden Normalparabeln und gebe jeweils ihre Scheitelform und ihre Normalform an.*

(a) *Scheitelpunkt* $(-2, -1)$, *Parabel nach oben geöffnet.*
(b) *Scheitelpunkt* $(3, 3)$, *Parabel nach unten geöffnet.*
(c) *Scheitelpunkt* $(3, -1)$, *Parabel nach links geöffnet.*

(a) $y + 1 = (x + 2)^2 \iff y + 1 = x^2 + 4x + 4 \iff y = x^2 + 4x + 3.$
Scheitelform — Normalform

(b) $y - 3 = -(x - 3)^2 \iff y - 3 = -(x^2 - 6x + 9) \iff y = -x^2 + 6x - 6.$
Scheitelform — Normalform

(c) $x - 3 = -(y + 1)^2 \iff x - 3 = -(y^2 + 2y + 1) \iff x = -y^2 - 2y + 2.$
Scheitelform — Normalform

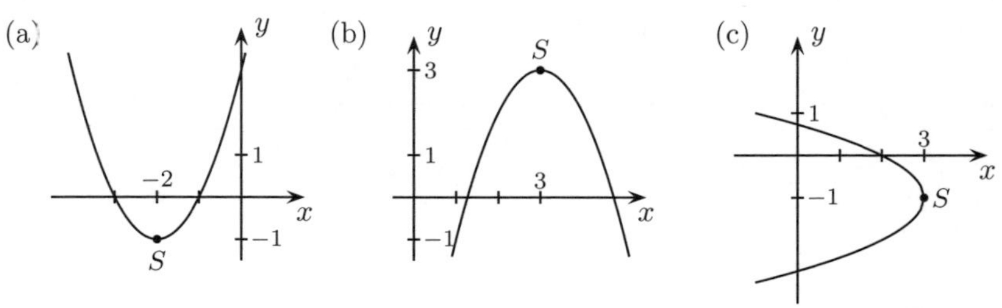

9.18 *Man gebe Scheitelform und Scheitelpunkt der Normalparabeln an:*
(a) $y = x^2+4x+3$, (b) $y = -x^2-2x+1$, (c) $x = y^2+\frac{2}{3}y-\frac{5}{9}$.

Mittels quadratischer Ergänzung wird jeweils umgeformt:

(a) $y = x^2+4x+3 \iff y = (x+2)^2-4+3 \iff \underline{y+1 = (x+2)^2}$.
Scheitelpunkt: $\underline{S = (-2,-1)}$, nach oben geöffnet.

(b) $y = -x^2-2x+1 \iff y = -(x^2+2x-1) \iff y = -((x+1)^2-1-1)$
$\iff y = -(x+1)^2+2 \iff \underline{y-2 = (x+1)^2}$.
Scheitelpunkt: $\underline{S = (-1,2)}$, nach unten geöffnet.

(c) $x = y^2+\frac{2}{3}y-\frac{5}{9} \iff x = (y+\frac{1}{3})^2-\frac{1}{9}-\frac{5}{9} \iff \underline{x+\frac{2}{3} = (y+\frac{1}{3})^2}$.
Scheitelpunkt: $\underline{S = (-\frac{2}{3},-\frac{1}{3})}$, nach rechts geöffnet.

Allgemeine Parabeln

1. Nach oben bzw. nach unten geöffnet:
   $y = ax^2+bx+c \quad (a \neq 0)$ Normalfom
   $y - y_s = a(x-x_s)^2$ Scheitelform, Scheitelpunkt (x_s, y_s)
   $a > 0$: nach oben geöffnet; $a < 0$: nach unten geöffnet.
2. Nach rechts bzw. nach links geöffnet:
   $x = ay^2+by+c \quad (a \neq 0)$ Normalfom
   $x - x_s = a(y-y_s)^2$ Scheitelform, Scheitelpunkt (x_s, y_s)
   $a > 0$: nach rechts geöffnet; $a < 0$: nach links geöffnet.

Zusammenhang zwischen a und Halbparameter p: $p = \frac{1}{2|a|}$.

9.19 *Man skizziere die folgenden Parabeln:*
(a) $y+1 = 2(x+1)^2$, (b) $y = -\frac{1}{2}x^2+2x$,
(c) $x = \frac{1}{4}y^2+y-3$, (d) $x-2 = -\frac{2}{3}y^2$.

Wir geben jeweils die Scheitelform, den Scheitelpunkt S und den Halbparameter p an. Für die Skizze stelle man gegebenenfalls noch eine Wertetabelle auf.

(a)	Scheitelform	$y+1 = 2(x+1)^2$	gegeben;	$S = (-1,-1)$,	$p = \frac{1}{4}$.
(b)	Scheitelform	$y-2 = -\frac{1}{2}(x-2)^2$	umformen!	$S = (2,2)$,	$p = 1$.
(c)	Scheitelform	$x+4 = \frac{1}{4}(y+2)^2$	umformen!	$S = (-4,-2)$,	$p = 2$.
(d)	Scheitelform	$x-2 = -\frac{2}{3}y^2$	gegeben;	$S = (2,0)$,	$p = \frac{3}{4}$.

(a)
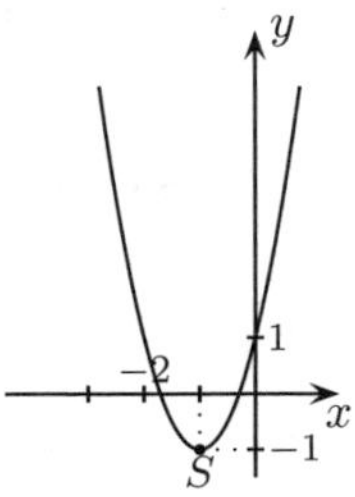

(b)
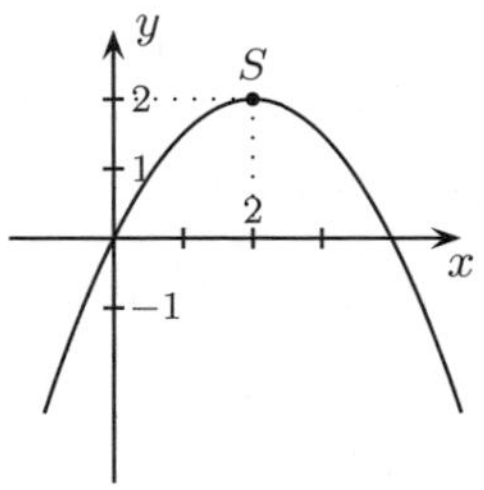

(c)

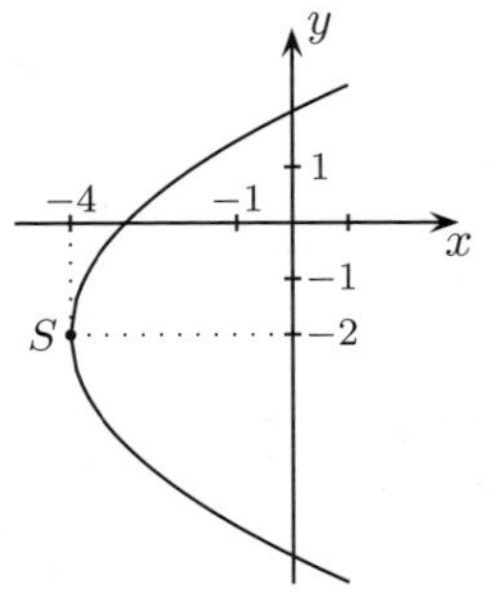

(d)

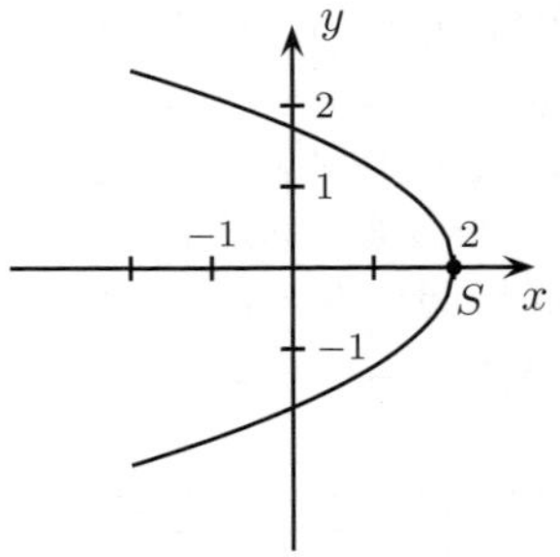

9.20 *Eine Parabel geht durch die Punkte $P_1 = (-2, 1)$, $P_2 = (0, 3)$, $P_3 = (6, 5)$. Gesucht ist der Halbparameter p und der Scheitelpunkt S, wenn sie*

(a) *in y-Richtung geöffnet ist.*

(b) *in x-Richtung geöffnet ist.*

(a) Die Normalform einer in y-Richtung geöffneten Parabel lautet $y = ax^2 + bx + c$. Es sind a, b, c gesucht. Einsetzen der drei gegebenen Punkte liefert drei Gleichungen für a, b, c und zwar:

$$\begin{array}{rcrl}
4a - 2b + c = 1 & \Longrightarrow & 4a - 2b = -2 & | \cdot 3 \\
c = 3 & c \text{ einsetzen} & & \\
36a + 6b + c = 5 & \Longrightarrow & 36a + 6b = 2 &
\end{array} \Bigg] + \quad \begin{array}{rl} 48a = & -4 \\ a = & -\frac{1}{12} \end{array}$$

Einsetzen ergibt nun $-2b = -2 + \frac{1}{3}$, also $b = \frac{5}{6}$.

Die Parabel ist gegeben durch $y = -\frac{1}{12}x^2 + \frac{5}{6}x + 3$.

Die angegebenen Formeln liefern den Halbparameter $p = \dfrac{1}{2 \cdot |\frac{1}{12}|} = \dfrac{1}{2 \cdot \frac{1}{12}} = \dfrac{1}{\frac{1}{6}}$, also $\underline{p = 6}$.

Die Umformung

$$\begin{aligned}
y = -\tfrac{1}{12}x^2 + \tfrac{5}{6}x + 3 \quad &\Longleftrightarrow \quad y = -\tfrac{1}{12}(x^2 - 10x - 36) \\
&\Longleftrightarrow \quad y = -\tfrac{1}{12}((x - 5)^2 - 61) \\
&\Longleftrightarrow \quad y - \tfrac{61}{12} = -\tfrac{1}{12}(x - 5)^2
\end{aligned}$$

liefert den Scheitelpunkt $\underline{S = (5, \frac{61}{12})}$.

(b) Die Normalform einer in x-Richtung geöffneten Parabel lautet $x = ay^2 + by + c$. Einsetzen der Punkte liefert jetzt:

$$\begin{array}{r}
a + b + c = -2 \\
9a + 3b + c = 0 \\
25a + 5b + c = 6
\end{array} \Big]- \Bigg]- \quad \begin{array}{rl}
-8a - 2b = -2 & | \cdot (-2) \\
-24a - 4b = -8 &
\end{array} \Big]+ \quad \begin{array}{rl} -8a = & -4 \\ a = & \frac{1}{2} \end{array}$$

Einsetzen: $-4 - 2b = -2$, also $b = -1$ und $\frac{1}{2} - 1 + c = -2$, also $c = -\frac{3}{2}$.

Eine Parabelgleichung lautet $x = \frac{1}{2}y^2 - y - \frac{3}{2}$.

Der Halbparameter ist hier $p = \dfrac{1}{2 \cdot \frac{1}{2}} = 1$.

Die Umformung $\quad x = \frac{1}{2}y^2 - y - \frac{3}{2} \iff x = \frac{1}{2}(y^2 - 2y - 3)$

$$\iff x = \tfrac{1}{2}((y-1)^2 - 4)$$

$$\iff x + 2 = \tfrac{1}{2}(y-1)^2$$

liefert den Scheitelpunkt $\underline{S = (-2, 1)}$.

(a)

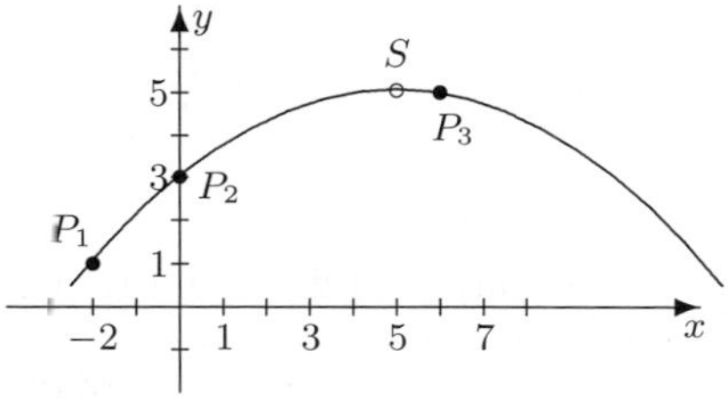

(b)

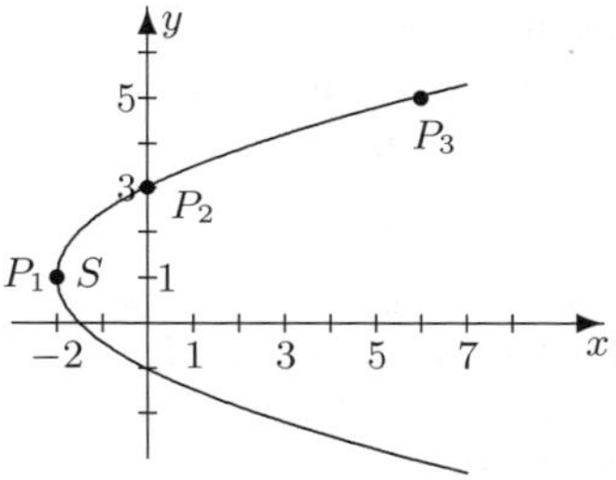

Tangente und Normale

Tangente und **Normale** im Parabelpunkt $P = (x_1, y_1)$ sind Winkelhalbierende der Winkel zwischen dem Brennpunktradiusvektor und der Geraden $y = y_1$.
Ist die Parabel durch $(y - y_s)^2 = 2p(x - x_s)$ gegeben, und $P = (x_1, y_1)$ ein Parabelpunkt, so ist

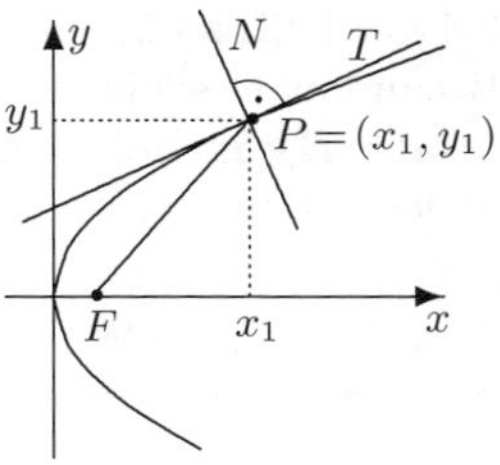

(1) $\quad y = -\dfrac{y_1 - y_s}{p}(x - x_1) + y_1$ Gleichung der Normale und

(2) $\quad y = \dfrac{p}{y_1 - y_s}(x - x_1) + y_1, \quad (y_1 \neq y_s)$ Gleichung der Tangente in P.

(2) ist äquivalent zu $(y_1 - y_s)(y - y_1) = p(x - x_1)$ (ohne Beschränkung an y_1).

Für Tangente und Normale an in y-Richtung geöffnete Parabeln werden hier keine Formeln angegeben; man kann Differentialrechnung verwenden, siehe [**EM 2**].

9.21 (a) *Wie lautet eine Gleichung der Tangente und der Normale an die Parabel $y^2 = 4x$ im Punkt $(4, 4)$?*

(b) *Wie lautet eine Gleichung der Tangente und der Normale an die Parabel $y = 2x^2 - 4x + 3$ im Punkt $(-1, 9)$?*

(a) Es ist $x_s = y_s = 0$ und $p = 2$. Also erhält man nach den Formeln:
Normale: $\quad y = -\frac{4}{2}(x - 4) + 4, \qquad \underline{y = -2x + 12}.$
Tangente: $\quad y = \frac{2}{4}(x - 4) + 4, \qquad \underline{y = \frac{1}{2}x + 2}.$

Für den Spezialfall $x_s = y_s = 0$ erhält man aus der Tangentengleichung $(y_1 - y_s)(y - y_1) = p(x - x_1)$ zunächst $y_1 y - y_1^2 = p(x - x_1)$ und mit $y_1^2 = 2px_1$ die
spezielle Tangentengleichung $\boxed{y_1 y = p(x + x_1)}$, hier $y = \frac{1}{2}x + 2$.

(b) Hierbei benutzen wir im Vorgriff auf [**EM 2**] die Ableitung y', um die Tangentensteigung zu berechnen.
Es ist $y' = 4x - 4$, also $y'(-1) = -8$. Die Punkt-Richtungs-Form einer Geraden (s. ebenfalls [**EM 2**]) ergibt für die
Tangente: $y - 9 = -8(x + 1)$, bzw. $y = -8x + 1$.
Die Normale steht senkrecht auf der Tangente, hat also die Steigung $\frac{1}{8}$.
Damit erhält man als Normale

$$y - 9 = \frac{1}{8}(x + 1), \qquad \text{bzw.} \qquad y = \frac{1}{8}x + \frac{73}{8}.$$

Die angegebenen Eigenschaften der Tangenten von Parabel, Ellipse und Hyperbel liefern die folgenden **Reflexionseigenschaften** für diese Kurven:
Stellt man im (in einem) Brennpunkt der Kurve eine Lichtquelle auf, so wird der Lichtstrahl

- bei der **Parabel** in einem Punkt stets parallel zur Parabelachse reflektiert. (Parabolspiegel)
- bei der **Ellipse** in einem Punkt stets auf einem Strahl durch den anderen Brennpunkt reflektiert.
- bei der **Hyperbel** in einem Punkt stets längs eines Verbindungsstrahls vom anderen Brennpunkt durch diesen Punkt reflektiert.

Diese Sätze ergeben sich, da bei der Reflexion stets Einfalls- und Ausfallswinkel gleich sind und diese Winkel gegen die Tangente im Punkt gemessen werden (siehe dazu jeweils die Tangentenskizzen).

9.5 Kegelschnitte

Eine wichtige Klasse von Gleichungen sind die **Gleichungen 2. Grades** in zwei Variablen. Allgemein lautet eine Gleichung 2. Grades

$$\boldsymbol{ax^2 + by^2 + cxy + dx + ey + f = 0}.$$

Es stellt sich die Frage, welche Punktmengen im $\mathbb{R}^2$ durch solche Gleichungen dargestellt werden können. Die vorigen Abschnitte zeigen, dass dies Kreise, Ellipsen, Hyperbeln und Parabeln sein können. Als Sonderfälle sind auch Geraden (z.B. $a = b = c = d = 0, e = f = 1$), Punkte (z.B. $a = b = 1, c = d = e = f = 0$) oder die leere Menge (z.B. $a = f = 1, b = c = d = e = 0$) darstellbar.

Man kann zeigen, dass diese Aufzählung vollzählig ist und nennt die genannten Kurven **Kegelschnitte**, da es bis auf Sonderfälle genau diejenigen Kurven sind, die sich als Schnittkurven eines geraden Doppelkegels mit einer Ebene ergeben können. Hier soll nun gezeigt werden, wie man aus einer gegebenen Gleichung den dargestellten Kurventyp erkennt.

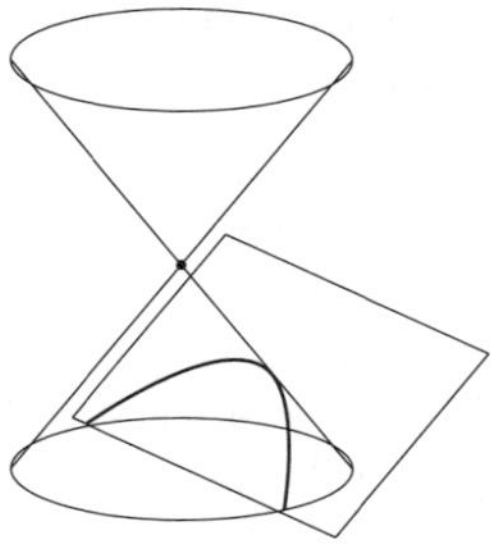
Beispiel einer **Parabel** als Kegelschnitt

Ist $c \neq 0$, d.h. kommt der gemischte Term xy vor, so kann dies schwierig werden. Aus diesem Grund beschränken wir uns auf Gleichungen der Form $ax^2 + by^2 + cx + dy + e = 0$, also auf Gleichungen ohne Term xy, und verweisen für den allgemeinen Fall z.B. auf [**HM**].
Gilt $a = b = 0$, so sind wir im linearen Fall (siehe [Abschnitt 10.1]).
Wir setzen also $(a, b) \neq (0, 0)$ voraus. Dann liefern die in den letzten Abschnitten aufgelisteten Gleichungen für Kreis, Ellipse, Hyperbel und Parabel die wesentlichen Klassifikationsgrundlagen. Daher fassen wir die dort angegebenen Gleichungen noch einmal zusammen.

Kegelschnitte in allgemeiner (achsenparalleler) Lage

Kreis	(1)	$(x - x_m)^2 + (y - y_m)^2 = r^2$	
		Kreis mit Mittelpunkt (x_m, y_m) und Radius r	
Ellipse	(2)	$\dfrac{(x - x_m)^2}{a^2} + \dfrac{(y - y_m)^2}{b^2} = 1$	
		Ellipse mit Mittelpunkt (x_m, y_m) und Halbachsen a und b	
Hyperbel	(3)	$\dfrac{(x - x_m)^2}{a^2} - \dfrac{(y - y_m)^2}{b^2} = \pm 1$	(+: rechts-links geöffnet) (−: oben-unten geöffnet)
		Asymptoten: $y - y_m = \pm \frac{b}{a}(x - x_m)$	
Parabel	(4)	$y - y_s = a(x - x_s)^2$	in y-Richtung geöffnet
		$x - x_s = a(y - y_s)^2$	in x-Richtung geöffnet
		Scheitelpunkt (x_s, y_s)	

Welche Kurven nun durch $ax^2 + by^2 + cx + dy + e = 0$ dargestellt werden, hängt hauptsächlich von den Koeffizienten a und b ab.

Klassifikationsverfahren für Kegelschnitte

Unterscheide in Abhängigkeit von a und b:

1. $a \neq 0$, $b = 0$ Versuche, auf die Form (4) zu bringen! (**Parabel**)
2. $a = 0$, $b \neq 0$ Versuche, auf die Form (4) zu bringen! (**Parabel**)
3. $a \neq 0, b \neq 0$
   - α) $a = b$ Versuche, auf die Form (1) zu bringen! (**Kreis**)
   - β) $a \neq b$ und $ab > 0$, d.h. a und b haben gleiches Vorzeichen. Versuche, auf die Form (2) zu bringen! (**Ellipse**)
   - γ) $a \neq b$ und $ab < 0$, d.h. a und b haben unterschiedliches Vorzeichen. Versuche, auf Form (3) zu bringen! (**Hyperbel**)

Es können einige Sonderfälle auftreten, auf die in den folgenden Beispielen eingegangen wird.

9.22 *Nach dem angegebenen Verfahren entscheide man bei den folgenden Gleichungen 2. Grades, welche Punktmenge jeweils durch sie dargestellt wird:*

(a) $x^2 + y^2 - 2x + 4y - 4 = 0$ (b) $2x^2 + 4x + y = 0$
(c) $2x^2 - 3y^2 + 4x - 18y - 13 = 0$ (d) $x^2 + 2y^2 - 2x = 3$
(e) $-\frac{1}{2}y^2 + 2x - y = 1$ (f) $x^2 - y^2 - 2x + 2y = 0$
(g) $2x^2 + y^2 + 6y + 10 = 0$ (h) $2x^2 + y^2 + 6y + 9 = 0$

(a) $x^2 + y^2 - 2x + 4y - 4 = 0 \iff x^2 - 2x + y^2 + 4y = 4$
$(a = b = 1)$ $\iff (x-1)^2 + (y+2)^2 = 4 + 1 + 4$
Es wird stets quadratische Ergänzung angewendet.
(umformen zu Form (1)) $\iff (x-1)^2 + (y+2)^2 = 9$
Kreis um $(1, -2)$ mit Radius 3

(b) $2x^2 + 4x + y = 0 \iff y = -2(x^2 + 2x)$
$(a = 2\ ,\ b = 0)$ $\iff y = -2((x+1)^2 - 1)$
(umformen zu Form (4)) $\iff y - 2 = -2(x+1)^2$
nach unten geöffnete **Parabel**
mit Scheitelpunkt $S = (-1, 2)$.

(c) $2x^2 - 3y^2 + 4x - 18y - 13 = 0 \iff 2(x^2 + 2x) - 3(y^2 + 6y) = 13$
$(a = 2\ ,\ b = -3)$ $\iff 2((x+1)^2 - 1) - 3((y+3)^2 - 9) = 13$
(umformen zu Form (3)) $\iff 2(x+1)^2 - 3(y+3)^2 = 13 + 2 - 27$
$\iff \frac{(y+3)^2}{4} - \frac{(x+1)^2}{6} = 1$
in y-Richtung geöffnete **Hyperbel**
mit Mittelpunkt $(-1, -3)$.

(d) $x^2 + 2y^2 - 2x = 3 \iff x^2 - 2x + 2y^2 = 3$
$(a = 1\ ,\ b = 2)$ $\iff (x-1)^2 - 1 + 2y^2 = 3$
(umformen zu Form (2)) $\iff \frac{(x-1)^2}{4} + \frac{y^2}{2} = 1$
Ellipse mit Mittelpunkt $(1, 0)$
und den Halbachsen 2 und $\sqrt{2}$.

(e) $-\frac{1}{2}y^2 + 2x - y = 1 \iff 2x = \frac{1}{2}(y^2 + 2y) + 1$
$(a = 0\ ,\ b = -\frac{1}{2})$ $\iff 2x = \frac{1}{2}((y+1)^2 - 1) + 1$
(umformen zu Form (4)) $\iff 2x - \frac{1}{2} = \frac{1}{2}(y+1)^2$
$\iff x - \frac{1}{4} = \frac{1}{4}(y+1)^2$
nach rechts geöffnete **Parabel**, $S = (\frac{1}{4}, -1)$.

(f) $x^2 - y^2 - 2x + 2y = 0 \iff (x-1)^2 - (y-1)^2 = 0$
$(a = 1\ ,\ b = -1)$ $\iff |x-1| = |y-1|$
((3) ist nicht erreichbar) $\iff y - 1 = x - 1$ oder $y - 1 = -(x-1)$
$\iff y = x$ oder $y = -x + 2$
Paar sich schneidender Geraden.

(g) $2x^2 + y^2 + 6y + 10 = 0 \iff 2x^2 + (y+3)^2 - 9 + 10 = 0$

$(a = 2\ ,\ b = 1) \iff 2x^2 + (y+3)^2 = -1$

(umformen zu Form (2)) (2) ist nicht erreichbar.

Die letzte Gleichung zeigt aber, dass $L = \emptyset$ gilt, da die Summe von zwei Quadraten niemals negativ sein kann. Es ergibt sich also die **leere Menge**.

(h) Die Rechnung unter (g) zeigt, dass die äquivalenten Umformungen auf $2x^2 + (y+3)^2 = 0$ führen, und diese Gleichung hat die einelementige Lösungsmenge $L = \{(0, -3)\}$. Die Lösungsmenge ist hier also **ein Punkt**.

9.23 *Man skizziere die durch die folgenden Gleichungen dargestellten Kegelschnitte.*

(a) $x^2 - 2y - 4x + 6 = 0$

(b) $2x^2 + \frac{1}{2}y^2 - 8x + y - \frac{1}{2} = 0$

(c) $x^2 - y^2 - 4x + 2y + 4 = 0$

Zunächst werden Umformungen wie in der vorigen Aufgabe vorgenommen.

(a)

$x^2 - 2y - 4x + 6 = 0$

$\iff$

$2y = x^2 - 4x + 6$

$2y = (x-2)^2 + 2$

$y - 1 = \frac{1}{2}(x-2)^2$

(b)

$2x^2 + \frac{1}{2}y^2 - 8x + y + \frac{1}{2} = 0$

$\iff$

$2(x^2 - 4x) + \frac{1}{2}(y^2 + 2y) = -\frac{1}{2}$

$2(x-2)^2 + \frac{1}{2}(y+1)^2 = 8$

$\frac{(x-2)^2}{4} + \frac{(y+1)^2}{16} = 1$

(c)

$x^2 - y^2 - 4x + 2y + 4 = 0$

$\iff$

$(x-2)^2 - (y-1)^2 = -1$

$(y-1)^2 - (x-2)^2 = 1$

Jetzt erkennt man die Kurven gemäß der Tabelle zwei Seiten zuvor und kann sie entsprechend skizzieren.

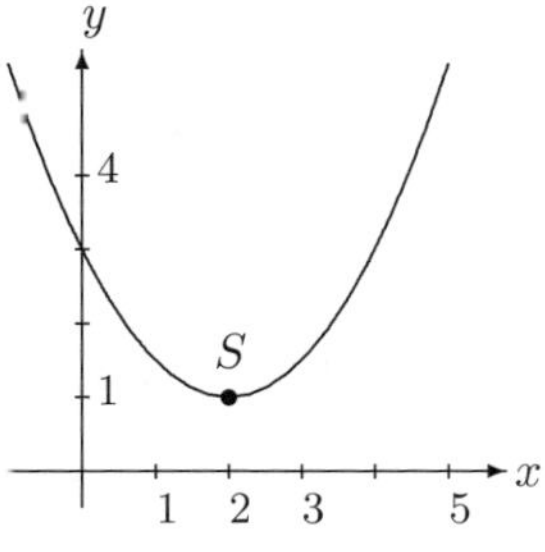

Parabel

$y - 1 = \frac{1}{2}(x-2)^2$

Scheitelpunkt $S = (2, 1)$

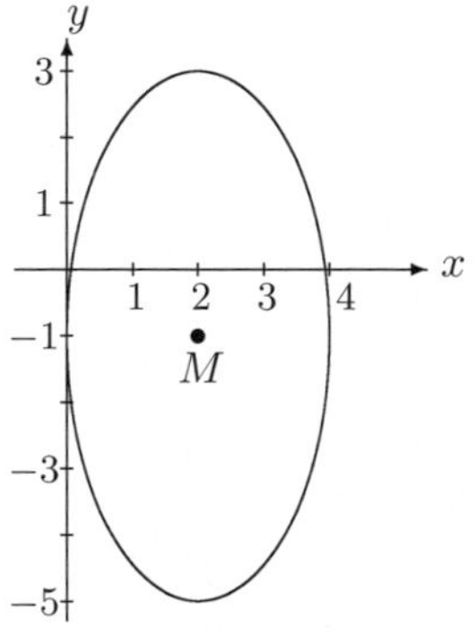

Ellipse

$\frac{(x-2)^2}{4} + \frac{(y+1)^2}{16} = 1$

Mittelpunkt $M = (2, -1)$

Halbachsen $a = 2$, $b = 4$

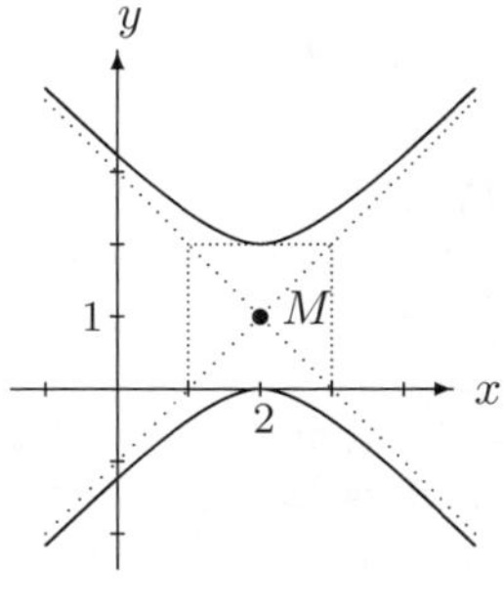

Hyperbel

$(y-1)^2 - (x-2)^2 = 1$

Mittelpunkt $M = (2, 1)$

in y-Richtung geöffnet

Halbachsen $a = 1$, $b = 1$

Asymptoten:

$y - 1 = \pm(x - 2)$

9.6 Aufgaben

9.24 *Welche Gleichung hat der Kreis mit Mittelpunkt* $(-2,-3)$ *und Radius* 5*? Warum liegt der Punkt* $P = (2,-6)$ *auf dem Kreis? Wie lautet die Gleichung der Kreistangente in* P*?*

9.25 *Für den Kreis durch die Punkte* $(2,-1)$, $(0,-3)$ *und* $(4,-3)$ *gebe man eine Gleichung, eine Parameterdarstellung und eine vektorielle Darstellung an.*

9.26 *Für die folgenden Kreise bestimme man jeweils ihren Mittelpunkt und ihren Radius.*
(a) $x^2+y^2+4x = 21$, (b) $4x^2+4y^2-16x+24y+3 = 0$, (c) $x^2+y^2+6x+8y = 0$.

9.27 *In welchen Punkten schneiden sich der Kreis um* $P_1 = (0,5)$ *mit Radius* 2 *und der Kreis um* $P_2 = (-6,8)$ *mit Radius* 5*?*

9.28 *Für ein gleichseitiges Dreieck der Seitenlänge 1 berechne man die Fläche des einbeschriebenen und des umbeschriebenen Kreises.*

9.29 *Für einen Kreis mit dem Radius* $r = 2$ *und die Kreisabschnittshöhe* $h = \frac{1}{2}$ *(siehe* [Seite 138]*) berechne man näherungsweise den zugehörigen Winkel* α *des Kreissektors bzw. Kreisabschnitts, die Flächeninhalte von Kreissektor* F_S *und Kreisabschnitt* F_A *zum Winkel* α*, sowie die prozentualen Anteile dieser Flächen an der Halbkreisfläche* F_H.

9.30 *Für den Kreis* $(x+1)^2+(y-3)^2 = 9$ *bestimme man Tangenten und Normalen in den Schnittpunkten mit den Koordinatenachsen.*

9.31 *Man gebe eine Kreisgleichung für den Kreis mit Mittelpunkt* $(2,1)$ *und Tangente* $y = -2x+10$ *an.*

9.32 *Für die folgenden Ellipsen bestimme man jeweils ihren Mittelpunkt, ihre Halbachsen und ihre Brennpunkte.*
(a) $4x^2+y^2+24x = 0$, (b) $x^2+16y^2-6x+64y = -57$.

9.33 *Wie lauten jeweils Gleichungen der Ellipsen mit Mittelpunkt* $(0,0)$ *und achsenparallelen Symmetrieachsen, die*
(a) *durch die Punkte* $(\frac{3}{2}\sqrt{3},1)$ *und* $(1,\frac{4}{3}\sqrt{2})$ *gehen?*
(b) *eine Halbachse der Länge* 5 *haben und durch den Punkt* $(\frac{5}{2}\sqrt{3},1)$ *gehen?*
(c) *die Brennpunkte* $(-3,0)$ *und* $(3,0)$ *haben und durch den Punkt* $(0,4)$ *gehen?*

9.34 *Man gebe den Mittelpunkt und die Halbachsen der Ellipse an, die gegeben ist als Menge aller Punkte, für die die Summe der Abstände von den Punkten* $F_1 = (-2,3)$ *und* $F_2 = (6,3)$ *konstant 10 ist.*

9.35 *Gegeben ist die Ellipse* $9x^2+4y^2-54x-16y+61 = 0$*. Man bestimme Gleichungen der Tangenten und Normalen in den Ellipsenpunkten* $(2,y)$*.*

9.36 Für die folgenden Hyperbeln bestimme man jeweils ihren Mittelpunkt, ihre Halbachsen, ihre Brennpunkte und ihre Asymptoten.

(a) $4x^2 - y^2 + 24x = 0,$ (b) $4y^2 - x^2 - 16y + 6x = -3.$

9.37 Wie lauten jeweils Gleichungen der Hyperbeln mit Mittelpunkt $(0,0)$ und achsenparallelen Symmetrieachsen, die
(a) durch die Punkte $(3, \sqrt{5})$ und $(\sqrt{5}, 1)$ gehen?
(b) eine Halbachse der Länge 3 haben, in x-Richtung geöffnet sind und durch den Punkt $(6\sqrt{7}, 6\sqrt{3})$ gehen?
(c) die Brennpunkte $(0, \sqrt{34})$ und $(0, -\sqrt{34})$ und die Asymptoten $y = \pm\frac{5}{3}x$ haben?

9.38 Gegeben ist die Hyperbel $(x-1)^2 - \frac{(y-1)^2}{4} = 1$. Man bestimme Gleichungen der Tangenten und Normalen in den Hyperbelpunkten $(-1, y)$.

9.39 Man bestimme jeweils den Scheitelpunkt der folgenden Normalparabeln:

(a) Nach oben geöffnet und durch die Punkte $(0, 2)$ und $(1, 5)$.
(b) Nach unten geöffnet und durch die Punkte $(0, -2)$ und $(-3, 1)$.
(c) Nach links geöffnet und durch die Punkte $(0, 0)$ und $(-3, -1)$.
(d) Nach rechts geöffnet und durch die Punkte $(0, \sqrt{3})$ und $(6, -3)$.

9.40 Für die folgenden Parabeln bestimme man jeweils Brennpunkt, Scheitelpunkt und Leitlinie und skizziere sie:
(a) $x^2 - 2x - 6y = 11,$ (b) $-x^2 + 4x - 6y = 16,$
(c) $2y^2 - 6y + 4x = 1,$ (d) $-2y^2 + 8y + 12x = 32.$

9.41 Eine nach unten geöffnete Parabel geht durch den Punkt $P = (4, 1)$ und hat den Scheitelpunkt $S = (2, 3)$. Man bestimme eine Gleichung, den Halbparameter, den Brennpunkt und die Leitlinie der Parabel.

9.42 Man bestimme eine Gleichung der Parabel, die die Leitlinie $x = 3$ und den Brennpunkt $(-1, 2)$ hat.

9.43 Gegeben ist die Normalparabel $y = x^2 + 2x + 2$.
(a) Man bestimme Gleichungen der Tangente und der Normale im Punkt $(1, 5)$.
(b) Ist die Gerade $y = -4x - 7$ eine Tangente an die Parabel?
(c) Ist die Gerade $y = x + 4$ eine Normale für die Parabel?

9.44 Unter welchen Winkeln schneiden sich
(a) die Parabel $y^2 = 12x$ und der Kreis $(x+3)^2 + y^2 = 72$?
(b) die Ellipse $\frac{(x+6)^2}{80} + \frac{(y-2)^2}{20} = 1$ und die Parabel $(x+6)^2 = 4(y-2)$?

9.45 *Nach dem Verfahren zur Klassifikation von Kegelschnitten entscheide man bei den folgenden Gleichungen 2. Grades, welche Punktmenge jeweils durch sie dargestellt wird:*

(a)	$x^2 + y^2 + 4x - 6y - 23 = 0$	(b)	$5x^2 - 20x - y = 0$
(c)	$x^2 - 25y^2 + 10x = 0$	(d)	$9x^2 + 4y^2 - 18x + 24y + 9 = 0$
(e)	$-2y^2 - 4x - 8y = 0$	(f)	$x^2 - 25y^2 + 10x - 50y = 0$
(g)	$x^2 + 25y^2 + 10x - 50y + 50 = 0$	(h)	$x^2 + 25y^2 + 10x - 50y + 51 = 0$

9.7 Lösungen

9.24 Kreisgleichung: $\underline{(x+2)^2 + (y+3)^2 = 25}$.
Wegen $(2+2)^2 + (-6+3)^2 = 16 + 9 = 25$ liegt $P = (2, -6)$ auf dem Kreis.
Gleichung der Tangente in P:
$y = -\frac{2+2}{-6+3}(x-2) - 6$, also $\underline{y = \frac{4}{3}x - \frac{26}{3}}$.

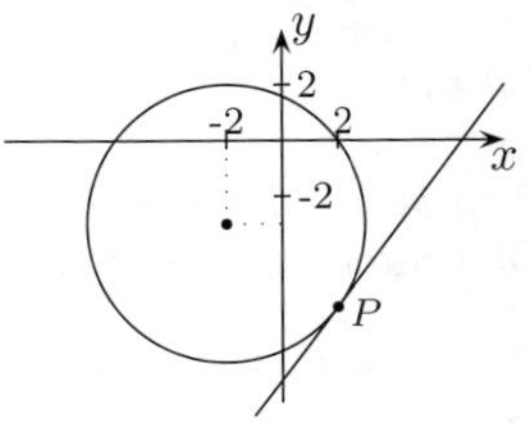

9.25 Durch Einsetzen der Punkte in die Gleichung $(x - x_m)^2 + (y - y_m)^2 = r^2$ erhält man drei Gleichungen für x_m, y_m und r.

$$\begin{aligned}
(2 - x_m)^2 + (-1 - y_m)^2 = r^2 &\iff x_m^2 - 4x_m + y_m^2 + 2y_m + 5 = r^2 \\
(0 - x_m)^2 + (-3 - y_m)^2 = r^2 &\iff x_m^2 + y_m^2 + 6y_m + 9 = r^2 \\
(4 - x_m)^2 + (-3 - y_m)^2 = r^2 &\iff x_m^2 - 8x_m + y_m^2 + 6y_m + 25 = r^2
\end{aligned}$$

(Subtraktionen: erste minus zweite; zweite minus dritte)

Die angedeuteten Subtraktionen liefern:
$$\begin{aligned} -4x_m - 4y_m - 4 &= 0 \\ 4x_m - 4y_m - 20 &= 0 \end{aligned}$$

Addition ergibt $-8y_m - 24 = 0$, also $\underline{y_m = -3}$, und durch Einsetzen in eine der Gleichungen erhält man $\underline{x_m = 2}$. Weiter folgt $r^2 = 4$, also $\underline{r = 2}$.

Gleichungen des Kreises:
$$(x-2)^2 + (y+3)^2 = 25$$
oder $x(t) = 2 + 2\cos t\ ,\ y(t) = -3 + 2\sin t\ ,\ 0 \le t < 2\pi$
oder $\left(\vec{x} - \begin{pmatrix} 2 \\ -3 \end{pmatrix}\right)^2 = 4$

9.26 Der Kreis mit Mittelpunkt $M = (x_m, y_m)$ und Radius r hat die Gleichung $(x - x_m)^2 + (y - y_m)^2 = r^2$.
Quadratische Ergänzungen liefern aus den gegebenen Gleichungen diese Form.

(a) $x^2 + y^2 + 4x = 21 \iff x^2 + 4x + 4 - 4 + y^2 = 21 \iff (x+2)^2 + y^2 = 25$.
Mittelpunkt: $\underline{M = (-2, 0)}$, Radius: $\underline{r = 5}$.

(b) $4x^2 + 4y^2 - 16x + 24y + 3 = 0 \iff 4(x^2 - 4x + 4) - 16 + 4(y^2 + 6y + 9) - 36 + 3 = 0$
$\iff (x-2)^2 + (y+3)^2 = \frac{49}{4}$.
Mittelpunkt: $\underline{M = (2, -3)}$, Radius: $\underline{r = \frac{7}{2}}$.

(c) $x^2 + y^2 + 6x + 8y = 0 \iff x^2 + 6x + 9 - 9 + y^2 + 8y + 16 - 16 = 0$
$\iff (x+3)^2 + (y+4)^2 = 25$
Mittelpunkt: $\underline{M = (-3, -4)}$, Radius: $\underline{r = 5}$.

9.27 Gleichung des Kreises um (0, 5) mit Radius 2: $x^2 + (y-5)^2 = 4$.
Gleichung des Kreises um (−6, 8) mit Radius 5: $(x+6)^2 + (y-8)^2 = 25$.

$$\begin{array}{rcrl} x^2 + (y-5)^2 = 4 & \Longleftrightarrow & x^2 + y^2 - 10y + 21 = 0 & (1) \\ (x+6)^2 + (y-8)^2 = 25 & \Longleftrightarrow & x^2 + y^2 + 12x - 16y + 75 = 0 & (2) \end{array}.$$

(2) − (1) beseitigt die Quadrate: $12x - 6y + 54 = 0$, d.h. $x = \frac{1}{2}y - \frac{9}{2}$.
Einsetzen in die erste Kreisgleichung:

$$\begin{aligned} \tfrac{1}{4}y^2 - \tfrac{9}{2}y + \tfrac{81}{4} + y^2 - 10y + 21 = 0 &\Longleftrightarrow \tfrac{5}{4}y^2 - \tfrac{29}{2}y = -\tfrac{165}{4} \\ &\Longleftrightarrow y^2 - \tfrac{58}{5}y + (\tfrac{29}{5})^2 = -33 + (\tfrac{29}{5})^2 \\ &\Longleftrightarrow (y - \tfrac{29}{5})^2 = \tfrac{16}{25} \\ &\Longleftrightarrow y_1 = \tfrac{4}{5} + \tfrac{29}{5} = \tfrac{33}{5},\ \ y_2 = -\tfrac{4}{5} + \tfrac{29}{5} = 5. \end{aligned}$$

$x = \frac{1}{2}y - \frac{9}{2}$ ergibt bei Einsetzen von y_1 und y_2: $x_1 = -\frac{6}{5}$ und $x_2 = -2$.
Gesuchte Schnittpunkte: $S_1 = \underline{(-\frac{6}{5}, \frac{33}{5})}$, $S_2 = \underline{(-2, 5)}$.

9.28 Die Höhe des gleichseitigen Dreiecks hat nach Pythagoras die Länge $\sqrt{1 - (\frac{1}{2})^2} = \frac{1}{2}\sqrt{3}$.
Mittelpunkt des äußeren und inneren Kreises ist der Schwerpunkt S des Dreiecks, da die Seitenhalbierenden im gleichseitigen Dreieck gleichzeitig die Mittelsenkrechten und die Winkelhalbierenden sind.
Da S der Schnittpunkt der Seitenhalbierenden ist, die sich im Verhältnis 2 : 1 teilen, ist der Radius des Umkreises $r_1 = \frac{2}{3} \cdot \frac{1}{2}\sqrt{3} = \frac{1}{3}\sqrt{3} = \frac{1}{\sqrt{3}}$.
Die Fläche des äußeren Kreises beträgt $F = \pi r_1^2 = \underline{\frac{1}{3}\pi}$.

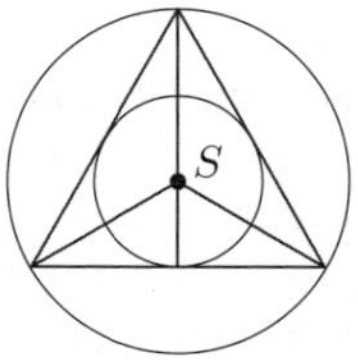

Der Radius r_2 des inneren Kreises ist die Länge des Lotes von S auf eine Seite. Damit gilt:
$r_2 = \frac{1}{2}\sqrt{3} - \frac{1}{3}\sqrt{3} = \frac{1}{6}\sqrt{3} = \frac{1}{2\sqrt{3}}$.
Die Fläche des inneren Kreises ist $\underline{\frac{1}{12}\pi}$, also ein Viertel der Fläche des äußeren Kreises.

9.29 Die Fläche des Halbkreises mit $r = 2$ beträgt $F_H = \frac{1}{2}\pi r^2 = 2\,\pi \approx \underline{6.28}$.
Für den Winkel α gilt: $\alpha = 2\arccos\frac{r-h}{r} = 2\arccos\frac{3}{4} \approx \underline{82.82^\circ}$. Im Bogenmaß: $\alpha \approx 1.45$. Damit beträgt die Fläche des Kreissektors
$F_S = \frac{\alpha}{360^\circ}\,\pi r^2 \approx \frac{82.82^\circ}{360^\circ} \cdot 4\pi \approx \underline{2.89}$.
Das sind $\frac{F_S}{F_H} \approx \frac{2.89}{6.28} \approx \underline{46\%}$ vom Halbkreis.

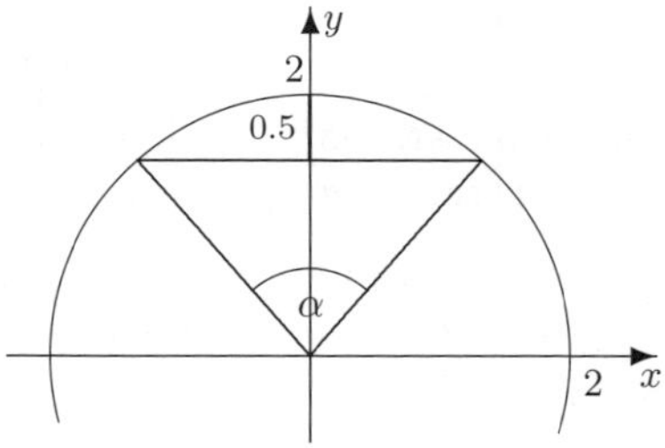

Für die Fläche des Kreisabschnitts gilt

$$\begin{aligned} F_A &= \frac{\alpha}{360^\circ}\,\pi r^2 - \frac{1}{2}r^2 \sin\alpha \\ &\approx F_S - \frac{1}{2}r^2 \sin 82.82^\circ \\ &\approx 2.89 - 1.98 \approx \underline{0.91}. \end{aligned}$$

Das sind $\frac{F_A}{F_H} \approx \frac{0.91}{6.28} \approx \underline{14.5\%}$ vom Halbkreis.

9.30 Mittelpunkt des Kreises ist $M = (-1, 3)$.
$y = 0$ liefert die Schnittpunkte des Kreises mit der x-Achse:
$(x+1)^2 + 9 = 9 \iff (x+1)^2 = 0 \iff x = -1$.
Schnittpunkt $P_1 = (-1, 0)$.
Tangente in P_1 ist $y = 0$, Normale ist $x = -1$, da der Kreis in $(-1, 0)$ die x-Achse berührt.
$x = 0$ liefert die Schnittpunkte des Kreises mit der y-Achse:
$1 + (y-3)^2 = 9 \iff (y-3)^2 = 8 \iff y = 3 \pm \sqrt{8}$.
Schnittpunkte $P_2 = (0, 3+\sqrt{8})$ und $P_3 = (0, 3-\sqrt{8})$.

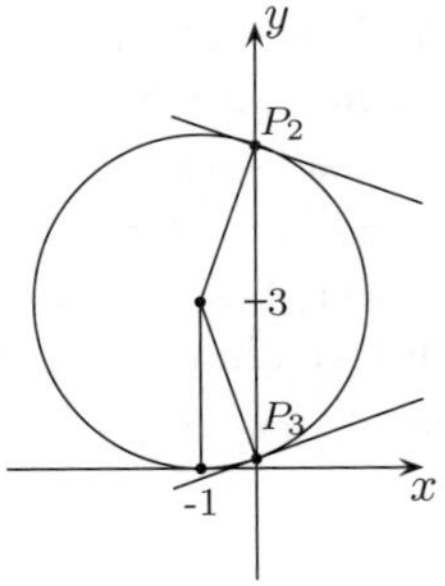

Die Formeln für Kreistangente und Kreisnormale liefern:

	Tangente	Normale
$P_1 = (-1, 0)$:	$y = 0$	$x = -1$
$P_2 = (0, 3+\sqrt{8})$:	$y = -\frac{1}{\sqrt{8}}\, x + 3 + \sqrt{8}$	$y = \sqrt{8}\, x + 3 + \sqrt{8}$
$P_3 = (0, 3-\sqrt{8})$:	$y = \frac{1}{\sqrt{8}}\, x + 3 - \sqrt{8}$	$y = -\sqrt{8}\, x + 3 - \sqrt{8}$

9.31 Gesucht ist der Radius des Kreises. Die zur gegebenen Tangente T gehörige Normale N steht senkrecht auf der Tangente, hat also die Steigung $\frac{1}{2}$, und geht durch $(2, 1)$. Sie ist daher gegeben durch $y - 1 = \frac{1}{2}(x-2)$, d.h. $y = \frac{1}{2}x$.
Schnittpunkt S von T und N:
$-2x + 10 = \frac{1}{2}x, \quad x = 4,\ y = 2, \quad S = (4, 2)$.
Gesuchter Radius:
$r = |S - (2,1)| = \sqrt{(4-2)^2 + (2-1)^2} = \sqrt{5}$.
Kreisgleichung: $\underline{(x-2)^2 + (y-1)^2 = 5}$.

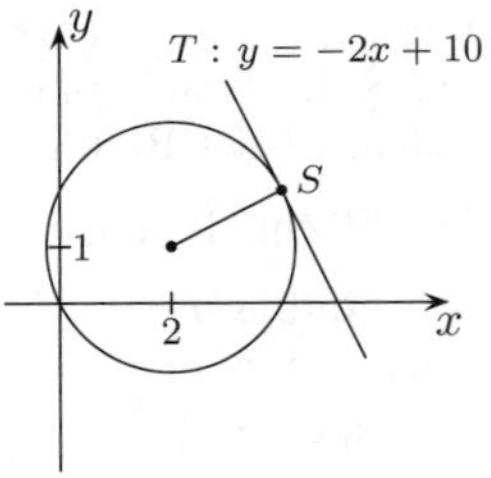

9.32 Die Ellipse mit Mittelpunkt $M = (x_m, y_m)$ und Halbachsen a, b hat die Gleichung $\frac{(x-x_m)^2}{a^2} + \frac{(y-y_m)^2}{b^2} = 1$. Quadratische Ergänzung liefert aus den gegebenen Gleichungen diese Form.

(a) $4x^2 + y^2 + 24x = 0 \iff 4(x^2 + 6x + 9) - 36 + y^2 = 0$
$\iff \frac{(x+3)^2}{9} + \frac{y^2}{36} = 1$.
Mittelpunkt: $\underline{M = (-3, 0)}$,
Halbachsen: $\underline{a = 3}$, $\underline{b = 6}$.

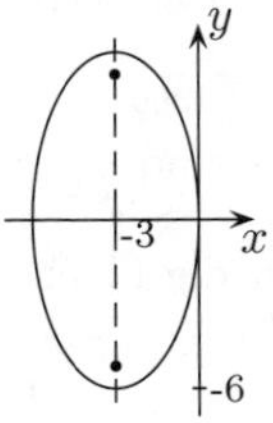

(b) $x^2 + 16y^2 - 6x + 64y = -57$
$\iff (x^2 - 6x + 9) - 9 + 16(y^2 + 4y + 4) - 64 = -57$
$\iff \frac{(x-3)^2}{16} + (y+2)^2 = 1$.
Mittelpunkt: $\underline{M = (3, -2)}$,
Halbachsen: $\underline{a = 4}$, $\underline{b = 1}$.

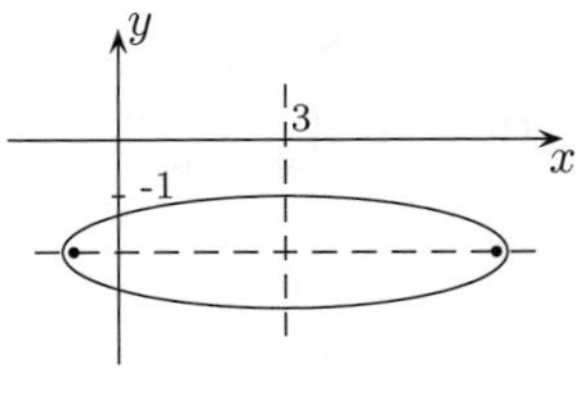

Zu den Brennpunkten:

(a) Die Ellipse hat ihre größere Halbachse in y-Richtung. Daher liegen die Brennpunkte auf der Geraden $x = -3$ im Abstand $e = \sqrt{36-9} = \sqrt{27} = 3\sqrt{3}$ vom Mittelpunkt. $\underline{F_1 = (-3, -3\sqrt{3})}$ und $\underline{F_2 = (-3, 3\sqrt{3})}$.

(b) Die Ellipse hat ihre größere Halbachse in x-Richtung. Daher liegen die Brennpunkte auf der Geraden $y = -2$ im Abstand $e = \sqrt{16-1} = \sqrt{15}$ vom Mittelpunkt. $\underline{F_1 = (3-\sqrt{15}, -2)}$ und $\underline{F_2 = (3+\sqrt{15}, -2)}$.

9.33

(a) Eine Ellipse mit Mittelpunkt $(0,0)$ und achsenparallelen Symmetrieachsen hat die Gleichung $\frac{x^2}{a^2} + \frac{y^2}{b^2} = 1$. Die Koordinaten der Punkte müssen die Gleichungen erfüllen. Einsetzen ergibt:

$$\begin{array}{l} \frac{27}{4a^2} + \frac{1}{b^2} = 1 \mid \cdot \frac{32}{9} \\ \frac{1}{a^2} + \frac{32}{9b^2} = 1 \end{array} \iff \begin{array}{l} \frac{24}{a^2} + \frac{32}{9b^2} = \frac{32}{9} \\ \frac{1}{a^2} + \frac{32}{9b^2} = 1 \end{array} \iff \begin{array}{l} \frac{23}{a^2} = \frac{23}{9} \\ \frac{1}{a^2} + \frac{32}{9b^2} = 1 \end{array}.$$

Es folgt $a^2 = 9$ und $b^2 = 4$.

Einzige Ellipse mit Zentrum $(0,0)$ durch die gegebenen Punkte ist $\underline{\frac{x^2}{9} + \frac{y^2}{4} = 1}$.

(b) In Frage kommen die Gleichungen $\frac{x^2}{25} + \frac{y^2}{b^2} = 1$ bzw. $\frac{x^2}{a^2} + \frac{y^2}{25} = 1$.
Einsetzen der Koordinaten des gegebenen Punktes ergibt im ersten Fall
$\frac{75}{4 \cdot 25} + \frac{1}{b^2} = 1 \iff \frac{1}{b^2} = \frac{1}{4} \iff b^2 = 4.$
Für den zweiten Fall ergibt sich
$\frac{75}{4a^2} + \frac{1}{25} = 1 \iff \frac{75}{4a^2} = \frac{24}{25} \iff a^2 = \frac{625}{32} \approx 19.5.$
Die gesuchten Ellipsen sind $\underline{\frac{x^2}{25} + \frac{y^2}{4} = 1}$ bzw. $\underline{\frac{32x^2}{625} + \frac{y^2}{25} = 1}$.

(c) Die Ellipsen haben die Gleichungen $\frac{x^2}{a^2} + \frac{y^2}{b^2} = 1$.
Da $(3,0)$ ein Brennpunkt ist, ist hier $b < a$.
Da die Ellipse durch $(0,4)$ geht, folgt $\frac{16}{b^2} = 1$, also $b^2 = 16$.
Für den Brennpunkt $(e,0)$ gilt $e = \sqrt{a^2 - b^2}$, also hier $a^2 = e^2 + b^2 = 9 + 16 = 25$.
$\underline{\frac{x^2}{25} + \frac{y^2}{16} = 1}$ ist die einzige Ellipse, die die Forderungen erfüllt.

9.34 Der Mittelpunkt M der Ellipse muss der Mittelpunkt der Strecke $\overline{F_1F_2}$ sein, also $M = (x_m, y_m) = \frac{1}{2}((-2,3) + (6,3)) = (2,3)$. Ferner gilt $2a = 10$, also $a = 5$. Aus $\overline{F_1F_2} = 2e$ folgt $e = 4$. Damit berechnet man b zu $b = \sqrt{a^2 - e^2} = \sqrt{25-16} = 3$. Gesuchte Ellipsengleichung: $\underline{\frac{(x-2)^2}{25} + \frac{(y-3)^2}{9} = 1}$.

9.35 Durch Umformung mittels quadratischer Ergänzung erhält man die Ellipsengleichung $\frac{(x-3)^2}{4} + \frac{(y-2)^2}{9} = 1$. Einsetzen von $x = 2$ in die Ellipsengleichung ergibt die Ellipsenpunkte $P_1 = (2, 2 + \frac{3}{2}\sqrt{3})$ und $P_2 = (2, 2 - \frac{3}{2}\sqrt{3})$.

Tangente in P_1: $y = -\frac{9}{4} \cdot \frac{-1}{\frac{3}{2}\sqrt{3}}(x-2) + 2 + \frac{3}{2}\sqrt{3}$

$y = \frac{3}{2\sqrt{3}}(x-2) + 2 + \frac{3}{2}\sqrt{3}$

$y = \frac{1}{2}\sqrt{3}\,x + 2 + \frac{1}{2}\sqrt{3}\,.$

Normale in P_1: $y = -\frac{2}{3}\sqrt{3}\,x + 2 + \frac{17}{6}\sqrt{3}\,.$

Tangente in P_2: $y = -\frac{1}{2}\sqrt{3}\,x + 2 - \frac{1}{2}\sqrt{3}\,.$

Normale in P_2: $y = \frac{2}{3}\sqrt{3}\,x + 2 - \frac{17}{6}\sqrt{3}\,.$

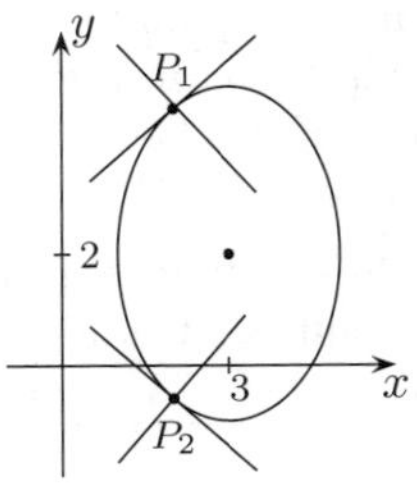

9.36 Eine Hyperbel mit Mittelpunkt $M = (x_m, y_m)$ und Halbachsen a, b hat die Gleichung $\frac{(x-x_m)^2}{a^2} + \frac{(y-y_m)^2}{b^2} = \pm 1$. Quadratische Ergänzung liefert aus den gegebenen Gleichungen diese Form.
Die Asymptoten sind $y - y_m = \pm\frac{b}{a}(x - x_m)$.
$e = \sqrt{a^2 + b^2}$ liefert die Brennpunkte auf einer Symmetrieachse der Hyperbel.

(a) $4x^2 - y^2 + 24x = 0 \iff 4(x^2 + 6x + 9) - 36 - y^2 = 0$

$\iff \frac{(x+3)^2}{9} - \frac{y^2}{36} = 1.$

Mittelpunkt: $\underline{M = (-3, 0)}$,
Halbachsen: $\underline{a = 3}$, $\underline{b = 6}$,
Asymptoten: $\underline{y = \pm 2(x+3)}$.
Scheitelpunkte S_1, S_2:
Die Hyperbel ist in x-Richtung geöffnet. Ihre Scheitelpunkte liegen auf der Symmetrieachse $y = 0$ im Abstand $a = 3$ vom Mittelpunkt. Dies ergibt $\underline{S_1 = (-6, 0)}$ und $\underline{S_2 = (0, 0)}$.

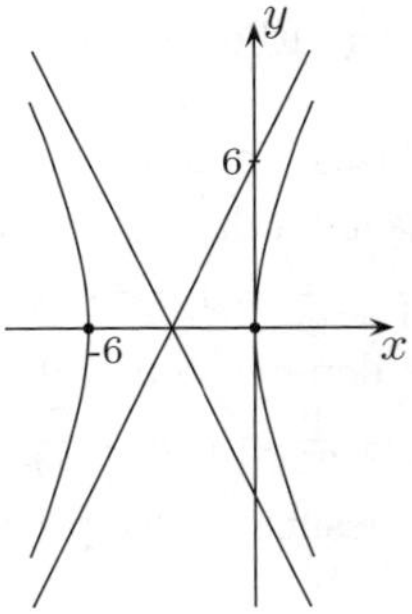

Brennpunkte F_1, F_2:
Sie liegen auf der Symmetrieachse $y = 0$ im Abstand $e = \sqrt{36 + 9} = \sqrt{45} \approx 6.7$ vom Mittelpunkt.
Also ist $\underline{F_1 = (-3 - 3\sqrt{5}, 0)}$ und $\underline{F_2 = (-3 + 3\sqrt{5}, 0)}$.

(b) $4y^2 - x^2 - 16y + 6x = -3 \iff 4(y^2 - 4y + 4) - 16 - (x^2 - 6x + 9) + 9 = -3$

$\iff (y-2)^2 - \frac{(x-3)^2}{4} = 1.$

Mittelpunkt: $\underline{M = (3, 2)}$,
Halbachsen: $\underline{a = 2}$, $\underline{b = 1}$,
Asymptoten: $\underline{y - 2 = \pm\frac{1}{2}(x-3)}$.
Scheitelpunkte S_1, S_2: Die Hyperbel ist in y-Richtung geöffnet. Ihre Scheitelpunkte liegen auf der Symmetrieachse $x = 3$ im Abstand $b = 1$ vom Mittelpunkt. Dies ergibt $\underline{S_1 = (3, 3)}$ und $\underline{S_2 = (3, 1)}$.

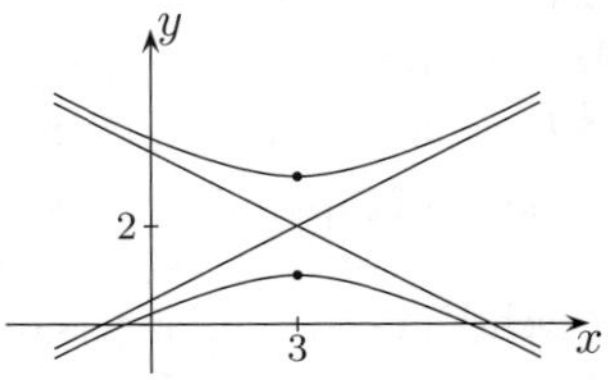

Brennpunkte F_1, F_2:
Sie liegen auf der Symmetrieachse $x = 3$ im Abstand $e = \sqrt{4 + 1} = \sqrt{5} \approx 2.2$ vom Mittelpunkt. Also ist $\underline{F_1 = (3, 2 + \sqrt{5})}$ und $\underline{F_2 = (3, 2 - \sqrt{5})}$.

9.37

(a) In Frage kommen die Gleichungen $\frac{x^2}{a^2} - \frac{y^2}{b^2} = \pm 1$. Die Koordinaten der Punkte müssen die Gleichungen erfüllen.

Zu $\frac{x^2}{a^2} - \frac{y^2}{b^2} = 1$: Einsetzen der Koordinaten der gegebenen Punkte ergibt:

$$\begin{array}{l} \frac{9}{a^2} - \frac{5}{b^2} = 1 \\ \frac{5}{a^2} - \frac{1}{b^2} = 1 \mid \cdot 5 \end{array} \iff \begin{array}{l} \frac{9}{a^2} - \frac{5}{b^2} = 1 \\ \frac{25}{a^2} - \frac{5}{b^2} = 5 \end{array} \iff \begin{array}{l} \frac{9}{a^2} - \frac{5}{b^2} = 1 \\ \frac{16}{a^2} \qquad = 4 \end{array}.$$

Es folgt $a^2 = 4$ und $b^2 = 4$, also $a = b = 2$.

Zu $\frac{x^2}{a^2} - \frac{y^2}{b^2} = -1$: Einsetzen der Koordinaten der gegebenen Punkte ergibt:

$$\begin{array}{l} \frac{9}{a^2} - \frac{5}{b^2} = -1 \\ \frac{5}{a^2} - \frac{1}{b^2} = -1 \mid \cdot 5 \end{array} \iff \begin{array}{l} \frac{9}{a^2} - \frac{5}{b^2} = -1 \\ \frac{25}{a^2} - \frac{5}{b^2} = -5 \end{array} \iff \begin{array}{l} \frac{9}{a^2} - \frac{5}{b^2} = -1 \\ \frac{16}{a^2} \qquad = -4 \end{array}.$$

Dieses Gleichungssystem hat keine Lösung.

Einzige Hyperbel mit Zentrum $(0,0)$ durch die gegebenen Punkte ist $\underline{\frac{x^2}{4} - \frac{y^2}{4} = 1}$.

(b) In Frage kommen die Gleichungen $\frac{x^2}{9} - \frac{y^2}{b^2} = 1$ bzw. $\frac{x^2}{a^2} - \frac{y^2}{9} = 1$.

Einsetzen der Koordinaten des gegebenen Punktes ergibt im ersten Fall $\frac{252}{9} - \frac{108}{b^2} = 1 \iff -\frac{108}{b^2} = -27 \iff b^2 = 4$. Für den zweiten Fall ergibt sich $\frac{252}{a^2} - \frac{108}{9} = 1 \iff \frac{252}{a^2} = 13 \iff a^2 = \frac{252}{13} \approx 19.4$.

Die gesuchten Hyperbeln sind $\underline{\frac{x^2}{9} - \frac{y^2}{4} = 1}$ bzw. $\underline{\frac{x^2}{9} - \frac{13y^2}{252} = 1}$.

(c) Da die Brennpunkte auf der y-Achse liegen, muss es sich um Hyperbeln der Form $\frac{y^2}{b^2} - \frac{x^2}{a^2} = 1$ handeln.

Asymptoten: $y = \pm\frac{b}{a}x = \pm\frac{5}{3}x \Longrightarrow \frac{b}{a} = \frac{5}{3} \Longrightarrow b = 5u,\ a = 3u$ für ein $u \in \mathbb{R},\ u > 0$.

Für den Brennpunkt $(0, e)$ gilt $e^2 = a^2 + b^2$, also hier $34 = 25u^2 + 9u^2 = 34u^2$.

Es folgt $u^2 = 1$, wegen $u > 0$ also $u = 1$.

Gesuchte Hyperbel: $\underline{\frac{y^2}{25} - \frac{x^2}{9} = 1}$.

9.38 Einsetzen von $x_1 = -1$ in die Hyperbelgleichung $(x-1)^2 - \frac{(y-1)^2}{4} = 1$ liefert die beiden Hyperbelpunkte $P_1 = (-1, 1 + 2\sqrt{3}\,)$ und $P_2 = (-1, 1 - 2\sqrt{3}\,)$.

Tangente in P_1: $y = 4 \cdot \frac{-1-1}{2\sqrt{3}}(x+1) + 1 + 2\sqrt{3}$

$= -\frac{4}{\sqrt{3}}\,x + 1 + \frac{2}{3}\sqrt{3}$.

Normale in P_1: $y = \frac{\sqrt{3}}{4}\,x + 1 + \frac{9}{4}\sqrt{3}$.

Tangente in P_2: $y = \frac{4}{\sqrt{3}}\,x + 1 - \frac{2}{3}\sqrt{3}$.

Normale in P_2: $y = -\frac{\sqrt{3}}{4}\,x + 1 - \frac{9}{4}\sqrt{3}$.

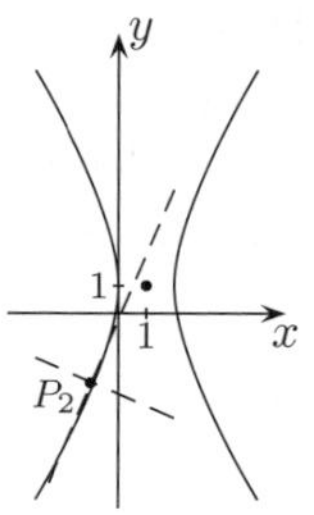

9.39 Zur Normalform siehe Kasten auf [Seite 153].

(a) Normalform: $y = x^2 + bx + c$
(0, 2) einsetzen: $2 = c$
(1, 5) einsetzen: $5 = 1 + b + c \Longrightarrow b = 2$
$\Longrightarrow$ Normalform: $y = x^2 + 2x + 2$
Normalform in Scheitelform umformen:
$y = x^2 + 2x + 2 \iff y = (x+1)^2 - 1 + 2 \iff y - 1 = (x+1)^2$,
Scheitelpunkt: $\underline{S = (-1, 1)}$.

(b) Normalform: $y = -x^2 + bx + c$
(0, −2) einsetzen: $-2 = c$
(−3, 1) einsetzen: $1 = -9 - 3b + c \Longrightarrow b = -4$
$\Longrightarrow$ Normalform: $y = -x^2 - 4x - 2$
Normalform in Scheitelform umformen:
$y = -x^2 - 4x - 2 \iff y = -(x^2 + 4x + 4) + 4 - 2 \iff y - 2 = -(x+2)^2$,
Scheitelpunkt: $\underline{S = (-2, 2)}$.

(c) Normalform: $x = -y^2 + by + c$
(0, 0) einsetzen: $0 = c$
(−3, −1) einsetzen: $-3 = -1 - b + c \Longrightarrow b = 2$
$\Longrightarrow$ Normalform: $x = -y^2 + 2y$
Normalform in Scheitelform umformen:
$x = -y^2 + 2y \iff x = -(y^2 - 2y + 1) + 1 \iff x - 1 = -(y-1)^2$,
Scheitelpunkt: $\underline{S = (1, 1)}$.

(d) Normalform: $x = y^2 + by + c$
$(0, \sqrt{3})$ einsetzen: $0 = 3 + \sqrt{3}\,b + c$
(6, −3) einsetzen: $6 = 9 - 3b + c$
$\Longrightarrow$ $b = 0$, $c = -3$ $\Longrightarrow$ Normalform: $x = y^2 - 3$
Scheitelform: $x + 3 = y^2$. Scheitelpunkt: $\underline{S = (-3, 0)}$.

9.40 Nach dem Vorspann ist die Scheitelform gegeben durch

$$y - y_s = a(x - x_s)^2 \quad \text{bzw.} \quad x - x_s = a(y - y_s)^2,$$

mit $p = \frac{1}{2|a|}$. Durch quadratische Ergänzung bringen wir die gegebenen Gleichungen auf diese Form.

(a) $x^2 - 2x - 6y = 11 \iff (x-1)^2 = 6(y+2) \iff y + 2 = \frac{1}{6}(x-1)^2$
$\underline{S = (x_s, y_s) = (1, -2)}$, $\underline{p = 3}$, die Parabel ist nach oben geöffnet.

Die Leitlinie L verläuft unterhalb der Parabel parallel zur x-Achse im Abstand $\frac{p}{2}$ vom Scheitelpunkt. Das ist die Gerade $\underline{y = -\frac{7}{2}}$.
Der Brennpunkt liegt auf der Symmetrieachse $x = 1$ innerhalb der Parabel im Abstand $\frac{p}{2}$ vom Scheitel: $\underline{F = (1, -\frac{1}{2})}$.

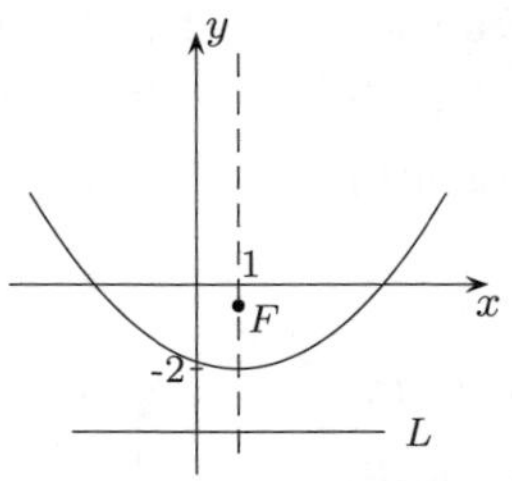

(b) $-x^2 + 4x - 6y = 16 \iff -(x-2)^2 = 6(y+2) \iff y + 2 = -\frac{1}{6}(x-2)^2$.

$(x_s, y_s) = (2, -2)$, $p = 3$,
die Parabel ist nach unten geöffnet.
Leitlinie: $y = -\frac{1}{2}$.
Brennpunkt: $F = (2, -\frac{7}{2})$.

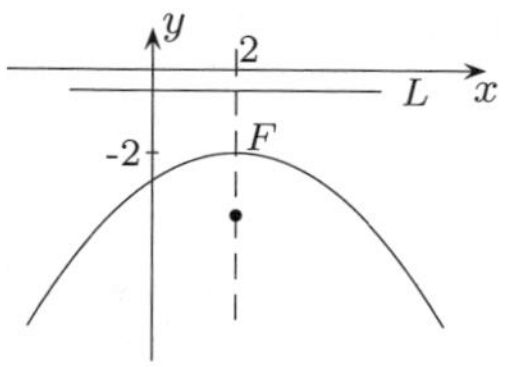

(c) $2y^2 - 6y + 4x = 1 \iff 2(y - \frac{3}{2})^2 - \frac{9}{2} = -4x + 1 \iff x - \frac{11}{8} = -\frac{1}{2}(y - \frac{3}{2})^2$.

$(x_s, y_s) = (\frac{11}{8}, \frac{3}{2})$, $p = 1$,
die Parabel ist nach links geöffnet.
Leitlinie: $x = \frac{15}{8}$.
Brennpunkt: $F = (\frac{7}{8}, \frac{3}{2})$.

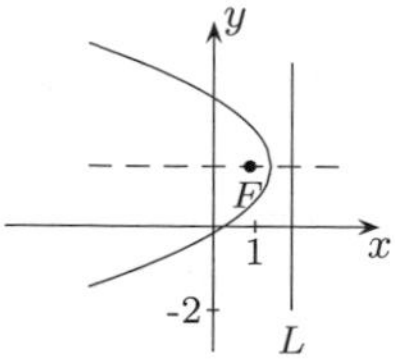

(d) $-2y^2 + 8y + 12x = 32 \iff -2(y - 2)^2 + 8 = -12x + 32 \iff x - 2 = \frac{1}{6}(y - 2)^2$.

$(x_s, y_s) = (2, 2)$, $p = 3$,
die Parabel ist nach rechts geöffnet.
Leitlinie: $x = \frac{1}{2}$.
Brennpunkt: $F = (\frac{7}{2}, 2)$.

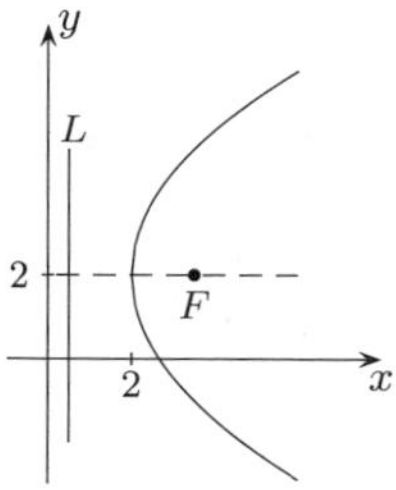

9.41 Die Scheitelform mit $(x_s, y_s) = (2, 3)$ führt auf den Ansatz $y - 3 = a(x - 2)^2$.
Einsetzen von $P = (4, 1)$:

$$1 - 3 = a(4 - 2)^2 \implies -2 = 4a \implies a = -\frac{1}{2}.$$

Gleichung: $y - 3 = -\frac{1}{2}(x - 2)^2$ Scheitelform

$y = -\frac{1}{2}x^2 + 2x + 1$ Normalform

Halbparameter: $p = \frac{1}{2|a|} = 1$, Brennpunkt: $F = (2, 2.5)$, Leitlinie: $y = 3.5$.

9.42 Die Parabel ist nach links geöffnet, da F links von der Leitlinie liegt. Der Scheitelpunkt S der Parabel liegt auf der gestrichelt gezeichneten Symmetrieachse $y = 2$ und hat von F und L gleichen Abstand, da eine Parabel die Menge aller Punkte ist, die von der Leitlinie denselben Abstand haben wie vom Brennpunkt. Es folgt $S = (1, 2)$. Wegen $\overline{SF} = \frac{p}{2}$ folgt $p = 4$. Also lautet die Scheitelform $x - 1 = a(y - 2)^2$ mit $a < 0$ und $p = \frac{1}{2|a|}$. Es folgt $a = -\frac{1}{8}$.

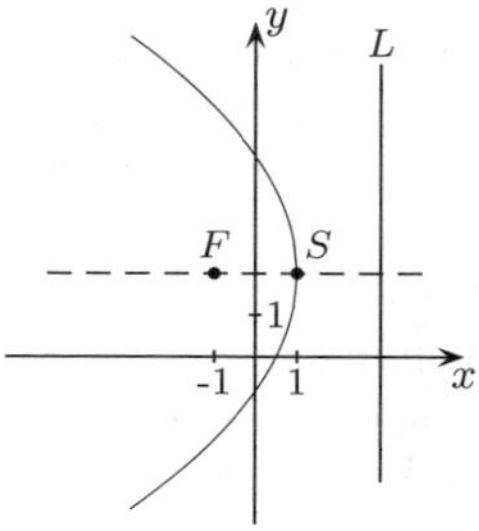

Scheitelform: $x - 1 = -\frac{1}{8}(y - 2)^2$. Normalform: $x = -\frac{1}{8}y^2 + \frac{1}{2}y + \frac{1}{2}$.

9.43 Zu dieser Aufgabe siehe auch [**EM 2**].

(a) $y = x^2 + 2x + 2, \quad y' = 2x + 2, \quad y'(1) = 4.$

Tangente in $(1,5)$: $y = 4x + 1$ (Die Konstanten ergeben sich durch

Normale in $(1,5)$: $y = -\frac{1}{4}x + \frac{21}{4}$ Einsetzen des Punktes $(1,5)$.)

(b) Aus $y' = 2x + 2 = -4$ folgt $x = -3$.
Wenn $y = -4x - 7$ eine Tangente sein soll, muss die Gerade Tangente im Punkt $(-3,5)$ sein. Die Tangente in diesem Punkt lautet $y = -4x - 7$, und das ist die gegebene Gleichung. Die Gerade ist also Tangente an die Parabel im Punkt $(-3,5)$.

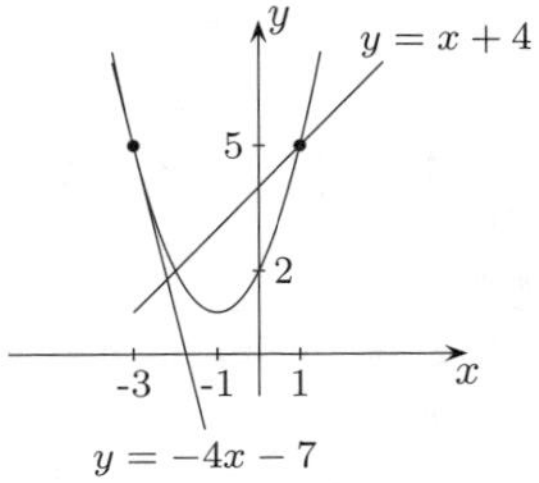

Alternativer Lösungsweg:
Man bestimme die gemeinsamen Punkte von Parabel und Gerade.

$$-4x - 7 = x^2 + 2x + 2 \iff x^2 + 6x + 9 = 0 \iff (x+3)^2 = 0$$

Es gibt genau einen gemeinsamen Punkt, nämlich $(-3,5)$. Damit ist die Gerade die Tangente an die Parabel in diesem Punkt.

(c) Schnittpunkte der Geraden $y = x + 4$ mit der Parabel $y = x^2 + 2x + 2$:

$$x + 4 = x^2 + 2x + 2 \iff x^2 + x - 2 = 0 \iff x_{1,2} = -\frac{1}{2} \pm \sqrt{\frac{9}{4}}$$
$$\iff x_1 = 1, \; x_2 = -2$$

Die Parabel müsste an diesen Stellen die Steigung -1 besitzen, da die Normale senkrecht auf der Tangente steht und die Steigung der Tangente gleich der Steigung der Parabel im Berührpunkt ist. Es ist aber $y'(1) = 2 + 2 = 4$ und $y'(-2) = -2$. Also ist die Gerade $y = x + 4$ keine Normale für die Parabel.

9.44

(a) Die Schnittpunkte von Parabel und Kreis ergeben sich durch Gleichsetzen von $y^2 = 12x$ und $y^2 = 72 - (x+3)^2$:

$$12x = 72 - (x+3)^2 \iff x^2 + 18x = 63$$
$$\iff (x+9)^2 = 144$$
$$\iff x_1 = 3, \; x_2 = -21\,.$$

$x_1 = 3$ führt auf $y^2 = 36$, also auf die Schnittpunkte $S_1 = (3,6)$, $S_2 = (3,-6)$.

$x_2 = -21$ führt auf $y^2 = -12 \cdot 21$, also auf keine weiteren Schnittpunkte.

Der Schnittwinkel in S_j ist definiert als der Schnittwinkel der Tangenten in S_j.

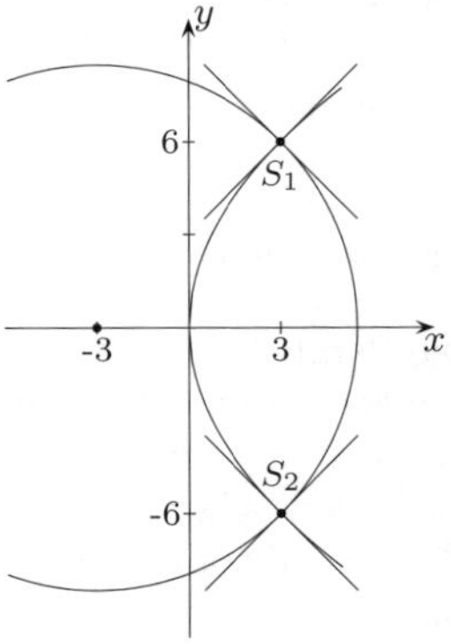

Zu S_1:

Kreistangente: $y = -\frac{3+3}{6-0}(x-3) + 6 = -x + 9$,

Parabeltangente: $y = \frac{6}{6}(x-3) + 6 = x + 3$.

Die Tangenten schneiden sich senkrecht, Kreis und Parabel schneiden sich in S_1 im Winkel von 90°.

Zu S_2:
Da Parabel und Kreis symmetrisch zur x-Achse sind, erhält man für P_2 dasselbe Ergebnis wie für P_1. Die Tangenten schneiden sich senkrecht, Kreis und Parabel schneiden sich auch in S_2 im Winkel von 90°.

Die Tangenten lauten hier:
Kreistangente: $y = x - 9$, Parabeltangente: $y = -x - 3$.

(b) Ellipse und Parabel sind symmetrisch zur Geraden $x = -6$.
Ersetzt man $(x+6)^2$ in der Ellipsengleichung durch $4(y-2)$, so folgt:

$$\frac{4(y-2)}{80} + \frac{(y-2)^2}{20} = 1 \iff (y-2) + (y-2)^2 = 20$$
$$\iff y - 2 + y^2 - 4y + 4 = 20$$
$$\iff (y - \tfrac{3}{2})^2 = \tfrac{81}{4}$$
$$\iff y_1 = 6,\ y_2 = -3.$$

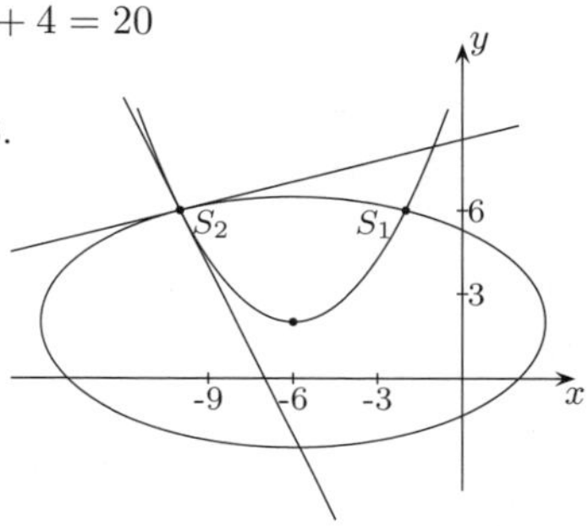

$y_1 = 6$ liefert $(x+6)^2 = 16$, also die Schnittpunkte $S_1 = (-2, 6)$, $S_2 = (-10, 6)$.
$y_2 = -3$ liefert $(x+6)^2 = -20$,
also keine weiteren Schnittpunkte.

Zu S_1:
Ellipsentangente:
$y = -\frac{20}{80}\,\frac{-2+6}{6-2}(x+2) + 6 = -\frac{1}{4}x + \frac{11}{2}$.
Sie schneidet die x-Achse im Winkel α_1 mit $\tan\alpha_1 = -\frac{1}{4}$, also $\alpha_1 \approx -14.04°$.
Parabeltangente: Mit der Ableitung $y' = \frac{1}{2}x + 3$ folgt $y'(-2) = 2$, also lautet die Tangente in $(-2, 6)$: $y - 6 = 2(x+2)$ bzw. $y = 2x + 10$.
Sie schneidet die x-Achse im Winkel α_2 mit $\tan\alpha_2 = 2$, also $\alpha_2 \approx 63.43°$.
Die Tangenten schneiden sich folglich im Winkel $\alpha_2 - \alpha_1 \approx 77.47°$.

Zu S_2:
Wegen der oben genannten Symmetrie ergibt sich dasselbe Ergebnis.
Erneute Rechnung zur Überprüfung und wegen der Skizze:
Ellipsentangente: $y = -\frac{20}{80}\,\frac{-10+6}{6-2}(x+10) + 6 = \frac{1}{4}x + \frac{17}{2}$.
Sie schneidet die x-Achse im Winkel α_1 mit $\tan\alpha_1 = \frac{1}{4}$, also $\alpha_1 \approx 14.04°$.
Parabeltangente: Ableitung: $y' = \frac{1}{2}x + 3$, $y'(-10) = -2$,
$y - 6 = -2(x+10)$, also $y = -2(x+10) + 6 = -2x - 14$.
Sie schneidet die x-Achse im Winkel α_2 mit $\tan\alpha_2 = -2$, also $\alpha_2 \approx -63.43°$.
Die Tangenten schneiden sich folglich in S_2 im Winkel $\alpha_1 - \alpha_2 \approx 77.47°$.

9.45

(a) $x^2 + y^2 + 4x - 6y - 23 = 0 \iff x^2 + 4x + y^2 - 6y = 23$
$(a = b = 1)$ $\iff (x+2)^2 + (y-3)^2 = 23 + 4 + 9$
(umformen zu Form (1)) $\iff (x+2)^2 + (y-3)^2 = 36$
Kreis um $(-2, 3)$ mit Radius 6.

(b) $5x^2 - 20x - y = 0 \iff y = 5(x^2 - 4x)$
$(a = 5\,,\ b = 0) \iff y = 5((x-2)^2 - 4)$
(umformen zu Form (4)) $\iff y + 20 = 5(x-2)^2$
nach oben geöffnete **Parabel**
mit Scheitelpunkt $S = (2, -20)$.

(c) $x^2 - 25y^2 + 10x = 0 \iff (x^2 + 10x) - 25y^2 = 0$
$(a = 1\,,\ b = -25) \iff ((x+5)^2 - 25) - 25y^2 = 0$
(umformen zu Form (3)) $\iff (x+5)^2 - 25y^2 = 25$
$\iff \frac{(x+5)^2}{25} - y^2 = 1$
in x-Richtung geöffnete **Hyperbel**
mit Mittelpunkt $(-5, 0)$, Halbachsen 5 und 1.

(d) $9x^2 + 4y^2 - 18x + 24y + 9 = 0 \iff 9(x^2 - 2x) + 4(y^2 + 6y) = -9$
$(a = 9\,,\ b = 4) \iff 9((x-1)^2 - 1) + 4((y+3)^2 - 9) = -9$
$\iff 9(x-1)^2 + 4(y+3)^2 = 36$
(umformen zu Form (2)) $\iff \frac{(x-1)^2}{4} + \frac{(y+3)^2}{9} = 1$
Ellipse mit Mittelpunkt $(1, -3)$
und den Halbachsen 2 und 3.

(e) $-2y^2 - 4x - 8y = 0 \iff 4x = -2(y^2 + 4y)$
$(a = 0\,,\ b = -2) \iff x = -\frac{1}{2}((y+2)^2 - 4)$
(umformen zu Form (4)) $\iff x - 2 = -\frac{1}{2}(y+2)^2$
nach links geöffnete **Parabel**
mit Scheitelpunkt $(2, -2)$.

(f) $x^2 - 25y^2 + 10x - 50y = 0 \iff x^2 + 10x - 25(y^2 + 2y) = 0$
$(a = 1\,,\ b = -25) \iff (x+5)^2 - 25 - 25((y+1)^2 - 1) = 0$
$\iff (x+5)^2 - 25(y+1)^2 = 0$
$\iff |x+5| = 5|y+1|$
((3) ist nicht erreichbar) $\iff 5(y+1) = x+5$ oder $5(y+1) = -(x+5)$
$\iff y = \frac{1}{5}x$ oder $y = -\frac{1}{5}x - 2$
Paar sich schneidender Geraden.

(g) $x^2 + 25y^2 + 10x - 50y + 50 = 0 \iff x^2 + 10x + 25(y^2 - 2y) = -50$
$(a = 1\,,\ b = 25) \iff (x+5)^2 - 25 + 25((y-1)^2 - 1) + 50 = 0$
$\iff (x+5)^2 + 25(y-1)^2 = 0$
((2) ist nicht erreichbar) $\iff (x+5)^2 = 0 = 25(y-1)^2$
$\iff x = -5,\ y = 1$
Punkt $(-5, 1)$.

(h) $x^2 + 25y^2 + 10x - 50y + 51 = 0 \iff (x+5)^2 + 25(y-1)^2 = -1$ wie in (g)
keine Lösung,
da $(x+5)^2 + 25(y-1)^2 \geq 0$,
$\boldsymbol{L = \emptyset}$.

10 Gleichungen

Eine **Gleichung in einer Variablen** ist eine Gleichung zwischen Termen, in denen neben Konstanten genau eine Variable vorkommt.
Beispiele:

(1) $2x+5=7$ (2) $x^2+\frac{1}{x}=0$ (3) $\frac{2x+1}{x^2-\pi}=1$ (4) $\sqrt{u-1}=3$

Durch Einsetzen von Zahlen aus einer Grundmenge G für die Variable x entstehen i.A. Aussagen, die wahr oder falsch sein können.
Grundmenge G der Gleichungen ist hier stets die Menge $\mathbb{R}$, wenn nichts anderes vereinbart ist.
Definitionsmenge D der Gleichung ist diejenige Teilmenge von G, für deren Elemente sich bei Einsetzung für die Variable etwas sinnvolles ergibt - also
bei (1): $G=D=\mathbb{R}$.
bei (2): $G=\mathbb{R}$, $D=\mathbb{R}\setminus\{0\}$, denn $\frac{1}{0}$ ist nicht definiert.
bei (3): $G=\mathbb{R}$, $D=\mathbb{R}\setminus\{-\sqrt{\pi}\,,\sqrt{\pi}\}$, denn $(\pm\sqrt{\pi})^2-\pi=0$.
bei (4): $G=\mathbb{R}$, $D=\{u\mid u\geq 1\}$, denn Wurzeln sind nur für nichtnegative Radikanden definiert.

Unter dem Lösen einer Gleichung versteht man das Bestimmen aller reellen Zahlen aus D, die für die Variable eingesetzt eine wahre Aussage ergeben. Diese Elemente bilden die sog. **Lösungsmenge L** der Gleichung.

Eine Gleichung lösen heißt ihre Lösungsmenge $\boldsymbol{L}$ bestimmen.

10.1 *Gleichungen mit Definitionsmenge und Lösungsmenge bei vorgegebener Grundmenge:*

Gleichung	Grundmenge G	Definitionsmenge D	Lösungsmenge L
$x-1=0$	$G=\mathbb{R}$	$D=\mathbb{R}$	$L=\{1\}$
$x^2=1$	$G=\mathbb{R}$	$D=\mathbb{R}$	$L=\{-1,1\}$
$x^2=3$	$G=\mathbb{Q}$	$D=\mathbb{Q}$	$L=\emptyset$
$x^2=3$	$G=\mathbb{R}$	$D=\mathbb{R}$	$L=\{-\sqrt{3}\,,\sqrt{3}\}$
$\frac{1}{x}=1$	$G=\mathbb{R}$	$D=\mathbb{R}\setminus\{0\}$	$L=\{1\}$
$\frac{1}{x}=-2$	$G=\mathbb{R}$	$D=\mathbb{R}\setminus\{0\}$	$L=\{-\frac{1}{2}\}$
$\frac{1}{x}=-2$	$G=\mathbb{N}$	$D=\mathbb{N}$	$L=\emptyset$
$\sqrt{x}=-1$	$G=\mathbb{R}$	$D=\mathbb{R}_{\geq 0}$	$L=\emptyset$
$2^x=16$	$G=\mathbb{R}$	$D=\mathbb{R}$	$L=\{4\}$
$x+1=x+1$	$G=\mathbb{R}$	$D=\mathbb{R}$	$L=\mathbb{R}$

Das Vorgehen beim Lösen einer Gleichung hängt entscheidend vom **Typ der Gleichung** ab. Man muss eine Gleichung also zunächst typisieren, um zu wissen, was zu tun ist. Nicht alle Gleichungen sind mit Schulmitteln oder generell exakt lösbar; z.B. ist die Gleichung $x + 2^x = 5$ nur **näherungsweise lösbar**. Zum Erkennen, welche Gleichungen von solchem Typ sind, hilft nur Erfahrung.

L lässt sich häufig dadurch bestimmen, dass man die Gleichung äquivalent umformt und sie dadurch auf eine einfachere Form bringt, an der man genau die reellen Zahlen erkennt, die bei Einsetzung in die Gleichung eine wahre Aussage ergeben.

Äquivalente Umformungen sind Veränderungen der Gleichung, die die Lösungsmenge nicht ändern. Die wichtigsten äquivalenten Umformungen einer Gleichung sind:

Äquivalente Umformungen einer Gleichung

0. Beide Seiten der Gleichung dürfen **vertauscht** werden.
   $a = b \iff b = a$
1. Auf beiden Seiten darf dasselbe $c \in \mathbb{R}$ **addiert** werden.
   $a = b \iff a + c = b + c$
2. Beide Seiten dürfen mit demselben $c \neq 0$ **multipliziert** werden.
   $a = b \iff ac = bc$, für $c \neq 0$.
3. Auf beiden Seiten der Gleichung darf zum **Kehrwert** übergegangen werden (Division durch 0 ist verboten).
   $\frac{a_1}{b_1} = \frac{a_2}{b_2} \iff \frac{b_1}{a_1} = \frac{b_2}{a_2}$.

10.1 Lineare Gleichungen

Lineare Gleichungen

$$\boldsymbol{ax + b = 0} \quad (a, b \in \mathbb{R})$$

Lineare Gleichungen in der Variablen x sind alle Gleichungen, die sich durch äquivalente Umformungen auf diese Form bringen lassen.

10.2 *Löse die folgenden linearen Gleichungen durch äquivalente Umformungen.*

(a) $2x + 5 = 7$, (b) $6x + 1 = x + 3$, (c) $2(x + 1) - 5(3x + 7) = 6$,

(d) $\frac{1}{2}x - \frac{1}{3} = \frac{x}{4} + 1$, (e) $\frac{2x+1}{3} - \frac{x-2}{5} = \frac{1}{3}$, (f) $\frac{x-1}{17} - \frac{2x-1}{13} = \frac{1}{2}x$.

(a)
$$2x + 5 = 7 \iff 2x + 5 - 5 = 7 - 5 \quad \begin{cases} -5 & \text{addiert bzw.} \\ 5 & \text{subtrahiert,} \end{cases}$$
$$\iff 2x = 2 \quad \text{zusammengefasst,}$$
$$\iff \underline{x = 1}. \quad \begin{cases} \text{mit } \frac{1}{2} & \text{multipliziert bzw.} \\ \text{durch } 2 & \text{dividiert.} \end{cases}$$

Die gegebene Gleichung ist äquivalent zur Gleichung $x = 1$; Lösungsmenge der Gleichung ist also $\underline{L = \{1\}}$.
Man begnügt sich häufig mit der letzten Zeile $\underline{x = 1}$ als Angabe der Lösung und verzichtet auf die Schreibweise $L = \{1\}$. Ferner verzichtet man häufig auf das Schreiben der Äquivalenzzeichen $\iff$. Nach dem Lösen einer Gleichung kann man eine **Probe** machen, indem man die berechneten Werte für die Variable in die Gleichung einsetzt und testet, ob eine wahre Aussage entsteht.
Probe hier: $2 \cdot 1 + 5 = 7$ (stimmt!).

(b)
$$\begin{aligned} 6x + 1 = x + 3 \quad &\iff \quad 5x + 1 = 3 && \left\{ \begin{array}{ll} -x & \text{addiert bzw.} \\ x & \text{subtrahiert.} \end{array} \right. \\ &\iff \quad 5x = 2 && \left\{ \begin{array}{ll} -1 & \text{addiert bzw.} \\ 1 & \text{subtrahiert.} \end{array} \right. \\ &\iff \quad \underline{x = \tfrac{2}{5}} && \left\{ \begin{array}{ll} \text{mit } \tfrac{1}{5} & \text{multipliziert bzw.} \\ \text{durch } 5 & \text{dividiert.} \end{array} \right. \end{aligned}$$

Lösungsmenge dieser Gleichung ist also $\underline{L = \{\frac{2}{5}\}}$ oder kurz $\underline{x = \frac{2}{5}}$.

Probe: $6 \cdot \frac{2}{5} + 1 = \frac{2}{5} + 3 \iff \frac{17}{5} = \frac{17}{5}$ stimmt.

(c)
$$\begin{aligned} 2(x+1) - 5(3x+7) = 6 &\iff 2x + 2 - 15x - 35 = 6 && \text{Klammern aufgelöst,} \\ &\iff -13x - 33 = 6 && \text{zusammengefasst,} \\ &\iff -13x = 39 && \text{33 addiert,} \\ &\iff \underline{x = -3} && \text{durch } -13 \text{ dividiert.} \end{aligned}$$

Probe: $2(-3+1) - 5(3 \cdot (-3) + 7) = 6 \iff -4 + 10 = 6$ stimmt.

Auf die Angabe der Lösungsmenge und eine Probe wird ab jetzt verzichtet.

(d)
$$\begin{aligned} \tfrac{1}{2}x - \tfrac{1}{3} = \tfrac{x}{4} + 1 \quad &\iff \quad \tfrac{1}{4}x = \tfrac{4}{3} && -\tfrac{x}{4} \text{ und } \tfrac{1}{3} \text{ addiert,} \\ &\iff \quad \underline{x = \tfrac{16}{3}} && \text{mit 4 multipliziert.} \end{aligned}$$

Da sich die Umformungen meistens von selbst erklären, werden sie im Folgenden häufig nicht mehr explizit angegeben.

(e)
$$\begin{aligned} \frac{2x+1}{3} - \frac{x-2}{5} = \frac{1}{3} \quad &\iff \quad 5(2x+1) - 3(x-2) = 5 \\ &\iff \quad 10x + 5 - 3x + 6 = 5 \\ &\iff \quad 7x = -6 \\ &\iff \quad \underline{x = -\tfrac{6}{7}}. \end{aligned}$$

(f)
$$\begin{aligned} \frac{x-1}{17} - \frac{2x-1}{13} = \frac{1}{2}x \quad &\iff \quad 26(x-1) - 34(2x-1) = 221x \\ &\iff \quad 26x - 26 - 68x + 34 = 221x \\ &\iff \quad -263x = -8 \\ &\iff \quad \underline{x = \tfrac{8}{263}}. \end{aligned}$$

10.3 *Man löse die folgenden Gleichungen:*

(a) $3(2x-4)-2(4-5x)=4(4x+8)$, (b) $2(3+2x)+6=4(x+3)$.

(a) $3(2x-4)-2(4-5x)=4(4x+8) \iff 6x-12-8+10x=16x+32$
$\iff -20=32.$

Jede Einsetzung für x führt auf die falsche Gleichung $-20=32$ also ist $L=\emptyset$ (die leere Menge).

(b) $2(3+2x)+6=4(x+3) \iff 6+4x+6=4x+12$
$\iff 4x+12=4x+12 \iff 0=0.$

Diese Gleichung ist für jede Zahl x richtig, also gilt hier $L=\mathbb{R}$.

10.4 *Man löse die folgenden Gleichungen:*

(a) $\frac{4}{2x+1}=\frac{5}{3x}$, (b) $\frac{2-x}{3+x}-\frac{x-4}{1-x}=0$,

(c) $\frac{2}{x+5}=\frac{4}{2x+10}$, (d) $3+\frac{6}{x-2}=4+\frac{3x}{x-2}$.

Bei diesen Gleichungen ist der Definitionsbereich D nicht mehr ganz $\mathbb{R}$.
Diejenigen x, für die der Nenner 0 wird, gehören jeweils nicht zu D.
Die Umformungen gelten daher nur im jeweiligen Definitionsbereich D.

(a) Es ist $D=\mathbb{R}\setminus\{-\frac{1}{2},0\}$. Für $x\neq 0$ und $x\neq -\frac{1}{2}$ gilt:

$\frac{4}{2x+1}=\frac{5}{3x} \iff \frac{2x+1}{4}=\frac{3x}{5}$ Kehrwert gebildet,
$\iff 5(2x+1)=12x$ mit 20 multipliziert,
$\iff 10x+5=12x$ Klammer aufgelöst,
$\iff 2x=5$ $10x$ subtrahiert, Seiten vertauscht,
$\iff \underline{x=\frac{5}{2}}$ durch 2 geteilt.

(b) Es ist $D=\mathbb{R}\setminus\{-3,1\}$. Für $x\neq 1$ und $x\neq -3$ gilt:

$\frac{2-x}{3+x}-\frac{x-4}{1-x}=0 \iff (2-x)(1-x)-(x-4)(3+x)=0$
$\iff 2-x-2x+x^2-3x-x^2+12+4x=0$
$\iff -2x+14=0 \iff \underline{x=7}.$

(c) Hier ist $D=\mathbb{R}\setminus\{-5\}$. Für $x\neq -5$ gilt:

$\frac{2}{x+5}=\frac{4}{2x+10} \iff 2(2x+10)=4(x+5) \iff 4x+20=4x+20$

Die letzte Gleichung ergibt für alle x eine wahre Aussage.
Daher folgt $\underline{L=D=\mathbb{R}\setminus\{-5\}}$. Die Gleichung gilt für alle $x\neq -5$.

(d) Es ist $D=\mathbb{R}\setminus\{2\}$. Für $x\neq 2$ gilt:

$3+\frac{6}{x-2}=4+\frac{3x}{x-2} \iff 3(x-2)+6=4(x-2)+3x$
$\iff 3x-6+6=4x-8+3x \iff 4x=8 \iff x=2.$

Da aber 2 nicht zur Definitionsmenge der Gleichung gehört, folgt $\underline{L=\emptyset}$.
Die Gleichung gilt für kein x.

Viele Textaufgaben führen auf lineare Gleichungen. Die eigentliche Schwierigkeit bei solchen Aufgaben besteht darin, aus den Angaben des Textes eine Gleichung aufzustellen. Das Lösen der Gleichung ist dann Standard.

10.5 *Ein Rohr füllt eine Tonne in 18 Minuten, ein anderes Rohr in 12 Minuten. Wie lange dauert die Füllung, wenn beide Rohre gleichzeitig Wasser liefern?*

Bei solchen Aufgaben geht man folgendermaßen vor:

1. Man stellt fest, wonach gesucht wird und führt eine geeignete Variable ein: Beide Rohre füllen die Tonne in x Minuten.
2. Aus dem Text stellt man eine Gleichung mit der Variablen auf:
   Rohr (1) füllt die Tonne in einer Minute zu $\frac{1}{18}$, in x Minuten also zu $\frac{1}{18}x$.
   Rohr (2) füllt die Tonne in einer Minute zu $\frac{1}{12}$, in x Minuten also zu $\frac{1}{12}x$.
   Gesucht ist also x mit $\frac{1}{18}x + \frac{1}{12}x = 1 \iff \frac{5}{36}x = 1 \iff \underline{x = \frac{36}{5}}$.

$\frac{36}{5} = 7 + \frac{1}{5} = 7 + \frac{12}{60}$. Beide Rohre zusammen brauchen $\frac{36}{5}$ Minuten, also 7 Minuten und 12 Sekunden.

Arithmetisches Mittel, gewichtetes Mittel

$\frac{a+b}{2}$ heißt **arithmetisches Mittel** von a und b. (geometrischer Schwerpunkt)

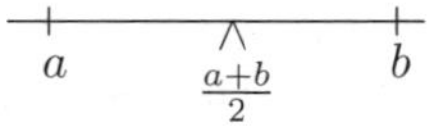

$\frac{Aa+Bb}{A+B}$ heißt **gewichtetes Mittel** von a und b. (Schwerpunkt)

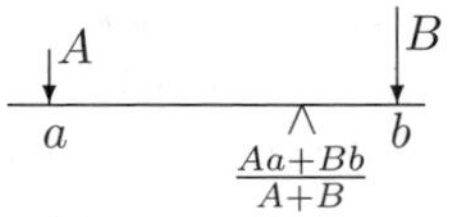

$\frac{a_1+a_2+\cdots+a_n}{n}$ heißt allgemeines arithmetisches Mittel von $a_1, \ldots, a_n$,

$\frac{A_1a_1+A_2a_2+\cdots+A_na_n}{A_1+A_2+\cdots+A_n}$ heißt allgemeines gewichtetes Mittel von $a_1, \ldots, a_n$.

10.6 *Bestimme x so, dass 10 das arithmetische Mittel von 4, 7 und x ist.*

Es ist $n = 3$ und $\frac{4+7+x}{3} = 10 \iff 4 + 7 + x = 30 \iff \underline{x = 19}$.
Das arithmetische Mittel von 4, 7 und 19 ist 10.

10.7 *Auf der x-Achse liegt bei 3 eine Last $L_1 = 80$. Welche Last L_2 muss bei 8 liegen, damit der gemeinsame Schwerpunkt bei 6 liegt?*

(1) $\frac{80\cdot 3+L_2\cdot 8}{80+L_2} = 6 \iff 240 + 8L_2 = 6(80 + L_2)$
$\iff 2L_2 = 240 \iff \underline{L_2 = 120}$.

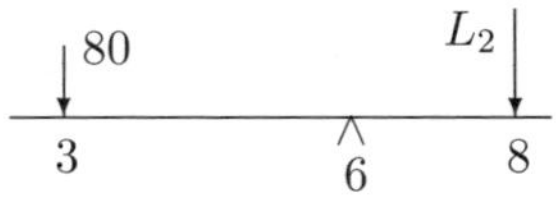

(2) Lösung mit dem **Hebelgesetz** Last · Lastarm = Kraft · Kraftarm

$80(6-3) = L_2(8-6) \iff 240 = 2L_2 \iff \underline{L_2 = 120}.$

10.8 *Ein Vater (80 kg) sitzt mit seinen zwei Kindern (30 kg und 20 kg) auf einer Wippe (siehe Skizze). Wo muss der Vater sitzen, damit die Wippe im Gleichgewicht ist?*

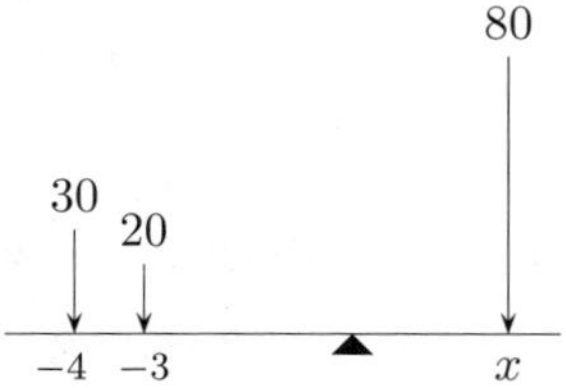

Gemeinsamer Schwerpunkt bei 0:

$$\frac{(-4)\cdot 30+(-3)\cdot 20+x\cdot 80}{30+20+80} = 0$$

$$\Longrightarrow (-4)\cdot 30 - 3\cdot 20 + x\cdot 80 = 0$$

$$\Longrightarrow x = \frac{180}{80} = \underline{2.25}$$

Oder mittels Hebelgesetz:

Schwerpunkt des Balkens auf der Seite der Kinder $\dfrac{(-4)\cdot 30+(-3)\cdot 20}{30+20} = -3.6$,

also $50 \cdot 3.6 = 80x \Longrightarrow \underline{x = 2.25}$.

10.9 *Eine Bowle enthält*

2.5 *l*	*Wein*	12% *Alkohol*
6.0 *l*	*Orangensaft*	
1.0 *l*	*Sekt*	12% *Alkohol*
0.3 *l*	*Obstler*	30% *Alkohol*
0.2 *l*	*Kognac*	45% *Alkohol*

Wieviel Prozent Alkohol enthält die Bowle?

$$\text{Alkoholgehalt} = \frac{2.5\cdot 0.12+1.0\cdot 0.12+0.3\cdot 0.30+0.2\cdot 0.45}{2.5+6+1+0.3+0.2} = \frac{0.6}{10} = 0.06 = \underline{6\%}.$$

10.2 Umstellen von Formeln

Immer wieder wird man bei mathematischen Anwendungen vor die Aufgabe gestellt, eine gegebene Formel nach einer darin vorkommenden Variablen aufzulösen. Dabei werden im wesentlichen äquivalente Umformungen von Gleichungen vorgenommen.

10.10 (a) *Welchen Durchmesser d hat eine zylindrische Konservendose mit Volumen V und Höhe h?*
(b) *Man berechne den Durchmesser d für $V = 850$ ml und $h = 10$ cm.*

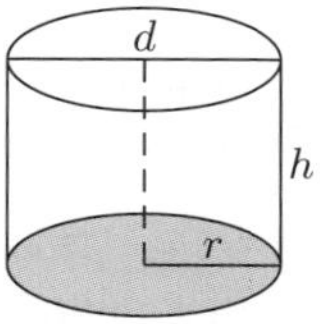

(a) Ein Kreis vom Radius r bzw. Durchmesser $d = 2r$ hat die Fläche $F = \pi r^2 = \pi \frac{d^2}{4}$.

Ein Zylinders hat das Volumen V = Grundfläche × Höhe, also $V = \pi r^2 h = \pi \frac{d^2}{4} h$.

Die Gleichung $V = \pi \frac{d^2}{4} h$ ist nach d aufzulösen. Umformungen ergeben:

$$V = \pi \frac{d^2}{4} h \iff 4V = \pi d^2 h \iff d^2 = \frac{4V}{\pi h} \Longrightarrow d = \sqrt{\frac{4V}{\pi h}} \iff \underline{d = 2\sqrt{\frac{V}{\pi h}}}.$$

(b) ml (Milliliter) ist eine andere Bezeichnung für cm^3 (Kubikzentimeter).
Einsetzen liefert: $d = 2\sqrt{\frac{850}{\pi \cdot 10}} = 2 \cdot \sqrt{\frac{85}{\pi}} \approx 10.4$.
Für den Durchmesser der Konservendose gilt $\underline{d \approx 10.4\,\text{cm}}$.

1 ml (Milliliter)	=	1 cm^3 (Kubikzentimeter)
1 l (Liter)	=	1 dm^3 (Kubikdezimeter)
1 dm^3	=	1000 cm^3
1 Liter	=	1000 Milliliter

10.11 *Von einem Quader sind Länge, Breite und Oberfläche bekannt.*
(a) *Wie hoch ist er?*
(b) *Wie hoch ist er, wenn er 5 cm lang, 7 cm breit ist, und eine Oberfläche von 118 cm^2 hat?*
(c) *Wie groß ist bei den Maßen von (b) sein Volumen?*

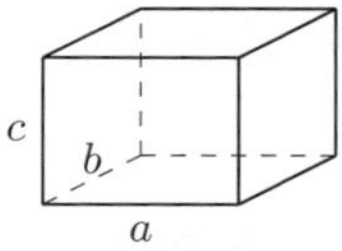

(a) Mit Länge a, Breite b und Höhe c ergibt sich die Oberfläche $O = 2(ab + ac + bc)$. Diese Gleichung ist nach c aufzulösen.

$$O = 2(ab + ac + bc) \iff \frac{O}{2} = ab + c(a+b) \iff c(a+b) = \frac{O}{2} - ab$$
$$\iff \underline{c = \frac{\frac{O}{2} - ab}{a+b}}.$$

(b) Einsetzen liefert: $c = \frac{\frac{118}{2} - 35}{12} = \frac{59 - 35}{12} = \underline{2}$. Seine Höhe beträgt $\underline{h = 2\text{ cm}}$.

(c) Es ist $V = abc = 5 \cdot 7 \cdot 2 = \underline{70}$. Sein Volumen beträgt $\underline{V = 70\text{ cm}^3}$.

10.12 *Ein gerader Kreiskegel hat ein Volumen von 1 Liter.*
(a) *Wie hoch ist er bei einer Öffnungsweite von 20 cm?*
(b) *Wie groß ist seine Öffnungsweite bei einer Höhe von 20 cm?*
(c) *Wie groß sind bei* (a) *und* (b) *jeweils Mantellinie, Mantelfläche und Öffnungswinkel?*

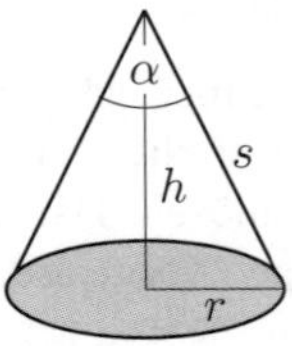

Man benötigt die Formeln für das Volumen V, die Mantellinie s, die Mantelfläche F und den Öffnungswinkel α eines geraden Kreiskegels, siehe z.B. [**F+H**].

$$V = \tfrac{1}{3}\pi r^2 h\,, \quad s = \sqrt{r^2+h^2}\,, \quad F = \pi r s\,, \quad \alpha = 2\arctan\tfrac{r}{h}.$$

(a) $V = \frac{1}{3}\pi r^2 h$ nach h auflösen und $V = 1000$, $r = 10$ einsetzen. Die Öffnungsweite ist der doppelte Radius.
$h = \frac{3V}{\pi r^2} = \frac{3000}{100\pi} = \frac{30}{\pi} \approx 9.5.$ Der Kreiskegel ist ca. 9.5 cm hoch.

(b) $V = \frac{1}{3}\pi r^2 h$ nach r auflösen und $V = 1000$, $h = 20$ einsetzen.
$r = \sqrt{\frac{3V}{\pi h}} = \sqrt{\frac{3000}{20\pi}} \approx 6.9.$ Dieser Kegel hat eine Öffnungsweite von ca. 13.8 cm.

(c) Zu (a): $s \approx \sqrt{10^2+9.5^2} \approx 13.8\,, \quad F = \pi r s \approx 433.5\,, \quad \alpha = 2\arctan\frac{r}{h} \approx 93°$
Mantellinie ca. 13.8 cm, Mantelfläche ca. 433.5 cm, Öffnungswinkel ca. 93°.
Zu (b): $s \approx \sqrt{6.9^2+20^2} \approx 21.2\,, \quad F = \pi r s \approx 459.6\,, \quad \alpha = 2\arctan\frac{r}{h} \approx 38°$
Mantellinie ca. 21.2 cm, Mantelfläche ca. 459.6 cm, Öffnungswinkel ca. 38°.

10.13 *Man löse die Gleichung* $\frac{a+b}{c+d} = \frac{e}{f} + g$ *nach jeder der darin vorkommenden Variablen auf.*

$g = \frac{a+b}{c+d} - \frac{e}{f}$ ist die einfachste Aulösung.

Ferner gilt $\frac{e}{f} = \frac{a+b}{c+d} - g$, also $e = \left(\frac{a+b}{c+d} - g\right)f$ und daraus

$$f = \frac{e}{\frac{a+b}{c+d} - g} = \frac{e}{\frac{a+b-g(c+d)}{c+d}} = \frac{e(c+d)}{a+b-g(c+d)}.$$

$$\frac{a+b}{c+d} = \frac{e}{f} + g \iff a+b = \left(\tfrac{e}{f}+g\right)(c+d) \implies \begin{array}{l} a = \left(\frac{e}{f}+g\right)(c+d) - b, \\ b = \left(\frac{e}{f}+g\right)(c+d) - a. \end{array}$$

$$\begin{aligned} \frac{a+b}{c+d} = \frac{e}{f} + g \quad &\iff \quad \frac{a+b}{c+d} = \frac{e+fg}{f} \\ &\iff \quad \frac{c+d}{a+b} = \frac{f}{e+fg} \quad \text{, Kehrwertbildung!} \\ &\iff \quad c+d = \frac{f}{e+fg}(a+b) \implies \begin{array}{l} c = \frac{f}{e+fg}(a+b) - d, \\ d = \frac{f}{e+fg}(a+b) - c. \end{array} \end{aligned}$$

10.3 Quadratische Gleichungen

Quadratische Gleichungen

$ax^2+bx+c=0, \quad a \neq 0,$ heißt quadratische Gleichung.
Für $a=1$ schreibt man:

$$\boldsymbol{x^2+px+q=0} \qquad \textbf{(Normalform)}.$$

Grundlegend für das Lösen quadratischer Gleichungen ist folgender Satz:

Ist $d>0$, so hat die Gleichung $x^2=d$ genau zwei Lösungen, nämlich

$$x_1=\sqrt{d} \text{ und } x_2=-\sqrt{d}, \quad \text{kurz:} \quad x_{1,2}=\pm\sqrt{d}\,.$$

Achtung: $x^2=4$ hat die Lösungen $\pm\sqrt{4}$, also ± 2.
Aber: $\sqrt{4}=2$. (Wurzeln sind nach Definition ≥ 0.)

Zum Lösen der quadratischen Gleichung $x^2+px+q=0$ wird mittels sog. quadratischer Ergänzung unter Anwendung der binomischen Formeln umgeformt:

$$\begin{aligned} x^2+px+q=0 \quad &\Longleftrightarrow \quad (x^2+px+\tfrac{p^2}{4})-\tfrac{p^2}{4}+q=0 \\ &\Longleftrightarrow \quad (x+\tfrac{p}{2})^2-\tfrac{p^2}{4}+q=0 \\ &\Longleftrightarrow \quad (x+\tfrac{p}{2})^2=\tfrac{p^2}{4}-q \end{aligned}$$

Quadratische Ergänzung nennt man dabei die Ersetzung

$$\boldsymbol{x^2+px} \quad \text{durch} \quad \boldsymbol{(x+\tfrac{p}{2})^2-\tfrac{p^2}{4}}.$$

p,q – Formel

Die quadratische Gleichung $\boldsymbol{x^2+px+q=0}$ hat die Lösungen

$$\boldsymbol{x_{1,2}=-\tfrac{p}{2}\pm\sqrt{\tfrac{p^2}{4}-q}}.$$

Man unterscheidet drei Fälle beim Lösen einer quadratischen Gleichung:

$\frac{p^2}{4}-q<0$: keine Lösung.

$\frac{p^2}{4}-q=0$: genau eine Lösung, nämlich $x=-\frac{p}{2}$.

$\frac{p^2}{4}-q>0$: zwei verschiedene Lösungen x_1, x_2.

10.14 *Man löse die quadratischen Gleichungen:*

(a) $x^2+2x-8=0$, (b) $x^2+5x+6=0$, (c) $x^2-2x-5=0$,
(d) $x^2+4x+4=0$, (e) $x^2+\frac{1}{10}x-\frac{3}{10}=0$, (f) $x^2+2x+3=0$,
(g) $x^2-5x+1=0$, (h) $x^2-2x+5=0$, (i) $x^2-6x=0$.

(a) $x^2+2x-8=0 \iff x_{1,2}=-1\pm\sqrt{1+8} \iff x_{1,2}=-1\pm 3$
$\iff \underline{x_1=2}\,,\ \underline{x_2=-4}.$

(b) $x^2+5x+6=0 \iff x_{1,2}=-\frac{5}{2}\pm\sqrt{\frac{25}{4}-6} \iff x_{1,2}=-\frac{5}{2}\pm\frac{1}{2}$
$\iff \underline{x_1=-2}\,,\ \underline{x_2=-3}.$

(c) $x^2 - 2x - 5 = 0 \iff x_{1,2} = 1 \pm \sqrt{1+5} \iff x_{1,2} = 1 \pm \sqrt{6}$
$\iff \underline{x_1 = 1 + \sqrt{6}}$, $\underline{x_2 = 1 - \sqrt{6}}$.

(d) $x^2 + 4x + 4 = 0 \iff x_{1,2} = -2 \pm \sqrt{4-4} \iff x_{1,2} = -2$
$\underline{x_1 = x_2 = -2}$ Wegen $\frac{p^2}{4} - q = 0$ gibt es genau eine Lösung!
Es gilt $x^2 + 4x + 4 = (x+2)^2$ (binomische Formel).
Aus $(x+2)^2 = 0$ folgt sofort $\underline{x_1 = x_2 = -2}$.

(e) $x^2 + \frac{1}{10}x - \frac{3}{10} = 0 \iff x_{1,2} = -\frac{1}{20} \pm \sqrt{\frac{1}{400} + \frac{120}{400}} \iff x_{1,2} = -\frac{1}{20} \pm \frac{11}{20}$
$\iff \underline{x_1 = \frac{1}{2}}$, $\underline{x_2 = -\frac{3}{5}}$.

(f) $x^2 + 2x + 3 = 0 \iff x_{1,2} = -1 \pm \sqrt{1-3}$
Wegen $\frac{p^2}{4} - q = 1 - 3 < 0$ gibt es keine Lösung.

(g) $x^2 - 5x + 1 = 0 \iff x_{1,2} = \frac{5}{2} \pm \sqrt{\frac{25}{4} - 1} \iff x_{1,2} = \frac{5}{2} \pm \sqrt{\frac{21}{4}}$
$\iff \underline{x_1 = \frac{5}{2} + \frac{1}{2}\sqrt{21}}$, $\underline{x_2 = \frac{5}{2} - \frac{1}{2}\sqrt{21}}$.

(h) $x^2 - 2x + 5 = 0 \iff x_{1,2} = 1 \pm \sqrt{1-5}$
Wegen $\frac{p^2}{4} - q = 1 - 5 < 0$ gibt es keine Lösung.

(i) $x^2 - 6x = 0 \iff x_{1,2} = 3 \pm \sqrt{9} \iff x_{1,2} = 3 \pm 3 \iff \underline{x_1 = 6}$, $\underline{x_2 = 0}$.

Ist in $ax^2 + bx + c = 0$ speziell $\boldsymbol{c = 0}$, so liefert die Umformung

$$ax^2 + bx = 0 \iff x(ax+b) = 0 \iff x = 0 \text{ oder } x = -\frac{b}{a}$$

die Lösungen der quadratischen Gleichung. Damit hätte man eben in Teil (i) auch ohne Anwendung der p, q-Formel die Lösungen der Gleichung erhalten.

10.15 *Man löse die quadratischen Gleichungen:*
(a) $x^2 - 5x = 0$, (b) $3x^2 + 2x = 0$.

(a) $x^2 - 5x = 0 \iff x(x-5) = 0 \iff \underline{x_1 = 0}$, $\underline{x_2 = 5}$.

(b) $3x^2 + 2x = 0 \iff x(3x+2) = 0 \iff x = 0 \vee 3x + 2 = 0$
$\iff \underline{x_1 = 0}$, $\underline{x_2 = -\frac{2}{3}}$.

Zum Lösen einer quadratischen Gleichung $ax^2 + bx + c = 0$ mit $a \neq 0$ kann zunächst mit $\frac{1}{a}$ multipliziert werden, so dass die Gleichung in die Form $x^2 + px + q = 0$ übergeht. Dann kann die p, q-Formel angewendet werden. Oder man wendet gleich die folgende a, b, c-Formel an:

a, b, c–Formel

Die quadratische Gleichung $ax^2 + bx + c = 0$ hat die Lösungen

$$x_{1,2} = -\frac{b}{2a} \pm \sqrt{\frac{b^2}{4a^2} - \frac{c}{a}}\,.$$

10.16 *Man löse die quadratischen Gleichungen:*

(a) $3x^2+3x-6=0$, (b) $5x^2+2x-3=0$,
(c) $4x^2-2x-3=0$, (d) $3x^2+7x+2=0$,
(e) $4x^2+8x+4=0$, (f) $5x^2-7x+10=0$,
(g) $(x+2)(3x-1)=(x-1)^2$, (h) $(4x-5)(6x-1)=x(3x+8)$.

(a1) Lösung mit p,q – Formel:

$$3x^2+3x-6=0 \iff x^2+x-2=0\,, \quad \text{durch 3 geteilt}$$
$$\iff x_{1,2}=-\tfrac{1}{2}\pm\sqrt{\tfrac{1}{4}+2}\,, \quad p,q\text{ – Formel}$$
$$\iff x_{1,2}=-\tfrac{1}{2}\pm\tfrac{3}{2} \iff \underline{x_1=1}\,,\ \underline{x_2=-2}.$$

(a2) Lösung mit a,b,c – Formel:

$$3x^2+3x-6=0 \iff x_{1,2}=-\tfrac{3}{6}\pm\sqrt{\tfrac{9}{36}+2}\,, \quad a,b,c\text{ – Formel}$$
$$\iff x_{1,2}=-\tfrac{1}{2}\pm\sqrt{\tfrac{9}{4}}=-\tfrac{1}{2}\pm\tfrac{3}{2} \iff \underline{x_1=1}\,,\ \underline{x_2=-2}.$$

Die folgenden Aufgaben werden nur mit der p,q – Formel gelöst:

(b) $5x^2+2x-3=0 \iff x^2+\frac{2}{5}x-\frac{3}{5}=0 \iff x_{1,2}=-\frac{1}{5}\pm\sqrt{\frac{1}{25}+\frac{15}{25}}=-\frac{1}{5}\pm\frac{4}{5}$
$\iff \underline{x_1=\frac{3}{5}}\,,\ \underline{x_2=-1}.$

(c) $4x^2-2x-3=0 \iff x^2-\frac{1}{2}x-\frac{3}{4}=0 \iff x_{1,2}=\frac{1}{4}\pm\sqrt{\frac{1}{16}+\frac{3}{4}}$
$\iff \underline{x_1=\frac{1}{4}+\frac{1}{4}\sqrt{13}}\,,\ \underline{x_2=\frac{1}{4}-\frac{1}{4}\sqrt{13}}.$

(d) $3x^2+7x+2=0 \iff x^2+\frac{7}{3}x+\frac{2}{3}=0 \iff x_{1,2}=-\frac{7}{6}\pm\sqrt{\frac{49}{36}-\frac{2}{3}}=-\frac{7}{6}\pm\frac{5}{6}$
$\iff \underline{x_1=-\frac{1}{3}}\,,\ \underline{x_2=-2}.$

(e) $4x^2+8x+4=0 \iff 4(x+1)^2=0 \iff (x+1)^2=0 \iff \underline{x=-1}.$

(f) $5x^2-7x+10=0 \iff x^2-\frac{7}{5}x+2=0$, <u>keine Lösung</u>, da $\frac{p^2}{4}-q=\frac{49}{100}-2<0$.

(g)
$$(x+2)(3x-1)=(x-1)^2 \iff 3x^2+5x-2=x^2-2x+1$$
$$\iff 2x^2+7x-3=0 \iff x^2+\tfrac{7}{2}x-\tfrac{3}{2}=0$$
$$\iff x_{1,2}=-\tfrac{7}{4}\pm\sqrt{\tfrac{49}{16}+\tfrac{3}{2}}$$
$$\iff \underline{x_1=-\tfrac{7}{4}+\tfrac{1}{4}\sqrt{73}}\,,\ \underline{x_2=-\tfrac{7}{4}-\tfrac{1}{4}\sqrt{73}}\,.$$

(h)
$$(4x-5)(6x-1)=x(3x+8) \iff 24x^2-34x+5=3x^2+8x$$
$$\iff 21x^2-42x+5=0 \iff x^2-2x+\tfrac{5}{21}=0$$
$$\iff x_{1,2}=1\pm\sqrt{1-\tfrac{5}{21}}$$
$$\iff \underline{x_1=1+\tfrac{4}{21}\sqrt{21}}\,,\ \underline{x_2=1-\tfrac{4}{21}\sqrt{21}}\,.$$

Wurzelsatz von Vieta

Hat die quadratische Gleichung $x^2 + px + q = 0$ die Lösungen x_1 und x_2, so gilt $x^2 + px + q = (x - x_1)(x - x_2) = x^2 - (x_1 + x_2)x + x_1x_2$.
Also ist $x_1 + x_2 = -p$ und $x_1x_2 = q$.

10.17 *Die Gleichung $x^2 + x - 12 = 0$ hat nur ganzzahlige Lösungen. Man bestimme diese mit Raten und durch Anwendung des Satzes von Vieta.*

Gesucht sind als Lösungen der Gleichung zwei Zahlen x_1, x_2, deren Summe -1 (negativer Vorfaktor vor x) und deren Produkt -12 (die Konstante q) ist. Die Faktoren von 12 überblickt man sofort, und man erkennt, dass 3 und -4 die gesuchten Zahlen sind. Also gilt $x^2 + x - 12 = (x - 3)(x - (-4)) = (x - 3)(x + 4)$; die Lösungen der Gleichung lauten $x_1 = 3$ und $x_2 = -4$.

Zur Faktorisierung von $x^2 + x - 12$ kann man natürlich auch zwei Zahlen a, b suchen, deren Summe 1 ist (Vorfaktor von x) und deren Produkt -12 ist. Das sind dann -3 und 4. Lösungen der Gleichung sind dann aber $-a$ und $-b$; hier also, wie oben berechnet $x_1 = 3$ und $x_2 = -4$.

Natürlich liefert auch die p, q–Formel das Ergebnis:

$$x^2 + x - 12 = 0 \iff x_{1,2} = -\tfrac{1}{2} \pm \sqrt{\tfrac{1}{4} + 12} = -\tfrac{1}{2} \pm \sqrt{\tfrac{1}{4} + \tfrac{48}{4}} = -\tfrac{1}{2} \pm \tfrac{7}{2}.$$

10.18 *Man löse wie in der vorigen Aufgabe die Gleichungen*

(a) $x^2 - 5x + 6 = 0$. (b) $x^2 - 7x + 6 = 0$. (c) $x^2 - x - 6 = 0$.
(d) $x^2 + 2x - 35 = 0$. (e) $x^2 - 11x + 24 = 0$. (f) $x^2 + 13x + 42 = 0$.

Probieren der Teiler von q liefert jeweils:

(a) Lösungen der Gleichung sind 2 und 3, denn $x^2 - 5x + 6 = (x - 2)(x - 3)$.
(b) Lösungen der Gleichung sind 1 und 6, denn $x^2 - 7x + 6 = (x - 1)(x - 6)$.
(c) Lösungen der Gleichung sind 3 und -2, denn $x^2 - x - 6 = (x - 3)(x + 2)$.
(d) Lösungen der Gleichung sind 5 und -7, denn $x^2 + 2x - 35 = (x - 5)(x + 7)$.
(e) Lösungen der Gleichung sind 3 und 8, denn $x^2 - 11x + 24 = (x - 3)(x - 8)$.
(f) Lösungen der Gleichung sind -6 und -7, denn $x^2 + 13x + 42 = (x + 6)(x + 7)$.

10.19 *Man löse die folgenden Gleichungen:*

(a) $(x - 2)(2x - 3) = (3x - 7)(2x - 9) - (x - 6)(5x - 12)$

(b) $x + \dfrac{1}{x} = 2$ (c) $\dfrac{1}{x-1} + \dfrac{1}{x-2} = 1$

(d) $\dfrac{4+5x}{7-6x} = \dfrac{5+4x}{6x-7}$ (e) $\left|\dfrac{2x+3}{x+2}\right| = 1$

(f) $\dfrac{3}{x-2} + \dfrac{4}{x-3} + \dfrac{6}{x-7} = 0$ (g) $\dfrac{5x}{3x+7} = 1 - \dfrac{2}{x+3}$

(a)
$$\begin{aligned}
& (x - 2)(2x - 3) = (3x - 7)(2x - 9) - (x - 6)(5x - 12) \\
\iff\ & 2x^2 - 4x - 3x + 6 = 6x^2 - 14x - 27x + 63 - 5x^2 + 30x + 12x - 72 \\
\iff\ & x^2 - 8x + 15 = 0 \iff x_{1,2} = 4 \pm \sqrt{16 - 15} = 4 \pm 1, \text{ oder Vieta:} \\
\iff\ & (x - 3)(x - 5) = 0 \iff \underline{x_1 = 3}, \ \underline{x_2 = 5}.
\end{aligned}$$

(b) Hier ist $D = \mathbb{R} \setminus \{0\}$. Für $x \neq 0$ gilt:
$x+\frac{1}{x} = 2 \iff x^2+1 = 2x \iff x^2-2x+1 = 0 \iff (x-1)^2 = 0 \iff \underline{x = 1}$.

(c) Für $x \neq 1,\ x \neq 2$ gilt:

$$\frac{1}{x-1} + \frac{1}{x-2} = 1 \iff x-2+x-1 = (x-1)(x-2)$$
$$\iff x^2-5x+5 = 0 \iff \underline{x_{1,2} = \tfrac{5}{2} \pm \tfrac{1}{2}\sqrt{5}}.$$

(d) Für $x \neq \frac{7}{6}$ gilt:

$$\frac{4+5x}{7-6x} = \frac{5+4x}{6x-7}$$
$$\iff (4+5x)(6x-7) = (5+4x)(7-6x))$$
$$\iff 24x+30x^2-28-35x = 35+28x-30x-24x^2$$
$$\iff 54x^2-9x-63 = 0$$
$$\iff x^2-\tfrac{1}{6}x-\tfrac{7}{6} = 0$$
$$\iff x_{1,2} = \tfrac{1}{12} \pm \sqrt{\tfrac{1}{144}+\tfrac{168}{144}} = \tfrac{1}{12} \pm \tfrac{13}{12}$$
$$\iff x_1 = \tfrac{7}{6}\,,\ x_2 = -1\,.$$ Nur $\underline{x_2 = -1}$ löst die gegebene Gleichung.

(e) Für $x \neq -2$ gilt:

$$\left|\frac{2x+3}{x+2}\right| = 1$$ (siehe [Seite 93])

$$\iff \frac{(2x+3)^2}{(x+2)^2} = 1\,,$$ Betragstriche durch Quadrieren beseitigt,

$$\iff 4x^2+12x+9 = x^2+4x+4$$
$$\iff x^2+\tfrac{8}{3}x+\tfrac{5}{3} = 0$$
$$\iff x_{1,2} = -\tfrac{4}{3} \pm \sqrt{\tfrac{16}{9}-\tfrac{15}{9}} = -\tfrac{4}{3} \pm \tfrac{1}{3} \iff \underline{x_1 = -1}\,,\ \underline{x_2 = -\tfrac{5}{3}}.$$

(f) Für $x \in \mathbb{R} \setminus \{2,3,7\}$, kurz $x \neq 2,3,7$, gilt:

$$\frac{3}{x-2} + \frac{4}{x-3} + \frac{6}{x-7} = 0$$
$$\iff 3(x-3)(x-7)+4(x-2)(x-7)+6(x-2)(x-3) = 0$$
$$\iff 3x^2-30x+63+4x^2-36x+56+6x^2-30x+36 = 0$$
$$\iff 13x^2-96x+155 = 0$$
$$\iff x^2-\tfrac{96}{13}x+\tfrac{155}{13} = 0$$
$$\iff x_{1,2} = \tfrac{48}{13} \pm \sqrt{\tfrac{2304}{169}-\tfrac{2015}{169}} = \tfrac{48}{13} \pm \tfrac{17}{13} \iff \underline{x_1 = 5}\,,\ \underline{x_2 = \tfrac{31}{13}}.$$

(g) Für $x \neq -3, -\frac{7}{3}$ gilt:

$$\frac{5x}{3x+7} = 1 - \frac{2}{x+3}$$
$$\iff \frac{5x}{3x+7} = \frac{x+1}{x+3} \iff 5x(x+3) = (x+1)(3x+7)$$
$$\iff 5x^2+15x = 3x^2+10x+7 \iff 2x^2+5x-7 = 0$$
$$\iff x^2+\tfrac{5}{2}x-\tfrac{7}{2} = 0$$
$$\iff x_{1,2} = -\tfrac{5}{4} \pm \sqrt{\tfrac{25}{16}+\tfrac{56}{16}} = -\tfrac{5}{4} \pm \tfrac{9}{4} \iff \underline{x_1 = 1},\ \underline{x_2 = -\tfrac{7}{2}}.$$

Eine Gleichung der Form $\boldsymbol{ax^4 + bx^2 + c = 0}$ ($a \neq 0$) heißt **biquadratische Gleichung**. Die Substitution (Ersetzung) $x^2 = z$ überführt sie in die quadratische Gleichung $az^2 + bz + c = 0$ für z, die man wie üblich löst.

Biquadratische Gleichungen

$\boxed{x^4 + px^2 + q = 0}$ Substitution: $x^2 = z$, ergibt $\boxed{z^2 + pz + q = 0}$

Für jede **nichtnegative** Lösung z dieser Gleichung liefert $x^2 = z$ die beiden Lösungen $x = \sqrt{z}$ und $x = -\sqrt{z}$ der gegebenen Gleichung.

10.20 *Man löse die folgenden Gleichungen:*

(a) $x^4 - 11x^2 + 18 = 0$, (b) $x^4 - 6x^2 + 9 = 0$ (c) $x^4 + 2x^2 - 3 = 0$,
(d) $x^2 + \dfrac{1}{x^2} = 5$, (e) $(x^2 + 2)(3x^2 + 1) + (x^2 - 1)(x^2 - 2) = 0$.

(a) $x^4 - 11x^2 + 18 = 0$ Die Substitution $x^2 = z$ liefert $z^2 - 11z + 18 = 0$.
$z^2 - 11z + 18 = 0 \iff (z - 9)(z - 2) = 0 \iff z_1 = 9\ ,\ z_2 = 2$
$x^2 = 9$ bzw. $x^2 = 2$ liefert für die gegebene Gleichung genau 4 Lösungen, nämlich $\underline{x_1 = 3}$, $\underline{x_2 = -3}$, $\underline{x_3 = \sqrt{2}}$, $\underline{x_4 = -\sqrt{2}}$.

(b) $x^4 - 6x^2 + 9 = 0 \iff (x^2 - 3)^2 = 0 \iff x^2 - 3 = 0$.
Die gegebene Gleichung hat genau die beiden Lösungen
$\underline{x_1 = \sqrt{3}}$ und $\underline{x_2 = -\sqrt{3}}$.
Es ist $x^4 - 6x^2 + 9 = (x - \sqrt{3}\,)^2(x + \sqrt{3}\,)^2$; siehe [Seite 191].

(c) $x^4 + 2x^2 - 3 = 0$, Subst. $x^2 = z :\ z^2 + 2z - 3 = 0 \iff (z + 3)(z - 1) = 0$,
$z_1 = -3$ liefert keine Lösung der gegebenen Gleichung, da $x^2 = -3$ keine Lösung besitzt. $x^2 = 1$ besitzt die Lösungen $\underline{x_1 = 1}$ und $\underline{x_2 = -1}$, die damit die einzigen Lösungen der gegebenen Gleichung sind.

(d) Für $x \neq 0$ gilt:
$x^2 + \dfrac{1}{x^2} = 5 \iff x^4 + 1 = 5x^2 \iff x^4 - 5x^2 + 1 = 0$.
Subst. $x^2 = z$: $z^2 - 5z + 1 = 0$, also $z_{1,2} = \frac{5}{2} \pm \sqrt{\frac{25}{4} - 1} = \frac{1}{2}(5 \pm \sqrt{21})$. Beide Lösungen sind positiv, also hat die gegebene Gleichung genau die Lösungen
$\underline{x_1 = \sqrt{\tfrac{1}{2}(5 + \sqrt{21})}}$, $\underline{x_2 = -\sqrt{\tfrac{1}{2}(5 + \sqrt{21})}}$, $\underline{x_3 = \sqrt{\tfrac{1}{2}(5 - \sqrt{21})}}$, $\underline{x_4 = -\sqrt{\tfrac{1}{2}(5 - \sqrt{21})}}$.

(e) $(x^2 + 2)(3x^2 + 1) + (x^2 - 1)(x^2 - 2) = 0$
$\iff 3x^4 + 7x^2 + 2 + x^4 - 3x^2 + 2 = 0 \iff 4x^4 + 4x^2 + 4 = 0$
$\iff x^4 + x^2 + 1 = 0$. Subst. $x^2 = z$ ergibt $z^2 + z + 1 = 0$ mit $z_{1,2} = \frac{1}{2} \pm \sqrt{\frac{1}{4} - 1}$.
Es ist $\frac{1}{4} - 1 < 0$, also besitzt diese und damit die gegebene Gleichung
$x^4 + x^2 + 1 = 0$ keine Lösung.
Alternative Lösung: Es ist $x^4 + x^2 + 1 = (x^2 + \frac{1}{2})^2 + \frac{3}{4} > 0$ für alle x.
Also hat die Gleichung $x^4 + x^2 + 1 = 0$ keine Lösung.

10.4 Algebraische Gleichungen höheren Grades, Polynome

Verallgemeinert man nach der Betrachtung linearer Gleichungen $ax + b = 0$ und quadratischer Gleichungen $ax^2 + bx + c = 0$ weiter, so erhält man:

Algebraische Gleichungen höheren Grades

$ax^3 + bx^2 + cx + d = 0 \quad (a \neq 0)$	**kubische Gleichung** oder Gleichung 3. Grades
$ax^4 + bx^3 + cx^2 + dx + e = 0 \quad (a \neq 0)$	**Gleichung 4. Grades**
$a_n x^n + a_{n-1}x^{n-1} + \ldots + a_1 x + a_0 = 0 \ (a_n \neq 0)$	**Gleichung n-ten Grades**

(Hier benutzt man Koeffizienten mit Indizes, n ist eine beliebige natürliche Zahl.)

Der **Grad** ist der höchste in der Gleichung vorkommende Exponent von x.

Die allgemeine Behandlung solcher Gleichungen verstehen nur Fachleute; für die meisten Typen solcher Gleichungen mit einem höheren Grad als 4 gibt es keine allgemeinen Lösungsverfahren. In Spezialfällen kann man sie lösen und benötigt dabei Kenntnisse über **Polynome**, die auch an anderen Stellen (z.B. bei rationalen Funktionen und deren Integration) wichtig sind.

Polynome

$$a_n x^n + a_{n-1}x^{n-1} + \ldots + a_1 x + a_0 \text{ mit } a_n \neq 0$$

heißt **Polynom n-ten Grades**.

Ein Polynom 1. Grades, also der Form $ax + b$, heißt **linear**.

Ist $p(x)$ ein Polynom vom Grad n, so ist $p(x) = 0$ eine algebraische Gleichung n-ten Grades.

Jede Lösung x_0 dieser Gleichung heißt **Nullstelle** des Polynoms $p(x)$.

10.21 *Polynome unterschiedlichen Grades:*

5	ist ein Polynom vom Grad 0.
$2x + 3$	ist ein Polynom vom Grad 1.
$-x^2 + 4$	ist ein Polynom vom Grad 2.
$2x^3 + 3x^2 - 7$	ist ein Polynom vom Grad 3.
x^{12}	ist ein Polynom vom Grad 12.
$x^8 - 5x^3 - x^8$	ist ein Polynom vom Grad 3 (x^8 hebt sich weg).
$(x-1)(x^2-4)(x^2-9)$	ist ein Polynom vom Grad 5, denn $(x-1)(x^2-4)(x^2-9) = x^5 - x^4 - 13x^3 + 13x^2 + 36x - 36$.
$(2x+1)^3(x^2-7)^2$	ist ein Polynom vom Grad 7, da sich der größte Exponent aus $x^3 \cdot (x^2)^2$ zu 7 ergibt.

Für das Lösen algebraischer Gleichungen sind folgende drei Sätze sehr hilfreich:

Sätze über Polynome bzw. algebraische Gleichungen

1. Eine algebraische Gleichung n-ten Grades hat höchstens n reelle Lösungen. Sie hat genau n Lösungen (reelle oder komplexe, mit Vielfachheiten gezählt; siehe [Seite 191], [**EM2**]).
2. Ist x_0 eine Lösung der algebraischen Gleichung
$a_n x^n + a_{n-1}x^{n-1} + \ldots + a_1 x + a_0 = 0$ mit $a_n \neq 0$, so gilt
$a_n x^n + a_{n-1}x^{n-1} + \ldots + a_1 x + a_0 = (x - x_0)q(x)$,
wobei $q(x)$ ein Polynom vom Grad $n-1$ ist.

   Anders formuliert:

   Ist $p(x_0) = 0$, d.h. ist x_0 Nullstelle des Polynoms $p(x)$, so ist das Polynom p ohne Rest durch $x - x_0$ teilbar:

$$\boldsymbol{p(x_0) = 0 \Longleftrightarrow p(x) = q(x)(x - x_0)}$$

   Den Faktor $q(x)$ bestimmt man durch **Polynomdivision**, [Seite 189].
3. Ist x_0 eine ganzzahlige Lösung der algebraischen Gleichung
$$a_n x^n + a_{n-1}x^{n-1} + \ldots + a_1 x + a_0 = 0$$
in der alle a_k ganze Zahlen sind, so ist x_0 Teiler von a_0.

Diese Sätze liefern eine Möglichkeit, Nullstellen von Polynomen durch Probieren zu finden.

10.22 *Löse die algebraische Gleichung $x^5 - x^4 - 13x^3 + 13x^2 + 36x - 36 = 0$.*

Versucht man Lösungen zu raten, wird man sich auf ganze Zahlen beschränken. Nach Satz 3 im obigen Kasten können nur Teiler von -36 ganzzahlige Lösungen sein. Die Teiler von -36 sind die gleichen wie die von 36,
nämlich $\pm1, \pm2, \pm3, \pm4, \pm6, \pm9, \pm12, \pm18, \pm36$. Probieren ergibt:

1 einsetzen: $1^5 - 1^4 - 13 \cdot 1^3 + 13 \cdot 1^2 + 36 \cdot 1 - 36 = 0$. Hurra!
Wir haben eine Lösung gefunden. (Ab hier siehe auch [10.24].)
1 ist eine Lösung der Gleichung $x^5 - x^4 - 13x^3 + 13x^2 + 36x - 36 = 0$, weil die Summe der Koeffizienten des Polynoms gleich 0 ist.

Merke: Ist die Koeffizientensumme eines Polynoms, so wie hier, gleich 0, so ist 1 eine Nullstelle des Polynoms.

-1 einsetzen: $(-1)^5 - (-1)^4 - 13 \cdot (-1)^3 + 13 \cdot (-1)^2 + 36 \cdot (-1) - 36 \neq 0$
Schade!

Das Einsetzen von $2, -2, 3, -3$ liefert jeweils wieder Nullstellen.
Da eine algebraische Gleichung 5. Grades höchstens 5 Lösungen hat, haben wir alle Lösungen der Gleichung gefunden!

Nach 2. gilt:
$x^5 - x^4 - 13x^3 + 13x^2 + 36x - 36 = (x-1)(x-2)(x+2)(x-3)(x+3)$.
In [10.21] wurde $(x-1)(x^2-4)(x^2-9) = x^5 - x^4 - 13x^3 + 13x^2 + 36x - 36$ berechnet. Zerlegt man $x^2 - 4$ und $x^2 - 9$ mittels der 3. binomischen Formel weiter, so erhält man die hier angegebene Zerlegung des Polynoms
$x^5 - x^4 - 13x^3 + 13x^2 + 36x - 36$ in $(x-1)(x-2)(x+2)(x-3)(x+3)$.

Nach Satz 2 im Kasten gilt $a_n x^n + a_{n-1}x^{n-1} + \ldots + a_1 x + a_0 = (x - x_0)q(x)$, falls x_0 Lösung der zugehörigen algebraischen Gleichung ist.

Wie berechnet man $q(x)$, also $(a_n x^n + a_{n-1}x^{n-1} + \ldots + a_1 x + a_0) : (x - x_0)$? Dies ist ein Spezialfall der Polynomdivision, s. auch HORNER-Schema [Seite 192].

Polynomdivision

Sind $p(x)$ und $q(x)$ zwei Polynome vom Grad n bzw. m mit $n \geq m$, so bildet man $p(x) : q(x)$ wie folgt:

1.) Die höchste Potenz $a_n x^n$ in $p(x)$ wird durch die höchste Potenz $b_m x^m$ in $q(x)$ dividiert, Ergebnis $\frac{a_n}{b_m}\,x^{n-m}$.

2.) Wie bei der schriftlichen Division von Zahlen wird multipliziert und subtrahiert.

3.) Das Verfahren wird iteriert (fortgesetzt), bis nach der Subtraktion ein Polynom mit kleinerem Grad als $q(x)$ verbleibt. Dieses Polynom ist der Rest.

10.23 *Man berechne gemäß diesem Verfahren:*

(a) $(x^3 - 2x^2 + 3x - 2) \;:\; (x - 1)$

(b) $(x^4 + x^3 - 2x + 1) \;:\; (x^2 + 1)$

(c) $(x^5 - x^4 - 13x^3 + 13x^2 + 36x - 36) \;:\; (x - 1)$ *(siehe* [10.22]*).*

(a)

$$\begin{array}{rll}
(x^3 - 2x^2 + 3x - 2) & : (x-1) = x^2 - x + 2 & (x^3 \text{ durch } x \text{ geteilt ergibt } x^2) \\
-(x^3 - x^2) & & (x-1 \text{ wird mit } x^2 \text{ multipliziert}) \\
\hline
-x^2 + 3x - 2 & & (\text{Subtrahieren}) \\
-(-x^2 + x) & & (x-1 \text{ wird mit } -x(= -x^2 : x) \text{ mult.}) \\
\hline
2x - 2 & & (\text{usw.}) \\
-(2x - 2) & & \\
\hline
0 & &
\end{array}$$

Also $\frac{x^3-2x^2+3x-2}{x-1} = x^2 - x + 2$ oder $(x^2 - x + 2)(x - 1) = x^3 - 2x^2 + 3x - 2$.

Die Division geht ohne Rest auf. Man sagt dann: $x - 1$ ist ein **Faktor des Polynoms** $x^3 - 2x^2 + 3x - 2$. Da $x - 1$ linear ist, nennt man $x - 1$ auch **Linearfaktor**.

(b) Bei der Division $(x^4 + x^3 - 2x + 1) : (x^2 + 1)$ sollte man beim Aufschreiben darauf achten, dass Lücken gelassen werden, wo Potenzen von x nicht auftauchen, also:

$$\begin{array}{rl}
(x^4 + x^3 \qquad\quad - 2x + 1) & : (x^2 + 1) = x^2 + x - 1 + \frac{-3x+2}{x^2+1} \\
-(x^4 \qquad + x^2) & \\
\hline
x^3 - x^2 - 2x + 1 & \\
-(x^3 \qquad + x) & \\
\hline
- x^2 - 3x + 1 & \\
-(- x^2 \qquad - 1) & \\
\hline
-3x + 2 &
\end{array}$$

Hier bleibt ein Rest, es gilt: $\frac{x^4+x^3-2x+1}{x^2+1} = x^2 + x - 1 + \frac{-3x+2}{x^2+1}$, oder $x^4 + x^3 - 2x + 1 = (x^2 + x - 1)(x^2 + 1) + (-3x + 2)$.

(c)

$$\begin{array}{l}
(x^5 - x^4 - 13x^3 + 13x^2 + 36x - 36) \quad : (x-1) = x^4 - 13x^2 + 36 \\
\underline{-(x^5 - x^4)} \\
\qquad - 13x^3 + 13x^2 + 36x - 36 \\
\qquad \underline{-(-13x^3 + 13x^2)} \\
\qquad\qquad\qquad 36x - 36 \\
\qquad\qquad\qquad \underline{-(36x - 36)} \\
\qquad\qquad\qquad\qquad 0
\end{array}$$

Die Polynomdivision geht ohne Rest auf. 1 ist Nullstelle des Polynoms (siehe Kasten [Seite 187]).
Es ist $x^5 - x^4 - 13x^3 + 13x^2 + 36x - 36 = (x-1)(x^4 - 13x^2 + 36)$.

10.24 *Man löse die algebraische Gleichung* $x^5 - x^4 - 13x^3 + 13x^2 + 36x - 36 = 0$, *siehe* [10.22].

Nach dem Raten von 1 als Lösung von $x^5 - x^4 - 13x^3 + 13x^2 + 36x - 36 = 0$ kann man durch $x - 1$ dividieren. Die Division liefert, wie eben berechnet:

$$x^5 - x^4 - 13x^3 + 13x^2 + 36x - 36 = (x-1)(x^4 - 13x^2 + 36)$$

Jetzt kann man sich das weitere Raten (Einsetzen möglicher ganzer Zahlen als Lösungen) sparen, denn die biquadratische Gleichung lässt sich lösen, oder man erkennt wie in [Abschnitt 10.3] durch "scharfes Hinsehen" gleich die Faktorisierung $x^4 - 13x^2 + 36 = (x^2 - 4)(x^2 - 9)$. Durch Anwendung der 3. binomischen Formel ergibt sich

$$x^5 - x^4 - 13x^3 + 13x^2 + 36x - 36 = (x-1)(x-2)(x+2)(x-3)(x+3),$$

d.h. man hat die 5 Lösungen $1, 2, -2, 3, -3$ der algebraischen Gleichung 5. Grades $x^5 - x^4 - 13x^3 + 13x^2 + 36x - 36 = 0$ gefunden.

10.25 *Man dividiere* $x^3 - 1$ *durch* $x - 1$ *und löse die Gleichung* $x^3 - 1 = 0$.

$$\begin{array}{l}
(x^3 \qquad\qquad - 1) \quad : (x-1) = x^2 + x + 1 \\
\underline{-(x^3 - x^2)} \\
\qquad x^2 \qquad - 1 \\
\qquad \underline{-(x^2 - x)} \\
\qquad\qquad x - 1 \\
\qquad\qquad \underline{-(x - 1)} \\
\qquad\qquad\qquad 0
\end{array}$$

Es ist also $x^3 - 1 = (x-1)(x^2 + x + 1)$.
Siehe auch geometrische Reihe, [2.19]:
$1 + x + x^2 = \frac{x^3-1}{x-1}$.

1 ist eine Lösung der Gleichung $x^3 - 1 = 0$, da $x - 1$ ein Teiler von $x^3 - 1$ ist.

Wegen der Faktorisierung $x^3 - 1 = (x-1)(x^2 + x + 1)$ müssen weitere Lösungen von $x^3 - 1 = 0$ Lösungen von $x^2 + x + 1 = 0$ sein. Die p, q-Formel ergibt $x_{1,2} = -\frac{1}{2} \pm \sqrt{\frac{1}{4} - 1}$. Nun ist $\frac{1}{4} - 1 < 0$. Also hat $x^2 + x + 1 = 0$ keine Lösung.

1 ist die einzige (reelle) Lösung der Gleichung $x^3 - 1 = 0$.

10.26 *Man löse die Gleichung* $x^4 - x^3 - 5x^2 - 3x = 0$.

$x = 0$ ist eine Lösung der Gleichung, denn links lässt sich x ausklammern:
$x^4 - x^3 - 5x^2 - 3x = x(x^3 - x^2 - 5x - 3)$.
Ein Produkt ist 0, wenn mindestens ein Faktor 0 ist.
Als weitere Lösungen kommen also nur Lösungen von $x^3 - x^2 - 5x - 3 = 0$ in Frage. Ganzzahlige Lösungen können nur Teiler von -3, also $\pm 1, \pm 3$ sein.
1 ist keine Lösung, da die Koeffizientensumme $\neq 0$ ist. Dagegen ist
$(-1)^3 - (-1)^2 - (-1) - 3 = -1 - 1 + 5 - 3 = 0$, also ist -1 eine Lösung.

Polynomdivision durch $(x + 1)$ ergibt nun:

$$
\begin{array}{l}
(x^3 - x^2 - 5x - 3) : (x+1) = x^2 - 2x - 3 \\
\underline{-(x^3 + x^2)} \\
\quad -2x^2 - 5x - 3 \\
\quad \underline{-(-2x^2 - 2x)} \\
\qquad -3x - 3 \\
\qquad \underline{-(-3x - 3)} \\
\qquad\quad 0
\end{array}
$$

$x^4 - x^3 - 5x^2 - 3x = x(x + 1)(x^2 - 2x - 3)$.
$x^2 - 2x - 3 = 0$ mit p, q–Formel:
$x_{1,2} = 1 \pm \sqrt{1 + 3}$, also $x_1 = 3,\ x_2 = -1$.
Es ist:
$x^4 - x^3 - 5x^2 - 3x = x(x + 1)(x + 1)(x - 3)$.

Die Gleichung $x^4 - x^3 - 5x^2 - 3x = 0$ besitzt die Lösungen $\underline{0, -1, 3}$.

Da der Faktor $x + 1$ zweimal in der Faktorisierung vorkommt, nennt man -1 **zweifache Nullstelle** des Polynoms $x^4 - x^3 - 5x^2 - 3x$ bzw. eine **zweifache Lösung** der Gleichung $x^4 - x^3 - 5x^2 - 3x = 0$.

k-fache Nullstellen

Ist $p(x)$ ein Polynom und $p(x) = (x - x_0)^k q(x)$ mit $q(x_0) \neq 0$, so heißt x_0 eine k-fache Nullstelle von $p(x)$ (auch Nullstelle der Vielfachheit k bzw. der Ordnung k von $p(x)$).
Für $k = 1$ heißt x_0 einfache Nullstelle.

10.27 *Man bestimme die Nullstellen folgender Polynome:*

(a) $p(x) = x^2 - 3x - 4$, (b) $p(x) = x^4 + 5x^3 + 6x^2$,
(c) $p(x) = x^3 + 3x^2 + 3x + 1$, (d) $p(x) = x^3 - 5x^2 + 8x - 4$.

(a) $p(x) = x^2 - 3x - 4 = (x - 4)(x + 1)$.
4 und -1 sind (einfache) Nullstellen des Polynoms $x^2 - 3x - 4$.

(b) $p(x) = x^4 + 5x^3 + 6x^2 = x^2(x^2 + 5x + 6) = x^2(x + 2)(x + 3)$.
0 ist zweifache Nullstelle von $p(x)$, -2 und -3 sind einfache Nullstellen.

(c) $p(x) = x^3 + 3x^2 + 3x + 1 = (x + 1)^3$, binomische Formel!
-1 ist 3-fache Nullstelle von $p(x)$, also eine Nullstelle ungerader Ordnung.

(d) $p(x) = x^3 - 5x^2 + 8x - 4$.
Zur Bestimmung der Nullstellen von $p(x)$ muss die Gleichung $p(x) = 0$ gelöst werden. Durch Raten erkennt man, dass $x = 1$ eine Nullstelle ist.
$p(x)$ lässt sich daher ohne Rest durch $x - 1$ teilen. Polynomdivision liefert
$x^3 - 5x^2 + 8x - 4 = (x-1)(x^2 - 4x + 4) = (x-1)(x-2)^2$.
Man erkennt $x^2 - 4x + 4 = (x-2)^2$ oder wendet die p, q–Formel auf $x^2 - 4x + 4 = 0$ an.
Also hat $p(x)$ die einfache Nullstelle 1 und die doppelte Nullstelle 2.

Die Division eines Polynoms durch ein lineares Polynom $x - x_0$ lässt sich wesentlich kürzer schematich mittels des sog. HORNER-Schemas durchführen. Mit diesem Berechnungsverfahren erhält man mit minimalem Rechenaufwand für ein Polynom $p(x) = a_n x^n + a_{n-1} x^{n-1} + \ldots + a_1 x + a_0$ an einer Stelle x_0:

[1] Den Wert $\boldsymbol{p(x_0)}$.

[2] Die Division von $p(x)$ durch den Linearfaktor $x - x_0$, also $\boldsymbol{\frac{p(x)}{x - x_0}}$.

Beispiele zum HORNER-Schema

(1) $p(x) = 2x^3 - 10x^2 + 16x - 8$ und $x_0 = 2$:

$$\begin{array}{r|rrrr}
 & \mathbf{2} & \mathbf{-10} & \mathbf{16} & \mathbf{-8} \\
\boldsymbol{x_0 = 2} & & \mathbf{4} & \mathbf{-12} & \mathbf{8} \\
\hline
 & \mathbf{2} & \mathbf{-6} & \mathbf{4} & \mathbf{0} \\
 & \cdot x_0 & \cdot x_0 & \cdot x_0 &
\end{array} = p(2), \quad \text{also}$$

[1] $\boldsymbol{p(2) = 0}$

[2] $\boldsymbol{\frac{p(x)}{x-2} = 2x^2 - 6x + 4}$

$\boldsymbol{p(x) = (2x^2 - 6x + 4) \cdot (x - 2)}$

2 ist Nullstelle von $p(x)$, die Division geht ohne Rest auf.

---

(2) $p(x) = x^4 + 3x^2 - 5x$ und $x_0 = -1$:

$$\begin{array}{r|rrrrr}
 & \mathbf{1} & \mathbf{0} & \mathbf{3} & \mathbf{-5} & \mathbf{0} \\
\boldsymbol{x_0 = -1} & & \mathbf{-1} & \mathbf{1} & \mathbf{-4} & \mathbf{9} \\
\hline
 & \mathbf{1} & \mathbf{-1} & \mathbf{4} & \mathbf{-9} & \mathbf{9} \\
 & \cdot x_0 & \cdot x_0 & \cdot x_0 & \cdot x_0 &
\end{array} = p(-1), \quad \text{also}$$

[1] $\boldsymbol{p(-1) = 9}$

[2] $\boldsymbol{\frac{p(x)}{x+1} = x^3 - x^2 + 4x - 9 + \frac{9}{x+1}}$

$\boldsymbol{p(x) = (x^3 - x^2 + 4x - 9) \cdot (x + 1) + 9}$

-1 ist keine Nullstelle von $p(x)$, die Division geht nicht ohne Rest auf.

Das HORNER-Schema ist ein dreizeiliges Rechenschema, siehe obige Beispiele:

Die erste Zeile enthält die Koeffizienten des Polynoms $p(x)$ vom Grad n in absteigender Reihenfolge. Nullen nicht vergessen, falls gewisse Potenzen von x nicht auftreten, in Beispiel (2) sind das x^3 und x^0. In der zweiten Zeile steht vorn der Wert x_0. Nun wird zunächst der links stehende Koeffizient der ersten Zeile in die dritte Zeile geschrieben. Die Elemente der dritten Zeile werden jeweils mit x_0 multipliziert und (durch die Pfeile angedeutet) versetzt in die zweite Zeile geschrieben. Dann wird jeweils spaltenweise addiert (durch die senkrechten Pfeile angedeutet) und das Ergebnis in die dritte Zeile geschrieben. Das wird wiederholt, bis in der dritten Zeile ganz rechts der Polynomwert $p(x_0)$ berechnet ist. Die dritte Zeile liefert absteigend die Koeffizienten von $p(x) : (x - x_0)$.

10.28 *Gegeben ist das Polynom $p(x) = 3x^5 - x^2 + 4x + 5$.*

Man berechne $p(-2)$ und $\frac{p(x)}{x+2}$ jeweils mittels HORNER-Schema.

Das HORNER-Schema ist für $x_0 = -2$ aufzustellen:

	3	0	0	-1	4	5	Nullen bei x^4 und x^3 eingefügt!
$x_0 = -2$		-6	12	-24	50	-108	
	3	-6	12	-25	54	$\underline{-103}$	$= \underline{p(-2)}$.

Man liest ab:

$$\frac{3x^5 - x^2 + 4x + 5}{x+2} = \underline{3x^4 - 6x^3 + 12x^2 - 25x + 54 - \frac{103}{x+2}}\text{, bzw.}$$

$$3x^5 - x^2 + 4x + 5 = \underline{(3x^4 - 6x^3 + 12x^2 - 25x + 54)(x + 2) - 103}.$$

10.29 *Man löse (wenn möglich) die folgenden Gleichungen:*

(a) $x^3 - 4x^2 - 7x + 10 = 0$,
(b) $x^4 - 4x^3 + 2x^2 + 4x = 0$,
(c) $2x^5 - 9x^4 + 15x^3 - 10x^2 - 12x + 24 = 0$,
(d) $3x^5 + 2x + 1 = 0$.

(a) 1 kann man als Lösung raten, da die Koeffizientensumme gleich 0 ist.

HORNER-Schema: Division von $x^3 - 4x^2 - 7x + 10 = 0$ durch $x - 1$ geht auf!

	1	-4	-7	10
1		1	-3	-10
	1	-3	-10	0

$x^3 - 4x^2 - 7x + 10 = (x - 1)(x^2 - 3x - 10)$

p, q–Formel: $x^2 - 3x - 10 = 0 \Longrightarrow x_1 = 5,\ x_2 = -2$

$x^3 - 4x^2 - 7x + 10 = (x - 1)(x - 5)(x + 2)$

Die Gleichung $x^3 - 4x^2 - 7x + 10 = 0$ hat also die Lösungen $\underline{1, 5, -2}$.

(b) $x^4 - 4x^3 + 2x^2 + 4x = x(x^3 - 4x^2 + 2x + 4)$
2 kann man als Nullstelle von $x^3 - 4x^2 + 2x + 4$ raten.

HORNER-Schema: Division von $x^3 - 4x^2 + 2x + 4 = 0$ durch $x - 2$ geht auf!

	1	-4	2	4
2		2	-4	-4
	1	-2	-2	0

$x^4 - 4x^3 + 2x^2 + 4x = x(x - 2)(x^2 - 2x - 2)$

p, q–Formel: $x^2 - 2x - 2 = 0 \Longrightarrow x_{1,2} = 1 \pm \sqrt{3}$.

Die Gleichung $x^4 - 4x^3 + 2x^2 + 4x = 0$ hat also die Lösungen $\underline{0, 2, 1 + \sqrt{3}, 1 - \sqrt{3}}$.

(c) -1 raten, anschließend zweimal die Nullstelle 2 raten.

Die HORNER-Schemata kann man mit minimalem Schreibaufwand gestalten:

	2	−9	15	−10	−12	24	
−1		−2	11	−26	36	−24	
	2	−11	26	−36	24	0	Startzeile für das 2. Schema
2		4	−14	24	−24		
	2	−7	12	−12	0		Startzeile für das 3. Schema
2		4	−6	12			
	2	−3	6	0			

$2x^5 - 9x^4 + 15x^3 - 10x^2 - 12x + 24 = (x+1)(x-2)^2(2x^2 - 3x + 6)$,

$2x^2-3x+6 = 0 \iff x^2-\frac{3}{2}x+3 = 0$, keine reelle Lösung, da $(\frac{p}{2})^2-q = \frac{9}{16}-3 < 0$.

Daher hat die Gleichung $2x^5-9x^4+15x^3-10x^2-12x+24 = 0$ genau die Lösungen -1 und 2 (zweifache Lösung).

(d) Teiler von $a_0 = 1$ sind 1 und -1. Beide sind keine Lösungen der Gleichung $3x^5 + 2x + 1 = 0$. Daher ist die Gleichung für uns nicht zu lösen.
(Unter Anwendung der Differentialrechnung kann man zeigen, dass die Gleichung genau eine reelle Lösung besitzt und diese mit Hilfe eines Näherungsverfahrens zu $x_0 \approx -0.46$ berechnen.)

10.5 Wurzelgleichungen

Gleichungen in einer Variablen, bei denen die Variable auch unter einer Wurzel vorkommt, heißen Wurzelgleichungen. Ihr Definitionsbereich ist jeweils diejenige Teilmenge von $\mathbb{R}$, für die alle Radikanden nichtnegativ sind.

Beispiele für Wurzelgleichungen

(1) $2 - \sqrt{3x+4} = -2$ (2) $3x + 2\sqrt{x} = 16$

(3) $\sqrt{x + \sqrt{2x}} = \sqrt{x+2}$ (4) $\sqrt[3]{x^2+18} = x$

Bei einer Wurzelgleichung versucht man, die Gleichung so umzuformen, dass eine Wurzel allein auf einer Seite der Gleichung steht. Dann entfernt man sie durch Potenzieren der beiden Seiten der Gleichung. Hierbei müsste man sich überlegen, ob es sich um äquivalente Umformungen handelt. Bei den folgenden Umformungen wird häufig quadriert. Ob es sich jeweils um äquivalente Umformungen handelt, ist manchmal schwierig zu entscheiden. Es gehen aber beim Potenzieren keine Lösungen verloren, es können höchstens "Lösungen" hinzukommen. Daher bestimmt man die Lösungsmenge L mit einer Probe (Einsetzen der gefundenen Lösungen in die Ausgangsgleichung) und verzichtet auf die Angabe des Definitionsbereichs.

10.30 *Man löse die Wurzelgleichungen aus dem obigen Kasten.*

(1) $2-\sqrt{3x+4}=-2 \iff -\sqrt{3x+4}=-4$ Isolieren der Wurzel
$\iff 3x+4=16$ Quadrieren
$\iff 3x=12 \iff x=4$ Lösen der lin. Gleichung
Einsetzen (Probe): $2-\sqrt{12+4}=-2$ (stimmt!)

Die Lösungsmenge der Gleichung lautet $\underline{L=\{4\}}$.

Da das Quadrieren hier eine äquivalente Umformung ist, wäre die Probe nicht nötig gewesen, aber wir werden sie stets machen.

(2) $3x+2\sqrt{x}=16 \iff 2\sqrt{x}=16-3x$
$\Longrightarrow 4x=256-96x+9x^2$ Quadrieren
$\iff 9x^2-100x+256=0$
$\iff x^2-\frac{100}{9}x+\frac{256}{9}=0$
$\iff x_{1,2}=\frac{50}{9}\pm\sqrt{\frac{2500}{81}-\frac{2304}{81}}=\frac{50}{9}\pm\sqrt{\frac{196}{81}}$
$\iff x_{1,2}=\frac{50}{9}\pm\frac{14}{9} \qquad x_1=\frac{64}{9}\,,\ x_2=4$

$\frac{64}{9}$ erfüllt die Gleichung nicht, denn $3\cdot\frac{64}{9}+2\sqrt{\frac{64}{9}}=\frac{64}{3}+\frac{16}{3}=\frac{80}{3}\neq 16$.
$12+2\sqrt{4}=16$ stimmt, also $\underline{L=\{4\}}$.

(3) $\sqrt{x+\sqrt{2x}}=\sqrt{x+2} \Longrightarrow x+\sqrt{2x}=x+2$ Quadrieren
$\iff \sqrt{2x}=2$ Wurzel freistellen
$\Longrightarrow 2x=4$ Nochmals Quadrieren
$\iff x=2$

Probe: $\sqrt{2+\sqrt{4}}=\sqrt{4}$ (stimmt!), also $\underline{L=\{2\}}$.

(4) $\sqrt[3]{x^2+18}=x \iff x^2+18=x^3$ 3. Potenz bilden
$\iff x^3-x^2-18=0$

Nun kann man raten und erkennt leicht 3 als Lösung dieser Gleichung.
HORNER-Schema:

	1	−1	0	−18
3		3	6	18
	1	2	6	0

$x^2+2x+6=0$ hat keine Lösung.
Also ist 3 einzige Lösung von $x^3-x^2-18=0$.

Probe: $\sqrt[3]{9+18}=3$ Stimmt!
Die Lösungsmenge der gegebenen Gleichung lautet also: $\underline{L=\{3\}}$.

10.31 *Man löse die folgenden Gleichungen:*

(a) $\sqrt{x+20}+\sqrt{2x+6}=9$

(b) $\sqrt{x+5}-\sqrt{5x+6}-1=0$

(c) $\sqrt{x+8\sqrt{144+x}}=4+\sqrt{x}$

(a) $\sqrt{x+20}+\sqrt{2x+6}=9$
Quadrieren der Gleichung ergibt $x+20+2\sqrt{x+20}\,\sqrt{2x+6}+2x+6=81$.

Jetzt lassen sich die verbleibenden Wurzeln isolieren:
$2\sqrt{x+20}\sqrt{2x+6} = -3x+55$
Nochmaliges Quadrieren liefert nun eine Gleichung ohne Wurzeln.

$$\begin{aligned} 4(x+20)(2x+6) = (-3x+55)^2 &\iff 8x^2+184x+480 = 9x^2-330x+3025 \\ &\iff x^2-514x+2545 = 0 \\ &\iff x_{1,2} = 257 \pm \sqrt{63504} = 257 \pm 252 \\ &\iff x_1 = 5\ ,\ x_2 = 509 \end{aligned}$$

Nur x_1 erfüllt die gegebene Gleichung, also ist $\underline{L = \{5\}}$.

(b) $\sqrt{x+5} - \sqrt{5x+6} - 1 = 0$
Im Gegensatz zur Lösung des letzten Beispiels ist es beim Vorkommen von zwei Wurzeln manchmal einfacher, zunächst so umzustellen, dass eine Wurzel allein auf einer Seite steht, hier z.B.:

$$\sqrt{x+5} = 1 + \sqrt{5x+6}.$$

Quadrieren liefert nun $x+5 = 1+2\sqrt{5x+6}+5x+6$. Jetzt wird die Wurzel wieder isoliert und dann nochmals quadriert.

$$\begin{aligned} 2\sqrt{5x+6} = -4x-2 \quad &\Longrightarrow \quad 4(5x+6) = 16x^2+16x+4 \\ &\iff \quad 16x^2-4x-20 = 0 \iff x^2 - \tfrac{1}{4}x - \tfrac{5}{4} = 0 \\ &\iff \quad x_{1,2} = \tfrac{1}{8} \pm \sqrt{\tfrac{81}{64}} \\ &\iff \quad x_1 = -1\ ,\ x_2 = \tfrac{5}{4} \end{aligned}$$

x_2 erfüllt die gegebene Gleichung nicht, x_1 erfüllt sie; also ist $\underline{L = \{-1\}}$.

(c) $\sqrt{x+8\sqrt{144+x}} = 4+\sqrt{x}$
Quadrieren:

$$\begin{aligned} x+8\sqrt{144+x} = 16+8\sqrt{x}+x \quad &\iff \quad \sqrt{144+x} = \sqrt{x}+2 \\ \text{Nochmals Quadrieren:} \quad &\Longrightarrow \quad 144+x = x+4\sqrt{x}+4 \\ &\iff \quad \sqrt{x} = 35\,, \quad \text{also } x = 35^2 = 1225. \end{aligned}$$

Die Probe zeigt, dass $\sqrt{1225+8\sqrt{144+1225}} = 4+35$ wahr ist, denn $\sqrt{144+1225} = 37$ und $\sqrt{1225+8\cdot 37} = \sqrt{1521} = 39$.
Damit ist $\underline{L = \{1225\}}$.

10.6 Exponentialgleichungen und Logarithmusgleichungen

In diesem Abschnitt werden die folgenden Eigenschaften von Potenzen und Logarithmen benutzt:

Potenzen und Logarithmen

Ist $0 < a \neq 1$, so gilt:

(1) $a^x > 0$ für alle $x \in \mathbb{R}$.

(2) $a^x = a^y \iff x = y$.

(3) $\log_a x = \log_a y \iff x = y$, für $x, y > 0$.

Gleichungen, bei denen die Variable auch im Exponenten einer Potenz auftritt, heißen Exponentialgleichungen.

Beispiele für Exponentialgleichungen

(a)	$2^{6x-2} = 4^{2x+3}$,	(b)	$3 \cdot 4^x = 2 \cdot 5^x$,
(c)	$7^{2x-1} = 3 \cdot 5^{x-3}$,	(d)	$2^{2x} + 5 \cdot 2^{x+1} = 11$.

Exponentialgleichungen lassen sich häufig nicht exakt lösen.
Tritt die Variable aber nur in den Exponenten auf, wie in den Beispielen, so hilft meistens die Anwendung von obigem Gesetz (2), um die Gleichung so umzuformen, dass die Variable nicht mehr im Exponenten vorkommt.

10.32 *Man löse obige Exponentialgleichungen.*

(a) $2^{6x-2} = 4^{2x+3}$

Diese Gleichung lässt sich leicht so umformen, dass auf beiden Seiten Potenzen mit der Basis 2 stehen, und dann hilft das Gesetz (2), $a^x = a^y \iff x = y$, weiter.

$$\begin{aligned} 2^{6x-2} = 4^{2x+3} &\iff 2^{6x-2} = (2^2)^{2x+3} \\ &\iff 2^{6x-2} = 2^{2(2x+3)} \\ &\iff 6x-2 = 2(2x+3) \quad \text{obiges Gesetz (2),} \\ &\iff 2x = 8 \iff \underline{x=4}. \end{aligned}$$

Probe mittels Potenzrechnung:

$$2^{6\cdot 4-2} = 4^{2\cdot 4+3} \iff 2^{22} = 4^{11} \iff 2^{22} = (2^2)^{11} \text{ , stimmt!}$$

(b) $3 \cdot 4^x = 2 \cdot 5^x$

Durch Umformung ergibt sich $(\frac{4}{5})^x = \frac{2}{3}$. Logarithmieren mit einem beliebigen Logarithmus, z.B. mit ln, liefert

$$\begin{aligned} (\tfrac{4}{5})^x = \tfrac{2}{3} \iff x \cdot \ln \tfrac{4}{5} = \ln \tfrac{2}{3} &\iff x(\ln 4 - \ln 5) = \ln 2 - \ln 3 \\ &\iff x = \tfrac{\ln 2 - \ln 3}{\ln 4 - \ln 5} \approx \underline{1.817}. \end{aligned}$$

Oder gleich logarithmieren:

$$\begin{aligned} 3 \cdot 4^x = 2 \cdot 5^x &\iff \ln(3 \cdot 4^x) = \ln(2 \cdot 5^x) \\ &\iff \ln 3 + x \ln 4 = \ln 2 + x \ln 5 \\ &\iff x(\ln 4 - \ln 5) = \ln 2 - \ln 3 \\ &\iff x = \tfrac{\ln 2 - \ln 3}{\ln 4 - \ln 5} \approx \underline{1.817}. \end{aligned}$$

Logarithmengesetze

$$\begin{aligned} \ln(ab) &= \ln a + \ln b \\ \ln \frac{a}{b} &= \ln a - \ln b \\ \ln a^b &= b \ln a \end{aligned}$$

(c) $7^{2x-1} = 3 \cdot 5^{x-3}$

Logarithmieren ergibt die lineare Gleichung $(2x-1)\ln 7 = \ln 3 + (x-3)\ln 5$.

$$\begin{aligned} (2x-1)\ln 7 = \ln 3 + (x-3)\ln 5 &\iff (2\ln 7)x - \ln 7 = \ln 3 + (\ln 5)x - 3\ln 5 \\ &\iff (2\ln 7)x - (\ln 5)x = \ln 3 + \ln 7 - 3\ln 5 \\ &\iff x \cdot (2\ln 7 - \ln 5) = \ln 3 + \ln 7 - 3\ln 5 \\ &\iff x = \tfrac{\ln 3 + \ln 7 - 3\ln 5}{2\ln 7 - \ln 5} = \frac{\ln \frac{21}{125}}{\ln \frac{49}{5}} \approx \underline{-0.782}. \end{aligned}$$

(d) $2^{2x} + 5 \cdot 2^{x+1} = 11$

ist äquivalent zu $(2^x)^2 + 10 \cdot 2^x - 11 = 0$.
Substituiert man $2^x = z$, so erhält man eine quadratische Gleichung in z.

$$z^2 + 10z - 11 = 0 \iff z_{1,2} = -5 \pm \sqrt{25+11} \iff z_1 = 1,\ z_2 = -11.$$

Einsetzen in die Substitutionsgleichung $2^x = z$ ergibt $2^x = 1$ oder $2^x = -11$.
$2^x = -11$ besitzt keine Lösung, da $a^x > 0$ für alle $x \in \mathbb{R}$.
$2^x = 1 \iff x = 0$. Also ist $\underline{x = 0}$ die einzige Lösung der gegebenen Gleichung.

Die Beispiele zeigen, dass Exponentialgleichungen mit durchaus unterschiedlichen Methoden zu behandeln sind. Generell nicht elementar lösbar sind Gleichungen, in denen die Variable sowohl im Exponenten als auch als Basis einer Potenz auftritt, aber auch andere, z.B. :

Beispiele nicht elementar lösbarer Exponentialgleichungen

$x + 2^x = 5$, $x^2 \cdot 5^x - 7 = 0$, $2^x - 5^{3x} + 8 = 0$, $3^x + 2^{x^2} = 5$.

Weitere Lösungsmöglichkeiten für Exponentialgleichungen:

10.33 *Man löse die folgenden Exponentialgleichungen:*

(a) $3^x - 4^x = 0$, (b) $16^x - 4^x = 12$,
(c) $3^{2x^2-x} = a$ *für* $a = 1, 2, 3$.

(a) $3^x - 4^x = 0 \iff 3^x = 4^x \iff (\frac{3}{4})^x = 1 \iff \underline{x = 0}$.
Hier führt also eine einfache Umformung und die Tatsache, dass eine Potenz genau dann gleich 1 ist, wenn der Exponent 0 ist, zum Ziel.

(b) $16^x - 4^x = 12 \iff (4^2)^x - 4^x = 12 \iff (4^x)^2 - 4^x = 12$.
Die Substitution $4^x = z$ liefert die quadratische Gleichung $z^2 - z - 12 = 0$ mit den Lösungen $z_{1,2} = \frac{1}{2} \pm \sqrt{\frac{1}{4} + \frac{48}{4}} = \frac{1}{2} \pm \frac{7}{2}$, also $z_1 = 4$ und $z_2 = -3$.
Rücksubstitution ergibt $4^x = 4$ oder $4^x = -3$.
$4^x = 4 \iff x = 1$.
$4^x = -3$ hat keine Lösung. $\underline{x = 1}$ ist die einzige Lösung der gegebenen Gleichung.

(c_1) Für $a = 1$ gilt:
$3^{2x^2-x} = 1 \iff 2x^2 - x = 0 \iff x(2x-1) = 0 \iff \underline{x = 0}$ oder $\underline{x = \frac{1}{2}}$.

(c_2) Für $a = 2$ gilt: $3^{2x^2-x} = 2 \iff (2x^2 - x)\ln 3 = \ln 2$.
Diese quadratische Gleichung wird wie üblich gelöst:
$(2x^2 - x)\ln 3 = \ln 2 \iff x^2 - \frac{1}{2}x - \frac{\ln 2}{2\ln 3} = 0 \iff x^2 - \frac{1}{2}x - \frac{\ln 2}{\ln 9} = 0$.
$\underline{x_1 = \frac{1}{4} + \sqrt{\frac{1}{16} + \frac{\ln 2}{\ln 9}} \approx 0.86}$ und $\underline{x_2 = \frac{1}{4} - \sqrt{\frac{1}{16} + \frac{\ln 2}{\ln 9}} \approx -0.36}$
sind die beiden Lösungen der gegebenen Gleichung.

(c_3) Für $a = 3$ gilt: $3^{2x^2-x} = 3 \iff 3^{2x^2-x} = 3^1 \iff 2x^2 - x = 1$
$\iff x^2 - \frac{1}{2}x - \frac{1}{2} = 0 \iff (x-1)(x+\frac{1}{2}) = 0 \iff \underline{x = 1}$ oder $\underline{x = -\frac{1}{2}}$.
Dies sind die beiden Lösungen der gegebenen Gleichung.

Bei einer **Logarithmusgleichung** tritt die Variable im Argument eines Logarithmus auf. Wir beschränken uns hier auf Beispiele mit dem natürlichen Logarithmus ln, denn jeder andere Logarithmus lässt sich auf diesen zurückführen, siehe [Seite 89].
Im allgemeinen löst man solche Gleichungen durch Anwendung von Logarithmenregeln und Potenzieren, d.h. durch Übergang auf beiden Seiten zu Potenzen mit der Basis e. Zu beachten ist hierbei aber stets die Definitionsmenge, da ein Logarithmus nur für positive Argumente definiert ist.

10.34 *Man bestimme jeweils die Definitionsmenge und die Lösungen der folgenden Gleichungen:*

(a) $\ln(2x{+}1) = 3$, (b) $\ln(\frac{x}{x+1}) = 2$, (c) $\ln(3x{+}2){-}\ln(x{+}1) = \frac{1}{2}$.

(a) Die Gleichung ist nur für $2x + 1 > 0$ definiert, Definitionsmenge für die gegebene Gleichung ist also $D = \{x \mid x > -\frac{1}{2}\}$. D:

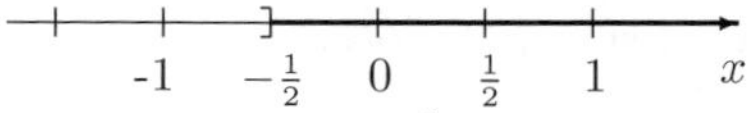

$\ln(2x+1) = 3 \iff e^{\ln(2x+1)} = e^3 \iff 2x+1 = e^3 \iff x = \frac{1}{2}(e^3 - 1) \approx 9.54.$
oder:

$$\begin{aligned} \ln(2x+1) = 3 &\iff \ln(2x+1) = \ln e^3 \\ &\iff 2x+1 = e^3\ , \quad \text{da } \ln a = \ln b \iff a = b, \\ &\iff x = \tfrac{1}{2}(e^3 - 1) \approx 9.54. \end{aligned}$$

Das berechnete x gehört zu D, also ist $\underline{x = \frac{1}{2}(e^3 - 1) \approx 9.54}$ die Lösung der gegebenen Gleichung.

(b) $$\frac{x}{x+1} > 0 \iff \left\{ \begin{array}{ccc} x > 0 \text{ und } x+1 > 0 & \iff & x > 0 \\ & \text{oder} & \\ x < 0 \text{ und } x+1 < 0 & \iff & x < -1 \end{array} \right\}$$

also: $D = \mathbb{R} \setminus [-1, 0]$. D:

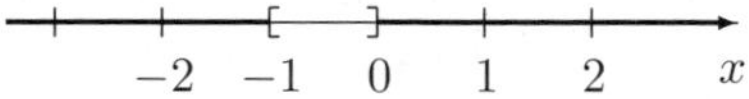

In D gilt:

$$\begin{aligned} \ln(\tfrac{x}{x+1}) = 2 &\iff e^{\ln(\frac{x}{x+1})} = e^2 \iff \frac{x}{x+1} = e^2 \\ &\iff x = e^2 x + e^2 \iff x(1 - e^2) = e^2 \\ &\iff \underline{x = \frac{e^2}{1-e^2}} \approx -1.16 \in D,\ \underline{x = \frac{e^2}{1-e^2}} \text{ ist die einzige Lösung.} \end{aligned}$$

(c) Die Gleichung $\ln(3x + 2) - \ln(x + 1) = \frac{1}{2}$ ist definiert, falls $3x + 2 > 0$ und $x + 1 > 0$, also falls $x > -\frac{2}{3}$ und $x > -1$, d.h. falls $x > -\frac{2}{3}$ ist.
In $D = \{x \mid x > -\frac{2}{3}\}$ gilt: $\ln(3x + 2) - \ln(x + 1) = \frac{1}{2} \iff \ln(\frac{3x+2}{x+1}) = \frac{1}{2}$.

$$\begin{aligned} \text{Es folgt:} \quad \frac{3x+2}{x+1} = e^{\frac{1}{2}} = \sqrt{e} \quad &\iff \quad 3x + 2 = \sqrt{e}(x+1) \\ &\iff \quad \underline{x = \frac{\sqrt{e}-2}{3-\sqrt{e}}} \approx -0.26 \in D. \end{aligned}$$

Dies ist die Lösung der gegebenen Gleichung.

10.7 Aufgaben

10.35 *Man löse die folgenden linearen Gleichungen:*

(a) $3(x - \frac{2x-1}{5}) = \frac{5x-1}{2} + \frac{3}{4}$, (b) $\frac{3x-5}{0.125} + 10 - \frac{4x-1}{2.25} = \frac{x+0.2}{0.075}$,

(c) $\frac{3x+8}{5} - \frac{7x-4}{8} = \frac{5x+12}{16} - \frac{9x-16}{20}$, (d) $\frac{3x-19}{5} - \frac{35-x}{4} + \frac{25-2x}{3} = 0$,

(e) $\frac{6}{x+2} - \frac{2}{x-6} - \frac{4}{x-2} = 0$, (f) $\frac{2}{x+2} - \frac{1}{2x-1} - \frac{3}{2(x+1)} = 0$,

(g) $5 + \frac{6}{x-2} - \frac{3x}{x-2} = 6$, (h) $\frac{11x-2}{2x+6} - \frac{3x-1}{x+3} - \frac{2x+15}{2x+6} = 0$.

10.36 *Vermindert man Zähler und Nenner des Bruches* $\frac{11}{17}$ *um dieselbe Zahl, so erhält man* $\frac{2}{3}$. *Wie heißt die Zahl?*

10.37 *Vertauscht man bei einer zweistelligen Zahl mit Quersumme* 5 *die Ziffern, so wird sie um* 9 *größer. Wie heißt die Zahl?*

10.38 *Bei einem Einkauf werden* 25*kg Äpfel eingekauft, für die insgesamt* 52€ *bezahlt werden. Es gab Sorten zu* 1,90€ *und zu* 2,20€ *pro kg. Wieviel kg von jeder Sorte wurden gekauft?*

10.39 *Es sollen* 150 *l mit* 70% *Spiritus aus* 50% *igem und* 80% *igem Spiritus gemischt werden. Wieviel Liter von jeder Sorte müssen genommen werden?*

10.40 *Bei einer Tagung sind die Hälfte der Teilnehmer Europäer, ein Viertel sind Amerikaner, ein Siebtel Afrikaner und* 3 *kommen aus Australien. Wieviel Teilnehmer hat die Tagung?*

10.41 *Ein Wasserbassin kann durch* 3 *Rohre gefüllt werden. Das erste Rohr kann das Bassin in* 12 *Stunden füllen, das zweite Rohr in* 15 *Stunden und das dritte Rohr in* 20 *Stunden. Wie lange dauert die Füllung, wenn alle Rohre gleichzeitig Wasser liefern?*

10.42 *Auf einer* 400 *m langen Laufbahn überrundet ein Läufer, der* 15 *km/h läuft, einen, der nur* 12 *km/h läuft. Wann findet dies zum ersten Mal statt?*

10.43 *Und hier noch ein klassischer "Hirnverzwirner":*
Kevin ist 24 Jahre alt. Er ist doppelt so alt wie Malte war, als Kevin so alt war wie Malte ist. Wie alt ist Malte?

10.44 *Von einem Kegel (siehe* [10.12]*) ist das Volumen und der Radius bekannt.*
(a) Wie hoch ist er?
(b) Wie lang ist seine Seitenlinie?

10.45 *Ein Kreissektor (siehe* [Seite 138]*) eines Kreises vom Radius 50 cm hat einen Flächeninhalt von 0.4* m^2. *Wie lang ist der Kreisbogen* b *des Sektors, und wie groß ist der zugehörige Winkel* α*?*

10.46 *Man löse die Gleichung* $-2x + y + xe^y - 1 = 0$ *nach* x *auf.*

10.47 *Man löse die folgenden quadratischen Gleichungen:*

(a) $3x(x+1) - 5x(x-3) = 40$, (b) $(5+7x)^2 = 17 + (2-3x)^2$,

(c) $\frac{1+2u}{4u-1} + \frac{3}{5u} = \frac{2}{3u}$, (d) $\frac{2x+2}{2x+4} + \frac{x-1}{x+10} - \frac{2x+1}{x+4} = 0$.

10.48 *Man löse die folgenden quadratischen Gleichungen mit der Variablen x:*

(a) $\frac{2c^2-1}{cx+x^2} + \frac{x-2c}{x+c} + \frac{x-c}{x} = \frac{x^2}{x^2+cx}$,

(b) $(\frac{4a+2x}{3b} + \frac{2}{3})(3 - \frac{3x+b}{2a}) = (\frac{a-x}{a} + 1)(\frac{2}{3} + \frac{4x+2b}{3b})$.

10.49 *Das Weg-Zeit-Gesetz beim freien Fall lautet: $h = \frac{1}{2}gt^2$.*
In welcher Zeit fällt ein Körper (vom Luftwiderstand wird abgesehen)
(a) *von einem 10-stöckigen Hochhaus (35 m hoch),*
(b) *vom Empire-State-Building (449 m hoch mit Antennenmast),*
(c) *vom Hotel Burj Dubai (mit 828 m z.Zt. höchstes Gebäude der Welt)*
bis zum Erdboden?
Mit welcher Geschwindigkeit trifft der Körper jeweils am Boden auf?

10.50 *Eine Geschütz schießt ein Geschoss mit einer Geschwindigkeit von 150 m/s in einem Winkel von 45° ab (vom Luftwiderstand wird abgesehen).*
Wie weit und wie hoch fliegt das Geschoss bei ebenem Gelände?

10.51 *Zwei Flugzeuge starten gleichzeitig von Hannover nach München (480 km) bzw. von München nach Hannover. Das in München startende Flugzeug trifft 15 Minuten später in Hannover ein als das andere Flugzeug, weil es 35 km/h langsamer fliegt. Mit welchen Geschwindigkeiten fliegen beide Flugzeuge?*

10.52 *In ein Quadrat der Seitenlänge a wird ein gleichseitiges Dreieck so einbeschrieben, dass eine Ecke des Dreiecks mit einer Quadratecke zusammenfällt und die beiden anderen Dreiecksecken jeweils auf einer Quadratseite liegen. Wie lang ist die Dreieckseite?*

10.53 *Man führe die folgenden Polynomdivisionen durch:*

(a) $(3x^4 - x^2 + 5) : (x^2 + 1)$, (b) $(2x^4 + 3x^3 - 4x - 5) : (x + 1)$,
(c) $(-x^3 + 5x - 4) : (x - 1)$, (d) $(4x^5 + 3x^4 - x^3 + 4x) : (x^3 + x + 1)$.

10.54 *Man löse die folgenden Gleichungen:*

(a) $x^4 - 7x^2 + 12 = 0$, (b) $x^4 - 2x^3 - 36x^2 + 2x = -35$,
(c) $x^5 + 7x^4 + 19x^3 + 25x^2 + 16x + 4 = 0$, (d) $3x^3 + 13x^2 - x + 45 = 0$,
(e) $x^4 + 2x^3 - 11x^2 - 16x + 12 = 0$, (f) $x^3 + x^2 - 0.25x - 0.25 = 0$.

10.55 *Man führe die folgenden Divisionen mit dem HORNER-Schema durch:*

(a) $(3x^7 - 4x^6 - 5x^3 + 6x - 100) : (x - 2)$,
(b) $(11x^5 + 10x^4 - 200x^3 + 126x^2 - 24) : (x + 5)$,
(c) $(4x^5 + 2x^2) : (x + 1)$.

10.56 *Man löse die folgenden Wurzelgleichungen:*

(a) $x - 2\sqrt{x} = 3$, (b) $2x = \sqrt{3x} + 18$, (c) $\sqrt{4x} + 5 = 5\sqrt{x} - 4$,

(d) $\sqrt{2x+11} + \sqrt{2x-5} = 8$, (e) $\sqrt{5x+1} + 4 = \sqrt{2x-5} + 7$,

(f) $\sqrt{x+2} - \sqrt{3x+4} + \sqrt{x-3} = 0$, (g) $3\sqrt{x+8} - \sqrt{x-8} = 2\sqrt{2(x+1)}$,

(h) $\sqrt{x + \sqrt{x+1}} = \sqrt{5}$, (i) $\sqrt{4x + \sqrt{24+x^2}} = x + 2$.

10.57 *Man löse die folgenden Exponentialgleichungen bzw. Logarithmusgleichungen:*

(a) $2^{4x-3} \cdot 4^{2x-1} = 8^x$, (b) $256 \cdot (\frac{1}{2})^{5x-4} = 2^x$,

(c) $3 \cdot 5^{2x} = 7^{x+2}$, (d) $3^{x+1} + 3^{x-1} = 2 \cdot 2^{3x-1}$,

(e) $4^x + 6 \cdot 2^x = 16$, (f) $5^x - 12 \cdot 5^{-x} = -1$,

(g) $\ln\left(\frac{x^2-1}{2x+2}\right) = 0$, (h) $\ln(x^2-2) - \ln x = -2$.

10.8 Lösungen

10.35

(a) $3(x - \frac{2x-1}{5}) = \frac{5x-1}{2} + \frac{3}{4} \iff 3x - \frac{6}{5}x + \frac{3}{5} = \frac{5}{2}x - \frac{1}{2} + \frac{3}{4}$

$\iff -\frac{7}{10}x = -\frac{7}{20}$

$\iff \underline{x = \frac{1}{2}}$

(b) $\frac{3x-5}{0.125} + 10 - \frac{4x-1}{2.25} = \frac{x+0.2}{0.075} \iff \frac{3x-5}{\frac{1}{8}} + 10 - \frac{4x-1}{\frac{9}{4}} = \frac{x+0.2}{\frac{3}{40}}$

$\iff 72(3x-5) + 90 - 4(4x-1) = 120(x+0.2) \iff 80x = 290$

$\iff \underline{x = \frac{29}{8}}$

(c) $\frac{3x+8}{5} - \frac{7x-4}{8} = \frac{5x+12}{16} - \frac{9x-16}{20}$

$\iff 16(3x+8) - 10(7x-4) = 5(5x+12) - 4(9x-16)$

$\iff -11x = -44 \iff \underline{x = 4}$

(d) $\frac{3x-19}{5} - \frac{35-x}{4} + \frac{25-2x}{3} = 0 \iff 12(3x-19) - 15(35-x) + 20(25-2x) = 0$

$\iff 11x - 253 = 0 \iff \underline{x = 23}$

(e) $\frac{6}{x+2} - \frac{2}{x-6} - \frac{4}{x-2} = 0$

$\implies 6(x-6)(x-2) - 2(x+2)(x-2) - 4(x+2)(x-6) = 0$

$\iff -32x + 128 = 0 \iff \underline{x = 4}$ $(4 \in D\,!)$

(f) $\frac{2}{x+2} - \frac{1}{2x-1} - \frac{3}{2(x+1)} = 0$

$\implies 4(2x-1)(x+1) - 2(x+2)(x+1) - 3(x+2)(2x-1) = 0$

$\iff -11x - 2 = 0 \iff \underline{x = -\frac{2}{11}}$ $(-\frac{2}{11} \in D\,!)$

(g) $5 + \frac{6}{x-2} - \frac{3x}{x-2} = 6 \implies 5(x-2) + 6 - 3x = 6(x-2)$

$\iff -4x = -8 \iff x = 2 \notin D$, also $\underline{L = \emptyset}$

(h) $\frac{11x-2}{2x+6} - \frac{3x-1}{x+3} - \frac{2x+15}{2x+6} = 0 \implies 11x - 2 - 2(3x-1) - (2x+15) = 0$

$\iff 3x - 15 = 0 \iff \underline{x = 5}$ $(5 \in D\,!)$

10.36 Nennt man die gesuchte Zahl x, so ergibt die gestellte Aufgabe die Gleichung $\frac{11-x}{17-x} = \frac{2}{3}$ mit der Lösung $x = -1$.

10.37 Die Einerziffer sei x; dann ist die Zehnerziffer $5 - x$. Die Zahl lautet $10(5-x)+x$; die durch Zifferntausch entstehende Zahl $10x + 5 - x$. Man erhält die Gleichung $10(5 - x) + x + 9 = 10x + 5 - x$ mit der Lösung $x = 3$. Die gesuchte Zahl lautet also 23.

10.38 Es wurden 10 kg zu 1,90€ und 15 kg zu 2,20€ gekauft.

10.39 Nimmt man x Liter Spiritus zu 50% , braucht man für die Mischung noch $150 - x$ Liter vom 80% igen Spiritus.
Es ergibt sich die Gleichung $\frac{50}{100}x + \frac{80}{100}(150 - x) = \frac{70}{100} \cdot 150$ mit der Lösung $x = 50$.
Es müssen 50 Liter 50% iger Spiritus und 100 Liter 80% iger Spiritus genommen werden.

10.40 Ist x die Anzahl der Tagungsteilnehmer, so ist die Gleichung $\frac{x}{2} + \frac{x}{4} + \frac{x}{7} + 3 = x$ zu lösen. Es folgt $x = 28$.

10.41 Beträgt die Füllungsdauer bei Öffnung aller Rohre x Stunden, so liefert das erste Rohr $\frac{1}{12}x$ zur Füllung, das zweite Rohr $\frac{1}{15}x$ und das dritte Rohr $\frac{1}{20}x$ zur Füllung. Die sich ergebende Gleichung $\frac{1}{12}x + \frac{1}{15}x + \frac{1}{20}x = 1$ hat die Lösung $x = 5$.

10.42 15 km/h entspricht $\frac{15\,000}{3\,600}$ m/s, also $\frac{25}{6}$ m/s. Entsprechend 12 km/h $=, \frac{10}{3}$ m/s. Überholung nach x Sekunden bedeutet, dass der schnellere Läufer 400 m mehr gelaufen ist als der langsamere Läufer. Diese Überlegung führt zur Gleichung $\frac{25}{6}x - 400 = \frac{10}{3}x$ mit der Lösung $x = 480$. Die erste Überholung findet also nach 8 Minuten statt.

10.43 Wir nehmen an, dass Kevin vor x Jahren so alt war, wie Malte ist. Dann gilt die Gleichung $12 + x = 24 - x$. Es folgt $x = 6$. Also ist Malte 18 Jahre alt.

10.44

(a) Formel: $V = \frac{1}{3}\pi r^2 h$, also $h = \dfrac{3V}{\pi r^2}$.

(b) Mit $r^2 + h^2 = s^2$ folgt für die Seitenlinie $s = \sqrt{r^2 + h^2}$.

10.45 Es gilt (siehe [Seite 138]): $F = \frac{1}{2}br$ und $F = \frac{\pi\alpha}{360°}r^2$. b und α sind gesucht.
$b = \frac{2F}{r}$ und $\alpha = \frac{360° F}{\pi r^2}$. Auf die Einheiten ist zu achten.
$b = \frac{4\,000}{50} = 80$ und $\alpha = \frac{360° \cdot 4\,000}{\pi \cdot 2\,500} \approx 183.3°$.
Der Kreisbogen ist 80 cm lang, und der zugehörige Winkel ist ca. 183° groß.

10.46 $-2x + y + xe^y - 1 = 0 \iff x(e^y - 2) = 1 - y \iff x = \dfrac{1-y}{e^y-2} \quad (e^y \neq 2)$
Eine Auflösung nach y ist nicht möglich.

10.47 (a) $x_1 = 4$, $x_2 = 5$. (b) $x_1 = -2$, $x_2 = -\frac{1}{20}$.
(c) $u_1 = -\frac{1}{6}$, $u_2 = -\frac{1}{5}$. (d) $x_1 = 2$, $x_2 = -\frac{6}{5}$.

10.48 (a) $x_1 = c+1$, $x_2 = c-1$. (b) $x_1 = 6a+b$, $x_2 = 2a-b$.

10.49 Das Weg-Zeit-Gesetz beim freien Fall lautet: $h = \frac{1}{2}gt^2$. Wir rechnen mit $g = 10\ \text{m}/s^2$. Für die Geschwindigkeit bei einer gleichmäßig beschleunigten Bewegung gilt $v = v_0 + gt$ (hier $v_0 = 0$ m/s).

(a) $35 = 5t^2$ $t \approx 2.65$ s $v \approx 26.5\ \text{m/s} = 26.5 \cdot \frac{3600}{1000}\ \text{km/h} \approx 95\ \text{km/h}$
(b) $449 = 5t^2$ $t \approx 9.48$ s $v \approx 94.8\ \text{m/s} \approx 341\ \text{km/h}$
(c) $828 = 5t^2$ $t \approx 12.9$ s $v \approx 129\ \text{m/s} \approx 464\ \text{km/h}$

10.50 Die Geschossbahn $(x(t), y(t))$ ist bei Vernachlässigung des Luftwiderstands gegeben durch $x(t) = v_0 \cdot t \cdot \cos\alpha$ und $y(t) = v_0 \cdot t \cdot \sin\alpha - \frac{1}{2}gt^2$, ([Physik]). Eliminiert man t, erhält man die Gleichung $y = x \cdot \tan\alpha - \frac{g}{2v_0^2 \cos^2\alpha}\, x^2$, eine Parabel. (Das Geschütz steht dabei im Punkt $(0,0)$.) Wie weit das Geschoss fliegt, ergibt sich aus der quadratischen Gleichung $0 = x \cdot \tan\alpha - \frac{g}{2v_0^2 \cos^2\alpha}\, x^2$ (ebenes Gelände!). Mit $x(\tan\alpha - \frac{g}{2v_0^2 \cos^2\alpha}\, x) = 0$ ist die Weite gegeben durch
$\tan\alpha - \frac{g}{2v_0^2 \cos^2\alpha}\, x = 0$, also $x = \frac{2v_0^2 \cos^2\alpha \cdot \tan\alpha}{g}$, hier $x = \frac{2 \cdot 22\,500 \cdot \frac{1}{2} \cdot 1}{10} = 2\,250$.
Die maximale Höhe der (Parabel-)Bahn ergibt sich bei $x = 1\,125$ (halber Weitenwert) zu $y = 562.5$. Das Geschoss fliegt also 1 125 m weit und 562.5 m hoch.

10.51 Fliegt das in Hannover startende Flugzeug mit x km/h, so fliegt das in München startende Flugzeug mit $(x-35)$ km/h. Das erste Flugzeug braucht $\frac{480}{x}$ h für die Strecke, das andere Flugzeug braucht $\frac{480}{x-35}$ h. Nach den in der Aufgabe angegebenen Zeitangaben erhält man die Gleichung $\frac{480}{x} = \frac{480}{x-35} - \frac{1}{4}$. Diese quadratische Gleichung hat die Lösungen $x_{1,2} = \frac{35}{2} \pm \sqrt{\frac{1225+26880}{4}}$, von denen hier nur $x_1 = \frac{35}{2} + \sqrt{\frac{1225+26880}{4}} \approx 277$ interessiert.
Die Flugzeuge fliegen 277 km/h bzw. 242 km/h.

10.52 Gemäß der nebenstehenden Skizze gilt für die Seitenlänge s des gleichseitigen Dreiecks:
$s^2 = x^2 + a^2$ und $s^2 = (a-x)^2 + (a-x)^2$.
Die quadratische Gleichung $x^2 + a^2 = 2(a-x)^2$ hat die Lösungen $x_{1,2} = 2a \pm \sqrt{3a^2}$. Wegen $2a + \sqrt{3a^2} > a$ kommt als Lösung nur
$x = 2a - \sqrt{3a^2} = a(2-\sqrt{3}) \approx 0.27a$
in Frage. Damit ergibt sich die gesuchte Seitenlänge des gleichseitigen Dreiecks zu
$s \approx \sqrt{(0.27a)^2 + a^2} \approx 1.04a$.

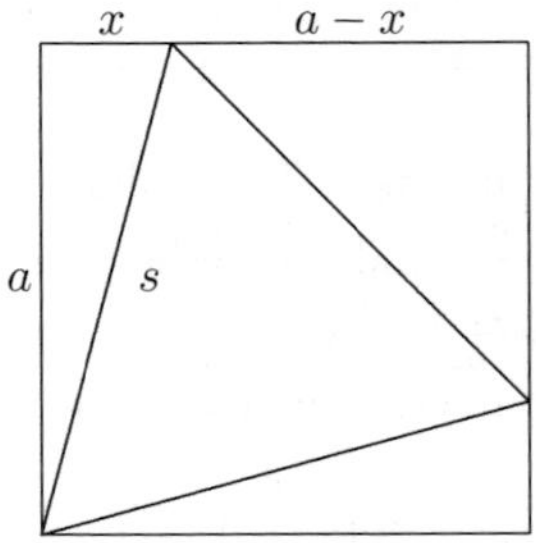

10.53

(a) $(3x^4 - x^2 + 5) : (x^2 + 1) = 3x^2 - 4 + \frac{9}{x^2+1}$

(b) $(2x^4 + 3x^3 - 4x - 5) : (x + 1) = 2x^3 + x^2 - x - 3 - \frac{2}{x+1}$

z.B. mit dem HORNER-Schema:

	2	3	0	−4	−5
$x_0 = -1$		−2	−1	1	3
	2	1	−1	−3	−2

(c) $(-x^3 + 5x - 4) : (x - 1) = -x^2 - x + 4$

(d)
$$\begin{array}{rl}
(4x^5 + 3x^4 - x^3 + 4x) : (x^3 + x + 1) = 4x^2 + 3x - 5 + \\
-(4x^5 + 4x^3 + 4x^2) \qquad\qquad + \frac{-7x^2+6x+5}{x^3+x+1} \\
\hline
3x^4 - 5x^3 - 4x^2 + 4x \\
-(3x^4 + 3x^2 + 3x) \\
\hline
-5x^3 - 7x^2 + x \\
-(-5x^3 - 5x - 5) \\
\hline
-7x^2 + 6x + 5
\end{array}$$

10.54

(a) $x^4 - 7x^2 + 12 = 0 \iff (x^2 - 4)(x^2 - 3) = 0$
$\underline{L = \{-2, -\sqrt{3}, 2, \sqrt{3}\}}$

(b) $x^4 - 2x^3 - 36x^2 + 2x = -35 \iff (x^2 - 1)(x + 5)(x - 7) = 0$
$\underline{L = \{-5, -1, 1, 7\}}$

(c) $x^5 + 7x^4 + 19x^3 + 25x^2 + 16x + 4 = 0 \iff (x + 1)^3(x + 2)^2 = 0$
$\underline{L = \{-2, -1\}}$

(d) $3x^3 + 13x^2 - x + 45 = 0 \iff (x + 5)(3x^2 - 2x + 9) = 0$
$\underline{L = \{-5\}}$

(e) $x^4 + 2x^3 - 11x^2 - 16x + 12 = 0 \iff (x + 2)(x - 3)(x^2 + 3x - 2) = 0$
$\underline{L = \{-2, 3, -\frac{3}{2} - \frac{1}{2}\sqrt{17}, -\frac{3}{2} + \frac{1}{2}\sqrt{17}\}}$

(f) $x^3 + x^2 - 0.25x - 0.25 = 0 \iff (x^2 - 0.25)(x + 1) = 0$
$\underline{L = \{-1, -0.5, 0.5\}}$

10.55

(a)

	3	−4	0	0	−5	0	6	−100
$x_0 = 2$		6	4	8	16	22	44	100
	3	2	4	8	11	22	50	0

$(3x^7 - 4x^6 - 5x^3 + 6x - 100) : (x - 2) = 3x^6 + 2x^5 + 4x^4 + 8x^3 + 11x^2 + 22x + 50$

(b)

	11	10	−200	126	0	−24
$x_0 = -5$		−55	225	−125	−5	25
	11	−45	25	1	−5	1

$(11x^5 + 10x^4 - 200x^3 + 126x^2 - 24) : (x + 5) = 11x^4 - 45x^3 + 25x^2 + x - 5 + \frac{1}{x+5}$

(c)

	4	0	0	2	0	0
$x_0 = -1$		-4	4	-4	2	-2
	4	-4	4	-2	2	-2

$(4x^5 + 2x^2) : (x+1) = 4x^4 - 4x^3 + 4x^2 - 2x + 2 - \frac{2}{x+1}$

10.56

(a) $x - 2\sqrt{x} = 3 \iff -2\sqrt{x} = 3 - x \implies 4x = 9 - 6x + x^2 \iff (x-1)(x-9) = 0$
$x_1 = 1$ Probe: $1 - 2\sqrt{1} = 3$ ist falsch.
$x_2 = 9$ Probe: $9 - 2\sqrt{9} = 3$ stimmt, also $\underline{L = \{9\}}$.

(b) $2x = \sqrt{3x} + 18 \iff \sqrt{3x} = 2x - 18 \implies 3x = (2x-18)^2 \iff x^2 - \frac{75}{4}x + 81 = 0$
$x_{1,2} = \frac{75}{8} \pm \frac{21}{8}$, also $x_1 = 12$ und $x_2 = \frac{27}{4}$.
Die Probe zeigt, dass $\underline{L = \{12\}}$ gilt.

(c) $\sqrt{4x} + 5 = 5\sqrt{x} - 4 \iff 2\sqrt{x} + 5 = 5\sqrt{x} - 4 \iff 9 = 3\sqrt{x}$
Man sieht, dass $\underline{x = 9}$ die Lösung der Gleichung ist.

(d) $\sqrt{2x+11} + \sqrt{2x-5} = 8 \iff \sqrt{2x+11} = 8 - \sqrt{2x-5}$
$\implies 2x+11 = 64 - 16\sqrt{2x-5} + 2x - 5 \iff -48 = -16\sqrt{2x-5} \implies 2x - 5 = 9$, also $x = 7$.
Einsetzen liefert $\sqrt{14+11} = 8 - \sqrt{14-5}$ bzw. $5 = 8 - 3$, und das stimmt. Also gilt $\underline{L = \{7\}}$.

(e) $\sqrt{5x+1} + 4 = \sqrt{2x-5} + 7 \implies 5x + 1 = (\sqrt{2x-5} + 3)^2$
$\iff 5x+1 = 2x-5+6\sqrt{2x-5}+9 \iff x-1 = 2\sqrt{2x-5} \implies (x-3)(x-7) = 0$
Für $x_1 = 3$ liefert die Probe $\sqrt{16} + 4 = \sqrt{1} + 7$, und das stimmt.
Für $x_2 = 7$ liefert die Probe $\sqrt{36} + 4 = \sqrt{9} + 7$, und das stimmt auch.
Also ist $\underline{L = \{3, 7\}}$.

(f) $\sqrt{x+2} - \sqrt{3x+4} + \sqrt{x-3} = 0 \iff \sqrt{x+2} - \sqrt{3x+4} = -\sqrt{x-3}$

$$\begin{aligned}
&\implies x + 2 - 2\sqrt{x+2}\,\sqrt{3x+4} + 3x + 4 = x - 3 \\
&\iff -2\sqrt{x+2}\,\sqrt{3x+4} = -3x - 9 \\
&\implies 4(x+2)(3x+4) = 9(x+3)^2 \\
&\iff x^2 - \frac{14}{3}x - \frac{49}{3} = 0 \\
&\iff x_{1,2} = \frac{7}{3} \pm \frac{14}{3}
\end{aligned}$$

$x_1 = 7$ liefert beim Einsetzen eine wahre Aussage, $x_2 = -\frac{7}{3}$ gehört wegen $-\frac{7}{3} + 2 < 0$ nicht zum Definitionsbereich der Gleichung. Also ist $\underline{L = \{7\}}$.

(g) $3\sqrt{x+8} - \sqrt{x-8} = 2\sqrt{2(x+1)} \implies 9(x+8) - 6\sqrt{x+8}\,\sqrt{x-8} + x - 8 = 8(x+1)$

$$\begin{aligned}
&\iff -6\sqrt{x+8}\,\sqrt{x-8} = -2x - 56 \\
&\implies 9(x+8)(x-8) = x^2 + 56x + 784 \\
&\iff x^2 - 7x - 170 = 0 \\
&\iff x_{1,2} = \frac{7}{2} \pm \frac{27}{2}
\end{aligned}$$

$x_1 = 17$ liefert beim Einsetzen eine wahre Aussage, $x_2 = -10$ gehört nicht zum Definitionsbereich $D = [8, \infty)$ der Gleichung, also ist $\underline{L = \{17\}}$.

(h) $\sqrt{x+\sqrt{x+1}} = \sqrt{5} \Longrightarrow x+\sqrt{x+1} = 5 \Longrightarrow x+1 = (5-x)^2 \iff x^2-11x+24=0$
$x_{1,2} = \frac{11}{2} \pm \frac{5}{2}$, $x_1 = 8$, $x_2 = 3$. Die Probe zeigt, dass $\underline{L = \{3\}}$ gilt.

(i) $\sqrt{4x+\sqrt{24+x^2}} = x+2 \Longrightarrow 4x+\sqrt{24+x^2} = (x+2)^2 \iff \sqrt{24+x^2} = x^2+4$
Nochmaliges Quadrieren liefert $24+x^2 = x^4+8x^2+16$. Diese biquadratische Gleichung $x^4+7x^2-8=0$ lässt sich zu $(x^2-1)(x^2+8)=0$ umformen, sie hat also die Lösungen 1 und -1. Eine Probe zeigt, dass beim Einsetzen von -1 und 1 in die gegebene Gleichung wahre Aussagen entstehen. Also gilt $\underline{L = \{-1, 1\}}$.

10.57

(a) $2^{4x-3} \cdot 4^{2x-1} = 8^x \iff 2^{4x-3} \cdot 2^{4x-2} = 2^{3x} \iff 2^{8x-5} = 2^{3x} \iff 8x-5 = 3x$
$\underline{x = 1}$ ist die Lösung der Gleichung.

(b) $256 \cdot (\frac{1}{2})^{5x-4} = 2^x \iff 2^8 \cdot 2^{-5x+4} = 2^x \iff 2^{-5x+12} = 2^x \iff -5x+12 = x$
$\underline{x = 2}$ ist die Lösung der Gleichung.

(c) $3 \cdot 5^{2x} = 7^{x+2} \iff \ln 3 + 2x\ln 5 = (x+2)\ln 7 \iff x(2\ln 5 - \ln 7) = 2\ln 7 - \ln 3$
$\underline{x = \frac{2\ln 7 - \ln 3}{2\ln 5 - \ln 7} = \frac{\ln\frac{49}{3}}{\ln\frac{25}{7}}} \approx 2.19$ ist die Lösung der Gleichung.

(d) $3^{x+1} + 3^{x-1} = 2 \cdot 2^{3x-1} \iff 9 \cdot 3^{x-1} + 3^{x-1} = 2^{3x} \iff 10 \cdot 3^{x-1} = 8^x$
$\iff \ln 10 + (x-1)\ln 3 = x\ln 8 \iff x(\ln 3 - \ln 8) = \ln 3 - \ln 10$
$\underline{x = \frac{\ln 3 - \ln 10}{\ln 3 - \ln 8} = \frac{\ln\frac{3}{10}}{\ln\frac{3}{8}}} \approx 1.23$ ist die Lösung der Gleichung.

(e) Die Gleichung $4^x + 6 \cdot 2^x = 16$ geht mit der Substitution $2^x = z$ über in die Gleichung $z^2 + 6z - 16 = 0$ mit den Lösungen $z_1 = 2$ und $z_2 = -8$.
Durch Rücksubstitution ergibt sich aus $2^x = 2$ die Lösung $x = 1$ der gegebenen Gleichung, während $2^x = -8$ keine Lösung besitzt. Also gilt $\underline{L = \{1\}}$.

(f) Die Gleichung $5^x - 12 \cdot 5^{-x} = -1$ wird entsprechend Teil (e) behandelt:
$5^x = z \Longrightarrow z - \frac{12}{z} = -1 \Longrightarrow z^2 + z - 12 = 0 \iff (z-3)(z+4) = 0$
$z = 3$ liefert die Lösung $\underline{x = \frac{\ln 3}{\ln 5} \approx 0.68}$ der Gleichung, $5^x = -4$ hat keine Lösung.

(g) Die Gleichung ist definiert für $\frac{x^2-1}{2x+2} = \frac{x-1}{2} > 0$, d.h. für $x > 1$.
Also ist $D = (1, \infty)$. Für $x \in D$ gilt:
$\ln\left(\frac{x^2-1}{2x+2}\right) = 0 \iff \frac{x^2-1}{2x+2} = 1 \iff x^2 - 2x - 3 = 0 \iff (x-3)(x+1) = 0.$
$x_1 = 3$, $x_2 = -1 \notin D$, also $\underline{L = \{3\}}$.

(h) $x^2 - 2 > 0 \iff |x| > \sqrt{2}$. Da $x > 0$ sein muss, ist $D = (\sqrt{2}, \infty)$.
Für $x \in D$ gilt:
$\ln(x^2-2) - \ln x = -2 \iff \ln\frac{x^2-2}{x} = -2 \iff \frac{x^2-2}{x} = \mathrm{e}^{-2}$
$\iff x^2 - \mathrm{e}^{-2}x - 2 = 0\,, \quad x_{1,2} = \frac{1}{2}\mathrm{e}^{-2} \pm \sqrt{\frac{\mathrm{e}^{-4}}{4} + 2} \approx 0.068 \pm 1.416$
$x_1 \approx 1.484$, $x_2 \approx -1.348 \notin D$, da $x_2 < 0$.
Wegen $x_1^2 > 2$ gilt $x_1 \in D$, also $\underline{L = \{x_1\}}$.

11 Matrizen, Determinanten

11.1 Bezeichnungen für Matrizen

Eine **(m, n)–Matrix** ist ein rechteckiges Zahlenschema, das aus $m \cdot n$ reellen Zahlen a_{ij} – **Elemente** genannt – besteht, die in m Zeilen und n Spalten angeordnet sind. Dieses Schema setzt man in runde Klammern, und kürzt Matrizen üblicherweise mit großen lateinischen Buchstaben ab, also:

$$A = \begin{pmatrix} a_{11} & a_{12} & \dots & a_{1n} \\ a_{21} & a_{22} & \dots & a_{2n} \\ \vdots & \vdots & \ddots & \vdots \\ a_{m1} & a_{m2} & \dots & a_{mn} \end{pmatrix}.$$

Das Element a_{ij} steht in der i-ten Zeile und in der j-ten Spalte.
i heißt **Zeilenindex** und j heißt **Spaltenindex** der Matrix A.
m heißt **Zeilenzahl** und n heißt **Spaltenzahl** der Matrix A.
Ist $m = n$, so heißt die Matrix **quadratisch**. Dann heißen die Elemente $a_{11}, \dots, a_{nn}$ **Diagonalelemente** der Matrix.
Als Abkürzung schreibt man auch $A = (a_{ij})$; dann müssen m und n bekannt sein, sonst muss zusätzlich $1 \le i \le m$ und $1 \le j \le n$ geschrieben werden.
Matrizen ermöglichen häufig eine kompakte Schreibweise, z.B. bei Gleichungssystemen.

11.1 *Beispiele für Matrizen*

$A = \begin{pmatrix} 1 & -1 \\ 2 & 3 \\ -4 & 5 \end{pmatrix}$ ist eine $(3, 2)$–Matrix mit 3 Zeilen und 2 Spalten, es ist z.B. $a_{21} = 2,\ a_{12} = -1$, die zweite Zeile (der zweite Zeilenvektor) ist $(2, 3)$.

$B = (1\ -1\ 2)$ ist eine $(1, 3)$–Matrix[1] mit 1 Zeile und 3 Spalten.

$C = \begin{pmatrix} 2 & 3 \\ -1 & 5 \end{pmatrix}$ ist eine (quadratische) $(2, 2)$–Matrix.

$D = \begin{pmatrix} 1 & 3 & 1 \\ 0 & -2 & -4 \\ 0 & -4 & 0 \end{pmatrix}$ ist eine (quadratische) $(3, 3)$–Matrix.

$E = \begin{pmatrix} 1 & 0 \\ 0 & 1 \end{pmatrix}$ ist die $(2, 2)$–Einheitsmatrix.

$O = \begin{pmatrix} 0 & 0 & 0 \\ 0 & 0 & 0 \end{pmatrix}$ ist die $(2, 3)$–Nullmatrix.

Matrizen mit gleicher Zeilenzahl und gleicher Spaltenzahl heißen *gleich dimensioniert* oder *vom gleichen Typ*.
Im obigen Beispiel sind nur C und E vom gleichen Typ.

[1] Statt $(1\ -1\ 2)$ schreibt man auch $(1, -1, 2)$.

Spezielle Matrizen

A sei eine (m,n)–Matrix, d.h. A hat m Zeilen, n Spalten. — Beispiele

(1)	Ist $m = n$, so heißt A **quadratische** Matrix. $a_{11}, \ldots, a_{nn}$ bilden die **Diagonale**.	$A = \begin{pmatrix} 1 & 2 \\ -1 & 3 \end{pmatrix}$
(2)	Eine quadratische Matrix A heißt **Diagonalmatrix**, wenn außerhalb der Diagonalen nur Nullen stehen.	$A = \begin{pmatrix} 2 & 0 & 0 \\ 0 & 0 & 0 \\ 0 & 0 & -3 \end{pmatrix}$
(3)	Eine Diagonalmatrix heißt **Einheitsmatrix**, wenn auf der Diagonalen nur Einsen stehen. Bezeichnung: E oder E_n.	$E_3 = \begin{pmatrix} 1 & 0 & 0 \\ 0 & 1 & 0 \\ 0 & 0 & 1 \end{pmatrix}$
(4)	Eine Matrix, in der nur Nullen stehen, heißt **Nullmatrix** O.	$O = \begin{pmatrix} 0 & 0 & 0 \\ 0 & 0 & 0 \end{pmatrix}$
(5)	Ist $A = (a_{ij})$, so heißt die (n,m)–Matrix $A^\top := (a_{ji})$ die zu A **transponierte** Matrix. $A^\top$ entsteht aus A durch Vertauschen der Zeilen mit den Spalten. Es gilt $\left(A^\top\right)^\top = A$.	$A = \begin{pmatrix} 1 & 2 & 3 \\ 4 & 5 & 6 \end{pmatrix}$, $A^\top = \begin{pmatrix} 1 & 4 \\ 2 & 5 \\ 3 & 6 \end{pmatrix}$

11.2 *Zu A, B, C, D, O des Beispiels [11.1] bilde man die Transponierten:*

$$A^\top = \begin{pmatrix} 1 & -1 \\ 2 & 3 \\ -4 & 5 \end{pmatrix}^\top = \begin{pmatrix} 1 & 2 & -4 \\ -1 & 3 & 5 \end{pmatrix}, \quad B^\top = (1, -1, 2)^\top = \begin{pmatrix} 1 \\ -1 \\ 2 \end{pmatrix},$$

$$C^\top = \begin{pmatrix} 2 & -1 \\ 3 & 5 \end{pmatrix}, \quad D^\top = \begin{pmatrix} 1 & 0 & 0 \\ 3 & -2 & -4 \\ 0 & -4 & 0 \end{pmatrix} = D, \quad O^\top = \begin{pmatrix} 0 & 0 \\ 0 & 0 \\ 0 & 0 \end{pmatrix}.$$

11.2 Rechnen mit Matrizen

Gleichheit von Matrizen, Multiplikation einer Matrix mit einem Skalar (einer Zahl) und Addition von Matrizen werden elementweise definiert:

Rechnen mit Matrizen

Für (m,n)–Matrizen $A = (a_{ij})$ und $B = (b_{ij})$ gilt:

Gleichheit	$A = B \iff a_{ij} = b_{ij}$ für $i = 1, \ldots, m$, $j = 1, \ldots, n$.
Multiplikation mit Skalar	$c \cdot A = c \cdot (a_{ij}) = (c \cdot a_{ij})$, für $c \in \mathbb{R}$.
Addition	$A + B = (a_{ij}) + (b_{ij}) = (a_{ij} + b_{ij})$.

11.3 *Gegeben sind:*

$$A=\begin{pmatrix}1 & 2 & 3\\ 0 & -2 & 4\end{pmatrix},\ B=\begin{pmatrix}3 & 1 & 6\\ 4 & 2 & -7\end{pmatrix},\ C=\begin{pmatrix}2 & 1\\ -3 & -5\end{pmatrix},\ D=\begin{pmatrix}3 & 1\\ 4 & -2\end{pmatrix}.$$

(a) *Man berechne* $2A$, $-5C$ *und* $A+B$.

(b) *Man berechne* $4A-3B$ *und* $2A+5B-3A-2B$.

(c) *Man berechne* $C+C^\top$ *und* $C-C^\top$.

(d) *Man berechne* $(C+D)^\top$ *und* $C^\top+D^\top$.

(a) $$2A=\begin{pmatrix}2 & 4 & 6\\ 0 & -4 & 8\end{pmatrix},\quad -5C=\begin{pmatrix}-10 & -5\\ 15 & 25\end{pmatrix},\quad A+B=\begin{pmatrix}4 & 3 & 9\\ 4 & 0 & -3\end{pmatrix}$$

(b) $$4A-3B=\begin{pmatrix}4 & 8 & 12\\ 0 & -8 & 16\end{pmatrix}-\begin{pmatrix}9 & 3 & 18\\ 12 & 6 & -21\end{pmatrix}=\begin{pmatrix}-5 & 5 & -6\\ -12 & -14 & 37\end{pmatrix}$$

$$2A+5B-3A-2B=-A+3B=\begin{pmatrix}-1 & -2 & -3\\ 0 & 2 & -4\end{pmatrix}+\begin{pmatrix}9 & 3 & 18\\ 12 & 6 & -21\end{pmatrix}=\begin{pmatrix}8 & 1 & 15\\ 12 & 8 & -25\end{pmatrix}$$

(c) $$C+C^\top=\begin{pmatrix}2 & 1\\ -3 & -5\end{pmatrix}+\begin{pmatrix}2 & -3\\ 1 & -5\end{pmatrix}=\begin{pmatrix}4 & -2\\ -2 & -10\end{pmatrix}$$

$$C-C^\top=\begin{pmatrix}2 & 1\\ -3 & -5\end{pmatrix}-\begin{pmatrix}2 & -3\\ 1 & -5\end{pmatrix}=\begin{pmatrix}0 & 4\\ -4 & 0\end{pmatrix}$$

(d) $$(C+D)^\top=\left(\begin{pmatrix}2 & 1\\ -3 & -5\end{pmatrix}+\begin{pmatrix}3 & 1\\ 4 & -2\end{pmatrix}\right)^\top=\begin{pmatrix}5 & 2\\ 1 & -7\end{pmatrix}^\top=\begin{pmatrix}5 & 1\\ 2 & -7\end{pmatrix}$$

$$C^\top+D^\top=\begin{pmatrix}2 & -3\\ 1 & -5\end{pmatrix}+\begin{pmatrix}3 & 4\\ 1 & -2\end{pmatrix}=\begin{pmatrix}5 & 1\\ 2 & -7\end{pmatrix}$$

Die Gleichheit von $(C+D)^\top$ und $C^\top+D^\top$ im letzten Beispiel ist kein Zufall. Für Matrizen A und B vom gleichen Typ gilt stets:

$$(A+B)^\top=A^\top+B^\top \text{ und } (A^\top)^\top=A^{\top\top}=A.$$

Multiplikation von Matrizen

Es sei $A=(a_{ij})$ eine $(m,\boldsymbol{n})$–Matrix und $B=(b_{jk})$ eine $(\boldsymbol{n},r)$–Matrix.

$A\cdot B=(c_{ik})$ ist die (m,r)–Matrix mit $c_{ik}=\sum_{j=1}^{n} a_{ij}\cdot b_{jk}$, für $i=1,\ldots,m,$ $k=1,\ldots,r.$

c_{ik} erhält man also, indem man die i-te Zeile von A und die k-te Spalte von B betrachtet, für jedes j mit $1\le j\le n$ die Elemente a_{ij} und b_{jk} multipliziert und alle Produkte addiert; kurz formuliert:
c_{ik} ist das Skalarprodukt (siehe [14.3]) der i–ten Zeile von A mit der k–ten Spalte von B.

Es muss also die Spaltenzahl von A mit der Zeilenzahl von B übereinstimmen um das Produkt $A\cdot B$ bilden zu können: A und B müssen zueinander passen! Statt $A\cdot B$ schreibt man wie üblich AB.

11.4 *Man bilde das Matrizenprodukt $A \cdot B$ der Matrizen*

$$A = \begin{pmatrix} 1 & -1 & 2 \\ 3 & -2 & 4 \end{pmatrix} \text{ und } B = \begin{pmatrix} 1 & 2 & 11 & 4 \\ -2 & 3 & 0 & 2 \\ 3 & 1 & 4 & 0 \end{pmatrix}.$$

Multipliziert man die $(2, \mathbf{3})$–Matrix A mit der $(\mathbf{3}\ 4)$–Matrix B, so erhält man die $(2,4)$–Matrix AB:

Schema:

	B
A	AB

$$\begin{array}{c|c} & \overbrace{\begin{pmatrix} 1 & 2 & \mathbf{11} & 4 \\ -2 & 3 & \mathbf{0} & 2 \\ 3 & 1 & \mathbf{4} & 0 \end{pmatrix}}^{B} \\ \hline \underbrace{\begin{pmatrix} 1 & -1 & 2 \\ \mathbf{3} & \mathbf{-2} & \mathbf{4} \end{pmatrix}}_{A} & \underbrace{\begin{pmatrix} 9 & 1 & 19 & 2 \\ 19 & 4 & \mathbf{49} & 8 \end{pmatrix}}_{AB} \end{array}$$

Z.B. steht $c_{23} = \mathbf{49}$ im Kreuzungspunkt der 2. Zeile von A und der 3. Spalte von B und ist das Skalarprodukt dieser Vektoren. $c_{23} = 3 \cdot 11 + (-2) \cdot 0 + 4 \cdot 4 = 49$.

11.5 *Für die Matrizen*

$$A = \begin{pmatrix} 3 & 4 & -2 \\ 4 & -1 & 1 \\ 2 & 2 & -3 \\ 1 & 5 & 2 \end{pmatrix}, \quad B = \begin{pmatrix} 4 & 3 \\ 1 & 2 \\ 7 & -5 \end{pmatrix} \text{ und } C = \begin{pmatrix} 1 & 2 & 3 & 4 \\ 5 & 6 & 7 & 8 \end{pmatrix}$$

berechne man alle Matrizenprodukte aus je zwei Faktoren, soweit diese Produkte definiert sind.

Definiert sind die Matrizenprodukte AB, BC und CA. Das erste Produkt berechnen wir nach dem Multiplikationsschema im letzten Beispiel:

$$\begin{array}{cc} & \overbrace{\begin{pmatrix} 4 & 3 \\ 1 & 2 \\ 7 & -5 \end{pmatrix}}^{B} \\ \underbrace{\begin{pmatrix} 3 & 4 & -2 \\ 4 & -1 & 1 \\ 2 & 2 & -3 \\ 1 & 5 & 2 \end{pmatrix}}_{A} & \begin{pmatrix} 2 & 27 \\ 22 & 5 \\ -11 & 25 \\ 23 & 3 \end{pmatrix} = AB \end{array}$$

Ab jetzt werden Produkte in eine Zeile geschrieben:

$$BC = \begin{pmatrix} 4 & 3 \\ 1 & 2 \\ 7 & -5 \end{pmatrix} \begin{pmatrix} 1 & 2 & 3 & 4 \\ 5 & 6 & 7 & 8 \end{pmatrix} = \begin{pmatrix} 19 & 26 & 33 & 40 \\ 11 & 14 & 17 & 20 \\ -18 & -16 & -14 & -12 \end{pmatrix}$$

$$CA = \begin{pmatrix} 1 & 2 & 3 & 4 \\ 5 & 6 & 7 & 8 \end{pmatrix} \begin{pmatrix} 3 & 4 & -2 \\ 4 & -1 & 1 \\ 2 & 2 & -3 \\ 1 & 5 & 2 \end{pmatrix} = \begin{pmatrix} 21 & 28 & -1 \\ 61 & 68 & -9 \end{pmatrix}$$

11.6 *Für* $A = \begin{pmatrix} 1 & 2 \\ 3 & 4 \end{pmatrix}$ *und* $B = \begin{pmatrix} 3 & 4 \\ 5 & 6 \end{pmatrix}$ *berechne man AB und BA.*

Man erhält:

$$AB = \begin{pmatrix} 1 & 2 \\ 3 & 4 \end{pmatrix}\begin{pmatrix} 3 & 4 \\ 5 & 6 \end{pmatrix} = \begin{pmatrix} 13 & 16 \\ 29 & 36 \end{pmatrix}$$

$$BA = \begin{pmatrix} 3 & 4 \\ 5 & 6 \end{pmatrix}\begin{pmatrix} 1 & 2 \\ 3 & 4 \end{pmatrix} = \begin{pmatrix} 15 & 22 \\ 23 & 34 \end{pmatrix}$$

Im vorletzten Beispiel lässt sich z.B. AB bilden, aber das Matrizenprodukt BA existiert nicht, da B und A nicht zueinander passen: Die Spaltenzahl 2 von B ist *nicht* gleich der Zeilenzahl 4 von A.
Aber selbst wenn man AB und BA bilden kann wie im letzten Beispiel, ist im Allgemeinen $AB \neq BA$:

Im Allgemeinen ist $AB \neq BA$. Das Matrizenprodukt ist nicht kommutativ !

11.7 *Man berechne AB und BA für* $A = (1, 2, -1)$ *und* $B = \begin{pmatrix} 3 \\ 0 \\ -2 \end{pmatrix}$.

$$\begin{array}{c|c} & \begin{pmatrix} 3 \\ 0 \\ -2 \end{pmatrix} \\ \hline (1\ \ 2\ \ -1) & (\ 5\ ) \end{array} \qquad \Longrightarrow \quad AB = (5) \quad \text{ist eine } (1,1)\text{–Matrix.}$$

$$\begin{array}{c|c} & (\ 1 \quad 2 \quad -1\ ) \\ \hline \begin{pmatrix} 3 \\ 0 \\ -2 \end{pmatrix} & \begin{pmatrix} 3 & 6 & -3 \\ 0 & 0 & 0 \\ -2 & -4 & 2 \end{pmatrix} \end{array} \qquad \Longrightarrow \quad BA = \begin{pmatrix} 3 & 6 & -3 \\ 0 & 0 & 0 \\ -2 & -4 & 2 \end{pmatrix} \quad \text{ist eine } (3,3)\text{–Matrix.}$$

Für quadratische Matrizen A lassen sich Potenzen $A^2, A^3, A^4, \ldots$ wie üblich berechnen (siehe Potenzrechnung [5.2]).

11.8 *Man berechne sämtliche Potenzen* A^n *und* B^k $(k, n \geq 2)$ *der Matrizen*

$$A = \begin{pmatrix} 4 & 12 & 8 \\ -7 & -6 & -8 \\ 4 & -3 & 2 \end{pmatrix} \quad \text{und} \quad B = \begin{pmatrix} -9 & 4 & -2 \\ -25 & 11 & -5 \\ -5 & 2 & 0 \end{pmatrix}.$$

Wir beginnen mit der Berechnung von A^2:

$$A^2 = \begin{pmatrix} 4 & 12 & 8 \\ -7 & -6 & -8 \\ 4 & -3 & 2 \end{pmatrix}\begin{pmatrix} 4 & 12 & 8 \\ -7 & -6 & -8 \\ 4 & -3 & 2 \end{pmatrix} = \begin{pmatrix} -36 & -48 & -48 \\ -18 & -24 & -24 \\ 45 & 60 & 60 \end{pmatrix}$$

Für A^3 ergibt sich dann:

$$A^3 = 3\begin{pmatrix} -12 & -16 & -16 \\ -6 & -8 & -8 \\ 15 & 20 & 20 \end{pmatrix}\begin{pmatrix} 4 & 12 & 8 \\ -7 & -6 & -8 \\ 4 & -3 & 2 \end{pmatrix} = \begin{pmatrix} 0 & 0 & 0 \\ 0 & 0 & 0 \\ 0 & 0 & 0 \end{pmatrix}.$$

Damit gilt $A^n = 0$ für alle $n \geq 3$.

Bei B gehen wir entsprechend vor:

$$B^2 = \begin{pmatrix} -9 & 4 & -2 \\ -25 & 11 & -5 \\ -5 & 2 & 0 \end{pmatrix}\begin{pmatrix} -9 & 4 & -2 \\ -25 & 11 & -5 \\ -5 & 2 & 0 \end{pmatrix} = \begin{pmatrix} -9 & 4 & -2 \\ -25 & 11 & -5 \\ -5 & 2 & 0 \end{pmatrix} = B.$$

Damit gilt $B^k = B$ für alle $k \geq 1$.

11.9 *Für* $A = \begin{pmatrix} 3 & -1 \\ -5 & 2 \end{pmatrix}$ *und* $B = \begin{pmatrix} 2 & 1 \\ 5 & 3 \end{pmatrix}$ *berechne man* AB *und* BA.

$$AB = \begin{pmatrix} 3 & -1 \\ -5 & 2 \end{pmatrix}\begin{pmatrix} 2 & 1 \\ 5 & 3 \end{pmatrix} = \begin{pmatrix} 1 & 0 \\ 0 & 1 \end{pmatrix} = E \quad \text{und}$$

$$BA = \begin{pmatrix} 2 & 1 \\ 5 & 3 \end{pmatrix}\begin{pmatrix} 3 & -1 \\ -5 & 2 \end{pmatrix} = \begin{pmatrix} 1 & 0 \\ 0 & 1 \end{pmatrix} = E.$$

Inverse Matrix

Ist A eine (n,n)–Matrix und existiert eine Matrix B mit $AB = BA = E$, so heißt B **inverse** Matrix zu A.

Schreibweise: $B = A^{-1}$

Die zu A inverse Matrix ist eindeutig bestimmt.

Im letzten Beispiel ist also $\begin{pmatrix} 2 & 1 \\ 5 & 3 \end{pmatrix}$ die invere Matrix zu $\begin{pmatrix} 3 & -1 \\ -5 & 2 \end{pmatrix}$.

Zur Berechnung der inversen Matrix (Matrixinvertierung) s. [Abschnitt 12.4].

11.10 *Besitzt die Matrix* $A = \begin{pmatrix} 1 & 2 \\ 2 & 4 \end{pmatrix}$ *eine inverse Matrix?*

Für die Matrix $B = \begin{pmatrix} a & b \\ c & d \end{pmatrix}$ gilt: $AB = \begin{pmatrix} 1 & 2 \\ 2 & 4 \end{pmatrix}\begin{pmatrix} a & b \\ c & d \end{pmatrix} = \begin{pmatrix} a+2c & b+2d \\ 2a+4c & 2b+4d \end{pmatrix}$.

In AB ist die 2. Zeile also stets das Doppelte der erste Zeile, d.h es ist $AB \neq E$ für alle $(2,2)$–Matrizen B.

A besitzt keine inverse Matrix.

In [Abschnitt 12.4] werden wir sehen, dass A^{-1} genau dann existiert, wenn $\det A \neq 0$ gilt.

Rechenregeln für Matrizen

$A+B$	$=$	$B+A$	$A+O$	$=$	$O+A=A$
$\alpha(A+B)$	$=$	$\alpha A+\alpha B$	AE	$=$	$EA=A$
$A(B+C)$	$=$	$AB+AC$	$A(BC)$	$=$	$(AB)C =: ABC$
$(AB)^\top$	$=$	$B^\top A^\top$	$(AB)^{-1}$	$=$	$B^{-1}A^{-1}$

11.3 Determinanten

Jeder quadratischen Matrix wird ihre **Determinante** – eine Zahl – zugeordnet. Für $(2,2)$–Matrizen (zweireihige Matrizen) ist sie wie folgt definiert:

Determinante einer (2,2)–Matrix

$$A = \begin{pmatrix} a & b \\ c & d \end{pmatrix} \Longrightarrow \det A = |A| = \begin{vmatrix} a & b \\ c & d \end{vmatrix} := ad - bc.$$

11.11 *Man berechne die Determinanten der folgenden Matrizen:*

$$A = \begin{pmatrix} 5 & 7 \\ 3 & 4 \end{pmatrix}, \qquad B = \begin{pmatrix} -2 & 0 \\ -3 & -1 \end{pmatrix}, \qquad C = \begin{pmatrix} 1 & -2 \\ -1 & 2 \end{pmatrix}.$$

$$\det A = \begin{vmatrix} 5 & 7 \\ 3 & 4 \end{vmatrix} = 5 \cdot 4 - 7 \cdot 3 = \underline{-1},$$

$$\det B = \begin{vmatrix} -2 & 0 \\ -3 & -1 \end{vmatrix} = (-2)(-1) - 0(-3) = \underline{2},$$

$$\det C = \begin{vmatrix} 1 & -2 \\ -1 & 2 \end{vmatrix} = 1 \cdot 2 - (-2)(-1) = \underline{0}.$$

Die Determinante beliebiger Matrizen wird auf zweireihige Determinanten zurückgeführt. Wir beschränken uns hier auf die Berechnung dreireihiger Determinanten. Zur Definition und Berechnung von Determinanten größerer Matrizen siehe [**HM**].

Determinante einer (3,3)–Matrix

$$\det A = \begin{vmatrix} a_1 & b_1 & c_1 \\ a_2 & b_2 & c_2 \\ a_3 & b_3 & c_3 \end{vmatrix} = a_1 \begin{vmatrix} b_2 & c_2 \\ b_3 & c_3 \end{vmatrix} - b_1 \begin{vmatrix} a_2 & c_2 \\ a_3 & c_3 \end{vmatrix} + c_1 \begin{vmatrix} a_2 & b_2 \\ a_3 & b_3 \end{vmatrix}$$

11.12 *Man berechne die folgenden Determinanten:*

$$\begin{vmatrix} 3 & 1 & 2 \\ 4 & 1 & 3 \\ -1 & 1 & 5 \end{vmatrix}, \qquad \begin{vmatrix} 5 & -2 & 8 \\ -7 & 11 & 3 \\ 2 & -9 & -11 \end{vmatrix}, \qquad \begin{vmatrix} 1 & 0 & 1 \\ 1 & 1 & 0 \\ 0 & 1 & 1 \end{vmatrix}.$$

Nach Definition einer dreireihigen Determinante erhalten wir:

$$\begin{vmatrix} 3 & 1 & 2 \\ 4 & 1 & 3 \\ -1 & 1 & 5 \end{vmatrix} = 3 \cdot \begin{vmatrix} 1 & 3 \\ 1 & 5 \end{vmatrix} - 1 \cdot \begin{vmatrix} 4 & 3 \\ -1 & 5 \end{vmatrix} + 2 \cdot \begin{vmatrix} 4 & 1 \\ -1 & 1 \end{vmatrix}$$

$$= 3 \cdot (1 \cdot 5 - 3 \cdot 1) - (4 \cdot 5 - 3 \cdot (-1)) + 2 \cdot (4 \cdot 1 - 1 \cdot (-1)) = 15 - 9 - 20 - 3 + 8 + 2 = \underline{-7}.$$

$$\begin{vmatrix} 5 & -2 & 8 \\ -7 & 11 & 3 \\ 2 & -9 & -11 \end{vmatrix} = 5 \cdot \begin{vmatrix} 11 & 3 \\ -9 & -11 \end{vmatrix} - (-2) \cdot \begin{vmatrix} -7 & 3 \\ 2 & -11 \end{vmatrix} + 8 \cdot \begin{vmatrix} -7 & 11 \\ 2 & -9 \end{vmatrix}$$

$$= 5(-121 + 27) + 2(77 - 6) + 8(63 - 22) = 5 \cdot (-94) + 2 \cdot 71 + 8 \cdot 41 = \underline{0}.$$

$$\begin{vmatrix} 1 & 0 & 1 \\ 1 & 1 & 0 \\ 0 & 1 & 1 \end{vmatrix} = \begin{vmatrix} 1 & 0 \\ 1 & 1 \end{vmatrix} + \begin{vmatrix} 1 & 1 \\ 0 & 1 \end{vmatrix} = 1 + 1 = \underline{2}.$$

Eine Merkregel zur Berechnung einer dreireihigen Determinante erhält man, indem man nach der Definition der Determinante im letzten Kasten weiterrechnet.

Determinante einer (3,3)–Matrix, Regel von SARRUS

$$\begin{aligned} \det A &= \begin{vmatrix} a_1 & b_1 & c_1 \\ a_2 & b_2 & c_2 \\ a_3 & b_3 & c_3 \end{vmatrix} = a_1 \begin{vmatrix} b_2 & c_2 \\ b_3 & c_3 \end{vmatrix} - b_1 \begin{vmatrix} a_2 & c_2 \\ a_3 & c_3 \end{vmatrix} + c_1 \begin{vmatrix} a_2 & b_2 \\ a_3 & b_3 \end{vmatrix} \\ &= a_1(b_2c_3 - b_3c_2) - b_1(a_2c_3 - a_3c_2) + c_1(a_2b_3 - a_3b_2) \\ &= a_1b_2c_3 - a_1b_3c_2 - a_2b_1c_3 + a_3b_1c_2 + a_2b_3c_1 - a_3b_2c_1 \\ &= \boldsymbol{a_1b_2c_3 + b_1c_2a_3 + c_1a_2b_3 - c_1b_2a_3 - a_1c_2b_3 - b_1a_2c_3} \end{aligned}$$

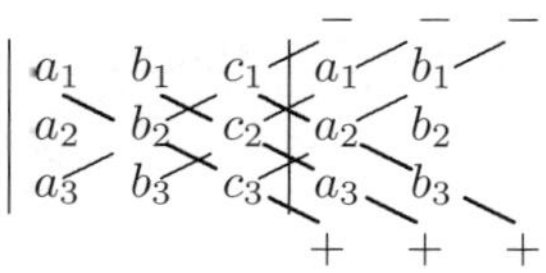

Merkregel:
Man schreibt die ersten beiden Spalten neben die Determinante, addiert die drei Dreierprodukte längs der dicken Linien und subtrahiert davon die drei Dreierprodukte längs der dünnen Linien.

11.13 *Man berechne die Determinanten:* $\begin{vmatrix} 1 & 2 & 3 \\ 4 & 2 & 5 \\ 2 & 1 & 3 \end{vmatrix}$, $\begin{vmatrix} 2 & 1 & 0 \\ 3 & 0 & 1 \\ 1 & 0 & 3 \end{vmatrix}$, $\begin{vmatrix} -3 & 2 & 1 \\ 0 & 2 & 4 \\ 0 & 0 & 5 \end{vmatrix}$.

Wir wenden die Regel von SARRUS an:

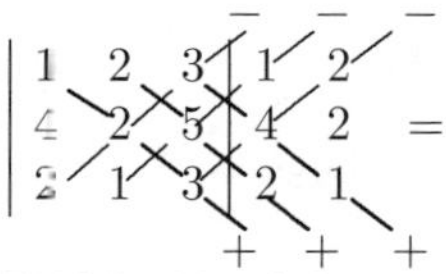

$= 1 \cdot 2 \cdot 3 + 2 \cdot 5 \cdot 2 + 3 \cdot 4 \cdot 1 - 3 \cdot 2 \cdot 2 - 1 \cdot 5 \cdot 1 - 2 \cdot 4 \cdot 3 = \underline{-3}.$

Welche Produkte nach der Regel von SARRUS zu bilden sind, sollte jetzt klar sein, so dass wir in Zukunft auf diese Eselsbrücke verzichten können:

$$\begin{vmatrix} 2 & 1 & 0 \\ 3 & 0 & 1 \\ 1 & 0 & 3 \end{vmatrix} = 2 \cdot 0 \cdot 3 + 1 \cdot 1 \cdot 1 + 0 \cdot 3 \cdot 0 - 1 \cdot 0 \cdot 0 - 0 \cdot 1 \cdot 2 - 3 \cdot 1 \cdot 3 = \underline{-8}.$$

Summanden, in denen ein Faktor 0 vorkommt, lassen wir jetzt weg:

$$\begin{vmatrix} -3 & 2 & 1 \\ 0 & 2 & 4 \\ 0 & 0 & 5 \end{vmatrix} = (-3) \cdot 2 \cdot 5 = \underline{-30}.$$

Das letzte Beispiel lässt sich verallgemeinern:

Ist A eine beliebige obere oder untere **Dreiecksmatrix** (Nullen unterhalb bzw. oberhalb der Diagonalen), so ist ihre Determinante das Produkt der Diagonalelemente.

Warnung!

Die Regel von SARRUS gilt nur für dreireihige Determinanten; sie lässt sich nicht auf größere Determinanten übertragen.

Determinanten können zur Flächenberechnung in der Ebene und zur Volumenberechnung im Raum benutzt werden. Es gilt:

Flächen– und Volumenberechnung im $\mathbb{R}^2$ und $\mathbb{R}^3$

$\mathbb{R}^2$ Sind $\vec{a} = \begin{pmatrix} a_1 \\ a_2 \end{pmatrix}$, $\vec{b} = \begin{pmatrix} b_1 \\ b_2 \end{pmatrix}$ zwei Vektoren in der Ebene, so gilt für den **Flächeninhalt** F des von $\vec{a}$, $\vec{b}$ aufgespannten Parallelogramms

$$F = \left| \begin{vmatrix} a_1 & b_1 \\ a_2 & b_2 \end{vmatrix} \right| \quad (= \text{Betrag der Determinante}).$$

$\mathbb{R}^3$ Sind $\vec{a} = \begin{pmatrix} a_1 \\ a_2 \\ a_3 \end{pmatrix}$, $\vec{b} = \begin{pmatrix} b_1 \\ b_2 \\ b_3 \end{pmatrix}$, $\vec{c} = \begin{pmatrix} c_1 \\ c_2 \\ c_3 \end{pmatrix}$ drei Vektoren im Raum, so gilt für

(a) das **Spatprodukt** $< \vec{a}, \vec{b}, \vec{c} >$:

$$< \vec{a}, \vec{b}, \vec{c} > = \begin{vmatrix} a_1 & b_1 & c_1 \\ a_2 & b_2 & c_2 \\ a_3 & b_3 & c_3 \end{vmatrix} \quad (= \text{Determinante}).$$

(b) das **Volumen** V_S des von $\vec{a}, \vec{b}, \vec{c}$ aufgespannten Spats:

$$V_S = \left| \begin{vmatrix} a_1 & b_1 & c_1 \\ a_2 & b_2 & c_2 \\ a_3 & b_3 & c_3 \end{vmatrix} \right| \quad (= \text{Betrag der Determinante}).$$

(c) das **Volumen** V_T des von $\vec{a}, \vec{b}, \vec{c}$ aufgespannten Tetraeders:

$$V_T = \frac{1}{6} \left| \begin{vmatrix} a_1 & b_1 & c_1 \\ a_2 & b_2 & c_2 \\ a_3 & b_3 & c_3 \end{vmatrix} \right| \quad (= \tfrac{1}{6} \text{ Betrag der Determinante}).$$

11.14

(a) Man berechne den Flächeninhalt F_P des von den Vektoren $\begin{pmatrix} 1 \\ 3 \end{pmatrix}$ und $\begin{pmatrix} 4 \\ -1 \end{pmatrix}$ aufgespannten Parallelogramms.

(b) Man berechne den Flächeninhalt F_D des Dreiecks mit den Eckpunkten $(1, 2)$, $(-2, 0)$, $(4, -2)$.

(a) Es gilt: $F_P = \left| \begin{vmatrix} 1 & 4 \\ 3 & -1 \end{vmatrix} \right| = |-1-12| = |-13| = \underline{13}$.

Die Determinante $\begin{vmatrix} 1 & 4 \\ 3 & -1 \end{vmatrix}$ ist negativ, der Flächeninhalt ist ihr Betrag.

Wählt man eine andere Reihenfolge der Vektoren, so ist $\begin{vmatrix} 4 & 1 \\ -1 & 3 \end{vmatrix} = 13$.

Die unterschiedlichen Vorzeichen der beiden Determinanten hängen davon ab, ob die beiden Vektoren positiv (gegen den Uhrzeigersinn aufeinanderfolgend) orientiert sind oder negativ (im Uhrzeigersinn aufeinanderfolgend) orientiert sind. Bei positiver Orientierung der Vektoren ist die Determinante positiv. Bei negativer Orientierung der Vektoren ist die Determinante negativ. Deshalb bezeichnet man die Determinante auch als "orientierten Flächeninhalt" (Flächeninhalt mit Vorzeichen).

Gleiches gilt im Raum: Drei Vektoren im Raum sind positiv orientiert, wenn sie ein Rechtssystem (Rechte–Hand–Regel, Rechtsschraube) bilden und negativ orientiert, wenn sie ein Linkssystem (Linke–Hand–Regel, Linksschraube) bilden.

(b) Das Dreieck wird von $\begin{pmatrix}1\\2\end{pmatrix} - \begin{pmatrix}-2\\0\end{pmatrix} = \begin{pmatrix}3\\2\end{pmatrix}$ und $\begin{pmatrix}1\\2\end{pmatrix} - \begin{pmatrix}4\\-2\end{pmatrix} = \begin{pmatrix}-3\\4\end{pmatrix}$ aufgespannt. Es gilt: $F_D = \frac{1}{2} \left| \begin{vmatrix} 3 & -3 \\ 2 & 4 \end{vmatrix} \right| = \frac{1}{2} \cdot 18 = \underline{9}$.

$\begin{vmatrix} 3 & -3 \\ 2 & 4 \end{vmatrix} = 18 > 0$, die Vektoren $\begin{pmatrix}3\\2\end{pmatrix}, \begin{pmatrix}-3\\4\end{pmatrix}$ sind positiv orientiert.

11.15 *Gegeben sind die Vektoren* $\vec{a} = (3,0,2)$, $\vec{b} = (1,-2,1)$, $\vec{c} = (1,1,1)$.

(a) *Berechne das Spatprodukt* $< \vec{a}, \vec{b}, \vec{c} >$.

(b) *Berechne das Volumen* V_S *des von* $\vec{a}, \vec{b}, \vec{c}$ *aufgespannten Spats.*

(c) *Berechne das Volumen* V_T *des von* $\vec{a}, \vec{b}, \vec{c}$ *aufgespannten Tetraeders.*

(a) Spatprodukt: $< \vec{a}, \vec{b}, \vec{c} > = \begin{vmatrix} 3 & 1 & 1 \\ 0 & -2 & 1 \\ 2 & 1 & 1 \end{vmatrix} = -6 + 2 + 4 - 3 = \underline{-3}.$

(b) Spatvolumen: $V_S = |< \vec{a}, \vec{b}, \vec{c} >| = \left| \begin{vmatrix} 3 & 1 & 1 \\ 0 & -2 & 1 \\ 2 & 1 & 1 \end{vmatrix} \right| = |-3| = \underline{3}.$

(c) Tetraedervolumen: $V_T = \frac{1}{6}|< \vec{a}, \vec{b}, \vec{c} >| = \frac{1}{6} \cdot \left| \begin{vmatrix} 3 & 1 & 1 \\ 0 & -2 & 1 \\ 2 & 1 & 1 \end{vmatrix} \right| = \frac{1}{6} \cdot |-3| = \underline{\frac{1}{2}}.$

Wegen $\begin{vmatrix} 3 & 1 & 1 \\ 0 & -2 & 1 \\ 2 & 1 & 1 \end{vmatrix} = -3 < 0$ sind die Vektoren $\begin{pmatrix}3\\0\\2\end{pmatrix}, \begin{pmatrix}1\\-2\\1\end{pmatrix}, \begin{pmatrix}1\\1\\1\end{pmatrix}$ in dieser Reihenfolge negativ orientiert.

11.4 Aufgaben

11.16 *In 3 Werken W_1, W_2, W_3 werden jeweils 2 Artikel A_1, A_2 hergestellt.*
W_1 stellt pro Tag 100 Stück von A_1 und 200 Stück von A_2 her.
W_2 stellt pro Tag 150 Stück von A_1 und 150 Stück von A_2 her.
W_3 stellt pro Tag 200 Stück von A_1 und 300 Stück von A_2 her.
Man stelle die Produktionszahlen in einer "Produktionsmatrix" dar.

11.17 *Gegeben sind die Matrizen* $A = \begin{pmatrix} 1 & 1 \\ 2 & 3 \end{pmatrix}$ *und* $B = \begin{pmatrix} 2 & 3 \\ 1 & 1 \end{pmatrix}$.

(a) *Man gebe $A^\top$, $B^\top$, $A + B$ und $A - B$ an.*

(b) *Man berechne AB, BA, $A^\top B^\top$ und $B^\top A^\top$.*

11.18 *Für die Matrizen* $A = \begin{pmatrix} 2 & -1 & 4 & 1 \\ 3 & 0 & 2 & -1 \\ -1 & -2 & 3 & 4 \end{pmatrix}$ *und* $B = \begin{pmatrix} -1 & 2 & -1 & 2 \\ 1 & 1 & 1 & 1 \\ 0 & 2 & 0 & -2 \end{pmatrix}$

berechne man: $3A$, $-2B$, $2A + 4B$, $3A^\top - 2B^\top$, $A^\top B$ *und* $B^\top A$.

11.19 *Gegeben sind die Matrizen* $A_1 = \begin{pmatrix} 2 & 1 & 3 \\ -1 & 1 & 0 \end{pmatrix}$, $A_2 = \begin{pmatrix} 0 & 1 \\ 1 & 0 \end{pmatrix}$,

$A_3 = \begin{pmatrix} -1 & 1 \\ 2 & 3 \\ -2 & 1 \end{pmatrix}$ *und* $A_4 = \begin{pmatrix} 1 & 1 & 1 \\ -1 & -1 & -1 \\ 1 & 1 & 1 \end{pmatrix}$.

Man berechne die Produkte $A_i \cdot A_j$, soweit sie definiert sind.

11.20 *Für die Matrix* $A = \begin{pmatrix} 1 & -1 \\ 2 & 1 \end{pmatrix}$ *berechne man* $A^2, A^3, A^2 - 2A, A^2 - 2A + 3E$ *und* $A^3 - 2A^2 + 3A$.

11.21 *Matrizenmultiplikation bei mehrstufigen Produktionsprozessen:*

Ein Unternehmen fertigt aus den Rohstoffen R_1, R_2, R_3 die Zwischenprodukte Z_1, Z_2, Z_3 und aus diesen die Endprodukte E_1, E_2. Der Materialfluss je Mengeneinheit (ME) ist den Tabellen zu entnehmen, die anschließend erläutert werden:

	Z_1	Z_2	Z_3
R_1	1	3	4
R_2	2	3	2
R_3	3	0	1

und

	E_1	E_2
Z_1	2	3
Z_2	4	1
Z_3	1	2

.

Z.B. werden für das Zwischenprodukt Z_2 3 ME vom Rohstoff R_1 und 3 ME vom Rohstoff R_2 benötigt usw., und für das Endprodukt E_2 werden 3 ME vom Zwischenprodukt Z_1, 1 ME von Z_2 und 2 ME von Z_3 benötigt.
Wieviele Mengeneinheiten an Rohstoffen werden für eine ME jedes Endprodukts benötigt?

11.22 *Übergangsmatrizen:*

Die Besucher der Kinos A und B wechseln wie folgt von Besuch zu Besuch:
1. 80% der Besucher von A kommen beim nächsten mal wieder, die übrigen wechseln zu B.
2. 60% der Besucher von B kommen beim nächsten mal wieder, die übrigen wechseln zu A.

Schema

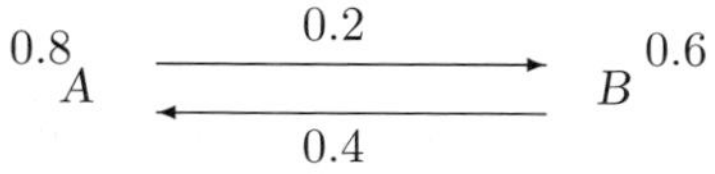

Anfangs werden die Kinos zu gleichen Teilen besucht, die Gesamtzahl der Kinobesucher soll bei den folgenden Vorstellungen gleich bleiben. Wie verteilen sich die Besucherzahlen bei den folgenden Vorstellungen auf die Kinos? (Man kann dabei Matrizenprodukte verwenden!)

11.23 *Für* $A = \begin{pmatrix} 2 & 1 \\ 3 & 4 \end{pmatrix}$ *und* $B = \begin{pmatrix} -2 & 2 \\ 1 & 3 \end{pmatrix}$ *berechne man* $\det A$, $\det B$, $\det A^\top$, $\det(A+B)$, $\det 3A$, $\det \frac{1}{2}B$, $\det(AB)$, $\det(BA)$, $\det A^2$ *und* $\det B^3$.

11.24 *Man berechne die folgenden Determinanten:*

(a) $\begin{vmatrix} 4 & 2 \\ -1 & 1 \end{vmatrix}, \begin{vmatrix} 3 & -7 \\ 5 & -6 \end{vmatrix}, \begin{vmatrix} 0 & 3 \\ 2 & 0 \end{vmatrix}, \begin{vmatrix} 4 & 2 \\ 0 & 0 \end{vmatrix}, \begin{vmatrix} 2 & 2 \\ 3 & 3 \end{vmatrix}, \begin{vmatrix} 6 & 12 \\ 12 & 18 \end{vmatrix}.$

(b) $\begin{vmatrix} 1 & 0 & 1 \\ 1 & 1 & 1 \\ 0 & 1 & 1 \end{vmatrix}, \begin{vmatrix} 2 & -3 & -2 \\ 4 & -2 & 5 \\ -2 & 4 & 3 \end{vmatrix}, \begin{vmatrix} 0 & 1 & 0 \\ 1 & 0 & 0 \\ 0 & 0 & 1 \end{vmatrix}, \begin{vmatrix} 0 & 0 & 2 \\ 0 & 3 & 0 \\ 4 & 0 & 0 \end{vmatrix}.$

(c) $\begin{vmatrix} 2 & 2 & 2 \\ 1 & 3 & 4 \\ 2 & 2 & 2 \end{vmatrix}, \begin{vmatrix} 1 & 3 & 2 \\ 1 & 3 & -2 \\ 1 & 3 & -5 \end{vmatrix}, \begin{vmatrix} 1 & 1 & 1 \\ 1 & 1 & 0 \\ 2 & 2 & 1 \end{vmatrix}, \begin{vmatrix} 1 & 2 & 3 \\ 4 & 5 & 6 \\ 7 & 8 & 9 \end{vmatrix}.$

11.25 *Gegeben sind die Vektoren* $\vec{a} = \begin{pmatrix} 3 \\ -3 \end{pmatrix}$ *und* $\vec{b} = \begin{pmatrix} 2 \\ x \end{pmatrix}$. *Man berechne* x *so, dass das von* $\vec{a}$ *und* $\vec{b}$ *aufgespannte Parallelogramm den Flächeninhalt 12 besitzt.*

11.26 *Gibt es einen Punkt* P *auf der Geraden* $G : \vec{x} = (1,1,1) + t(1,-1,2)$, *so dass die Punkte* $P_1 = (2,0,0)$, $P_2 = (0,1,0)$, $P_3 = (0,0,3)$ *und* P *Eckpunkte eines Tetraeders vom Volumen 1 sind?*

11.27 *Sind die Vektoren* $(0,1,0), (0,0,1), (1,0,0)$ *in dieser Reihenfolge positiv orientiert? (siehe Bemerkung* [Seite 217] *und Skizze* [Seite 114 Mitte].*)*

11.5 Lösungen

11.16 Wir bezeichnen die Produktionsmatrix mit $P = (p_{ij})$, wobei p_{ij} die Anzahl der Artikel A_j ist, die pro Tag im Werk W_i hergestellt werden.

Dann gilt $P = (p_{ij}) = \begin{pmatrix} 100 & 200 \\ 150 & 150 \\ 200 & 300 \end{pmatrix}$.

11.17

(a) $A^\top = \begin{pmatrix} 1 & 2 \\ 1 & 3 \end{pmatrix}, \quad B^\top = \begin{pmatrix} 2 & 1 \\ 3 & 1 \end{pmatrix}, \quad A+B = \begin{pmatrix} 3 & 4 \\ 3 & 4 \end{pmatrix}, \quad A-B = \begin{pmatrix} -1 & -2 \\ 1 & 2 \end{pmatrix}.$

(b) $A \cdot B = \begin{pmatrix} 1 & 1 \\ 2 & 3 \end{pmatrix} \begin{pmatrix} 2 & 3 \\ 1 & 1 \end{pmatrix} = \begin{pmatrix} 3 & 4 \\ 7 & 9 \end{pmatrix}, \quad B \cdot A = \begin{pmatrix} 2 & 3 \\ 1 & 1 \end{pmatrix} \begin{pmatrix} 1 & 1 \\ 2 & 3 \end{pmatrix} = \begin{pmatrix} 8 & 11 \\ 3 & 4 \end{pmatrix}.$

$$A^\top B^\top = \begin{pmatrix} 1 & 2 \\ 1 & 3 \end{pmatrix} \begin{pmatrix} 2 & 1 \\ 3 & 1 \end{pmatrix} = \begin{pmatrix} 8 & 3 \\ 11 & 4 \end{pmatrix} = (B \cdot A)^\top,$$

$$B^\top \cdot A^\top = (A \cdot B)^\top = \begin{pmatrix} 3 & 7 \\ 4 & 9 \end{pmatrix}.$$

11.18 $3A = \begin{pmatrix} 6 & -3 & 12 & 3 \\ 9 & 0 & 6 & -3 \\ -3 & -6 & 9 & 12 \end{pmatrix}, \qquad -2B = \begin{pmatrix} 2 & -4 & 2 & -4 \\ -2 & -2 & -2 & -2 \\ 0 & -4 & 0 & 4 \end{pmatrix}.$

$$2A+4B = 2\begin{pmatrix} 2 & -1 & 4 & 1 \\ 3 & 0 & 2 & -1 \\ -1 & -2 & 3 & 4 \end{pmatrix} + 4\begin{pmatrix} -1 & 2 & -1 & 2 \\ 1 & 1 & 1 & 1 \\ 0 & 2 & 0 & -2 \end{pmatrix} = \begin{pmatrix} 0 & 6 & 4 & 10 \\ 10 & 4 & 8 & 2 \\ -2 & 4 & 6 & 0 \end{pmatrix}.$$

$$3A^\top - 2B^\top = 3\begin{pmatrix} 2 & 3 & -1 \\ -1 & 0 & -2 \\ 4 & 2 & 3 \\ 1 & -1 & 4 \end{pmatrix} - 2\begin{pmatrix} -1 & 1 & 0 \\ 2 & 1 & 2 \\ -1 & 1 & 0 \\ 2 & 1 & -2 \end{pmatrix} = \begin{pmatrix} 8 & 7 & -3 \\ -7 & -2 & -10 \\ 14 & 4 & 9 \\ -1 & -5 & 16 \end{pmatrix}.$$

$$A^\top B = \begin{pmatrix} 2 & 3 & -1 \\ -1 & 0 & -2 \\ 4 & 2 & 3 \\ 1 & -1 & 4 \end{pmatrix} \begin{pmatrix} -1 & 2 & -1 & 2 \\ 1 & 1 & 1 & 1 \\ 0 & 2 & 0 & -2 \end{pmatrix} = \begin{pmatrix} 1 & 5 & 1 & 9 \\ 1 & -6 & 1 & 2 \\ -2 & 16 & -2 & 4 \\ -2 & 9 & -2 & -7 \end{pmatrix}.$$

$$B^\top A = B^\top (A^\top)^\top = (A^\top B)^\top = \begin{pmatrix} 1 & 1 & -2 & -2 \\ 5 & -6 & 16 & 9 \\ 1 & 1 & -2 & -2 \\ 9 & 2 & 4 & -7 \end{pmatrix}.$$

11.19 Damit AB definiert ist, muss die Spaltenanzahl von A mit der Zeilenanzahl von B übereinstimmen. Daher sind die folgenden Produkte definiert:
$A_1A_3,\ A_1A_4,\ A_2A_1,\ A_3A_1,\ A_3A_2,\ A_4A_3$, ferner auch A_2A_2 und A_4A_4.
Man berechnet:

$A_1A_3=\begin{pmatrix}-6 & 8\\ 3 & 2\end{pmatrix}$ $\quad A_1A_4=\begin{pmatrix}4 & 4 & 4\\ -2 & -2 & -2\end{pmatrix}$ $\quad A_2A_1=\begin{pmatrix}-1 & 1 & 0\\ 2 & 1 & 3\end{pmatrix}$

$A_3A_1=\begin{pmatrix}-3 & 0 & -3\\ 1 & 5 & 6\\ -5 & -1 & -6\end{pmatrix}$ $\quad A_3A_2=\begin{pmatrix}1 & -1\\ 3 & 2\\ 1 & -2\end{pmatrix}$ $\quad A_4A_3=\begin{pmatrix}-1 & 5\\ 1 & -5\\ -1 & 5\end{pmatrix}$

$A_2A_2=(A_2)^2=\begin{pmatrix}1 & 0\\ 0 & 1\end{pmatrix}=E$ $\quad A_4A_4=(A_4)^2=\begin{pmatrix}1 & 1 & 1\\ -1 & -1 & -1\\ 1 & 1 & 1\end{pmatrix}=A_4$

11.20 $A^2=\begin{pmatrix}1 & -1\\ 2 & 1\end{pmatrix}\begin{pmatrix}1 & -1\\ 2 & 1\end{pmatrix}=\begin{pmatrix}-1 & -2\\ 4 & -1\end{pmatrix}$

$A^3=A^2\cdot A=\begin{pmatrix}-1 & -2\\ 4 & -1\end{pmatrix}\begin{pmatrix}1 & -1\\ 2 & 1\end{pmatrix}=\begin{pmatrix}-5 & -1\\ 2 & -5\end{pmatrix}$

$A^2-2A=\begin{pmatrix}-3 & 0\\ 0 & -3\end{pmatrix}$ $\quad A^2-2A+3E=\begin{pmatrix}0 & 0\\ 0 & 0\end{pmatrix}$ $\quad$ (Beachte $E=\begin{pmatrix}1 & 0\\ 0 & 1\end{pmatrix}$.)

$A^3-2A^2+3A=A(A^2-2A+3E)=A\cdot\begin{pmatrix}0 & 0\\ 0 & 0\end{pmatrix}=\begin{pmatrix}0 & 0\\ 0 & 0\end{pmatrix}$ $\quad (A=A\cdot E\,!)$

11.21 Für eine ME E_1 werden benötigt:
$1\cdot2+3\cdot4+4\cdot1=18$ ME von R_1;
$2\cdot2+3\cdot4+2\cdot1=18$ ME von R_2;
$3\cdot2+0\cdot4+1\cdot1=7$ ME von R_3.

Für eine ME E_2 werden benötigt:
$1\cdot3+3\cdot1+4\cdot2=14$ ME von R_1;
$2\cdot3+3\cdot1+2\cdot2=13$ ME von R_2;
$3\cdot3+0\cdot1+1\cdot2=11$ ME von R_3.

Die Rohstoff-Endprodukt-Matrix ist damit das Produkt aus der Rohstoff-Zwischenprodukt-Matrix und der Zwischenprodukt-Endprodukt-Matrix:

$\begin{pmatrix}1 & 3 & 4\\ 2 & 3 & 2\\ 3 & 0 & 1\end{pmatrix}\cdot\begin{pmatrix}2 & 3\\ 4 & 1\\ 1 & 2\end{pmatrix}=\begin{pmatrix}18 & 14\\ 18 & 13\\ 7 & 11\end{pmatrix}$, als Tabelle

	E_1	E_2
R_1	18	14
R_2	18	13
R_3	7	11

.

11.22 Der Besucherwechsel wird durch das folgende Schema gekennzeichnet:

	von A	von B
nach A	0.8	0.4
nach B	0.2	0.6

,

das man auch als **Übergangsmatrix** $\begin{pmatrix}0.8 & 0.4\\ 0.2 & 0.6\end{pmatrix}$ auffassen kann.

Beim zweiten Besuch gehen
ins Kino A: 80% von 0.5 + 40% von 0.5 $=0.8\cdot0.5+0.4\cdot0.5=0.6=60\%$.
ins Kino B: 20% von 0.5 + 60% von 0.5 $=0.2\cdot0.5+0.6\cdot0.5=0.4=40\%$.

Man erhält folglich die neuen Besucherzahlen (Probe: Die Summe muss 1 ergeben, da es sich um Prozentzahlen handelt und die Gesamtzahl der Besucher gleich bleibt) durch Multiplikation der Übergangsmatrix mit dem Vektor der alten Besucherzahlen:

$\begin{pmatrix}0.8 & 0.4\\ 0.2 & 0.6\end{pmatrix}\cdot\begin{pmatrix}0.5\\ 0.5\end{pmatrix}=\begin{pmatrix}0.6\\ 0.4\end{pmatrix}$.

Für die dritte Vorstellung erhält man durch nochmalige Multiplikation
$\begin{pmatrix} 0.8 & 0.4 \\ 0.2 & 0.6 \end{pmatrix} \cdot \begin{pmatrix} 0.6 \\ 0.4 \end{pmatrix} = \begin{pmatrix} 0.64 \\ 0.36 \end{pmatrix}$, für die vierte $\begin{pmatrix} 0.8 & 0.4 \\ 0.2 & 0.6 \end{pmatrix} \cdot \begin{pmatrix} 0.64 \\ 0.36 \end{pmatrix} = \begin{pmatrix} 0.656 \\ 0.344 \end{pmatrix}$.

Auf lange Sicht ergibt sich die stabile Verteilung $\begin{pmatrix} \frac{2}{3} \\ \frac{1}{3} \end{pmatrix}$, d.h. Kino A kann mit $\frac{2}{3}$ aller Besucher und Kino B mit $\frac{1}{3}$ aller Besucher rechnen. Die stabile Verteilung ergibt sich aus dem Ansatz $\begin{pmatrix} 0.8 & 0.4 \\ 0.2 & 0.5 \end{pmatrix} \cdot \begin{pmatrix} x_1 \\ x_2 \end{pmatrix} = \begin{pmatrix} x_1 \\ x_2 \end{pmatrix}$ durch Lösen eines LGS.

11.23 $\det A = \begin{vmatrix} 2 & 1 \\ 3 & 4 \end{vmatrix} = 2 \cdot 4 - 1 \cdot 3 = \underline{5}$, $\det B = \begin{vmatrix} -2 & 2 \\ 1 & 3 \end{vmatrix} = (-2) \cdot 3 - 1 \cdot 2 = \underline{-8}$.

$\det A^\top = \begin{vmatrix} 2 & 3 \\ 1 & 4 \end{vmatrix} = 2 \cdot 4 - 1 \cdot 3 = \underline{5}$, $\det (A+B) = \begin{vmatrix} 0 & 3 \\ 4 & 7 \end{vmatrix} = \underline{-12}$.

$\det 3A = \begin{vmatrix} 6 & 3 \\ 9 & 12 \end{vmatrix} = 6 \cdot 12 - 3 \cdot 9 = \underline{45}$, $\det \frac{1}{2}B = \begin{vmatrix} -1 & 1 \\ \frac{1}{2} & \frac{3}{2} \end{vmatrix} = -\frac{3}{2} - \frac{1}{2} = \underline{-2}$.

$AB = \begin{pmatrix} 2 & 1 \\ 3 & 4 \end{pmatrix} \begin{pmatrix} -2 & 2 \\ 1 & 3 \end{pmatrix} = \begin{pmatrix} -3 & 7 \\ -2 & 18 \end{pmatrix}$, $BA = \begin{pmatrix} -2 & 2 \\ 1 & 3 \end{pmatrix} \begin{pmatrix} 2 & 1 \\ 3 & 4 \end{pmatrix} = \begin{pmatrix} 2 & 6 \\ 11 & 13 \end{pmatrix}$.

$\det AB = \begin{vmatrix} -3 & 7 \\ -2 & 18 \end{vmatrix} = -54 + 14 = \underline{-40} = 5 \cdot (-8)$.

$\det BA = \begin{vmatrix} 2 & 6 \\ 11 & 13 \end{vmatrix} = 26 - 66 = \underline{-40} = 8 \cdot (-5)$.

Hinter diesen Ergebnissen stecken zum Teil allgemeine Regeln:

Sätze über Determinanten

(1) $\det (A \cdot B) = \det (B \cdot A) = \det A \cdot \det B$.

(2) $\det A = \det A^\top$.

(3) $\det (r\, A) = r^n \det A$, falls A eine (n,n)–Matrix und $r \in \mathbb{R}$ ist.

(4) Ist in einer Determinante eine Zeile (oder Spalte) ein Vielfaches einer anderen Zeile (oder Spalte), so ist die Determinante gleich 0.

(5) Eine Determinante ist genau dann gleich 0, wenn die Zeilenvektoren (Spaltenvektoren) linear abhängig sind, (siehe [Abschnitt 14.8]).

Unter Benutzung der Regeln folgt leicht:
$\det A^2 = \det A \cdot \det A = 25$ und $\det B^3 = \det B \cdot \det B \cdot \det B = -512$.
(Ohne Benutzung der Regeln muss man erst A^2 und B^3 berechnen.)

11.24

(a) $\begin{vmatrix} 4 & 2 \\ -1 & 1 \end{vmatrix} = 4 + 2 = \underline{6}$, $\begin{vmatrix} 3 & -7 \\ 5 & -6 \end{vmatrix} = -18 + 35 = \underline{17}$, $\begin{vmatrix} 0 & 3 \\ 2 & 0 \end{vmatrix} = \underline{-6}$,

$\begin{vmatrix} 4 & 2 \\ 0 & 0 \end{vmatrix} = \underline{0}$, $\begin{vmatrix} 2 & 2 \\ 3 & 3 \end{vmatrix} = \underline{0}$, $\begin{vmatrix} 6 & 12 \\ 12 & 18 \end{vmatrix} = 6 \cdot 18 - 12 \cdot 12 = \underline{-36}$.

(b) $\begin{vmatrix} 1 & 0 & 1 \\ 1 & 1 & 1 \\ 0 & 1 & 1 \end{vmatrix} = 1 + 0 + 1 - 0 - 1 - 0 = \underline{1}\,,$

$$\begin{vmatrix} 2 & -3 & -2 \\ 4 & -2 & 5 \\ -2 & 4 & 3 \end{vmatrix} = 2 \cdot (-2) \cdot 3 + (-3) \cdot 5 \cdot (-2) + (-2) \cdot 4 \cdot 4 - (-2) \cdot (-2) \cdot (-2) - 4 \cdot 5 \cdot 2 - 3 \cdot 4 \cdot (-3) = -12 + 30 - 32 + 8 - 40 + 36 = \underline{-10}\,,$$

$$\begin{vmatrix} 0 & 1 & 0 \\ 1 & 0 & 0 \\ 0 & 0 & 1 \end{vmatrix} = \underline{-1}\,, \qquad \begin{vmatrix} 0 & 0 & 2 \\ 0 & 3 & 0 \\ 4 & 0 & 0 \end{vmatrix} = -2 \cdot 3 \cdot 4 = \underline{-24}\,.$$

(c) $\begin{vmatrix} 2 & 2 & 2 \\ 1 & 3 & 4 \\ 2 & 2 & 2 \end{vmatrix} = 2 \cdot 3 \cdot 2 + 2 \cdot 4 \cdot 2 + 2 \cdot 1 \cdot 2 - 2 \cdot 3 \cdot 2 - 2 \cdot 4 \cdot 2 - 2 \cdot 1 \cdot 2 = \underline{0}\,,$

$$\begin{vmatrix} 1 & 3 & 2 \\ 1 & 3 & -2 \\ 1 & 3 & -5 \end{vmatrix} = -15 - 6 + 6 - 6 + 6 + 15 = \underline{0}\,,$$

$$\begin{vmatrix} 1 & 1 & 1 \\ 1 & 1 & 0 \\ 2 & 2 & 1 \end{vmatrix} = 1 + 0 + 2 - 2 - 0 - 1 = \underline{0}\,,$$

$$\begin{vmatrix} 1 & 2 & 3 \\ 4 & 5 & 6 \\ 7 & 8 & 9 \end{vmatrix} = 1 \cdot 5 \cdot 9 + 2 \cdot 6 \cdot 7 + 3 \cdot 4 \cdot 8 - 7 \cdot 5 \cdot 3 - 8 \cdot 6 \cdot 1 - 9 \cdot 2 \cdot 4 = \underline{0}\,.$$

Auch diese Ergebnisse sind nicht überraschend. Sie folgen nach Satz (5), da die Zeilenvektoren bzw. Spaltenvektoren linear abhängig sind, wie man den folgenden Begründungen entnimmt.

Bei $\begin{vmatrix} 2 & 2 & 2 \\ 1 & 3 & 4 \\ 2 & 2 & 2 \end{vmatrix}$ stimmen 2 Zeilen überein.

Bei $\begin{vmatrix} 1 & 3 & 2 \\ 1 & 3 & -2 \\ 1 & 3 & -5 \end{vmatrix}$ ist die 2. Spalte das 3-fache der ersten Spalte.

Bei $\begin{vmatrix} 1 & 1 & 1 \\ 1 & 1 & 0 \\ 2 & 2 & 1 \end{vmatrix}$ ist die 3. Zeile die Summe der ersten beiden Zeilen.

Bei $\begin{vmatrix} 1 & 2 & 3 \\ 4 & 5 & 6 \\ 7 & 8 & 9 \end{vmatrix}$ gilt: 3. Zeile $= 2 \cdot 2.$ Zeile$-1.$ Zeile, also sind die Zeilenvektoren linear abhängig (das ist aber nicht so offensichtlich zu sehen wie bei den anderen drei Determinanten.

Merke: In der “**Telefonmatrix**“ sind die Zeilen (und auch die Spalten) linear abhängig.

11.25 $\begin{vmatrix} 3 & 2 \\ -3 & x \end{vmatrix} = 3x + 6$

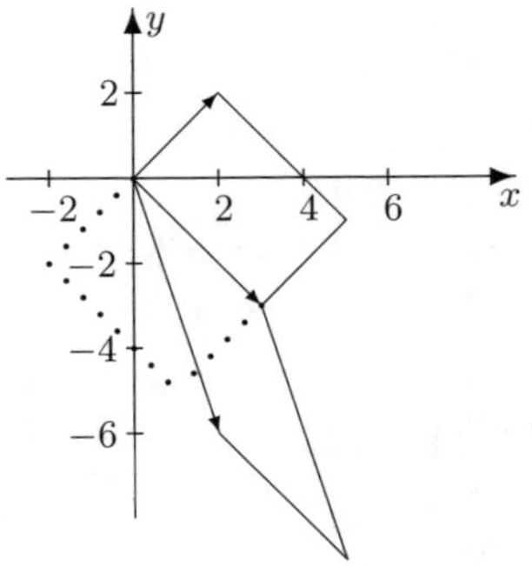

Für x muss $|3x + 6| = 12$ gelten, um die angegebene Bedingung zu erfüllen. Es folgt $3x+6 = 12$ oder $3x+6 = -12$, also $x = 2$ oder $x = -6$.

Bei der Wahl von $x = 2$, also $\vec{b} = \begin{pmatrix} 2 \\ 2 \end{pmatrix}$ oder $x = -6$, also $\vec{b} = \begin{pmatrix} 2 \\ -6 \end{pmatrix}$ entstehen Parallelogramme mit Flächeninhalt 12 (siehe nebenstehende Skizze; das gepunktete Parallelogramm zeigt, dass beide Parallelogramme flächengleich sind – Scherung!).

11.26 $P = (1+t, 1-t, 1+2t)$ ist ein beliebiger Punkt auf der Geraden G. Das Tetraeder mit den Eckpunkten P_1, P_2, P_3 und P wird aufgespannt von den Vektoren $\overrightarrow{P_1P_2}$, $\overrightarrow{P_1P_3}$ und $\overrightarrow{P_1P}$.

$$V_T = \frac{1}{6}|\det(\overrightarrow{P_1P_2}, \overrightarrow{P_1P_3}, \overrightarrow{P_1P})| = \frac{1}{6}|\begin{vmatrix} -2 & -2 & -1+t \\ 1 & 0 & 1-t \\ 0 & 3 & 1+2t \end{vmatrix}|$$

$$= \frac{1}{6}\,|3(-1+t) + 6(1-t) + 2(1+2t)| = \frac{1}{6}\,|t+5|.$$

$V_T = 1 \iff \frac{1}{6}\,|t+5| = 1 \iff |t+5| = 6 \iff t = 1$ oder $t = -11$.

Es gibt zwei Punkte mit der geforderten Eigenschaft:

$\underline{P = (2, 0, 3) \text{ und } P' = (-10, 12, -21)}$.

11.27 Es ist $\begin{vmatrix} 0 & 0 & 1 \\ 1 & 0 & 0 \\ 0 & 1 & 0 \end{vmatrix} = 1 > 0$. Die Vektoren sind positiv orientiert.

Die Vektoren zeigen im Raum zur jeweils positiven y-Richtung, z-Richtung und x-Richtung. Auf Seite 114 ist bei den üblichen Möglichkeiten, ein kartesisches Koordinatensystem im Raum zu zeichnen, in der mittleren Darstellung diese Reihenfolge gewählt worden, wobei in waagerechter Richtung mit der y-Achse begonnen wurde.

12 Lineare Gleichungssysteme

12.1 Zwei Gleichungen mit zwei Variablen

Ein lineares Gleichungssystem (LGS) mit zwei Variablen, z.B. $\begin{aligned} 2x + 3y &= 8 \\ 7x - 4y &= -1 \end{aligned}$ lösen heißt, alle geordneten Paare (x, y) zu bestimmen, für die bei Einsetzung in die Gleichungen alle Gleichungen erfüllt sind.
Es gibt verschiedene Lösungsverfahren (Stichworte: Einsetzungsverfahren, Gleichsetzungsverfahren, Additionsverfahren, von denen wir hier nur das **Additionsverfahren** besprechen, da es dasjenige Verfahren ist, welches sich leicht auf größere lineare Gleichungssysteme verallgemeinern lässt und das Gaußsche Eliminationsverfahren liefert. Allen Verfahren gemeinsam ist, dass das LGS durch ein einfacheres äquivalentes LGS ersetzt wird, das ist ein LGS, das dieselbe Lösungsmenge wie das Ausgangssystem besitzt. Aus diesem kann dann die Lösungsmenge leicht bestimmt werden.

Die Lösung des obigen LGS führen wir in drei Schritten durch:

1) Die Gleichungen werden so mit einem Faktor $\neq 0$ multipliziert, dass bei Addition der Gleichungen eine Variable wegfällt, hier z.B. x.

$$\begin{aligned} 2x + 3y &= 8 \\ 7x - 4y &= -1 \end{aligned} \;\left|\; \begin{aligned} &\cdot 7 \\ &\cdot(-2) \end{aligned}\right. \quad\Longleftrightarrow\quad \begin{aligned} 14x + 21y &= 56 \\ -14x + 8y &= 2 \end{aligned}$$

2) Die zweite Gleichung dieses LGS wird durch die Summe der beiden Gleichungen des LGS ersetzt.

$$\begin{aligned} 2x + 3y &= 8 \\ 7x - 4y &= -1 \end{aligned} \quad\Longleftrightarrow\quad \begin{aligned} 14x + 21y &= 56 \\ -14x + 8y &= 2 \end{aligned} \quad\Longleftrightarrow\quad \begin{aligned} 14x + 21y &= 56 \\ 29y &= 58 \end{aligned}$$

3) Die zweite Gleichung liefert nun y, Einsetzen in die erste Gleichung dann x.

$$\begin{aligned} 14x + 21y &= 56 \\ 29y &= 58 \end{aligned} \quad\Longleftrightarrow\quad \begin{aligned} y &= 2 \\ 14x + 42 &= 56 \end{aligned} \quad\Longleftrightarrow\quad \begin{aligned} y &= 2 \\ x &= 1 \end{aligned}$$

Das LGS hat die eindeutig bestimmte Lösung $\underline{(1, 2)}$.

12.1 *Löse entsprechend die LGSe* (a) $\begin{aligned} x - y &= 1 \\ 2x + y &= 5 \end{aligned}$, (b) $\begin{aligned} 2x_1 - 3x_2 &= 10 \\ 5x_1 + x_2 &= 8 \end{aligned}$.

(a) $\begin{aligned} x - y &= 1 \\ 2x + y &= 5 \end{aligned} \quad\Longleftrightarrow\quad \begin{aligned} x - y &= 1 \\ 3x &= 6 \end{aligned}$ Durch Addition der Gleichungen fällt die Variable y weg!

Es folgt $x = 2$. Durch Einsetzen in $x - y = 1$ erhält man $2 - y = 1$, also $y = 1$.

Die eindeutige Lösung des LGS lautet $\underline{(2, 1)}$.

(b) $\begin{aligned} 2x_1 - 3x_2 &= 10 \\ 5x_1 + x_2 &= 8 \end{aligned} \quad\Longleftrightarrow\quad \begin{aligned} 2x_1 - 3x_2 &= 10 \\ 15x_1 + 3x_2 &= 24 \end{aligned} \quad\Longleftrightarrow\quad \begin{aligned} 2x_1 - 3x_2 &= 10 \\ 17x_1 &= 34 \end{aligned}$

Es folgt $x_1 = 2$ und weiter durch Einsetzen $4 - 3x_2 = 10$, also $x_2 = -2$.
Die eindeutige Lösung des LGS lautet $\underline{(2, -2)}$.

Bei Benutzung von Matrizen lassen sich LGSe kürzer schreiben:

LGSe in Matrizenschreibweise

Bezeichnungen – erläutert am Eingangsbeispiel $\begin{array}{rl} 2x + 3y = & 8 \\ 7x - 4y = & -1 \end{array}$:

$A = \begin{pmatrix} 2 & 3 \\ 7 & -4 \end{pmatrix}$ heißt **Koeffizientenmatrix**,

$\vec{x} = \begin{pmatrix} x \\ y \end{pmatrix}$ **Variablenvektor**, $\vec{b} = \begin{pmatrix} 8 \\ -1 \end{pmatrix}$ **Vektor der rechten Seite**.

$$\begin{array}{rl} 2x + 3y = & 8 \\ 7x - 4y = & -1 \end{array} \iff \begin{pmatrix} 2x + 3y \\ 7x - 4y \end{pmatrix} = \begin{pmatrix} 8 \\ -1 \end{pmatrix} \iff \begin{pmatrix} 2 & 3 \\ 7 & -4 \end{pmatrix} \begin{pmatrix} x \\ y \end{pmatrix} = \begin{pmatrix} 8 \\ -1 \end{pmatrix} \iff A\vec{x} = \vec{b}$$

Die folgenden Beispiele zeigen, dass man LGSe schematisiert lösen kann, indem man nur die Koeffizientenmatrix und den Vektor der rechten Seite betrachtet.

Beispiel $\begin{array}{rl} 2x + 3y = & 8 \\ 7x - 4y = & -1 \end{array}$ schematisiert gelöst:

x	y		Regie
[2]	3	8	7
7	−4	−1	−2
0	[29]	58	

Erläuterung: Man wählt z.B. die erste Spalte (also die von x) und markiert in ihr eine möglichst einfache Zahl, hier 2, also [2]. Aus dieser markierten Gleichung wird später x berechnet. Mittels der 2 erzeugt man eine Null in der ersten Spalte, d.h. man entfernt (eliminiert) x aus der zweiten Gleichung. Mit welcher Rechenoperation das bei der Addition der beiden entstehenden Gleichungen geschieht, schreibt man in die Spalte Regie, um später zu wissen, wie man gerechnet hat. Hier addiert man also das 7-fache der ersten Gleichung zum (−2)-fachen der zweiten Gleichung. Das alte LGS ist nun ersetzt durch die Gleichung mit der Markierung [2] und die neue Gleichung (die beiden Gleichungen mit Markierungen). Die neue Gleichung $29y = 58$ liefert $y = 2$, und Einsetzen in die durch [2] markierte Gleichung liefert $x = 1$.

12.2 *Man schreibe die beiden LGSe aus [12.1] in Matrizenschreibweise $A\vec{x} = \vec{b}$ und löse sie schematisiert.*

Die LGSe aus [12.1] lauten in Matrizenschreibweise:

$$\text{(a)} \quad \begin{pmatrix} 1 & -1 \\ 2 & 1 \end{pmatrix} \begin{pmatrix} x \\ y \end{pmatrix} = \begin{pmatrix} 1 \\ 5 \end{pmatrix}, \qquad \text{(b)} \quad \begin{pmatrix} 2 & -3 \\ 5 & 1 \end{pmatrix} \begin{pmatrix} x_1 \\ x_2 \end{pmatrix} = \begin{pmatrix} 10 \\ 8 \end{pmatrix}.$$

(a) Schematische Lösung von $\begin{pmatrix} 1 & -1 \\ 2 & 1 \end{pmatrix} \begin{pmatrix} x \\ y \end{pmatrix} = \begin{pmatrix} 1 \\ 5 \end{pmatrix}$:

x	y		Regie
1	[−1]	1	1
2	1	5	1
[3]	0	6	

$3x = 6$ liefert $\underline{x = 2}$ und Einsetzen in die durch [−1] markierte Gleichung dann $2 - y = 1$, also $\underline{y = 1}$.

Lösung in vektorieller Schreibweise: $\underline{\begin{pmatrix} x \\ y \end{pmatrix} = \begin{pmatrix} 2 \\ 1 \end{pmatrix}}$.

(b) Schematische Lösung von $\begin{pmatrix} 2 & -3 \\ 5 & 1 \end{pmatrix} \begin{pmatrix} x_1 \\ x_2 \end{pmatrix} = \begin{pmatrix} 10 \\ 8 \end{pmatrix}$:

x_1	x_2		Regie
2	−3	10	1
5	[1]	8	3
[17]	0	34	

$17x_1 = 34$ liefert $\underline{x_1 = 2}$, und Einsetzen in die durch [1] markierte Gleichung liefert dann $\underline{x_2 = -2}$.

Lösung in vektorieller Schreibweise: $\underline{\begin{pmatrix} x_1 \\ x_2 \end{pmatrix} = \begin{pmatrix} 2 \\ -2 \end{pmatrix}}$.

12.2 Gaußsches Eliminationsverfahren

Ehe wir ein Verfahren zur Lösung eines allgemeinen LGS formulieren, zeigen wir, wie das vorgestellte schematisierte Lösungsverfahren leicht zur Lösung eines LGS mit 3 Gleichungen und 3 Variablen ausgebaut werden kann.

12.3 *Man löse das LGS*
$$\begin{aligned} x + 2y - z &= 2 \\ 2x - 3y + 4z &= 3 \\ 3x + 4y - 5z &= 2 \end{aligned}$$
schematisch.

x	y	z		Regie	
[1]	2	−1	2	−2	−3
2	−3	4	3	1	
3	4	−5	2		1
0	−7	6	−1	1	
0	−2	[−2]	−4	3	
0	[−13]	0	−13		

Man wählt die erste Spalte und markiert 1. Aus dieser markierten Gleichung wird später x berechnet! Mittels der 1 erzeugt man Nullen in der ersten Spalte, d.h. man eliminiert x aus den zwei restlichen Gleichungen. Das alte LGS ist nun ersetzt durch die markierte Gleichung und die zwei neuen Gleichungen. Wieder markiert man ein Element, z.B. −2 in der z-Spalte, mit dem man in der betreffenden Spalte Nullen erzeugt.

Nun wird noch das von Null verschiedene Element in der letzten (neuen) Zeile markiert. Das gegebene Gleichungssystem ist nun ersetzt durch die drei markierten Gleichungen, also durch das äquivalente LGS

$$\begin{aligned} x + 2y - z &= 2 \\ - 2y - 2z &= -4 \\ - 13y &= -13 \end{aligned}$$

Dieses LGS hat eine einfache Struktur. Aus der letzten Gleichung $-13y = -13$ folgt nämlich sofort $\underline{y = 1}$. Setzt man dies in die vorletzte Gleichung ein, erhält man $-2 - 2z = -4$ und kann nach z auflösen. Man erhält $\underline{z = 1}$. Einsetzen in die erste Gleichung liefert dann noch $x + 2 - 1 = 2$ und man kann nach x auflösen. Es ist $\underline{x = 1}$. (Das Auflösen heißt "Rückwärtseinsetzen".)

Das LGS hat die eindeutig bestimmte Lösung $\vec{x} = \underline{(1, 1, 1)}$.

Dieses Verfahren wird nun verallgemeinert.
Ein gegebenes LGS wird mittels elementarer Umformungen in ein einfacher zu lösendes LGS umgeformt, das genau die gleichen Lösungen hat.

Elementare Umformungen

- Multiplikation einer Gleichung (Zeile) mit einem Faktor $\lambda \neq 0$.
- Addition einer Gleichung (Zeile) zu einer anderen.
- Vertauschen zweier Gleichungen, also zweier Zeilen.
- Addition des μ–fachen einer Gleichung (Zeile) zum λ–fachen ($\lambda \neq 0$) einer anderen Gleichung (Zeile).

Elementare Umformungen sind äquivalente Umformungen, die folglich die Lösungsmenge eines LGS nicht verändern.

Natürlich darf man auch Spalten von A vertauschen, wenn man dabei die Variablen umbenennt.
Um Schreibarbeit zu sparen und die Übersicht zu behalten, empfiehlt sich z.B. folgendes Verfahren:

Gaußsches Eliminationsverfahren

Man betrachtet nur das Koeffizientenschema, also die Matrix A und den Vektor $\vec{b}$ der rechten Seite. In A sucht man eine Spalte mit möglichst vielen Nullen und einer möglichst einfachen Zahl $\neq 0$. Diese wird markiert und mit ihrer Hilfe werden in der entsprechenden Spalte mittels elementarer Umformungen Nullen erzeugt. Man benutzt also **eine** Gleichung, um in den übrigen eine Variable zu eliminieren.
Dieses Verfahren setzt man fort, bis man ein hinreichend einfaches LGS erhält.

Die folgenden drei Beispiele beschreiben die einzigen **drei** Möglichkeiten, mit denen dieses Verfahren enden kann. Wir beschränken uns wieder auf Systeme mit 2 bzw. 3 Variablen.

12.4 *Man löse die folgenden LGSe:*

(a) $\begin{aligned} 2x + 3y &= 5 \\ x - y &= -5 \\ 3x - 2y &= -12 \end{aligned}$ (b) $\begin{aligned} x_1 + x_2 - x_3 &= 4 \\ 3x_1 + x_2 + x_3 &= -2 \\ 7x_1 + 3x_2 + x_3 &= 1 \end{aligned}$ (c) $\begin{aligned} x_1 + x_2 - x_3 &= 4 \\ 3x_1 + x_2 + x_3 &= -2 \\ 7x_1 + 3x_2 + x_3 &= 0 \end{aligned}$

(a)

x	y		Regie	
2	3	5	1	
1	$\boxed{-1}$	-5	3	-2
3	-2	-12		1
5	0	-10	1	
$\boxed{1}$	0	-2	-5	
0	0	0		

Das gegebene LGS ist nun ersetzt durch die beiden markierten Gleichungen und die letzte Gleichung. Diese ist für alle (x, y) erfüllt und wird weggelassen. Man erhält also das äquivalente LGS $\begin{aligned} x - y &= -5 \\ x &= -2 \end{aligned}$.
Rückwärtseinsetzen liefert
$x = -2$, $\quad (-2) - y = -5$, also $y = 3$.
Das LGS hat die eindeutige Lösung $\underline{(-2, 3)}$.

(b)

x_1	x_2	x_3		Regie	
1	1	$\boxed{-1}$	4	1	1
3	1	1	−2	1	
7	3	1	1		1
4	$\boxed{2}$	0	2	−2	
8	4	0	5	1	
0	0	0	1		

Die letzte Gleichung lautet ausgeschrieben $0x_1 + 0x_2 + 0x_3 = 1$, und das ist ein Widerspruch. Das LGS hat keine Lösung!

Dieser Fall liegt immer dann vor, wenn eine Gleichung erzeugt wird, bei der links alle Koeffizienten Null sind und rechts etwas von Null verschiedenes steht.

(c)

x_1	x_2	x_3		Regie	
1	1	$\boxed{-1}$	4	1	1
3	1	1	−2	1	
7	3	1	0		1
4	$\boxed{2}$	0	2	−2	
8	4	0	4	1	
0	0	0	0		

Hier ist die letzte Gleichung für alle (x_1, x_2, x_3) erfüllt. Das gegebene LGS ist also ersetzt durch die beiden markierten Gleichungen, also durch:

$$\begin{aligned} x_1 + \ x_2 - x_3 &= 4 \\ 4x_1 + 2x_2 \qquad &= 2 \end{aligned}$$

Aus der Gleichung $4x_1 + 2x_2 = 2$ wollten wir x_2 ausrechnen. x_2 ist hier jedoch nicht eindeutig bestimmt, sondern hängt von x_1 ab.

Setzt man $x_1 = t$ ($t \in \mathbb{R}$ beliebig, t heißt **Parameter**), so wird $x_2 = 1 - 2t$. Setzt man nun x_1 und x_2 in die erste Gleichung ein, so erhält man:

$t + 1 - 2t - x_3 = 4$, also $x_3 = -3 - t$. Die Lösung des LGS lautet also:

$$\begin{aligned} x_1 &= t \\ x_2 &= 1 - 2t \\ x_3 &= -3 - t \end{aligned}$$

in vektorieller Schreibweise:

$$\vec{x} = \begin{pmatrix} x_1 \\ x_2 \\ x_3 \end{pmatrix} = \begin{pmatrix} 0 \\ 1 \\ -3 \end{pmatrix} + t \begin{pmatrix} 1 \\ -2 \\ -1 \end{pmatrix}, \quad t \in \mathbb{R}.$$

Lösungsmenge eines LGS

Ein lineares Gleichungssystem $A\vec{x} = \vec{b}$ kann

(1) keine Lösung besitzen, d.h. die Lösungsmenge kann leer sein.
(2) genau eine Lösung besitzen, d.h. eindeutig lösbar sein.
(3) unendlich viele Lösungen besitzen.

12.3 Geometrische Interpretation

Durch eine lineare Gleichung in **2 Variablen** ist eine Gerade in der Ebene gegeben (s. [Absch. 14.6]). Bei der Lösung eines LGS mit 2 Variablen werden also die gemeinsamen Punkte der entsprechenden Geraden bestimmt. Anschaulich klar ist, dass genau die folgenden drei Möglichkeiten für die Lösungsmenge bestehen.

Schnitt von Geraden in der Ebene
Lösungsmenge eines LGS mit 2 Variablen

	Die Geraden	Die Lösungsmenge	Beispiel
(1)	haben keinen gemeinsamen Punkt.	ist **leer**.	[12.6]
(2)	schneiden sich in genau einem Punkt.	ist ein **Punkt**.	[12.5]
(3)	fallen zusammen.	ist eine **Gerade**	[12.7]

12.5 *Man löse das LGS* $\begin{array}{l} x-y=1 \\ 2x+y=5 \end{array}$ *und skizziere die dargestellten Geraden.*

x	y		Regie
$\boxed{1}$	-1	1	-2
2	1	5	1
0	$\boxed{3}$	3	

Aus $3y = 3$ folgt $y = 1$, und Rückwärtseinsetzen liefert $x - 1 = 1$, also $x = 2$.
$(2, 1)$ ist die eindeutige Lösung des LGS.
Nebenstehend sind die beiden Geraden skizziert. Sie schneiden sich genau im Punkt $\underline{(2, 1)}$.

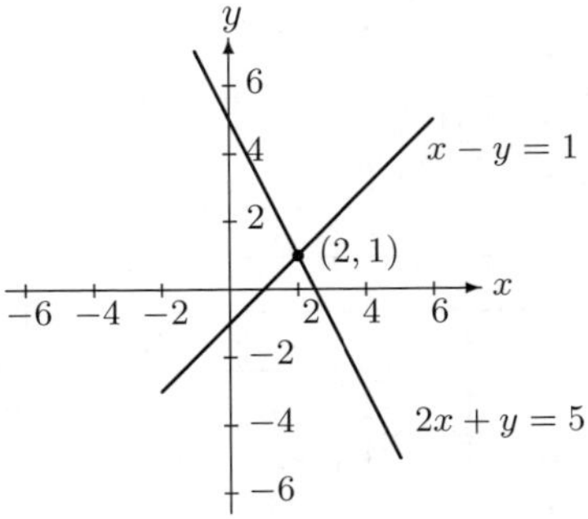

12.6 *Man löse das LGS* $\begin{array}{l} x+y=2 \\ x+y=-2 \end{array}$ *und skizziere die dargestellten Geraden.*

x	y		Regie
$\boxed{1}$	1	2	-1
1	1	-2	1
0	0	-4	

Die letzte Gleichung liefert einen Widerspruch; die Lösungsmenge ist <u>leer</u>.

Durch die Gleichungen sind zwei verschiedene parallele Geraden gegeben.

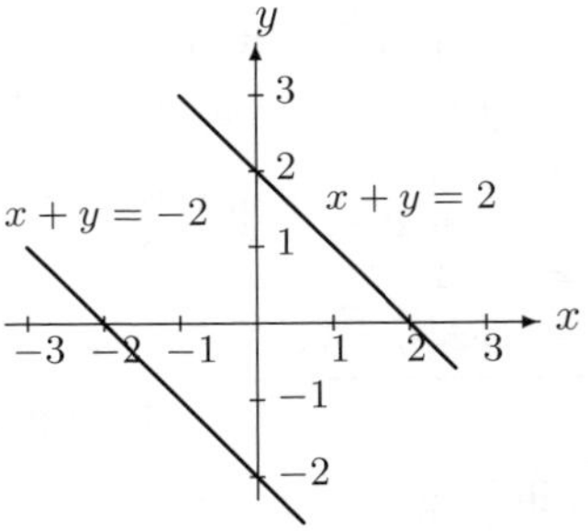

12.7 *Löse das LGS* $\begin{array}{l} 2x-y=4 \\ -8x+4y=-16 \end{array}$ *und skizziere die dargestellten Geraden.*

x	y		Regie
$\boxed{2}$	-1	4	4
-8	4	-16	1
0	0	0	

Die zweite Gleichung ist das (-4)-fache der ersten Gleichung. Die Gleichungen stellen also dieselbe (nebenstehend skizzierte) Gerade dar, deren Punkte die Lösungsmenge bilden.

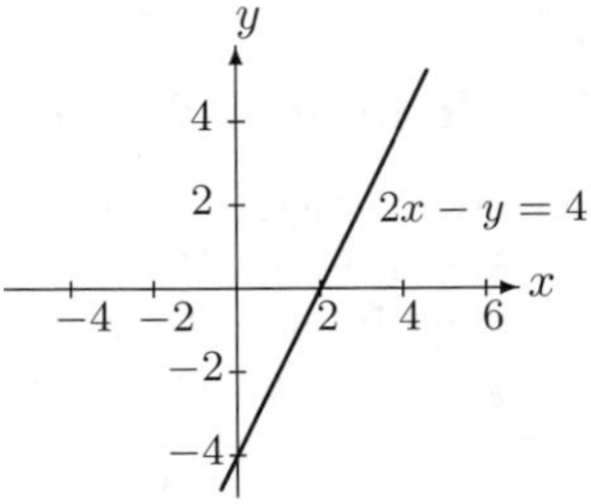

Eine lineare Gleichung mit 3 Variablen stellt eine Ebene im Raum dar(siehe [Abschnitt 14.7]). Ein LGS mit **3 Variablen** lösen heißt also die gemeinsamen Punkte der dargestellten Ebenen zu bestimmen. Dabei ergeben sich die folgenden Alternativen:

Schnitt von Ebenen im Raum
Lösungsmenge eines LGS mit 3 Variablen

	Die Ebenen	Die Lösungsmenge	Beispiel
(1)	haben keinen gemeinsamen Punkt.	ist **leer**.	[12.4 (b)]
(2)	schneiden sich in einem Punkt.	ist ein **Punkt**.	[12.30]
(3)	schneiden sich in einer Geraden.	ist eine **Gerade**.	[12.4 (c), 12.8]
(4)	fallen zusammen.	ist eine **Ebene**	[12.9]

12.8 *Man bestimme die gemeinsamen Punkte der vier Ebenen*
$2x - y + 3z = 0, \quad x - y + z = 1, \quad 3x - 2y + 4z = 1, \quad x + 2z = -1.$

Es ist das LGS
$$\begin{aligned} 2x - y + 3z &= 0 \\ x - y + z &= 1 \\ 3x - 2y + 4z &= 1 \\ x + 2z &= -1 \end{aligned}$$
zu lösen.

Wir beginnen mit der zweiten Gleichung und markieren $\boxed{1}$ in der x-Spalte.

x	y	z		Regie		
2	−1	3	0	1		
$\boxed{1}$	−1	1	1	−2	−3	−1
3	−2	4	1		1	
1	0	2	−1			1
0	$\boxed{1}$	1	−2	−1	−1	
0	1	1	−2	1		
0	1	1	−2		1	
0	0	0	0			
0	0	0	0			

Mit $\underline{z = t}$ folgt $\underline{y = -2 - t}$.
Aus $x - (-2 - t) + t = 1$ folgt $\underline{x = -2t - 1}$.

Lösung in vektorieller Schreibweise
$$\vec{x} = \begin{pmatrix} -1 \\ -2 \\ 0 \end{pmatrix} + t \begin{pmatrix} -2 \\ -1 \\ 1 \end{pmatrix}, \quad t \in \mathbb{R}.$$

Dies ist eine Gerade im Raum (siehe [Abschnitt 14.7]).

12.9 *Man bestimme die gemeinsamen Punkte der drei Ebenen*
$2x - y + z = 1, \quad 6x - 3y + 3z = 3, \quad -2x + y - z = -1.$

Diese drei Gleichungen beschreiben dieselbe Ebene, da sie Vielfache voneinander sind. Das LGS reduziert sich auf eine Gleichung, z.B. auf $2x - y + z = 1$.

Man führt nun zwei Parameter ein, um die Lösungsmenge zu bestimmen:

Mit $\underline{x = r}$ und $\underline{y = s}$ folgt $\underline{z = 1 - 2r + s}$,

vektoriell: $$\vec{x} = \begin{pmatrix} 0 \\ 0 \\ 1 \end{pmatrix} + r \begin{pmatrix} 1 \\ 0 \\ -2 \end{pmatrix} + s \begin{pmatrix} 0 \\ 1 \\ 1 \end{pmatrix}, \quad r, s \in \mathbb{R}.$$

12.4 Matrixinvertierung

Will man eine Matrix, z.B. $A = \begin{pmatrix} 2 & 1 \\ 5 & 3 \end{pmatrix}$, invertieren, so ist eine Matrix $X = \begin{pmatrix} x_1 & y_1 \\ x_2 & y_2 \end{pmatrix}$ gesucht mit $A \cdot X = E$. Bezeichnung: $X = A^{-1}$.

$$AX = E \iff \begin{pmatrix} 2 & 1 \\ 5 & 3 \end{pmatrix} \begin{pmatrix} x_1 & y_1 \\ x_2 & y_2 \end{pmatrix} = \begin{pmatrix} 1 & 0 \\ 0 & 1 \end{pmatrix} \iff \begin{pmatrix} 2x_1 + x_2 & 2y_1 + y_2 \\ 5x_1 + 3x_2 & 5y_1 + 3y_2 \end{pmatrix} = \begin{pmatrix} 1 & 0 \\ 0 & 1 \end{pmatrix}.$$

Man hat also die beiden LGSe $\begin{array}{l} 2x_1 + x_2 = 1 \\ 5x_1 + 3x_2 = 0 \end{array}$ und $\begin{array}{l} 2y_1 + y_2 = 0 \\ 5y_1 + 3y_2 = 1 \end{array}$ zu lösen.

x_1	x_2		Regie
$\boxed{2}$	1	1	−5
5	3	0	2
$\boxed{2}$	1	1	
0	$\boxed{1}$	−5	

y_1	y_2		Regie
$\boxed{2}$	1	0	−5
5	3	1	2
$\boxed{2}$	1	0	
0	$\boxed{1}$	2	

Hier haben wir nach der Umformung das äquivalente LGS jeweils vollständig hingeschrieben und könnten die Unbekannten durch Rückwärtseinsetzen berechnen.

Man kann jedoch mittels elementarer Umformungen weiter umformen, bis eine noch einfachere Form erreicht ist (z.B. das (-1)-fache der zweiten Gleichung zu ersten Gleichung addieren und anschließend die erste Gleichung mit $\frac{1}{2}$ multiplizieren). Dann erhält man die Rechenschemata:

x_1	x_2		Regie
$\boxed{2}$	1	1	−5
5	3	0	2
$\boxed{2}$	1	1	1
0	$\boxed{1}$	−5	−1
2	0	6	$\frac{1}{2}$
0	1	−5	
1	0	3	
0	1	−5	

y_1	y_2		Regie
$\boxed{2}$	1	0	−5
5	3	1	2
$\boxed{2}$	1	0	1
0	$\boxed{1}$	2	−1
2	0	−2	$\frac{1}{2}$
0	1	2	
1	0	−1	
0	1	2	

Die letzten beiden LGSe lauten jetzt

$\begin{array}{l} x_1 = 3 \\ x_2 = -5 \end{array}$ und $\begin{array}{l} y_1 = -1 \\ y_2 = 2 \end{array}$

Die gesuchten Lösungen sind direkt ablesbar.

Die zu A inverse Matrix ist $\underline{A^{-1} = B = \begin{pmatrix} x_1 & y_1 \\ x_2 & y_2 \end{pmatrix} = \begin{pmatrix} 3 & -1 \\ -5 & 2 \end{pmatrix}}$.

Probe: $A \cdot X = \begin{pmatrix} 2 & 1 \\ 5 & 3 \end{pmatrix} \begin{pmatrix} 3 & -1 \\ -5 & 2 \end{pmatrix} = \begin{pmatrix} 1 & 0 \\ 0 & 1 \end{pmatrix}$.

Bei beiden LGSen sind die Rechnungen im Teil der Koeffizientenmatrix identisch.
Nur die rechte Seite ist beim ersten LGS $\begin{pmatrix} 1 \\ 0 \end{pmatrix}$ und beim zweiten LGS $\begin{pmatrix} 0 \\ 1 \end{pmatrix}$.

Man kann also beide LGSe **simultan** lösen, indem man die beiden Schemata zusammenfasst:

				Regie
$\boxed{2}$	1	1	0	−5
5	3	0	1	2
$\boxed{2}$	1	1	0	1
0	$\boxed{1}$	−5	2	−1
2	0	6	−2	$\frac{1}{2}$
0	1	−5	2	
1	0	3	−1	
0	1	−5	2	

Verfahren zur Invertierung einer quadratischen Matrix A

Starte mit A und der entsprechenden Einheitsmatrix E daneben.
Bringe das Schema $(A|E)$ (wenn möglich) durch elementare Umformungen auf das Schema $(E|B)$. Dann ist B die inverse Matrix zu A.

Ist ein Schema $(\ldots|E)$ durch elementare Umformungen nicht erreichbar, so ist A nicht invertierbar.

12.10 *Man invertiere (wenn möglich) nach diesem Verfahren die Matrizen*

$$A=\begin{pmatrix}1&2\\2&3\end{pmatrix},\qquad B=\begin{pmatrix}4&5\\-3&-2\end{pmatrix},\qquad C=\begin{pmatrix}1&-3\\-2&6\end{pmatrix}.$$

Die elementaren Umformungen erkennt man ohne Regieanweisungen:

$A=$	1	2	1	0	$=E$
	2	3	0	1	
	1	2	1	0	
	0	−1	−2	1	
$E=$	1	0	−3	2	$=A^{-1}$
	0	1	2	−1	

4	5	1	0
−3	−2	0	1
4	5	1	0
0	7	3	4
28	0	−8	−20
0	7	3	4
1	0	$-\frac{2}{7}$	$-\frac{5}{7}$
0	1	$\frac{3}{7}$	$\frac{4}{7}$

1	−3	1	0
−2	6	0	1
1	−3	1	0
0	0	2	1

$$A^{-1}=\begin{pmatrix}-3&2\\2&-1\end{pmatrix}.\qquad B^{-1}=\begin{pmatrix}-\frac{2}{7}&-\frac{5}{7}\\\frac{3}{7}&\frac{4}{7}\end{pmatrix}.$$

C^{-1} existiert nicht. Im linken Teil kann die Einheitsmatrix niemals entstehen.

Für (2,2)–Matrizen gibt es, im Gegensatz zu größeren Matrizen, noch eine einfache Formel zur Berechnung von A^{-1}.

Invertieren von (2,2)-Matrizen

Ist $A=\begin{pmatrix}a&b\\c&d\end{pmatrix}$ so gilt: $\quad A^{-1}$ existiert $\iff$ $\det A = ad-bc\neq 0$.

Man invertiert A, indem man

1.) die Elemente der Hauptdiagonalen vertauscht.
2.) die beiden anderen Elemente mit -1 multipliziert.
3.) die entstehende Matrix mit $\frac{1}{|A|}$ multipliziert.

$$A=\begin{pmatrix}a&b\\c&d\end{pmatrix}\implies A^{-1}=\frac{1}{|A|}\begin{pmatrix}d&-b\\-c&a\end{pmatrix}=\frac{1}{ad-bc}\begin{pmatrix}d&-b\\-c&a\end{pmatrix}.$$

12.11 *Man invertiere die Matrizen aus [12.10] ggf. mit obiger Formel.*

$$A = \begin{pmatrix} 1 & 2 \\ 2 & 3 \end{pmatrix} = \begin{pmatrix} a & b \\ c & d \end{pmatrix} \implies |A| = ad - bc = 1 \cdot 3 - 2 \cdot 2 = -1 \neq 0$$

$$|A| \neq 0 \implies A^{-1} \text{ existiert und } \quad A^{-1} = \frac{1}{-1}\begin{pmatrix} 3 & -2 \\ -2 & 1 \end{pmatrix} = \underline{\begin{pmatrix} -3 & 2 \\ 2 & -1 \end{pmatrix}}.$$

$$B = \begin{pmatrix} 4 & 5 \\ -3 & -2 \end{pmatrix} \implies |B| = ad - bc = -8 + 15 = 7 \neq 0 \text{ und } \underline{B^{-1} = \frac{1}{7}\begin{pmatrix} -2 & -5 \\ 3 & 4 \end{pmatrix}}.$$

$$C = \begin{pmatrix} 1 & -3 \\ -2 & 6 \end{pmatrix} \implies |C| = ad - bc = 6 - 6 = 0 \implies \underline{C^{-1} \text{ existiert nicht}}.$$

12.12 *Man berechne ggf. die inversen Matrizen:*

$$A = \begin{pmatrix} 1 & 2 & -4 \\ 2 & 5 & -9 \\ -1 & 1 & 2 \end{pmatrix}, \qquad B = \begin{pmatrix} 2 & 3 & 4 \\ 3 & 4 & 5 \\ 4 & 5 & 6 \end{pmatrix}, \qquad C = \begin{pmatrix} 7 & -2 & -3 \\ -5 & 1 & 2 \\ -3 & 1 & 1 \end{pmatrix}.$$

$A =$

						Regie	
1	2	−4	1	0	0	−2	1
2	5	−9	0	1	0	1	
−1	1	2	0	0	1		1
1	2	−4	1	0	0		
0	1	−1	−2	1	0	−3	
0	3	−2	1	0	1	1	
1	2	−4	1	0	0	1	
0	1	−1	−2	1	0		1
0	0	1	7	−3	1	4	1
1	2	0	29	−12	4	1	
0	1	0	5	−2	1	−2	
0	0	1	7	−3	1		
1	0	0	19	−8	2		
0	1	0	5	−2	1	$= A^{-1}$	
0	0	1	7	−3	1		

$$\underline{A^{-1} = \begin{pmatrix} 19 & -8 & 2 \\ 5 & -2 & 1 \\ 7 & -3 & 1 \end{pmatrix}}.$$

$B =$

						Regie	
2	3	4	1	0	0	−3	−2
3	4	5	0	1	0	2	
4	5	6	0	0	1		1
2	3	4	1	0	0		
0	−1	−2	−3	2	0		
0	−1	−2	−2	0	1		

Die links unten stehende Matrix lässt sich durch Zeilenumformungen nicht zur Einheitsmatrix umformen, da ihre letzten beiden Zeilen gleich sind.

Also ist <u>B nicht invertierbar</u>!

							Regie		
	7	−2	−3	1	0	0	5	3	
$C =$	−5	1	2	0	1	0	7		
	−3	1	1	0	0	1		7	
	7	−2	−3	1	0	0			
	0	−3	−1	5	7	0	1		
	0	1	−2	3	0	7	3		
	7	−2	−3	1	0	0	1		
	0	−3	−1	5	7	0		1	
	0	0	−7	14	7	21	$-\frac{3}{7}$	$-\frac{1}{7}$	$-\frac{1}{7}$
	7	−2	0	−5	−3	−9	1		
	0	−3	0	3	6	−3	$-\frac{2}{3}$	$-\frac{1}{3}$	
	0	0	1	−2	−1	−3			
	7	0	0	−7	−7	−7	$\frac{1}{7}$		
	0	1	0	−1	−2	1			
	0	0	1	−2	−1	−3			
	1	0	0	−1	−1	−1			
	0	1	0	−1	−2	1	$= C^{-1}$		
	0	0	1	−2	−1	−3			

$$C^{-1} = \begin{pmatrix} -1 & -1 & -1 \\ -1 & -2 & 1 \\ -2 & -1 & -3 \end{pmatrix}.$$

Für $(3,3)$–Matrizen A gilt: A ist invertierbar $\Longleftrightarrow \det A \neq 0$.
Man berechnet A^{-1} ggf. mit obigem Verfahren.

In Sonderfällen gibt es einfachere Lösungsmöglichkeiten (siehe auch [**LA 1**]):

12.13 *Man berechne die inversen Matrizen:*

$$A = \begin{pmatrix} 1 & 0 & 0 \\ 0 & -2 & 0 \\ 0 & 0 & 3 \end{pmatrix}, \quad B = \begin{pmatrix} 2 & 0 & 0 \\ 0 & 2 & 2 \\ 0 & -2 & -3 \end{pmatrix}, \quad C = \begin{pmatrix} -1 & 0 & 1 \\ 0 & 3 & 0 \\ -1 & 0 & 2 \end{pmatrix}.$$

$$A^{-1} = \begin{pmatrix} 1 & 0 & 0 \\ 0 & -2 & 0 \\ 0 & 0 & 3 \end{pmatrix}^{-1} = \underline{\begin{pmatrix} 1 & 0 & 0 \\ 0 & -\frac{1}{2} & 0 \\ 0 & 0 & \frac{1}{3} \end{pmatrix}},$$

denn man sieht sofort: $A \cdot A^{-1} = E$.

$$B^{-1} = \begin{pmatrix} 2 & 0 & 0 \\ 0 & \mathbf{2} & \mathbf{2} \\ 0 & \mathbf{-2} & \mathbf{-3} \end{pmatrix}^{-1} = \underline{\begin{pmatrix} \frac{1}{2} & 0 & 0 \\ 0 & \mathbf{\frac{3}{2}} & \mathbf{1} \\ 0 & \mathbf{-1} & \mathbf{-1} \end{pmatrix}}, \text{ da } \begin{pmatrix} 2 & 2 \\ -2 & -3 \end{pmatrix}^{-1} = \frac{1}{-2}\begin{pmatrix} -3 & -2 \\ 2 & 2 \end{pmatrix} = \begin{pmatrix} \frac{3}{2} & 1 \\ -1 & -1 \end{pmatrix}.$$

$$C^{-1} = \begin{pmatrix} \mathbf{-1} & 0 & \mathbf{1} \\ 0 & 3 & 0 \\ \mathbf{-1} & 0 & \mathbf{2} \end{pmatrix}^{-1} = \underline{\begin{pmatrix} \mathbf{-2} & 0 & \mathbf{1} \\ 0 & \frac{1}{3} & 0 \\ \mathbf{-1} & 0 & \mathbf{1} \end{pmatrix}}, \quad \text{da} \quad \begin{pmatrix} -1 & 1 \\ -1 & 2 \end{pmatrix}^{-1} = \frac{1}{-1}\begin{pmatrix} 2 & -1 \\ 1 & -1 \end{pmatrix} = \begin{pmatrix} -2 & 1 \\ -1 & 1 \end{pmatrix}.$$

Auch hier bestätigt man die Ergebnisse durch eine Probe!

12.5 Cramersche Regel

Für eindeutig lösbare lineare Gleichungssysteme, bei denen die Anzahl der Gleichungen mit der Anzahl der Variablen übereinstimmt, lässt sich die eindeutige Lösung des LGS mit der Cramerschen Regel mittels Determinanten berechnen.

Cramersche Regel

Ist A eine quadratische (n,n)–Matrix mit $|A| \neq 0$, so ist das LGS $A\vec{x} = \vec{b}$ eindeutig lösbar. Für die Lösung $\vec{x} = (x_1, \ldots, x_n)$ gilt

$$\boxed{x_i = \frac{|A_i|}{|A|}} \qquad \text{für } i = 1, \ldots, n.$$

Dabei ist A_i die (n,n)–Matrix, die aus A entsteht, indem man die i–te Spalte von A durch $\vec{b}$ ersetzt.

12.14 *Man löse – wenn möglich – die folgenden LGSe mit der Cramerschen Regel:*

(a) $\begin{array}{l} 2x_1 - x_2 = 1 \\ 3x_1 + x_2 = 4 \end{array}$, (b) $\begin{array}{l} 7x + 5y = 2 \\ 5x - 3y = -1 \end{array}$, (c) $\begin{array}{l} 2a + b = 1 \\ -4a - 2b = -3 \end{array}$.

(a) $A = \begin{pmatrix} 2 & -1 \\ 3 & 1 \end{pmatrix} \implies |A| = \begin{vmatrix} 2 & -1 \\ 3 & 1 \end{vmatrix} = 5 \neq 0.$

Man kann das LGS also mit der Cramerschen Regel lösen, und es gilt:

$$x_1 = \frac{1}{5}\begin{vmatrix} 1 & -1 \\ 4 & 1 \end{vmatrix} = \frac{1}{5} \cdot 5 = \underline{1}.$$

Die erste Spalte $\begin{pmatrix} 2 \\ 3 \end{pmatrix}$ von A wurde durch die rechte Seite $\begin{pmatrix} 1 \\ 4 \end{pmatrix}$ ersetzt.

$$x_2 = \frac{1}{5}\begin{vmatrix} 2 & 1 \\ 3 & 4 \end{vmatrix} = \frac{1}{5} \cdot 5 = \underline{1}.$$

Die zweite Spalte $\begin{pmatrix} -1 \\ 1 \end{pmatrix}$ von A wurde durch die rechte Seite $\begin{pmatrix} 1 \\ 4 \end{pmatrix}$ ersetzt.

Lösung: $(x_1, x_2) = \underline{(1, 1)}$.

(b) $A = \begin{pmatrix} 7 & 5 \\ 5 & -3 \end{pmatrix} \implies |A| = \begin{vmatrix} 7 & 5 \\ 5 & -3 \end{vmatrix} = -46 \neq 0.$ Die Cramersche Regel ergibt:

$$x = -\frac{1}{46}\begin{vmatrix} 2 & 5 \\ -1 & -3 \end{vmatrix} = -\frac{1}{46} \cdot (-1) = \underline{\frac{1}{46}}.$$

$$y = -\frac{1}{46}\begin{vmatrix} 7 & 2 \\ 5 & -1 \end{vmatrix} = -\frac{1}{46} \cdot (-17) = \underline{\frac{17}{46}}.$$

Die Spalten von A wurden nacheinander durch die rechte Seite $\begin{pmatrix} 2 \\ -1 \end{pmatrix}$ ersetzt.

Lösung: $(x, y) = \underline{(\frac{1}{46}, \frac{17}{46})}$.

(c) Hier ist $|A| = \begin{vmatrix} 2 & 1 \\ -4 & -2 \end{vmatrix} = 0.$ Die Cramersche Regel ist nicht anwendbar.

a	b		Regie
2	1	1	2
−4	−2	3	1
0	0	5	

Der Gauß-Algorithmus zeigt, dass das LGS keine Lösung besitzt. Man sieht dies auch direkt an den beiden Gleichungen!

12.15 *Man löse die folgenden LGSe - wenn möglich - mit der Cramerschen Regel:*

$$\text{(a)}\quad \begin{array}{rl} 3x_1 - x_2 + 5x_3 &= 1 \\ -x_1 + 2x_2 + x_3 &= 1 \\ -2x_1 + 4x_2 + 3x_3 &= 1 \end{array}, \qquad \text{(b)}\quad \begin{array}{rl} x + y - 2z &= 0 \\ 2x - y - z &= -1 \\ x - 2y + z &= -1 \end{array}.$$

(a) Man berechnet zunächst die Determinante der Koeffizientenmatrix des Gleichungssystems, da diese auch darüber Auskunft gibt, ob das LGS überhaupt eine eindeutige Lösung besitzt.

$$\begin{vmatrix} 3 & -1 & 5 \\ -1 & 2 & 1 \\ -2 & 4 & 3 \end{vmatrix} = 18 + 2 - 20 + 20 - 12 - 3 = 5.$$

Man kann das LGS also mit der Cramerschen Regel lösen und erhält:

$$x_1 = \frac{1}{5}\begin{vmatrix} 1 & -1 & 5 \\ 1 & 2 & 1 \\ 1 & 4 & 3 \end{vmatrix} = \underline{\frac{14}{5}},\quad x_2 = \frac{1}{5}\begin{vmatrix} 3 & 1 & 5 \\ -1 & 1 & 1 \\ -2 & 1 & 3 \end{vmatrix} = \underline{\frac{12}{5}},\quad x_3 = \frac{1}{5}\begin{vmatrix} 3 & -1 & 1 \\ -1 & 2 & 1 \\ -2 & 4 & 1 \end{vmatrix} = \underline{-1}.$$

Die Determinanten wurden nach der Regel von Sarrus [Seite 215] berechnet.

Lösung: $\underline{(x_1, x_2, x_3) = (\frac{14}{5}, \frac{12}{5}, -1)}$.

(b) Die Determinante der Koeffizientenmatrix berechnet sich zu

$$\begin{vmatrix} 1 & 1 & -2 \\ 2 & -1 & -1 \\ 1 & -2 & 1 \end{vmatrix} = -1 - 1 + 8 - 2 - 2 - 2 = 0.$$

Das LGS kann nicht mit der Cramerschen Regel gelöst werden.

Das Gaußsche Eliminationsverfahren kann man immer anwenden und erhält:

x	y	z		Regie	
[1]	1	−2	0	−2	−1
2	−1	−1	−1	1	
1	−2	1	−1		1
0	[−3]	3	−1	−1	
0	−3	3	−1	1	
0	0	0	0		

Das LGS hat unendlich viele Lösungen:

Setzt man $\underline{z = t}$, so gilt

$-3y + 3z = -1 \Longrightarrow \underline{y = \frac{1}{3} + t}$ und

$x + y - 2z = 0 \Longrightarrow \underline{x = -\frac{1}{3} + t}$.

$$\underline{\vec{x} = \begin{pmatrix} x \\ y \\ z \end{pmatrix} = \frac{1}{3}\begin{pmatrix} -1 \\ 1 \\ 0 \end{pmatrix} + t\begin{pmatrix} 1 \\ 1 \\ 1 \end{pmatrix}}, \quad t \in \mathbb{R}.$$

Abgesehen davon, dass sich die Cramersche Regel nur bei eindeutig lösbaren quadratischen LGSen anwenden lässt, ist die Berechnung der Determinanten lästig. Das Gaußsche Eliminationsverfahren ist vorzuziehen; die Cramersche Regel hat keine große praktische Bedeutung.

12.6 Aufgaben

12.16 *Man löse die folgenden linearen Gleichungssysteme:*

(a) $\begin{aligned} 2x+5y &= 13 \\ -x+\ y &= 4. \end{aligned}$ (b) $\begin{aligned} 7x-11y &= 50 \\ 5x+\ 7y &= 6. \end{aligned}$ (c) $\begin{aligned} 4x+6y &= 4 \\ -3x+2y &= -\tfrac{5}{6}. \end{aligned}$

12.17 *Man berechne jeweils die Schnittmenge der beiden Geraden.*

(a) $y = 2x + 4$ und $y = -3x - 1$.

(b) $y = x + 4$ und *Gerade durch* $(2, 3)$ *und* $(4, 11)$.

(c) $2x + 3y = 4$ und *Gerade durch* $(1, 1)$ *und* $(4, -1)$.

12.18 *Addiert man zum 3-fachen einer Zahl das 5-fache einer zweiten Zahl, so erhält man 50. Subtrahiert man vom 3-fachen der zweiten Zahl 11, so erhält man das Doppelte der ersten Zahl. Wie heißen die Zahlen?*

12.19 *Die Quersumme einer zweistelligen Zahl ist 10. Vertauscht man die Ziffern der Zahl, so erhält man das Doppelte der ursprünglichen Zahl vermindert um 1. Wie heißt die Zahl?*

12.20 *5 Liter einer Spiritussorte gemischt mit 10 Liter einer anderen Sorte ergeben 75% igen Spiritus. Mischt man 10 Liter der ersten Sorte mit 5 Liter der zweiten Sorte, so erhält man 70% igen Spiritus. Wieviel prozentig sind die beide Sorten?*

12.21 *Aus Frostschutzmittel der Dichte* $1.1\,\mathrm{g/cm^3}$ *und Wasser soll Kühlwasser der Dichte* $1.02\,\mathrm{g/cm^3}$ *gemischt werden.*
Wieviel Liter Frostschutzmittel muss man mit wieviel Liter Wasser mischen, um 5 Liter Kühlwasser zu erhalten?

12.22 *Ein Ausflugsdampfer braucht für eine Flussstrecke von 35 km stromabwärts 1 Stunde und 24 Minuten, für den Rückweg stromauf 2 Stunden und 20 Minuten. Wie groß ist die Geschwindigkeit des Schiffes gegenüber dem Wasser, und wie groß ist die Fließgeschwindigkeit des Wassers?*

12.23 *Ein Vater war vor 7 Jahren 7 mal so alt wie seine Tochter. In 3 Jahren wird er 3 mal so alt wie sie sein. Wie alt sind beide jetzt?*

12.24 *Ein Wasserbehälter hat zwei Zuflussrohre. Ist das erste Rohr 25 min geöffnet und das zweite Rohr 30 min, so fließen 1390 l in den Behälter, ist das erste Rohr 10 min und das zweite Rohr 15 min geöffnet, so fließen 640 l in den Behälter. Wieviel Wasser liefert jedes Rohr pro Minute?*

12.25 *Man löse die folgenden linearen Gleichungssysteme:*

(a) $\begin{aligned} x+2y+3z &= 12 \\ 2x+\ y+3z &= 12 \\ 3x+2y+\ z &= 12. \end{aligned}$ (b) $\begin{aligned} 2x+3y+4z &= 5 \\ 2x+4y-3z &= 6 \\ 3x-2y+5z &= 1. \end{aligned}$ (c) $\begin{aligned} 2x+3y+4z &= 6 \\ x-\ y+\ z &= 3 \\ 2x-\ y+2z &= 8. \end{aligned}$

(d) $\begin{aligned} x_1+2x_2+x_3 &= 3 \\ x_1-\ x_2-x_3 &= 1 \\ 3x_1+3x_2+x_3 &= 8. \end{aligned}$ (e) $\begin{aligned} x_1-\ x_2+\ x_3 &= 0 \\ 3x_2+\ x_3 &= 3 \\ x_1+2x_2+2x_3 &= 3. \end{aligned}$ (f) $\begin{aligned} 2x_1+x_2+\ x_3 &= 1 \\ 4x_1+x_2+2x_3 &= 0 \\ 2x_1\qquad +\ x_3 &= -1. \end{aligned}$

12.26 *Eine dreiziffrige Zahl hat die Quersumme 15. Die aus den beiden linken Ziffer gebildete Zahl ist 5 mal so groß wie die letzte Ziffer, und die mittlere Ziffer ist das arithmetische Mittel der beiden äußeren Ziffern. Wie lautet die Zahl?*

12.27 *Ein Kunde hat bei einer Sparkasse 3 Kapitalien von 5000€ , 8000€ und 12000€ angelegt, die ihm zusammen jährlich 1010€ Zinsen bringen. Dabei bringt das höchste Kapital 390€ mehr Zinsen als das niedrigste und das Kapital von 8000€ bringt 170€ mehr ein als das niedrigste Kapital. Zu welchen Zinssätzen sind die Kapitalien angelegt?*

12.28 *Man invertiere ggf. die folgenden Matrizen:*

(a) $\begin{pmatrix} 3 & 2 \\ 10 & 7 \end{pmatrix}, \quad \begin{pmatrix} 1 & -1 \\ 1 & 1 \end{pmatrix}, \quad \begin{pmatrix} 5 & 6 \\ 7 & 8 \end{pmatrix}, \quad \begin{pmatrix} 4 & 2 \\ -2 & -1 \end{pmatrix}, \quad \begin{pmatrix} 11 & 13 \\ -12 & 15 \end{pmatrix}.$

(b) $\begin{pmatrix} 1 & 0 & 0 \\ 0 & 6 & 5 \\ 0 & 7 & 6 \end{pmatrix}, \quad \begin{pmatrix} 1 & 1 & 0 \\ 1 & 2 & 1 \\ 0 & 2 & 1 \end{pmatrix}, \quad \begin{pmatrix} -1 & -1 & 1 \\ 1 & 0 & 1 \\ 0 & 1 & 1 \end{pmatrix}, \quad \begin{pmatrix} 1 & 2 & 3 \\ 3 & 1 & -2 \\ -1 & 3 & 8 \end{pmatrix}.$

12.29 *Man löse die folgenden linearen Gleichungssysteme*

(1) *mit dem Gaußschen Eliminationsverfahren.*
(2) *gegebenenfalls mit der Cramerschen Regel.*
(3) *mit Hilfe von Matrixinvertierung.*

(a) $\begin{aligned} 3x - 2y &= -12 \\ -4x + y &= 11, \end{aligned}$ (b) $\begin{aligned} x - y &= 1 \\ 2x + y &= 3, \end{aligned}$

(c) $\begin{aligned} 4x + 7y &= 8 \\ 5x + 9y &= 2, \end{aligned}$ (d) $\begin{aligned} x - y &= 0 \\ -x + y &= 1. \end{aligned}$

12.30 *Man löse die folgenden linearen Gleichungssysteme*

(1) *mit dem Gaußschen Eliminationsverfahren.*
(2) *gegebenenfalls mit der Cramerschen Regel.*
(3) *mit Hilfe von Matrixinvertierung.*

(a) $\begin{aligned} x \quad + z &= 0 \\ x - y \quad &= 1 \\ y - z &= 1, \end{aligned}$ (b) $\begin{aligned} x + y - z &= 3 \\ x + y + z &= 4 \\ 2x - y + 2z &= 8, \end{aligned}$

(c) $\begin{aligned} 2x + 3y + 4z &= 1 \\ -x + y - z &= 2 \\ 5x + y - 3z &= 3, \end{aligned}$ (d) $\begin{aligned} x + 2y + 3z &= 0 \\ 3x + y - 2z &= 0 \\ -x + 3y + 8z &= 0. \end{aligned}$

12.7 Lösungen

12.16 (a) Lösung: $\underline{(-1, 3)}$. (b) Lösung: $\underline{(4, -2)}$. (c) Lösung: $\underline{(\frac{1}{2}, \frac{1}{3})}$.

12.17

(a) $2x + 4 = -3x - 1 \implies \underline{x = -1}$ und weiter $\underline{y = 2}$.
Die Schnittmenge besteht genau aus dem Punkt $\underline{S = (-1, 2)}$.

(b) Die erste Gerade ist durch $\underline{y = x + 4}$ gegeben. Die zweite Gerade durch $(2, 3)$ und $(4, 11)$ ergibt sich nach der Zwei-Punkte-Form (siehe [EM 2]):
$\frac{y-3}{x-2} = \frac{11-3}{4-2} \implies 2(y - 3) = 8(x - 2) \implies \underline{y = 4x - 5}$.
Gleichsetzen liefert $x + 4 = 4x - 5$, also $x = 3$ und weiter $y = 7$.
Die Schnittmenge besteht genau aus dem Punkt $\underline{S = (3, 7)}$.

(c) Gerade durch $(1, 1)$ und $(4, -1)$:
$\frac{y-1}{x-1} = \frac{-2}{3} \implies 3(y - 1) = -2(x - 1)$ bzw. $\underline{2x + 3y = 5}$.
Die Geraden $2x + 3y = 4$ und $2x + 3y = 5$ sind parallel, sie schneiden sich nicht.

12.18 Nennt man die beiden Zahlen x und y, so liefert die erste Bedingung die Gleichung $3x + 5y = 50$, und die zweite Bedingung $3y - 11 = 2x$.
Das LGS hat die Lösung $\underline{(5, 7)}$, die Zahlen sind 5 und 7.

12.19 Nennt man die Zehnerziffer x und die Einerziffer y, so muss gelten
$x + y = 10$ und $10y + x = 2(10x + y) - 1$.

$$\begin{aligned} x + \ y &= 10 \\ 19x - 8y &= \ 1 \end{aligned} \implies x = 3,\ y = 7 \qquad \text{Die Zahl lautet } \underline{37}.$$

12.20 Die erste Sorte Spiritus sei $x\%$ ig, die zweite Sorte $y\%$ ig.

$$\begin{aligned} 5 \cdot \tfrac{x}{100} + 10 \cdot \tfrac{y}{100} &= 15 \cdot \tfrac{75}{100} \\ 10 \cdot \tfrac{x}{100} + 5 \cdot \tfrac{y}{100} &= 15 \cdot \tfrac{70}{100} \end{aligned}$$

$$\begin{array}{rcll} 5x + 10y &=& 1125 & \\ 10x + 5y &=& 1050 & | \cdot (-2) \\ \hline -15x &=& -975 & \\ x &=& 65 & \text{und } y = 80 \end{array}$$

Die Sorten sind $\underline{65\% \text{ ig}}$ und $\underline{80\% \text{ ig}}$.

12.21 Ist x die Menge des Frostschutzmittels und y die Menge des Wassers (jeweils in Litern), so gilt:

$$\begin{aligned} x + y &= 5 \\ 1.1\,x + y &= 1.02 \cdot 5 \end{aligned}$$

Subtraktion der Gleichungen zur Elimination von y ergibt:

$$1.1\,x - x = 1.02 \cdot 5 - 5 \iff 0.1\,x = 0.02 \cdot 5 \iff x = 1.$$

Einsetzen in die erste Gleichung ergibt $y = 4$.

Es sind also 1 Liter Frostschutzmittel mit 4 Liter Wasser zu mischen.

12.22 Wir setzen die Eigengeschwindigkeit des Schiffes mit v_1 km/h und die Fließgeschwindigkeit des Wassers mit v_2 km/h an.

Für den Hinweg gilt: $\frac{84}{60}(v_1 + v_2) = 35$ $\iff$ $v_1 + v_2 = \frac{35\cdot 60}{84} = 25$

Für den Rückweg gilt: $\frac{140}{60}(v_1 - v_2) = 35$ $\quad$ $v_1 - v_2 = \frac{35\cdot 60}{140} = 15$

Addition liefert $2v_1 = 40$, also $v_1 = 20$ und weiter $v_2 = 5$.

Eigengeschwindigkeit Schiff: $\underline{20\text{ km/h}}$, Fließgeschwindigkeit Wasser: $\underline{5\text{ km/h}}$.

12.23 Alter des Vaters jetzt: x Jahre; Alter der Tochter jetzt: y Jahre.

Die erste Aussage liefert: $x - 7 = 7(y-7)$ $\iff$ $x - 7y = -42$

Die zweite Aussage liefert: $x + 3 = 3(y+3)$ $\quad$ $x - 3y = 6$

Subtraktion liefert $-4y = -48$, also $y = 12$ und weiter $x = 42$.

Der Vater ist jetzt $\underline{42\text{ Jahre}}$ alt, die Tochter $\underline{12\text{ Jahre}}$ alt.

12.24 Erstes Rohr: x l Wasser pro Minute; zweites Rohr: y l Wasser pro Minute:

1\. Aussage: $25x + 30y = 1390 \quad | \cdot 1$

2\. Aussage: $10x + 15y = 640 \quad | \cdot (-2)$

$5x \quad = 110$

Es folgt $x = 22$ und weiter z.B. $220 + 15y = 640$, also $y = 28$.

Erstes Rohr: $\underline{22\text{ l}}$ Wasser pro Minute, zweites Rohr: $\underline{28\text{ l}}$ Wasser pro Minute.

12.25

(a)

x	y	z		Regie	
$\boxed{1}$	2	3	12	−2	−3
2	1	3	12	1	
3	2	1	12		1
0	$\boxed{-3}$	−3	−12	4	
0	−4	−8	−24	−3	
0	0	$\boxed{12}$	24		

Es folgt:

$$12z = 24 \Longrightarrow z = 2,$$
$$-3y - 6 = -12 \Longrightarrow y = 2,$$
$$x + 4 + 6 = 12 \Longrightarrow x = 2.$$

Lösung: $\underline{(2,2,2)}$, (eindeutig).

(b) Entsprechend: Lösung: $\underline{(1,1,0)}$.

(c)

x	y	z		Regie	
2	3	4	6	1	
$\boxed{1}$	−1	1	3	−2	−2
2	−1	2	8		1
0	5	$\boxed{2}$	0		
0	$\boxed{1}$	0	2		

$y = 2, \quad z = -5, \quad x = 10$

Lösung: $\underline{(10, 2, -5)}$

(d)

x_1	x_2	x_3		Regie	
1	2	$\boxed{1}$	3	1	−1
1	−1	−1	1	1	
3	3	1	8		1
2	1	0	4	1	
2	$\boxed{1}$	0	5	−1	
0	0	0	−1		

Das LGS besitzt $\underline{\text{keine Lösung}}$.

(e)

x_1	x_2	x_3		Regie
$\boxed{1}$	−1	1	0	−1
0	3	1	3	
1	2	2	3	1
0	3	1	3	1
0	3	$\boxed{1}$	3	−1
0	0	0	0	

Wähle $x_2 = t$, dann ist
$x_3 = 3 - 3t\,, \quad x_1 = -3 + 4t.$

$$\underline{\vec{x} = \begin{pmatrix} x_1 \\ x_2 \\ x_3 \end{pmatrix} = \begin{pmatrix} -3 \\ 0 \\ 3 \end{pmatrix} + t \begin{pmatrix} 4 \\ 1 \\ -3 \end{pmatrix}}.$$

(f)

x_1	x_2	x_3		Regie
2	$\boxed{1}$	1	1	−1
4	1	2	0	1
2	0	1	−1	
2	0	1	−1	1
2	0	$\boxed{1}$	−1	−1
0	0	0	0	

Wähle $x_1 = t$, dann ist
$x_3 = -1 - 2t, \quad x_2 = 2.$

$$\underline{\vec{x} = \begin{pmatrix} x_1 \\ x_2 \\ x_3 \end{pmatrix} = \begin{pmatrix} 0 \\ 2 \\ -1 \end{pmatrix} + t \begin{pmatrix} 1 \\ 0 \\ -2 \end{pmatrix}}.$$

12.26 Sei xyz die gesuchte Zahl. Dann muss gelten:

$$x + y + z = 15, \qquad 10x + y = 5z, \qquad y = \tfrac{1}{2}(x + z).$$

Das LGS hat die Lösung $x = 3$, $y = 5$, $z = 7$; die gesuchte Zahl ist also $\underline{357}$.

12.27 Die Kapitalien seien zu $p_1\%$, $p_2\%$ und $p_3\%$ angelegt. Man erhält das LGS:

$$\begin{aligned} 5000\tfrac{p_1}{100} + 8000\tfrac{P_2}{100} + 12000\tfrac{p_3}{100} &= 1010 \\ 5000\tfrac{p_1}{100} + 390 &= 12000\tfrac{p_3}{100} \\ 5000\tfrac{p_1}{100} + 170 &= 8000\tfrac{p_2}{100} \end{aligned}$$

Das LGS hat die Lösung
$p_1 = 3, \ p_2 = 4, \ p_3 = 4.5.$

5 000€ sind zu 3%, 8 000€ zu 4% und 12 000€ zu 4.5% angelegt.

12.28

(a) Wir benutzen die Formel von Seite 233 zum Invertieren der Matrizen:

$$\begin{pmatrix} 3 & 2 \\ 10 & 7 \end{pmatrix}^{-1} = \frac{1}{1}\begin{pmatrix} 7 & -2 \\ -10 & 3 \end{pmatrix} = \underline{\begin{pmatrix} 7 & -2 \\ -10 & 3 \end{pmatrix}},$$

$$\begin{pmatrix} 1 & -1 \\ 1 & 1 \end{pmatrix}^{-1} = \underline{\frac{1}{2}\begin{pmatrix} 1 & 1 \\ -1 & 1 \end{pmatrix}}, \qquad \begin{pmatrix} 5 & 6 \\ 7 & 8 \end{pmatrix}^{-1} = \underline{-\frac{1}{2}\begin{pmatrix} 8 & -6 \\ -7 & 5 \end{pmatrix}},$$

$$\begin{pmatrix} 4 & 2 \\ -2 & -1 \end{pmatrix}^{-1} \text{ existiert nicht, da } \begin{vmatrix} 4 & 2 \\ -2 & -1 \end{vmatrix} = 0.$$

$$\begin{pmatrix} 11 & 13 \\ -12 & 15 \end{pmatrix}^{-1} = \underline{\frac{1}{321}\begin{pmatrix} 15 & -13 \\ 12 & 11 \end{pmatrix}}.$$

(b) Wegen der besonderen Form der ersten zu invertierenden Matrix kann man folgendermaßen vorgehen:

$$\text{Da } \begin{pmatrix} 6 & 5 \\ 7 & 6 \end{pmatrix}^{-1} = \frac{1}{1}\begin{pmatrix} 6 & -5 \\ -7 & 6 \end{pmatrix}, \text{ gilt } \begin{pmatrix} 1 & 0 & 0 \\ 0 & 6 & 5 \\ 0 & 7 & 6 \end{pmatrix}^{-1} = \underline{\begin{pmatrix} 1 & 0 & 0 \\ 0 & 6 & -5 \\ 0 & -7 & 6 \end{pmatrix}}.$$

Eine Probe bestätigt das Ergebnis!

Die folgenden drei Matrizen werden ggf. mit dem Gaußschen Eliminationsverfahren invertiert:

$A =$

						Regie	
1	1	0	1	0	0	−1	
1	2	1	0	1	0	1	
0	2	1	0	0	1		
1	1	0	1	0	0		
0	1	1	−1	1	0	−2	
0	2	1	0	0	1	1	
1	1	0	1	0	0		
0	1	1	−1	1	0	1	
0	0	−1	2	−2	1	1	
1	1	0	1	0	0	1	
0	1	0	1	−1	1	−1	
0	0	−1	2	−2	1		−1
1	0	0	0	1	−1		
0	1	0	1	−1	1	$= A^{-1}$	
0	0	1	−2	2	−1		

$$\begin{pmatrix} 1 & 1 & 0 \\ 1 & 2 & 1 \\ 0 & 2 & 1 \end{pmatrix}^{-1} = \begin{pmatrix} 0 & 1 & -1 \\ 1 & -1 & 1 \\ -2 & 2 & -1 \end{pmatrix}.$$

$A =$

						Regie	
−1	−1	1	1	0	0	1	
1	0	1	0	1	0	1	
0	1	1	0	0	1		
1	0	1	0	1	0		
0	−1	2	1	1	0	1	
0	1	1	0	0	1	1	
1	0	1	0	1	0	3	
0	−1	2	1	1	0		3
0	0	3	1	1	1	−1	−2
3	0	0	−1	2	−1		
0	−3	0	1	1	−2	$= 3A^{-1}$	
0	0	3	1	1	1		

$$\begin{pmatrix} -1 & -1 & 1 \\ 1 & 0 & 1 \\ 0 & 1 & 1 \end{pmatrix}^{-1} = \frac{1}{3}\begin{pmatrix} -1 & 2 & -1 \\ -1 & -1 & 2 \\ 1 & 1 & 1 \end{pmatrix}.$$

$A =$

						Regie	
1	2	3	1	0	0	−3	1
3	1	−2	0	1	0	1	
−1	3	8	0	0	1		1
1	2	3	1	0	0		
0	−5	−11	−3	1	0	1	
0	5	11	1	0	1	1	
1	2	3	1	0	0		
0	−5	−11	−3	1	0		
0	0	0	−2	1	1		

Die Matrix

$$\begin{pmatrix} 1 & 2 & 3 \\ 3 & 1 & -2 \\ -1 & 3 & 8 \end{pmatrix}$$

ist <u>nicht invertierbar</u>, da im linken Teil die Einheitsmatrix wegen der Nullzeile nicht erzeugbar ist.

12.29

(1) **Gaußsches Eliminationsverfahren**

(a)
$$\begin{aligned} 3x - 2y &= -12 \\ -4x + y &= 11 \end{aligned}$$

x	y		Regie
$\boxed{3}$	-2	-12	4
-4	1	11	3
0	$\boxed{-5}$	-15	

$$\begin{aligned} y &= 3 \\ 3x - 6 &= -12 \\ x &= -2 \end{aligned}$$

Lösung: $\underline{(-2, 3)}$.

(b)
$$\begin{aligned} x - y &= 1 \\ 2x + y &= 3 \end{aligned}$$

x	y		Regie
$\boxed{1}$	-1	1	-2
2	1	3	1
0	$\boxed{3}$	1	

$$\begin{aligned} y &= \tfrac{1}{3} \\ x - \tfrac{1}{3} &= 1 \\ x &= \tfrac{4}{3} \end{aligned}$$

Lösung: $\underline{(\frac{4}{3}, \frac{1}{3})}$.

(c)
$$\begin{aligned} 4x + 7y &= 8 \\ 5x + 9y &= 2 \end{aligned}$$

x	y		Regie
$\boxed{4}$	7	8	-5
5	9	2	4
0	$\boxed{1}$	-32	

$$\begin{aligned} y &= -32 \\ 4x - 224 &= 8 \\ x &= 58 \end{aligned}$$

Lösung: $\underline{(58, -32)}$.

(d)
$$\begin{aligned} x - y &= 0 \\ -x + y &= 1 \end{aligned}$$

x	y		Regie
$\boxed{1}$	-1	0	1
-1	1	1	1
0	0	1	

Das LGS besitzt keine Lösung.

(2) **Cramersche Regel**

(a) $\begin{vmatrix} 3 & -2 \\ -4 & 1 \end{vmatrix} = -5, \quad \begin{vmatrix} -12 & -2 \\ 11 & 1 \end{vmatrix} = 10, \quad \begin{vmatrix} 3 & -12 \\ -4 & 11 \end{vmatrix} = -15 \implies \underline{x = -2\,,\ y = 3}.$

(b) $\begin{vmatrix} 1 & -1 \\ 2 & 1 \end{vmatrix} = 3, \quad \begin{vmatrix} 1 & -1 \\ 3 & 1 \end{vmatrix} = 4, \quad \begin{vmatrix} 1 & 1 \\ 2 & 3 \end{vmatrix} = 1 \implies \underline{x = \frac{4}{3}\,,\ y = \frac{1}{3}}.$

(c) $\begin{vmatrix} 4 & 7 \\ 5 & 9 \end{vmatrix} = 1, \quad \begin{vmatrix} 8 & 7 \\ 2 & 9 \end{vmatrix} = 58, \quad \begin{vmatrix} 4 & 8 \\ 5 & 2 \end{vmatrix} = -32 \implies \underline{x = 58\,,\ y = -32}.$

(d) $\begin{vmatrix} 1 & -1 \\ -1 & 1 \end{vmatrix} = 0$ Das LGS ist nicht mit der Cramerschen Regel lösbar.

(3) **Matrixinvertierung**

Schreibt man diese LGSe in der Form $A\vec{x} = \vec{b}$ und existiert A^{-1}, so folgt
$A^{-1}(A\vec{x}) = A^{-1}\vec{b} \implies (A^{-1}A)\vec{x} = A^{-1}\vec{b} \implies E\vec{x} = A^{-1}\vec{b} \implies \vec{x} = A^{-1}\vec{b}.$
Der Lösungsvektor $\vec{x}$ ist also $A^{-1}\vec{b}$.

(a) $\begin{array}{r} 3x - 2y = -12 \\ -4x + y = 11 \end{array}$, also $A = \begin{pmatrix} 3 & -2 \\ -4 & 1 \end{pmatrix}$, $A^{-1} = -\frac{1}{5}\begin{pmatrix} 1 & 2 \\ 4 & 3 \end{pmatrix}$, $\vec{b} = \begin{pmatrix} -12 \\ 11 \end{pmatrix}$.

$\vec{x} = A^{-1}\vec{b} = -\frac{1}{5}\begin{pmatrix} 1 & 2 \\ 4 & 3 \end{pmatrix}\begin{pmatrix} -12 \\ 11 \end{pmatrix} = -\frac{1}{5}\begin{pmatrix} 10 \\ -15 \end{pmatrix} = \begin{pmatrix} -2 \\ 3 \end{pmatrix} \implies \underline{\vec{x} = (-2, 3)}.$

(b) $\begin{array}{r} x - y = 1 \\ 2x + y = 3 \end{array}$, also $A = \begin{pmatrix} 1 & -1 \\ 2 & 1 \end{pmatrix}$, $A^{-1} = \frac{1}{3}\begin{pmatrix} 1 & 1 \\ -2 & 1 \end{pmatrix}$, $\vec{b} = \begin{pmatrix} 1 \\ 3 \end{pmatrix}$.

$\vec{x} = A^{-1}\vec{b} = \frac{1}{3}\begin{pmatrix} 1 & 1 \\ -2 & 1 \end{pmatrix}\begin{pmatrix} 1 \\ 3 \end{pmatrix} = \frac{1}{3}\begin{pmatrix} 4 \\ 1 \end{pmatrix} \implies \underline{\vec{x} = (\tfrac{4}{3}, \tfrac{1}{3})}.$

(c) $\begin{array}{r} 4x + 7y = 8 \\ 5x + 9y = 2 \end{array}$, also $A = \begin{pmatrix} 4 & 7 \\ 5 & 9 \end{pmatrix}$, $A^{-1} = \begin{pmatrix} 9 & -7 \\ -5 & 4 \end{pmatrix}$, $\vec{b} = \begin{pmatrix} 8 \\ 2 \end{pmatrix}$.

$\vec{x} = A^{-1}\vec{b} = \begin{pmatrix} 9 & -7 \\ -5 & 4 \end{pmatrix}\begin{pmatrix} 8 \\ 2 \end{pmatrix} = \begin{pmatrix} 58 \\ -32 \end{pmatrix} \implies \underline{\vec{x} = (58, -32)}.$

(d) $\begin{array}{r} x - y = 0 \\ -x + y = 1 \end{array}$ A^{-1} existiert nicht, da $|A| = 1 \cdot 1 - (-1) \cdot (-1) = 0$ ist. Das LGS hat keine Lösung: Gaußsches Eliminationsverfahren oder Addition der Gleichungen ergibt den Widerspruch $0 = 1$.

12.30

(1) **Gaußsches Eliminationsverfahren**

(a)
$$\begin{array}{rcl} x \phantom{{}-y} + z &=& 0 \\ x - y \phantom{{}+z} &=& 1 \\ y - z &=& 1 \end{array}$$

x	y	z		Regie
$\boxed{1}$	0	1	0	−1
1	−1	0	1	1
0	1	−1	1	
0	$\boxed{-1}$	−1	1	1
0	1	−1	1	1
0	0	$\boxed{-2}$	2	

Es folgt:

$z = -1, \; y = 0, \; x = 1.$

Lösung: $\underline{(1, 0, -1)}$.

(b)
$$\begin{array}{rcl} x + y - z &=& 3 \\ x + y + z &=& 4 \\ 2x - y + 2z &=& 8 \end{array}$$

x	y	z		Regie	
$\boxed{1}$	1	−1	3	−1	−2
1	1	1	4	1	
2	−1	2	8		1
0	0	$\boxed{2}$	1		
0	$\boxed{-3}$	4	2		

Dies ist schon ein Endschema.
Es folgt:

$z = \frac{1}{2}, \; y = 0, \; x = \frac{7}{2}.$

Lösung: $\underline{(\tfrac{7}{2}, 0, \tfrac{1}{2})}$.

(c)

$$\begin{aligned} 2x + 3y + 4z &= 1 \\ -x + y - z &= 2 \\ 5x + y - 3z &= 3 \end{aligned}$$

x	y	z		Regie	
$\boxed{-1}$	1	−1	2	2	5
2	3	4	1	1	
5	1	−3	3		1
0	$\boxed{5}$	2	5	−6	
0	6	−8	13	5	
0	0	$\boxed{-52}$	35		

Es folgt:

$z = -\frac{35}{52}$, $y = \frac{33}{26}$, $x = -\frac{3}{52}$.

Lösung: $\underline{(-\frac{3}{52}, \frac{33}{26}, -\frac{35}{52})}$.

(d)

$$\begin{aligned} x + 2y + 3z &= 0 \\ 3x + y - 2z &= 0 \\ -x + 3y + 8z &= 0 \end{aligned}$$

x	y	z		Regie	
$\boxed{1}$	2	3	0	−3	1
3	1	−2	0	1	
−1	3	8	0		1
0	$\boxed{-5}$	−11	0	1	
0	5	11	0	1	
0	0	0	0		

Setze $z = t$.

$-5y - 11t = 0, \quad y = -\frac{11}{5}t,$

$x - \frac{22}{5}t + 3t = 0, \quad x = \frac{7}{5}t.$

Lösung: $\underline{t(\frac{7}{5}, -\frac{11}{5}, 1)\ ,\ t \in \mathbb{R}}$.

(2) **Cramersche Regel**

(a) $$\begin{vmatrix} 1 & 0 & 1 \\ 1 & -1 & 0 \\ 0 & 1 & -1 \end{vmatrix} = 2, \quad \begin{vmatrix} 0 & 0 & 1 \\ 1 & -1 & 0 \\ 1 & 1 & -1 \end{vmatrix} = 2, \quad \begin{vmatrix} 1 & 0 & 1 \\ 1 & 1 & 0 \\ 0 & 1 & -1 \end{vmatrix} = 0, \quad \begin{vmatrix} 1 & 0 & 0 \\ 1 & -1 & 1 \\ 0 & 1 & 1 \end{vmatrix} = -2.$$

$\Longrightarrow \quad \underline{x = 1\ , \quad y = 0\ , \quad z = -1}.$

(b) $$\begin{vmatrix} 1 & 1 & -1 \\ 1 & 1 & 1 \\ 2 & -1 & 2 \end{vmatrix} = 6, \quad \begin{vmatrix} 3 & 1 & -1 \\ 4 & 1 & 1 \\ 8 & -1 & 2 \end{vmatrix} = 21, \quad \begin{vmatrix} 1 & 3 & -1 \\ 1 & 4 & 1 \\ 2 & 8 & 2 \end{vmatrix} = 0, \quad \begin{vmatrix} 1 & 1 & 3 \\ 1 & 1 & 4 \\ 2 & -1 & 8 \end{vmatrix} = 3.$$

$\Longrightarrow \quad \underline{x = \frac{7}{2}\ , \quad y = 0\ , \quad z = \frac{1}{2}}.$

(c) $$\begin{vmatrix} 2 & 3 & 4 \\ -1 & 1 & -1 \\ 5 & 1 & -3 \end{vmatrix} = -52, \quad \begin{vmatrix} 1 & 3 & 4 \\ 2 & 1 & -1 \\ 3 & 1 & -3 \end{vmatrix} = 3, \quad \begin{vmatrix} 2 & 1 & 4 \\ -1 & 2 & -1 \\ 5 & 3 & -3 \end{vmatrix} = -66, \quad \begin{vmatrix} 2 & 3 & 1 \\ -1 & 1 & 2 \\ 5 & 1 & 3 \end{vmatrix} = 35.$$

$\Longrightarrow \quad \underline{x = -\frac{3}{52}\ , \quad y = \frac{33}{26}\ , \quad z = -\frac{35}{52}}.$

(d) $$\begin{vmatrix} 1 & 2 & 3 \\ 3 & 1 & -2 \\ -1 & 3 & 8 \end{vmatrix} = 0$$

Das LGS kann nicht mit der Cramerschen Regel gelöst werden.
Es hat unendlich viele Lösungen, siehe (1) (d).

(3) **Matrixinvertierung**

Im Falle der eindeutigen Lösbarkeit des LGS ist die Lösung $\vec{x}$ gegeben durch $\vec{x} = A^{-1}\vec{b}$ (siehe [12.29]).

(a)

$$\begin{aligned} x \quad\quad + z &= 0 \\ x - y \quad\quad &= 1 \\ y - z &= 1 \end{aligned}$$

Matrixinvertierung:

$A =$

1	0	1	1	0	0	−1	
1	−1	0	0	1	0	1	
0	1	−1	0	0	1		
1	0	1	1	0	0		
0	−1	−1	−1	1	0	1	
0	1	−1	0	0	1	1	
1	0	1	1	0	0		
0	1	1	1	−1	0		
0	0	−2	−1	1	1	$-\frac{1}{2}$	
1	0	1	1	0	0		1
0	1	1	1	−1	0	1	
0	0	1	$\frac{1}{2}$	$-\frac{1}{2}$	$-\frac{1}{2}$	−1	−1
1	0	0	$\frac{1}{2}$	$\frac{1}{2}$	$\frac{1}{2}$		
0	1	0	$\frac{1}{2}$	$-\frac{1}{2}$	$\frac{1}{2}$	$= A^{-1}$	
0	0	1	$\frac{1}{2}$	$-\frac{1}{2}$	$-\frac{1}{2}$		

$$A^{-1} = \begin{pmatrix} \frac{1}{2} & \frac{1}{2} & \frac{1}{2} \\ \frac{1}{2} & -\frac{1}{2} & \frac{1}{2} \\ \frac{1}{2} & -\frac{1}{2} & -\frac{1}{2} \end{pmatrix}$$

$$A^{-1}\vec{b} = \begin{pmatrix} \frac{1}{2} & \frac{1}{2} & \frac{1}{2} \\ \frac{1}{2} & -\frac{1}{2} & \frac{1}{2} \\ \frac{1}{2} & -\frac{1}{2} & -\frac{1}{2} \end{pmatrix} \begin{pmatrix} 0 \\ 1 \\ 1 \end{pmatrix} = \begin{pmatrix} 1 \\ 0 \\ -1 \end{pmatrix}$$

Lösung: $\underline{(1, 0, -1)}$.

(b)

$$\begin{aligned} x + y - z &= 3 \\ x + y + z &= 4 \\ 2x - y + 2z &= 8 \end{aligned}$$

Matrixinvertierung:

$A =$

1	1	−1	1	0	0	−1	−2
1	1	1	0	1	0	1	
2	−1	2	0	0	1		1
1	1	−1	1	0	0		
0	0	2	−1	1	0	tauschen	
0	−3	4	−2	0	1		
1	1	−1	1	0	0		
0	−3	4	−2	0	1	$-\frac{1}{3}$	
0	0	2	−1	1	0		$\frac{1}{2}$
1	1	−1	1	0	0		1
0	1	$-\frac{4}{3}$	$\frac{2}{3}$	0	$-\frac{1}{3}$	1	
0	0	1	$-\frac{1}{2}$	$\frac{1}{2}$	0	$\frac{4}{3}$	1
1	1	0	$\frac{1}{2}$	$\frac{1}{2}$	0	1	
0	1	0	0	$\frac{2}{3}$	$-\frac{1}{3}$	−1	
0	0	1	$-\frac{1}{2}$	$\frac{1}{2}$	0		
1	0	0	$\frac{1}{2}$	$-\frac{1}{6}$	$\frac{1}{3}$		
0	1	0	0	$\frac{2}{3}$	$-\frac{1}{3}$	$= A^{-1}$	
0	0	1	$-\frac{1}{2}$	$\frac{1}{2}$	0		

$$A^{-1} = \begin{pmatrix} \frac{1}{2} & -\frac{1}{6} & \frac{1}{3} \\ 0 & \frac{2}{3} & -\frac{1}{3} \\ -\frac{1}{2} & \frac{1}{2} & 0 \end{pmatrix}$$

$$A^{-1}\vec{b} = \begin{pmatrix} \frac{1}{2} & -\frac{1}{6} & \frac{1}{3} \\ 0 & \frac{2}{3} & -\frac{1}{3} \\ -\frac{1}{2} & \frac{1}{2} & 0 \end{pmatrix} \begin{pmatrix} 3 \\ 4 \\ 8 \end{pmatrix} = \begin{pmatrix} \frac{7}{2} \\ 0 \\ \frac{1}{2} \end{pmatrix}$$

Lösung: $\underline{(\frac{7}{2}, 0, \frac{1}{2})}$.

(c)
$$\begin{aligned} 2x + 3y + 4z &= 1 \\ -x + y - z &= 2 \\ 5x + y - 3z &= 3 \end{aligned}$$

Matrixinvertierung:

	2	3	4	1	0	0		
$A =$	−1	1	−1	0	1	0	−1	
	5	1	−3	0	0	1		
	1	−1	1	0	−1	0	−2	−5
	2	3	4	1	0	0	1	
	5	1	−3	0	0	1		1
	1	−1	1	0	−1	0		
	0	5	2	1	2	0	−6	
	0	6	−8	0	5	1	5	
	1	−1	1	0	1	0		
	0	5	2	1	2	0	$\frac{1}{5}$	
	0	0	−52	−6	13	5		$-\frac{1}{52}$
	1	−1	1	0	−1	0		1
	0	1	$\frac{2}{5}$	$\frac{1}{5}$	$\frac{2}{5}$	0	1	
	0	0	1	$\frac{3}{26}$	$-\frac{1}{4}$	$-\frac{5}{52}$	$-\frac{2}{5}$	−1
	1	−1	0	$-\frac{3}{26}$	$-\frac{3}{4}$	$\frac{5}{52}$	1	
	0	1	0	$\frac{2}{13}$	$\frac{1}{2}$	$\frac{1}{26}$	1	
	0	0	1	$\frac{3}{26}$	$-\frac{1}{4}$	$-\frac{5}{52}$		
	1	0	0	$\frac{1}{26}$	$-\frac{1}{4}$	$\frac{7}{52}$		
	0	1	0	$\frac{2}{13}$	$\frac{1}{2}$	$\frac{1}{26}$	$= A^{-1}$	
	0	0	1	$\frac{3}{26}$	$-\frac{1}{4}$	$-\frac{5}{52}$		

$$A^{-1} = \begin{pmatrix} \frac{1}{26} & -\frac{1}{4} & \frac{7}{52} \\ \frac{2}{13} & \frac{1}{2} & \frac{1}{26} \\ \frac{3}{26} & -\frac{1}{4} & -\frac{5}{52} \end{pmatrix}$$

$$A^{-1}\vec{b} = \begin{pmatrix} \frac{1}{26} & -\frac{1}{4} & \frac{7}{52} \\ \frac{2}{13} & \frac{1}{2} & \frac{1}{26} \\ \frac{3}{26} & -\frac{1}{4} & -\frac{5}{52} \end{pmatrix} \begin{pmatrix} 1 \\ 2 \\ 3 \end{pmatrix}$$

$$= \begin{pmatrix} -\frac{3}{52} \\ \frac{33}{26} \\ -\frac{35}{52} \end{pmatrix}$$

Lösung: $\underline{(-\frac{3}{52}, \frac{33}{26}, -\frac{35}{52})}$.

(d)
$$\begin{aligned} x + 2y + 3z &= 0 \\ 3x + y - 2z &= 0 \\ -x + 3y + 8z &= 0 \end{aligned}$$

$\begin{pmatrix} 1 & 2 & 3 \\ 3 & 1 & -2 \\ -1 & 3 & 8 \end{pmatrix}$ ist nicht invertierbar, da $\begin{vmatrix} 1 & 2 & 3 \\ 3 & 1 & -2 \\ -1 & 3 & 8 \end{vmatrix} = 0.$

Das LGS ist nur mit dem Gaußschen Eliminationverfahren zu lösen.

13 Ungleichungen

13.1 Ungleichungen mit einer Variablen

Ist eine Ungleichung mit einer Variablen gegeben, so sind alle reellen Zahlen gesucht, die bei Einsetzung für die Variable eine wahre Aussage ergeben. Diese bilden die **Lösungsmenge** L der Ungleichung (siehe auch [Kapitel 10] über Gleichungen). Zum Lösen einer Ungleichung (Bestimmung der Lösungsmenge) werden wie beim Lösen von Gleichungen äquivalente Umformungen vorgenommen, durch die die Ungleichung auf eine einfachere Form gebracht wird. Die wichtigsten äquivalenten Umformungen für Ungleichungen sind:

Rechenregeln für Ungleichungen

(1) Für $c \in \mathbb{R}$ gilt: $a < b \iff a + c < b + c.$
Auf beiden Seiten einer Ungleichung darf dieselbe Zahl addiert werden.

(2) Für $c > 0$ gilt: $a < b \iff ac < bc.$
Beide Seiten einer Ungleichung dürfen mit derselben Zahl $c > 0$ multipliziert werden.

(3) Für $c < 0$ gilt: $a < b \iff ac > bc.$
Werden beide Seiten einer Ungleichung mit einer negativen Zahl multipliziert, so kehrt sich das Ungleichheitszeichen um.

(4) Für $ab > 0$ gilt: $a < b \iff \frac{1}{a} > \frac{1}{b}.$
Haben a und b gleiches Vorzeichen,
so kehrt sich für die Kehrwerte $\frac{1}{a}$ und $\frac{1}{b}$ das Ungleichheitszeichen um.

(5) Für $ab < 0$ gilt: $a < b \iff \frac{1}{a} < \frac{1}{b}.$
Haben a und b unterschiedliches Vorzeichen,
so bleibt für die Kehrwerte $\frac{1}{a}$ und $\frac{1}{b}$ das Ungleichheitszeichen erhalten.

(6) $a < b$ und $c < d$ $\implies a + c < b + d.$
Zwei gleichgerichtete Ungleichungen dürfen addiert werden.

(7) $0 \le a < b$ und $0 \le c < d$ $\implies ac < bd.$
Zwei gleichgerichtete Ungleichungen dürfen multipliziert werden, wenn in ihnen nur nichtnegative Zahlen stehen.

(8) Für $n \in \mathbb{N}$ gilt: $0 \le a < b \implies a^n < b^n$ und $\sqrt[n]{a} < \sqrt[n]{b}.$
Für positive Zahlen a und b bleiben bei Potenz- und Wurzelbildung die Ungleichungen erhalten.

(9) Für $x, y \in \mathbb{R}$ gilt: $x^2 < y^2 \iff |x| < |y|.$

Die Regeln können entsprechend für $\le$, $>$ bzw. $\ge$ formuliert werden.

13.1 *Man zeige mittels der Rechenregeln:*

(a) $\frac{3}{4} \geq \frac{2}{3}$, (b) $-\frac{8}{7} < -\frac{9}{8}$, (c) $\sqrt{\frac{3}{4}} \geq \sqrt{\frac{2}{3}}$.

(a) $\frac{3}{4} \geq \frac{2}{3} \iff 3 \cdot 3 \geq 2 \cdot 4$ (2), Multiplikation beider Seiten mit $3 \cdot 4$.
$\iff 9 \geq 8$ Richtig, also auch die gegeb. Ungleichung.

(b) $-\frac{8}{7} < -\frac{9}{8} \iff \frac{8}{7} > \frac{9}{8}$ (3), Multiplikation beider Seiten mit (-1).
$\iff 64 > 63$ (2), Multiplikation beider Seiten mit $7 \cdot 8$.
Richtig!

(c) $\sqrt{\frac{3}{4}} \geq \sqrt{\frac{2}{3}} \iff \frac{3}{4} \geq \frac{2}{3}$ (8), und nun siehe (a).

13.2 *Elementares Rechnen mit Ungleichungen:*

(1) Aus $5 < 7$ folgt $5 + 3 < 7 + 3$.

(2) Aus $x + 1 \leq 2x$ folgt $1 \leq x$ ($-x$ auf beiden Seiten addiert).

(3) Aus $-2 \leq -1$ folgt $2 \geq 1$ (Multiplikation mit -1).

(4) Aus $-3 < -2$ folgt $-\frac{1}{3} > -\frac{1}{2}$ denn:
$-3 < -2 \iff 3 > 2 \iff \frac{1}{3} < \frac{1}{2} \iff -\frac{1}{3} > -\frac{1}{2}$.
oder direkt:
$-3 < -2 \iff -\frac{1}{3} > -\frac{1}{2}$ (Kehrwertbildung mit Regel (4).
-3 und -2 haben gleiches Vorzeichen, also kehrt sich $<$ zu $>$ um.)

(5) Aus $-2 < 2$ folgt $-\frac{1}{2} < \frac{1}{2}$ (Kehrwertbildung mit Regel (5).
-2 und 2 haben unterschiedliches Vorzeichen, das $<$-Zeichen bleibt erhalten.)

(6) Aus $\frac{1}{2} > \frac{2}{5}$ folgt $(\frac{1}{2})^3 > (\frac{2}{5})^3$, also $\frac{1}{8} > \frac{8}{125}$ (Regel (8)).

(7) Aus $6 < 7$ folgt $36 < 49$ (quadriert) und $\sqrt{6} < \sqrt{7}$ (Wurzelbildung).

(8) Aus $-3 < -2$ folgt **nicht** $9 < 4$ (quadriert), denn Regel (7) fordert $0 \leq a < b$.
Richtig ist: $-3 < -2 \iff 3 > 2 \iff 9 > 4$.

13.3 *Man löse die folgenden linearen Ungleichungen und stelle die Lösungsmenge jeweils auf der Zahlengeraden dar:*

(a) $3x + 2 < 8$, (b) $-z - 1 \geq 0$, (c) $2x - 3 < 6x + 5$.

Wir formen die Ungleichungen jeweils äquivalent um.

(a)
$3x + 2 < 8 \quad | -2$ (Regel (1), -2 addieren)
$3x < 6 \quad | \cdot \frac{1}{3}$ (Regel (2), mit $\frac{1}{3}$ multiplizieren)
$x < 2$
$L_{(a)} = \underline{\{x \,|\, x < 2\}}$

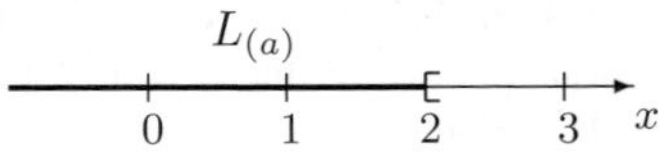

(b)
$$\begin{aligned} -z-1 &\geq 0 && \mid \cdot(-1) && \text{(Regel (3), mit } -1 \text{ multiplizieren)}\\ z+1 &\leq 0 && \mid -1 && \text{(Regel (1), } -1 \text{ addieren)}\\ z &\leq -1 \\ L_{(b)} &= \underline{\{z \mid z \leq -1\}} \end{aligned}$$

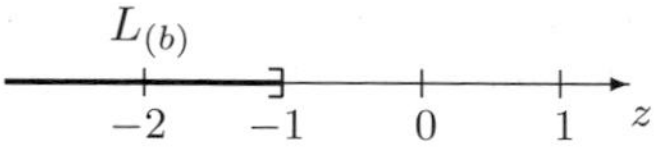

(c)
$$\begin{aligned} 2x-3 &< 6x+5 && \mid -6x+3\\ -4x &< 8 && \mid :(-4)\\ x &> -2 \\ L_{(c)} &= \underline{\{x \mid x > -2\}} \end{aligned}$$

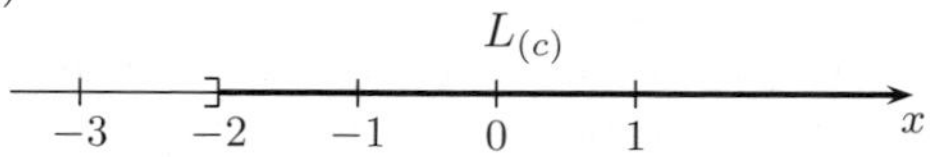

In Gleichungen bzw. Ungleichungen mit Beträgen können die Beträge durch Fallunterscheidungen gemäß der Definition des Betrages entfernt werden, und die entstehenden Gleichungen bzw. Ungleichungen wie üblich gelöst werden (zu Gleichungen siehe [Kapitel 10]).

> $|\boldsymbol{x}-\boldsymbol{a}|$ ist der **Abstand** von $\boldsymbol{x}$ und $\boldsymbol{a}$ auf der **Zahlengeraden**.
>
> Ist $b \geq 0$, so gilt:
>
> $|x-a| = b$ wird von den x erfüllt, deren Abstand zu a gleich b ist.
> $\iff x_1 = a-b$ und $x_2 = a+b$.
>
> $|x-a| < b$ wird von den x erfüllt, deren Abstand zu a kleiner als b ist.
> $\iff -b < x-a < b \iff a-b < x < a+b$.
>
> $|x-a| > b$ wird von den x erfüllt, deren Abstand zu a größer als b ist.
> $\iff x-a < -b$ oder $x-a > b \iff x < a-b$ oder $x > a+b$.

13.4 *Man löse folgende Gleichungen bzw. Ungleichungen.*

(a) $|x-1| = 3$, (b) $|x+3| = 8$, (c) $|2x+1| = 3$, (d) $|2x+5| = 0$,
(e) $|x-1| < 5$, (f) $|x+1| > 0$, (g) $|x+3| \geq 2$, (h) $|2x-1| \leq 7$.

(a)
$$\begin{aligned} |x-1| = 3 &\iff x-1 = 3 \text{ oder } x-1 = -3\\ &\iff \underline{x = 4 \text{ oder } x = -2}. \end{aligned}$$

Oder **quadrieren** und quadratische Gleichung mit (p,q)–Formel lösen:
$$\begin{aligned} |x-1| = 3 &\iff (x-1)^2 = 9\\ &\iff x^2 - 2x - 8 = 0\\ &\iff x_{1,2} = 1 \pm \sqrt{9} \iff \underline{x_1 = 4,\ x_2 = -2}. \end{aligned}$$

Oder **geometrisch** lösen:
Gesucht sind alle x, deren Abstand von 1 gleich 3 ist; also $\underline{x_1 = 4}$ und $\underline{x_2 = -2}$.

(b)
$$\begin{aligned} |x+3| = 8 &\iff x+3 = 8 \text{ oder } x+3 = -8\\ &\iff \underline{x = 5 \text{ oder } x = -11}. \end{aligned}$$

5 und −11 haben den Abstand 8 von der Zahl −3 auf der Zahlengeraden.

(c)
$$\begin{aligned} |2x+1| = 3 &\iff 2x+1 = 3 \text{ oder } 2x+1 = -3 \quad \text{(siehe [Abschnitt 5.5])}\\ &\iff \underline{x = 1 \text{ oder } x = -2}. \end{aligned}$$

(d) $|2x+5| = 0 \iff 2x+5 = 0 \iff \underline{x = -\frac{5}{2}}$.

(e) $|x-1|<5 \iff -5<x-1<5 \iff \underline{-4<x<6}$.

Interpretiert man die Ungleichung $|x-1|<5$ geometrisch, so sind alle reellen Zahlen gesucht, deren Abstand von 1 kleiner ist als 5, und damit erkennt man sofort das Intervall $-4<x<6$ als Lösungsmenge.

(f) $|x+1|>0 \iff \underline{x \neq -1}$ (Beträge sind stets ≥ 0).

(g) $|x+3| \geq 2 \iff x+3 \geq 2$ oder $x+3 \leq -2 \iff \underline{x \geq -1}$ oder $\underline{x \leq -5}$.

Diejenigen reellen Zahlen, deren Abstand von -3 größer 2 ist, liegen rechts von -1 oder links von -5. Die Randpunkte -1 und -5 sind wegen $\geq$ Lösungen.

(h) $|2x-1| \leq 7 \iff -7 \leq 2x-1 \leq 7 \iff -6 \leq 2x \leq 8 \iff \underline{-3 \leq x \leq 4}$.

13.5 *Man löse die folgenden quadratischen Ungleichungen:*

(a) $x^2-2x-3<0$, (b) $x^2+6x+1 \geq 0$.

(a) (i) Lösung mit quadratischer Ergänzung:

$$\begin{aligned} x^2-2x-3<0 &\iff (x-1)^2-1-3<0 \\ &\iff (x-1)^2<4 \\ &\iff |x-1|<2 \qquad \text{Regel} \quad x^2<y^2 \iff |x|<|y| \\ &\iff \underline{-1<x<3}. \end{aligned}$$

(ii) Lösung durch Faktorisieren: $x^2-2x-3=(x-3)(x+1)$, denn

$x^2-2x-3=0 \iff x_{1,2}=1 \pm \sqrt{4} \iff x_1=3,\ x_2=-1$.

Das Produkt $(x-3)(x+1)$ wird negativ, wenn genau ein Faktor negativ ist, also

$$\begin{aligned} x^2-2x-3<0 &\iff (x-3)(x+1)<0 \\ &\iff (x>3 \text{ und } x<-1) \quad \text{oder} \quad (x<3 \text{ und } x>-1) \\ &\iff \underline{-1<x<3}. \quad \text{Es gibt kein } x \text{ mit } x>3 \text{ und } x<-1. \end{aligned}$$

(b)

$$\begin{aligned} x^2+6x+1 \geq 0 &\iff (x+3)^2-9+1 \geq 0 \\ &\iff (x+3)^2 \geq 8 \iff |x+3| \geq \sqrt{8} \\ &\iff \underline{x \leq -3-\sqrt{8} \approx -5.8} \quad \text{oder} \quad \underline{x \geq -3+\sqrt{8} \approx -0.2}. \end{aligned}$$

Folgende Ungleichungen sind schwieriger zu lösen, weil die Variable im Nenner von Brüchen vorkommt oder mehrere Beträge in der Ungleichung enthalten sind.

13.6 *Man löse die Ungleichung* $\frac{a+1}{a-1} \leq 1$ *durch*

(a) *Fallunterscheidung,* (b) *Faktorisierung,* (c) *Polynomdivision.*

(a) Lösung durch **Fallunterscheidung**:

Da man die Ungleichung mit $a-1$ multiplizieren möchte, um den Nenner zu beseitigen, unterscheidet man die drei Fälle $a-1=0$, $a-1>0$, $a-1<0$:

1. Fall: $a-1=0$, also $\boldsymbol{a=1}$:

Für $a=1$ ist die Ungleichung nicht definiert, durch 0 darf nicht dividiert werden.

2. Fall: $a-1>0$, also $\boldsymbol{a>1}$:

$$\begin{aligned} \frac{a+1}{a-1} \leq 1 &\iff a+1 \leq a-1 \quad \text{Multiplikation mit } a-1>0 \\ &\iff 1 \leq -1, \quad \text{falsch, keine reelle Zahl } a>1 \text{ gehört zur Lösungsmenge.} \end{aligned}$$

3. Fall: $a-1<0$, also $\boldsymbol{a<1}$:

$$\frac{a+1}{a-1} \le 1 \iff a+1 \ge a-1 \quad \text{Multiplikation mit } a-1<0$$
$$\iff 1 \ge -1 \quad \text{(wahr)}.$$

Alle $a<1$ erfüllen die Ungleichung. Insgesamt folgt: $\underline{L=\{a\,|\,a<1\}}$.

(b) Lösung durch **Faktorisierung**:

Die Ungleichung wird so umgeformt, dass rechts 0 steht und links eine Faktorisierung. So vermeidet man Fallunterscheidungen, hier also z.B.:

$$\frac{a+1}{a-1} \le 1 \iff \frac{a+1}{a-1}-1 \le 0 \iff \frac{a+1-(a-1)}{a-1} \le 0 \iff \frac{2}{a-1} \le 0 \iff \underline{a<1}.$$

Der Bruch $\frac{2}{a-1}$ ist genau dann ≤ 0, d.h. nicht positiv, wenn der Nenner negativ ist, also für $a-1<0$ bzw. $a<1$. Es folgt $\underline{L=\{a\,|\,a<1\}}$.

(c) Lösung durch **Polynomdivision** [Seite 189], oder $\frac{a+1}{a-1}=\frac{(a-1)+2}{a-1}$.
$\frac{a+1}{a-1}=1+\frac{2}{a-1}$, also $\frac{a+1}{a-1} \le 1 \iff 1+\frac{2}{a-1} \le 1 \iff \frac{2}{a-1} \le 0 \iff \underline{a<1}$.

13.7 *Man löse die folgenden Ungleichungen:*

(a) $\dfrac{x^2-1}{x} \ge 0$, (b) $\dfrac{(x-1)(x+2)}{x-5} \le 0$,

(c) $\dfrac{x}{x+1} < 1+\dfrac{1}{x}$, (d) $\dfrac{x^2-x-4}{x+3} > 2$.

(a) $\frac{x^2-1}{x} \ge 0$ ist für $x=0$ nicht definiert. Für $x>0$ gilt:

$$\frac{x^2-1}{x} \ge 0 \iff x^2-1 \ge 0 \iff x^2 \ge 1 \iff |x| \ge 1 \iff x \ge 1.$$

Für $x<0$ gilt:

$$\frac{x^2-1}{x} \ge 0 \iff x^2-1 \le 0 \iff x^2 \le 1 \iff |x| \le 1 \iff -1 \le x < 0.$$

Die Ungleichung gilt also für $\underline{-1 \le x < 0}$ und für $\underline{1 \le x}$.

(b) $\frac{(x-1)(x+2)}{x-5} \le 0$ kann man natürlich mittels Fallunterscheidungen lösen; einfacher ist aber die nebenstehende tabellarische Lösung, bei der der obere waagerechte Strich für die Zahlengerade steht.

	$-\infty$ … -2	-2 … 1	1 … 5	5 … ∞
$x-1$	$-$	$-$	$+$	$+$
$x+2$	$-$	$+$	$+$	$+$
$x-5$	$-$	$-$	$-$	$+$
linke Seite	$-$	$+$	$-$	$+$

Es werden nur die Vorzeichen der beteiligten Terme (Linearfaktoren) in den einzelnen Bereichen der Tabelle eingetragen, die bei ihren Nullstellen wechseln, z.B. ist $x-1<0$ für $x<1$ und $x-1>0$ für $x>1$. Abzählung der negativen Terme in den Spalten ergibt das Vorzeichen der linken Seite der Ungleichung in dem entsprechenden Bereich. Da die linke Seite ≤ 0 und $x \ne 5$ sein soll, liest man an der letzten Zeile der Tabelle ab:

$$\frac{(x-1)(x+2)}{x-5} \le 0 \iff \underline{x \le -2} \text{ oder } \underline{1 \le x < 5}, \text{ also } \underline{L=]-\infty,-2] \cup [1,5[}.$$

-2 und 1 gehören zur Lösungsmenge L, da das Ungleichungszeichen $\le$ lautet. Für 5 ist die Ungleichung nicht definiert, 5 gehört also nicht zu L.

(c) $\frac{x}{x+1} < 1 + \frac{1}{x}$

Diese Ungleichung formen wir so um, dass auf der rechten Seite 0 steht und faktorisieren dann die linke Seite, um eine tabellarische Lösung vornehmen zu können.

$$\frac{x}{x+1} < 1 + \frac{1}{x} \iff \frac{x}{x+1} < \frac{x+1}{x}$$
$$\iff \frac{x}{x+1} - \frac{x+1}{x} < 0$$
$$\iff \frac{x^2-x^2-2x-1}{x(x+1)} < 0$$
$$\iff \frac{-2x-1}{x(x+1)} < 0.$$

$-\infty \quad -1 \quad -\frac{1}{2} \quad 0 \quad \infty$

$-2x-1$	+	+	−	−
x	−	−	−	+
$x+1$	−	+	+	+
linke Seite	+	−	+	−

Die Tabelle ergibt: $\underline{L =]-1, -\frac{1}{2}[\cup]0, \infty[}$.

Für 0 und −1 ist die Ungleichung nicht definiert, für $-\frac{1}{2}$ ist sie falsch.

(d) $$\frac{x^2-x-4}{x+3} > 2 \iff \frac{x^2-x-4}{x+3} - \frac{2(x+3)}{x+3} > 0$$
$$\iff \frac{x^2-3x-10}{x+3} > 0$$
$$\iff \frac{(x-5)(x+2)}{x+3} > 0.$$

$-\infty \quad -3 \quad -2 \quad 5 \quad \infty$

$x-5$	−	−	−	+
$x+2$	−	−	+	+
$x+3$	−	+	+	+
linke Seite	−	+	−	+

Die Tabelle ergibt: $\underline{L =]-3, -2[\cup]5, \infty[}$.

Für −3 ist die Ungleichung nicht definiert, für −2 und für 5 ist sie falsch.

13.8 *Man löse die Ungleichung* $|x+2| \leq |x-1|$ *durch*
(a) *Fallunterscheidung,* (b) *Quadrieren,* (c) *geometr. Überlegung.*

(a)

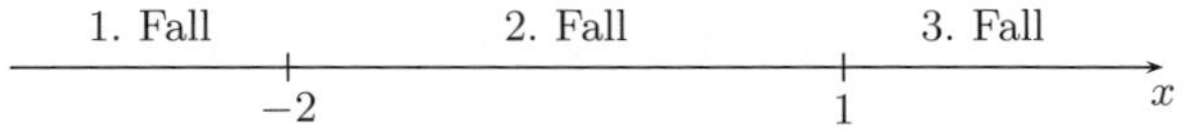

Unterteilung von $\mathbb{R}$ in drei Teilbereiche zur Beseitigung der Betragstriche:

1. Fall: $\boldsymbol{x \leq -2}$, also $|x+2| = -(x+2)$ und $|x-1| = -(x-1)$.
$|x+2| \leq |x-1| \iff -(x+2) \leq -(x-1) \iff -2 \leq 1$.
$-2 \leq 1$ ist wahr, alle $x \leq -2$ erfüllen die Ungleichung.

2. Fall: $\boldsymbol{-2 < x < 1}$, also $|x+2| = x+2$ und $|x-1| = -(x-1)$.
$|x+2| \leq |x-1| \iff x+2 \leq -(x-1) \iff 2x \leq -1 \iff x \leq -\frac{1}{2}$.

3. Fall: $\boldsymbol{1 \leq x}$, also $|x+2| = x+2$ und $|x-1| = x-1$.
$|x+2| \leq |x-1| \iff x+2 \leq x-1 \iff 2 \leq -1$.
$2 \leq -1$ ist falsch, kein $x \geq 1$ erfüllt die Ungleichung.

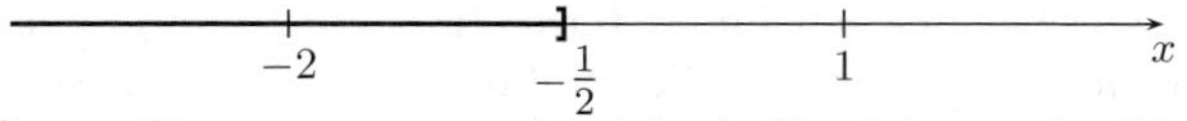

Die Gesamtlösungsmenge ergibt sich als Vereinigung der Lösungsmengen in den Teilgebieten: x löst die Ungleichung $|x+2| \leq |x-1| \iff \underline{x \leq -\frac{1}{2}}$.

(b) Quadrieren der Ungleichung liefert mit der Regel $\boxed{|a| \leq |b| \iff a^2 \leq b^2}$

$$|x+2| \leq |x-1| \iff (x+2)^2 \leq (x-1)^2 \iff x^2+4x+4 \leq x^2-2x+1$$
$$\iff 6x \leq -3 \iff \underline{x \leq -\frac{1}{2}}.$$

(c) Weil $|a-b|$ der **Abstand** von a und b auf der Zahlengeraden ist, löst x genau dann die Ungleichung $|x+2| \leq |x-1|$, wenn der Abstand von x zu -2 kleiner oder gleich ist dem Abstand von x zu 1.

$-\frac{1}{2}$ ist der Mittelpunkt des Intervalls $[-2,1]$.

Die Ungleichung ist also genau für $\underline{x \leq -\frac{1}{2}}$ erfüllt.

13.9 *Man löse die Ungleichung $|x-1| < |x|$ ohne Fallunterscheidungen.*

(i) Quadrieren der Ungleichung liefert:

$|x-1| < |x| \iff (x-1)^2 < x^2 \iff -2x+1 < 0 \iff \underline{x > \frac{1}{2}}.$

(ii) Geometrische Überlegung:

Gesucht sind diejenigen x, deren Abstand zu 1 kleiner ist als der Abstand zu 0. Der Mittelpunkt des Intervalls $[0,1]$ ist $\frac{1}{2}$.

Die Ungleichung ist also genau für $\underline{x > \frac{1}{2}}$ erfüllt.

13.10 *Man löse die Ungleichung $\frac{|x+1|}{x-2} \leq 2$.*

(i) Für $x=2$ ist die Ungleichung nicht definiert. Wir unterscheiden daher die drei Teilbereiche $x \leq -1$, $-1 < x < 2$, $2 < x$ der Zahlengeraden und schreiben in ihnen die Ungleichung in äquivalenter Form ohne Beträge und Nenner:

Teilbereich	$x \leq -1$	$-1 < x < 2$	$2 < x$
	$\lvert x+1\rvert = -(x+1)$ $x-2<0$	$\lvert x+1\rvert = x+1$ $x-2<0$	$\lvert x+1\rvert = x+1$ $x-2>0$
$\frac{\lvert x+1\rvert}{x-2} \leq 2 \iff$	$-(x+1) \geq 2(x-2)$ $\iff$ $x \leq 1$ $L_1 =]-\infty\,,-1]$	$x+1 \geq 2(x-2)$ $\iff$ $x \leq 5$ $L_2 = [-1\,,2[$	$x+1 \leq 2(x-2)$ $\iff$ $x \geq 5$ $L_3 = [5\,,\infty[$

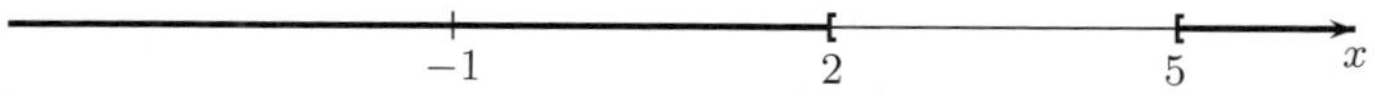

Insgesamt $L = L_1 \cup L_2 \cup L_3 =]-\infty, 2[\cup [5,\infty[= \underline{\mathbb{R} \setminus [2,5[}$.

Es gilt also $\frac{|x+1|}{x-2} < 2 \iff \underline{x<2}$ oder $\underline{x \geq 5}$.

(ii) Alternativ schließt man:

Für $x=2$ ist die Ungleichung nicht definiert.

Für $x<2$ ist die Ungleichung erfüllt, da die linke Seite dann negativ ist.

Für $x>2$ gilt $\frac{|x+1|}{x-2} \leq 2 \iff x+1 \leq 2(x-2) \iff 5 \leq x$.

Also: x löst die Ungleichung $\iff \underline{x<2}$ oder $\underline{x \geq 5}$.

13.11 *Man löse die Ungleichung* $|x+2|+|x-2| \leq 4$.

(i) Lösung durch Fallunterscheidungen:

1. Fall: $\boldsymbol{x < -2}$

$$|x+2|+|x-2| \leq 4 \iff -(x+2)-(x-2) \leq 4$$
$$\iff -2x \leq 4 \iff x \geq -2\,, \quad L_1 = \emptyset$$

2. Fall: $\boldsymbol{-2 \leq x \leq 2}$

$$|x+2|+|x-2| \leq 4 \iff (x+2)-(x-2) \leq 4$$
$$\iff 4 \leq 4 \text{ wahr, also} \qquad L_2 = [-2,2]$$

3. Fall: $\boldsymbol{x > 2}$

$$|x+2|+|x-2| \leq 4 \iff (x+2)+(x-2) \leq 4$$
$$\iff 2x \leq 4 \iff x \leq 2\,, \qquad L_3 = \emptyset$$

Die Lösungsmenge ist: $L = L_1 \cup L_2 \cup L_3 = \underline{[-2,2]}$.

Man erhält also $|x+2|+|x-2| \leq 4 \iff \underline{-2 \leq x \leq 2}$.

(ii) Wesentlich eleganter ist folgende geometrische Lösung:

$|x+2|+|x-2|$
ist die Summe der Abstände der Zahl x von den Zahlen -2 und 2.
Für Zahlen x mit $-2 \leq x \leq 2$ ist diese Summe genau 4, ansonsten ist die Abstandssumme > 4. Damit erhält man $\underline{L = [-2,2]}$.

13.12 *Man löse die Ungleichung* $\left|\frac{x+1}{x-2}\right| < 2$.

Für $x = 2$ ist die Ungleichung nicht definiert. Für $x \neq 2$ gilt:

$$\left|\frac{x+1}{x-2}\right| < 2 \iff |x+1| < 2|x-2| \quad \text{(Multipliziert mit } |x-2| > 0\text{)}$$
$$\iff (x+1)^2 < 4(x-2)^2 \quad \text{(Quadriert!)}$$
$$\iff x^2+2x+1 < 4x^2-16x+16$$
$$\iff 3x^2-18x > -15$$
$$\iff x^2-6x > -5$$
$$\iff (x-3)^2 > 4 \quad \text{(Quadratische Ergänzung [Seite 181])}$$
$$\iff |x-3| > 2$$
$$\iff \underline{x < 1} \text{ oder } \underline{x > 5}. \text{ Also } \quad \underline{L =]-\infty,1[\ \cup\ ]5,\infty[}.$$

13.13 *Man löse die Ungleichung* $|x^2-5| \leq 4$.

$$|x^2-5| \leq 4 \iff -4 \leq x^2-5 \leq 4$$
$$\iff 1 \leq x^2 \leq 9$$
$$\iff 1 \leq |x| \leq 3$$
$$\iff -3 \leq x \leq -1 \text{ oder } 1 \leq x \leq 3. \text{ Also } \quad \underline{L = [-3,-1]\ \cup\ [1,3]}.$$

13.2 Ungleichungen mit zwei Variablen

> Lösungsmengen von Ungleichungen mit zwei Variablen (in der Regel x, y) sind hier Teilmengen von $\mathbb{R}^2$.

Man erkennt sie, indem man die **Grenzkurven** zeichnet. Diese erhält man, indem man das Ungleichheitszeichen durch "=" ersetzt.
Wir behandeln zunächst **lineare Ungleichungen** in zwei Variablen

$$\boxed{ax + by \leq c \quad (a, b, c \in \mathbb{R}\,, (a, b) \neq (0, 0)),}$$

wobei statt $\leq$ auch $<$, $\geq$ oder $>$ stehen kann.
Die durch $ax + by = c$ gegebenen Grenzkurven sind Geraden (s. [Abschnitt 14.6]) und die Lösungsmenge der zugehörigen Ungleichung ist eine **Halbebene**. Für $b \neq 0$ kann man nach y auflösen und man schreibt, wie in den folgenden Skizzen, die Grenzgerade in der Form $y = mx + n$.

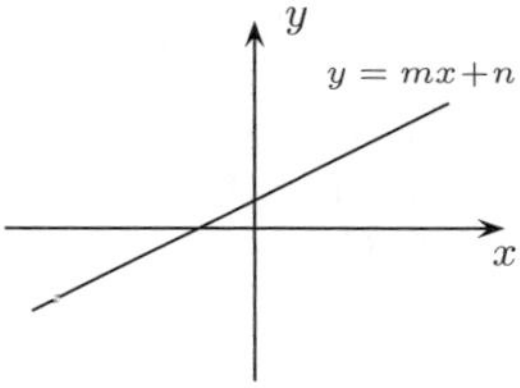

Lösungsmenge von $y = mx + n$: Die Gerade.

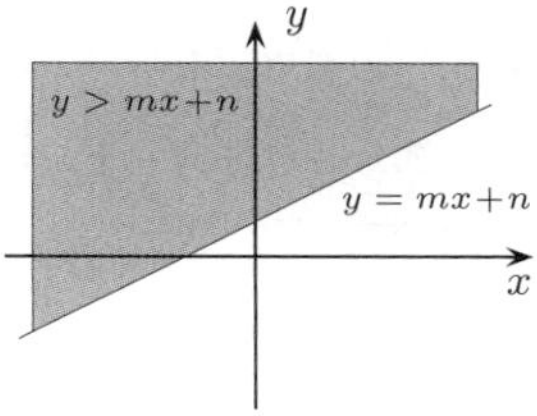

Lösungsmenge von $y > mx + n$: Die Halbebene oberhalb der Geraden.

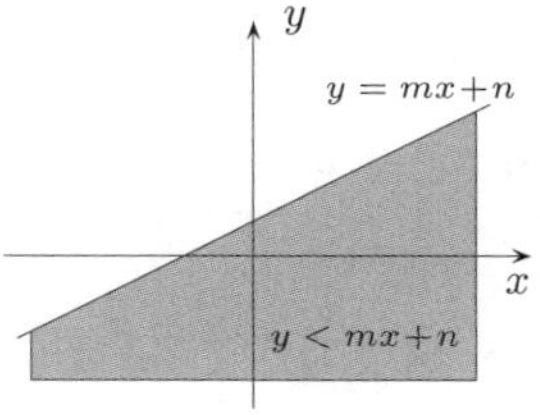

Lösungsmenge von $y < mx + n$: Die Halbebene unterhalb der Geraden.

13.14 *Man skizziere die Lösungsmenge in der (x, y)-Ebene von*

(a) $y < x$, (b) $x + 2y + 1 \geq 0$.

Die Grenzgerade ist $y = x$. Lösungsmenge der Ungleichung ist die gefärbte Halbebene unterhalb der Grenzgeraden ohne die Grenzgerade selbst.

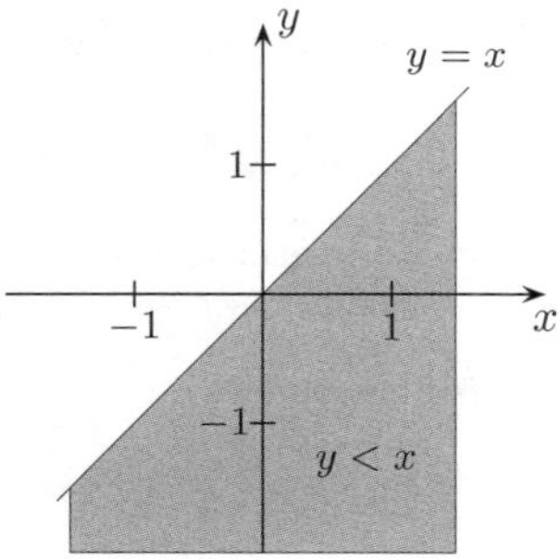

Bestimmung der Grenzgeraden:

$$x + 2y + 1 \geq 0 \iff 2y \geq -x - 1$$
$$\iff y \geq -\tfrac{1}{2}x - \tfrac{1}{2}$$

Es wird die Grenzgerade $y = -\frac{1}{2}x - \frac{1}{2}$ skizziert, und das Ungleichungszeichen zeigt, welche Halbebene die Lösungsmenge ist (siehe oben). Hier gehört die Grenzgerade zur Lösungsmenge.

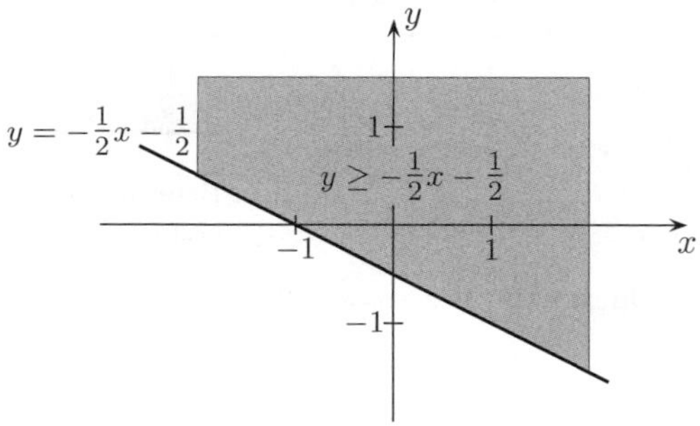

13.15 *Für welche $(x, y) \in \mathbb{R}^2$ gilt die Ungleichung* (a) $x > 1$, (b) $3y \leq 2$?

(a) $x > 1$

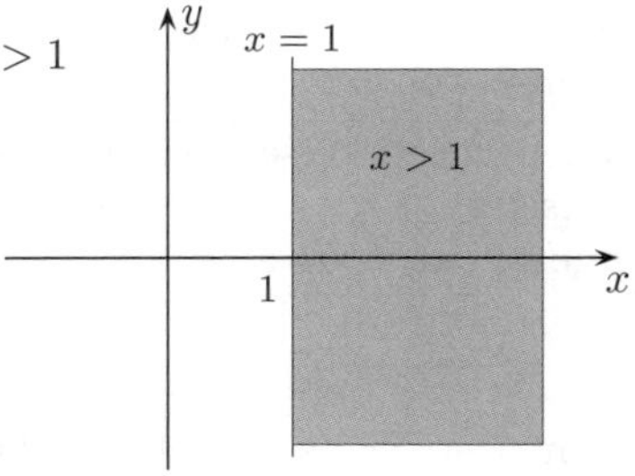

(b) $3y \leq 2$

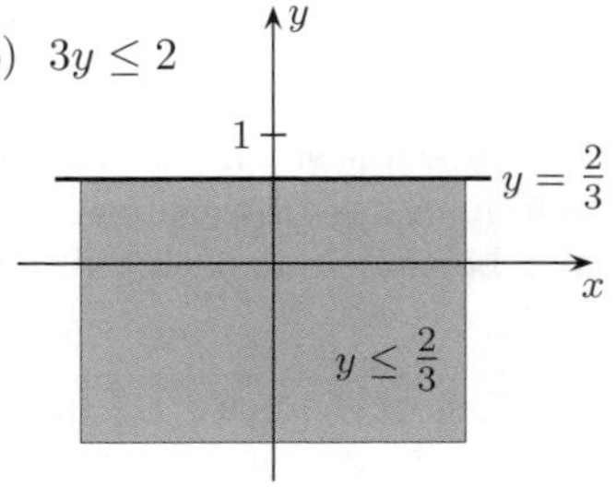

Die Lösungsmengen sind die gefärbten Halbebenen. Bei (a) gehört die Grenzgerade nicht zur Lösungsmenge, bei (b) gehört sie dazu.

13.16 *Für welche $(x, y) \in \mathbb{R}^2$ gilt die Ungleichung* (a) $|x| > 1$, (b) $|y| \leq 2$?

(a) (i) $x \geq 0$, also $|x| = x$
$|x| > 1 \iff x > 1$

(ii) $x < 0$, also $|x| = -x$
$|x| > 1 \iff -x > 1$
$\iff x < -1$

Gesamtlösungsmenge von $|x| > 1$: (ohne Grenzgeraden)

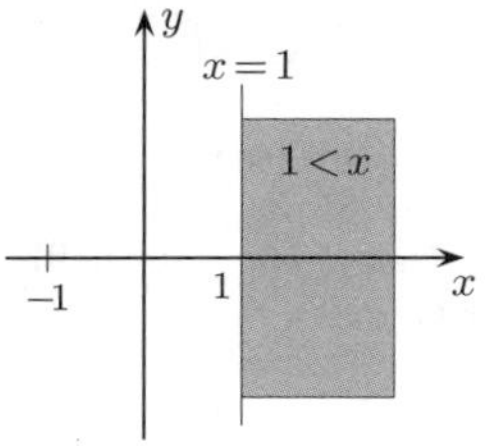

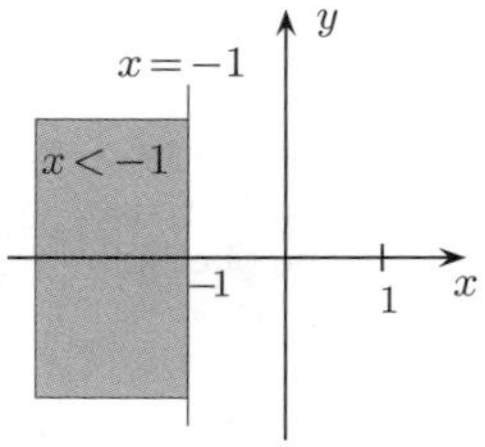

Bereich von (i) gespiegelt an y-Achse.

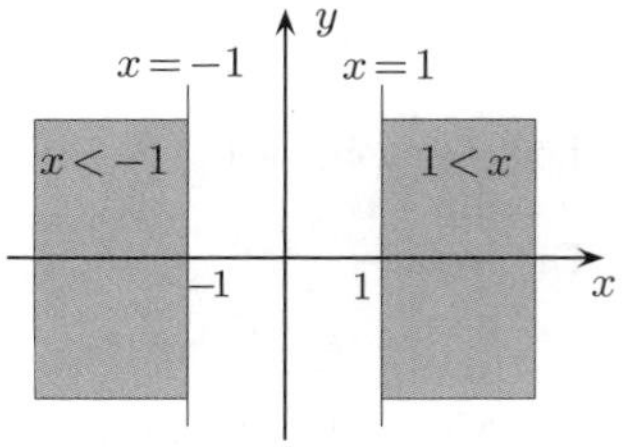

Lösungsmenge ist symmetrisch zur y-Achse.

Oder: $\big(|x| > 1 \iff x < -1$ oder $1 < x\big)$ führt direkt zur Lösungsmenge!

(b) (i) $y \geq 0$, also $|y| = y$
$|y| \leq 2 \iff y \leq 2$

(ii) $y \leq 0$, also $|y| = -y$
$|y| \leq 2 \iff -y \leq 2$
$\iff y \geq -2$

Gesamtlösungsmenge von $|y| \leq 2$: (mit Grenzgeraden)

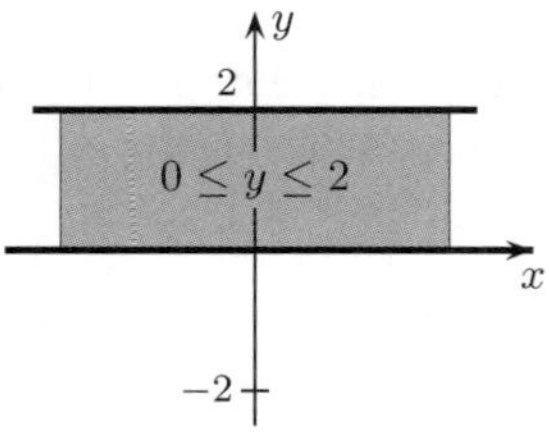

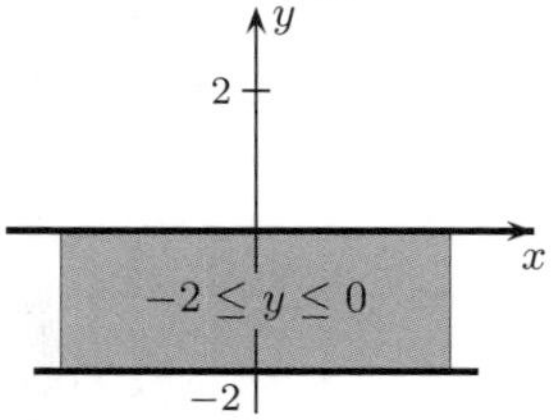

Bereich von (i) gespiegelt an x-Achse.

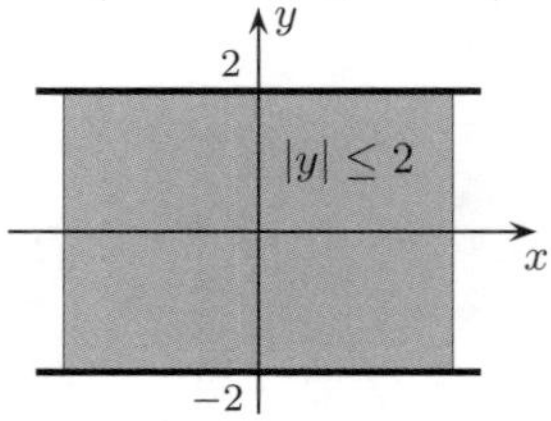

Lösungsmenge ist symmetrisch zur x-Achse.

Oder: $\big(|y| \leq 2 \iff -2 \leq y \leq 2\big)$ führt direkt zur Lösungsmenge!

Symmetriebetrachtung für Ungleichungen mit Beträgen

Kommt in einer Ungleichung mit x, y die Variable x nur in der Form $|x|$ vor, so ist die Lösungsmenge **symmetrisch zur y-Achse**.

Kommt in einer Ungleichung mit x, y die Variable y nur in der Form $|y|$ vor, so ist die Lösungsmenge **symmetrisch zur x-Achse**.

Kommen in einer Ungleichung x und y nur in der Form $|x|$ und $|y|$ vor, so ist die Lösungsmenge symmetrisch zur x- und zur y-Achse. Man braucht dann also nur den **ersten Quadranten**, d.h. den Fall $x \geq 0$, $y \geq 0$ zu untersuchen.

13.17 *Man skizziere die Lösungsmenge der Ungleichung* $2|y| - x < 2$.

Die Lösungsmenge ist symmetrisch zur x-Achse.

$$2|y| - x < 2 \iff |y| < \tfrac{1}{2}x + 1$$
$$\iff -(\tfrac{1}{2}x + 1) < y < \tfrac{1}{2}x + 1.$$

Die Lösungsmenge liegt also unterhalb der Geraden $y = \frac{1}{2}x + 1$ und oberhalb der Geraden $y = -\frac{1}{2}x - 1$.

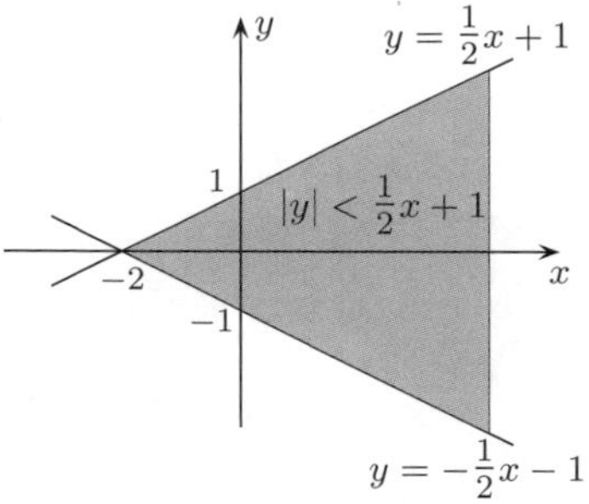

13.18 *Man skizziere die Lösungsmenge der Ungleichung* $|x| + |y| \leq 2$.

Hinweis: Symmetrie beachten!

Nach den Symmetriebetrachtungen ist die Lösungsmenge symmetrisch zur x- und zur y-Achse.

Untersuchung im ersten Quadranten, d.h. $x, y \geq 0$, also $|x| = x$ und $|y| = y$:

$|x| + |y| \leq 2 \iff x + y \leq 2 \iff y \leq -x + 2$

Grenzgerade ist $y = -x + 2$.

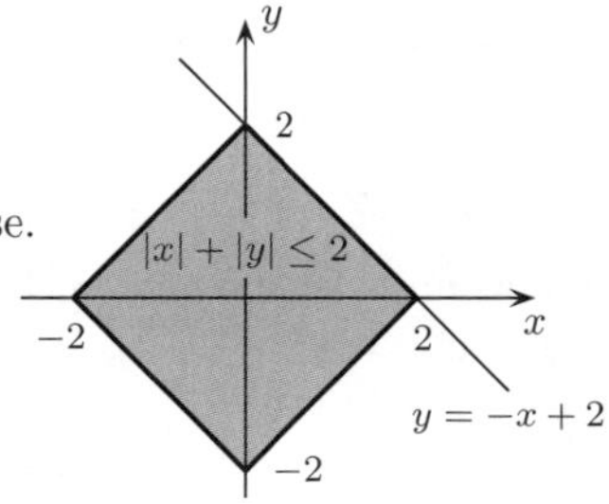

Im 1. Quadranten gehören die Punkte unterhalb oder auf der Geraden $y = -x + 2$ zur Lösungsmenge.

Gesamtlösungsmenge: Quadrat einschließlich der Ränder.

13.19 *Man skizziere die Lösungsmenge von* $|x + y| < 2$.

Wir formen um:

$$|x + y| < 2 \iff -2 < x + y < 2$$
$$\iff -x - 2 < y < -x + 2$$

Grenzkurven sind die Geraden $y = -x - 2$ und $y = -x + 2$.

Lösungsmenge ist die Menge der Punkte zwischen den beiden parallelen Geraden, ohne die Grenzgeraden selbst.

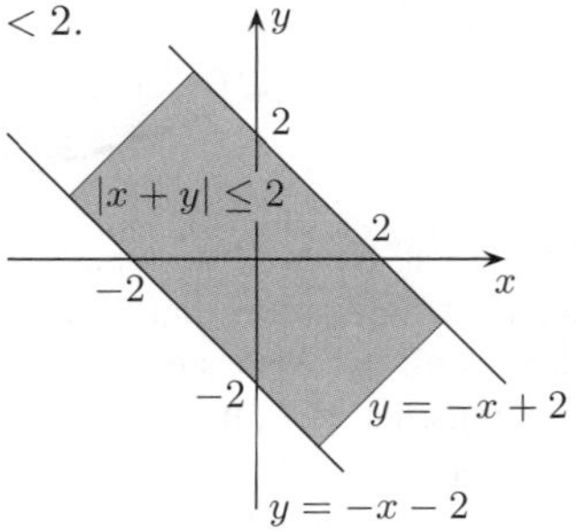

Kommt mindestens eine der Variablen auch quadratisch vor, so sind die Grenzkurven Kegelschnitte (siehe [Abschnitt 9.5]).

13.20 *Man skizziere in der x, y-Ebene die Lösungsmengen L von*

(a) $x^2 + y^2 > 1$, (b) $2y - x^2 \leq 2$,

(c) $x - y^2 \geq 1$, (d) $(x+1)^2 + (y-2)^2 < 10$.

(a) $x^2 + y^2 > 1$

Grenzkurve ist der Einheitskreis

$$x^2 + y^2 = 1.$$

Wegen $x^2 + y^2 > 1$
ist L das **Äußere** vom Einheitskreis.

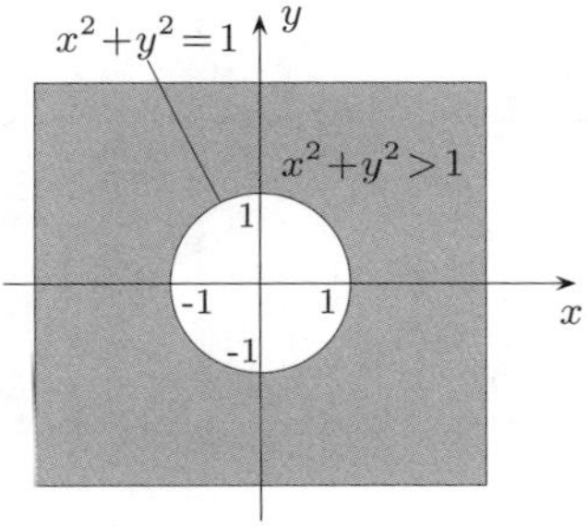

Kreisrand gehört nicht zu L.

(b) $y \leq \frac{1}{2}x^2 + 1$

Grenzkurve ist die Parabel
$y = \frac{1}{2}x^2 + 1$.

Wegen $y \leq \frac{1}{2}x^2 + 1$
ist L der Bereich **unterhalb** der Parabel.

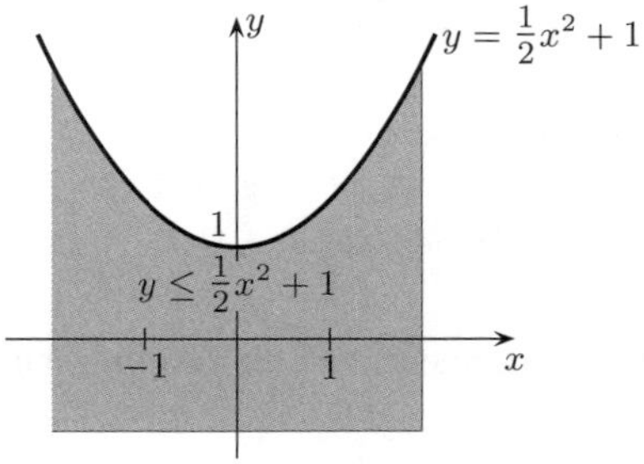

Parabel gehört zu L.

(c) $x \geq y^2 + 1$

Grenzkurve ist die nach rechts geöffnete Parabel $x = y^2 + 1$.

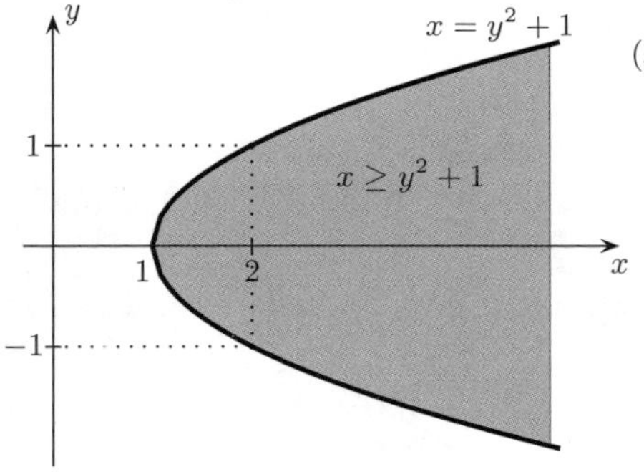

Einsetzen eines Punktes, z.B. $(2, 0)$ in die Ungleichung liefert $2 > 1$ und das stimmt. Also gehört $(2, 0)$ zur Lösungsmenge L, und damit ist L der skizzierte Bereich rechts der Parabel. Die Parabel gehört wegen $\geq$ dazu.

(d) $(x+1)^2 + (y-2)^2 < 10$

Grenzkurve ist der Kreis mit Mittelpunkt $(-1, 2)$ und Radius $\sqrt{10}$.

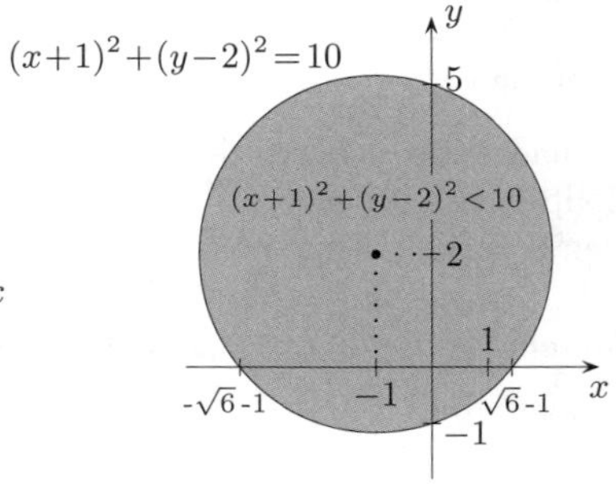

Die Lösungsmenge der Ungleichung ist das Innere des Kreises (z.B. erfüllt der Kreismittelpunkt die Ungleichung). Der Kreis gehört wegen $<$ nicht zur Lösungsmenge.

Systeme von Ungleichungen

löst man, indem man die einzelnen Ungleichungen löst und den Durchschnitt der einzelnen Lösungsmengen bildet.

13.21 *Man löse die folgenden Ungleichungssysteme:*

(a) $\begin{aligned} 2x + y &\leq 4 \\ x - y &\leq -1 \end{aligned}$ (b) $\begin{aligned} y &\leq x \\ x + y &\leq 2 \\ y &\geq 0 \end{aligned}$

(a) $\begin{aligned} 2x + y &\leq 4 \\ x - y &\leq -1 \end{aligned} \iff \begin{aligned} y &\leq -2x + 4 \\ y &\geq x + 1 \end{aligned}$

Grenzkurven sind die Geraden
$y = -2x + 4$ und $y = x + 1$.
Lösungsmenge ist der Durchschnitt der beiden Halbebenen
$y \leq -2x + 4$ und $y \geq x + 1$,
also der gefärbte links von $(1, 2)$ liegende Bereich zwischen den Geraden einschließlich der Geraden.

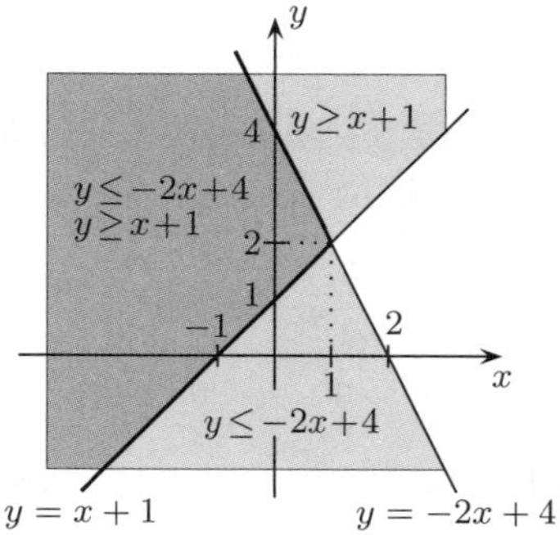

(b) $\begin{aligned} y &\leq x \\ x + y &\leq 2 \\ y &\geq 0 \end{aligned} \iff \begin{aligned} y &\leq x \\ y &\leq 2 - x \\ y &\geq 0 \end{aligned}$

Lösungsmenge L ist das von allen drei Schraffuren überdeckte Dreieck mit Rand:
Unterhalb der Geraden $y = x$,
unterhalb der Geraden $y = -x + 2$,
oberhalb der Geraden $y = 0$.

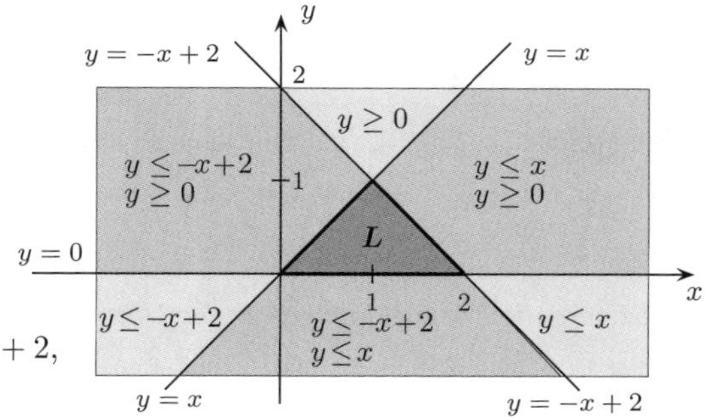

13.22 *Für welche $(x, y) \in \mathbb{R}^2$ gelten die beiden Ungleichungen*
$x^2 + y^2 \geq 1$ *und* $4x^2 + y^2 \leq 4$?

Die Ungleichung $x^2 + y^2 \geq 1$ liefert das Äußere des Einheitskreises einschließlich des Kreises selbst.

$$4x^2 + y^2 = 4 \iff x^2 + \frac{y^2}{4} = 1.$$

Die Ungleichung $4x^2 + y^2 \leq 4$ beschreibt damit das Innere der Ellipse mit Mittelpunkt $(0, 0)$ und den Halbachsen $a = 1$ und $b = 2$ einschließlich der Ellipse selbst. Die Lösungsmenge ist also der nebenstehend gefärbte Bereich einschließlich der Ränder.

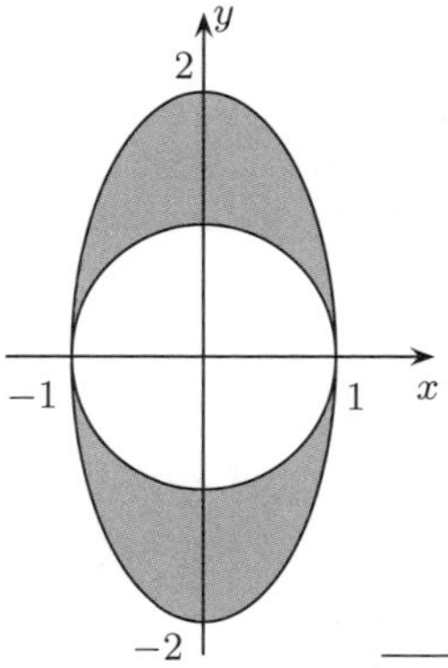

13.3 Aufgaben

13.23 *Löse die Ungleichung und skizziere die Lösungsmenge auf der Zahlengeraden:*

(a) $3(5-v) < 5+v$, (b) $3(x+2) - 4(x+1) \geq 2x+5$,
(c) $4x - 5 \leq (x+5)(x-1)$, (d) $3(x-1) \geq 5+3x$.

13.24 *Man löse die folgenden Ungleichungen mit Beträgen:*

(a) $|x+6| > 2$, (b) $|3x-7| \leq 14$, (c) $|3-2x| > 1$.

13.25 *Man löse die folgenden quadratischen Ungleichungen:*

(a) $3x^2 + 2x < 0$, (b) $x^2 \leq 3x + 10$, (c) $x^2 - 2x - 4 < 0$.

13.26 *Man löse die folgenden Ungleichungen:*

(a) $\frac{5}{3x+2} > 0$, (b) $\frac{4}{x} - 3 < -11$,
(c) $\frac{(x-1)^2(x+1)}{x+2} \geq 0$, (d) $\frac{x-1}{x^2+x} < \frac{2}{x^2+x^3}$,
(e) $-\frac{2}{x} + 3 - x \leq 0$, (f) $\frac{x-7}{x-3} < x+3$.

13.27 *Man löse die folgenden Ungleichungen:*

(a) $|x-1| < |2x+5|$, (b) $|2x+3| \geq |x-5|$,
(c) $\frac{x}{|x+1|} < \frac{1}{2}$, (d) $|2x-1| - |x-2| > 2$.

13.28 *Für welche $(x,y) \in \mathbb{R}^2$ gelten folgende Ungleichungen?*

(a) $x+2 \geq 1$, (b) $2y < 6$, (c) $y < x$,
(d) $x+y \geq -2$, (e) $x-y < 1$, (f) $2x - 4y - 6 \leq 0$.

13.29 *Skizziere die Lösungsmengen L der Ungleichungen in der x,y-Ebene.*

(a) $|x-y| > 2$, (b) $|2x+y| \leq 3$, (c) $|2x| + x > y$,
(d) $y + |x| \leq 1$, (e) $|y| + x \leq 1$, (f) $|y| + |x| \leq 1$.

13.30 *Für welche $(x,y) \in \mathbb{R}^2$ gelten folgende Ungleichungen?*

(a) $x^2 + y^2 > 4$, (b) $y > x^2 - 4$, (c) $x < y^2 - 4$,
(d) $x^2 \leq y^2$, (e) $x^2 + 4y^2 \leq 16$, (f) $4y^2 - x^2 \leq 16$.

13.31 *Skizziere die Lösungsmengen L der Ungleichungssysteme in der x,y-Ebene.*

(a) $x - y \leq 1$, $3x + y \geq 1$, (b) $x + y < 1$, $2x - y > -1$, (c) $0 < y < 3$, $x + 2y > 4$, $y - x < -1$,

(d) $x^2 + y^2 \leq 1$, $y \geq x^2$, (e) $\frac{1}{4}x^2 + y^2 \leq 1$, $x^2 + \frac{1}{4}y^2 \leq 1$, (f) $x^2 - y^2 \leq 1$, $|y| \leq |x|$,

(g) $\frac{1}{4}x^2 + \frac{1}{4}y^2 - \frac{5}{4} \leq y \leq 3 - x$, (h) $\frac{1}{4}x^2 + \frac{1}{4}y^2 - \frac{5}{4} \leq |y| \leq 3 - x$.

13.4 Lösungen

13.23

(a) $3(5-v) < 5+v \iff 15-3v < 5+v \iff 4v > 10 \iff \underline{v > \frac{5}{2}}$

L:

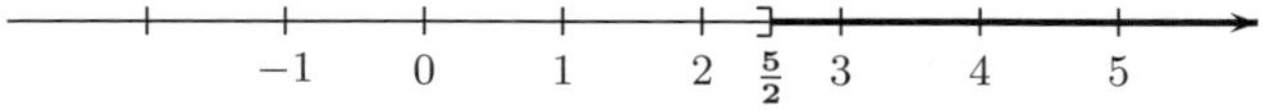

(b) $$\begin{aligned} 3(x+2)-4(x+1) \geq 2x+5 &\iff -x+2 \geq 2x+5 \\ &\iff -3x \geq 3 \\ &\iff x \leq -1 \qquad \underline{L =]-\infty, -1]} \end{aligned}$$

L:

(c) $$\begin{aligned} 4x-5 \leq (x+5)(x-1) &\iff 4x-5 \leq x^2+4x-5 \\ &\iff 0 \leq x^2 \end{aligned}$$

Diese Ungleichung gilt für alle $x \in \mathbb{R}$, also ist $\underline{L = \mathbb{R}}$.

(d) $$\begin{aligned} 3(x-1) \geq 5+3x &\iff 3x-3 \geq 5+3x \\ &\iff -3 \geq 5 \end{aligned}$$

Diese Ungleichung ist falsch, also gilt $\underline{L = \emptyset}$.

13.24

(a) $$\begin{aligned} |x+6| > 2 &\iff x+6 > 2 \text{ oder } x+6 < -2 \\ &\iff x > -4 \text{ oder } x < -8 \end{aligned}$$

Die Lösungmenge besteht aus allen reellen Zahlen, deren Abstand von -6 größer als 2 ist.

(b) $|3x-7| \leq 14 \iff -14 \leq 3x-7 \leq 14 \iff -7 \leq 3x \leq 21 \iff \underline{-\frac{7}{3} \leq x \leq 7}$

(c) $$\begin{aligned} |3-2x| > 1 &\iff 3-2x > 1 \text{ oder } 3-2x < -1 \\ &\iff -2x > -2 \text{ oder } -2x < -4 \\ &\iff x < 1 \text{ oder } x > 2 \\ & \underline{L = \mathbb{R} \setminus [1,2]} \end{aligned}$$

13.25

(a) $3x^2+2x < 0 \iff x(3x+2) < 0$.

Für $x \geq 0$ ist die Ungleichung falsch.

Für $x < 0$ muss $3x+2 > 0$ sein, also $x > -\frac{2}{3}$. Es folgt $\underline{L =]-\frac{2}{3}, 0[}$.

(b) $$\begin{aligned} x^2 \leq 3x+10 &\iff x^2-3x-10 \leq 0 \\ &\iff (x+2)(x-5) \leq 0 \quad \text{siehe auch [Abschnitt 10.3]} \\ &\iff x+2 \geq 0 \text{ und } x-5 \leq 0 \quad \text{oder} \\ & x+2 \leq 0 \text{ und } x-5 \geq 0 \\ &\iff -2 \leq x \leq 5 \qquad \underline{L = [-2,5]} \end{aligned}$$

(c) $$\begin{aligned} x^2-2x-4 < 0 &\iff (x-1)^2-5 < 0 \\ &\iff (x-1)^2 < 5 \\ &\iff |x-1| < \sqrt{5} \qquad \underline{L =]1-\sqrt{5}\,, 1+\sqrt{5}\,[} \end{aligned}$$

13.26

(a) $\frac{5}{3x+2} > 0 \iff 3x+2 > 0 \iff \underline{x > -\frac{2}{3}}.$

(b) $\frac{4}{x} - 3 < -11 \iff \frac{4}{x} < -8$

$\iff \frac{1}{x} < -2 \iff \underline{-\frac{1}{2} < x < 0}.$

(c) $\frac{(x-1)^2(x+1)}{x+2} \geq 0$

Lösung mittels Tabelle:

	$-\infty$ bis -2	-2 bis -1	-1 bis 1	1 bis ∞
$x+2$	$-$	$+$	$+$	$+$
$x+1$	$-$	$-$	$+$	$+$
$(x-1)^2$	$+$	$+$	$+$	$+$
linke Seite	$+$	$-$	$+$	$+$

$\underline{L = \mathbb{R} \setminus [-2\,,-1[}.$

(d) $\frac{x-1}{x^2+x} < \frac{2}{x^2+x^3}$ $D = \mathbb{R} \setminus \{-1, 0\}$. Für $x \in D$ gilt:

$$\frac{x-1}{x^2+x} < \frac{2}{x^2+x^3} \iff \frac{x-1}{x(x+1)} - \frac{2}{x^2(x+1)} < 0 \iff \frac{x(x-1)-2}{x^2(x+1)} < 0$$

$$\iff \frac{x^2-x-2}{x^2(x+1)} < 0 \iff \frac{(x-2)(x+1)}{x^2(x+1)} < 0$$

$$\iff \frac{x-2}{x^2} < 0 \iff x-2 < 0$$

Also $\underline{L =]-\infty\,, 2[\ \setminus\{-1, 0\}}.$

(e) $-\frac{2}{x} + 3 - x \leq 0$

$$\iff \frac{-2+3x-x^2}{x} \leq 0$$

$$\iff \frac{x^2-3x+2}{x} \geq 0$$

$$\iff \frac{(x-1)(x-2)}{x} \geq 0$$

Lösung mittels Tabelle:

	$-\infty$ bis 0	0 bis 1	1 bis 2	2 bis ∞
x	$-$	$+$	$+$	$+$
$x-1$	$-$	$-$	$+$	$+$
$x-2$	$-$	$-$	$-$	$+$
linke Seite	$-$	$+$	$-$	$+$

$\underline{L =]0, 1] \cup [2, \infty\,[}$,

$\underline{L:\quad 0 < x \leq 1 \text{ oder } 2 \leq x}.$

(f) $\frac{x-7}{x-3} < x+3$

$$\iff x+3-\frac{x-7}{x-3} > 0$$

$$\iff \frac{(x-3)(x+3)-x+7}{x-3} > 0$$

$$\iff \frac{x^2-x-2}{x-3} > 0$$

$$\iff \frac{(x+1)(x-2)}{x-3} > 0$$

Lösung mittels Tabelle:

	$-\infty$ bis -1	-1 bis 2	2 bis 3	3 bis ∞
$x+1$	$-$	$+$	$+$	$+$
$x-2$	$-$	$-$	$+$	$+$
$x-3$	$-$	$-$	$-$	$+$
linke Seite	$-$	$+$	$-$	$+$

$\underline{L =]-1, 2\,[\ \cup\ ]\,3, \infty\,[}$,

$\underline{L:\quad -1 < x < 2 \text{ oder } 3 < x}.$

13.27

(a) $|x-1| < |2x+5| \iff (x-1)^2 < (2x+5)^2$

$\iff x^2 - 2x + 1 < 4x^2 + 20x + 25$

$\iff x^2 + \frac{22}{3}x + 8 > 0$

$\iff (x + \frac{11}{3})^2 > \frac{49}{9} \quad \iff \quad |x + \frac{11}{3}| > \frac{7}{3}$

$\iff x + \frac{11}{3} > \frac{7}{3}$ oder $x + \frac{11}{3} < -\frac{7}{3} \iff \underline{x > -\frac{4}{3} \text{ oder } x < -6.}$

(b) $|2x+3| \geq |x-5| \iff (2x+3)^2 \geq (x-5)^2$

$\iff 4x^2 + 12x + 9 \geq x^2 - 10x + 25$

$\iff 3x^2 + 22x - 16 \geq 0$

$\iff x^2 + \frac{22}{3}x - \frac{16}{3} \geq 0$

$\iff (x + \frac{11}{3})^2 \geq \frac{16}{3} + \frac{121}{9} \quad (= \frac{169}{9})$

$\iff |x + \frac{11}{3}| \geq \frac{13}{3} \quad \iff \quad \underline{x \geq \frac{2}{3} \text{ oder } x \leq -8.}$

(c) $\frac{x}{|x+1|} < \frac{1}{2} \iff x < \frac{1}{2}|x+1|$, da $|x+1| > 0$ für $x \neq -1$.

Fallunterscheidung: $x > -1: \quad x < \frac{1}{2}(x+1) \iff \frac{1}{2}x < \frac{1}{2} \iff x < 1,$

$x < -1: \quad x < -\frac{1}{2}(x+1) \iff \frac{3}{2}x < -\frac{1}{2} \iff x < -\frac{1}{3},$

$\underline{L = (-1,1) \cup (-\infty,-1) = (-\infty,1) \setminus \{-1\}.}$

(d) $|2x-1| - |x-2| > 2$

Wir unterteilen $\mathbb{R}$ in drei Teilbereiche zur Beseitigung der Betragsstriche:

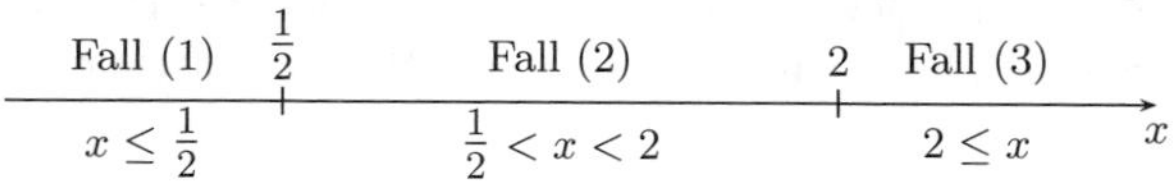

Zu (1): $x \leq \frac{1}{2}$, also $|2x-1| = -(2x-1)$ und $|x-2| = -(x-2)$.

$|2x-1| - |x-2| > 2 \iff -2x + 1 + x - 2 > 2 \iff x < -3,$

also erhält man $\underline{L_1 =]-\infty, -3[}$.

Zu (2): $\frac{1}{2} < x < 2$, also $|2x-1| = 2x-1$ und $|x-2| = -(x-2)$.

$|2x-1| - |x-2| > 2 \iff 2x - 1 + x - 2 > 2 \iff x > \frac{5}{3}, \ \underline{L_2 =]\frac{5}{3}, 2[}.$

Zu (3): $x \geq 2$, also $|2x-1| = 2x-1$ und $|x-2| = x-2$.

$|2x-1| - |x-2| > 2 \iff 2x - 1 - x + 2 > 2 \iff x > 1, \ \underline{L_3 = [2, \infty[}.$

Zusammenfassend erhält man: $\underline{L =]-\infty, -3[\cup]\frac{5}{3}, \infty[}$, $\underline{L: \ x < -3 \text{ oder } \frac{5}{3} < x.}$

2. Lösungsweg mittels **Quadrieren**:

Man kann einen Betrag freistellen und dann quadrieren, also z.B.
$|2x-1| - |x-2| > 2 \iff |2x-1| > 2 + |x-2| \iff (2x-1)^2 > 4 + 4|x-2| + (x-2)^2.$
Jetzt reichen 2 Fallunterscheidungen ($x \geq 2$ bzw. $x < 2$), aber man muss quadratische Ungleichungen lösen.

13.28 (a) $x+2 \geq 1$

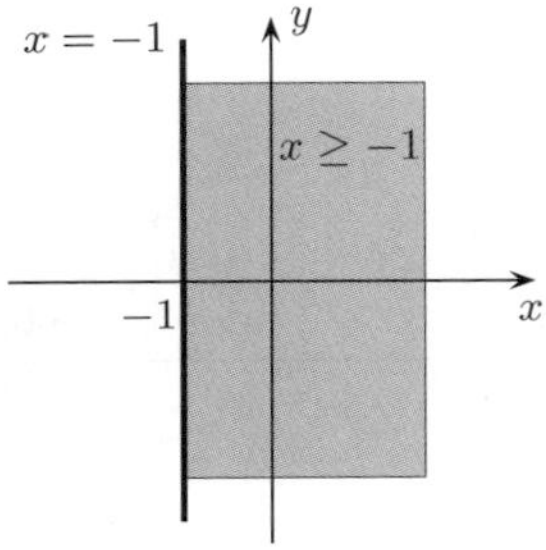

(b) $2y < 6$

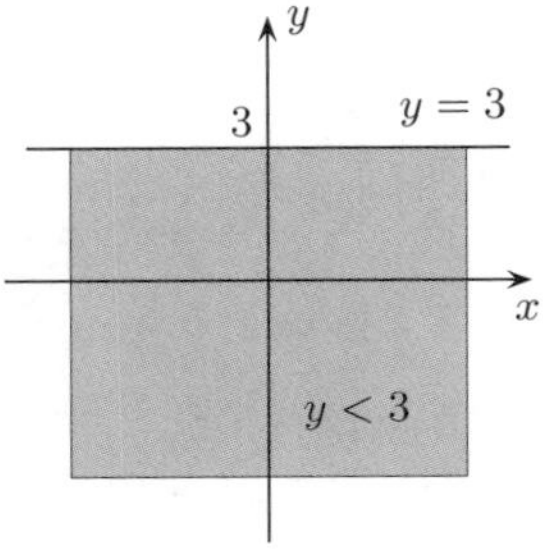

(c) $y < x$

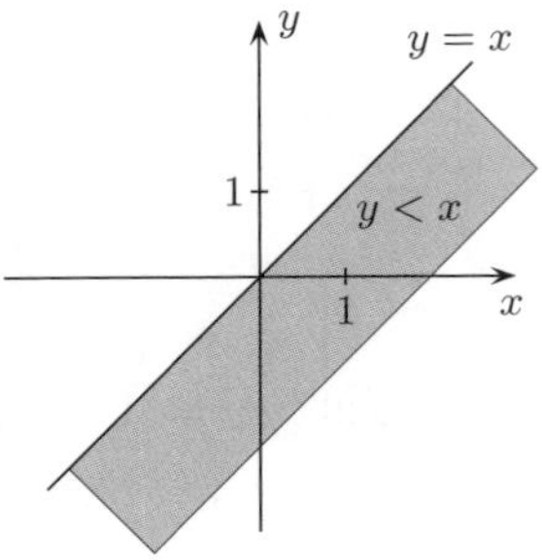

(d) $x+y \geq -2$
$\iff$
$y \geq -2-x$

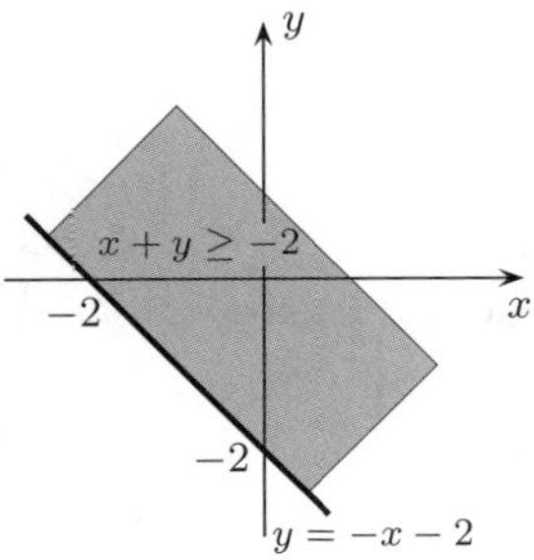

(e) $x-y<1$
$\iff$
$y > x-1$

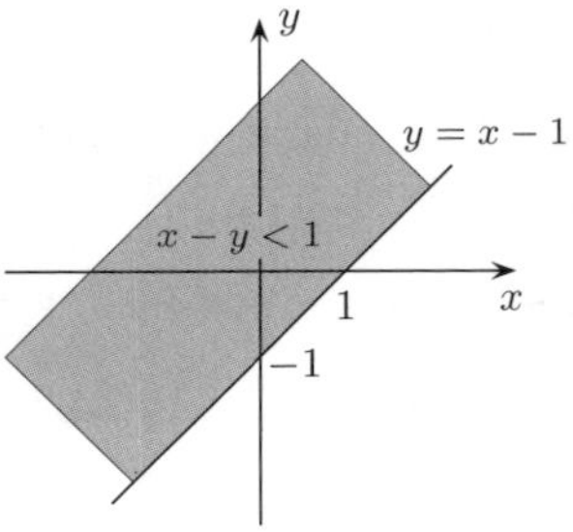

(f) $2x-4y-6 \leq 0$
$\iff$
$y \geq \frac{1}{2}x - \frac{3}{2}$

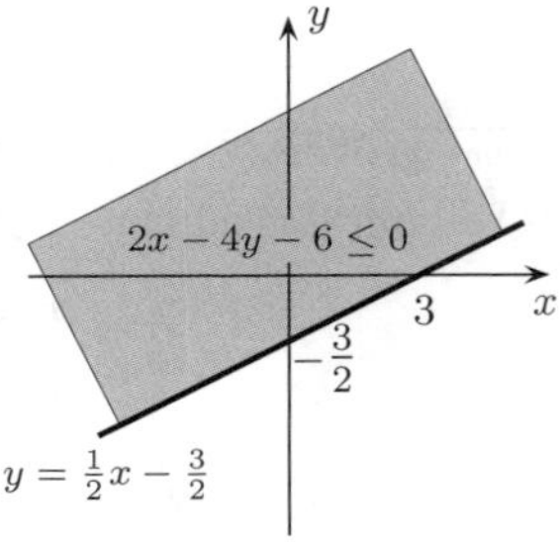

Die Lösungsmengen sind jeweils die gefärbten Halbebenen. Bei (a), (d) und (f) gehören die Grenzgeraden dazu (breitere Strichstärke), sonst nicht.

13.29

(a) $|x-y| > 2 \iff x-y>2$ oder $x-y<-2$
$\iff y < x-2$ oder $y > x+2$

L ist der gefärbte Bereich außerhalb des Geradenstreifens, ohne die Geraden.

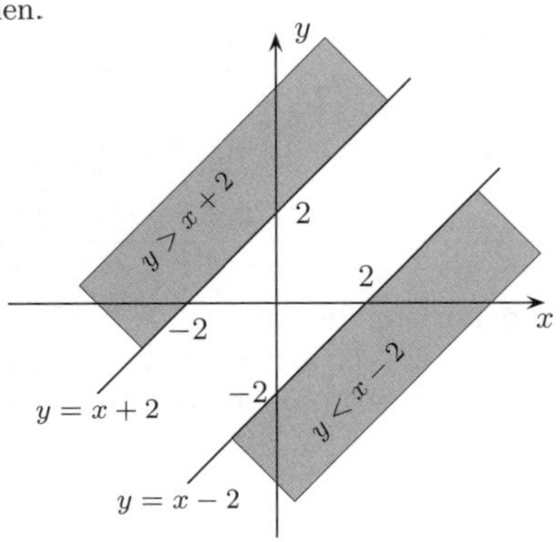

(b) $|2x+y| \leq 3 \iff -3 \leq 2x+y \leq 3$
$\iff -2x-3 \leq y$
und
$y \leq -2x+3$

L ist der gefärbte Bereich zwischen den Geraden einschl. der Geraden.

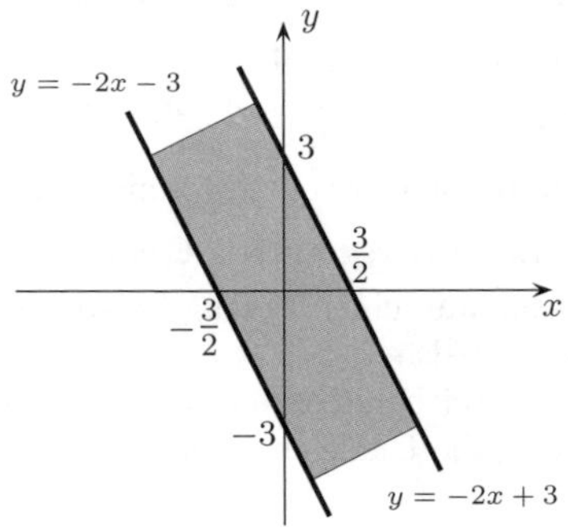

(c) $|2x| + x > y$

$x \leq 0$
$|2x| + x > y$
$\iff \quad -2x + x > y$
$\iff \quad y < -x$

$x \geq 0$
$|2x| + x > y$
$\iff \quad 2x + x > y$
$\iff \quad y < 3x$

Gesamtlösungsmenge:
gefärbter Bereich
ohne die Halbgeraden.

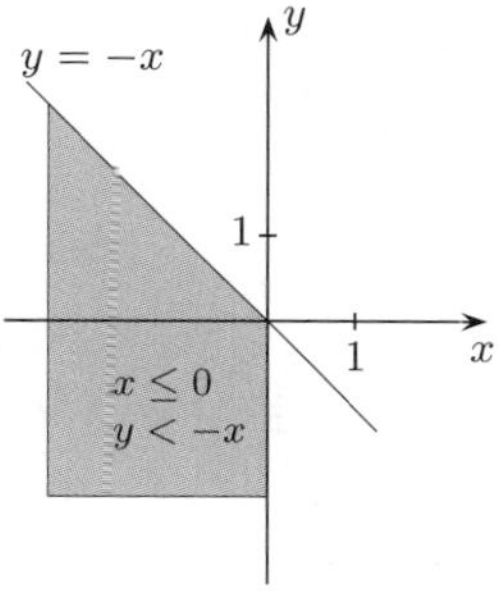

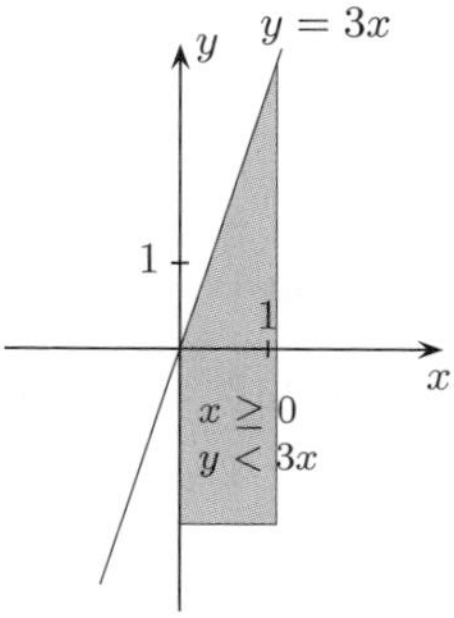

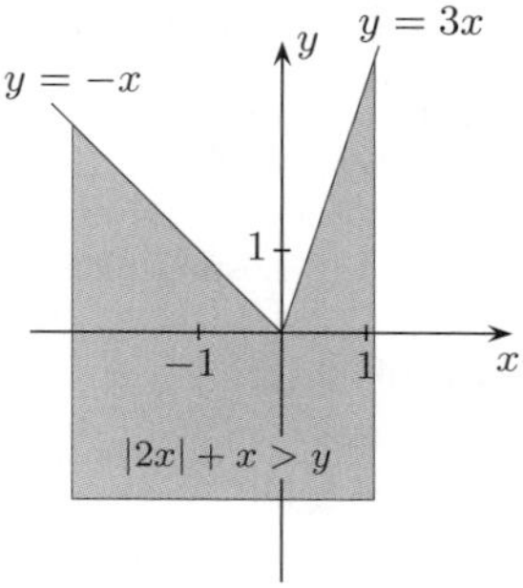

(d) $y + |x| \leq 1$

symmetrisch zur y-Achse

Für $x \geq 0$:
$y + |x| \leq 1 \iff y + x \leq 1$
$\iff y \leq -x + 1$

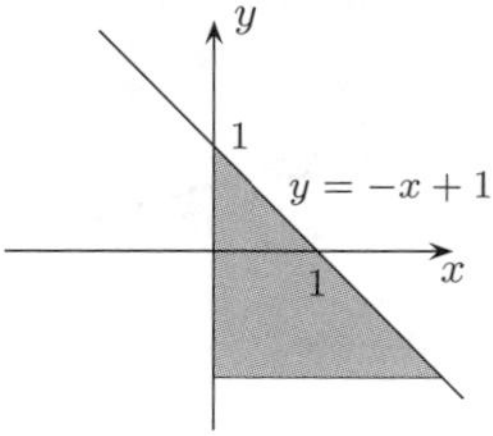

Spiegelung an y-Achse ergibt die Lösungsmenge:

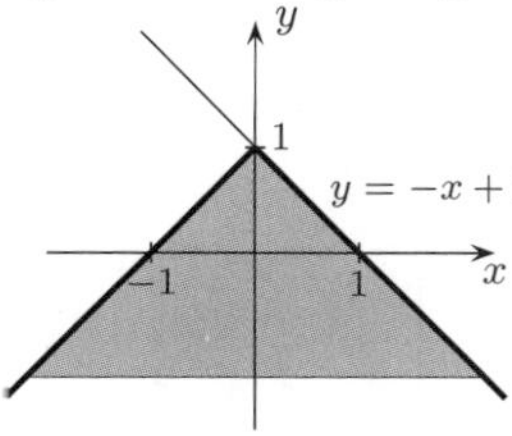

$y + |x| \leq 1$

(e) $|y| + x \leq 1$

symmetrisch zur x-Achse

Für $y \geq 0$:
$|y| + x \leq 1 \iff y + x \leq 1$
$\iff y \leq -x + 1$

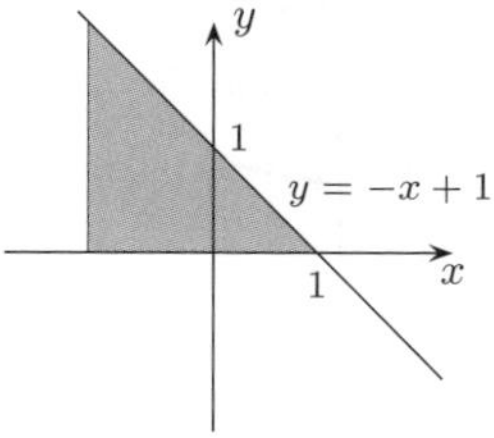

Spiegelung an x-Achse ergibt die Lösungsmenge:

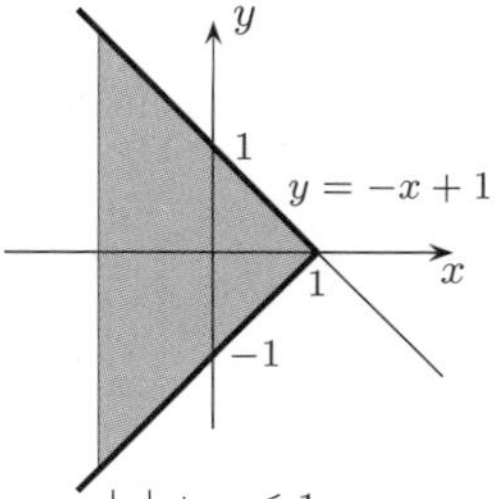

$|y| + x \leq 1$

(f) $|y| + |x| \leq 1$

symmetr. zu beiden Achsen

Im 1. Quadranten $(x, y \geq 0)$:
$|y| + |x| \leq 1 \iff y + x \leq 1$
$\iff y \leq -x + 1$

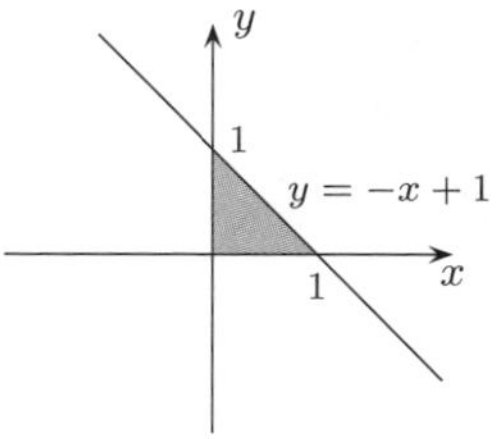

Spiegelung an beid. Achsen ergibt die Lösungsmenge:

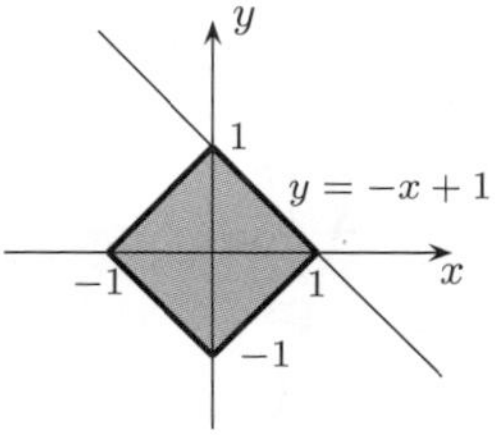

$|y| + |x| \leq 1$

13.30

(a) $x^2 + y^2 > 4$

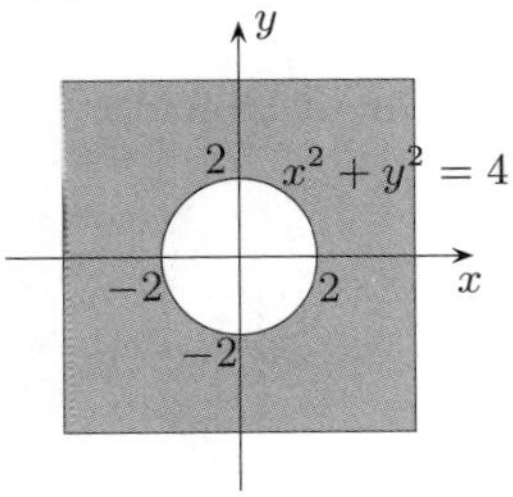

(b) $y > x^2 - 4$

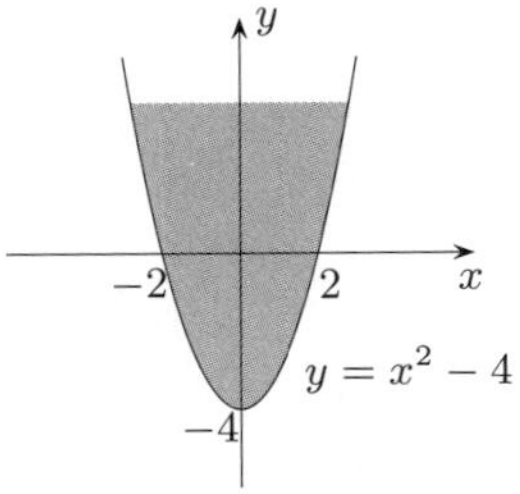

(c) $x < y^2 - 4$

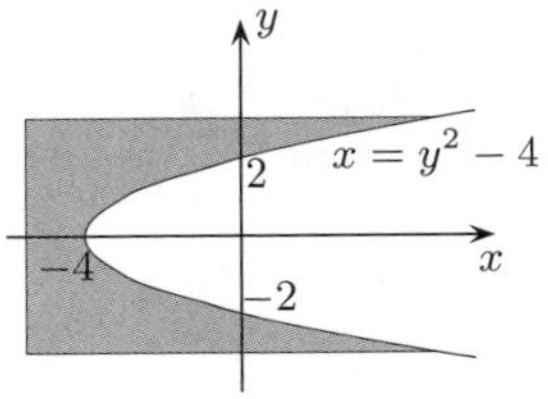

Lösungsmenge L ist gefärbt, jeweils ohne Randkurve.

(d) $x^2 \leq y^2$

$\iff$

$|x| \leq |y|$

Grenzkurven sind die Geraden $y = \pm x$.
Im 1. Quadranten gilt $y \geq x$.

(e) $x^2 + 4y^2 \leq 16$

$\iff$

$\frac{x^2}{16} + \frac{y^2}{4} \leq 1$

Grenzkurve ist die Ellipse um $(0,0)$ mit den Halbachsen $a = 4$ und $b = 2$.

(f) $4y^2 - x^2 \leq 16$

$\iff$

$\frac{y^2}{4} - \frac{x^2}{16} \leq 1$

Grenzkurve ist die Hyperbel $\frac{y^2}{4} - \frac{x^2}{16} = 1$.
Sie ist in y-Richtung geöffnet und hat die Asymptoten $y = \pm\frac{1}{2}x$.

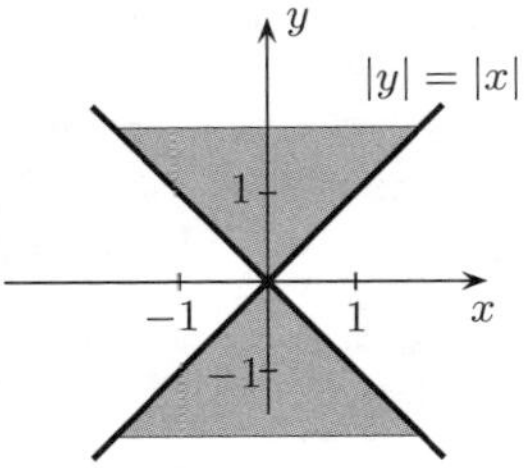

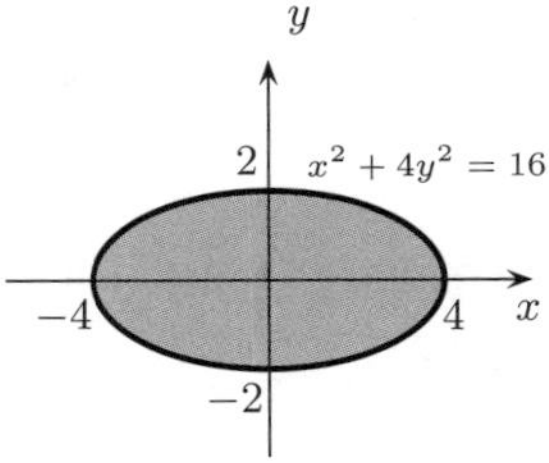

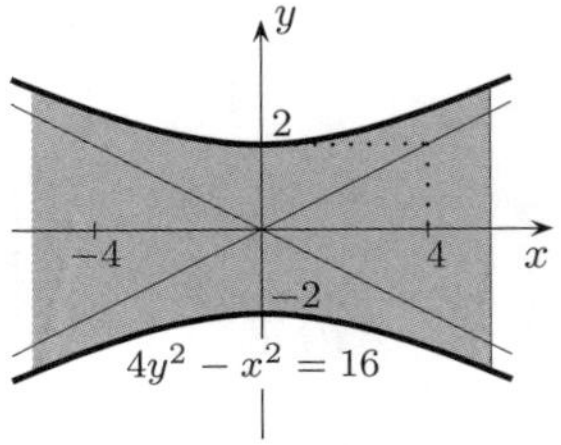

Lösungsmenge L ist gefärbt, jeweils mit Randkurven.

13.31 (a)

$$\begin{aligned} x - y &\leq 1 \\ 3x + y &\geq 1 \end{aligned} \iff \begin{aligned} y &\geq x - 1 \\ y &\geq -3x + 1 \end{aligned}$$

L ist der stark gefärbte Bereich mit den begrenzenden Halbgeraden.

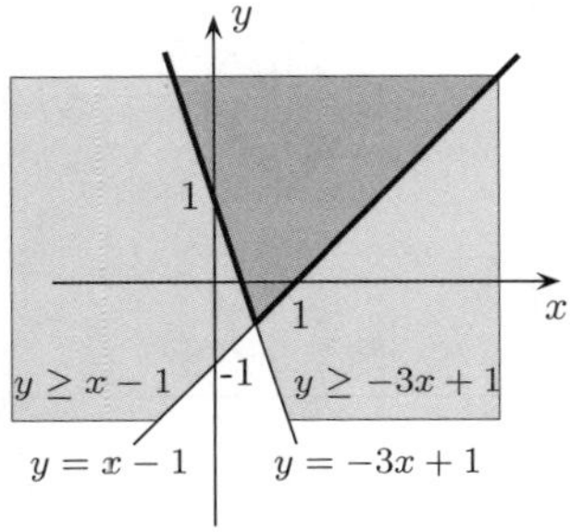

(b)

$$\begin{aligned} x + y &< 1 \\ 2x - y &> -1 \end{aligned} \iff \begin{aligned} y &< 1 - x \\ y &< 2x + 1 \end{aligned}$$

L ist der stark gefärbte Bereich ohne die begrenzenden Halbgeraden.

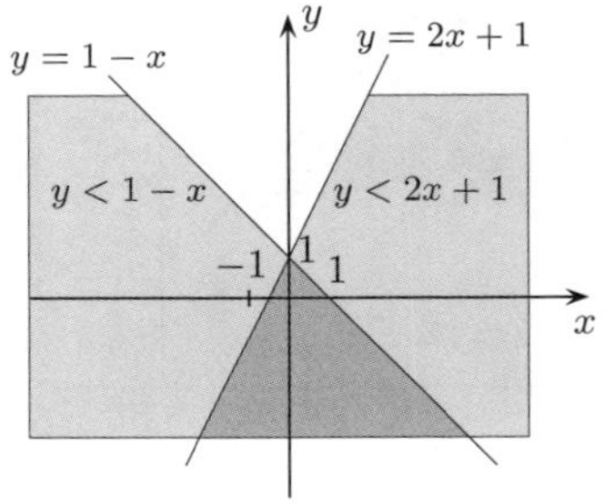

(c) $\begin{aligned} 0 < y &< 3 \\ x + 2y &> 4 \\ y - x &< -1 \end{aligned}$

$\iff$

$\begin{aligned} 0 < y &< 3 \\ y &> -\frac{1}{2}x + 2 \\ y &< x - 1 \end{aligned}$

L ist der stark gefärbte Bereich ohne die Ränder.

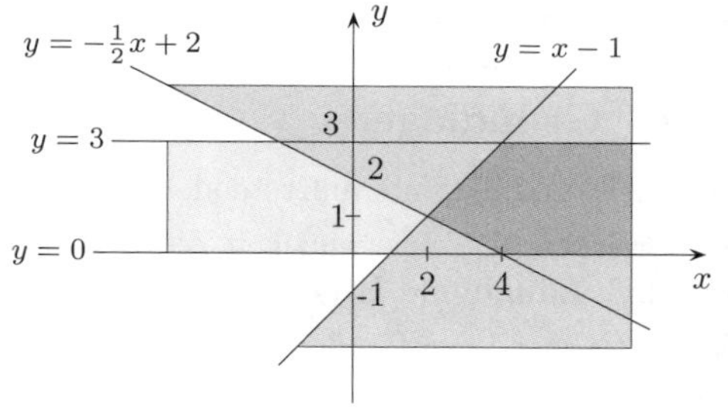

(d) $x^2 + y^2 \le 1$, $y \ge x^2$

(e) $\frac{1}{4}x^2 + y^2 \le 1$, $x^2 + \frac{1}{4}y^2 \le 1$

(f) $x^2 - y^2 \le 1$, $|y| \le |x|$

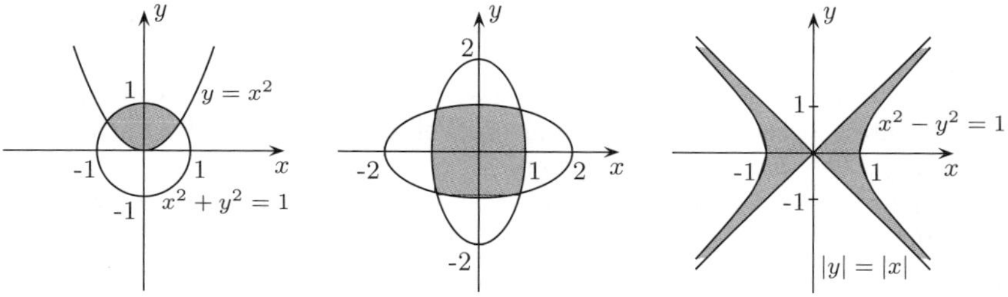

Lösungsmengen L sind gefärbt; die Ränder gehören jeweils zu L.

(g) $\frac{1}{4}x^2 + \frac{1}{4}y^2 - \frac{5}{4} \le y \le 3 - x$

$\iff$

$\begin{aligned} x^2 + y^2 - 5 &\le 4y \\ y &\le 3 - x \end{aligned}$

$\iff$

$\begin{aligned} x^2 + (y-2)^2 &\le 9 \\ y &\le 3 - x \end{aligned}$

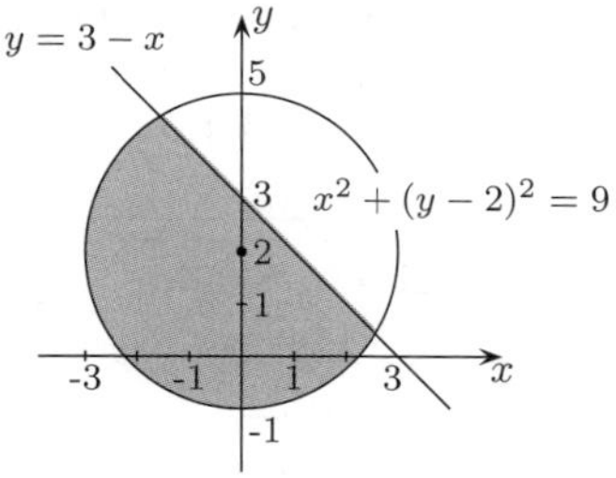

Die Ränder gehören bei beiden Skizzen zur Lösungsmenge.

(h) Wegen $y^2 = |y|^2$ kommt y in $\frac{1}{4}x^2 + \frac{1}{4}y^2 - \frac{5}{4} \le |y| \le 3 - x$ nur in der Form $|y|$ vor. Die Lösungsmenge ist also symmetrisch zur x-Achse. Für $y \ge 0$ erkennt man die Lösungsmenge an der Skizze in (g). Daraus ergibt sich durch Spiegelung an der x-Achse die Lösungsmenge L des Ungleichungssystems.

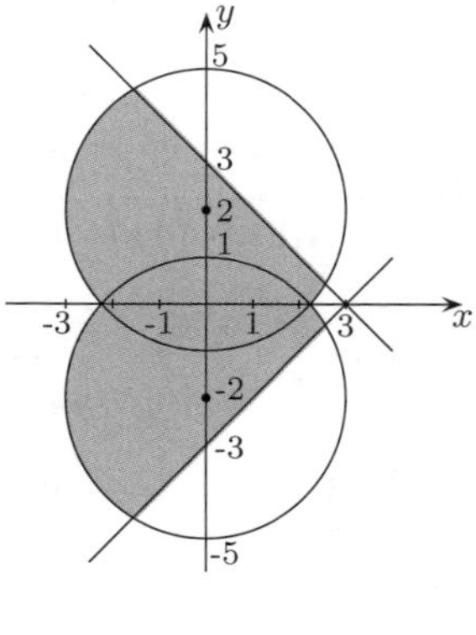

14 Vektorrechnung

14.1 Grundlagen

In Physik und Technik auftretende Größen können eindeutig bestimmt sein

- durch Angabe einer einzigen **Zahl** (Beispiele: Temperatur, Dichte)
- durch **Länge** und **Richtung** (Beispiele: Kraft, Geschwindigkeit).

Solche Größen, also Größen, die durch Länge und Richtung eindeutig bestimmt sind, heißen **Vektoren**. Sie lassen sich durch Richtungspfeile im Raum (oder in der Ebene) veranschaulichen.

Vektoren

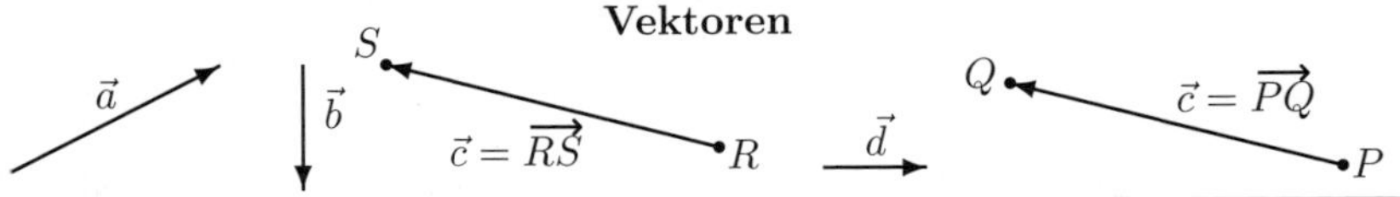

Vektoren werden meist mit kleinen lateinischen Buchstaben, versehen mit einem Pfeil darüber, bezeichnet, oder, wenn der Vektor vom Punkt P zum Punkt Q führt, mit $\overrightarrow{PQ}$ – wie im obigen Kasten.
Zwei Vektoren sind **gleich**, z.B. $\overrightarrow{PQ} = \overrightarrow{RS}$ (Kasten), wenn sie in Länge und Richtung übereinstimmen – die Lage im Raum (bzw. in der Ebene) spielt keine Rolle.
Die **Länge** (auch der **Betrag**) eines Vektors $\vec{a}$ wird mit $|\vec{a}|$ bezeichnet.

Grundrechenoperationen mit Vektoren sind
Addition und **Multiplikation mit einem Skalar** (einer reellen Zahl).

Addition von Vektoren

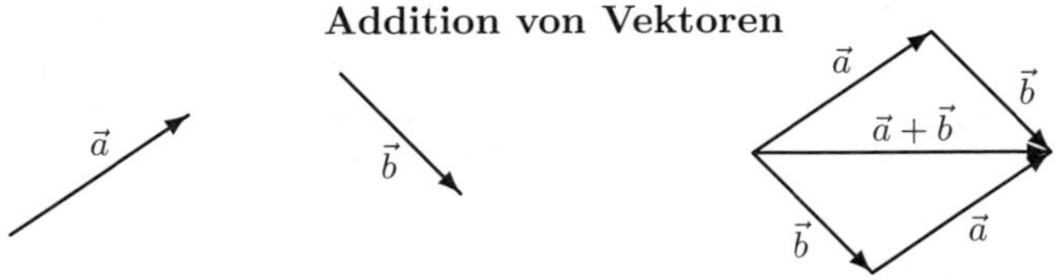

Zwei Vektoren $\vec{a}$ und $\vec{b}$ werden addiert, indem $\vec{b}$ an den Endpunkt von $\vec{a}$ angetragen wird. Der Summenvektor (resultierende Vektor) $\vec{c} = \vec{a} + \vec{b}$ ist dann vom Anfangspunkt von $\vec{a}$ zum Endpunkt von $\vec{b}$ gerichtet. Die Rollen von $\vec{a}$ und $\vec{b}$ sind vertauschbar, es kann auch $\vec{a}$ an den Endpunkt von $\vec{b}$ angetragen werden, und $\vec{a} + \vec{b}$ ist dann vom Anfangspunkt von $\vec{b}$ zum Endpunkt von $\vec{a}$ gerichtet.

Multiplikation von Vektoren mit einem Skalar

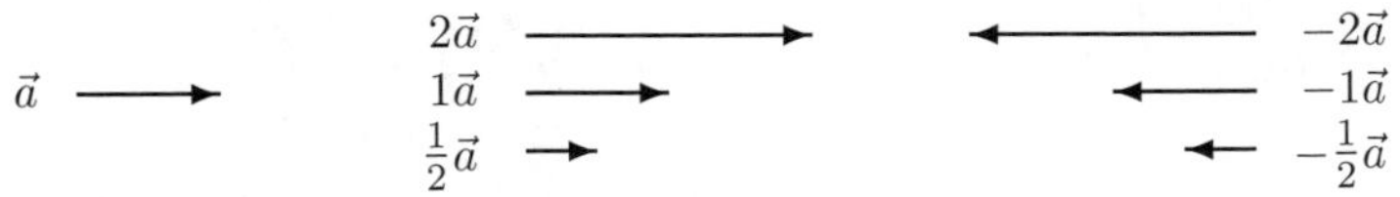

Ist $\vec{a}$ ein Vektor und $c \in \mathbb{R}$ ein Skalar, so ist $c\vec{a}$ der Vektor, der die $|c|$–fache Länge von $\vec{a}$ hat, und dieselbe Richtung, falls $c > 0$, die entgegengesetzte Richtung, falls $c < 0$ ist.
Für $c = 0$ ergibt sich der Vektor mit Betrag Null, der **Nullvektor** $\vec{\mathbf{0}}$.
Statt $-1\vec{a}$ schreibt man kurz $-\vec{a}$.

14.1

Für die Vektoren  *und* 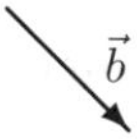 *skizziere man*

die Vektoren $\vec{a}+\vec{b}$, $\vec{a}-\vec{b}$ *und* $3\vec{a}-2\vec{b}$.

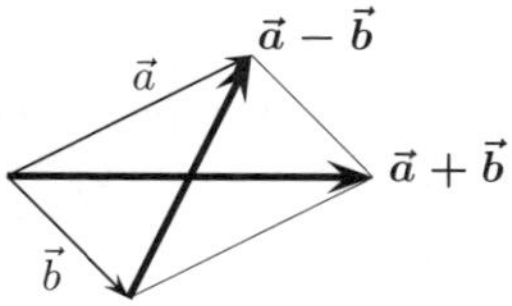

Merke: Zeichnet man ein Parallelogramm mit den Seiten $\vec{a}$ und $\vec{b}$, so liefern die Diagonalen des Parallelogramms (richtig gerichtet - siehe Skizze) die Vektoren $\vec{a}-\vec{b}$ und $\vec{a}+\vec{b}$.

$\vec{a}-\vec{b}$ ist der Vektor, der vom Endpunkt von $\vec{b}$ zum Endpunkt von $\vec{a}$ gerichtet ist.

(Denn laut Additionsregel gilt für diesen Vektor $\vec{x}$: $\vec{b}+\vec{x}=\vec{a}$, also $\vec{x}=\vec{a}-\vec{b}$).

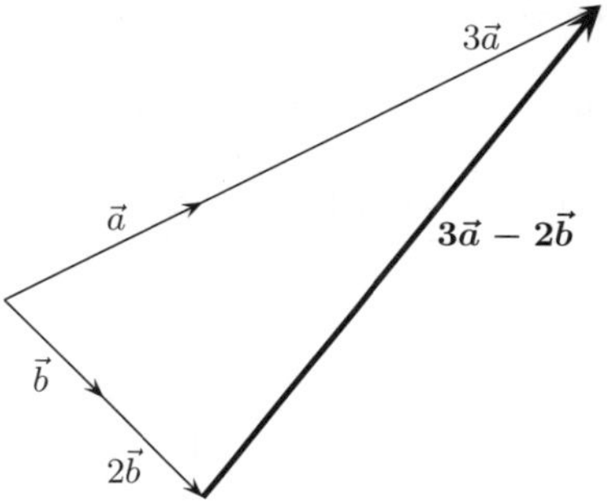

Hier wird die nebenstehende Regel benutzt: $3\vec{a}$ und $2\vec{b}$ werden von einem Punkt aus abgetragen. $3\vec{a}-2\vec{b}$ ergibt sich dann als Vektor vom Endpunkt von $2\vec{b}$ zum Endpunkt von $3\vec{a}$.

Linearkombination

Sind $\vec{a}, \vec{b}$ Vektoren und $r, s \in \mathbb{R}$,
so heißt $\vec{x} = r\vec{a} + s\vec{b}$
Linearkombination von $\vec{a}$ und $\vec{b}$.

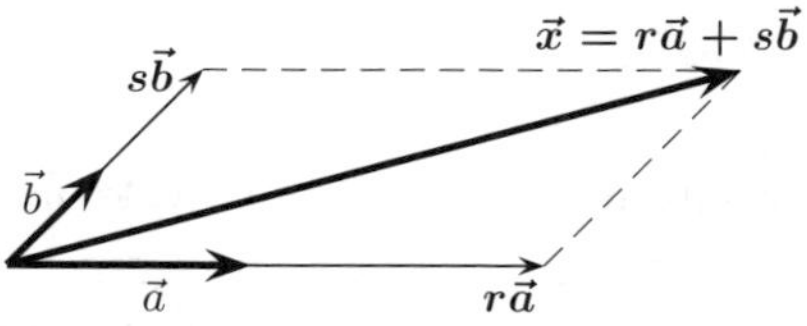

Rechengesetze für das Rechnen mit Vektoren

Kommutativgesetz	:	$\vec{a}+\vec{b}=\vec{b}+\vec{a}$
Assoziativgesetz	:	$\vec{a}+(\vec{b}+\vec{c})=(\vec{a}+\vec{b})+\vec{c}=\vec{a}+\vec{b}+\vec{c}$
Distributivgesetze	:	$\lambda(\vec{a}+\vec{b})=\lambda\vec{a}+\lambda\vec{b}, \quad \lambda \in \mathbb{R}$
		$(\lambda+\mu)\vec{a}=\lambda\vec{a}+\mu\vec{a}, \quad \lambda,\mu \in \mathbb{R}$
$\vec{a}\neq\vec{0}$, $\vec{b}\neq\vec{0}$ sind **parallel**	:	Es gibt $\lambda \in \mathbb{R}$ mit $\vec{b}=\lambda\vec{a}$.

14.2 Koordinatendarstellung

Vektoren der Länge 1 heißen **Einheitsvektoren**.

In der **Ebene** sei ein rechtwinkliges x, y-Koordinatensystem gegeben.

Vektoren, deren Anfangspunkt im Nullpunkt des Koordinatensystems liegen, heißen **Ortsvektoren**. Ist $A = (a_1, a_2)$ ein Punkt der Ebene, so lässt sich der Ortsvektor $\vec{a} = \overrightarrow{OA}$ beschreiben durch Angabe der Koordinaten des Punktes A. Mit einem Einheitsvektor $\vec{e}_1$ in Richtung der positiven x-Achse und einem Einheitsvektor $\vec{e}_2$ in Richtung der positiven y-Achse lässt sich der Vektor $\vec{a}$ in eindeutiger Weise als Linearkombination aus $\vec{e}_1$ und $\vec{e}_2$ darstellen durch $\vec{a} = a_1\vec{e}_1 + a_2\vec{e}_2$.

Koordinatendarstellung

$$\vec{a} = a_1\vec{e}_1 + a_2\vec{e}_2 \in \mathbb{R}^2$$

$$\vec{a} = \overrightarrow{OA} = \begin{pmatrix} a_1 \\ a_2 \end{pmatrix} = (a_1\,,\,a_2)$$

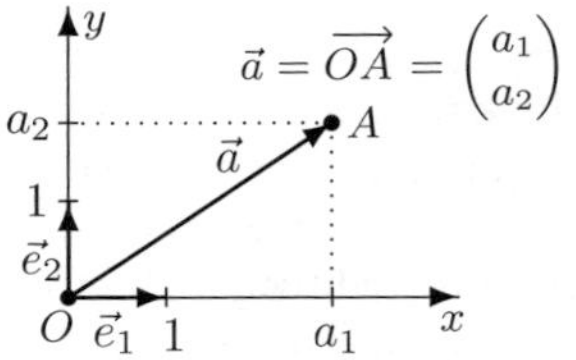

Man schreibt $\vec{a}$ also als **Spaltenvektor** $\begin{pmatrix} a_1 \\ a_2 \end{pmatrix}$

oder als **Zeilenvektor** $(a_1\,,\,a_2)$.

a_1, a_2 heißen die **Koordinaten** oder **Komponenten** des Vektors $\vec{a}$.

Im **Raum** erhält man entsprechend die Koordinatendarstellung eines Vektors in der Form

$$\vec{a} = a_1\vec{e}_1 + a_2\vec{e}_2 + a_3\vec{e}_3 \in \mathbb{R}^3,$$

$$\vec{a} = \overrightarrow{OA} = \begin{pmatrix} a_1 \\ a_2 \\ a_3 \end{pmatrix} = (a_1\,,\,a_2\,,\,a_3).$$

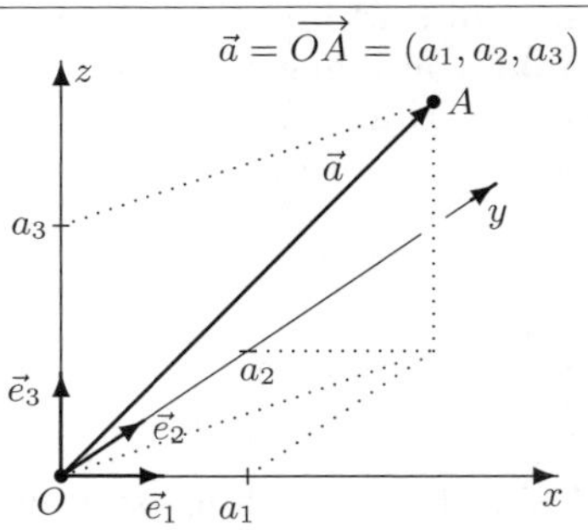

Spaltenvektor oder **Zeilenvektor**

Rechnen mit Vektoren in Koordinatendarstellung

(in der Ebene entsprechend mit nur 2 Komponenten)

Gleichheit: $\vec{a} = \vec{b} \iff \vec{a} = \begin{pmatrix} a_1 \\ a_2 \\ a_3 \end{pmatrix} = \begin{pmatrix} b_1 \\ b_2 \\ b_3 \end{pmatrix} = \vec{b} \iff \begin{matrix} a_1 = b_1 \\ a_2 = b_2 \\ a_3 = b_3 \end{matrix}$

Addition: $\vec{a} + \vec{b} = \begin{pmatrix} a_1 \\ a_2 \\ a_3 \end{pmatrix} + \begin{pmatrix} b_1 \\ b_2 \\ b_3 \end{pmatrix} = \begin{pmatrix} a_1 + b_1 \\ a_2 + b_2 \\ a_3 + b_3 \end{pmatrix}$

Multiplikation mit einem Skalar: $c \cdot \vec{a} = c\vec{a} = c\begin{pmatrix} a_1 \\ a_2 \\ a_3 \end{pmatrix} = \begin{pmatrix} ca_1 \\ ca_2 \\ ca_3 \end{pmatrix}$

Gleichheit und Addition von Vektoren sowie Multiplikation eines Vektors mit einem Skalar ergeben sich **koordinatenweise**.

14.2 *Gegeben sind die folgenden Vektoren* $\vec{a} = \begin{pmatrix} 2 \\ -4 \\ -1 \end{pmatrix}$ *und* $\vec{b} = \begin{pmatrix} -1 \\ 4 \\ -3 \end{pmatrix}$.
Man berechne $\vec{a} + \vec{b}$, $-4\vec{a}$, $2\vec{a} - 3\vec{b}$.

$\vec{a} - \vec{b} = \begin{pmatrix} 2 \\ -4 \\ -1 \end{pmatrix} + \begin{pmatrix} -1 \\ 4 \\ -3 \end{pmatrix} = \underline{\begin{pmatrix} 1 \\ 0 \\ -4 \end{pmatrix}}$, mit Spaltenvektoren.

$-4\vec{a} = -4(2, -4, -1) = \underline{(-8, 16, 4)}$, platzsparend mit Zeilenvektoren.

$2\vec{a} - 3\vec{b} = 2(2, -4, -1) - 3(-1, 4, -3) = \underline{(7, -20, 7)}$.

Länge (Betrag) eines Vektors

Für die Länge (den Betrag) $|\vec{a}|$ von $\vec{a} = \begin{pmatrix} a_1 \\ a_2 \end{pmatrix}$ gilt:

$|\vec{a}| = \sqrt{a_1^2 + a_2^2}$ (Pythagoras!)

Für die Länge (den Betrag) $|\vec{a}|$ von $\vec{a} = \begin{pmatrix} a_1 \\ a_2 \\ a_3 \end{pmatrix}$ gilt:

$|\vec{a}| = \sqrt{a_1^2 + a_2^2 + a_3^2}$ (Pythagoras!)

Rechenregel: $|r\vec{a}| = |r| \cdot |\vec{a}|$ z.B. $|-2\vec{a}| = 2|\vec{a}|$.

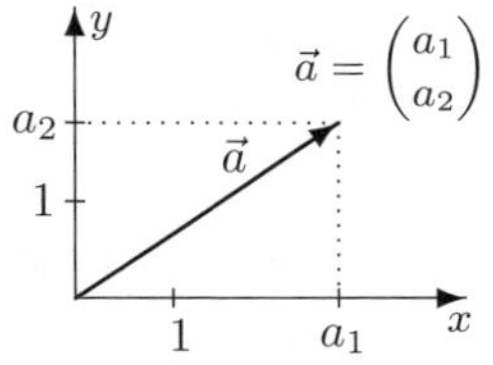

14.3 *Man berechne die Längen der Vektoren* $\vec{a} = \begin{pmatrix} 4 \\ -3 \end{pmatrix}$ *und* $\vec{b} = (1, 2, 3)$.

Es ist $|\vec{a}| = \sqrt{4^2 + (-3)^2} = \sqrt{25} = \underline{5}$ und $|\vec{b}| = \sqrt{1^2 + 2^2 + 3^2} = \underline{\sqrt{14}}$.

14.4 (a) *Man berechne den Abstand der Punkte* $A = (1, 1)$ *und* $B = (-3, 2)$ *der Ebene.*
(b) *Man berechne den Abstand der Punkte* $A = (2, 1, -3)$ *und* $B = (3, -2, 1)$ *des Raumes.*

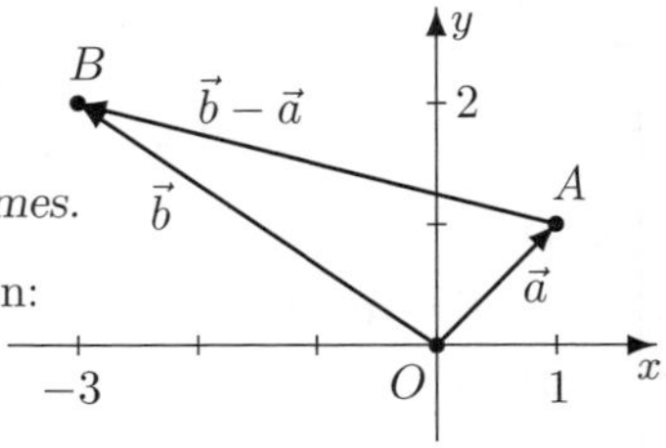

(a) Durch die Punkte A, B sind Vektoren $\vec{a}, \vec{b}$ gegeben:
$\vec{a} = \overrightarrow{OA} = \begin{pmatrix} 1 \\ 1 \end{pmatrix}$ und $\vec{b} = \overrightarrow{OB} = \begin{pmatrix} -3 \\ 2 \end{pmatrix}$.

Der gesuchte Abstand von A und B wird mit $d(A, B)$ bezeichnet.
$d(A, B)$ ist dann gerade die Länge des Vektors $\overrightarrow{AB} = \vec{b} - \vec{a}$. Also:

$\overrightarrow{AB} = \vec{b} - \vec{a} = \begin{pmatrix} -3 \\ 2 \end{pmatrix} - \begin{pmatrix} 1 \\ 1 \end{pmatrix} = \begin{pmatrix} -4 \\ 1 \end{pmatrix}$

$\Longrightarrow \quad d(A, B) = |\vec{b} - \vec{a}| = \left|\begin{pmatrix} -4 \\ 1 \end{pmatrix}\right| = \sqrt{(-4)^2 + 1^2} = \underline{\sqrt{17}}$.

(b) $\overrightarrow{AB} = \vec{b} - \vec{a} = (3, -2, 1) - (2, 1, -3) = (1, -3, 4)$

$\Longrightarrow \quad d(A, B) = |\vec{b} - \vec{a}| = |(1, -3, 4)| = \sqrt{1 + 9 + 16} = \underline{\sqrt{26}}$.

14.3 Skalarprodukt

Sind $\vec{a}, \vec{b}$ vom Nullvektor verschieden, so bezeichnet $\sphericalangle(\vec{a}, \vec{b})$ den von den Vektoren $\vec{a}, \vec{b}$ eingeschlossenen Winkel, wobei stets $0 \leq \sphericalangle(\vec{a}, \vec{b}) \leq \pi$ gilt.

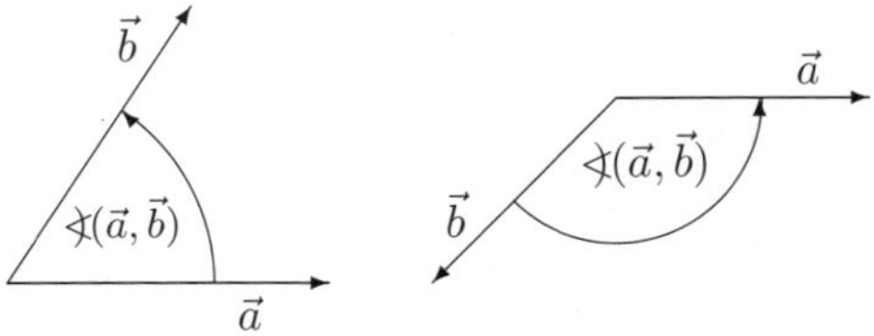

Skalarprodukt
Das Skalarprodukt $\vec{a} \bullet \vec{b}$ zweier Vektoren $\vec{a}$ und $\vec{b}$ ist die Zahl (der Skalar):
$\vec{a} \bullet \vec{b} := \begin{cases} \lvert\vec{a}\rvert \cdot \lvert\vec{b}\rvert \cdot \cos \sphericalangle(\vec{a}, \vec{b}) , & \text{falls } \vec{a} \neq \vec{0} \text{ und } \vec{b} \neq \vec{0}, \\ 0 , & \text{falls } \vec{a} = \vec{0} \text{ oder } \vec{b} = \vec{0}. \end{cases}$
Man beachte in dieser Formel:
Der dickere Punkt $\bullet$ bezeichnet das Skalarprodukt von Vektoren und
Der dünne Punkt $\cdot$ bezeichnet die Multiplikation reeller Zahlen.

Geometrische Interpretation:

$\vec{a} \bullet \vec{b} = \lvert\vec{a}\rvert \cdot \lvert\vec{b}\rvert \cdot \cos \sphericalangle(\vec{a}, \vec{b})$

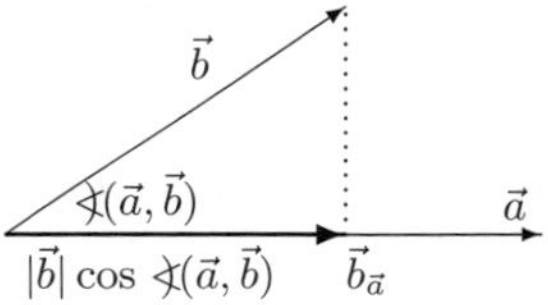

Die Zahl $\vec{a} \bullet \vec{b}$ ergibt sich also folgendermaßen:

Projiziert man den Vektor $\vec{b}$ auf die durch $\vec{a}$ bestimmte Gerade, so erhält man einen Vektor $\vec{b}_{\vec{a}}$ (Projektion von $\vec{b}$ auf die Richtung von $\vec{a}$, siehe [Seite 277]) der "Länge" $\lvert\vec{b}\rvert \cos \sphericalangle(\vec{a}, \vec{b})$. Multipliziert man diese "Länge" – die negativ ist, falls $\pi/2 < \sphericalangle(\vec{a}, \vec{b}) \leq \pi$ gilt – mit dem Betrag von $\vec{a}$, so erhält man die Zahl $\vec{a} \bullet \vec{b}$.

Rechenregeln für das Skalarprodukt				
(1)	$\vec{a} \bullet \vec{b}$	$=$	$\vec{b} \bullet \vec{a}$	Das Skalarprodukt ist kommutativ.
(2)	$(r\vec{a}) \bullet \vec{b}$	$=$	$r(\vec{a} \bullet \vec{b}) = \vec{a} \bullet (r\vec{b})$	für $r \in \mathbb{R}$.
(3)	$\vec{a} \bullet (\vec{b} + \vec{c})$	$=$	$\vec{a} \bullet \vec{b} + \vec{a} \bullet \vec{c}$	Distributivgesetz.
(4)	$\vec{a} \bullet \vec{a} = \vec{a}^2$	$=$	$\lvert\vec{a}\rvert^2 \geq 0$	bzw. $\lvert\vec{a}\rvert = \sqrt{\vec{a} \bullet \vec{a}} = \sqrt{\vec{a}^2}$.
(5)	$\vec{a} \bullet \vec{b} = 0$	$\Longleftrightarrow$	$\vec{a} \perp \vec{b}$	lies: $\vec{a}$ und $\vec{b}$ stehen senkrecht aufeinander, sind orthogonal.

Mit diesen Regeln lässt sich das Skalarprodukt für Vektoren in Koordinatendarstellung berechnen, und damit ergibt sich eine Möglichkeit zur Berechnung des Winkels zwischen zwei Vektoren.

Bemerkung: Der Nullvektor $\vec{0}$ steht auf allen Vektoren senkrecht.
Der Winkel $\sphericalangle(\vec{a}, \vec{b})$ ist jedoch nur für $\vec{a} \neq \vec{0}$ und $\vec{b} \neq \vec{0}$ erklärt!

Berechnung des Skalarprodukts aus Koordinaten

in der Ebene	**im Raum**
$\vec{a} = \begin{pmatrix} a_1 \\ a_2 \end{pmatrix}, \vec{b} = \begin{pmatrix} b_1 \\ b_2 \end{pmatrix}$	$\vec{a} = \begin{pmatrix} a_1 \\ a_2 \\ a_3 \end{pmatrix}, \vec{b} = \begin{pmatrix} b_1 \\ b_2 \\ b_3 \end{pmatrix}$
$\vec{a} \cdot \vec{b} = \begin{pmatrix} a_1 \\ a_2 \end{pmatrix} \cdot \begin{pmatrix} b_1 \\ b_2 \end{pmatrix} = a_1 b_1 + a_2 b_2$	$\vec{a} \cdot \vec{b} = a_1 b_1 + a_2 b_2 + a_3 b_3$

Formel zur Winkelberechnung $\cos \sphericalangle(\vec{a}, \vec{b}) = \dfrac{\vec{a} \cdot \vec{b}}{|\vec{a}| \cdot |\vec{b}|}$

14.5 *Man berechne jeweils das Skalarprodukt $\vec{a} \cdot \vec{b}$.*

(a) $\vec{a} = \begin{pmatrix} 2 \\ 1 \end{pmatrix}, \quad \vec{b} = \begin{pmatrix} -3 \\ 7 \end{pmatrix}$. (b) $\vec{a} = \begin{pmatrix} -1 \\ 5 \end{pmatrix}, \quad \vec{b} = \begin{pmatrix} 5 \\ 1 \end{pmatrix}$.

(c) $\vec{a} = (1, 3, -2), \quad \vec{b} = (4, 2, 3)$. (d) $\vec{a} = (-2, 1, 4), \quad \vec{b} = (8, 4, 3)$.

(a) Es ist $\vec{a} \cdot \vec{b} = \begin{pmatrix} 2 \\ 1 \end{pmatrix} \cdot \begin{pmatrix} -3 \\ 7 \end{pmatrix} = 2 \cdot (-3) + 1 \cdot 7 = \underline{1}$.

(b) Es ist $\vec{a} \cdot \vec{b} = \begin{pmatrix} -1 \\ 5 \end{pmatrix} \cdot \begin{pmatrix} 5 \\ 1 \end{pmatrix} = (-1) \cdot 5 + 5 \cdot 1 = \underline{0}$.

$\vec{a} \cdot \vec{b} = 0 \iff \vec{a} \perp \vec{b} \iff$ die Vektoren $\vec{a}$ und $\vec{b}$ sind senkrecht zueinander.

(c) Es ist $\vec{a} \cdot \vec{b} = \begin{pmatrix} 1 \\ 3 \\ -2 \end{pmatrix} \cdot \begin{pmatrix} 4 \\ 2 \\ 3 \end{pmatrix} = 1 \cdot 4 + 3 \cdot 2 + (-2) \cdot 3 = \underline{4}$.

(d) Es ist $\vec{a} \cdot \vec{b} = \begin{pmatrix} -2 \\ 1 \\ 4 \end{pmatrix} \cdot \begin{pmatrix} 8 \\ 4 \\ 3 \end{pmatrix} = (-2) \cdot 8 + 1 \cdot 4 + 4 \cdot 3 = \underline{0}$.

Die Vektoren $\vec{a}$ und $\vec{b}$ sind senkrecht zueinander.

14.6 *Man gebe jeweils einen zu $\vec{a}$ senkrechten Vektor $\vec{b} \neq \vec{0}$ an.*

(a) $\vec{a} = \begin{pmatrix} 2 \\ 1 \end{pmatrix}$. (b) $\vec{a} = (1, 2, 3)$. (c) $\vec{a} = (-2, 1, -3)$.

(a) Zu $\vec{a} = \begin{pmatrix} 2 \\ 1 \end{pmatrix}$ ist z.B. $\vec{b} = \begin{pmatrix} 4 \\ -8 \end{pmatrix}$ senkrecht, denn $\begin{pmatrix} 2 \\ 1 \end{pmatrix} \cdot \begin{pmatrix} 4 \\ -8 \end{pmatrix} = 0$.

Merke: Zu $\vec{a} = \begin{pmatrix} a_1 \\ a_2 \end{pmatrix}$ ist $\vec{b} = \begin{pmatrix} a_2 \\ -a_1 \end{pmatrix}$ senkrecht, denn $\vec{a} \cdot \vec{b} = 0$.

(b) Zu $\vec{a} = (1, 2, 3)$ ist z.B. der Vektor $\vec{b} = (2, -1, 0)$ senkrecht, da $\vec{a} \cdot \vec{b} = 0$ ist.

(c) Zu $\vec{a} = (-2, 1, -3)$ ist $\vec{b_1} = (1, 2, 0)$ oder auch $\vec{b_2} = (1, 5, 1)$ senkrecht, denn $\vec{a} \cdot \vec{b_1} = \vec{a} \cdot \vec{b_2} = 0$.

14.7 *Man berechne x so, dass der Vektor $\begin{pmatrix}1\\-2\end{pmatrix}$ senkrecht zum Vektor $\begin{pmatrix}6\\x\end{pmatrix}$ ist.*

Das Skalarprodukt der beiden Vektoren ergibt $\begin{pmatrix}1\\-2\end{pmatrix}\cdot\begin{pmatrix}6\\x\end{pmatrix} = 6 - 2x$.

Die Vektoren stehen senkrecht aufeinander, wenn ihr Skalarprodukt 0 ist.
Die Gleichung $6 - 2x = 0$ liefert als Lösung $\underline{x = 3}$.
Nur für $x = 3$ ist der Vektor $\begin{pmatrix}1\\-2\end{pmatrix}$ senkrecht zum Vektor $\begin{pmatrix}6\\x\end{pmatrix}$.

14.8 *Man berechne alle Vektoren $\vec{x}$, die orthogonal zu $(2, -1)$ sind.*

(a, b) ist orthogonal zu $(2, -1)$, wenn $(a, b) \cdot (2, -1) = 0$, d.h. $2a = b$ ist.
Die zu $(2, -1)$ senkrechten Vektoren sind daher genau alle Vielfachen von $(1, 2)$.

Also $\begin{pmatrix}2\\-1\end{pmatrix} \perp \vec{x} \iff \begin{pmatrix}2\\-1\end{pmatrix}\cdot \vec{x} = 0 \iff \underline{\vec{x} = r\begin{pmatrix}1\\2\end{pmatrix},\ r \in \mathbb{R}}$.

14.9 *Man berechne den Winkel $\sphericalangle(\vec{a}, \vec{b})$ zwischen den Vektoren $\vec{a}$ und $\vec{b}$.*

(a) $\vec{a} = (2, 1), \quad \vec{b} = (3, -1)$. (b) $\vec{a} = (1, 2, -1), \quad \vec{b} = (-1, 1, 2)$.

(a) $\cos \sphericalangle(\vec{a}, \vec{b}) = \dfrac{(2,1)\cdot(3,-1)}{|(2,1)| \cdot |(3,-1)|} = \dfrac{2\cdot 3 + 1\cdot(-1)}{\sqrt{5}\cdot\sqrt{10}} = \dfrac{5}{5\sqrt{2}} = \dfrac{1}{\sqrt{2}} = \frac{1}{2}\sqrt{2}$

$\Longrightarrow \underline{\sphericalangle(\vec{a}, \vec{b}) = 45°}$.

(b) $\cos \sphericalangle(\vec{a}, \vec{b}) = \dfrac{(1,2,-1)\cdot(-1,1,2)}{|(1,2,-1)| \cdot |(-1,1,2)|} = \dfrac{1\cdot(-1) + 2\cdot 1 + (-1)\cdot 2}{\sqrt{6}\cdot\sqrt{6}} = \dfrac{-1}{6} = -\dfrac{1}{6}$

$\Longrightarrow \underline{\sphericalangle(\vec{a}, \vec{b}) \approx 99.6°}$.

14.10 *Gegeben sind die Punkte A, B und C.*
Man berechne alle Seitenlängen und Winkel des Dreiecks ABC.

(a) $A = (2, 1) \quad B = (6, -3) \quad C = (-2, -5)$.
(b) $A = (1, 1, 1) \quad B = (4, 2, 0) \quad C = (3, 2, -1)$.

Wir betrachten die Ortsvektoren $\overrightarrow{OA}$, $\overrightarrow{OB}$, $\overrightarrow{OC}$. Die Seiten des Dreiecks ABC sind dann gegeben durch die Vektoren:

$\vec{a} = \overrightarrow{BC} = \overrightarrow{OC} - \overrightarrow{OB}$

$\vec{b} = \overrightarrow{AC} = \overrightarrow{OC} - \overrightarrow{OA}$

$\vec{c} = \overrightarrow{AB} = \overrightarrow{OB} - \overrightarrow{OA}$

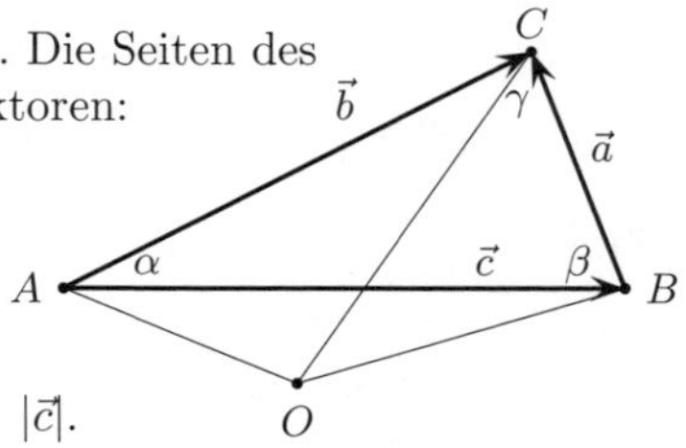

Die Seitenlängen des Dreiecks sind also: $|\vec{a}|$, $|\vec{b}|$, $|\vec{c}|$.

Für die Winkel des Dreiecks gilt:

$\alpha = \sphericalangle(\vec{b}, \vec{c}), \quad \beta = \sphericalangle(\vec{a}, -\vec{c}), \quad \gamma = \sphericalangle(-\vec{a}, -\vec{b}) = \sphericalangle(\vec{a}, \vec{b})$.

Die Kosinuswerte der Winkel lassen sich nach der obigen Formel berechnen:

(a) Hier ist $\vec{a} = \begin{pmatrix} -2 \\ -5 \end{pmatrix} - \begin{pmatrix} 6 \\ -3 \end{pmatrix} = \begin{pmatrix} -8 \\ -2 \end{pmatrix}, \quad \vec{b} = \begin{pmatrix} -4 \\ -6 \end{pmatrix}, \quad \vec{c} = \begin{pmatrix} 4 \\ -4 \end{pmatrix}.$

Seitenlängen: $|\vec{a}| = \sqrt{(-8)^2 + (-2)^2} = \sqrt{64+4} = \underline{\sqrt{68}}, \quad |\vec{b}| = \underline{\sqrt{52}}, \quad |\vec{c}| = \underline{\sqrt{32}}.$

$$\cos\alpha = \frac{\vec{b} \cdot \vec{c}}{|\vec{b}| \cdot |\vec{c}|} = \frac{(-4,-6) \cdot (4,-4)}{\sqrt{52} \cdot \sqrt{32}} = \frac{8}{\sqrt{52} \cdot \sqrt{32}} \implies \underline{\alpha \approx 78.7^\circ}.$$

$$\cos\gamma = \frac{\vec{a} \cdot \vec{b}}{|\vec{a}| \cdot |\vec{b}|} = \frac{(-8,-2) \cdot (-4,-6)}{\sqrt{68} \cdot \sqrt{52}} = \frac{44}{\sqrt{68} \cdot \sqrt{52}} \implies \underline{\gamma \approx 42.3^\circ}.$$

Der Winkel β ergibt sich durch Ergänzung von $\alpha + \gamma$ zu 180°, also $\underline{\beta \approx 59.0^\circ}$.

(b) $\vec{a} = (-1, 0, -1), \quad \vec{b} = (2, 1, -2), \quad \vec{c} = (3, 1, -1).$

Seitenlängen: $|\vec{a}| = \sqrt{(-1)^2 + 0^2 + (-1)^2} = \underline{\sqrt{2}}, \quad |\vec{b}| = \underline{3}, \quad |\vec{c}| = \underline{\sqrt{11}}.$

$$\cos\alpha = \frac{\vec{b} \cdot \vec{c}}{|\vec{b}| \cdot |\vec{c}|} = \frac{(2,1,-2) \cdot (3,1,-1)}{3\sqrt{11}} = \frac{6+1+2}{3\sqrt{11}} = \frac{3}{\sqrt{11}} \implies \underline{\alpha \approx 25.2^\circ}.$$

$$\cos\gamma = \frac{\vec{a} \cdot \vec{b}}{|\vec{a}| \cdot |\vec{b}|} = \frac{(-1,0,-1) \cdot (2,1,-2)}{\sqrt{2} \cdot 3} = \frac{-2+0+2}{\sqrt{2} \cdot 3} = 0 \implies \underline{\gamma = 90^\circ}.$$

$\gamma = 90^\circ$, das Dreieck ist also rechtwinklig: $\beta + \alpha = 90^\circ \implies \underline{\beta \approx 64.8^\circ}$.

Projektion, Komponente

Die (senkrechte) **Projektion** von $\vec{b}$ auf die Richtung von $\vec{a}$ ist der Vektor $\vec{b}_{\vec{a}}$:

$$\begin{aligned} \vec{b}_{\vec{a}} &:= |\vec{b}| \cos \sphericalangle(\vec{a}, \vec{b}) \cdot \vec{a}_0 \\ &= \frac{|\vec{b}|}{|\vec{a}|} \cos \sphericalangle(\vec{a}, \vec{b}) \cdot \vec{a} \\ &= \frac{\vec{a} \cdot \vec{b}}{\vec{a}^2} \cdot \vec{a} \\ &= \frac{\vec{a} \cdot \vec{b}}{|\vec{a}|} \cdot \vec{a}_0 \end{aligned}$$

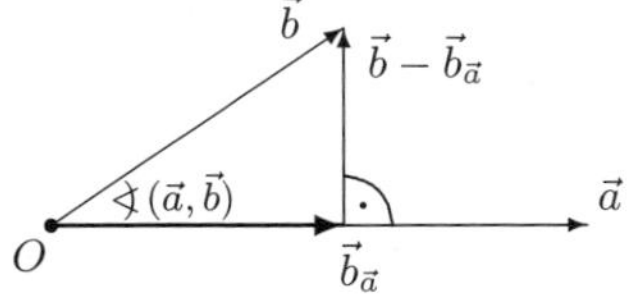

Dabei ist $\vec{a}_0 = \frac{1}{|\vec{a}|} \cdot \vec{a}$ der Vektor der Länge 1 (Einheitsvektor) in Richtung $\vec{a}$.

Die Zahl $\frac{\vec{a} \cdot \vec{b}}{|\vec{a}|} = |\vec{b}| \cos \sphericalangle(\vec{a}, \vec{b})$ heißt **Komponente** von $\vec{b}$ in Richtung $\vec{a}$.

Die **Komponente** von $\vec{b}$ in Richtung $\vec{a}$ ist gleich $\pm|\vec{b}_{\vec{a}}|$, je nachdem, ob der Winkel $\sphericalangle(\vec{a}, \vec{b})$ kleiner oder größer als 90^0 ist.

Die **Projektion** $\vec{b}_{\vec{a}}$ ist derjenige Vektor, dessen Endpunkt der Fußpunkt des Lotes vom Endpunkt von $\vec{b}$ auf die durch $\vec{a}$ bestimmte Gerade ist.

Der Vektor $\vec{b} - \vec{b}_{\vec{a}}$ steht senkrecht auf $\vec{a}$, und es gilt

$$\vec{b} = \vec{b}_{\vec{a}} + (\vec{b} - \vec{b}_{\vec{a}}).$$

Diese Darstellung von $\vec{b}$ heißt (orthogonale) **Zerlegung** von $\vec{b}$ in die Richtung von $\vec{a}$ und die zu $\vec{a}$ senkrechte Richtung.

14.11 *Gegeben seien die Vektoren* $\vec{a} = \begin{pmatrix} 2 \\ 3 \end{pmatrix}$ *und* $\vec{b} = \begin{pmatrix} -4 \\ 1 \end{pmatrix}$.

(a) *Man berechne die Projektion* $\vec{b}_{\vec{a}}$, *ihre Länge* $|\vec{b}_{\vec{a}}|$, *sowie die Komponente von* $\vec{b}$ *in Richtung* $\vec{a}$.

(b) *Man bestimme einen Vektor* $\vec{c} \perp \vec{a}$ *und stelle* $\vec{b}$ *als Linearkombination* $r\vec{a} + s\vec{c}$ *von* $\vec{a}$ *und* $\vec{c}$ *dar.*

(a) Projektion $\vec{b}_{\vec{a}}$: $\quad \vec{b}_{\vec{a}} = \frac{\vec{a} \cdot \vec{b}}{\vec{a}^2} \cdot \vec{a} = \dfrac{\begin{pmatrix} 2 \\ 3 \end{pmatrix} \cdot \begin{pmatrix} -4 \\ 1 \end{pmatrix}}{\begin{pmatrix} 2 \\ 3 \end{pmatrix} \cdot \begin{pmatrix} 2 \\ 3 \end{pmatrix}} \cdot \begin{pmatrix} 2 \\ 3 \end{pmatrix} = \underline{-\frac{5}{13} \begin{pmatrix} 2 \\ 3 \end{pmatrix}}.$

Länge der Projektion: $\quad |\vec{b}_{\vec{a}}| = |-\frac{5}{13}\begin{pmatrix} 2 \\ 3 \end{pmatrix}| = |-\frac{5}{13}| \cdot |\begin{pmatrix} 2 \\ 3 \end{pmatrix}| = \underline{\frac{5}{13}\sqrt{13}}.$

Komponente von $\vec{b}$ in Richtung $\vec{a}$: $\quad |\vec{b}| \cos \sphericalangle(\vec{a}, \vec{b}) = \frac{\vec{a} \cdot \vec{b}}{|\vec{a}|} = -\frac{5}{\sqrt{13}} = \underline{-\frac{5}{13}\sqrt{13}}.$

(b) $\vec{c} = \begin{pmatrix} -3 \\ 2 \end{pmatrix}$ ist senkrecht zu $\vec{a}$. Der Ansatz $\begin{pmatrix} -4 \\ 1 \end{pmatrix} = r\begin{pmatrix} 2 \\ 3 \end{pmatrix} + s\begin{pmatrix} -3 \\ 2 \end{pmatrix}$ führt auf das LGS $\begin{matrix} -4 = 2r - 3s \\ 1 = 3r + 2s \end{matrix}$, das man wie üblich löst. Man erhält $r = -\frac{5}{13}$ und $s = \frac{14}{13}$, also gilt $\begin{pmatrix} -4 \\ 1 \end{pmatrix} = -\frac{5}{13}\begin{pmatrix} 2 \\ 3 \end{pmatrix} + \frac{14}{13}\begin{pmatrix} -3 \\ 2 \end{pmatrix}$. Dies ist die Zerlegung von $\vec{b}$ in Richtung $\vec{a}$: Man erkennt nämlich $-\frac{5}{13}\begin{pmatrix} 2 \\ 3 \end{pmatrix} = \vec{b}_{\vec{a}}$ und $\frac{14}{13}\begin{pmatrix} -3 \\ 2 \end{pmatrix} = \vec{b} - \vec{b}_{\vec{a}} = \begin{pmatrix} -4 \\ 1 \end{pmatrix} + \frac{5}{13}\begin{pmatrix} 2 \\ 3 \end{pmatrix}$.

14.12 *Die Vektoren* $\vec{a} = (1, -2, 1)$ *und* $\vec{b} = (3, 1, 4)$ *liegen in einer Ebene E des Raumes. Man gebe einen Vektor* $\vec{c}$ *in E an, der senkrecht zu* $\vec{a}$ *ist.*

Die Skizze auf der vorigen Seite zeigt: $\vec{b} - \vec{b}_{\vec{a}}$ ist ein zu $\vec{a}$ senkrechter Vektor in E.

Es gilt $\vec{b}_{\vec{a}} = \frac{\vec{a} \cdot \vec{b}}{\vec{a}^2} \cdot \vec{a} = \frac{5}{6}\vec{a} = \frac{5}{6}(1, -2, 1)$, und damit ist $\vec{c} = \vec{b} - \vec{b}_{\vec{a}} = (3, 1, 4) - \frac{5}{6}(1, -2, 1) = \underline{\frac{1}{6}(13, 16, 19)}$ ein Vektor in der Ebene E, der zu $\vec{a}$ senkrecht ist. Das gilt auch für den vielfachen Vektor $6\vec{c} = \underline{(13, 16, 19)}$.

Probe: Es ist $(1, -2, 1) \cdot (13, 16, 19) = 0$, also $(1, -2, 1) \perp (13, 16, 19)$.

14.13 *Es seien* $\vec{a} = (4, 3)$ *und* $\vec{b} = (0, 6)$.
Berechne $|\vec{a}_{\vec{b}}|$ *und* $|\vec{b}_{\vec{a}}|$ *und zeige* $\frac{|\vec{a}_{\vec{b}}|}{|\vec{a}|} = \frac{|\vec{b}_{\vec{a}}|}{|\vec{b}|} = \frac{3}{5}$.
Warum gilt allgemein $\frac{|\vec{a}_{\vec{b}}|}{|\vec{a}|} = \frac{|\vec{b}_{\vec{a}}|}{|\vec{b}|}$ *?*

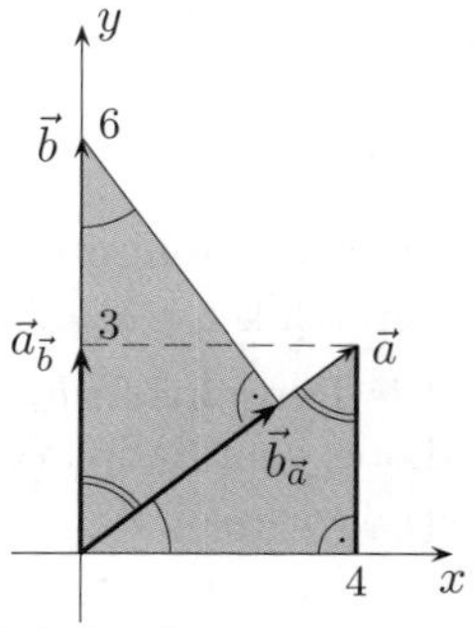

$|\vec{a}_{\vec{b}}| = |\frac{\vec{b} \cdot \vec{a}}{\vec{b}^2}| \cdot |\vec{b}| = \frac{18}{36} \cdot 6 = \underline{3}.$

$|\vec{b}_{\vec{a}}| = |\frac{\vec{a} \cdot \vec{b}}{\vec{a}^2}| \cdot |\vec{a}| = \frac{18}{25} \cdot 5 = \underline{\frac{18}{5}}.$

$\Longrightarrow \quad \frac{|\vec{a}_{\vec{b}}|}{|\vec{a}|} = \frac{3}{5} = \underline{0.6} \quad$ und $\quad \frac{|\vec{b}_{\vec{a}}|}{|\vec{b}|} = \frac{18}{5 \cdot 6} = \frac{3}{5} = \underline{0.6}.$

Die skizzierten Dreiecke sind ähnlich, da sie in den drei Winkeln übereinstimmen (siehe [Seite 130]), also gilt allgemein $\underline{\frac{|\vec{a}_{\vec{b}}|}{|\vec{a}|} = \frac{|\vec{b}_{\vec{a}}|}{|\vec{b}|}}$.

14.4 Vektorprodukt

Vektorprodukt

Sind $\vec{a}, \vec{b} \in \mathbb{R}^3$, so ist das Vektorprodukt (Kreuzprodukt) $\vec{a} \times \vec{b}$ gegeben durch

$$\vec{a} \times \vec{b} = \begin{pmatrix} a_1 \\ a_2 \\ a_3 \end{pmatrix} \times \begin{pmatrix} b_1 \\ b_2 \\ b_3 \end{pmatrix} = \begin{pmatrix} a_2b_3 - a_3b_2 \\ a_3b_1 - a_1b_3 \\ a_1b_2 - a_2b_1 \end{pmatrix}, \quad \text{lies: a kreuz b.}$$

Das Vektorprodukt ist nur für Vektoren im $\mathbb{R}^3$ definiert und **ist ein Vektor!**

Eigenschaften

(1) $\vec{a} \times \vec{b}$ steht **senkrecht** auf $\vec{a}$ und auf $\vec{b}$.

(2) $|\vec{a} \times \vec{b}| = |\vec{a}| \cdot |\vec{b}| \cdot \sin \sphericalangle(a, b)$
$\hat{=}$ **Flächeninhalt** F des von $\vec{a}$ und $\vec{b}$ aufgespannten Parallelogramms.

(3) $\vec{a}, \vec{b}, \vec{a} \times \vec{b}$ bilden in dieser Reihenfolge ein **Rechtssystem**.
Ein Rechtssystem im Raum liegt vor, wenn die gespreizten Daumen, Zeigefinger und Mittelfinger der rechten Hand in dieser Reihenfolge in Richtung von $\vec{a}$, $\vec{b}$ und $\vec{a} \times \vec{b}$ weisen: **Rechte–Hand–Regel**.

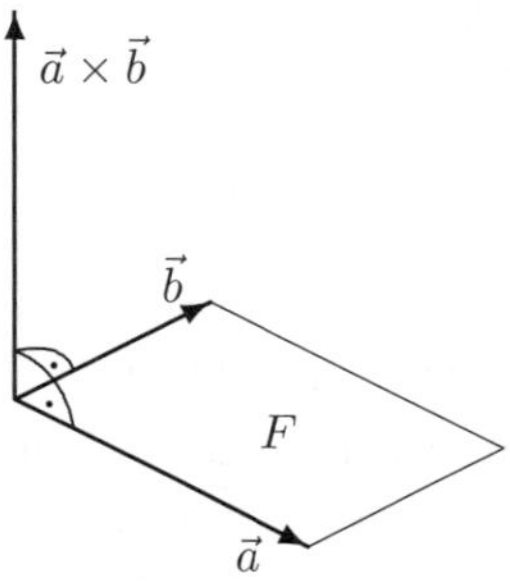

Rechenregeln

(1) $\vec{a} \times \vec{b} = -(\vec{b} \times \vec{a})$.

(2) $\vec{a} \times \vec{b} = \vec{0} \iff \vec{a} = \vec{0}$ oder $\vec{b} = \vec{0}$ oder $\vec{a}$ und $\vec{b}$ sind parallel.

(3) $(r\vec{a}) \times \vec{b} = \vec{a} \times (r\vec{b}) = r(\vec{a} \times \vec{b})$, $r \in \mathbb{R}$.

(4) $\vec{a} \times (\vec{b} + \vec{c}) = \vec{a} \times \vec{b} + \vec{a} \times \vec{c}$ Distributivgesetz.

14.14 *Man berechne für die folgenden Vektoren $\vec{a}$ und $\vec{b}$ das Vektorprodukt $\vec{a} \times \vec{b}$:*

(a) $\vec{a} = \begin{pmatrix} 1 \\ 1 \\ 1 \end{pmatrix}, \quad \vec{b} = \begin{pmatrix} 2 \\ 1 \\ -2 \end{pmatrix}$. (b) $\vec{a} = \begin{pmatrix} 3 \\ -1 \\ 2 \end{pmatrix}, \quad \vec{b} = \begin{pmatrix} 6 \\ -2 \\ 4 \end{pmatrix}$.

(c) $\vec{a} = \begin{pmatrix} 2 \\ 0 \\ 1 \end{pmatrix}, \quad \vec{b} = \begin{pmatrix} 3 \\ 0 \\ -2 \end{pmatrix}$. (d) $\vec{a} = \begin{pmatrix} 0 \\ 3 \\ 1 \end{pmatrix}, \quad \vec{b} = \begin{pmatrix} 0 \\ 4 \\ -2 \end{pmatrix}$.

(a) $$\vec{a} \times \vec{b} = \begin{pmatrix} 1 \\ 1 \\ 1 \end{pmatrix} \times \begin{pmatrix} 2 \\ 1 \\ -2 \end{pmatrix} = \begin{pmatrix} 1 \cdot (-2) - 1 \cdot 1 \\ 1 \cdot 2 - 1 \cdot (-2) \\ 1 \cdot 1 - 1 \cdot 2 \end{pmatrix} = \begin{pmatrix} -3 \\ 4 \\ -1 \end{pmatrix}.$$

Man mache möglichst stets eine Probe und teste dabei, ob der berechnete Vektor wirklich senkrecht auf $\vec{a}$ und auf $\vec{b}$ steht, hier:

Probe: $\begin{pmatrix} 1 \\ 1 \\ 1 \end{pmatrix} \cdot \begin{pmatrix} -3 \\ 4 \\ -1 \end{pmatrix} = 0$ und $\begin{pmatrix} 2 \\ 1 \\ -2 \end{pmatrix} \cdot \begin{pmatrix} -3 \\ 4 \\ -1 \end{pmatrix} = 0$, stimmt!

(b) $\vec{a} \times \vec{b} = \begin{pmatrix} 3 \\ -1 \\ 2 \end{pmatrix} \times \begin{pmatrix} 6 \\ -2 \\ 4 \end{pmatrix} = \begin{pmatrix} 0 \\ 0 \\ 0 \end{pmatrix}$ nach Rechenregel (2), da $\vec{b} = 2\vec{a}$. Probe klar!

(c) $\vec{a} \times \vec{b} = \begin{pmatrix} 2 \\ 0 \\ 1 \end{pmatrix} \times \begin{pmatrix} 3 \\ 0 \\ -2 \end{pmatrix} = \begin{pmatrix} 0 \cdot (-2) - 1 \cdot 0 \\ 1 \cdot 3 - 2 \cdot (-2) \\ 2 \cdot 0 - 0 \cdot 3 \end{pmatrix} = \begin{pmatrix} 0 \\ 7 \\ 0 \end{pmatrix}$. Probe klar!

(d) $\vec{a} \times \vec{b} = \begin{pmatrix} 0 \\ 3 \\ 1 \end{pmatrix} \times \begin{pmatrix} 0 \\ 4 \\ -2 \end{pmatrix} = \begin{pmatrix} -6 - 4 \\ 0 - 0 \\ 0 - 0 \end{pmatrix} = \begin{pmatrix} -10 \\ 0 \\ 0 \end{pmatrix}$. Probe klar!

14.15 *Man gebe einen Vektor $\vec{c}$ an, der senkrecht zu $\vec{a}$ und zu $\vec{b}$ ist.*
(a) $\vec{a} = (2, 1, 3)$, $\vec{b} = (-1, 1, -2)$. (b) $\vec{a} = (0, 3, 1)$, $\vec{b} = (0, 4, -2)$.

(a) Das Vektorprodukt liefert einen solchen Vektor:

$$\vec{a} \times \vec{b} = \begin{pmatrix} 2 \\ 1 \\ 3 \end{pmatrix} \times \begin{pmatrix} -1 \\ 1 \\ -2 \end{pmatrix} = \begin{pmatrix} 1 \cdot (-2) - 3 \cdot 1 \\ 3 \cdot (-1) - 2 \cdot (-2) \\ 2 \cdot 1 - 1 \cdot (-1) \end{pmatrix} = \begin{pmatrix} -5 \\ 1 \\ 3 \end{pmatrix}.$$

Alle zu $\vec{a}$ und $\vec{b}$ orthogonalen Vektoren sind Vielfache von $\vec{a} \times \vec{b}$ und bilden eine zu der von $\vec{a}$ und $\vec{b}$ aufgespannten Ebene (s. [Abschnitt 14.7]) orthogonale Gerade!

(b) Man erkennt ohne Rechnung, dass der Vektor $(1, 0, 0)$ auf $\vec{a}$ und auf $\vec{b}$ senkrecht steht, da $\vec{a}$ und $\vec{b}$ jeweils 0 als erste Komponente haben.

$\vec{a} \times \vec{b}$ liefert daher ein Vielfaches dieses Vektors, nämlich $(-2, 0, 0)$.

Die x-Achse ist eine zu der von $\vec{a}$ und $\vec{b}$ aufgespannten Ebene orthogonale Gerade!

14.16 *Man berechne:*

(a) *den Flächeninhalt des von $\vec{a} = \begin{pmatrix} 1 \\ 1 \end{pmatrix}$ und $\vec{b} = \begin{pmatrix} -3 \\ 1 \end{pmatrix}$ aufgespannten Parallelogramms.*

(b) *den Flächeninhalt des von $\vec{a} = \begin{pmatrix} -2 \\ 1 \end{pmatrix}$ und $\vec{b} = \begin{pmatrix} 2 \\ 3 \end{pmatrix}$ aufgespannten Dreiecks.*

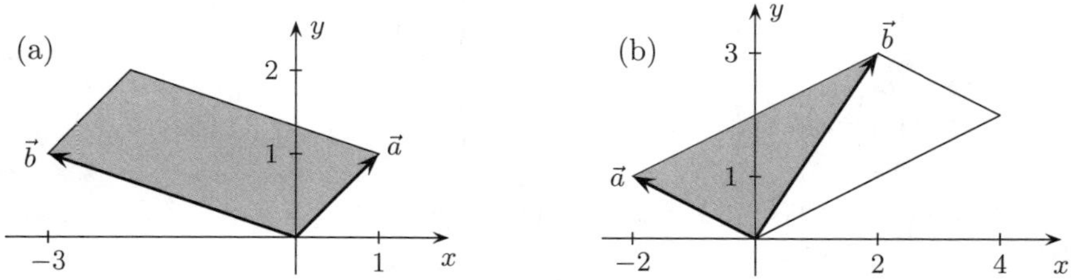

Wir fassen die Vektoren $\vec{a}, \vec{b}$ als Vektoren $\vec{a}^*$ und $\vec{b}^*$ im Raum auf, indem wir als dritte Komponente eine Null einfügen. Dann ergeben sich die Flächeninhalte nach Eigenschaft (2) des Vektorprodukts:

(a) Der Flächeninhalt des Parallelogramms ist gegeben durch den Betrag des Vektorprodukts $\vec{a}^* \times \vec{b}^*$:

$$|\vec{a}^* \times \vec{b}^*| = |\begin{pmatrix}1\\1\\0\end{pmatrix} \times \begin{pmatrix}-3\\1\\0\end{pmatrix}| = |\begin{pmatrix}0\\0\\4\end{pmatrix}| = \underline{4}.$$

(b) Der Flächeninhalt des Dreiecks ist gegeben durch den halben Betrag des Vektorprodukts $\vec{a}^* \times \vec{b}^*$:

$$\frac{1}{2}|\vec{a}^* \times \vec{b}^*| = \frac{1}{2}|\begin{pmatrix}-2\\1\\0\end{pmatrix} \times \begin{pmatrix}2\\3\\0\end{pmatrix}| = \frac{1}{2}|\begin{pmatrix}0\\0\\-8\end{pmatrix}| = \underline{4}.$$

Das Beispiel macht klar, dass folgende Regel gilt:

Fläche von Parallelogramm und Dreieck in der Ebene

Sind $\vec{a} = \begin{pmatrix}a_1\\a_2\end{pmatrix}$ und $\vec{b} = \begin{pmatrix}b_1\\b_2\end{pmatrix}$ zwei Vektoren in der Ebene, so ist

$|a_1b_2 - a_2b_1|$ der Flächeninhalt des von $\vec{a}$ und $\vec{b}$ aufgespannten Parallelogramms,

$\frac{1}{2}|a_1b_2 - a_2b_1|$ der Flächeninhalt des von $\vec{a}$ und $\vec{b}$ aufgespannten Dreiecks.

$|a_1b_2 - a_2b_1|$ ist der Betrag der Determinante $\begin{vmatrix}a_1 & b_1\\a_2 & b_2\end{vmatrix}$.

14.17 *Man berechne die in der vorigen Aufgabe gesuchten Flächeninhalte mit Determinanten.*

(a) $F = |\begin{vmatrix}1 & -3\\1 & 1\end{vmatrix}| = |1+3| = \underline{4}.$ (b) $F = \frac{1}{2}|\begin{vmatrix}-2 & 2\\1 & 3\end{vmatrix}| = \frac{1}{2}|-6-2| = \underline{4}.$

14.18 *Man berechne den Flächeninhalt des Dreiecks mit den Eckpunkten $A = (2,-2,5)$, $B = (3,-1,4)$, $C = (-3,2,-6)$.*

Das Dreieck wird aufgespannt von den Vektoren

$\vec{a} = \overrightarrow{AB} = \overrightarrow{OB} - \overrightarrow{OA} = (1,1,-1)$ und $\vec{b} = \overrightarrow{AC} = \overrightarrow{OC} - \overrightarrow{OA} = (-5,4,-11)$.

Damit ergibt sich der gesuchte Flächeninhalt zu

$$\frac{1}{2}|\vec{a} \times \vec{b}| = \frac{1}{2}|\begin{pmatrix}1\\1\\-1\end{pmatrix} \times \begin{pmatrix}-5\\4\\-11\end{pmatrix}| = \frac{1}{2}|\begin{pmatrix}-7\\16\\9\end{pmatrix}| = \frac{1}{2}\sqrt{49+256+81} = \underline{\frac{1}{2}\sqrt{386}}.$$

14.5 Spatprodukt

Das Spatprodukt **dreier Vektoren** im Raum ist die reelle Zahl $\vec{a}\cdot(\vec{b}\times\vec{c})$, Schreibweise: $<\vec{a},\vec{b},\vec{c}>$. Der Name ist wegen der geometrischen Interpretation gewählt.

Spatprodukt

Sind $\vec{a}=(a_1,a_2,a_3)$, $\vec{b}=(b_1,b_2,b_3)$, $\vec{c}=(c_1,c_2,c_3)$ Vektoren im $\mathbb{R}^3$, so gilt:

$$<\vec{a},\vec{b},\vec{c}> = \vec{a}\cdot(\vec{b}\times\vec{c}) = \begin{pmatrix} a_1 \\ a_2 \\ a_3 \end{pmatrix} \cdot \begin{pmatrix} b_2c_3-b_3c_2 \\ b_3c_1-b_1c_3 \\ b_1c_2-b_2c_1 \end{pmatrix}$$

$$= a_1b_2c_3+a_2b_3c_1+a_3b_1c_2-a_3b_2c_1-a_2b_1c_3-a_1b_3c_2$$

$$= \begin{vmatrix} a_1 & b_1 & c_1 \\ a_2 & b_2 & c_2 \\ a_3 & b_3 & c_3 \end{vmatrix}$$ (die Determinante gebildet aus $\vec{a},\vec{b},\vec{c}$). Berechnung siehe auch [Seite 215].

Geometrische Interpretation:
Der Betrag des Spatprodukts ist gleich dem Volumen des von den Vektoren $\vec{a}$, $\vec{b}$ und $\vec{c}$ aufgespannten Spats.

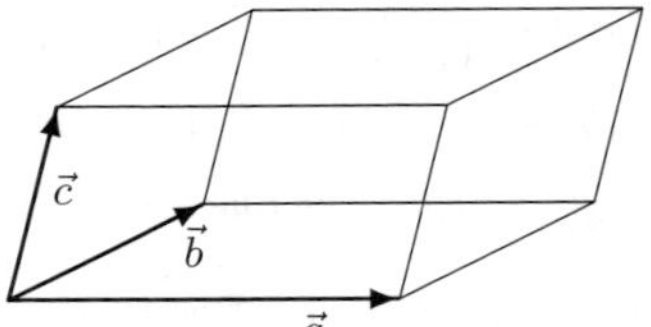

Weitere Eigenschaften des Spatprodukts:

1. $<\vec{a},\vec{b},\vec{c}> = <\vec{b},\vec{c},\vec{a}> = <\vec{c},\vec{a},\vec{b}>$
   Zyklische Vertauschungen ändern das Spatprodukt nicht.
2. $<\vec{a},\vec{b},\vec{c}> \begin{cases} >0 \iff \vec{a},\vec{b},\vec{c} \text{ bilden ein } \textbf{Rechtssystem}. \\ =0 \iff \vec{a},\vec{b},\vec{c} \text{ liegen in einer Ebene.} \\ <0 \iff \vec{a},\vec{b},\vec{c} \text{ bilden ein } \textbf{Linkssystem}. \end{cases}$
3. $\frac{1}{6}|<\vec{a},\vec{b},\vec{c}>|$ = **Volumen** des von $\vec{a},\vec{b},\vec{c}$ aufgespannten **Tetraeders**.

14.19 *Man berechne jeweils das Spatpodukt $<\vec{a},\vec{b},\vec{c}>$:*

(a) $\vec{a}=(1,1,1)$, $\vec{b}=(2,1,-1)$, $\vec{c}=(4,1,3)$.

(b) $\vec{a}=(4,5,3)$, $\vec{b}=(-1,-1,-1)$, $\vec{c}=(1,0,-2)$.

(c) $\vec{a}=(1,2,3)$, $\vec{b}=(4,5,6)$, $\vec{c}=(7,8,9)$.

(a) $$<\vec{a},\vec{b},\vec{c}> = \begin{pmatrix} 1 \\ 1 \\ 1 \end{pmatrix} \cdot \left(\begin{pmatrix} 2 \\ 1 \\ -1 \end{pmatrix} \times \begin{pmatrix} 4 \\ 1 \\ 3 \end{pmatrix} \right) = \begin{pmatrix} 1 \\ 1 \\ 1 \end{pmatrix} \cdot \begin{pmatrix} 4 \\ -10 \\ -2 \end{pmatrix} = \underline{-8}.$$

oder: $$<\vec{a},\vec{b},\vec{c}> = \begin{vmatrix} 1 & 2 & 4 \\ 1 & 1 & 1 \\ 1 & -1 & 3 \end{vmatrix} = 3+2-4-4+1-6 = \underline{-8}.$$

(b) $$<\vec{a},\vec{b},\vec{c}>=\begin{pmatrix}4\\5\\3\end{pmatrix}\cdot\left(\begin{pmatrix}-1\\-1\\-1\end{pmatrix}\times\begin{pmatrix}1\\0\\-2\end{pmatrix}\right)=\begin{pmatrix}4\\5\\3\end{pmatrix}\cdot\begin{pmatrix}2\\-3\\1\end{pmatrix}=8-15+3=\underline{-4}.$$

Oder: $$<\vec{a},\vec{b},\vec{c}>=\begin{vmatrix}4&-1&1\\5&-1&0\\3&-1&-2\end{vmatrix}=8-5+3-10=\underline{-4}.$$

(c) $$<\vec{a},\vec{b},\vec{c}>=\begin{pmatrix}1\\2\\3\end{pmatrix}\cdot\left(\begin{pmatrix}4\\5\\6\end{pmatrix}\times\begin{pmatrix}7\\8\\9\end{pmatrix}\right)=\begin{pmatrix}1\\2\\3\end{pmatrix}\cdot\begin{pmatrix}-3\\6\\-3\end{pmatrix}=\underline{0}.$$

14.20 *Man berechne das Volumen des von*

(a) $\vec{a}=(2,3,1),\ \vec{b}=(-1,0,-1),\ \vec{c}=(3,2,-1)$ *aufgespannten Spats.*

(b) $\vec{a}=(3,2,-1),\ \vec{b}=(-2,-4,-2),\ \vec{c}=(-3,1,-5)$ *aufgespannten Tetraeders.*

(a) $$V=|<\vec{a},\vec{b},\vec{c}>|=\left|\begin{pmatrix}2\\3\\1\end{pmatrix}\cdot\left(\begin{pmatrix}-1\\0\\-1\end{pmatrix}\times\begin{pmatrix}3\\2\\-1\end{pmatrix}\right)\right|=\left|\begin{pmatrix}2\\3\\1\end{pmatrix}\cdot\begin{pmatrix}2\\-4\\-2\end{pmatrix}\right|=|-10|=\underline{10}.$$

(b) $$V=\frac{1}{6}|<\vec{a},\vec{b},\vec{c}>|=\frac{1}{6}\left|\begin{vmatrix}3&-2&-3\\2&-4&1\\-1&-2&-5\end{vmatrix}\right|=\underline{12}.$$

14.21 *Man berechne das Volumen des Tetraeders mit den Eckpunkten*
$A=(1,2,3),\quad B=(2,3,4),\quad C=(3,5,-6),\quad D=(-1,2,1).$

Das Tetraeder wird aufgespannt von den Vektoren $\vec{a}=\overrightarrow{AB},\ \vec{b}=\overrightarrow{AC},\ \vec{c}=\overrightarrow{AD}$. Also

$$\vec{a}=\begin{pmatrix}2\\3\\4\end{pmatrix}-\begin{pmatrix}1\\2\\3\end{pmatrix}=\begin{pmatrix}1\\1\\1\end{pmatrix},\quad \vec{b}=\begin{pmatrix}3\\5\\-6\end{pmatrix}-\begin{pmatrix}1\\2\\3\end{pmatrix}=\begin{pmatrix}2\\3\\-9\end{pmatrix},\quad \vec{c}=\begin{pmatrix}-1\\2\\1\end{pmatrix}-\begin{pmatrix}1\\2\\3\end{pmatrix}=\begin{pmatrix}-2\\0\\-2\end{pmatrix}.$$

Damit gilt: $$V=\frac{1}{6}|<\vec{a},\vec{b},\vec{c}>|=\frac{1}{6}\left|\begin{vmatrix}1&2&-2\\1&3&0\\1&-9&-2\end{vmatrix}\right|=\frac{1}{6}\cdot 22=\underline{\frac{11}{3}}.$$

14.22 *Man bestimme x so, dass das von den Vektoren $(x,1,-1),\ (3,1,1),\ (2,-1,x)$ aufgespannte Tetraeder das Volumen 7 hat.*

$$V=\frac{1}{6}\left|\begin{vmatrix}x&3&2\\1&1&-1\\-1&1&x\end{vmatrix}\right|=\frac{1}{6}|x^2+3+2+2+x-3x|\stackrel{*}{=}\frac{1}{6}(x^2-2x+7)=7$$

$\Longleftrightarrow x^2-2x-35=0\Longleftrightarrow x_{1,2}=1\pm\sqrt{1+35}$, also $\underline{x_1=7,\ x_2=-5}$.

* Bemerkung:
Weil $x^2-2x+7=(x-1)^2+6\geq 0$ ist für alle $x\in\mathbb{R}$, gilt $|x^2-2x+7|=x^2-2x+7$.

14.6 Geraden in der Ebene

Ist $\vec{b} \neq \vec{0}$ und durchläuft der Parameter r die reellen Zahlen, so liegen die Endpunkte von $r\vec{b}$ auf der durch $\vec{b}$ bestimmten Geraden.

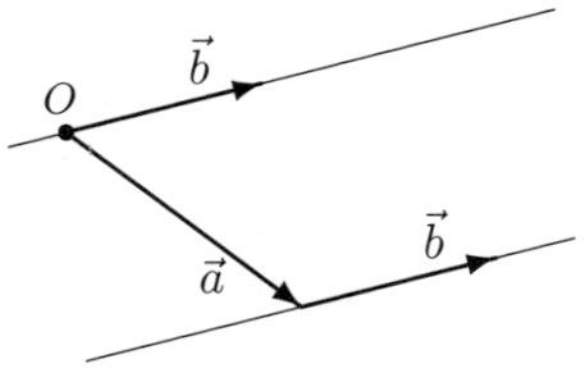

$G: \ \vec{x} = r\vec{b}$ ist eine Gleichung der Geraden durch den Nullpunkt mit dem Richtungsvektor $\vec{b}$.

$G': \ \vec{x} = \vec{a} + r\vec{b}$ ist eine Gleichung der zur obigen Geraden parallelen Geraden, die durch den Endpunkt von $\vec{a}$ verläuft.

Geraden in der Ebene

Parameterdarstellung einer Geraden

(1)
durch den Endpunkt von $\vec{a}$ mit dem **Richtungsvektor** $\vec{b} \neq \vec{0}$:

$\boldsymbol{G: \ \vec{x} = \vec{a} + r\vec{b}}$, $r \in \mathbb{R}$.

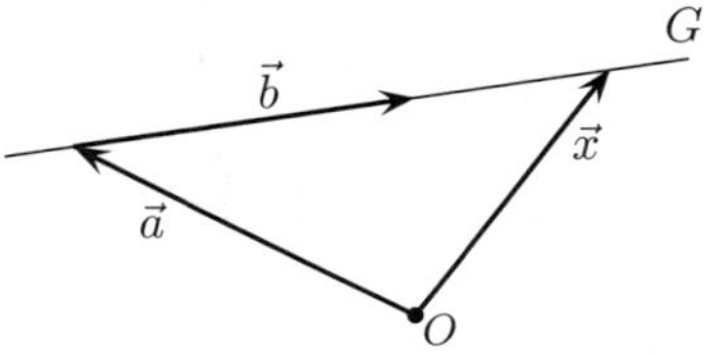

(2)
durch zwei verschiedene Punkte P_1 und P_2:

$\boldsymbol{G: \ \vec{x} = \vec{p}_1 + r(\vec{p}_2 - \vec{p}_1)}$, $r \in \mathbb{R}$.

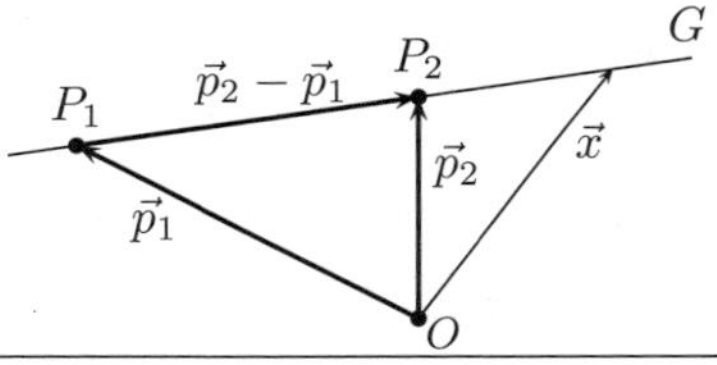

Koordinatendarstellung einer Geraden

durch den Endpunkt von $\vec{a}$

senkrecht zum **Normalenvektor** $\vec{n} = \begin{pmatrix} a \\ b \end{pmatrix} \neq \vec{0}$

von G ($\vec{n}$ steht senkrecht auf dem Richtungsvektor von G).

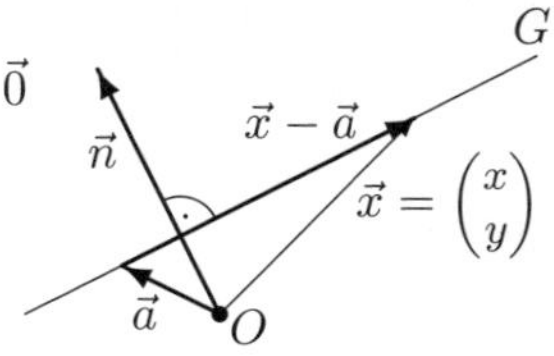

Mit $\vec{n} \cdot \vec{a} = c$ gilt:

$\boldsymbol{G: \ ax + by = c}$ Koordinatendarstellung der Geraden G.

Die Skizze zeigt, dass für Geradenpunkte (x, y) gilt:
$\vec{n} \cdot (\vec{x} - \vec{a}) = 0$ bzw. $\vec{n} \cdot \vec{x} = \vec{n} \cdot \vec{a}$. Das ausgerechnete Skalarpodukt

$$\vec{n} \cdot \vec{x} = \vec{n} \cdot \vec{a} \iff \begin{pmatrix} a \\ b \end{pmatrix} \cdot \begin{pmatrix} x \\ y \end{pmatrix} = c \iff ax + by = c$$

liefert die Koordinatendarstellung der Geraden G.

$\begin{pmatrix} \boldsymbol{a} \\ \boldsymbol{b} \end{pmatrix}$ ist ein Normalenvektor der Geraden $\boldsymbol{a}x + \boldsymbol{b}y = c$.

14.23 *Man bestimme eine Parameterdarstellung der Geraden durch*

(a) $P_1 = (-1, 1)$ *und* $P_2 = (3, 2)$, (b) $P_1 = (a, 0)$ *und* $P_2 = (0, b)$.

(a) $G: \vec{x} = \vec{p}_1 + r(\vec{p}_2 - \vec{p}_1)$,

es ist $\vec{p}_2 - \vec{p}_1 = \begin{pmatrix} 3 \\ 2 \end{pmatrix} - \begin{pmatrix} -1 \\ 1 \end{pmatrix} = \begin{pmatrix} 4 \\ 1 \end{pmatrix}$, also

erhält man folgende Parameterdarstellung:

$G: \vec{x} = \begin{pmatrix} -1 \\ 1 \end{pmatrix} + r \begin{pmatrix} 4 \\ 1 \end{pmatrix}, \; r \in \mathbb{R}$.

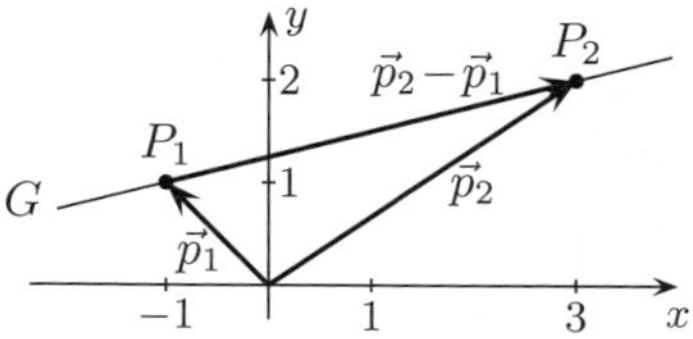

(b) $G: \vec{x} = \vec{p}_1 + r(\vec{p}_2 - \vec{p}_1)$,

es ist $\vec{p}_2 - \vec{p}_1 = \begin{pmatrix} 0 \\ b \end{pmatrix} - \begin{pmatrix} a \\ 0 \end{pmatrix} = \begin{pmatrix} -a \\ b \end{pmatrix}$, also

erhält man folgende Parameterdarstellung:

$G: \vec{x} = \begin{pmatrix} a \\ 0 \end{pmatrix} + r \begin{pmatrix} -a \\ b \end{pmatrix}, \; r \in \mathbb{R}$.

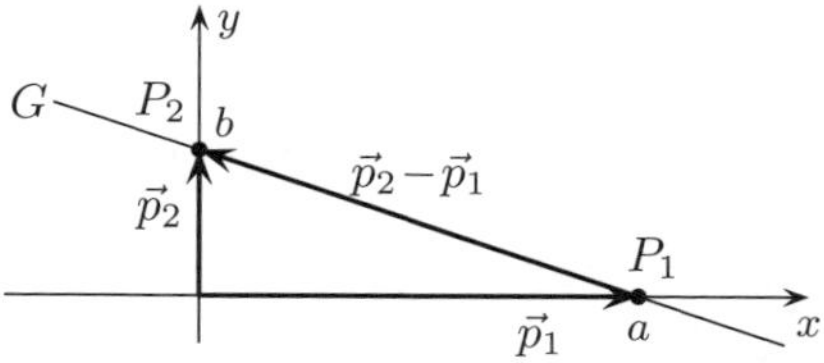

Wenn der Parameter $\mathbb{R}$ durchläuft, lässt man den Zusatz $r \in \mathbb{R}$ häufig weg!

14.24 *G sei die Gerade durch* $P = (-3, 2)$ *mit Normalenvektor* $\vec{n} = \begin{pmatrix} 1 \\ -2 \end{pmatrix}$.

Man bestimme

(a) *eine Parameterdarstellung von G,*

(b) *eine Koordinatendarstellung von G.*

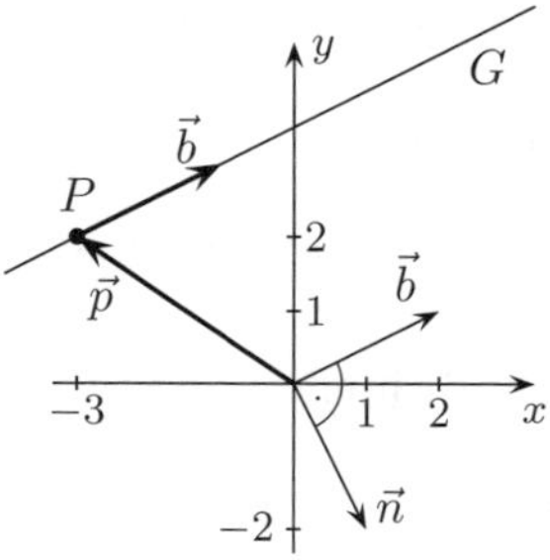

(a) **Parameterdarstellung:**

Man benötigt einen Richtungsvekor von G.

Es ist

$\begin{pmatrix} 2 \\ 1 \end{pmatrix} \cdot \begin{pmatrix} 1 \\ -2 \end{pmatrix} = 0$, also steht der Vektor $\vec{b} = \begin{pmatrix} 2 \\ 1 \end{pmatrix}$ auf

dem Normalenvektor $\vec{n} = \begin{pmatrix} 1 \\ -2 \end{pmatrix}$ senkrecht, ist also ein Richtungsvektor von G.

$G: \vec{x} = \vec{p} + r\vec{b}$ ergibt $\vec{x} = \begin{pmatrix} -3 \\ 2 \end{pmatrix} + r \begin{pmatrix} 2 \\ 1 \end{pmatrix}$ als Parameterdarstellung von G.

(b) **Koordinatendarstellung:**

Mit $\vec{n} = \begin{pmatrix} 1 \\ -2 \end{pmatrix}$ und $\vec{a} = \begin{pmatrix} -3 \\ 2 \end{pmatrix}$ folgt $\vec{n} \cdot \vec{a} = \begin{pmatrix} 1 \\ -2 \end{pmatrix} \cdot \begin{pmatrix} -3 \\ 2 \end{pmatrix} = -7$. Also ist

$x - 2y = -7$ eine Koordinatendarstellung von G.

14.25 *G sei die Gerade durch* $P_1 = (2, 1)$ *und* $P_2 = (-1, 3)$. *Man bestimme*

(a) *eine Parameterdarstellung von G,*

(b) *eine Koordinatendarstellung von G.*

(a) **Parameterdarstellung:**

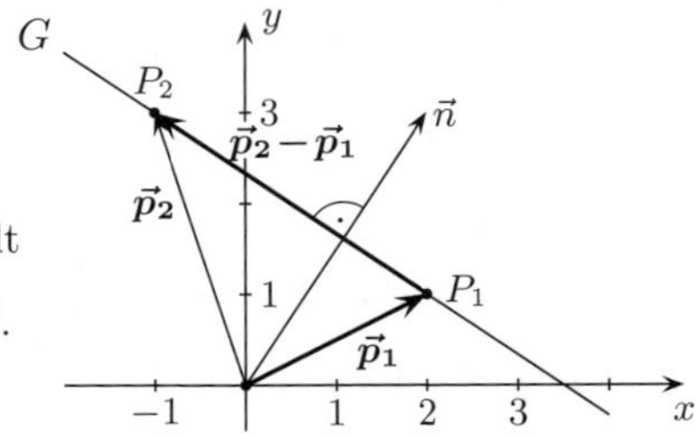

$G: \vec{x} = \vec{p}_1 + r(\vec{p}_2 - \vec{p}_1)$,

es ist $\vec{p}_2 - \vec{p}_1 = \begin{pmatrix}-1\\3\end{pmatrix} - \begin{pmatrix}2\\1\end{pmatrix} = \begin{pmatrix}-3\\2\end{pmatrix}$

ein Richtungsvektor von G, und man erhält

$\underline{\vec{x} = \begin{pmatrix}2\\1\end{pmatrix} + r\begin{pmatrix}-3\\2\end{pmatrix}}$, Parameterdarst. von G.

(b) **Koordinatendarstellung:**

Es ist $\begin{pmatrix}2\\3\end{pmatrix} \cdot \begin{pmatrix}-3\\2\end{pmatrix} = 0$, also steht der Vektor $\vec{n} = \begin{pmatrix}2\\3\end{pmatrix}$ auf dem Richtungsvektor $\begin{pmatrix}-3\\2\end{pmatrix}$ der Geraden senkrecht, ist also ein Normalenvektor von G.

Mit $\vec{n} \cdot \vec{p}_1 = \begin{pmatrix}2\\3\end{pmatrix} \cdot \begin{pmatrix}2\\1\end{pmatrix} = 7$ erhält man G in Koordinatendarst.: $\underline{2x + 3y = 7}$.

14.26 *Man gebe eine Parameterdarstellung und eine Koordinatendarstellung folgender Geraden durch den Punkt (a, b) an:*

(a) *G_x : parallel zur x-Achse.*
(b) *G_y : parallel zur y-Achse.*

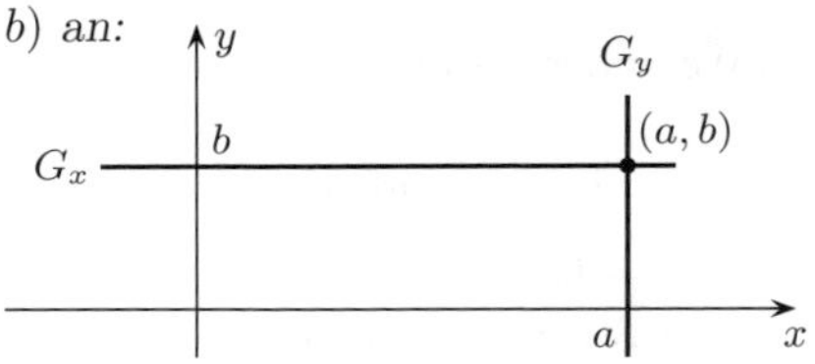

(a) Ein Richtungsvektor von G_x ist $\begin{pmatrix}1\\0\end{pmatrix}$,

ein Normalenvektor ist $\begin{pmatrix}0\\1\end{pmatrix}$.

Eine Parameterdarst.: $\underline{\vec{x} = \begin{pmatrix}a\\b\end{pmatrix} + r\begin{pmatrix}1\\0\end{pmatrix}}$, eine Koordinatendarst.: $\underline{y = b}$.

(b) Ein Richtungsvektor von G_y ist $\begin{pmatrix}0\\1\end{pmatrix}$, ein Normalenvektor ist $\begin{pmatrix}1\\0\end{pmatrix}$.

Eine Parameterdarst.: $\underline{\vec{x} = \begin{pmatrix}a\\b\end{pmatrix} + r\begin{pmatrix}0\\1\end{pmatrix}}$, eine Koordinatendarst.: $\underline{x = a}$.

In der Ebene gilt:
Entweder schneiden sich zwei Geraden, oder sie sind parallel.

Zwei Geraden in der Ebene sind parallel.

$\Longleftrightarrow$

Der Richtungsvektor der einen Geraden ist ein Vielfaches des Richtungsvektors der anderen Geraden.

$\Longleftrightarrow$

Der Normalenvektor der einen Geraden ist ein Vielfaches des Normalenvektors der anderen Geraden.

$\Longleftrightarrow$

Der Richtungsvektor der einen Geraden steht senkrecht auf dem Normalenvektor der anderen Geraden.

14.27 *Man zeige, dass die folgenden vier Geraden parallel sind:*

$$G_1: \ \vec{x} = \begin{pmatrix} 1 \\ -1 \end{pmatrix} + r\begin{pmatrix} 3 \\ -2 \end{pmatrix}, \qquad G_2: \ \vec{x} = \begin{pmatrix} 0 \\ -3 \end{pmatrix} + r\begin{pmatrix} -6 \\ 4 \end{pmatrix},$$
$$G_3: \ x + \tfrac{3}{2}y = 5, \qquad G_4: \ -\tfrac{4}{3}x - 2y = 1.$$

$G_1 || G_2$: Es ist $\begin{pmatrix} -6 \\ 4 \end{pmatrix} = -2\begin{pmatrix} 3 \\ -2 \end{pmatrix}$, der Richtungsvektor von G_2 ist ein Vielfaches des Richtungsvektors von G_1.

$G_3 || G_4$: Es ist $\begin{pmatrix} -4/3 \\ -2 \end{pmatrix} = -\frac{4}{3}\begin{pmatrix} 1 \\ 3/2 \end{pmatrix}$, der Normalenvektor von G_4 ist ein Vielfaches des Normalenvektors von G_3.

$G_1 || G_3$: Es ist $\begin{pmatrix} 3 \\ -2 \end{pmatrix} \cdot \begin{pmatrix} 1 \\ 3/2 \end{pmatrix} = 0$, der Richtungsvektor von G_1 ist also senkrecht zum Normalenvektor von G_3.

Also sind alle vier Geraden parallel.

Zwei Geraden sind gleich
$\iff$ sie sind parallel und haben einen gemeinsamen Punkt. (1)
$\iff$ sie haben zwei gemeinsame Punkte. (2)

14.28 *Man zeige:* $G: \ \vec{x} = \begin{pmatrix} 2 \\ -3 \end{pmatrix} + r\begin{pmatrix} -1 \\ 1 \end{pmatrix}$ *und* $H: \ \vec{x} = \begin{pmatrix} 1 \\ -2 \end{pmatrix} + r\begin{pmatrix} 2 \\ -2 \end{pmatrix}$ *sind gleich.*

(1): $(-2)\cdot\begin{pmatrix} -1 \\ 1 \end{pmatrix} = \begin{pmatrix} 2 \\ -2 \end{pmatrix}$, der Richtungsvektor von H ist ein Vielfaches des Richtungsvektors von G, die Geraden sind parallel.

$(1, -2)$ ist ein Punkt von H und wegen $\begin{pmatrix} 1 \\ -2 \end{pmatrix} = \begin{pmatrix} 2 \\ -3 \end{pmatrix} + 1 \cdot \begin{pmatrix} -1 \\ 1 \end{pmatrix}$ auch von G.

G und H sind parallel und haben den Punkt $(1, -2)$ gemeinsam. Also gilt $G = H$.

14.29 *Man zeige:* $G: \ \vec{x} = \begin{pmatrix} -1 \\ 4 \end{pmatrix} + r\begin{pmatrix} 3 \\ -2 \end{pmatrix}$ *und* $H: \ 2x + 3y = 10$ *sind gleich.*

(1): $\vec{n} = \begin{pmatrix} 2 \\ 3 \end{pmatrix}$ ist ein Normalenvektor von H, der wegen $\begin{pmatrix} 2 \\ 3 \end{pmatrix} \cdot \begin{pmatrix} 3 \\ -2 \end{pmatrix} = 0$ auf dem Richtungsvektor von G senkrecht steht. G und H sind also parallel.

Die Koordinaten des Punktes $P_1 = (-1, 4)$ von G erfüllen die Geradengleichung $2x + 3y = 10$ von H, denn $2 \cdot (-1) + 3 \cdot 4 = 10$, also liegt P_1 auch auf H.

G und H sind parallel und haben den Punkt $(-1, 4)$ gemeinsam. Also gilt $G = H$.

(2): Die Parameter $r_1 = 0$ und $r_2 = 1$ liefern die beiden Punkte $P_1 = (-1, 4)$ und $P_2 = (2, 2)$ auf G. Die Koordinaten dieser Punkte erfüllen die Geradengleichung $2x + 3y = 10$, liegen also auch auf H.
G und H haben die Punkte $(-1, 4)$ und $(2, 2)$gemeinsam. Also gilt $G = H$.

14.30 *Man bestimme die zu* G *parallelen Geraden durch* O *bzw.* $P = (3, -5)$.

(a) $G: \vec{x} = \begin{pmatrix} 2 \\ -3 \end{pmatrix} + r\begin{pmatrix} -2 \\ 1 \end{pmatrix}$, (b) $G: \ 3x - 4y = 6$.

Wir benutzen, dass Geraden genau dann parallel sind, wenn ihre Richtungsvektoren bzw. Normalenvektoren Vielfache voneinander – z.B. gleich – sind:

(a) $G_1:\ \vec{x} = r\begin{pmatrix}-2\\1\end{pmatrix}$ ist parallel zu G und geht durch den Nullpunkt.

$G_2:\ \vec{x} = \begin{pmatrix}3\\-5\end{pmatrix} + r\begin{pmatrix}-2\\1\end{pmatrix}$ ist parallel zu G und geht durch $P = (3, -5)$.

(b) $G_1:\ 3x - 4y = 0$ ist parallel zu G und geht durch den Nullpunkt.

$G_2:\ 3x - 4y = 29$ ist parallel zu G und geht durch $P = (3, -5)$, denn $3 \cdot 3 - 4 \cdot (-5) = 29$.

14.31 *Bestimme die zu $G:\ 2x - 5y = 3$ senkrechte Gerade H durch $P = (-2, 3)$.*

Der Normalenvektor $\begin{pmatrix}2\\-5\end{pmatrix}$ von G ist Richtungsvektor von H. Man erhält

$H:\ \underline{\vec{x} = \begin{pmatrix}-2\\3\end{pmatrix} + r\begin{pmatrix}2\\-5\end{pmatrix}}$, Gerade H in Parameterdarstellung.

$\begin{pmatrix}5\\2\end{pmatrix}$ ist Normalenvektor von H, da $\begin{pmatrix}5\\2\end{pmatrix} \cdot \begin{pmatrix}2\\-5\end{pmatrix} = 0$. Weiter ist $\begin{pmatrix}5\\2\end{pmatrix} \cdot \begin{pmatrix}-2\\3\end{pmatrix} = -4$:

$H:\ \underline{5x + 2y = -4}$, Gerade H in Koordinatendarstellung.

14.32 *Man bestimme eine Parameterdarstellung der zu $G:\ \vec{x} = \begin{pmatrix}1\\3\end{pmatrix} + r\begin{pmatrix}5\\2\end{pmatrix}$ parallelen Geraden H mit gleichem Abstand zum Ursprung wie G.*

Wir spiegeln den Punkt $(1, 3)$ von G am Nullpunkt und erhalten den Punkt $(-1, -3)$ von H. (Spiegelung am Nullpunkt entsteht durch Multiplikation mit (-1).)

Mit dem Richtungsvektor $\vec{b} = \begin{pmatrix}5\\2\end{pmatrix}$ von G erhält man die zu G parallele Gerade H durch $(-1, -3)$ mit gleichem Abstand zum Ursprung wie G.

$H:\ \underline{\vec{x} = \begin{pmatrix}-1\\-3\end{pmatrix} + r\begin{pmatrix}5\\2\end{pmatrix}}$.

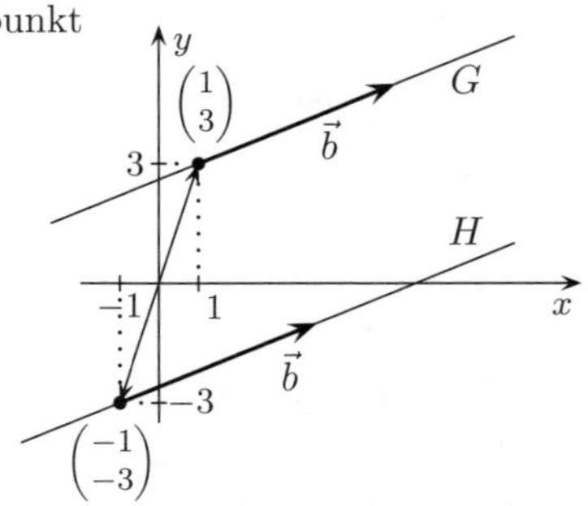

14.33 *Man bestimme eine Koordinatendarstellung der zu $G:\ 3x - 4y = 5$ parallelen Geraden H mit gleichem Abstand zum Ursprung wie G.*

$(3, 1)$ ist ein Punkt von G, denn $3 \cdot 3 - 4 \cdot 1 = 5$.

Wir spiegeln den Punkt $(3, 1)$ am Nullpunkt und erhalten den Punkt $(-3, -1)$.

Mit dem Normalenvektor $\begin{pmatrix}3\\-4\end{pmatrix}$ der Geraden G und $\begin{pmatrix}3\\-4\end{pmatrix} \cdot \begin{pmatrix}-3\\-1\end{pmatrix} = -5$ erhält man die zu G parallele Gerade H durch $(-3, -1)$ mit gleichem Abstand zum Nullpunkt wie G:

$H:\ \underline{3x - 4y = -5}$.

Umformung
von Geradendarstellungen in der Ebene

Parameterdarstellung in Koordinatendarstellung

Parameterdarstellung	→	Koordinatendarstellung
$\vec{x} = \vec{a} + r\vec{b}$	Multiplikation mit Normalenvektor $\vec{n}$	$\vec{n}\cdot\vec{x} = \vec{n}\cdot\vec{a}$ $ax + by = c$

Man multipliziert die Parameterdarstellung mit einem Vektor $\vec{n}$, der auf dem Richtungsvektor $\vec{b}$ senkrecht steht (**Normalenvektor**), für $\vec{b} = \begin{pmatrix} b_1 \\ b_2 \end{pmatrix}$ z.B. mit $\begin{pmatrix} -b_2 \\ b_1 \end{pmatrix}$.

Koordinatendarstellung in Parameterdarstellung

Koordinatendarstellung	→	Parameterdarstellung
$ax + by = c$	Lösen des LGS 1 Gleichung, 2 Unbekannte	$\vec{x} = \vec{a} + r\vec{b}$

Man löst das LGS $ax + by = c$.
Z.B., indem man, falls $a \neq 0$ ist, $y = r$ setzt und nach x auflöst, $x = \frac{c}{a} - \frac{b}{a}r$.
Das Ergebnis schreibt man vektoriell: $\vec{x} = \begin{pmatrix} x \\ y \end{pmatrix} = \begin{pmatrix} \frac{c}{a} - \frac{b}{a}r \\ r \end{pmatrix} = \begin{pmatrix} c/a \\ 0 \end{pmatrix} + r\begin{pmatrix} -b/a \\ 1 \end{pmatrix}$,
und erhält die Gerade in Parameterdarstellung, siehe folgendes Beispiel.

14.34 $\vec{x} = \begin{pmatrix} -2 \\ 3 \end{pmatrix} + r\begin{pmatrix} 3 \\ 1 \end{pmatrix}$ *ist Parameterdarstellung einer Geraden G.*
Man gebe eine Koordinatendarstellung dieser Geraden an.

$\vec{n} = \begin{pmatrix} 1 \\ -3 \end{pmatrix}$ steht senkrecht auf dem Richtungsvektor $\begin{pmatrix} 3 \\ 1 \end{pmatrix}$, denn $\begin{pmatrix} 1 \\ -3 \end{pmatrix}\cdot\begin{pmatrix} 3 \\ 1 \end{pmatrix} = 0$.
Skalarproduktbildung auf beiden Seiten der Parameterdarstellung
$\vec{x} = \begin{pmatrix} x \\ y \end{pmatrix} = \begin{pmatrix} -2 \\ 3 \end{pmatrix} + r\begin{pmatrix} 3 \\ 1 \end{pmatrix}$ mit $\begin{pmatrix} 1 \\ -3 \end{pmatrix}$ ergibt

$$\begin{pmatrix} x \\ y \end{pmatrix}\cdot\begin{pmatrix} 1 \\ -3 \end{pmatrix} = \left(\begin{pmatrix} -2 \\ 3 \end{pmatrix} + r\begin{pmatrix} 3 \\ 1 \end{pmatrix}\right)\cdot\begin{pmatrix} 1 \\ -3 \end{pmatrix} = \begin{pmatrix} -2 \\ 3 \end{pmatrix}\cdot\begin{pmatrix} 1 \\ -3 \end{pmatrix} + r\overbrace{\begin{pmatrix} 3 \\ 1 \end{pmatrix}\cdot\begin{pmatrix} 1 \\ -3 \end{pmatrix}}^{=0} = -11,$$

also ist $\underline{x - 3y = -11}$ eine Koordinatendarstellung von G.

14.35 *Durch $3x - y = 6$ ist eine Gerade G in der Ebene gegeben.*
Man gebe eine Parameterdarstellung dieser Geraden an.

3 Lösungsmöglichkeiten:

(1) Man fasst die Gleichung $3x - y = 6$ als lineares Gleichungssystem auf, wählt z.B. $x = r$ als Parameter und erhält $3r - y = 6$ also $y = -6 + 3r$ (s. [Abschnitt 12.1]).
Man schreibt nun $\begin{matrix} x = r \\ y = -6 + 3r \end{matrix}$ vektoriell und erhält
$\vec{x} = \begin{pmatrix} x \\ y \end{pmatrix} = \begin{pmatrix} r \\ -6 + 3r \end{pmatrix} = \underline{\begin{pmatrix} 0 \\ -6 \end{pmatrix} + r\begin{pmatrix} 1 \\ 3 \end{pmatrix}}$, eine Parameterdarstellung von G.

(2) Man bestimmt zwei Punkte auf G, z.B. $P_1 = (0,-6)$ und $P_2 = (1,-3)$ und verfährt wie in [14.23], [14.25]:

$\vec{x} = \begin{pmatrix} 1 \\ -3 \end{pmatrix} + r(\begin{pmatrix} 0 \\ -6 \end{pmatrix} - \begin{pmatrix} 1 \\ -3 \end{pmatrix})$, also $\underline{\vec{x} = \begin{pmatrix} 1 \\ -3 \end{pmatrix} + r\begin{pmatrix} -1 \\ -3 \end{pmatrix}}$.

(3) $\vec{n} = \begin{pmatrix} 3 \\ -1 \end{pmatrix}$ ist ein Normalenvektor, also $\begin{pmatrix} 1 \\ 3 \end{pmatrix}$ ein Richtungsvektor von G.

$P = (2,0)$ ist ein Punkt von G, da seine Koordinaten wegen $3 \cdot 2 - 0 = 6$ die Geradengleichung erfüllen, also ist

$\underline{\vec{x} = \begin{pmatrix} 2 \\ 0 \end{pmatrix} + r\begin{pmatrix} 1 \\ 3 \end{pmatrix} \text{ eine Parameterdarstellung von } G.}$

Wir haben drei verschiedene Parameterdarstellungen von G erhalten!

Man beachte hier die Verbindung zu der bekannten Darstellung gewisser Geraden als Graph einer linearen Funktion, siehe [**EM2**].
Lässt sich eine Koordinatendarstellung $ax + by = c$ nach y auflösen, hier gilt $y = 3x - 6$, so liefert der Faktor vor x die Steigung der Geraden: Steigung 3 bedeutet Richtungsvektor $\begin{pmatrix} 1 \\ 3 \end{pmatrix}$. Der Summand -6 gibt an, wo die y-Achse geschnitten wird, $(0,-6)$ ist also ein Punkt der Geraden. Damit ergibt sich auf diese Weise auch die Parameterdarstellung von G unter (1).

Schnittpunkt zweier Geraden

(1) <u>G und H in Parameterdarstellung:</u>
Komponenten gleichsetzen,
Gleichungssystem mit 2 Gleichungen und 2 Variablen lösen.

(2) <u>G und H in Koordinatendarstellung:</u>
Gleichungssystem mit 2 Gleichungen und 2 Variablen lösen.

(3) <u>G in Parameterdarstellung, H in Koordinatendarstellung:</u>
Komponenten in Koordinatendarst. einsetzen, lineare Gleichung lösen.

• Im allgemeinen ist der Lösungsweg (3) der schnellste Weg! •

Schnittwinkel zweier Geraden

Für den Schnittwinkel $\boldsymbol{\alpha}$ zweier Geraden mit Richtungsvektoren $\vec{\boldsymbol{a}}, \vec{\boldsymbol{b}}$ gilt:

$$\alpha = \sphericalangle(\vec{a},\vec{b}), \quad \text{falls} \quad 0° < \sphericalangle(\vec{a},\vec{b}) \leq 90°,$$

$$\alpha = 180° - \sphericalangle(\vec{a},\vec{b}), \quad \text{falls} \quad 90° < \sphericalangle(\vec{a},\vec{b}).$$

14.36 *Gegeben sind die Geraden*

$G_1: \vec{x} = \begin{pmatrix} -2 \\ -1 \end{pmatrix} + r \begin{pmatrix} 1 \\ 1 \end{pmatrix}$,

$G_2: x + 2y = 5$,

G_3: *Gerade durch* $P_1 = (0, -1)$, $P_2 = (2, 1)$.

(a) *Welche Schnittpunkte besitzen die Geraden?*

(b) *Unter welchen Winkeln schneiden sich die Geraden?*

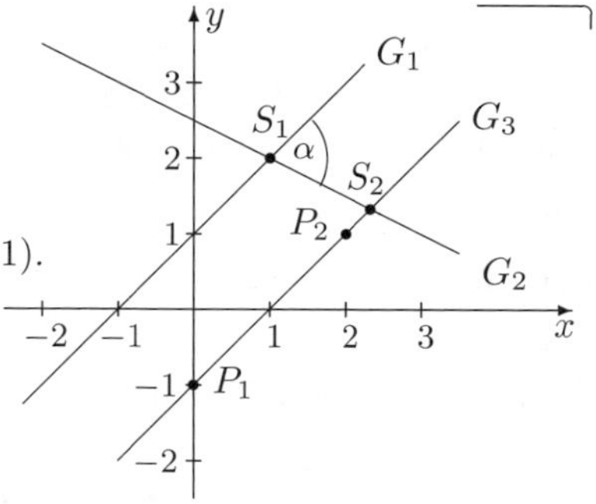

(a) Gesucht sind die Schnittpunkte der Geraden, also $G_i \cap G_j$.

$\boldsymbol{G_1 \cap G_2}$: $x = -2 + r$, $y = -1 + r$ in die Koordinatendarstellung von G_2 einsetzen: $-2 + r + 2(-1 + r) = 5 \iff 3r - 4 = 5 \iff r = 3$.
Schnittpunkt: $\underline{S_1 = (1, 2)}$

$\boldsymbol{G_1 \cap G_3}$: G_3 in Parameterdarstellung: $\vec{x} = \begin{pmatrix} 0 \\ -1 \end{pmatrix} + s \begin{pmatrix} 2 \\ 2 \end{pmatrix}$.
Komponenten von G_1 und G_3 vergleichen:

$$\left.\begin{aligned} -2 + r &= 2s \\ -1 + r &= -1 + 2s \end{aligned}\right] - \quad \Longrightarrow \; -1 = 1 \quad \text{Widerspruch.}$$

G_1 und G_3 sind parallel, aber nicht gleich, also $\underline{G_1 \cap G_3 = \emptyset}$.

$\boldsymbol{G_2 \cap G_3}$: Wie bei $G_1 \cap G_2$:
$x = 2s$, $y = -1 + 2s$ in die Koordinatendarstellung von G_2 einsetzen: $2s + 2(-1 + 2s) = 5 \iff 6s - 2 = 5 \iff s = \frac{7}{6}$.
Schnittpunkt: $\underline{S_2 = (\frac{7}{3}, \frac{4}{3})}$.

(b) G_1 und G_2 sowie G_2 und G_3 schneiden sich unter dem gleichen Winkel, da G_1 und G_3 parallel sind. G_1 und G_3 schneiden sich nicht.

Zu bestimmen: Der Winkel α zwischen G_1 und G_2:

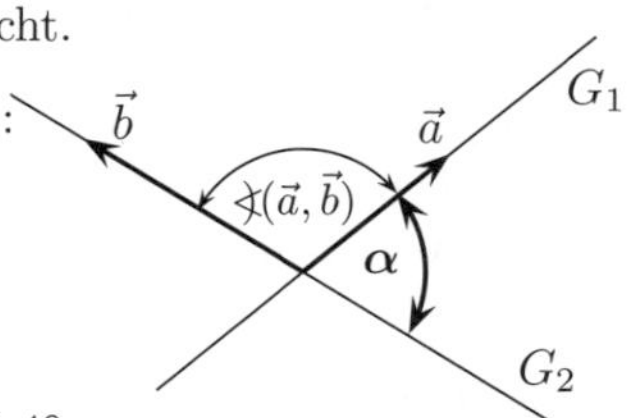

G_1 hat als Richtungsvektor $\vec{a} = \begin{pmatrix} 1 \\ 1 \end{pmatrix}$,

G_2 hat als Richtungsvektor $\vec{b} = \begin{pmatrix} -2 \\ 1 \end{pmatrix}$.

$$\cos \sphericalangle(\vec{a}, \vec{b}) = \frac{\vec{a} \bullet \vec{b}}{|\vec{a}| \cdot |\vec{b}|} = \frac{-1}{\sqrt{2} \cdot \sqrt{5}} \quad \Longrightarrow \quad \sphericalangle(\vec{a}, \vec{b}) \approx 108.4°.$$

Schnittwinkel von G_1 und G_2 bzw. von G_2 und G_3 ist $\alpha = 180° - \sphericalangle(\vec{a}, \vec{b}) \approx \underline{71.6°}$.

HESSEsche Normalform einer Geraden in der Ebene

Ist in der Koordinatendarstellung $ax + by = c$ der Geraden G der Normalenvektor $\vec{n} = (a, b)$ ein **Einheitsvektor**, also $|(a, b)| = 1$ und ist $c \geq 0$, so spricht man von der **HESSEschen Normalform** (HNF) der Geraden.

Ist $G: ax + by = c$ in HNF, also $|(a, b)| = 1$ und $c \geq 0$, so gilt:

1.) c ist der **Abstand** der Geraden zum Nullpunkt.
2.) Der Normalenvektor $\vec{n} = (a, b)$ zeigt vom Nullpunkt zur Geraden.

14.37 *Für die durch $3x - y = 5$ gegebene Gerade G berechne man die HNF und den Abstand der Geraden vom Ursprung.*

$(3,-1)$ ist ein Normalenvektor von G, also ist $\frac{1}{\sqrt{10}}(3,-1)$ ein Normaleneinheitsvektor. Damit ist $\frac{3}{\sqrt{10}}x - \frac{1}{\sqrt{10}}y = \frac{5}{\sqrt{10}}$ die HNF von G.

Der Abstand der Geraden vom Ursprung beträgt $\frac{5}{\sqrt{10}}$.

Die HNF erhält man also einfach aus der Koordinatendarstellung $3x - y = 5$, indem man durch die Länge des Normalenvektors $(3,-1)$, also $\sqrt{10}$ dividiert.

Abstandsberechnungen in der Ebene

1. **Abstand Punkt – Punkt**

$P_1 = (a_1, a_2)$, $P_2 = (b_1, b_2)$

$d(P_1, P_2) = \sqrt{(b_1 - a_1)^2 + (b_2 - a_2)^2}$, Pythagoras!

$= |\overrightarrow{P_1P_2}| =$ Länge des Vektors $\overrightarrow{P_1P_2}$

2. **Abstand Punkt – Gerade**

$P = (p_1, p_2)$, $G: ax + by = c$ in HNF, also $|(a,b)| = 1$ und $c \geq 0$,

$d(P, G) = |ap_1 + bp_2 - c|$. (Einsetzen in HNF!)

3. **Abstand Gerade – Gerade**

G_1, G_2 seien zwei Geraden, $P_1 \in G_1$, $P_2 \in G_2$.

(i) $d(G_1, G_2) = 0$, falls sich G_1, G_2 schneiden.

(ii) $d(G_1, G_2) = d(P_1, G_2) = d(G_1, P_2)$, falls G_1, G_2 parallel sind. (Berechnung also mit der Formel aus 2.)

14.38 *Gegeben sind die Punkte $P_1 = (-1, 1)$ und $P_2 = (4, -1)$ sowie die Geraden G_1: $\vec{x} = \begin{pmatrix}2\\2\end{pmatrix} + r\begin{pmatrix}-1\\3\end{pmatrix}$, G_2: $3x - 4y = 12$, G_3: $3x + y - 4 = 0$.*

Man berechne den Abstand

(a) von P_1 und P_2, *(b) von P_1 zu G_1, G_2, G_3,*

(c) von G_1 und G_2, *(d) von G_1 und G_3.*

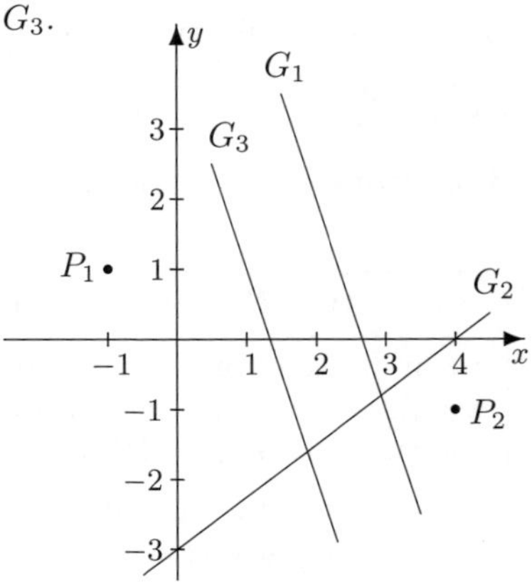

(a) Es ist $d(P_1, P_2) = \sqrt{5^2 + (-2)^2} = \underline{\sqrt{29}}$.

(b) Wir berechnen die HNFen:

G_1: Ein Normalenvektor: $\vec{n} = (3, 1)$

Normaleneinheitsvektor: $\frac{1}{\sqrt{10}}(3,1)$

$$\frac{1}{\sqrt{10}}\begin{pmatrix}3\\1\end{pmatrix}\cdot\begin{pmatrix}2\\2\end{pmatrix} = \frac{8}{\sqrt{10}}$$

HNF: $\frac{3}{\sqrt{10}}x + \frac{1}{\sqrt{10}}y = \frac{8}{\sqrt{10}}$

$$d(P_1, G_1) = \left|\frac{3}{\sqrt{10}}\cdot(-1) + \frac{1}{\sqrt{10}}\cdot 1 - \frac{8}{\sqrt{10}}\right| = \frac{10}{\sqrt{10}} = \underline{\sqrt{10}}.$$

G_2: HNF: $\frac{3}{5}x - \frac{4}{5}y = \frac{12}{5}$, $\quad d(P_1, G_2) = |-\frac{3}{5} - \frac{4}{5} - \frac{12}{5}| = \underline{\frac{19}{5}}$.

G_3: HNF: $\frac{3}{\sqrt{10}}\,x + \frac{1}{\sqrt{10}}\,y = \frac{4}{\sqrt{10}}$

$d(P_1, G_3) = |-\frac{3}{\sqrt{10}} + \frac{1}{\sqrt{10}} - \frac{4}{\sqrt{10}}| = \underline{\frac{6}{\sqrt{10}}}$.

(c) G_1, G_2 sind nicht parallel, da der Richtungsvektor $(-1,3)$ von G_1 nicht senkrecht zum Normalenvektor $(3,-4)$ von G_2 ist. Also ist $\underline{d(G_1, G_2) = 0}$.

(d) Der Richtungsvektor $(-1,3)$ von G_1 ist senkrecht zum Normalenvektor $(3,1)$ von G_3 also sind G_1, G_3 parallel. $P = (2,-2)$ ist ein Punkt von G_3. Daher gilt:

$d(G_1, G_3) = d(P, G_1) = |\frac{6}{\sqrt{10}} - \frac{2}{\sqrt{10}} - \frac{8}{\sqrt{10}}| = \underline{\frac{4}{\sqrt{10}}}$.

Unter Benutzung von (b) und der Skizze folgt schneller:

$d(G_1, G_3) = d(P_1, G_1) - d(P_1, G_3) = \frac{10}{\sqrt{10}} - \frac{6}{\sqrt{10}} = \frac{4}{\sqrt{10}}$.

14.39 *Welcher Punkt P der Geraden $G:\ \vec{x} = \begin{pmatrix}-2\\0\end{pmatrix} + r\begin{pmatrix}2\\-1\end{pmatrix}$ hat vom Punkt $Q = (4,2)$ den kürzesten Abstand, und wie groß ist dieser Abstand?*

Der Lotfußpunkt P des Lotes von Q auf G ist der gesuchte Punkt (Pythagoras). Eine Parameterdarstellung der Geraden H durch $(4,2)$ senkrecht zu G lautet: $H\ \ \vec{x} = \begin{pmatrix}4\\2\end{pmatrix} + s\begin{pmatrix}1\\2\end{pmatrix}$. P ist der Schnittpunkt von G und H.

$$\begin{pmatrix}-2\\0\end{pmatrix} + r\begin{pmatrix}2\\-1\end{pmatrix} = \begin{pmatrix}4\\2\end{pmatrix} + s\begin{pmatrix}1\\2\end{pmatrix} \iff \begin{array}{r} -2+2r = 4+\ s \\ -\ r = 2+2s \end{array}$$

$$\iff \begin{array}{r} 2r-\ s = 6 \\ -r-2s = 2 \end{array}\Big]{}^{1}_{2} \Longrightarrow -5s = 10 \Longrightarrow \begin{array}{r} s = -2 \\ r = \ \ 2. \end{array}$$

Der Schnittpunkt der Geraden G und H ist also $\underline{P = (2,-2)}$.

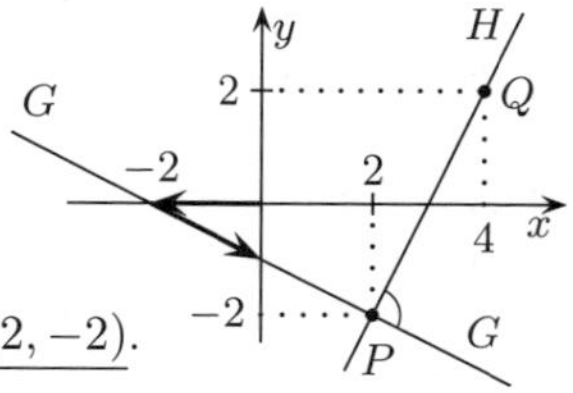

Der gesuchte Abstand lässt sich nun durch die Formel für den Abstand Punkt–Gerade berechnen (siehe Probe) oder hier einfacher durch

$$d(Q,G) = |\overrightarrow{PQ}| = \left|\begin{pmatrix}2\\4\end{pmatrix}\right| = \sqrt{20} = \underline{2\sqrt{5}}.$$

Probe:

Eine Koordinatendarstellung von G ist $x + 2y = -2$, d.h. die HNF von G lautet $-\frac{1}{\sqrt{5}}\,x - \frac{2}{\sqrt{5}}\,y = \frac{2}{\sqrt{5}}$.

Also ist $\ d(Q,G) = |-\frac{4}{\sqrt{5}} - \frac{4}{\sqrt{5}} - \frac{2}{\sqrt{5}}| = \frac{10}{\sqrt{5}} = 2\sqrt{5}$.

14.7 Geraden und Ebenen im Raum

Die im vorigen Abschnitt angegebene Parameterdarstellung einer Geraden in der Ebene lässt sich wortwörtlich als Geradendarstellung im Raum übertragen.

Darstellung einer Geraden im Raum

Ist $\vec{a}$ ein im Ursprung angetragener Vektor und $\vec{b} \neq \vec{0}$ ein beliebiger Vektor, so heißt
$\boldsymbol{G: \ \vec{x} = \vec{a} + r\vec{b}}$, $r \in \mathbb{R}$,
Parameterdarstellung der Geraden G durch den Endpunkt von $\vec{a}$ in Richtung $\vec{b}$.

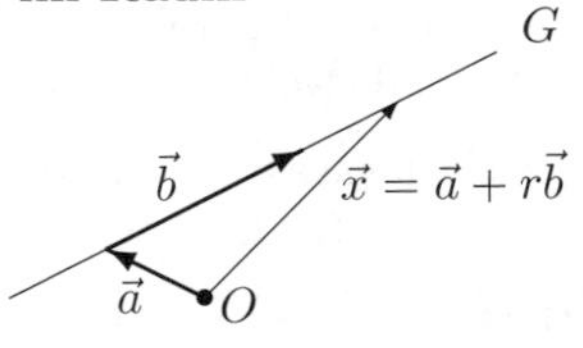

Für eine Ebene im Raum gibt es verschiedene Darstellungen.

Parameterdarstellung einer Ebene

Ist $\vec{a}$ ein im Ursprung angetragener Vektor und sind $\vec{b} \neq \vec{0}, \vec{c} \neq \vec{0}$ zwei nicht parallele Vektoren, so heißt
$\boldsymbol{E: \ \vec{x} = \vec{a} + r\vec{b} + s\vec{c}}$, $r, s \in \mathbb{R}$
Parameterdarstellung der Ebene E durch den Endpunkt von $\vec{a}$, die durch die **Richtungsvektoren** $\vec{b}$, $\vec{c}$ aufgespannt wird.

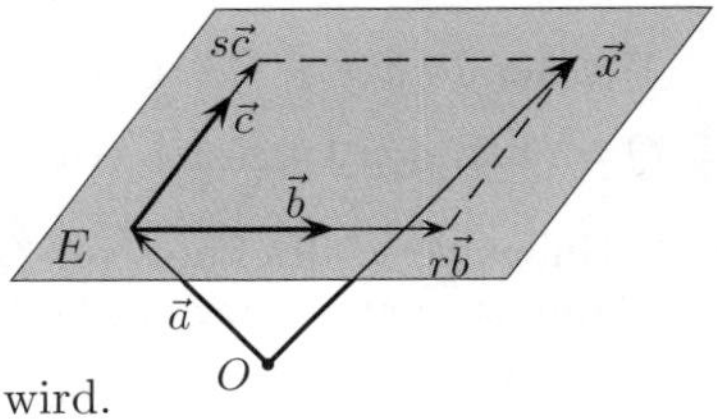

Sind P_1, P_2, P_3 drei Punkte, die nicht auf einer Geraden liegen, so ist
$E: \ \vec{x} = \vec{p_1} + r(\vec{p_2} - \vec{p_1}) + s(\vec{p_3} - \vec{p_1})$
eine Parameterdarstellung der Ebene E durch P_1, P_2, P_3.

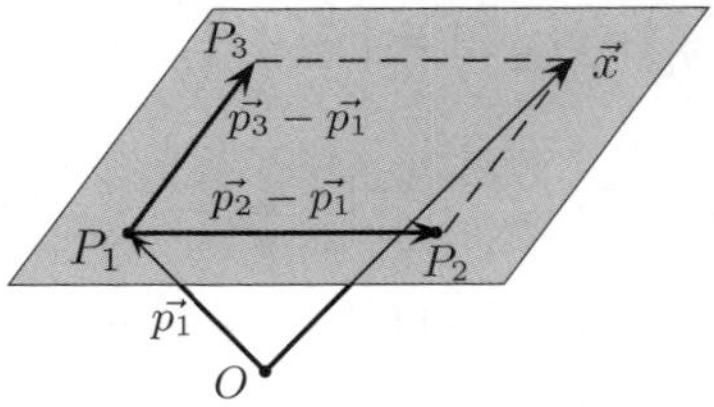

Koordinatendarstellung einer Ebene

$\boldsymbol{E: \ ax + by + cz = d}$ heißt Koordinatendarstellung von E.
$\boldsymbol{\vec{n} = (a, b, c)} \neq \vec{0}$ ist dabei ein **Normalenvektor** von $\boldsymbol{E}$.
Diese Darstellung ergibt sich aus der folgenden Ebenendarstellung durch Ausrechnen des Skalarprodukts mit $\vec{n} \cdot \vec{a} = d$.

Ist $\vec{a}$ ein im Ursprung angetragener Vektor und $\vec{n} \neq \vec{0}$ ein auf E senkrecht stehender Vektor, so heißt
$\boldsymbol{E: \ \vec{n} \cdot (\vec{x} - \vec{a}) = 0}$ oder $\boldsymbol{\vec{n} \cdot \vec{x} = \vec{n} \cdot \vec{a}}$
Normalendarstellung der Ebene E durch den Endpunkt von $\vec{a}$, die senkrecht zu $\vec{n}$ verläuft.

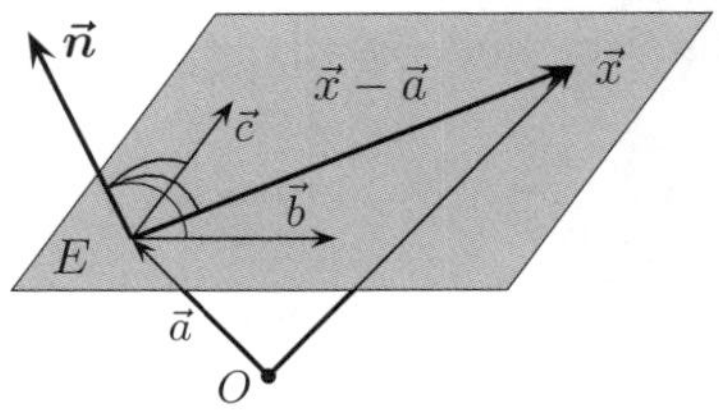

(Die Normalendarst. ist eine vektorielle Schreibweise der Koordinatendarst.)

14.40 *Gegeben sind die Punkte*
$P_1 = (1, 2, -1), \quad P_2 = (2, 5, -3), \quad P_3 = (-1, 2, -3), \quad P_4 = (5, 8, 9).$

(a) *Man bestimme eine Parameterdarstellung der Geraden G_1 durch P_1 und P_2, sowie der Geraden G_2 durch P_3 und P_4.*

(b) *Schneiden sich G_1 und G_2? Sind G_1 und G_2 parallel?*

(a) Mit dem Richtungsvektor $\vec{b} = \overrightarrow{P_1P_2} = \vec{p}_2 - \vec{p}_1 = (1, 3, -2)$ erhält man $G_1 : \vec{x} = (1, 2, -1) + r(1, 3, -2)$, Parameterdarstellung von G_1 durch P_1 und P_2.

Mit dem Richtungsvektor $\vec{c} = \overrightarrow{P_3P_4} = \vec{p}_4 - \vec{p}_3 = (6, 6, 12)$ erhält man $G_2 : \vec{x} = (-1, 2, 3) + s(1, 1, 2)$, Parameterdarstellung von G_2 durch P_3 und P_4.

(b) G_1 und G_2 schneiden sich, wenn es r und s gibt mit

$$\begin{pmatrix} 1 \\ 2 \\ -1 \end{pmatrix} + r \begin{pmatrix} 1 \\ 3 \\ -2 \end{pmatrix} = \begin{pmatrix} -1 \\ 2 \\ 3 \end{pmatrix} + s \begin{pmatrix} 1 \\ 1 \\ 2 \end{pmatrix} \iff \begin{array}{rcl} 1+r &=& -1+s \\ 2+3r &=& 2+s \\ -1-2r &=& 3+2s \end{array} \iff \begin{array}{rcr} r-s &=& -2 \\ 3r-s &=& 0 \\ -2r-2s &=& 4 \end{array}$$

Aus Gleichung 1 und Gleichung 2 folgt durch Subtraktion $-2r = -2$, also $r = 1$ und weiter $s = 3$. In Gleichung 3 eingesetzt folgt $-2 - 6 = 4$, Widerspruch!

Das LGS ist nicht lösbar. Die beiden Geraden G_1 und G_2 schneiden sich nicht.

Der Richtungsvektor $(1, 3, -2)$ von G_1 ist nicht parallel zum Richtungsvektor $(1, 1, 2)$ von G_2. Die Geraden G_1 und G_2 sind nicht parallel.

Geraden, die sich nicht schneiden und nicht parallel sind, nennt man **windschief**.

Geraden im Raum

(a) können **sich schneiden.**
(b) können **parallel sein** (als Spezialfall gleich sein).
(c) können **windschief sein** (kein Schnittpunkt und nicht parallel).

Geraden schneiden sich $\iff$ das zugehörige LGS hat eine Lösung.

Geraden sind parallel $\iff$ die Richtungsvektoren sind Vielfache voneinander.

14.41 *Man untersuche die Lage folgender Geraden zueinander.*

$$G_1 : \vec{x} = \begin{pmatrix} 1 \\ 2 \\ 3 \end{pmatrix} + r \begin{pmatrix} 1 \\ -1 \\ 1 \end{pmatrix}, \quad G_2 : \vec{x} = \begin{pmatrix} 0 \\ 1 \\ 0 \end{pmatrix} + s \begin{pmatrix} 0 \\ 1 \\ 1 \end{pmatrix}, \quad G_3 : \vec{x} = \begin{pmatrix} 0 \\ 0 \\ 1 \end{pmatrix} + t \begin{pmatrix} -2 \\ 2 \\ -2 \end{pmatrix}.$$

(a) Parallelität: Geraden sind parallel $\iff$ die Richtungsvektoren sind Vielfache voneinander.

$G_1 \nparallel G_2$. Die Geraden G_1 und G_2 sind nicht parallel, da der Richtungsvektor $(1, -1, 1)$ von G_1 kein Vielfaches des Richtungsvektors $(0, 1, 1)$ von G_2 ist.

$G_1 \parallel G_3$. Die Geraden G_1 und G_3 sind parallel, da der Richtungsvektor $(-2, 2, -2)$ von G_3 das (-2)-fache des Richtungsvektors $(1, -1, 1)$ von G_1 ist.

$G_2 \nparallel G_3$. Die Geraden G_2 und G_3 sind nicht parallel, sonst müssten auch G_1 und G_2 parallel sein! Oder: Der Richtungsvektor $(0, 1, 1)$ von G_2 ist kein Vielfaches des Richtungsvektors $(-2, 2, -2)$ von G_3.

(b) Schnittpunkte: Geraden schneiden sich $\Longleftrightarrow$ das zugehörige LGS hat eine Lösung.

$\underline{G_1 \cap G_2}$: $$\begin{pmatrix}1\\2\\3\end{pmatrix} + r\begin{pmatrix}1\\-1\\1\end{pmatrix} = \begin{pmatrix}0\\1\\0\end{pmatrix} + s\begin{pmatrix}0\\1\\1\end{pmatrix} \Longleftrightarrow \begin{array}{c}1+r=0\\2-r=1+s\\3+r=s\end{array} \Longrightarrow \begin{array}{l}r=-1\\s=\;\;\,2\end{array}$$

Das LGS ist lösbar, die Geraden $\underline{G_1 \text{ und } G_2 \text{ schneiden sich im Punkt } (0,3,2)}$.

$\underline{G_1 \cap G_3}$: Würden sich die parallelen Geraden G_1 und G_2 schneiden,wären sie gleich. Insbesondere läge dann der Punkt $(0,0,1)$ von G_3 auf G_1.

$$\begin{pmatrix}1\\2\\3\end{pmatrix} + r\begin{pmatrix}1\\-1\\1\end{pmatrix} = \begin{pmatrix}0\\0\\1\end{pmatrix} \Longleftrightarrow \begin{array}{lcl}1+r=0 & \longrightarrow & r=-1\\2-r=0 & \longrightarrow & r=\;\;\,2\,\#\\3+r=1 & & \end{array}$$

Widerspruch! Das LGS ist unlösbar. $\underline{G_1 \text{ und } G_3 \text{ sind parallel, aber nicht gleich}}$.

$\underline{G_2 \cap G_3}$: $$\begin{pmatrix}0\\1\\0\end{pmatrix} + s\begin{pmatrix}0\\1\\1\end{pmatrix} = \begin{pmatrix}0\\0\\1\end{pmatrix} + t\begin{pmatrix}-2\\2\\-2\end{pmatrix} \Longleftrightarrow \begin{array}{rcll}0 = & -2t & \longrightarrow & t=0\\1+s = & 2t & \longrightarrow & s=-1\\s = & 1-2t & \longrightarrow & s=\;\;\,1\,\#\end{array}$$

Widerspruch, das LGS ist nicht lösbar, $\underline{G_2 \text{ und } G_3 \text{ sind windschief}}$.

14.42 *Gegeben sind die Punkte*
$P_1 = (1,2,-1)$, $P_2 = (2,5,-3)$, $P_3 = (-1,2,3)$, $P_4 = (5,8,-9)$.
(a) *Bestimme eine Parameterdarstellung der Ebene E durch P_1, P_2, P_3.*
(b) *Liegen alle vier Punkte in einer Ebene?*

(a) Zunächst ist zu untersuchen: Liegen die Punkte P_1, P_2, P_3 auf einer Geraden?
Dazu betrachtet man die Vektoren $\vec{b} = \overrightarrow{P_1P_2}$ und $\vec{c} = \overrightarrow{P_1P_3}$.
Liegen die Punkte auf einer Geraden, so muss $\vec{c}$ ein Vielfaches von $\vec{b}$ sein.
Hier ist $\vec{b} = \overrightarrow{P_1P_2} = (1,3,-2)$ und $\vec{c} = \overrightarrow{P_1P_3} = (-2,0,4)$. $\vec{c}$ ist also kein Vielfaches von $\vec{b}$, die Punkte liegen nicht auf einer Geraden, sie bestimmen eine Ebene E.
$\vec{b}$ und $\vec{c}$ sind Richtungsvektoren von E.
E : $\underline{\vec{x} = (1,2,-1) + r(1,3,-2) + s(-2,0,4)}$, Parameterdarstellung von E.

(b) Zu untersuchen ist: Gibt es reelle Zahlen r, s mit

$$\begin{pmatrix}1\\2\\-1\end{pmatrix} + r\begin{pmatrix}1\\3\\-2\end{pmatrix} + s\begin{pmatrix}-2\\0\\4\end{pmatrix} = \begin{pmatrix}5\\8\\-9\end{pmatrix} \Longleftrightarrow \begin{array}{rcll}1+\;r-2s = & 5 & \longrightarrow & s=-1\\2+3r \;\;= & 8 & \longrightarrow & r=2\\-1-2r+4s = & -9 & \longrightarrow & s=-1\end{array}$$

Das LGS ist lösbar, auch P_4 liegt in E. Alle vier Punkte liegen in einer Ebene.

14.43 *Gegeben sind $P_1 = (1,1,1)$, $P_2 = (1,0,1)$, $P_3 = (0,1,-1)$. Bestimme eine Koordinatendarstellung der Ebene E, in der die drei Punkte liegen.*

$E : \vec{n}\cdot\vec{x} = \vec{n}\cdot\vec{a}$, ist eine Koordinatendarstellung von E, wobei z.B. $\vec{a} = \vec{p}_1 = \overrightarrow{OP_1}$ ist. Ein Normalenvektor $\vec{n}$ der Ebene muss auf den Richtungsvektoren $\overrightarrow{P_1P_2}$ und $\overrightarrow{P_1P_3}$ von E senkrecht stehen. Mit dem Vektorprodukt folgt:

$$\vec{n} = \overrightarrow{P_1P_2} \times \overrightarrow{P_1P_3} = \begin{pmatrix}0\\-1\\0\end{pmatrix} \times \begin{pmatrix}-1\\0\\-2\end{pmatrix} = \begin{pmatrix}2\\0\\-1\end{pmatrix} \text{ und } \vec{n}\cdot\vec{a} = \begin{pmatrix}2\\0\\-1\end{pmatrix}\cdot\begin{pmatrix}1\\1\\1\end{pmatrix} = 1.$$

Damit lautet eine Koordinatendarstellung von E: $\underline{2x - z = 1}$.

Da man zwei Möglichkeiten hat, eine Ebene darzustellen (Parameterdarstellung und Koordinatendarstellung), interessiert es, wie man beide Darstellungen ineinander überführt.

Umformung
von Ebenendarstellungen

Parameterdarstellung in Koordinatendarstellung

Parameterdarstellung $\vec{x} = \vec{a} + r \cdot \vec{b} + s \cdot \vec{c}$ → Multiplikation mit $\vec{n} = \vec{b} \times \vec{c} = (a, b, c)$ → Koordinatendarstellung $\vec{n} \cdot \vec{x} = \vec{n} \cdot \vec{a}$ bzw. $ax + by + cz = d$

Man multipliziert die Parameterdarstellung mit einem Vektor $\vec{n}$, der auf den Richtungsvektoren $\vec{b}$ und $\vec{c}$ senkrecht steht (**Normalenvektor**), z.B. mit $\vec{n} = \vec{b} \times \vec{c}$.

Koordinatendarstellung in Parameterdarstellung

Koordinatendarstellung $ax + by + cz = d$ → Lösen des LGS, 1 Gleichung, 3 Unbekannte → Parameterdarstellung $\vec{x} = \vec{a} + r \cdot \vec{b} + s \cdot \vec{c}$

Man löst das LGS $ax + by + cz = d$.
Z.B. indem man, falls $a \neq 0$ ist, $y = r$ und $z = s$ setzt und nach x auflöst.
Es ist $x = \frac{d}{a} - \frac{b}{a} r - \frac{c}{a} s$. Das Ergebnis schreibt man vektoriell:

$$(\star) \qquad \vec{x} = \begin{pmatrix} x \\ y \\ z \end{pmatrix} = \begin{pmatrix} \frac{d}{a} - \frac{b}{a} r - \frac{c}{a} s \\ r \\ s \end{pmatrix} = \begin{pmatrix} d/a \\ 0 \\ 0 \end{pmatrix} + r \begin{pmatrix} -b/a \\ 1 \\ 0 \end{pmatrix} + s \begin{pmatrix} -c/a \\ 0 \\ 1 \end{pmatrix}$$

und erhält die Ebene in Parameterdarstellung.

14.44 *Man bestimme eine Koordinatendarstellung der Ebene*

$$E: \quad \vec{x} = (2, -1, 3) + r(2, 1, -1) + s(1, 1, 2).$$

Ein Normalenvektor $\vec{n}$ ist gegeben durch $\vec{n} = \begin{pmatrix} 2 \\ 1 \\ -1 \end{pmatrix} \times \begin{pmatrix} 1 \\ 1 \\ 2 \end{pmatrix} = \begin{pmatrix} 3 \\ -5 \\ 1 \end{pmatrix}$.

Skalarproduktbildung der Parameterdarstellung mit $\vec{n} = (3, -5, 1)$ ergibt:

$$\vec{n} \cdot \vec{x} = \vec{n} \cdot (2, -1, 3) + r \underbrace{\vec{n} \cdot (2, 1, -1)}_{=0} + s \underbrace{\vec{n} \cdot (1, 1, 2)}_{=0}$$

$$(3, -5, 1) \cdot (x, y, z) = (3, -5, 1) \cdot (2, -1, 3) = 14$$

$E: \quad \underline{3x - 5y + z = 14}$ ist eine Koordinatendarstellung.

14.45 *Man bestimme eine Parameterdarstellung von E.*

(a) $E: 3x+y-z=1$, (b) $E: 4x+3z=2$, (c) $E: y=1$.

(a) Mit $a=3$, $b=1$, $c=-1$ und $d=1$ erhält man mit der Formel ($\star$) aus obigem Kasten:

$$\underline{E: \vec{x} = \begin{pmatrix}1/3\\0\\0\end{pmatrix} + r\begin{pmatrix}-1/3\\1\\0\end{pmatrix} + s\begin{pmatrix}1/3\\0\\1\end{pmatrix}}.$$

Oder man löst das LGS $3x+y-z=1$, indem man z.B. $x=r$ und $z=s$ setzt. Dann ist $y=1-3x+z=1-3r+s$. Also

$$\begin{aligned} x &= 0 + 1r + 0s\\ y &= 1 - 3r + 1s\\ z &= 0 + 0r + 1s \end{aligned}$$

, vektoriell geschrieben

$$\underline{E: \vec{x} = \begin{pmatrix}0\\1\\0\end{pmatrix} + r\begin{pmatrix}1\\-3\\0\end{pmatrix} + s\begin{pmatrix}0\\1\\1\end{pmatrix}}.$$

Dies ist eine weitere Parameterdarstellung von E.

(b) Die Formel ($\star$) liefert hier

$$E: \vec{x} = \begin{pmatrix}1/2\\0\\0\end{pmatrix} + r\begin{pmatrix}0\\1\\0\end{pmatrix} + s\begin{pmatrix}-3/4\\0\\1\end{pmatrix}.$$

Die Brüche stören. Wählt man z.B. $r=0$ und $s=2$, so erhält man aus dieser Darstellung den Punkt $(-1,0,2)$ der Ebene E. Als zweiten Richtungsvektor der Ebene kann man das Vierfache des Vektors $(-\frac{3}{4},0,1)$ nehmen, also $(-3,0,4)$,

Man erhält die Parameterdarstellung

$$\underline{E: \vec{x} = \begin{pmatrix}-1\\0\\2\end{pmatrix} + r\begin{pmatrix}0\\1\\0\end{pmatrix} + s\begin{pmatrix}-3\\0\\4\end{pmatrix}}.$$

(c) Die Formel ($\star$) ist wegen $a=0$ nicht anwendbar.
Da x und z nicht auftreten, muss man $x=r$ und $z=s$ als Parameter wählen und erhält die folgende Parameterdarstellung von E:

$$\underline{E: \vec{x} = \begin{pmatrix}0\\1\\0\end{pmatrix} + r\begin{pmatrix}1\\0\\0\end{pmatrix} + s\begin{pmatrix}0\\0\\1\end{pmatrix}}.$$

E ist parallel zur x,z-Ebene.

> **Merke:** In einer Koordinatendarstellung nicht auftretende Variablen sind beim Umschreiben in eine Parameterdarstellung als Parameter zu wählen.

Die folgende Aufgabe behandelt alle drei möglichen Lagen von Gerade und Ebene im Raum.

14.46 *Man bestimme die gemeinsamen Punkte der Geraden G und der Ebene E.*

(a) $G: \vec{x} = (1,0,1) + r(1,-1,4)$, $E: \vec{x} = s(1,1,-1) + t(3,2,0)$.

(b) $G: \vec{x} = (-2,2,4) + r(1,-4,-6)$, $E: 2x-4y+3z=6$.

(c) $G: \vec{x} = (-2,2,4) + r(1,-4,-6)$, $E: 2x-7y+5z=2$.

(a) Setzt man die Darstellungen komponentenweise gleich, ist ein LGS mit 3 Gleichungen und den 3 Variablen r,s,t zu lösen.

Viel einfacher wird die Rechnung, wenn man E in Koordinatenform benutzt:

(a) $\vec{n} = \begin{pmatrix} 1 \\ 1 \\ -1 \end{pmatrix} \times \begin{pmatrix} 3 \\ 2 \\ 0 \end{pmatrix} = \begin{pmatrix} 2 \\ -3 \\ -1 \end{pmatrix} \implies E: \; 2x - 3y - z = 0.$

Ersetzt man hierin x, y, z durch die Komponenten der Geradendarstellung $G: \vec{x} = \begin{pmatrix} x \\ y \\ z \end{pmatrix} = \begin{pmatrix} 1+r \\ -r \\ 1+4r \end{pmatrix}$, so erhält man eine Gleichung mit der Variablen r,

$2(1+r) - 3(-r) - (1+4r) = 0 \iff r = -1.$

Die Gleichung hat genau die Lösung $r = -1$.

Der Schnittpunkt von G und E ist $(0, 1, -3)$.

(b) Wie bei (a) einsetzen:

$$2(-2+r) - 4(2-4r) + 3(4-6r) = 6 \iff -4 + 2r - 8 + 16r + 12 - 18r = 6$$
$$\iff 0 = 6 \; \# \text{ Widerspruch.}$$

Die Gleichung mit der Variablen r besitzt keine Lösung, d.h. G und E besitzen keine gemeinsamen Punkte. G und E sind parallel.

(c) Wie bei (a) einsetzen:

$$2(-2+r) - 7(2-4r) + 5(4-6r) = 2 \iff -4 + 2r - 14 + 28r + 20 - 30r = 2$$
$$\iff 2 = 2 \quad \text{Wahre Aussage.}$$

Die Gleichung mit der Variablen r ist für alle $r \in \mathbb{R}$ erfüllt. G verläuft in E.

14.47 *Man bestimme die gemeinsamen Punkte der Ebenen E_1 und E_2.*

(a) $E_1: \; 2x + 2y - 3z = 2, \qquad E_2: \; x - 2y + z = 4.$

(b) $E_1: \; x + 2y + 3z = 5, \qquad E_2: \; \vec{x} = r(2, -1, 0) + s(1, 1, -1).$

(c) $E_1: \; \vec{x} = r_1 \begin{pmatrix} 0 \\ 1 \\ 0 \end{pmatrix} + s_1 \begin{pmatrix} 1 \\ -1 \\ 1 \end{pmatrix}, \qquad E_2: \; \vec{x} = \begin{pmatrix} 1 \\ 1 \\ 1 \end{pmatrix} + r_2 \begin{pmatrix} 1 \\ 0 \\ 1 \end{pmatrix} + s_2 \begin{pmatrix} -3 \\ 1 \\ -3 \end{pmatrix}.$

(a) Es wird das LGS $\begin{matrix} 2x+2y-3z=2 \\ x-2y+\;z=4 \end{matrix}$ gelöst.

x	y	z	r.S.	Regie
2	2	−3	2	−1
[1]	−2	1	4	2
0	[−6]	5	6	

Setze $z = s$.

Dann ist $-6y + 5s = 6$, also $y = -1 + \frac{5}{6}s$ und

$x - 2(-1 + \frac{5}{6}s) + s = 4$, also $x = 2 + \frac{2}{3}s$.

$\vec{x} = \begin{pmatrix} 2 + 2s/3 \\ -1 + 5s/6 \\ s \end{pmatrix} = \begin{pmatrix} 2 \\ -1 \\ 0 \end{pmatrix} + s \begin{pmatrix} 2/3 \\ 5/6 \\ 1 \end{pmatrix}$ ist eine Parameterdarstellung der Schnittgeraden von E_1 und E_2.

Mit $s = 6t$ erhält man einen Richtungsvektor ohne Brüche und als Parameterdarstellung der Schnittgeraden von E_1 und G_1: $\vec{x} = (2, -1, 0) + t(4, 5, 6)$.

(b) Hier kann man die Komponenten der Parameterdarstellung
$\vec{x} = \begin{pmatrix} 2r+s \\ -r+s \\ -s \end{pmatrix}$ von E_2 in die Koordinatendarstellung von E_1 einsetzen.
Dann erhält man eine Gleichung mit den beiden Variablen r, s,
$2r+s+2(-r+s)-3s = 5 \iff 2r+s-2r+2s-3s = 5 \iff 0 = 5$ # Widerspruch.
Die Ebenen E_1 und E_2 schneiden sich nicht. $\underline{E_1 \text{ und } E_2 \text{ sind parallel und } E_1 \neq E_2}$.

Formt man E_2 mittels eines Normalenvektors in Koordinatendarstellung um, also
$\vec{n} = \begin{pmatrix} 2 \\ -1 \\ 0 \end{pmatrix} \times \begin{pmatrix} 1 \\ 1 \\ -1 \end{pmatrix} = \begin{pmatrix} 1 \\ 2 \\ 3 \end{pmatrix} \implies E_2 : x + 2y + 3z = 0$, so erkennt man direkt:
E_2 ist parallel zu E_1 (gleiche Normalenvektoren), aber verschieden von E_1 (die rechten Seiten sind verschieden): $\underline{E_1 \text{ und } E_2 \text{ sind parallel und } E_1 \neq E_2}$.

(c) Gleichsetzen der Komponenten aus den Parameterdarstellungen führt hier auf ein LGS mit 3 Gleichungen und den 4 Variablen r_1, s_1, r_2, s_2.
(a) und (b) zeigen, dass an den Koordinatendarstellungen der Ebenen mehr zu sehen ist, und mit ihnen die Schnittmengen einfacher zu bestimmen sind.
Daher wandeln wir erst in Koordinatendarstellungen um:
$\begin{pmatrix} 0 \\ 1 \\ 0 \end{pmatrix} \times \begin{pmatrix} 1 \\ -1 \\ 1 \end{pmatrix} = \begin{pmatrix} 1 \\ 0 \\ -1 \end{pmatrix} \implies E_1 : x - z = 0, \quad$ entsprechend $\quad E_2 : -x + z = 0$.
Man erkennt, dass $\underline{E_1 = E_2}$ gilt.
(Multiplikation von $x - z = 0$ mit -1 liefert $-x + z = 0$).

Schnittwinkel zweier Ebenen

Der Schnittwinkel zweier Ebenen ist der Winkel zwischen ihren Normalenvektoren.

Für den Schnittwinkel $\boldsymbol{\alpha}$ zweier Ebenen mit Normalenvektoren $\vec{\boldsymbol{n}}, \vec{\boldsymbol{m}}$ gilt:

$$\begin{aligned} \alpha &= \sphericalangle(\vec{n}, \vec{m}), && \text{falls} \quad 0^\circ < \sphericalangle(\vec{n}, \vec{m}) \leq 90^\circ, \\ \alpha &= 180^\circ - \sphericalangle(\vec{n}, \vec{m}), && \text{falls} \quad 90^\circ < \sphericalangle(\vec{n}, \vec{m}). \end{aligned}$$

Schnittwinkel zwischen Gerade und Ebene

Der Schnittwinkel $\boldsymbol{\alpha}$ zwischen der Geraden mit Richtungsvektor $\vec{\boldsymbol{b}}$ und der Ebene mit Normalenvektor $\vec{\boldsymbol{n}}$ ist

$$\alpha = |90^\circ - \sphericalangle(\vec{b}, \vec{n})|.$$

14.48 *Gegeben sind die Gerade* $G : (0,1,0) + r(5,1,1)$ *und*
die Ebenen $E_1 : 2x - 3y + z = 4$,
$E_2 : \vec{x} = (1,2,3) + s(-1,2,3) + t(0,1,-1)$.

(a) *Man berechne den Schnittwinkel* α *von* E_1 *und* E_2.

(b) *Unter welchen Winkeln schneidet* G *die Ebene* E_1 *bzw.* E_2*?*

(a) Man benötigt Normalenvektoren $\vec{n}_1$ und $\vec{n}_2$ von E_1 und E_2.
$\vec{n}_1 = \begin{pmatrix} 2 \\ -3 \\ 1 \end{pmatrix}$ liest man ab. $\vec{n}_2 = \begin{pmatrix} -1 \\ 2 \\ 3 \end{pmatrix} \times \begin{pmatrix} 0 \\ 1 \\ -1 \end{pmatrix} = \begin{pmatrix} -5 \\ -1 \\ -1 \end{pmatrix}$. Es folgt:
$\cos \sphericalangle(\vec{n}_1, \vec{n}_2) = \frac{(2,-3,1)\cdot(-5,-1,-1)}{\sqrt{14}\cdot\sqrt{27}} = \frac{-8}{\sqrt{14}\,\sqrt{27}} \implies \sphericalangle(\vec{n}_1, \vec{n}_2) \approx 114.3°.$
$\sphericalangle(\vec{n}_1, \vec{n}_2) \approx 114.3° > 90° \implies \underline{\alpha = 180° - \sphericalangle(\vec{n}_1, \vec{n}_2) \approx 65.7°}.$

(b) $\vec{b} = (5, 1, 1)$ ist ein Richtungsvektor von G, der gleichzeitig Normalenvektor von E_2 ist, wie (a) zeigt. G schneidet E_2 folglich senkrecht!
Der Schnittwinkel von G und E_2 beträgt also $\underline{90°}$ und der Schnittwinkel von G und E_1 ist ungefähr $90° - 65.7° = \underline{24.3°}$, denn $\sphericalangle(\vec{b}, \vec{n}_1) \approx 65.7°$, siehe (a).

HESSEsche Normalform einer Ebene im Raum

Ist in der Koordinatendarstellung $ax + by + cz = d$ der Ebene E der Normalenvektor $\vec{n} = (a, b, c)$ ein **Einheitsvekor**, also $|(a, b, c)| = 1$ und ist $d \geq 0$, so spricht man von der **HESSEschen Normalform** (HNF) der Ebene.

Ist $E : ax + by + cz = d$ in HNF, also $|(a, b, c)| = 1$ und $d \geq 0$, so gilt:
1.) d ist der Abstand der Ebene zum Nullpunkt.
2.) Der Normalenvektor $\vec{n} = (a, b, c)$ zeigt vom Nullpunkt zur Ebene.
3.) Der Abstand des Punktes $P = (p_1, p_2, p_3)$ des $\mathbb{R}^3$ von der Ebene E beträgt $|ap_1 + bp_2 + cp_3 - d|$.

14.49 *Man bestimme die HNF folgender Ebenen und ihren Abstand zum Ursprung.*
(a) $E:\ 2x - y + 2z = 6$,
(b) $E:\ 4x + 4y - 2z + 30 = 0$,
(c) $E: \vec{x} = (2, -1, 4) + r(1, 0, 2) + s(-2, 1, 3)$.

(a) $\vec{n} = (2, -1, 2)$ ist Normalenvektor und $|\vec{n}| = |(2, -1, 2)| = \sqrt{2^2 + (-1)^2 + 2^2} = 3$.
Division der Ebenengleichung durch 3 liefert die HNF: $\underline{E:\ \frac{2}{3}x - \frac{1}{3}y + \frac{2}{3}z = 2}$.
Der Abstand der Ebene zum Ursprung ist $\underline{d = 2}$.

(b) $E:\ 4x + 4y - 2z + 30 = 0$. Umstellen ergibt
$E:\ 4x + 4y - 2z = -30$ und $|\vec{n}| = |(4, 4, -2)| = \sqrt{4^2 + 4^2 + (-2)^2} = 6$.
Division der Ebenengleichung durch -6 liefert die HNF: $\underline{E:\ -\frac{2}{3}x - \frac{2}{3}y + \frac{1}{3}z = 5}$.
Der Abstand der Ebene zum Ursprung ist $\underline{d = 5}$.

(c) $\vec{n} = \begin{pmatrix} 1 \\ 0 \\ 2 \end{pmatrix} \times \begin{pmatrix} -2 \\ 1 \\ 3 \end{pmatrix} = \begin{pmatrix} -2 \\ -7 \\ 1 \end{pmatrix}$ ist Normalenvektor und $\vec{n} \cdot (2, -1, 4) = 7$. Man erhält
$E:\ -2x - 7y + z = 7$. Division durch $|\vec{n}| = \sqrt{(-2)^2 + (-7)^2 + 1} = \sqrt{54}$ liefert
$\underline{E:\ -\frac{2}{\sqrt{54}}\,x - \frac{7}{\sqrt{54}}\,y + \frac{1}{\sqrt{54}} = \frac{7}{\sqrt{54}}}$ als HNF.
Der Abstand der Ebene zum Ursprung beträgt $\underline{\frac{7}{\sqrt{54}}}$.

14.50 *Gegeben sind die Ebene $E : -2x + 2y + z = 6$ und der Punkt $P = (2, 2, 2)$.*

(a) *Wie groß ist der Abstand des Punkes P von der Ebene E?*

(b) *Welcher Punkt von E hat den kleinsten Abstand von P?*

(c) *Man bestimme den Spiegelpunkt von P an E.*

(d) *Welcher Punkt der Geraden $H : \vec{x} = (1, 2, 4) + s(0, 1, 1)$ hat den kleinsten Abstand von P? Wie groß ist dieser Abstand?*

(a) Die HNF von E lautet $-\frac{2}{3}x + \frac{2}{3}y + \frac{1}{3}z = 2$.
Also ist $d(P, E) = |-\frac{2}{3} \cdot 2 + \frac{2}{3} \cdot 2 + \frac{1}{3} \cdot 2 - 2| = \underline{\frac{5}{3}}$.

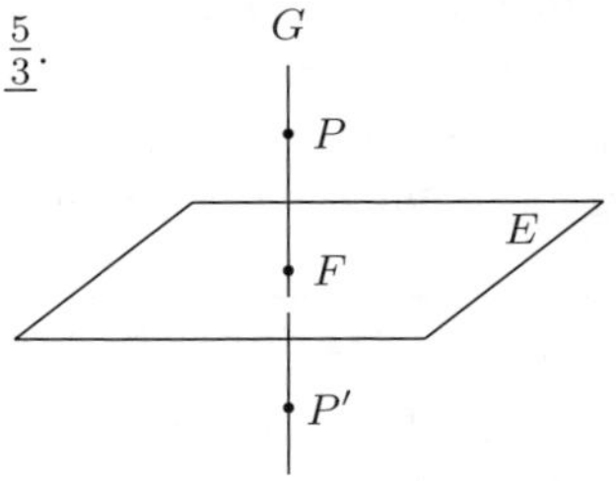

(b) Der gesuchte Punkt F von E ist dadurch bestimmt, dass der Vektor $\overrightarrow{PF}$ senkrecht auf E steht. F ist also der Lotfußpunkt des Lotes von P auf E. Zur Berechnung von F bringen wir die Gerade G senkrecht zu E durch P (Lotgerade) zum Schnitt mit E.

G hat den Richtungsvektor $\begin{pmatrix} -2 \\ 2 \\ 1 \end{pmatrix}$ (Normalenvektor von E).

Eine Parameterdarstellung von G ist also $G : \vec{x} = \begin{pmatrix} 2 \\ 2 \\ 2 \end{pmatrix} + r \begin{pmatrix} 2 \\ 2 \\ 2 \end{pmatrix}$.

Schnittpunkt von G und E:

$$-2(2 - 2r) + 2(2 + 2r) + 2 + r = 6 \implies 9r = 4, \text{ also } r = \frac{4}{9}.$$

Es folgt $\overrightarrow{OF} = \begin{pmatrix} 2 \\ 2 \\ 2 \end{pmatrix} + \frac{4}{9} \begin{pmatrix} -2 \\ 2 \\ 1 \end{pmatrix} = \frac{1}{9} \begin{pmatrix} 10 \\ 26 \\ 22 \end{pmatrix}$.

Der Punkt in E mit kleinstem Abstand zu P ist $\underline{F = \frac{1}{9}(10, 26, 22)}$.

(c) Der Spiegelpunkt P' von P an E ergibt sich aus $\overrightarrow{OP'} = \overrightarrow{OP} + 2\overrightarrow{PF}$

bzw. aus (b) direkt mittels $\overrightarrow{OP'} = \begin{pmatrix} 2 \\ 2 \\ 2 \end{pmatrix} + 2 \cdot \frac{4}{9} \begin{pmatrix} -2 \\ 2 \\ 1 \end{pmatrix} = \underline{\frac{1}{9} \begin{pmatrix} 2 \\ 34 \\ 26 \end{pmatrix}}$.

(d) Der gesuchte Punkt Q von H mit dem kleinsten Abstand zu P ist wieder der Fußpunkt des Lotes von P auf H (Pythagoras). Es gilt:
(1) Q liegt auf H, also ist $Q = (1, 2, 4) + s(0, 1, 1) = (1, 2 + s, 4 + s)$ für ein $s \in \mathbb{R}$.
(2) $\overrightarrow{PQ}$ ist senkrecht zu H, d.h. zum Richtungsvektor von H: $\overrightarrow{PQ} \cdot (0, 1, 1) = 0$.
Mit (1) ist $\overrightarrow{PQ} = \overrightarrow{OQ} - \overrightarrow{OP} = (1, 2 + s, 4 + s) - (2, 2, 2) = (-1, s, 2 + s)$.
Es folgt $0 = \overrightarrow{PQ} \cdot (0, 1, 1) = (-1, s, 2 + s) \cdot (0, 1, 1) = 2 + 2s$.
Also ist $s = -1$, $Q = (1, 1, 3)$ und $d(P, H) = d(P, Q) = |(1, 1, 3) - (2, 2, 2)| = |(-1, -1, 1)| = \sqrt{3}$. Der gesuchte Punkt ist $\underline{(1, 1, 3)}$, sein Abstand zu P ist $\underline{\sqrt{3}}$.

Weiterführende Aufgaben zu Punkten, Geraden, Ebenen im Raum siehe z.B. [**HM**] und [**LA1**].

14.8 Lineare Unabhängigkeit

Wir haben Vektoren in der Ebene und im Raum behandelt. Die Ebene bezeichnet man üblicherweise mit $\mathbb{R}^2$, den Raum mit $\mathbb{R}^3$. Dabei handelt es sich um **Vektorräume** – das sind Mengen mit einer gewissen Struktur, die in der Mathematik eine große Rolle spielen.
Ein wichtiger Begriff bei Vektorräumen ist die lineare Unabhängigkeit, die wir hier speziell im $\mathbb{R}^2$ und im $\mathbb{R}^3$ behandeln. Die allgemeine Definition der linearen Unabhängigkeit findet man am Schluss dieses Kapitels.

Lineare Unabhängigkeit zweier Vektoren

$\vec{a}, \vec{b}$ seien Vektoren im $\mathbb{R}^2$ bzw. im $\mathbb{R}^3$.

$\vec{a}, \vec{b}$ heißen **linear unabhängig**, falls keiner der Vektoren ein Vielfaches des anderen ist.

Nicht linear unabhängige Vektoren heißen **linear abhängig**.

$\vec{a}, \vec{b}$ sind linear abhängig,

$\iff$ falls es ein $r \in \mathbb{R}$ gibt mit $\vec{a} = r\vec{b}$ oder $\vec{b} = r\vec{a}$. (1)

$\iff$ falls sie auf einer Geraden liegen. (Sie sind dann **kollinear**.) (2)

$\iff$ falls es $r, s \in \mathbb{R}$ gibt, nicht beide gleich 0, mit $r\vec{a} + s\vec{b} = \vec{0}$. (3)

14.51 *Man entscheide jeweils, ob die Vektoren linear unabhängig sind.*

(a) $\vec{a} = \begin{pmatrix}1\\2\end{pmatrix}$, $\vec{b} = \begin{pmatrix}2\\3\end{pmatrix}$. (b) $\vec{a} = \begin{pmatrix}1\\2\end{pmatrix}$, $\vec{b} = \begin{pmatrix}-2\\-4\end{pmatrix}$.

(c) $\vec{a} = \begin{pmatrix}1\\2\end{pmatrix}$, $\vec{b} = \begin{pmatrix}0\\0\end{pmatrix}$. (d) $\vec{a} = \begin{pmatrix}1\\2\end{pmatrix}$, $\vec{b} = \begin{pmatrix}1\\2\end{pmatrix}$.

(e) $\vec{a} = (3, 1, -2)$, $\vec{b} = (-3, -1, 2)$. (f) $\vec{a} = (3, 1, -2)$, $\vec{b} = (6, 2, 5)$.

(g) $\vec{a} = (3, 1, -2)$, $\vec{b} = (1, -1, 0)$. (h) $\vec{a} = (0, 0, 0)$, $\vec{b} = (1, 1, 1)$.

(a) $\begin{pmatrix}1\\2\end{pmatrix}, \begin{pmatrix}2\\3\end{pmatrix}$ sind linear unabhängig, da keiner der Vektoren ein Vielfaches des anderen ist, wie man direkt sieht.

(b) $\begin{pmatrix}1\\2\end{pmatrix}, \begin{pmatrix}-2\\-4\end{pmatrix}$ sind linear abhängig, da $\begin{pmatrix}-2\\-4\end{pmatrix} = (-2) \cdot \begin{pmatrix}1\\2\end{pmatrix}$. [(1) in obigem Kasten]

(c) $\begin{pmatrix}1\\2\end{pmatrix}, \begin{pmatrix}0\\0\end{pmatrix}$ sind linear abhängig, da $\begin{pmatrix}0\\0\end{pmatrix} = 0 \cdot \begin{pmatrix}1\\2\end{pmatrix}$.

Beachte: Hier ist natürlich $\begin{pmatrix}1\\2\end{pmatrix}$ kein Vielfaches von $\begin{pmatrix}0\\0\end{pmatrix}$, aber linear abhängig bedeutet auch nur: Ein Vektor ist ein Vielfaches des anderen.

(d) $\vec{a}, \vec{b}$ sind linear abhängig, da $\vec{a} = \vec{b}$ ist.

(e) $\vec{a}, \vec{b}$ sind linear abhängig, da $\vec{b} = -\vec{a}$ ist.

(f) $\vec{a}, \vec{b}$ sind linear unabhängig, keiner der Vektoren ist ein Vielfaches des anderen.

(g) $\vec{a}, \vec{b}$ sind linear unabhängig, keiner der Vektoren ist ein Vielfaches des anderen.

(h) $\vec{a}, \vec{b}$ sind linear abhängig, da $\vec{a} = 0 \cdot \vec{b}$ ist.

Merke: Bei zwei Vektoren sieht man ohne Rechnung, ob sie linear unabhängig oder linear abhängig sind, da man auf einen Blick erkennen kann, ob einer der Vektoren ein Vielfaches des anderen ist.

Lineare Unabhängigkeit dreier Vektoren im Raum

$\vec{a}, \vec{b}, \vec{c}$ seien Vektoren im $\mathbb{R}^3$. (Zum $\mathbb{R}^2$ siehe [14.54].)
$\vec{a}, \vec{b}, \vec{c}$ heißen **linear unabhängig**, falls die Gleichung $\alpha\vec{a} + \beta\vec{b} + \gamma\vec{c} = \vec{0}$ **nur** die (triviale) Lösung $\alpha = \beta = \gamma = 0$ besitzt.

Nicht linear unabhängige Vektoren heißen **linear abhängig**.

Wichtige Aussagen über linear abhängige bzw. linear unabhängige Vektoren:

1. $\vec{a}, \vec{b}, \vec{c}$ sind linear abhängig genau dann, wenn einer dieser Vektoren eine Linarkombination der beiden anderen ist.
2. $\vec{a}, \vec{b}, \vec{c}$ sind linear abhängig genau dann, wenn sie in einer Ebene liegen. (Sie heißen dann **komplanar**.)
3. $\vec{a}, \vec{b}, \vec{c} \in \mathbb{R}^3$ sind linear abhängig genau dann, wenn die aus ihnen gebildete Determinante den Wert 0 hat.
4. Sind von den Vektoren $\vec{a}, \vec{b}, \vec{c}$ zwei Vektoren linear abhängig, so sind auch alle drei Vektoren linear abhängig.
5. $\vec{a}, \vec{b}, \vec{c}$ sind nach Definition linear abhängig genau dann, wenn es $\alpha, \beta, \gamma \in \mathbb{R}$ gibt, die nicht alle gleich 0 sind, mit $\alpha\vec{a} + \beta\vec{b} + \gamma\vec{c} = \vec{0}$.

14.52 *Man untersuche jeweils, ob die drei Vektoren linear unabhängig sind. Im Falle der linearen Ahängigkeit stelle man einen der Vektoren als Linearkombination der beiden anderen Vektoren dar.*

(a) $\vec{a} = (2, 1, -1)$, $\vec{b} = (0, 1, 3)$, $\vec{c} = (-2, -1, 1)$.
(b) $\vec{a}$, $\vec{b}$, $\vec{c} = 4\vec{a} - 3\vec{b}$.
(c) $\vec{a} = (1, 2, 3)$, $\vec{b} = (0, 1, 0)$, $\vec{c} = (0, 0, 0)$.
(d) $\vec{a} = (1, 0, 0)$, $\vec{b} = (0, 1, 0)$, $\vec{c} = (0, 0, 1)$.
(e) $\vec{a} = (2, 1, 1)$, $\vec{b} = (3, 0, 1)$, $\vec{c} = (-1, 1, 1)$.
(f) $\vec{a} = (1, 2, 3)$, $\vec{b} = (4, 5, 6)$, $\vec{c} = (7, 8, 9)$.

Immer zum Ziel führt der Ansatz in [14.53]. Er zeigt, ob die Vektoren linear unabhängig sind, und wenn nicht, welcher Vektor Linearkombination der anderen ist. Hier sind die Antworten leichter zu erkennen.

(a) Die Vektoren sind linear abhängig, da schon $\vec{a}, \vec{c}$ linear abhängig sind (4. im obigen Kasten). Es gilt $\underline{\vec{a} = 0 \cdot \vec{b} - \vec{c}}$.

(b) Die Vektoren sind linear abhängig, da $\vec{c}$ eine Linearkombination von $\vec{a}$ und $\vec{b}$ ist (1. im obigen Kasten). $\underline{\vec{c} = 4\vec{a} - 3\vec{b}}$ ist gegeben.

(c) Die Vektoren sind linear abhängig. Vektoren, unter denen der Nullvektor vorkommt, sind stets linear abhängig, denn es ist $\alpha(0, 0, 0) = (0, 0, 0)$ auch für $\alpha \neq 0$. $\vec{c} = 0 \cdot \vec{a} + 0 \cdot \vec{b}$ ist eine Linearkombination von $\vec{c}$ aus $\vec{a}$ und $\vec{b}$.

(d) Die Vektoren sind linear unabhängig.
$\alpha(1,0,0)+\beta(0,1,0)+\gamma(0,0,1)=(0,0,0)$ hat nur die Lösung $\alpha=\beta=\gamma=0$.
Daher sind die Vektoren nach Definition linear unabhängig.

(e) Hier erkennt man auf Anhieb nichts mehr. Am einfachsten ist der Test auf lineare Unabhängigkeit mit einer Determinantenberechnung (3. aus obigem Kasten):

$$\begin{vmatrix} 2 & 3 & -1 \\ 1 & 0 & 1 \\ 1 & 1 & 1 \end{vmatrix} = 0+3+(-1)-0-2-3=-3 \qquad \text{(Regel von Sarrus).}$$

Die Determinante ist $\neq 0$, also sind die Vektoren linear unabhängig.

(f) Wie unter (e):

$$\begin{vmatrix} 1 & 4 & 7 \\ 2 & 5 & 8 \\ 3 & 6 & 9 \end{vmatrix} = 45+96+84-105-48-72=0 \qquad \text{(Regel von Sarrus).}$$

Die Determinante ist 0, also sind die Vektoren linear abhängig.

Man erkennt hier z.B.: $2\cdot(4,5,6)-(1,2,3)=(7,8,9)$, also $\vec{c}=2\vec{b}-\vec{a}$.

14.53 *Man untersuche unter Rückgang auf die Definition, ob die Vektoren linear unabhängig sind.*

(a) $\vec{a}=(1,1,0)\,,\quad \vec{b}=(1,0,1)\,,\quad \vec{c}=(1,1,1).$

(b) $\vec{a}=(1,2,-1)\,,\quad \vec{b}=(3,1,2)\,,\quad \vec{c}=(0,-5,5).$

(a) Der Ansatz $\alpha(1,1,0)+\beta(1,0,1)+\gamma(1,1,1)=(0,0,0)$ liefert das LGS:

$$\begin{aligned} \alpha+\beta+\gamma &= 0 \\ \alpha \quad\;\; +\gamma &= 0 \\ \beta+\gamma &= 0 \end{aligned}$$

Gauß-Verfahren

α	β	γ		Regie
[1]	1	1	0	−1
1	0	1	0	1
0	1	1	0	
0	[−1]	0	0	1
0	1	1	0	1
0	0	1	0	

Aus dem Endschema folgt:

$\gamma=0$, dann $\beta=0$ und $\alpha=0$.

Die Vektoren sind linear unabhängig.

(b) Wie bei (a) liefert hier der Ansatz $\alpha(1,2,-1)+\beta(3,1,2)+\gamma(0,-5,5)=(0,0,0)$ das LGS

$$\begin{aligned} \alpha+3\beta \qquad &= 0 \\ 2\alpha+\beta-5\gamma &= 0. \\ -\alpha+2\beta+5\gamma &= 0 \end{aligned}$$

Gauß-Verfahren

α	β	γ		Regie	
[1]	3	0	0	−2	1
2	1	−5	0	1	
−1	2	5	0		1
0	[−5]	−5	0	1	
0	5	5	0	1	
0	0	0	0		

Mit $\gamma=1$ erhält man z.B. $\beta=-1$ und $\alpha=3$, also die Lösung $(3,-1,1)$ des LGS, d.h. es gilt $3\vec{a}-\vec{b}+\vec{c}=\vec{0}$.
Die Vektoren sind daher linear abhängig.
Das LGS besitzt eine einparametrige Lösungsmenge, also nicht nur die Lösung $\alpha=\beta=\gamma=0$.

Die im letzten Kasten gegebene Definition der linearen Unabhängigkeit nutzt man nun, um in beliebigen Vektorräumen (siehe [**HM**], [**LA 1**]) die lineare Unabhängigkeit von Vektoren zu definieren.

Allgemeine Definition der linearen Unabhängigkeit

Vektoren $\vec{a}_1, \dots, \vec{a}_m$ heißen **linear unabhängig**, wenn sich der Nullvektor nur "trivial" als Linearkombination von ihnen darstellen lässt, d.h. wenn gilt:

$$\vec{0} = x_1\vec{a}_1 + \cdots + x_m\vec{a}_m \implies x_1 = \cdots = x_m = 0.$$

Vektoren heißen **linear abhängig**, wenn sie nicht linear unabhängig sind.

14.54 *Man zeige, dass die drei Vektoren der Ebene linear abhängig sind und stelle einen als Linearkombination der beiden anderen Vektoren dar.*

$$\vec{a} = \begin{pmatrix}1\\2\end{pmatrix}, \quad \vec{b} = \begin{pmatrix}3\\4\end{pmatrix}, \quad \vec{c} = \begin{pmatrix}-1\\0\end{pmatrix}.$$

Man erkennt: $\vec{c} = 2\vec{a} - \vec{b}$ bzw. $2\vec{a} - \vec{b} - \vec{c} = \vec{0}$.
Sieht man das nicht, muss man den Ansatz $r\vec{a} + s\vec{b} + t\vec{c} = \vec{0}$ machen und das sich daraus ergebende lineare Gleichungssystem mit zwei Gleichungen und den Variablen r, s, t lösen.

$$r\begin{pmatrix}1\\2\end{pmatrix} + s\begin{pmatrix}3\\4\end{pmatrix} + t\begin{pmatrix}-1\\0\end{pmatrix} = \begin{pmatrix}0\\0\end{pmatrix} \iff \begin{aligned} r + 3s - t &= 0 \\ 2r + 4s &= 0 \end{aligned}$$

r	s	t		Regie
1	3	−1	0	−2
2	4	0	0	1
0	−2	2	0	

Das LGS hat unendlich viele Lösungen, also sind die Vektoren linear abhängig.
Wählt man z.B. $t = 1$, so folgt $s = 1$ und $r = -2$.

Es gilt damit $-2\begin{pmatrix}1\\2\end{pmatrix} + \begin{pmatrix}3\\4\end{pmatrix} + \begin{pmatrix}-1\\0\end{pmatrix} = \begin{pmatrix}0\\0\end{pmatrix}$, also ist z.B. $\begin{pmatrix}3\\4\end{pmatrix} = 2\begin{pmatrix}1\\2\end{pmatrix} - \begin{pmatrix}-1\\0\end{pmatrix}$ eine Linearkombination von $\vec{b}$ aus $\vec{a}$ und $\vec{c}$.

Merke:

- 3 Vektoren der Ebene $\mathbb{R}^2$ sind immer linear abhängig.
- 4 Vektoren des Raumes $\mathbb{R}^3$ sind immer linear abhängig.
- Ist einer der Vektoren $\vec{a}_1, \dots, \vec{a}_m$ der Nullvektor $\vec{0}$, so sind $\vec{a}_1, \dots, \vec{a}_m$ linear abhängig.

14.9 Aufgaben

14.55 *In der nebenstehenden ebenen Skizze sind vier Kräfte vektoriell dargestellt. Man stelle eine Kraft $\vec{F}_5$ derart dar, dass Kräftegleichgewicht herrscht.*

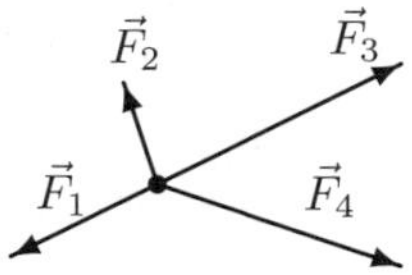

14.56 *In der nebenstehenden ebenen Skizze teilt E die Strecke $\overline{AD}$ im Verhältnis $1:1$ und F die Strecke $\overline{AB}$ im Verhältnis $4:1$. Man stelle die folgenden Vektoren mit Hilfe der Vektoren $\vec{a}$ und $\vec{b}$ dar:*

$\overrightarrow{EC}$, $\overrightarrow{FD}$, $\overrightarrow{EF}$, $\overrightarrow{CF}$, $\overrightarrow{EB}$.

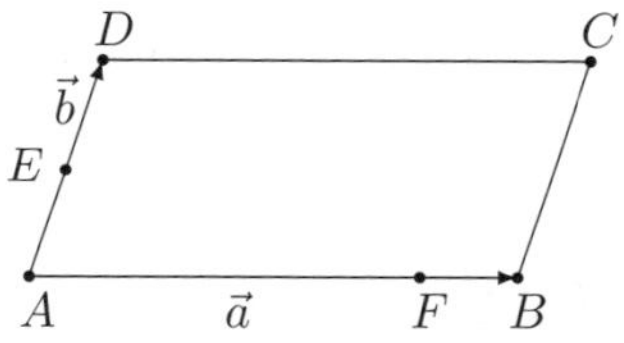

14.57 *Die Vektoren $\vec{a}$ und $\vec{b}$ seien wie in nebenstehender Skizze gegeben. Man gebe einen Vektor $\vec{x}$ in Richtung der Winkelhalbierenden von $\sphericalangle(\vec{a}, \vec{b})$ an.*

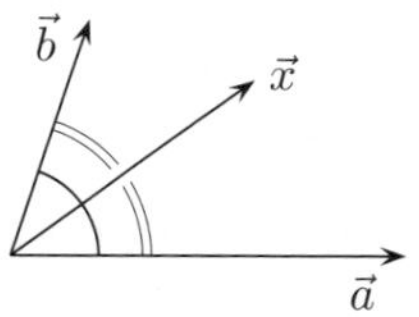

14.58 *$P_1 = (7, -1)$, $P_2 = (1, -3)$, $P_3 = (2, 4)$ sind Eckpunkte eines Dreiecks in der Ebene. Man berechne*

(a) *Seitenlängen, Winkel und Flächeninhalt des Dreiecks.*

(b) *die Mittelpunkte der Seiten.*

(c) *Parameterdarstellungen und Koordinatendarstellungen der Geraden, auf denen die Seiten liegen.*

(d) *den Schwerpunkt des Dreiecks, also den Schnittpunkt der Seitenhalbierenden.*

(e) *den Schnittpunkt der Mittelsenkrechten.*

(f) *den Schnittpunkt der Winkelhalbierenden.*

(g) *die Längen der Höhen und den Höhenschnittpunkt des Dreiecks.*

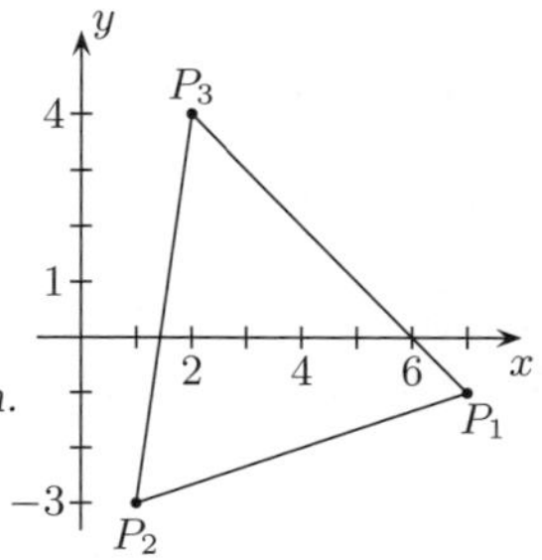

14.59 *Gegeben sind die folgenden Geraden in der Ebene:*

$G_1 : \vec{x} = \begin{pmatrix}1\\1\end{pmatrix} + r\begin{pmatrix}1\\2\end{pmatrix}, \quad G_2 : x - y = 1 ,$

und G_3 *als Gerade durch die Punkte* $(-1, 1)$ *und* $(1, 5)$.

Man berechne

(a) *jeweils eine Parameterdarstellung, eine Koordinatendarstellung und die HNF der Geraden.*

(b) $G_1 \cap G_2 , \quad G_1 \cap G_3 , \quad G_2 \cap G_3$ *(die Schnittpunkte der Geraden).*

(c) *den Abstand von* G_3 *zum Ursprung.*

(d) *im Falle von Parallelität den Abstand der Geraden.*

(e) *den Schnittwinkel von* G_1 *und* G_2.

14.60 P_1, P_2, P_3 *sind Eckpunkte eines Dreiecks im Raum.*

Man berechne Seitenlängen, Winkel und Flächeninhalt des Dreiecks, sowie Mittelpunkt und Radius vom Umkreis des Dreiecks. (Der Mittelpunkt des Umkreises ist der Schnittpunkt der Mittelsenkrechten!)

(a) $P_1 = (1, 2, 0) , \ P_2 = (-2, 1, 1) , \ P_3 = (2, -1, 0)$.

(b) $P_1 = (3, -1, 3) , \ P_2 = (1, 1, 1) , \ P_3 = (1, 3, -1)$.

14.61 *Man gebe jeweils eine Ebene an, in der die drei gegebenen Punkte liegen:*

(a) $(1, 1, 1) , \ (-2, 3, -1) , \ (0, 2, 1)$.

(b) $(1, 1, 3) , \ (5, 1, -1) , \ (-7, 1, 11)$.

(c) $(2, 3, 0) , \ (0, -1, 1) , \ (-2, 1, 2)$.

Ist die Ebene jeweils eindeutig bestimmt?
In welcher der Ebenen liegt der Punkt $(1, 2, 3)$*?*

14.62 *Gegeben sind eine Gerade und drei Ebenen im Raum:*

$G : \vec{x} = \begin{pmatrix}1\\1\\4\end{pmatrix} + r\begin{pmatrix}1\\4\\1\end{pmatrix}, \qquad E_1 : \vec{x} = \begin{pmatrix}-1\\1\\-1\end{pmatrix} + r\begin{pmatrix}1\\2\\0\end{pmatrix} + s\begin{pmatrix}0\\2\\1\end{pmatrix},$

$E_2 : \ 2x - y + 2z = 4,$

E_3 : *Ebene, in der* $(1, 1, 1) , \ (1, -1, 1) , \ (-1, -1, 1)$ *liegen.*

Man berechne:

(a) *Koordinaten- bzw. Parameterdarstellungen, sowie jeweils die HNF von* E_1, E_2 *und* E_3.

(b) $G \cap E_1 , \quad G \cap E_3 , \quad E_1 \cap E_2 , \quad E_1 \cap E_3$.

(c) *den Schnittwinkel von* E_1 *und* E_3 *sowie den Schnittwinkel von* G *und* E_3.

(d) *den Abstand der Ebene* E_3 *vom Ursprung.*

(e) *im Falle von Parallelität den Abstand von* G *zu* E_j *bzw. den Abstand von* E_i *zu* E_j *(das ist der Abstand eines Punktes von* G *zu* E_j *bzw. eines Punktes von* E_i *zu* E_j*).*

14.63 *Durch die Punkte*
$A = (2,2,0)$, $B = (-4,1,-2)$, $C = (3,-2,1)$, $D = (0,0,6)$
ist ein Tetraeder gegeben. Man berechne:

(a) *die Flächeninhalte der vier Seitenflächen.*
(b) *Normalendarstellungen derjenigen vier Ebenen, in denen jeweils eine Seitenfläche liegt.*
(c) *die Längen der vier Höhen im Tetraeder.*
(d) *das Volumen des Tetraeders.*

14.64 $A = (1,2,1)$, $B = (3,3,3)$, $C = (-1,0,-1)$, $D = (1,1,1)$
sind vier Punkte im $\mathbb{R}^3$.

(a) *Man zeige, dass die vier Punkte Eckpunkte eines Parallelogramms sind.*
(b) $E = (2,4,3)$ *ist als fünfter Punkt gegeben.*
Man bestimme drei weitere Punkte so, dass alle acht Punkte Eckpunkte eines Spats sind. Wieviele verschiedene Möglichkeiten gibt es, diese drei Punkte zu bestimmen? Warum haben alle diese Spate das gleiche Volumen, und wie groß ist es?

14.65 *Gegeben sind die Ebene* $E: \vec{x} = \begin{pmatrix}1\\1\\2\end{pmatrix} + r\begin{pmatrix}1\\0\\1\end{pmatrix} + s\begin{pmatrix}1\\1\\0\end{pmatrix}$,

die Gerade $G: \vec{x} = \begin{pmatrix}2\\1\\3\end{pmatrix} + t\begin{pmatrix}1\\1\\1\end{pmatrix}$ *und der Punkt* $P = (0,-1,1)$.

(a) *Man spiegele den Punkt* P *an der Ebene* E.
(b) *Man spiegele die Gerade* G *an der Ebene* E.

14.66 *Man untersuche auf lineare Unabhängigkeit. Im Falle der linearen Abhängigkeit stelle man einen der Vektoren als Linearkombination der anderen Vektoren dar.*

(a) $\begin{pmatrix}1\\-1\end{pmatrix}, \begin{pmatrix}2\\0\end{pmatrix}, \begin{pmatrix}3\\4\end{pmatrix}$. (b) $\begin{pmatrix}1\\-1\end{pmatrix}, \begin{pmatrix}3\\4\end{pmatrix}$.
(c) $(2,1,-3)$, $(1,1,1)$. (d) $(1,0,0)$, $(1,1,0)$, $(1,1,1)$.
(e) $(3,4,7)$, $(2,-1,3)$, $(-3,2,-1)$.
(f) $(1,-2,3)$, $(-1,-1,4)$, $(5,-7,8)$.

14.67 A, B, C *seien Eckpunkte eines Dreiecks,* $\vec{a} = \overrightarrow{AB}$ *und* $\vec{b} = \overrightarrow{AC}$ *seien die aufspannenden Vektoren des Dreiecks. Man zeige für den Schwerpunkt* S *des Dreiecks:*

$$\overrightarrow{OS} = \tfrac{1}{3}\,(\overrightarrow{OA} + \overrightarrow{OB} + \overrightarrow{OC}) = \overrightarrow{OA} + \tfrac{1}{3}\,(\vec{a} + \vec{b}).$$

14.10 Lösungen

14.55 Wir bilden die Summe der vier Kräfte mittels eines Vektorzuges, bei dem wir an das Ende von $\vec{F_1}$ den Vektor $\vec{F_2}$ anheften, an dessen Ende dann $\vec{F_3}$ und schließlich $\vec{F_4}$. Der Vektor vom Ende dieses Zuges zum Ursprung stellt eine Kraft $\vec{F_5}$ dar, so dass Kräftegleichgewicht herrscht.

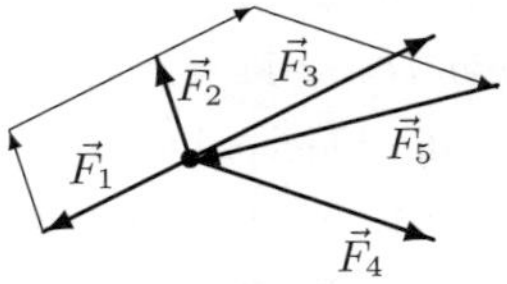

14.56 Man liest direkt an der Skizze ab:

$\overrightarrow{EC} = \frac{1}{2}\vec{b} + \vec{a}$

$\overrightarrow{FD} = \vec{b} - \frac{4}{5}\vec{a}$ Beachte [14.1].

$\overrightarrow{EF} = \frac{4}{5}\vec{a} - \frac{1}{2}\vec{b}$ "

$\overrightarrow{CF} = -\frac{1}{5}\vec{a} - \vec{b}$ "

$\overrightarrow{EB} = \vec{a} - \frac{1}{2}\vec{b}$ "

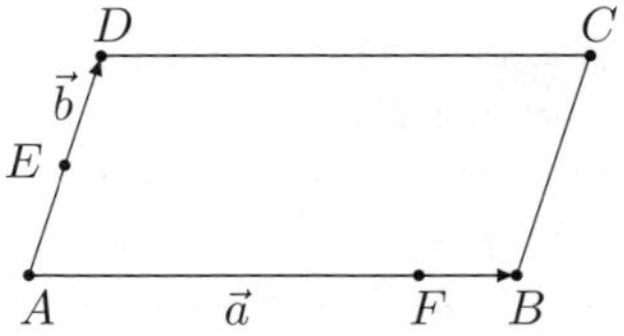

14.57 Der Vektor $\vec{a} + \vec{b}$ ist ein Diagonalenvektor im Parallelogramm, also i.A. kein Vektor in Richtung der Winkelhalbierenden. Ist das Parallelogramm aber ein Rhombus (alle Seiten sind gleich lang), so ist die Diagonale gleichzeitig Winkelhalbierende.

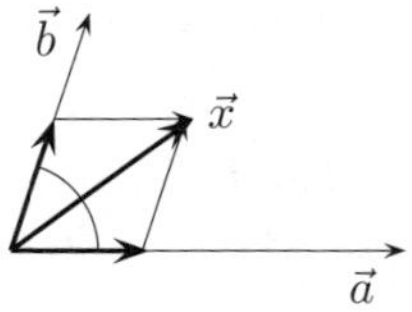

Daher benutzen wir gleichlange Vektoren in Richtung von $\vec{a}$ bzw. $\vec{b}$, z.B. $\frac{1}{|\vec{a}|}\,\vec{a}$ bzw. $\frac{1}{|\vec{b}|}\,\vec{b}$ (Einheitsvektoren!).

$\vec{x} = \frac{1}{|\vec{a}|}\,\vec{a} + \frac{1}{|\vec{b}|}\,\vec{b}$ ist ein Vektor in Richtung der Winkelhalbierenden von $\sphericalangle(\vec{a}, \vec{b})$.

14.58 Die Seiten des Dreiecks sind gegeben durch die Vektoren:

$$\vec{a} = \overrightarrow{P_1P_2} = \begin{pmatrix} 1 \\ -3 \end{pmatrix} - \begin{pmatrix} 7 \\ -1 \end{pmatrix} = \begin{pmatrix} -6 \\ -2 \end{pmatrix}$$

$$\vec{b} = \overrightarrow{P_1P_3} = \begin{pmatrix} 2 \\ 4 \end{pmatrix} - \begin{pmatrix} 7 \\ -1 \end{pmatrix} = \begin{pmatrix} -5 \\ 5 \end{pmatrix}$$

$$\vec{c} = \overrightarrow{P_2P_3} = \begin{pmatrix} 2 \\ 4 \end{pmatrix} - \begin{pmatrix} 1 \\ -3 \end{pmatrix} = \begin{pmatrix} 1 \\ 7 \end{pmatrix} = \vec{b} - \vec{a}$$

Winkel des Dreiecks sind:

$\alpha := \sphericalangle(\vec{a}, \vec{b})$ (bei P_1)

$\beta := \sphericalangle(\vec{c}, -\vec{a})$ (bei P_2)

$\gamma := \sphericalangle(-\vec{b}, -\vec{c})$ (bei P_3)

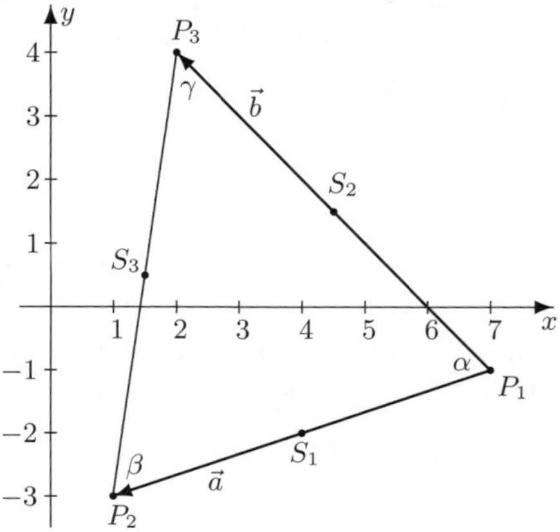

(a) Seitenlängen:

$|\vec{a}| = \sqrt{40} = \underline{2\sqrt{10}}$ $\qquad |\vec{b}| = \sqrt{50} = \underline{5\sqrt{2}}$ $\qquad |\vec{c}| = \sqrt{50} = \underline{5\sqrt{2}}$

Das Dreieck ist gleichschenklig; $\overline{P_1P_3}$ und $\overline{P_2P_3}$ sind gleichlang.

Winkel:

$$\cos\alpha = \frac{\vec{a} \bullet \vec{b}}{|\vec{a}| \cdot |\vec{b}|} = \frac{20}{2\sqrt{10} \cdot 5\sqrt{2}} = \frac{1}{\sqrt{5}} \implies \underline{\alpha \approx 63.4^\circ}$$

Da das Dreieck gleichschenklig ist mit den Schenkeln $\overline{P_1P_3}$ und $\overline{P_2P_3}$, ist der Winkel β bei P_2 genauso groß wie der Winkel α bei P_1.

Es folgt $\beta = \alpha \approx \underline{63.4^\circ}$, und damit $\gamma = 180^\circ - 2\alpha \approx \underline{53.2^\circ}$.

Flächeninhalt:

Das Dreieck wird von $\vec{a}$ und $\vec{b}$ aufgespannt.

Anwendung der Formel von Seite 281 liefert $F = \frac{1}{2}|-30-10| = \underline{20}$.

(b) Für den Seitenmittelpunkt S_1 gilt:

$$\overrightarrow{OS_1} = \overrightarrow{OP_1} + \tfrac{1}{2}\vec{a} = \overrightarrow{OP_1} + \tfrac{1}{2}(\overrightarrow{OP_2} - \overrightarrow{OP_1}) = \tfrac{1}{2}(\overrightarrow{OP_1} + \overrightarrow{OP_2}) = \begin{pmatrix} 4 \\ -2 \end{pmatrix}, \quad \underline{S_1 = (4,-2)}$$

Die Seitenmittelpunkte ergeben sich also als arithmetisches Mittel der Seitenendpunkte.

$S_2 = \frac{1}{2}((7,-1) + (2,4)) = \underline{(\frac{9}{2}, \frac{3}{2})}$ $\qquad S_3 = \frac{1}{2}((1,-3) + (2,4)) = \underline{(\frac{3}{2}, \frac{1}{2})}$

(c) G_3 sei die Gerade durch P_1 und P_2:

$$\vec{x} = \begin{pmatrix} 7 \\ -1 \end{pmatrix} + r\left(\begin{pmatrix} 1 \\ -3 \end{pmatrix} - \begin{pmatrix} 7 \\ -1 \end{pmatrix}\right) = \begin{pmatrix} 7 \\ -1 \end{pmatrix} + r\begin{pmatrix} -6 \\ -2 \end{pmatrix} = \begin{pmatrix} 7 \\ -1 \end{pmatrix} + s\begin{pmatrix} 3 \\ 1 \end{pmatrix}$$

Ein Normalenvektor zu G_3 ist $\begin{pmatrix} -1 \\ 3 \end{pmatrix}$; $\quad \begin{pmatrix} -1 \\ 3 \end{pmatrix} \cdot \begin{pmatrix} 7 \\ -1 \end{pmatrix} = -10$

$\implies -x + 3y = -10$ ist eine Koordinatendarstellung von G_3.

G_2 sei die Gerade durch P_1 und P_3: $\vec{x} = \begin{pmatrix} 7 \\ -1 \end{pmatrix} + r\begin{pmatrix} 1 \\ -1 \end{pmatrix}$ bzw. $x + y = 6$.

G_1 sei die Gerade durch P_2 und P_3: $\vec{x} = \begin{pmatrix} 1 \\ -3 \end{pmatrix} + r\begin{pmatrix} 1 \\ 7 \end{pmatrix}$ bzw. $7x - y = 10$.

(d) Der Schwerpunkt S ist der Schnittpunkt der Seitenhalbierenden.

1. Berechnungsmöglichkeit: Schnittpunkt zweier Seitenhalbierenden berechnen.
2. Berechnungsmöglichkeit: Der Schwerpunkt teilt die Seitenhalbierenden im Verhältnis 2 : 1 vom Eckpunkt aus gesehen. Also z.B. $\overrightarrow{OS} = \overrightarrow{OP_3} + \frac{2}{3}\overrightarrow{P_3S_1}$.
3. Berechnungsmöglichkeit: Formel aus [14.67] benutzen.

Das ist die einfachste Berechnungsmöglichkeit. Damit folgt:

$$\overrightarrow{OS} = \tfrac{1}{3}\left(\begin{pmatrix} 7 \\ -1 \end{pmatrix} + \begin{pmatrix} 1 \\ -3 \end{pmatrix} + \begin{pmatrix} 2 \\ 4 \end{pmatrix}\right) = \begin{pmatrix} 10/3 \\ 0 \end{pmatrix} \qquad \underline{S = (\tfrac{10}{3}, 0)}.$$

(e) $\overline{P_3S_1}$ ist Symmetrieachse des Dreiecks, da es gleichschenklig ist.

Die Gerade M_1 durch P_3 und S_1 ist Seitenhalbierende, Mittelsenkrechte, Höhe und Winkelhalbierende! $\vec{a}$ ist ein Normalenvektor von M_1. Also gilt:

$M_1: \ 3x + y = 10$ Koordinatendarstellung der Mittelsenkrechten durch S_1.

M_2 sei die Mittelsenkrechte durch S_2. $\vec{b}$ ist ein Normalenvektor von M_2, also $M_2: \ -x + y = -3$.

Subtraktion liefert $4x = 13$, also $x = \frac{13}{4}$ und weiter $y = \frac{1}{4}$.

Schnittpunkt der Mittelsenkrechten ist $\underline{M = (\frac{13}{4}, \frac{1}{4})}$.

(f) $M_1: \ 3x + y = 10$ ist Winkelhalbierende des Winkel γ (bei P_3).

Winkelhalbierende W_α des Winkels $\alpha = \sphericalangle(\vec{a}, \vec{b})$ (siehe vorangehende Aufgabe):

$$W_\alpha: \ \vec{x} = \begin{pmatrix} 7 \\ -1 \end{pmatrix} + r\left(\frac{1}{\sqrt{10}}\begin{pmatrix} -3 \\ -1 \end{pmatrix} + \frac{1}{\sqrt{2}}\begin{pmatrix} -1 \\ 1 \end{pmatrix}\right) = \begin{pmatrix} 7 \\ -1 \end{pmatrix} + s\begin{pmatrix} 3+\sqrt{5} \\ 1-\sqrt{5} \end{pmatrix}.$$

Ein Richtungsvektor ist die Summe der normierten Vektoren $\vec{a}$ und $\vec{b}$, ein einfacherer Richtungsvektor ergibt sich durch Multiplikation mit $-\sqrt{10}$.

Ein Normalenvektor von W_α: $\begin{pmatrix} -1+\sqrt{5} \\ 3+\sqrt{5} \end{pmatrix}$.

Koordinatendarst. von W_α: $(-1+\sqrt{5})x + (3+\sqrt{5})y = 6\sqrt{5} - 10$.

$y = 10 - 3x$ einsetzen und nach x auflösen liefert $x = \dfrac{2\sqrt{5}+20}{\sqrt{5}+5} \approx 3.38$ und $y \approx -0.15$. Schnittpunkt der Winkelhalbierenden ist $\underline{W \approx (3.38\,, -0.15)}$.

Probe: Der Schnittpunkt der Winkelhalbierenden ist Mittelpunkt des Inkreises. Er hat also von allen drei Seiten (bzw. von den Geraden G_1, G_2, G_3) den gleichen Abstand. Mit der Abstandsformel auf Seite 292 lässt sich das überprüfen.

(g) Der Fußpunkt der Höhe von P_i auf die gegenüberliegende Seite sei H_i $(i = 1, 2, 3)$. Dann sind $|\overrightarrow{P_1H_1}|$, $|\overrightarrow{P_2H_2}|$ und $|\overrightarrow{P_3H_3}|$ gesucht. $|\overrightarrow{P_iH_i}|$ ist gegeben als Abstand des Punktes P_i von der Geraden G_i aus Teil (c). Zur Benutzung der Abstandsformel auf Seite 292 werden die HNFen der Geraden aufgestellt.

HNF von G_1: $\frac{7}{\sqrt{50}}x - \frac{1}{\sqrt{50}}y - \frac{10}{\sqrt{50}} = 0$,

HNF von G_2: $\frac{1}{\sqrt{2}}x + \frac{1}{\sqrt{2}}y - \frac{6}{\sqrt{2}} = 0$,

HNF von G_3: $\frac{1}{\sqrt{10}}x - \frac{3}{\sqrt{10}}y - \frac{10}{\sqrt{10}} = 0$.

$d(P_1, G_1) = |\frac{49}{\sqrt{50}} + \frac{1}{\sqrt{50}} - \frac{10}{\sqrt{50}}| = \frac{40}{\sqrt{50}} = \frac{8}{\sqrt{2}} = \underline{4\sqrt{2}}$

$d(P_2, G_2) = |\frac{1}{\sqrt{2}} - \frac{3}{\sqrt{2}} - \frac{6}{\sqrt{2}}| = \frac{8}{\sqrt{2}} = \underline{4\sqrt{2}}$ (klar, wegen der Symmetrie)

$d(P_3, G_3) = |\frac{2}{\sqrt{10}} - \frac{12}{\sqrt{10}} - \frac{10}{\sqrt{10}}| = \frac{20}{\sqrt{10}} = \underline{2\sqrt{10}}$ (Probe: $= |\overrightarrow{P_3S_1}|$)

Der Höhenschnittpunkt wird berechnet als Schnittpunkt der Geraden M_1 (Höhe durch P_3) mit der Geraden H_1 durch P_1 senkrecht zu $\overrightarrow{P_2P_3} = \vec{c}$ (Höhe durch P_1).

$H_1: \ x + 7y = 0$ ($\vec{c}$ ist Normalenvektor von H_1!) $M_1: \ 3x + y = 10$

$3x + y = 10 \quad x = -7y \implies y = -\frac{1}{2}\ , \ x = \frac{7}{2}$.

Der Höhenschnittpunkt ist $\underline{H = (\frac{7}{2}\,, -\frac{1}{2})}$.

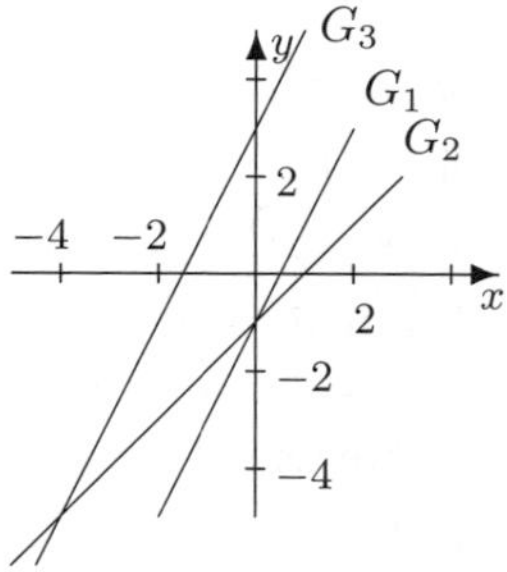

14.59 Die nebenstehende Skizze verdeutlicht die Rechnungen.

(a) $\boldsymbol{G_1}$: Eine Parameterdarstellung ist gegeben.
Ein Normalenvektor: $\vec{n} = \begin{pmatrix} 2 \\ -1 \end{pmatrix}$, $\vec{n} \cdot \begin{pmatrix} 1 \\ 1 \end{pmatrix} = 1$.
Eine Koordinatendarstellung: $\underline{2x - y = 1}$.
$|\vec{n}| = \sqrt{5}$, HNF: $\underline{\frac{2}{\sqrt{5}}\,x - \frac{1}{\sqrt{5}}\,y = \frac{1}{\sqrt{5}}}$.

$\boldsymbol{G_2}$: Eine Koordinatendarstellung ist gegeben.
Lösung des LGS $x - y = 1$: Setze $y = r$, dann ist $x = 1 + r$.
Eine Parameterdarstellung: $\underline{\vec{x} = \begin{pmatrix} 1+r \\ r \end{pmatrix} = \begin{pmatrix} 1 \\ 0 \end{pmatrix} + r\begin{pmatrix} 1 \\ 1 \end{pmatrix}}$.
$\vec{n} = \begin{pmatrix} 1 \\ -1 \end{pmatrix}$ ist ein Normalenvektor. $|\vec{n}| = \sqrt{2}$, HNF: $\underline{\frac{1}{\sqrt{2}}\,x - \frac{1}{\sqrt{2}}\,y = \frac{1}{\sqrt{2}}}$.

$\boldsymbol{G_3}$: Eine Parameterdarstellung: $\vec{x} = \begin{pmatrix} -1 \\ 1 \end{pmatrix} + r\left(\begin{pmatrix} 1 \\ 5 \end{pmatrix} - \begin{pmatrix} -1 \\ 1 \end{pmatrix}\right) = \begin{pmatrix} -1 \\ 1 \end{pmatrix} + r\begin{pmatrix} 2 \\ 4 \end{pmatrix}$.
$\vec{n} = \begin{pmatrix} -2 \\ 1 \end{pmatrix}$ ist ein Normalenvektor, $|\vec{n}| = \sqrt{5}$.
Skalarprodukt der Parameterdarst. mit $\vec{n}$: $\underline{-2x + y = 3}$ ist eine Koordinatendarstellung. HNF: $\underline{-\frac{2}{\sqrt{5}}\,x + \frac{1}{\sqrt{5}}\,y = \frac{3}{\sqrt{5}}}$.

(b) Für die Berechnung der Schnittpunkte benutzen wir eie Koordinatendarstellungen.

$G_1 \cap G_2$: $\begin{array}{rcl} 2x - y &=& 1 \\ x - y &=& 1 \end{array} \Big] - \implies \begin{array}{l} x = 0 \\ y = -1 \end{array}$ $\qquad \underline{G_1 \cap G_2 = \{(0,-1)\}}$

$G_1 \cap G_3$: $\begin{array}{rcl} 2x - y &=& 1 \\ -2x + y &=& 3 \end{array} \Big] + \implies 0 = 4$ Widerspruch $\underline{G_1 \cap G_3 = \emptyset}$
G_1 und G_3 sind parallel.

$G_2 \cap G_3$: $\begin{array}{rcl} x - y &=& 1 \\ -2x + y &=& 3 \end{array} \Big] + \implies \begin{array}{l} -x = 4 \\ y = -5 \end{array}$ $\qquad \underline{G_2 \cap G_3 = \{(-4,-5)\}}$

(c) $d((0,0), G_3) = \underline{\frac{3}{\sqrt{5}}}$ (siehe HNF von G_3)

(d) G_1 und G_3 sind parallel.
$d(G_1, G_3)$ ergibt sich z.B. durch $d((1,1), G_3)$, da $(1,1)$ ein Punkt von G_1 ist.
$d(G_1, G_3) = d((1,1), G_3) = \left| -\frac{2}{\sqrt{5}} \cdot 1 + \frac{1}{\sqrt{5}} \cdot 1 - \frac{3}{\sqrt{5}} \right| = \underline{\frac{4}{\sqrt{5}}}$

(e) Der Schnittwinkel α zweier Geraden ergibt sich aus dem Winkel zwischen zwei Richtungsvektoren der Geraden, siehe [Seite 290].
G_1 hat als Richtungsvektor $\vec{a} = \begin{pmatrix} 1 \\ 2 \end{pmatrix}$, G_2 hat als Richtungsvektor $\vec{b} = \begin{pmatrix} 1 \\ 1 \end{pmatrix}$.
$\cos \sphericalangle(\vec{a}, \vec{b}) = \frac{\vec{a} \bullet \vec{b}}{|\vec{a}| \cdot |\vec{b}|} = \frac{3}{\sqrt{5} \cdot \sqrt{2}} \implies \sphericalangle(\vec{a}, \vec{b}) \approx \underline{18.43°}$
ist der gesuchte Schnittwinkel.

14.60

(a) $\vec{a} = \overrightarrow{P_1P_2} = (-2,1,1)-(1,2,0) = (-3,-1,1) \implies \underline{|\vec{a}| = \sqrt{11}}$

$\vec{b} = \overrightarrow{P_1P_3} = (2,-1,0)-(1,2,0) = (1,-3,0) \implies \underline{|\vec{b}| = \sqrt{10}}$

$\vec{c} = \overrightarrow{P_2P_3} = (2,-1,0)-(-2,1,1) = (4,-2,-1) \implies \underline{|\vec{c}| = \sqrt{21}}$

Wegen $|\vec{a}|^2 + |\vec{b}|^2 = |\vec{c}|^2$ ist das Dreieck rechtwinklig; man erkennt auch $\vec{a}\perp\vec{b}$, also ist $\alpha := \sphericalangle(\vec{a},\vec{b}) = 90°$.

Ein weiterer Winkel ist $\beta := \sphericalangle(\vec{c},-\vec{a})$ (Winkel am Eckpunkt P_2).

$\cos\beta = \frac{(4,-2,-1)\bullet(3,1,-1)}{\sqrt{21}\cdot\sqrt{11}} = \frac{11}{\sqrt{21}\cdot\sqrt{11}} = \sqrt{\frac{11}{21}} \implies \underline{\beta \approx 43.64°}$

Durch Ergänzung zu 90° folgt $\underline{\gamma \approx 46.36°}$.

Für den Flächeninhalt gilt (da ein rechtwinkliges Dreieck vorliegt):

$F = \frac{1}{2}|\vec{a}|\cdot|\vec{b}| = \frac{1}{2}\sqrt{110} \approx \underline{5.24}$.

Der Mittelpunkt M des Umkreises ist der Schnittpunkt der Mittelsenkrechten. Da hier ein rechtwinkliges Dreieck mit den Katheten $\vec{a}$ und $\vec{b}$ vorliegt, ist die Berechnung von M einfach: Der Mittelpunkt S_1 der Seite P_1P_2 ist gegeben durch $S_1 = \frac{1}{2}(P_1+P_2) = (-\frac{1}{2},\frac{3}{2},\frac{1}{2})$ und $\overrightarrow{OM} = \overrightarrow{OS_1} + \frac{1}{2}\vec{b} = (0,0,\frac{1}{2})$. Der Radius r des Umkreises ist $r = |\overrightarrow{MP_1}|$ $(= |\overrightarrow{MP_2}| = |\overrightarrow{MP_3}|)$.

$\overrightarrow{MP_1} = (1,2,0)-(0,0,\frac{1}{2}) = (1,2,-\frac{1}{2})$, also $r = |\overrightarrow{MP_1}| = \underline{\frac{1}{2}\sqrt{21}}$.

Probe: $\overrightarrow{MP_2} = (-2,1,\frac{1}{2})$ und $\overrightarrow{MP_3} = (2,-1,-\frac{1}{2})$,
also $|\overrightarrow{MP_1}| = |\overrightarrow{MP_2}| = |\overrightarrow{MP_3}|$.

(b) $\vec{a} = \overrightarrow{P_1P_2} = (-2,2,-2)$, $\vec{b} = \overrightarrow{P_1P_3} = (-2,4,-4)$, $\vec{c} = \overrightarrow{P_2P_3} = (0,2,-2)$.

Man erhält: $\underline{|\vec{a}| = \sqrt{12}}$, $\underline{|\vec{b}| = 6}$, $\underline{|\vec{c}| = \sqrt{8}}$.

$\alpha = \sphericalangle(\vec{a},\vec{b})$ $\cos\alpha = \frac{20}{6\cdot\sqrt{12}}$ $\underline{\alpha \approx 15.79°}$

$\beta = \sphericalangle(\vec{c},-\vec{a})$ $\cos\beta = \frac{-8}{\sqrt{12}\cdot\sqrt{8}}$ $\underline{\beta \approx 144.74°}$ $\gamma = \sphericalangle(-\vec{b},-\vec{c}) \approx \underline{19.47°}$.

Flächeninhalt: $F = \frac{1}{2}|\vec{a}\times\vec{b}| = \frac{1}{2}\left|\begin{pmatrix}-2\\2\\-2\end{pmatrix}\times\begin{pmatrix}-2\\4\\-4\end{pmatrix}\right| = 2\left|\begin{pmatrix}0\\-1\\-1\end{pmatrix}\right| = \underline{2\sqrt{2}}$.

Die Berechnung von M gestaltet sich etwas schwieriger als bei (a).
Wir berechnen M als Schnittpunkt der Mittelsenkrechten von $\overline{P_1P_2}$ und $\overline{P_1P_3}$.

Seitenmittelpunkte: $S_1 = \frac{1}{2}(P_1+P_2) = (2,0,2)$ $S_2 = \frac{1}{2}(P_1+P_3) = (2,1,1)$.
Die Mittelsenkrechten M_1, M_2 sind Geraden durch S_1 bzw. S_2 senkrecht zu $\vec{a}$ bzw. $\vec{b}$, die in der durch P_1, P_2, P_3 bestimmten Ebene liegen müssen. Richtungsvektoren dieser Geraden erhält man mittels **Projektion**.

Zu M_1: $\vec{b} - \vec{b}_{\vec{a}}$ ist ein Vektor, der auf $\vec{a}$ senkrecht steht und in der von $\vec{a}$ und $\vec{b}$ aufgespannten Ebene liegt (siehe [Abschnitt 14.3]).

$\vec{b}_{\vec{a}} = \frac{\vec{a}\bullet\vec{b}}{\vec{a}^2}\cdot\vec{a} = \frac{20}{12}\begin{pmatrix}-2\\2\\-2\end{pmatrix}$ und $\vec{b}-\vec{b}_{\vec{a}} = \begin{pmatrix}-2\\4\\-4\end{pmatrix} - \frac{5}{3}\begin{pmatrix}-2\\2\\-2\end{pmatrix} = \frac{1}{3}\begin{pmatrix}4\\2\\-2\end{pmatrix}$.

Eine Parameterdarstellung von M_1: $\vec{x} = (2,0,2) + r(2,1,-1)$.

Zu M_2: $\vec{a} - \vec{a}_{\vec{b}}$ ist ein Vektor, der auf $\vec{b}$ senkrecht steht und in der von $\vec{a}$ und $\vec{b}$ aufgespannten Ebene liegt.

$$\vec{a}_{\vec{b}} = \frac{\vec{a} \bullet \vec{b}}{\vec{b}^2} \cdot \vec{b} = \frac{20}{36}\begin{pmatrix}-2\\4\\-4\end{pmatrix} \text{ und } \vec{a} - \vec{a}_{\vec{b}} = \begin{pmatrix}-2\\2\\-2\end{pmatrix} - \frac{5}{9}\begin{pmatrix}-2\\4\\-4\end{pmatrix} = \frac{1}{9}\begin{pmatrix}-8\\-2\\2\end{pmatrix}.$$

Eine Parameterdarstellung von M_2: $\vec{x} = (2,1,1) + s(4,1,-1)$.

Schnittpunkt von M_1 und M_2 ist $M = (6,2,0)$, wähle $r = 2$ und $s = 1$.
Damit ergibt sich der Radius des Umkreises z.B. als

$$r = |\overrightarrow{MP_1}\,| = |(3,-1,3) - (6,2,0)| = |(-3,-3,3)| = \underline{\sqrt{27}}.$$

Probe: $|\overrightarrow{MP_2}\,| = |\overrightarrow{MP_3}\,| = \sqrt{27}$.

14.61

(a) Richtungsvektoren der Ebene sind z.B.
$(1,1,1) - (-2,3,-1) = (3,-2,2)$ und $(1,1,1) - (0,2,1) = (1,-1,0)$.
Diese Vektoren sind linear unabhängig, also gibt es eine eindeutig bestimmte Ebene E, in der die gegebenen Punkte liegen.

$$E:\ \vec{x} = \begin{pmatrix}1\\1\\1\end{pmatrix} + r\begin{pmatrix}3\\-2\\2\end{pmatrix} + s\begin{pmatrix}1\\-1\\0\end{pmatrix} \qquad \vec{n} = \begin{pmatrix}3\\-2\\2\end{pmatrix} \times \begin{pmatrix}1\\-1\\0\end{pmatrix} = \begin{pmatrix}2\\2\\-1\end{pmatrix}$$

$E:\ 2x + 2y - z = 3$ (Koordinatendarstellung).
$(1,2,3)$ liegt in E, da $2 \cdot 1 + 2 \cdot 2 - 3 = 3$ gilt.

(b) $(1,1,3) - (5,1,-1) = (-4,0,4)$ und $(1,1,3) - (-7,1,11) = (8,0,-8)$.
Diese Vektoren sind linear abhängig, d.h. die drei gegebenen Punkte liegen auf einer Geraden, nämlich auf der Geraden $G:\ \vec{x} = (1,1,3) + r(-1,0,1)$.
Es gibt unendlich viele Ebenen, die die gegebenen Punkte enthalten. Eine Ebene, in der die drei Punkte liegen, ist z.B. die Ebene $E:\ y = 1$.
$(1,2,3)$ liegt nicht in dieser Ebene.
Aber mit $(1,1,3) - (1,2,3) = (0,-1,0)$ und $E:\ \vec{x} = \begin{pmatrix}1\\1\\3\end{pmatrix} + r\begin{pmatrix}1\\0\\-1\end{pmatrix} + s\begin{pmatrix}0\\1\\0\end{pmatrix}$
erhält man eine Ebene, die die gegebenen Punkte und auch $(1,2,3)$ enthält.

(c) $(2,3,0) - (0,-1,1) = (2,4,-1)$ und $(2,3,0) - (-2,1,2) = (4,2,-2)$.
$E:\ \vec{x} = \begin{pmatrix}2\\3\\0\end{pmatrix} + r\begin{pmatrix}2\\4\\-1\end{pmatrix} + s\begin{pmatrix}2\\1\\-1\end{pmatrix}$ ist die eindeutig bestimmte Ebene, in der die gegebenen Punkte liegen. $(2,4,-1) \times (2,1,-1) = (-3,0,-6)$
$-3x - 6z = -6 \iff x + 2z = 2$ (Zwei Koordinatendarstellungen von E.)
$(1,2,3)$ liegt nicht in E, da $1 + 2 \cdot 3 \neq 2$.

14.62

(a) E_1: Eine Parameterdarstellung ist gegeben.
$(1,2,0) \times (0,2,1) = (2,-1,2)$, $\quad (2,-1,2) \cdot (-1,1,-1) = -5$.
Eine Koordinatendarstellung: $\underline{2x - y + 2z = -5}$ HNF: $\underline{-\frac{2}{3}x + \frac{1}{3}y - \frac{2}{3}z = \frac{5}{3}}$.

E_2: Eine Koordinatendarstellung ist gegeben. HNF: $\underline{\frac{2}{3}x - \frac{1}{3}y + \frac{2}{3}z = \frac{4}{3}}$.

E_2 ist parallel zu E_1 da beide Ebenen parallele Normalenvektoren besitzen. Eine Parameterdarstellung erhält man daher mit den Richtungsvektoren von E_1 und einem Punkt von E_2, z.B. mit $(2,0,0)$: $\underline{E_2 : \vec{x} = \begin{pmatrix} 2 \\ 0 \\ 0 \end{pmatrix} + r \begin{pmatrix} 1 \\ 2 \\ 0 \end{pmatrix} + s \begin{pmatrix} 0 \\ 2 \\ 1 \end{pmatrix}}$.

Bemerkung: Da die Normaleneinheitsvektoren in den HNFen von E_1 und E_2 unterschiedlich gerichtet sind, liegt der Ursprung zwischen beiden Ebenen.

E_3: Richtungsvektoren sind $(1,1,1) - (1,-1,1) = (0,2,0)$ und
$(1,1,1) - (-1,-1,1) = (2,2,0)$.

$\underline{E_3 : \vec{x} = \begin{pmatrix} 1 \\ 1 \\ 1 \end{pmatrix} + r \begin{pmatrix} 0 \\ 1 \\ 0 \end{pmatrix} + s \begin{pmatrix} 1 \\ 1 \\ 0 \end{pmatrix}}$ ist eine Parameterdarstellung.

$(0,1,0) \times (1,1,0) = (0,0,-1)$
$\Longrightarrow$ $\underline{z = 1}$ ist eine Koordinatendarstellung und auch die HNF von E_3.

(b) Zur Berechnung der Schnittmengen ist die Verwendung der Koordinatendarstellungen für die Ebenen am einfachsten.

$\boldsymbol{G \cap E_1}$: Setzt man die Koordinaten der Parameterdarst. von $G : \vec{x} = \begin{pmatrix} 1+r \\ 1+4r \\ 4+r \end{pmatrix}$ in die Darstellung $2x - y + 2z = -5$ von E_1 ein, so erhält man:
$2(1+r) - (1+4r) + 2(4+r) = -5 \Longrightarrow 9 = -5$ Widerspruch! $\underline{G \cap E_1 = \emptyset}$.
G ist parallel zu E_1. Das sieht man auch daran, dass der Richtungsvektor von G senkrecht auf dem Normalenvektor von E_1 steht.

$\boldsymbol{G \cap E_3}$: Entsprechend: $4 + r = 1$, also $r = -3$. Der Schnittpunkt ist $\underline{(-2,-11,1)}$.

$\boldsymbol{E_1 \cap E_2}$: Es gilt $\underline{E_1 \cap E_2 = \emptyset}$, da die Ebenen parallel und verschieden sind.

$\boldsymbol{E_1 \cap E_3}$:
$$\begin{aligned} 2x - y + 2z &= -5 \\ z &= 1 \end{aligned} \qquad \text{Mit } x = r \text{ folgt } y = 2r + 7.$$

$E_1 \cap E_3$ ist die Gerade H mit der Parameterdarst. $\underline{H : \vec{x} = \begin{pmatrix} 0 \\ 7 \\ 1 \end{pmatrix} + r \begin{pmatrix} 1 \\ 2 \\ 0 \end{pmatrix}}$.

(c) Normalenvektoren von E_1 bzw. E_3 sind $\vec{n_1} = (2,-1,2)$ bzw. $\vec{n_3} = (0,0,1)$.
$\cos \sphericalangle(\vec{n_1}, \vec{n_3}) = \frac{2}{3} \Longrightarrow \sphericalangle(\vec{n_1}, \vec{n_3}) \approx \underline{48.2^\circ}$, Schnittwinkel von E_1 und E_3.

Ein Richtungsvektor von G ist $\vec{b} = (1,4,1)$.
$\quad \cos \sphericalangle(\vec{b}, \vec{n_3}) = \frac{1}{\sqrt{18}} \Longrightarrow \sphericalangle(\vec{b}, \vec{n_3}) \approx 76.4^\circ$.
Der Schnittwinkel von G und E_3 beträgt ca. $|90^\circ - 76.4^\circ| = \underline{13.6^\circ}$.

(d) E_3 hat den Abstand 1 vom Ursprung (rechte Seite der HNF von E_3).

(e) $d(G, E_1) = d((1,1,4), E_1) = |-\frac{2}{3}\cdot 1 + \frac{1}{3}\cdot 1 - \frac{2}{3}\cdot 4 - \frac{5}{3}| = \underline{\frac{14}{3}}.$

$d(G, E_2) = d((1,1,4), E_2) = |\frac{2}{3}\cdot 1 - \frac{1}{3}\cdot 1 + \frac{2}{3}\cdot 4 - \frac{4}{3}| = \underline{\frac{1}{3}}.$

$d(E_1, E_2) = d((2,0,0), E_1) = |-\frac{4}{3} - \frac{5}{3}| = \underline{3}.$ $\quad ((2,0,0) \in E_3)$

14.63

(a) Aufspannende Vektoren des Tetraeders sind
$\vec{a} = \overrightarrow{AB} = (-6,-1,-2)$,
$\vec{b} = \overrightarrow{AC} = (1,-4,1)$ und
$\vec{c} = \overrightarrow{AD} = (-2,-2,6)$.
Benötigt werden noch
$\vec{b} - \vec{a} = \vec{d} = (7,-3,3)$ und
$\vec{c} - \vec{b} = \vec{e} = (-3,2,5)$.

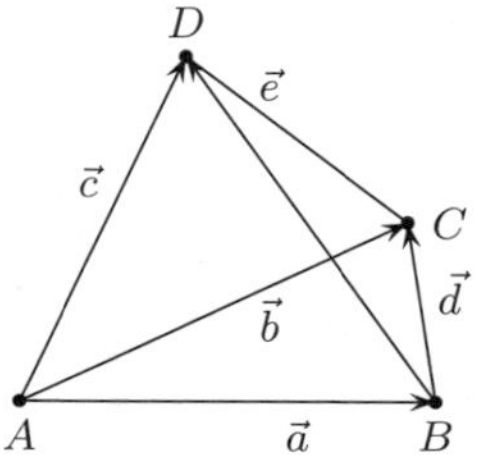

Die Flächeninhalte der Seitenflächen sind:

$$F(\triangle_{ABC}) = \frac{1}{2}|\vec{a}\times\vec{b}| = \frac{1}{2}|(-6,-1,-2)\times(1,-4,1)| = \frac{1}{2}|(-9,4,25)| = \underline{\frac{1}{2}\sqrt{722}}$$

$$F(\triangle_{ABD}) = \frac{1}{2}|\vec{a}\times\vec{c}| = \frac{1}{2}|(-6,-1,-2)\times(-2,-2,6)| = \frac{1}{2}|(-10,40,10)| = \underline{\frac{1}{2}\sqrt{1800}}$$

$$F(\triangle_{ACD}) = \frac{1}{2}|\vec{b}\times\vec{c}| = \frac{1}{2}|(1,-4,1)\times(-2,-2,6)| = \frac{1}{2}|(-22,-8,-10)| = \underline{\frac{1}{2}\sqrt{648}}$$

$$F(\triangle_{BCD}) = \frac{1}{2}|\vec{d}\times\vec{e}| = \frac{1}{2}|(7,-3,3)\times(-3,2,5)| = \frac{1}{2}|(-21,-44,5)| = \underline{\frac{1}{2}\sqrt{2\,402}}$$

(b) Zur Berechnung von Koordinatendarstellungen der Ebenen, in denen die Seitenflächen liegen, können die eben berechneten Vektorprodukte (durch die Normalenvektoren der entsprechenden Ebenen gegeben sind) benutzt werden.

Ebene E_1, in denen A, B und C liegen: $-9x + 4y + 25z = -10.$
Ebene E_2, in denen A, B und D liegen: $-x + 4y + z = 6.$
Ebene E_3, in denen A, C und D liegen: $11x + 4y + 5z = 30.$
Ebene E_4, in denen B, C und D liegen: $-21x - 44y + 5z = 30.$

(c) Die gesuchten Längen sind $d(D, E_1)$, $d(C, E_2)$, $d(B, E_3)$ und $d(A, E_4)$, und sie ergeben sich durch Einsetzen der Punkte in die jeweilige HNF.

$$d(D, E_1) = |-\frac{25}{\sqrt{722}}\cdot 6 - \frac{10}{\sqrt{722}}| = \underline{\frac{160}{\sqrt{722}}}$$

$$d(C, E_2) = |-\frac{1}{\sqrt{18}}\cdot 3 + \frac{4}{\sqrt{18}}\cdot(-2) + \frac{1}{\sqrt{18}}\cdot 1 - \frac{6}{\sqrt{18}}| = \underline{\frac{16}{\sqrt{18}}}$$

$$d(B, E_3) = |\frac{11}{\sqrt{162}}\cdot(-4) + \frac{4}{\sqrt{162}}\cdot 1 + \frac{5}{\sqrt{162}}\cdot(-2) - \frac{30}{\sqrt{162}}| = \underline{\frac{80}{\sqrt{162}}}$$

$$d(A, E_4) = |-\frac{21}{\sqrt{2402}}\cdot 2 - \frac{44}{\sqrt{2402}}\cdot 2 - \frac{30}{\sqrt{2402}}| = \underline{\frac{160}{\sqrt{2402}}}$$

(d) Die Formel für das Volumen eines Tetraeders liefert:

$$V = \frac{1}{6}|<\vec{a},\vec{b},\vec{c}>| = \frac{1}{6}\left|\begin{pmatrix}-6\\-1\\-2\end{pmatrix}\cdot\left(\begin{pmatrix}1\\-4\\1\end{pmatrix}\times\begin{pmatrix}-2\\-2\\6\end{pmatrix}\right)\right| = \frac{1}{6}\left|\begin{pmatrix}-6\\-1\\-2\end{pmatrix}\cdot\begin{pmatrix}-22\\-8\\-10\end{pmatrix}\right| =$$

$$= \frac{1}{6}\cdot 160 = \underline{\frac{80}{3}} \qquad \text{(z.B: } = \frac{1}{3}(\underbrace{F(\triangle_{ABC})}_{\text{Grundfläche}}\cdot\underbrace{d(D, E_1)}_{\text{Höhe}}) \quad \text{siehe } [\mathbf{F{+}H}]\text{).}$$

14.64

(a) Es ist $\overrightarrow{OB} - \overrightarrow{OA} = (2,1,2) = \vec{a}$ und $\overrightarrow{OD} - \overrightarrow{OC} = (2,1,2) = \vec{a}$. Also sind die Seiten $\overline{AB}$ und $\overline{CD}$ parallel und gleichlang. Dann sind auch $\overline{AC}$ und $\overline{BD}$ parallel und gleichlang, denn mit $\overrightarrow{AC} = \vec{b}$ und $\overrightarrow{BD} = \vec{d}$ folgt durch Betrachtung eines Vektorzuges ab Punkt A: $\vec{a} + \vec{d} - \vec{a} - \vec{b} = \vec{0}$, also $\vec{b} = \vec{d}$.

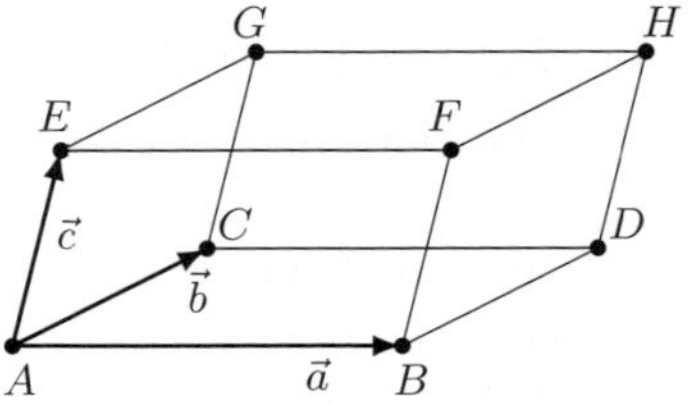

$ABDC$ ist also ein Parallelogramm. Es ist $\vec{b} = \overrightarrow{AC} = (-2,-2,-2)$.

(b) Die Aufgabenstellung lässt Spate zu, die von den Vektoren $\vec{a}, \vec{b}$ und als drittem Vektor $\overrightarrow{AE}$, $\overrightarrow{BE}$, $\overrightarrow{CE}$ oder $\overrightarrow{DE}$ aufgespannt werden. Die drei gesuchten Punkte liegen stets mit E in einer zum Parallelogramm $ABCD$ parallelen Ebene, da bei einem Spat gegenüberliegende Flächen parallel sind. Daher stimmen die Volumina der vier möglichen Spate überein: $\boxed{V = \text{Grundfläche} \cdot \text{Höhe}}$ gilt für das Spatvolumen, und die Höhen sind wegen der Flächenparallelität gleich.

Wir wählen als dritten aufspannenden Vektor $\vec{c} = \overrightarrow{AE} = (1,2,2)$. Die weiteren Eckpunkte sind dann gegeben durch
$\overrightarrow{OF} = \overrightarrow{OE} + \vec{a} = (4,5,5)$, $\overrightarrow{OG} = \overrightarrow{OE} + \vec{b} = (0,2,1)$, $\overrightarrow{OH} = \overrightarrow{OE} + \vec{a} + \vec{b} = (2,3,3)$.
Für das Volumen V gilt:

$$V = |<\vec{a},\vec{b},\vec{c}>| = \left|\begin{vmatrix} 2 & -2 & 1 \\ 1 & -2 & 2 \\ 2 & -2 & 2 \end{vmatrix}\right| = |-8-8-2+4+8+4| = \underline{2}.$$

Für die anderen Möglichkeiten ergeben sich die Vektoren
$\overrightarrow{BE} = (-1,1,0)$, $\overrightarrow{CE} = (3,4,4)$ bzw. $\overrightarrow{DE} = (1,3,2)$ und jeweils

$$\left|\begin{vmatrix} 2 & -2 & -1 \\ 1 & -2 & 1 \\ 2 & -2 & 0 \end{vmatrix}\right| = \left|\begin{vmatrix} 2 & -2 & 3 \\ 1 & -2 & 4 \\ 2 & -2 & 4 \end{vmatrix}\right| = \left|\begin{vmatrix} 2 & -2 & 1 \\ 1 & -2 & 3 \\ 2 & -2 & 2 \end{vmatrix}\right| = \underline{2} \quad \text{als Volumen.}$$

14.65

(a) Siehe [14.50]: $(1,0,1) \times (1,1,0) = (-1,1,1)$, $E: -x + y + z = 2$.

Lotgerade H durch P zu E: $H: \vec{x} = \begin{pmatrix} 0 \\ -1 \\ 1 \end{pmatrix} + t \begin{pmatrix} -1 \\ 1 \\ 1 \end{pmatrix}$.

Lotfußpunkt: H und E zum Schnitt bringen: $t-1+t+1+t = 2 \implies t = \frac{2}{3}$.

Lotfußpunkt $\overrightarrow{OF} = \begin{pmatrix} 0 \\ -1 \\ 1 \end{pmatrix} + \frac{2}{3} \begin{pmatrix} -1 \\ 1 \\ 1 \end{pmatrix} = \frac{1}{3} \begin{pmatrix} -2 \\ -1 \\ 5 \end{pmatrix}$

Spiegelpunkt $\overrightarrow{OP'} = \begin{pmatrix} 0 \\ -1 \\ 1 \end{pmatrix} + 2 \cdot \frac{2}{3} \begin{pmatrix} -1 \\ 1 \\ 1 \end{pmatrix} = \frac{1}{3} \begin{pmatrix} -4 \\ 1 \\ 7 \end{pmatrix}$

Der Spiegelpunkt P' von P an E lautet $\underline{P' = \frac{1}{3}(-4,1,7)}$.

(b) Um die Spiegelgerade G' von G an E zu bestimmen, genügt es, zwei Punkte von G' zu kennen. Diese erhält man z.B. durch Spiegelung zweier Punkte von G an der Ebene E.
Der Punkt $P = (0, -1, 1)$ liegt auf G (setze $t = -2$ in der Parameterdarstellung von G). Wenn man das sieht, hat man mit P' aus (a) einen Punkt von G' gefunden (sonst rechnen: z. B. $t = -1$ liefert $(1, 0, 2)$, Spiegelung ergibt $\frac{1}{3}(1, 2, 8)$).
Ein weiterer Punkt von G' ist z.B. der Schnittpunkt von E und G. An der Koordinatendarstellung $-x + y + z = 2$ von E sieht man, dass der Punkt $(2, 1, 3)$ von G auch in E liegt, also der Schnittpunkt von E und G ist.
Die gesuchte Spiegelgerade G' ist also die Gerade durch $(2, 1, 3)$ und $\frac{1}{3}(-4, 1, 7)$.
Eine Parameterdarstellung dieser Geraden lautet

$$G' : \vec{x} = \begin{pmatrix} 2 \\ 1 \\ 3 \end{pmatrix} + r \begin{pmatrix} 10/3 \\ 2/3 \\ 2/3 \end{pmatrix} \quad \text{bzw.} \quad \underline{G' : \vec{x} = \begin{pmatrix} 2 \\ 1 \\ 3 \end{pmatrix} + s \begin{pmatrix} 5 \\ 1 \\ 1 \end{pmatrix}}.$$

14.66

(a) Drei Vektoren im $\mathbb{R}^2$ sind stets linear abhängig.
Man erhält leicht ohne Rechnung den Vektor $\begin{pmatrix} 1 \\ -1 \end{pmatrix}$ als Linearkombination der Vektoren $\begin{pmatrix} 2 \\ 0 \end{pmatrix}$ und $\begin{pmatrix} 3 \\ 4 \end{pmatrix}$: $\quad \begin{pmatrix} 1 \\ -1 \end{pmatrix} = \frac{7}{8}\begin{pmatrix} 2 \\ 0 \end{pmatrix} - \frac{1}{4}\begin{pmatrix} 3 \\ 4 \end{pmatrix}$,
denn die zweite Komponente -1 in $\begin{pmatrix} 1 \\ -1 \end{pmatrix}$ erhält man nur mit dem Faktor $-\frac{1}{4}$ vor $\begin{pmatrix} 3 \\ 4 \end{pmatrix}$, da in $\begin{pmatrix} 2 \\ 0 \end{pmatrix}$ die zweite Komponente 0 ist. In der ersten Komponente muss man dann zu $-\frac{3}{4}$ die Zahl $\frac{7}{4}$ addieren, um 1 zu erhalten. Daher ergibt sich der Vorfaktor $\frac{7}{8}$ vor $\begin{pmatrix} 2 \\ 0 \end{pmatrix}$.
Natürlich kann man auch die Gleichung $\begin{pmatrix} 1 \\ -1 \end{pmatrix} = \alpha\begin{pmatrix} 2 \\ 0 \end{pmatrix} + \beta\begin{pmatrix} 3 \\ 4 \end{pmatrix}$ betrachten und das sich ergebende lineare Gleichungssystem mit zwei Gleichungen lösen.

(b) $(1, -1)$, $(3, 4)$ sind linear unabhängig, da keiner der Vektoren ein Vielfaches des anderen ist.

(c) $(2, 1, -3)$ $(1, 1, 1)$ sind linear unabhängig (Begründung siehe (b)).

(d) $(1, 0, 0)$, $(1, 1, 0)$, $(1, 1, 1)$ sind linear unabhängig, da sich der Nullvektor nur durch $0 \cdot (1, 0, 0) + 0 \cdot (1, 1, 0) + 0 \cdot (1, 1, 1) = (0, 0, 0)$ erzeugen lässt. Denn aus dem Ansatz $\alpha \cdot (1, 0, 0) + \beta \cdot (1, 1, 0) + \gamma \cdot (1, 1, 1) = (0, 0, 0)$ folgt durch Betrachtung der 3. Komponente $\gamma = 0$, dann durch Betrachten der 2. Komponente $\beta = 0$ und weiter $\alpha = 0$. Hier liefert also genaues Hinsehen das Ergebnis ohne Rechnerei.

(e) Hier und bei (f) überprüft man die lineare Unabhängigkeit am einfachsten mit Hilfe einer Determinante. Das geht schneller als das Lösen eines LGS entsprechend (d).

$$\begin{vmatrix} 3 & 2 & -3 \\ 4 & -1 & 2 \\ 7 & 3 & -1 \end{vmatrix} = 3+28-36-21-18+8 = -36 \neq 0$$

Die Vektoren sind linear unabhängig.

(f) $\begin{vmatrix} 1 & -1 & 5 \\ -2 & -1 & -7 \\ 3 & 4 & 8 \end{vmatrix} = -8+21-40+15+28-16=0$ Die Vektoren sind linear abhängig.

Zur Darstellung eines Vektors als Linerkombination der anderen ist allerdings der Ansatz über die Definition der linearen Unabhängigkeit wie bei (d) nötig. Aus dem Ansatz
$\alpha(1,-2,3)+\beta(-1,-1,4)+\gamma(5,-7,8)=(0,0,0)$ erhält man das LGS:

$$\begin{aligned} \alpha-\ \beta+5\gamma &= 0 \\ -2\alpha-\ \beta-7\gamma &= 0. \\ 3\alpha+4\beta+8\gamma &= 0 \end{aligned}$$

Gauß-Verfahren:

α	β	γ		Regie	
1	−1	5	0	2	−3
−2	−1	−7	0	1	
3	4	8	0		1
0	−3	3	0	7	
0	7	−7	0	3	
0	0	0	0		

Das LGS besitzt unendlich viele Lösungen.
Setzt man z.B. $\gamma=1$, so ist $\beta=1,\ \alpha=-4$.
Es ist also $\vec{c}=4\vec{a}-\vec{b}$
eine Linearkombination von $\vec{c}$ aus $\vec{a}$ und $\vec{b}$.

14.67 Mit den in der Skizze eingezeichneten Seitenmittelpunkten S_1, S_2 und S_3 gilt:
$\overrightarrow{CS_1}=\frac{1}{2}\vec{a}-\vec{b}$,
$\overrightarrow{AS_2}=\vec{b}+\frac{1}{2}(\vec{a}-\vec{b})=\frac{1}{2}\vec{a}+\frac{1}{2}\vec{b}$.
S sei der Schnittpunkt der Seitenhalbierenden $\overline{CS_1}$ und $\overline{AS_2}$. Es gilt:
$\overrightarrow{OS}=\overrightarrow{OA}+\lambda\overrightarrow{AS_2}$
$\overrightarrow{OS}=\overrightarrow{OA}+\vec{b}+\mu\overrightarrow{CS_1}$ und damit
$\lambda\overrightarrow{AS_2}=\vec{b}+\mu\overrightarrow{CS_1}$ für gewisse $\lambda,\mu\in\mathbb{R}$.

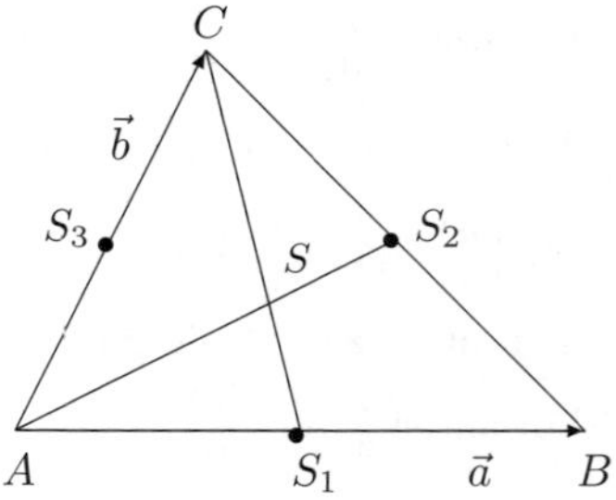

Einsetzen von $\overrightarrow{CS_1}$ und $\overrightarrow{AS_2}$ ergibt die Gleichung
$\lambda(\frac{1}{2}\vec{a}+\frac{1}{2}\vec{b})=\vec{b}+\mu(\frac{1}{2}\vec{a}-\vec{b})$ oder $(\frac{1}{2}\lambda-\frac{1}{2}\mu)\,\vec{a}+(\frac{1}{2}\lambda-1+\mu)\,\vec{b}=\vec{0}$.
Da $\vec{a},\vec{b}$ linear unabhängig sind, muss $\frac{1}{2}\lambda-\frac{1}{2}\mu=0$ und $\frac{1}{2}\lambda-1+\mu=0$ gelten.
Das liefert $\lambda=\mu=\frac{2}{3}$. Also erhält man

$$\overrightarrow{OS}=\overrightarrow{OA}+\tfrac{2}{3}\overrightarrow{AS_2}=\overrightarrow{OA}+\tfrac{1}{3}(\vec{a}+\vec{b}),$$

und mit $\vec{a}=\overrightarrow{OB}-\overrightarrow{OA}$ und $\vec{b}=\overrightarrow{OC}-\overrightarrow{OA}$ gilt:

$$\overrightarrow{OS}=\overrightarrow{OA}+\tfrac{1}{3}(\overrightarrow{OB}-\overrightarrow{OA}+\overrightarrow{OC}-\overrightarrow{OA})=\tfrac{1}{3}(\overrightarrow{OA}+\overrightarrow{OB}+\overrightarrow{OC}).$$

Dass die 3. Seitenhalbierende auch durch S geht zeigt man z.B. mit
$\overrightarrow{BS_3}=-\vec{a}+\frac{1}{2}\vec{b}$ und $\overrightarrow{OA}+\vec{a}+\frac{2}{3}\overrightarrow{BS_3}=\overrightarrow{OA}+\vec{a}+\frac{2}{3}(-\vec{a}+\frac{1}{2}\vec{b})=\overrightarrow{OA}+\frac{1}{3}(\vec{a}+\vec{b})=\overrightarrow{OS}$.

Gleichzeitig zeigt dieser Beweis durch $\lambda=\mu=\frac{2}{3}$, dass der Schwerpunkt S des Dreiecks die Seitenhalbierenden im Verhältnis 2 : 1 teilt.

15 Finanzmathematik

Zinssatz jährlich $p\% = \frac{p}{100} = q-1, \qquad q = 1 + \frac{p}{100}$ heißt **Zinsfaktor**.

Ist $p\% = 4.5\% = \frac{4.5}{100} = 0.045$, dann ist $q = 1+\frac{p}{100} = 1.045,\ q-1 = 0.045$.

Einmalige Zahlung: Anfangskapital K

Bezeichnungen: Anfangskapital $= K = K_0 = B$ (heißt auch Barwert)

Kapital K_n nach n Jahren (Zinseszinsformel): $\qquad \boldsymbol{K_n = Kq^n}$

Barwert B einer in n Jahren fälligen Zahlung K_n: $\qquad B = K = \dfrac{K_n}{q^n}$

Zinsfaktor q: $\qquad q = \sqrt[n]{\dfrac{K_n}{K}}$

Anzahl n der Jahre: $\quad q^n = \dfrac{K_n}{K} \implies n\ln q = \ln\dfrac{K_n}{K} \implies n = \dfrac{\ln K_n - \ln K}{\ln q}$

Faustformel: *Eine Verdoppelung tritt nach etwa $\frac{70}{p}$ Jahren ein, s.* [15.1 (b)].

Erläuterung der benutzten Formeln siehe [Seite 326 ff.].
Zur besseren Lesbarkeit benutzen wir in diesem Abschnitt
für den Multiplikationspunkt das Zeichen $*$.

15.1 *Ein Kapital $K = 12\,000$€ ist zu einem Zinssatz von 4.5% angelegt.*
(a) *Welches Endkapital K_{15} ergibt sich nach 15 Jahren?*
(b) *Nach wieviel Jahren n hat sich das Kapital verdoppelt?*

(a) $\boldsymbol{K_{15} = Kq^{15}} \quad = 12\,000 * 1.045^{15} = \underline{23\,223.39}$€, Endkapital nach 15 Jahren.

(b) $Kq^n = 2K$ nach n auflösen $\quad$ (K kürzen und logarithmieren).
Zum Logarithmus, insbesondere zu ln siehe [Abschnitt 5.4].
$Kq^n = 2K \implies q^n = 2 \implies n\ln q = \ln 2 \implies n = \frac{\ln 2}{\ln q} = \frac{\ln 2}{\ln 1.045} \approx \underline{15.75}$.
Nach <u>16 Jahren</u> hat sich also ein zu 4.5% angelegtes Kapital verdoppelt.
Die Faustformel zur Verdoppelung liefert das gleiche Ergebnis: $\frac{70}{p} \approx \underline{15.56} \approx 16$.

15.2 *Welches Kapital K (Barwert B) erbringt zu 4.5% Zinsen angelegt nach 15 Jahren ein Endkapital von 23 223.39€?*

$$\boldsymbol{K_n = Kq^n} \implies K = B = \frac{K_n}{q^n} = \frac{23\,223.39}{1.045^{15}} \approx \underline{12\,000}\text{€ ist der Barwert.}$$

15.3 *Zu welchem Zinssatz $p\%$ muss ein Kapital von $K = 12\,000$ € angelegt werden, damit nach 15 Jahren ein Endkapital von 23 223.39€ erzielt wird?*

$$\begin{aligned}\boldsymbol{K_n = Kq^n} &\implies q^n = \frac{K_n}{K}\\ &\implies q = \sqrt[n]{\frac{K_n}{K}} = \sqrt[15]{\frac{23\,223.39}{12\,000}} \approx 1.045 = 1 + \frac{p}{100}\\ &\implies p = 100(1.045-1) = \underline{4.5},\end{aligned}$$

Das Kapital muss also zu <u>4.5%</u> angelegt werden.

15.4 *Wieviele Jahre n muss ein Kapital von $K = 12\,000$ € angelegt werden, damit ein Endkapital von $23\,223.39$ € erzielt wird?*

$$\boldsymbol{K_n = Kq^n} \implies q^n = \frac{K_n}{K} \implies n \ln q = \ln \frac{K_n}{K} = \ln K_n - \ln K$$

$$\implies n = \frac{\ln K_n - \ln K}{\ln q} = \frac{\ln 23\,223.39 - \ln 12\,000}{\ln 1.045} \approx \underline{15}.$$

Das Kapital muss also <u>15 Jahre</u> angelegt werden.

Periodische Zahlungsraten R

Zinssatz $p\%$, Zinsfaktor $q = 1 + p\% = 1 + \frac{p}{100}$, Zinsgutschrift am Jahresende

Zahlungsperiode:

Monat ($k = 12$), Vierteljahr ($k = 4$), Halbjahr ($k = 2$), Jahr ($k = 1$)

Zahlung der Rate R

am Anfang der Zahlungsperiode (vorschüssig): $K_1 = R\left(k + (q-1)\frac{k+1}{2}\right)$

am Ende der Zahlungsperiode (nachschüssig): $K_1 = R\left(k + (q-1)\frac{k-1}{2}\right)$

Das Kapital K_1 am Ende des 1. Jahres heißt auch **Jahresersatzrate**.

Kapital nach n Jahren: $K_n = K_1 \frac{q^n - 1}{q - 1}$

Im Fall $k = 1$ (jährliche Zahlung) heißt R die **Annuität** und es gilt

bei vorschüssiger Zahlung: $K_1 = Rq$ und $K_n = R \frac{q^n-1}{q-1} q$

bei nachschüssiger Zahlung: $K_1 = R$ und $K_n = R \frac{q^n-1}{q-1}$

Zum Beweis der Formeln für K_1 und K_n siehe [Seite 326 f.].

15.5 *Jährlich wird jeweils zu Jahresbeginn eine Prämie von 1 500€ eingezahlt. Der Zinssatz beträgt 4.5%. Welches Kapital ergibt sich nach 16 Jahren?*

Es ist $k = 1$, $p = 4.5$, $q = 1.045$, $q - 1 = 0.045$, $n = 16$, $R = 1\,500 =$ Annuität, vorschüssige Zahlung.

$$\boldsymbol{K_{16}} = R \frac{q^{16}-1}{q-1} q = 1\,500 * \frac{1.045^{16}-1}{0.045} * 1.045 \approx \underline{35\,612.56}.$$

Nach 16 Jahren beträgt das Kapital <u>35 612.56€</u>.

15.6 *Welche vorschüssige jährliche Prämie (Annuität) R ergibt bei einem Zinssatz von 4, 5%. nach 16 Jahren ein Kapital von 35 612.56€?*

Es ist $k = 1$, $p = 4.5$, $q = 1.045$, $q - 1 = 0.045$, $n = 16$, $K_{16} = 35\,612.56$, vorschüssige Zahlung.

$$K_{16} = R \frac{q^{16}-1}{q-1} q \implies \boldsymbol{R} = \frac{K_{16}}{1.045} * \frac{0.045}{1.045^{16}-1} \approx \underline{1\,500}.$$

Die Annuität beträgt <u>1 500€</u>.

15.7 *Jeweils zum Monatsende wird eine Prämie in Höhe von 350€ eingezahlt. Der Zinssatz beträgt 3.4%. Welches Kapital ergibt sich nach 5 Jahren?*

Es ist $k = 12,\ p = 3.4,\ q = 1.034,\ q-1 = 0.034,\ n = 5,\ R = 350$, nachschüssige Zahlung.

$K_1 = R\,(k + (q-1)\,\frac{k-1}{2}) = 350\,(12 + 0.034\frac{12-1}{2}) = 350{*}12.187 = \underline{4\,265.45}$,

$\boldsymbol{K_5} = K_1\,\frac{q^5-1}{q-1} = 4\,265.45{*}\frac{1.034^5-1}{0.034} \approx \underline{22\,827.66}$.

Nach 5 Jahren beträgt das Kapital <u>22 827.66€</u>.

15.8 *Welche Rate R ist jeweils zum Monatsende zu zahlen, um bei einem Zinssatz von 3.4% in 5 Jahren 22 827.66€ zu erhalten?*

Es ist $k = 12,\ p = 3.4,\ q = 1.034,\ q-1 = 0.034,\ n = 5,\ K_5 = 22\,827.66$, nachschüssige Zahlung.

$K_1 = R\,(k + (q-1)\,\frac{k-1}{2}) = R\,(12 + 0.034\frac{12-1}{2}) = R{*}12.187$,

$K_5 = 22\,827.66 = K_1\,\frac{q^5-1}{q-1} \approx R{*}12.187{*}5.35 \quad \Longrightarrow \quad \boldsymbol{R} \approx \frac{22\,827.66}{12.187{*}5.35} \approx \underline{350}$.

Die monatliche Prämie beträgt <u>350€</u>.

15.9 *Wie lange ist jeweils zum Monatsende eine Prämie von 350€ bei einem Zinssatz von 3.4% zu zahlen, um ein Kapital von 22 827.66€ zu erhalten?*

Es ist $k = 12,\ p = 3.4,\ q = 1.034,\ q-1 = 0.034,\ R = 350,\ K_n = 22\,827.66$, nachschüssige Zahlung.

$K_1 = R\,(k + (q-1)\,\frac{k-1}{2}) = 350\,(12 + 0.034\frac{12-1}{2}) = 350{*}12.187 = \underline{4\,265.45}$,

$K_n = K_1\,\frac{q^n-1}{q-1} \Longrightarrow q^n = 1 + \frac{K_n}{K_1}(q-1) \quad \Longrightarrow \quad \boldsymbol{n} = \frac{\ln(1+\frac{K_n}{K_1}(q-1))}{\ln q}$.

Mit den gegebenen Daten folgt $\quad n = \frac{\ln(1+\frac{22\,827.66}{4\,265.45}{*}0.034)}{\ln 1.034} \approx \underline{5}$.

Die Prämie ist 5 Jahre, also <u>60 Monate</u> lang zu zahlen.

15.10 *Durch welche jeweils zum Monatsanfang zu zahlende Rate R wird eine Schuld von 20 000€ bei einem Zinssatz von 6% in 5 Jahren abgetragen?*

Es ist $k = 12,\ p = 6,\ q = 1.06,\ q-1 = 0.06,\ n = 5,\ K_5 = 20\,000$, vorsch. Zahlung.

Bei fester Rate R erhält man für K_1:

$K_1 = R\,(k + (q-1)\,\frac{k+1}{2}) = R(12 + 0.06\frac{12+1}{2}) = R(12 + 0.06{*}6.5) = \underline{R{*}12.39}$.

Ein Schuld von 20 000€ wächst bei einem Zinssatz von 6% in 5 Jahren auf $K_5 = Kq^5 = 20\,000{*}1.06^5 \approx \underline{26\,764.51}$.

Durch die regelmäßigen Zahlungen von R müssen also 26 764.51€ erzielt werden. Daher soll gelten:

$K_5 = K_1\,\frac{q^5-1}{q-1} = K_1{*}\frac{1.06^5-1}{0.06} \approx K_1{*}5.64 = \underline{R{*}12.39{*}5.64}$.

Aus den beiden Gleichungen für K_5 berechnet man nun R:

$26\,764.51 = R{*}12.39{*}\frac{1.06^5-1}{0.06} \quad \Longrightarrow \quad \boldsymbol{R} = \frac{26\,764.51{*}0.06}{12.39{*}(1.06^5-1)} \approx \underline{383.21}$ s. [15.12].

Die 5 Jahre lang monatlich im Voraus zu zahlende Rate beträgt <u>383.21€</u>.

15.11 *Welche Rate R müssen Sie jährlich bei einem Zinssatz von 3.8% jeweils zum Jahresende auf ein Konto einzahlen, damit Ihnen in 35 Jahren 60 000€ zur Verfügung stehen?*

Es ist $k = 1,\ p = 3.8,\ q = 1.038,\ q - 1 = 0.038,\ n = 35,\ K_{35} = 60\,000$, nachschüssige Zahlung.

$$K_{35} = R\,\frac{q^{35}-1}{q-1} \implies \boldsymbol{R} = K_{35}\,\frac{q-1}{q^{35}-1} = 60\,000 * \frac{0.038}{1.038^{35}-1} \approx \underline{847.90}.$$

35 Jahre lang sind an jedem Jahresende <u>847.90</u>€ zu zahlen.

Startkapital S und periodische Entnahme oder Einlage R

Zinssatz $p\%$, Zinsfaktor $q = 1 + p\% = 1 + \frac{p}{100}$, Zinsgutschrift am Jahresende

Zahlungsperiode:
Monat ($k = 12$), Vierteljahr ($k = 4$), Halbjahr ($k = 2$), Jahr ($k = 1$)

Entnahme oder Einlage R

am Anfang der Zahlungsperiode (vorschüssig): $K_1 = R\,(k + (q-1)\,\frac{k+1}{2})$

am Ende der Zahlungsperiode (nachschüssig): $K_1 = R\,(k + (q-1)\,\frac{k-1}{2})$

Das Kapital K_1 am Ende des 1. Jahres heißt auch **Jahresersatzrate**.

Kapital nach n Jahren **(Sparkassenformel)**: $K_n = S\,q^n \pm K_1\,\frac{q^n-1}{q-1}$

Ein Schuldbetrag S ist abgetragen bzw. ein Startkapital S ist verbraucht, falls $Sq^n = K_1\,\frac{q^n-1}{q-1}$

die benötigte Anzahl an Jahren ist $n = \frac{\ln K_1 - \ln(K_1 - S(q-1))}{\ln q}$

Beweis siehe [Seite 328]

15.12 *Durch welche jeweils zum Monatsanfang zu zahlende Rate R wird eine Schuld von 20 000€ bei einem Zinssatz von 6% in 5 Jahren abgetragen?*

Es ist $k = 12,\ p = 6,\ q = 1.06,\ n = 5,\ S = 20\,000$, vorschüssige Zahlung.

$$K_1 = R\,(k + (q-1)\,\tfrac{k+1}{2}) = R(12 + 0.06 * \tfrac{12+1}{2}) = \underline{R * 12.39} \text{ Jahresersatzrate,}$$

$$Sq^n = K_1\,\frac{q^n-1}{q-1} \implies 20\,000 * 1{,}06^5 = R * 12.39 * \frac{1.06^5-1}{0.06}$$

$$\implies R = \frac{20\,000 * 1.06^5 * 0.06}{12.39\,(1.06^5-1)} \approx \underline{383.21} \text{ siehe [15.10].}$$

Die 5 Jahre lang monatlich im Voraus zu zahlende Rate beträgt <u>383.21€</u>.

15.13 *Welcher Betrag bleibt von einem zu 6% angelegten Kapital von 20 000€ nach 3 Jahren, wenn jeweils am Monatsanfang 383.21€ entnommen werden?*

Es ist $k = 12,\ p = 6,\ q = 1.06,\ S = 20\,000,\ R = 383{,}21$, Entnahme vorschüssig.

$$K_1 = R\,(k + (q-1)\,\tfrac{k+1}{2}) = R(12 + 0.06 * \tfrac{12+1}{2}) \approx 383.21 * 12.39 \approx \underline{4747.97}$$

$$K_3 = Sq^n - K_1\,\frac{q^n-1}{q-1} = 20\,000 * 1.06^3 - 4\,747.97 * \frac{1.06^3-1}{0.06} = \underline{8\,704.68}.$$

Das Restkapital nach 3 Jahren beträgt <u>8 704.68€</u>.

15.14 *Wie lange muss eine monatliche vorschüssige Rate von 383.21 € gezahlt werden, um eine Schuld von 20 000€ bei einem Zinssatz von 6% zu tilgen?*

Es ist $k = 12,\ p = 6,\ q = 1.06,\ R = 383.21,\ S = 20\,000$, Einlage vorschüssig.

$$K_1 = R\,(k + (q-1)\,\tfrac{k+1}{2}) = 383.21\,(12 + 0.06 * \tfrac{12+1}{2}) = 383.21 * 12.39 = \underline{4747.97}$$

$$n = \frac{\ln K_1 - \ln(K_1 - S(q-1))}{\ln q} = \frac{\ln 4747.97 - \ln(4747.97 - 20\,000 * 0.06)}{\ln 1.06} = \underline{5}.$$

Die vorschüssige Rate von 383.21 € muss <u>5 Jahre</u> lang gezahlt werden.

15.15 *Welches Startkapital S ist bei Entnahme von 383.21 € jeweils zum Monatsanfang nach 5 Jahren aufgezehrt, wenn der Zinssatz 6% beträgt?*

Es ist $R = 383.21,\ n = 5,\ k = 12,\ p = 6,\ q = 1.06$, Entnahme vorschüssig.

$$K_1 = R\,(k + (q-1)\,\tfrac{k+1}{2}) = 383.21\,(12 + 0.06 * \tfrac{12+1}{2}) = 383.21 * 12.39 \approx \underline{4747.97}$$

$$Sq^5 = K_1\,\frac{q^5-1}{q-1} \implies S = K_1\,\frac{q^5-1}{q-1} * \frac{1}{q^5} \approx \underline{20\,000}.$$

Das Startkapital beträgt <u>20 000 €</u>.

15.16 *Ein Vater legt für seinen neugeborenen Sohn ein Konto an und zahlt regelmäßig zum Jahresende 800€ ein. Die Verzinsung beträgt 4.2%.*

(a) *Welchen Betrag weist das Konto nach 18 Jahren auf?*

(b) *Welche Entnahme R jeweils zum Monatsende lässt sich mit diesem Startkapital S dann 5 Jahre bzw. 6 Jahre lang finanzieren?*

(c) *Welchen Betrag hätte der Vater 18 Jahre lang jährlich einzahlen müssen, damit der Sohn 5 Jahre lang jeweils zum Monatsende über 500€ verfügen könnte?*

(a) $K_{18} = R\,\frac{q^{18}-1}{q-1} = 800 * \frac{1.042^{18}-1}{0.042} \approx 20\,897.12$

Nach 18 Jahren beträgt der Kontostand <u>20 897.12 €</u>.

(b) Jahresersatzrate $K_1 = R\,(k + (q-1)\frac{k-1}{2}) = R(12 + 0.042 * 5.5) = \underline{R * 12.231}$.

$$Sq^n = K_1\,\frac{q^n-1}{q-1} \implies 20\,897.12 * 1.042^n = R * 12.231 * \frac{1.042^n - 1}{0.042}$$

Für $n = 5$ folgt: $R = \frac{20\,897.12 * 1.042^5 * 0.042}{12.231\,(1.042^5 - 1)} \approx \underline{385.94}$.

Für $n = 6$ folgt: $R = \frac{20\,897.12 * 1.042^6 * 0.042}{12.231\,(1.042^6 - 1)} \approx \underline{328.05}$.

Wenn 5 Jahre lang <u>385.94 €</u> jeweils zum Monatsende abgehoben werden, sind die vom Vater angesparten 20 897.12 € aufgezehrt, 6 Jahre lang können monatlich nur <u>328.05 €</u> abgehoben werden.

(c) Bei nachschüssiger monatlicher Entnahme ist die Jahresersatzrate K_1:
$K_1 = R\,(k + (q-1)\frac{k-1}{2}) = 500(12 + 0.042*5.5) = \underline{6\,115.50}$.

Der Barwert B einer 5 Jahre lang jeweils zum Monatsende zu erhaltenden Zahlung (Rente) von 500€ bei einer Verzinsung von 4.2% ist (siehe unten)

$B = K_1\,\frac{q^5-1}{q-1}\,q^{-5} = 6\,115.50*\frac{1.042^5-1}{0.042}*1.042^{-5} = \underline{27\,072.83}$.

Um diesen Betrag als Startkapital $S = 27\,072.83$ für die monatlichen Entnahmen des Sohnes in Höhe von 500€ zur Verfügung zu stellen, müsste der Vater 18 Jahre lang folgende Rate R einzahlen:

$S = K_{18} = R\,\frac{q^{18}-1}{q-1} = R\,\frac{1.042^{18}-1}{0.042} \implies R = 27\,072.83*\frac{0.042}{1.042^{18}-1} \approx \underline{1\,036.42}$.

Der Vater müsste also 18 Jahre lang $\underline{1\,036.42€}$ jährlich einzahlen, damit sein Sohn 5 Jahre lang monatlich 500€ zur Verfügung hat.

Barwert B einer Ratenzahlung (Rente) R

Zinssatz $p\%$, Zinsfaktor $q = 1 + p\% = 1 + \frac{p}{100}$, nachschüssige Zahlung

Zahlungsperiode:
Monat ($k = 12$), Vierteljahr ($k = 4$), Halbjahr ($k = 2$), Jahr ($k = 1$)

Jahresersatzrate: $K_1 = R\,(k + (q-1)\frac{k-1}{2})$

Kapital K_n nach n Jahren: $K_n = K_1\,\frac{q^n-1}{q-1} = B\,q^n$

Der Barwert B einer n Jahre zu zahlenden Rente ist $B = K_1\,\frac{q^n-1}{q-1}\,q^{-n}$

Der Barwert B einer ewigen Rente ($n \to \infty$) ist $B = \frac{K_1}{q-1}$

15.17 *Welches Kapital B (Barwert) ergibt bei einem Zinssatz von 5% eine monatliche Rente von 1 000€*

(a) *für 10 Jahre,* (b) *für 20 Jahre,* (c) *als ewige Rente?*

Es ist $k = 12$, $p = 5$, $q = 1.05$, $q-1 = 0.05$, $R = 1\,000$, nachschüssige Zahlung.
Jahresersatzrate: $K_1 = 1\,000\,(12 + 0.05*\frac{12-1}{2}) = 1\,000*12.275 = \underline{12\,275.00}$.

(a) $B = K_1\,\frac{q^n-1}{q-1}\,q^{-n} = 12\,275*\frac{1.05^{10}-1}{0.05}*\frac{1}{1.05^{10}} \approx \underline{94\,784.30}$.
Der Barwert der Rente beträgt $\underline{94\,784.30€}$.

(b) $B = K_1\,\frac{q^n-1}{q-1}\,q^{-n} = 12\,275*\frac{1.05^{20}-1}{0.05}*\frac{1}{1.05^{20}} \approx \underline{152\,973.63}$.
Der Barwert der Rente beträgt $\underline{152\,973.63€}$.

(c) $B = \frac{K_1}{q-1} = \frac{K_1}{0.05} = \frac{12\,275}{0.05} = \underline{245\,500.00}$.
Der Barwert der ewigen Rente beträgt $\underline{245\,500€}$.

15.18 *Welche monatliche Rente R ergibt ein zu 5% angelegtes Kapital (Barwert) von $B = 245\,500$€*

(a) *für 10 Jahre,* (b) *für 20 Jahre,* (a) *als ewige Rente?*

Es ist $k = 12,\ p = 5,\ q = 1.05,\ q-1 = 0.05,\ B = 245\,500$, nachsch. Zahlung.
Aus dem Barwert B berechnet man zunächst die Jahresersatzrate K_1:
$B = K_1 \frac{q^n-1}{q-1} q^{-n} \implies K_1 = B \frac{q-1}{q^n-1} q^n \implies \underline{K_1 = 245\,500 * \frac{0.05}{1.05^n-1} * 1.05^n}$,
und aus der Jahresersatzrate K_1 dann die monatliche Rente R:
$K_1 = R\,(k + (q-1)\frac{k-1}{2}) = R\,(12 + 0.05*5.5) = R*12.275 \implies \underline{R = \frac{K_1}{12.275}}$.

(a) $K_1 = B \frac{q-1}{q^n-1} q^n = 245\,500 * \frac{0.05}{1.05^{10}-1} * 1.05^{10} \approx \underline{31\,793.37}$,

$R = \frac{K_1}{12.275} = \frac{31\,793.37}{12.275} = \underline{2\,590.09}$.

Die 10 Jahre gezahlte monatliche Rente beträgt $\underline{2\,590.09€}$.

(b) $K_1 = B \frac{q-1}{q^n-1} q^n = 245\,500 * \frac{0.05}{1.05^{20}-1} * 1.05^{20} \approx \underline{19\,699.56}$,

$R = \frac{K_1}{12.275} = \frac{19\,699.56}{12.275} = \underline{1\,604.85}$.

Die 20 Jahre gezahlte monatliche Rente beträgt $\underline{1\,604.85€}$.

(c) $K_1 = B(q-1) = 245\,500*0.05 = \underline{12\,275.00}$,

$R = \frac{K_1}{12.275} = \frac{12\,275.00}{12.275} = \underline{1\,000.00}$.

Die ewige Rente beträgt $\underline{1\,000€}$.

15.19 *Welche gleichbleibende monatliche Rente R ergibt ein Kapital (Barwert) von $B = 100\,000$€, das für 10 Jahre zu 6% und für die folgenden 10 Jahre zu 5% verzinst wird?*

Sei R die monatliche Rente über 20 Jahre.
Wir berechnen zunächst das Restkapital X nach 10 Jahren bei einer Verzinsung zu 6% und monatlicher Zahlung von R.
Es ist $k = 12,\ p = 6,\ q = 1.06,\ q-1 = 0.06,\ B = 100\,000$, nachsch. Zahlung.
Die Jahresersatzrate K_1 ergibt sich als
$K_1 = R\,(k + (q-1)\frac{k-1}{2}) = R\,(12 + 0.06*5.5) = R*12.33$.
Damit gilt nach dem vorletzten Kasten (Sparkassenformel)
(1) $X = 100\,000*1.06^{10} - K_1 * \frac{1.06^{10}-1}{1.06-1} = 100\,000*1.06^{10} - R*12.33*\frac{1.06^{10}-1}{0.06}$.
X soll nun Barwert der monatlich zu zahlenden Rente R sein ($p = 5,\ k = 12,\ q = 1.05$). Die neue Jahresersatzrate ist
$K_1' = R\,(12 + 0.05*5.5) = R*12.275$.
Als Barwert einer 10 Jahre zu zahlenden Rente ist
(2) $X = K_1' * \frac{1.05^{10}-1}{1.05-1} * 1.05^{-10} = R*12.275*\frac{1.05^{10}-1}{0.05} * 1.05^{-10}$.
Aus (1) und (2) lässt sich nun R berechnen.
$R = 100\,000*1.06^{10}*(12.33*\frac{1.06^{10}-1}{0.06} + 12.275*\frac{1.05^{10}-1}{0.05}*\frac{1}{1.05^{10}})^{-1} \approx 696.01$.
Die gesuchte monatliche Rente R beträgt $\underline{696.01€}$.

Erläuterung einiger Formeln

Für die hier besprochenen Formeln der Finanzmathematik werden nur zwei wichtige mathematische Formeln benötigt, nämlich die Formel für die Summe der ersten n natürlichen Zahlen [2.16] und die Formel für die endliche geometrische Reihe [Seite 32].

Zur Berechnung der **Jahresersatzrate K_1** benötigt man die Formel für die Summe der ersten n natürlichen Zahlen:

$$1 + 2 + 3 + \cdots + n = \frac{n(n+1)}{2} .$$

Zur Berechnung des **Kapitals K_n** benötigt man die Formel für die endliche geometrische Reihe:

$$1 + q + q^2 + \cdots + q^n = \frac{q^{n+1}-1}{q-1} .$$

15.20 *Man berechne:*

(a) $1 + 2 + 3 + \cdots + 12$ (b) $1 + 2 + 3 + \cdots + 100$

(c) $1 + 1.05 + 1.05^2 + \cdots + 1.05^6$ (d) $1 + 2 + 2^2 + \cdots + 2^9$

(a) $1 + 2 + 3 + \cdots + 12 = \frac{12(12+1)}{2} = \underline{78}$,

(b) $1 + 2 + 3 + \cdots + 100 = \frac{100(100+1)}{2} = \underline{5\,050}$,

(c) $1 + 1.05 + 1.05^2 + \cdots + 1.05^6 = \frac{1.05^{6+1}-1}{1.05-1} \approx \underline{8.14}$,

(d) $1 + 2 + 2^2 + \cdots + 2^9 = \frac{2^{10}-1}{2-1} = \underline{1\,023}$.

Herleitung der Formel für die Jahresersatzrate K_1:

Zum Monatsanfang ($k = 12$, vorschüssig) wird ein Jahr lang die Rate R gezahlt. Am Ende des Jahres sind also $12 * R$ auf dem Konto.
Dazu kommt die Zinsgutschrift Z am Jahresende, die sich folgendermaßen ergibt: Die Zinsen betragen pro Monat $\frac{1}{12} * p\,\% * R = \frac{1}{12} * (q-1) * R$. Man rechnet zweckmäßigerweise nicht mit dem Zinssatz $p\,\%$, sondern mit dem Zinsfaktor q:

Für die 1. Rate gibt es Zinsen für 12 Monate,	also	$12 * \frac{1}{12} * (q-1) * R$.
Für die 2. Rate gibt es Zinsen für 11 Monate,	also	$11 * \frac{1}{12} * (q-1) * R$.
Für die 3. Rate gibt es Zinsen für 10 Monate,	also	$10 * \frac{1}{12} * (q-1) * R$.
...		...
Für die 11. Rate gibt es Zinsen für 2 Monate,	also	$2 * \frac{1}{12} * (q-1) * R$.
Für die 12. Rate gibt es Zinsen für 1 Monat,	also	$1 * \frac{1}{12} * (q-1) * R$.

Addiert man nun diese Zinsen, so erhält man die Zinsgutschrift Z am Jahresende:

$$
\begin{aligned}
Z &= 1 * \tfrac{1}{12} * (q-1) * R + 2 * \tfrac{1}{12} * (q-1) * R + \cdots + 12 * \tfrac{1}{12} * (q-1) * R \\
&= \tfrac{1}{12} * (q-1) * R * (1+2+\cdots+12) = R * (q-1) * \tfrac{1}{12} * (1+2+\cdots+12) \\
&= R * (q-1) * \tfrac{1}{12} * \tfrac{12*(12+1)}{2} \\
&= \underline{R * (q-1) * \tfrac{12+1}{2}}
\end{aligned}
$$

Summe der ersten n natürlichen Zahlen
$1+2+3+\cdots+n = \frac{n(n+1)}{2}$

Einzahlungen $12R$ plus Zinsen Z ergeben nun die Jahresersatzrate K_1:

$\boldsymbol{K_1} = 12R + Z = 12R + R(q-1)\frac{12+1}{2} = \underline{R(12 + (q-1)\frac{12+1}{2})}.$

Dies gilt für monatliche ($k = 12$) vorschüssige Zahlungen. Bei allgemeiner Zahlungsperiode k und vorschüssiger Zahlung erhält man entsprechend:

$\boldsymbol{K_1} = \underline{R(k + (q-1)\frac{k+1}{2})}.$

Erfolgen die Zahlungen jeweils zum Monatsende (nachschüssig), gibt es für die 1. Rate nur für 11 Monate und für die 11. Rate nur für 1 Monat Zinsen. Für die Ende des 12. Monats gezahlte Rate gibt es natürlich keine Zinsen. Man hat in diesem Fall die Zahlen $1, 2, 3, \ldots, 11$ zu addieren:

$$1 + 2 + 3 + \cdots + 11 = \frac{11(11+1)}{2} \text{ und erhält}$$

$\boldsymbol{K_1} = \underline{R(12 + (q-1)\frac{12-1}{2})}$ und allgemein $\boldsymbol{K_1} = \underline{R(k + (q-1)\frac{k-1}{2})}.$

Herleitung der Formel für das Kapital K_n:

Folgende Überlegungen führen zur Berechnung des Kapitals K_n nach n Jahren bei gegebener Jahresersatzrate K_1 und Zinsfaktor q:

Das Kapital K_2 zu Ende des 2. Jahres besteht aus der neuen 2. Rate K_1 plus der verzinsten 1. Rate $K_1 * q$, also aus $K_1 + K_1 * q$. Man erhält so:

$$
\begin{aligned}
K_1 &= K_1 \\
K_2 &= K_1 + K_1 q = K_1(1+q) \\
K_3 &= K_1 + K_2 q = K_1 + K_1(1+q)q = K_1(1+q+q^2) \\
&\cdots \qquad\qquad \cdots \\
K_n &= K_1 + K_{n-1} q = K_1 + K_1(1+q+\cdots+q^{n-2})q \\
K_n &= K_1(1+q+\cdots+q^{n-1}) \\
\boldsymbol{K_n} &= \underline{\boldsymbol{K_1 \frac{q^n-1}{q-1}}}.
\end{aligned}
$$

Endliche geometrische Reihe
$1+q+q^2+\cdots+q^{n-1} = \frac{q^n-1}{q-1}$

Bei jährlicher Zahlung der Rate R (**Annuität**) gilt

bei vorschüssiger Zahlung:	$K_1 = Rq$	und	$\boldsymbol{K_n}$	$= R\frac{q^n-1}{q-1}q,$
bei nachschüssiger Zahlung:	$K_1 = R$	und	$\boldsymbol{K_n}$	$= R\frac{q^n-1}{q-1}.$

Herleitung der Formel für die Laufzeit n:

Ein Startkapital S ist bei periodischer Entnahme nach n Jahren verbraucht, falls

$$Sq^n = K_1 \frac{q^n - 1}{q - 1}.$$

Diese Formel ist nach n aufzulösen. Zunächst wird nach q^n aufgelöst und dann logarithmiert.

$$\begin{aligned}
Sq^n = K_1 \frac{q^n-1}{q-1} \quad &\Longrightarrow \quad \frac{K_1 q^n}{q-1} - Sq^n = \frac{K_1}{q-1} \quad \Longrightarrow \quad q^n\left(\frac{K_1}{q-1} - S\right) = \frac{K_1}{q-1} \\
&\Longrightarrow \quad n \ln q + \ln\left(\frac{K_1}{q-1} - S\right) = \ln \frac{K_1}{q-1} \\
&\Longrightarrow \quad n = \frac{\ln \frac{K_1}{q-1} - \ln\left(\frac{K_1}{q-1} - S\right)}{\ln q} = \frac{\ln \frac{K_1(q-1)}{(q-1)(K_1 - S(q-1))}}{\ln q} \\
&\Longrightarrow \quad n = \frac{\ln K_1 - \ln(K_1 - S(q-1))}{\ln q}.
\end{aligned}$$

16 Dualsystem und Hexadezimalsystem

16.1 Dualsystem

Das Dualsystem (Zweiersystem, Binärsystem) benötigt zur Darstellung der (reellen) Zahlen nur die beiden Ziffern 0 und 1. Es ist bedeutend in Elektronik und Datenverarbeitung. Buchstaben, Ziffern, Sonderzeichen werden intern im Binärcode in Form von Bitfolgen dargestellt. Ein Bit (Binary Digit) ist die kleinste Informationseinheit mit den Werten 0 und 1. Acht Bit werden zu einem Byte zusammengefaßt. Zahlen werden in mehreren aufeinanderfolgenden Bytes dargestellt. Arithmetische Operationen erfolgen im Computer im Dualsystem.

Zehner-System	Dual-System
0	0
1	1
2	10
3	11
4	100
5	101
6	110
7	111
8	1 000
9	1 001
10	1 010
11	1 011
12	1 100
13	1 101
14	1 110
15	1 111
16	10 000
32	100 000

Stellenwertsysteme:

Der Wert einer Ziffer in einer Zahl hängt von der Basis ab und davon, an welcher Stelle die Ziffer in der Zahl steht.

Um die Dezimaldarstellung von der Dualdarstellung einer Zahl zu unterscheiden, werden – wenn nötig – die Zahlen mit 10 bzw. 2 indiziert, (s. [Seite 45 ff.], die Klammern lassen wir hier weg).

Nichtindizierte Zahlen sind Dezimalzahlen.

$$\begin{aligned}105 &= 1\cdot 100 + 0\cdot 10 + 5\cdot 1\\ &= 1\cdot 10^2 + 0\cdot 10^1 + 5\cdot 10^0 = \underline{105_{10}} \text{ dezimal.}\end{aligned}$$

$$\begin{aligned}105 &= 1\cdot 64 + 1\cdot 32 + 0\cdot 16 + 1\cdot 8 + 0\cdot 4 + 0\cdot 2 + 1\cdot 1\\ &= 1\cdot 2^6 + 1\cdot 2^5 + 0\cdot 2^4 + 1\cdot 2^3 + 0\cdot 2^2 + 0\cdot 2^1 + 1\cdot 2^0\\ &= \underline{1101001_2} \text{ dual.}\end{aligned}$$

$$\begin{aligned}101_{10} &= 1\cdot 10^2 + 0\cdot 10^1 + 1\cdot 10^0 = 101.\\ 101_2 &= 1\cdot 2^2 + 0\cdot 2^1 + 1\cdot 2^0 = 5.\end{aligned}$$

Im Dualsystem benötigt man nur 2 Ziffern, allerdings werden die Darstellungen (erheblich) länger: z.B.

$$\begin{aligned}1\,111\,010\,101\,101_2 &= 2^{12}+2^{11}+2^{10}+2^9+2^7+2^5+2^3+2^2+2^0\\ &= 7\,853.\end{aligned}$$

Dezimal–System		Dual–System
$\frac{1}{2}$	0.5	0.1
$\frac{1}{4}$	0.25	0.01
$\frac{3}{4}$	0.75	0.11
$\frac{1}{8}$	0.125	0.001
$\frac{3}{8}$	0.375	0.011
$\frac{5}{8}$	0.625	0.101
$\frac{7}{8}$	0.875	0.111
$\frac{1}{16}$	0.0625	0.0001

Die rationalen Zahlen (Brüche) sind im Dezimal- und im Dualsystem genau die abbrechenden bzw. periodischen Dezimal- und Dualbrüche.

Ein abbrechender Dualbruch ergibt immer einen abbrechenden Dezimalbruch, aber nicht umgekehrt:

$$0.0001_2 = \frac{1}{2^4} = \frac{5^4}{10^4} = \frac{625}{10\,000} = 0.0625_{10},$$

$$0.1_{10} = 0.0\overline{0011}_2 \qquad \text{[siehe 16.5 (a)].}$$

Genau wie im Dezimalsystem sind im Dualsystem bei Addition und Subtraktion die Überträge zu beachten. Die vier Beispiele mögen dies verdeutlichen:

(a)

	dezimal	dual
	31	1 1 1 1 1
	1	1
Übertrag	0	1 1 1 1 1
	32	1 0 0 0 0 0

(b)

	dezimal	dual
	32	1 0 0 0 0 0
	− 1	− 1
Übertrag	0	1 1 1 1 1
	31	1 1 1 1 1

(c)

	dezimal	dual
	27	1 1 0 1 1
	15	1 1 1 1
	23	1 0 1 1 1
Übertrag	1	1 1 1 1 1
	65	1 0 0 0 0 0 1

(d)

	dezimal	dual
	65	1 0 0 0 0 0 1
	−27	− 1 1 0 1 1
Übertrag	1	1 1 1 1 1
	38	1 0 0 1 1 0

Überträge werden im Folgenden weggelassen!

16.1 *Es sei n eine natürliche Zahl. Man zeige:*

(a) *n ist genau dann gerade, wenn die letzte Ziffer in der Dualdarstellung von n eine 0 ist.*

(b) *Ist n Vielfaches von 100, so sind die letzten beiden Ziffern in der Dualdarstellung immer 0.*

(c) *Die Dualdarstellung von $2^n - 1$ besteht aus genau n Einsen.*

(a)
$$\begin{aligned} n &= a_k \cdot 2^k + a_{k-1} \cdot 2^{k-1} + \cdots + a_1 \cdot 2^1 + a_0 \cdot 2^0 \\ &= 2 \cdot \big(a_k \cdot 2^{k-1} + a_{k-1} \cdot 2^{k-2} + \cdots + a_1\big) + a_0. \end{aligned}$$
Man sieht:
n ist gerade, d.h. Vielfaches von 2 $\iff a_0 = 0$.

(b)
$$\begin{aligned} n &= a_k \cdot 2^k + a_{k-1} \cdot 2^{k-1} + \cdots + a_1 \cdot 2^1 + a_0 \cdot 2^0 \\ &= 4 \cdot \big(a_k \cdot 2^{k-2} + a_{k-1} \cdot 2^{k-3} + \cdots + a_2\big) + a_1 2 + a_0. \end{aligned}$$
Man sieht:
n ist durch 4 teilbar, d.h. Vielfaches von 4 $\iff a_1 2^1 + a_0 = 0 \iff a_1 = a_0 = 0$.
Da ein Vielfaches von Hundert immer durch 4 teilbar ist, sind bei einer solchen Zahl die letzten beiden Ziffern in der Dualdarstellung also immer 0.

(c1) Analog zu obigem Beispiel (b):

$$32 = 2^5 = 1\overbrace{0 \cdots 0}^{5}{}_2 = 100000_2 \implies 2^5 - 1 = 100000_2 - 1 = 11111_2 = \overbrace{1 \cdots 1}^{5}{}_2.$$

Allgemein erhält man $2^n = 1\overbrace{0 \cdots 0}^{n}{}_2 \implies 2^n - 1 = \underline{\overbrace{1 \cdots 1}^{n}{}_2}$.
Die Dualdarstellung von $2^n - 1$ besteht also aus genau n Einsen.

(c2) Mit der geometrischen Reihe [S. 32] $1 + 2 + 4 + \cdots + 2^{n-1} = \frac{2^n - 1}{2-1} = 2^n - 1$

erhält man sofort: $2^n - 1 = 1 \cdot 2^{n-1} + 1 \cdot 2^{n-2} + \cdots 1 \cdot 2^1 + 1 \cdot 2^0 = \underline{\overbrace{1 \cdots 1}^{n}{}_2}$.

16.2 *Gegeben seien die Dualzahlen $a = 11110_2$ und $b = 101_2$.*

(a) *Berechne im Dualsystem: $a + b$, $a - b$ (Probe!), $a \cdot b$, $a : b$ (Probe!).*

(b) *Wandle a, b in Dezimalzahlen um, rechne analog im Dezimalsystem und vergleiche die Ergebnisse.*

Man rechnet, wie man es vom Dezimalsystem kennt (den Index 2 lassen wir weg):

(a)

$$\begin{array}{rr} a = & 11110 \\ b = & 101 \\ \hline a+b = & \underline{100011} \end{array} \qquad \begin{array}{rr} a = & 11110 \\ -b = - & 101 \\ \hline a-b = & \underline{11001} \end{array} \qquad \text{Probe: } \begin{array}{rr} a-b = & 11001 \\ b = & 101 \\ \hline a = & \underline{11110} \end{array} \text{ stimmt!}$$

$$\begin{array}{rr} a \cdot b = & \underline{11110 \cdot 101} \\ & 11110 \\ & 11110 \\ \hline a \cdot b = & \underline{10010110} \end{array} \qquad \begin{array}{l} a : b = 11110 : 101 \\ 11110 : 101 = \underline{110} = a : b \\ \underline{-101} \\ 101 \\ \underline{-101} \\ 0 \end{array} \qquad \text{Probe: } \begin{array}{rr} \frac{a}{b} \cdot b = & \underline{110 \cdot 101} \\ & 110 \\ & 110 \\ \hline a = & \underline{11110} \end{array} \text{ stimmt!}$$

(b) Mit $a = 11110_2 = 16 + 8 + 4 + 2 = 30$ und $b = 101_2 = 4 + 1 = 5$ erhält man:

$a + b = 30 + 5 = 35 = \underline{100011_2}$, $\quad a - b = 30 - 5 = 25 = \underline{11001_2}$,

$a \cdot b = 30 \cdot 5 = 150 = \underline{10010110_2}$, $\quad a : b = 30 : 5 = 6 = \underline{110_2}$.

16.3 *Gegeben seien die Dualzahlen $a = 1.0101_2$ und $b = 0.011_2$.*

(a) *Berechne im Dualsystem: $a + b$, $a - b$ (Probe!), $a \cdot b$, $a : b$ (Probe!).*

(b) *Wandle a, b in Dezimalzahlen um, rechne analog im Dezimalsystem und vergleiche die Ergebnisse.*

Man rechnet wie man es vom Dezimalsystem kennt (den Index 2 lassen wir weg):

(a)

$$\begin{array}{rl} a = & 1.0101 \\ b = & 0.011 \\ \hline a+b = & \underline{1.1011} \end{array} \qquad \begin{array}{rr} a = & 1.0101 \\ -b = & -0.011 \\ \hline a-b = & \underline{0.1111} \end{array} \qquad \text{Probe: } \begin{array}{rl} a-b = & 0.1111 \\ b = & 0.011 \\ \hline a = & \underline{1.0101} \end{array} \text{ stimmt!}$$

$$\begin{array}{rr} a \cdot b = & \underline{1.0101 \cdot 0.011} \\ & 10101 \\ & 10101 \\ \hline a \cdot b = & \underline{0.0111111} \end{array} \qquad \begin{array}{l} a : b = 1.0101 : 0.011 = 1010.1 : 11 \\ 1010.1 : 11 = \underline{11.1} = a : b \\ \underline{-11} \\ 100 \\ \underline{-11} \\ 11 \\ \underline{-11} \\ 0 \end{array}$$

Probe:

$$\begin{array}{rr} \frac{a}{b} \cdot b = & \underline{11.1 \cdot 0.011} \\ & 111 \\ & 111 \\ \hline a = & \underline{1.0101} \end{array} \text{ stimmt!}$$

(b) Mit $a = 1.0101_2 = 1 + \frac{1}{4} + \frac{1}{16} = \frac{21}{16}$ und $b = 0.011_2 = \frac{1}{4} + \frac{1}{8} = \frac{3}{8}$ erhält man:

$$
\begin{aligned}
a + b &= \frac{21}{16} + \frac{3}{8} = \frac{27}{16} = \frac{11011}{10000}_2 = \underline{1.1011_2},\\
a - b &= \frac{21}{16} - \frac{3}{8} = \frac{15}{16} = \frac{1111}{10000}_2 = \underline{0.1111_2},\\
a \cdot b &= \frac{21}{16} \cdot \frac{3}{8} = \frac{63}{128} = \frac{111111}{10\,000\,000}_2 = \underline{0.0111111_2},\\
a : b &= \frac{21}{16} : \frac{3}{8} = \frac{21}{16} \cdot \frac{8}{3} = \frac{7}{2} = \frac{111}{10}_2 = \underline{11.1_2}.
\end{aligned}
$$

Teilt man im Dualsystem durch 2^n, so verschiebt sich das Komma um n Stellen nach links.

16.4 *Schreibe im Dualsystem:*

(a) 23_{10}, (b) 1.5_{10}, (c) $\frac{5}{4}_{10}$, (d) $\frac{6}{5}_{10}$, (e) $1.\overline{3}_{10}$, (f) $0.\overline{9}_{10}$.

(a) $23_{10} = 16 + 7 = 16 + 4 + 2 + 1 = 2^4 + 2^2 + 2 + 1 = \underline{10\,111_2}$,

(b) $1.5_{10} = 1 + \frac{1}{2} = \underline{1.1_2}$,

(c) $\frac{5}{4}_{10} = 1 + \frac{1}{4} = \underline{1.01_2}$.

(d) $\frac{6}{5}_{10} = \frac{110}{101}_2 = 1.\overline{0011}_2$

weil

$$
\begin{array}{l}
110 : 101 = \underline{1.\overline{0011}_2}\\
\underline{101}\\
\quad 1000\\
\quad\ \ \underline{101}\\
\quad\ \ 110\\
\quad\ \ \underline{101}\\
\qquad 1
\end{array}
$$

(e) $1.\overline{3}_{10} = \frac{4}{3}_{10} = \frac{100}{11}_2 = 1.\overline{01}_2$

weil

$$
\begin{array}{l}
100 : 11 = \underline{1.\overline{01}_2}\\
\ \underline{11}\\
\quad 100\\
\quad\ \underline{11}\\
\qquad 1
\end{array}
$$

(f) $0.\overline{9}_{10} = 1_{10} = 1_2 = 0.\overline{1}_2$, siehe [16.6 (a)].

16.5 *Schreibe im Dualsystem:* (a) $0.\overline{1}_{10}$, (b) 0.1_{10}.

(a) $0.\overline{1}_{10} = \frac{1}{9}_{10} = \frac{1}{1001}_2 = 0.\overline{000111}_2$, weil

$$
\begin{array}{l}
1 : 1001 = \underline{0.\overline{000111}_2}\\
10000\\
\ \underline{1001}\\
\quad 1110\\
\quad \underline{1001}\\
\qquad 1010\\
\qquad \underline{1001}\\
\qquad\quad 1
\end{array}
$$

(b) $0.1_{10} = \frac{1}{10}_{10} = \frac{1}{1010}_2 = 0.0\overline{0011}_2$, weil

$$
\begin{array}{l}
1 : 1010 = \underline{0.0\overline{0011}_2}\\
10000\\
\ \underline{1010}\\
\quad 1100\\
\quad \underline{1010}\\
\qquad 10
\end{array}
$$

16.6 *Schreibe im Dezimalsystem:* (a) $0.\overline{1}_2$, (b) $1.\overline{011}_2$, (c) $\dfrac{111.01}{0.11}_2$.

(a1) Wie periodische Dezimalbrüche (s. [S. 71 ff.]) wandelt man auch periodische Dualbrüche in Brüche um: Ist die Periodenlänge n, so multipliziert man mit 2^n, verschiebt so das Komma um eine Periodenlänge nach rechts und subtrahiert anschließend:

$x = 0.\overline{1}_2$ Periodenlänge ist 1, also mit $2^1 = 2$ multiplizieren,
$2x = 1.\overline{1}_2$ dadurch Komma um 1 Stelle nach rechts verschieben!
$x = 1$ also $\underline{0.\overline{1}_2 = 1_2 = 1}$.

Merke: $\boxed{\mathbf{0.\overline{9}_{10} = 0.\overline{1}_2 = 1}}$

(a2) Mit der unendlichen geometrischen Reihe [**EM 2**] erhält man:

$$0.\overline{1}_2 = \frac{1}{2} + \frac{1}{4} + \frac{1}{8} + \cdots = \frac{1}{2}(1 + \frac{1}{2} + \frac{1}{4} + \frac{1}{8} + \cdots) = \frac{1}{2}\sum_{n=0}^{\infty}(\frac{1}{2})^n = \frac{1}{2}\frac{1}{1-\frac{1}{2}} = 1.$$

(b) $x = 1,\overline{011}_2$ Periodenlänge ist 3, also mit $2^3 = 8$ multiplizieren, d.h.
$2^3x = 1011,\overline{011}_2$ das Komma um 3 Stellen nach rechts verschieben!
$7x = 1010_2 = 10_{10}$ aus $7x = 10$ folgt $1.\overline{011}_2 = x = \underline{\dfrac{10}{7}} = \underline{1.\overline{428571}}$.

(c) $\dfrac{111.01}{0.11}_2 = \dfrac{11101}{11}_2 = \underline{\dfrac{29}{3}}$.

16.7 *Schreibe $\sqrt{2}$ im Dualsystem auf 4 Nachkommastellen genau.*

Es ist $2_{10} = 10_2$. Probieren, Rechnen im Dualsystem:

$1^2 = 1 < 10$, also beginnt die Dualdarstellung von $\sqrt{2}$ mit 1.
$1.1^2 = 10.01 > 10$, also beginnt die Dualdarstellung von $\sqrt{2}$ mit 1.0
$1.01^2 = 1.1001 < 10$, also $\sqrt{2} = 1.01..._2$,
$1.011^2 = 1.111001 < 10$, also $\sqrt{2} = 1.011..._2$,
$1.0111^2 = 10.00010001 > 10$, also $\underline{\sqrt{2} = 1.0110\ldots_2}$.

16.8 *Schreibe $\sqrt{5}$ im Dualsystem auf 5 Nachkommastellen genau.*

Es ist $5_{10} = 101_2$. Probieren, Rechnen im Dualsystem:

$10^2 = 100 < 101 < 11^2$, also beginnt die Dualdarstellung von $\sqrt{5}$ mit 10.
$10.1^2 = 110.01 > 101$, also beginnt die Dualdarstellung von $\sqrt{5}$ mit 10.0
$10.01^2 = 101.0001 > 101$, also $\sqrt{5} = 10.00..._2$,
$10.001^2 = 100.100001 < 101$, also $\sqrt{5} = 10.001..._2$,
$10.0011^2 = 100.11001001 < 101$, also $\sqrt{5} = 10.0011\ldots_2$,
$10.00111^2 = 100.1110... < 101$, also $\underline{\sqrt{5} = 10.00111\ldots_2}$.

Umwandeln einer natürlichen Dezimalzahl in eine Dualzahl:

$53_{10} = 1\cdot 2^5 + 1\cdot 2^4 + 1\cdot 2^2 + 1\cdot 2^0 = 110101_2$

$$\begin{array}{rcrcrl} 53 & : & 2 & = & 26 & \text{Rest } 1 \\ 26 & : & 2 & = & 13 & \text{Rest } 0 \\ 13 & : & 2 & = & 6 & \text{Rest } 1 \\ 6 & : & 2 & = & 3 & \text{Rest } 0 \\ 3 & : & 2 & = & 1 & \text{Rest } 1 \\ 1 & : & 2 & = & 0 & \text{Rest } 1 \end{array} \uparrow$$

Dies ergibt sich auch durch wiederholte Division mit Rest:

Reste von unten nach oben notieren!

$\underline{53_{10} = 110101_2}$.

Umwandeln einer gebrochenen Dezimalzahl in eine Dualzahl:

$0.35 = 1\cdot 2^{-2} + 1\cdot 2^{-4} + \cdots$ (*Man sieht nicht so einfach, wie es weitergeht*)

$$\begin{array}{rcl} 0.35\cdot 2 & = & 0.7 + 0 \\ 0.7\ \cdot 2 & = & 0.4 + 1 \\ 0.4\ \cdot 2 & = & 0.8 + 0 \leftarrow \\ 0.8\ \cdot 2 & = & 0.6 + 1 \\ 0.6\ \cdot 2 & = & 0.2 + 1 \\ 0.2\ \cdot 2 & = & 0.4 + 0 \\ 0.4\ \cdot 2 & = & 0.8 + 0 \end{array} \downarrow$$

Wiederholtes Multiplizieren mit 2 und Abspalten des ganzzahligen Anteils.

Reste von oben nach unten notieren!

$\underline{0.35_{10} = 0.01\overline{0110}_2}$.

$0.58\overline{3}$ Zunächst $x = 0.58\overline{3}$ in einen gewöhnlichen Bruch umwandeln:

$$\begin{array}{rrcl} & 1000x & = & 583,\overline{3} \\ - & 100x & = & 58,\overline{3} \\ \hline & 900x & = & 525 \end{array} \quad \Longrightarrow \quad x = \frac{525}{900}{}_{(10)} = \frac{7}{12}{}_{(10)}.$$

Nun wie oben

$$\begin{array}{rcl} 7/12\cdot 2 & = & 2/12 + 1 \\ 2/12\cdot 2 & = & 4/12 + 0 \\ 4/12\cdot 2 & = & 8/12 + 0 \leftarrow \\ 8/12\cdot 2 & = & 4/12 + 1 \\ 4/12\cdot 2 & = & 8/12 + 0 \end{array} \downarrow$$

oder Dividieren im Dualsystem:

$\frac{7}{12}{}_{(10)} = \frac{111}{1100}{}_{(2)}$, und

$$\begin{array}{l} 111:1100 = 0.10\overline{01} \\ 1110 \\ \underline{1100} \\ \quad 100 \\ \quad 1000 \leftarrow \\ \quad 10000 \\ \quad \underline{\ 1100} \\ \quad\ \ 1000 \end{array}$$

$\underline{0.58\overline{3}_{10} = 0.10\overline{01}_2}$.

Umwandeln einer ganzen Dualzahl in eine Dezimalzahl:

$1\,100\,101_2 = 1\cdot 2^6 + 1\cdot 2^5 + 1\cdot 2^2 + 1\cdot 2^0 = 64 + 32 + 4 + 1 = 101_{10}$

	1	1	0	0	1	0	1
$x = 2$		2	6	12	24	50	100
	1	3	6	12	25	50	<u>101</u>

Die Umwandlung kann auch mit dem Hornerschema durchgeführt werden!

$\underline{1\,100\,101_2 = 101_{10}}$.

Umwandeln einer gebrochenen Dualzahl in eine Dezimalzahl:

$x = 0.1011_2 = 1\cdot 2^{-1} + 1\cdot 2^{-3} + 1\cdot 2^{-4} = \frac{1}{2} + \frac{1}{8} + \frac{1}{16} = \frac{11}{16} = \underline{0.6875_{10}}$.

$$x = 0.10\overline{01}_2 \Longrightarrow \quad \begin{array}{rrcl} & 16x & = & 1001,\overline{01}_2 \\ - & 4x & = & 10,\overline{01}_2 \\ \hline & 12x & = & 111,00_2 \end{array} = 7_{10} \qquad \Longrightarrow \quad x = \frac{7}{12} = 0.58\overline{3}_{10}$$

$\underline{0.10\overline{01}_2 = 0.58\overline{3}_{10}}$.

16.2 Hexadezimalsystem

Dez.	0	1	2	3	4	5	6	7	8	9	10	11	12	13	14	15	16	17
Hex.	0	1	2	3	4	5	6	7	8	9	A	B	C	D	E	F	10	11

Umwandeln einer natürlichen Dezimalzahl in eine Hexadezimalzahl:

$3885_{10} = 15 \cdot 16^2 + 2 \cdot 16 + 13 = \mathrm{F2D}_{16}$

$$\begin{array}{rcrlrcl} 3885 : 16 & = & 242 & \text{Rest} & 13_{10} & = & \mathrm{D}_{16} \\ 242 : 16 & = & 15 & \text{Rest} & 2_{10} & = & 2_{16} \\ 15 : 16 & = & 0 & \text{Rest} & 15_{10} & = & \mathrm{F}_{16} \end{array} \uparrow$$

Division mit Rest und Reste (hexadezimal) von unten nach oben notieren!

$\underline{3885_{10} = \mathrm{F2D}_{16}}$.

Umwandeln einer gebrochenen Dezimalzahl in Hexadezimalzahl:

$0.35 = 5 \cdot 16^{-1} + 9 \cdot 16^{-2} + \cdots$ *(Man sieht nicht so einfach, wie es weitergeht)*

$$\begin{array}{rcl} 0.35 \cdot 16 & = & 0.6 + 5 \\ 0.6 \cdot 16 & = & 0.6 + 9 \\ 0.6 \cdot 16 & = & 0.6 + 9 \end{array} \downarrow$$

Wiederholtes Multiplizieren mit 16 und Abspalten des ganzzahligen Anteils.

Reste von oben nach unten notieren!

$\underline{0.35_{10} = 0.5\overline{9}_{16}}$.

$0.58\overline{3}$ Zunächst $x = 0.58\overline{3}$ in einen gewöhnlichen Bruch umwandeln:

$$\begin{array}{rcl} 1000x & = & 583.\overline{3} \\ -\ 100x & = & 58.\overline{3} \\ \hline 900x & = & 525 \end{array}$$

$x = \frac{525}{900}{}_{(10)} = \frac{7}{12}{}_{(10)}$.

$$\begin{array}{rcl} 7/12 \cdot 16 & = & 4/12 + 9 \\ 4/12 \cdot 16 & = & 4/12 + 5 \\ 4/12 \cdot 16 & = & 4/12 + 5 \end{array} \downarrow$$

Wiederholtes Multiplizieren mit 16 und Abspalten des ganzzahligen Anteils.

Reste von oben nach unten notieren!

$\underline{0.58\overline{3}_{10} = 0.9\overline{5}_{16}}$.

Umwandeln einer ganzen Hexadezimalzahl in eine Dezimalzahl:

$3\mathrm{A4B}_{16} = 3 \cdot 16^3 + 10 \cdot 16^2 + 4 \cdot 16 + 11 = 14\,923_{10}$

$$\begin{array}{r|rrrr} & 3 & 10 & 4 & 11 \\ x = 16 & & 48 & 928 & 14912 \\ \hline & 3 & 58 & 932 & \underline{14923} \end{array}$$

Die Umwandlung kann auch mit dem Hornerschema durchgeführt werden!

$\underline{3\mathrm{A4B}_{16} = 14\,923_{10}}$.

Umwandeln einer gebrochenen Hexadezimalzahl in Dezimalzahl:

$x = 0.\mathrm{A8}_{16} = 10 \cdot 16^{-1} + 8 \cdot 16^{-2} = \frac{10}{16} + \frac{8}{256} = \frac{21}{32} = \underline{0.65625_{10}}$.

$$x = 0.\mathrm{A}\overline{8}_{16} \implies \begin{array}{rcl} 16^2 x & = & \mathrm{A8}\,.\,\overline{8}_{16} \\ -\ 16\,x & = & \mathrm{A}\,.\,\overline{8}_{16} \\ \hline 240\,x & = & (\mathrm{A8} - \mathrm{A})\,.\,0_{16} = (168 - 10)_{10} = 158_{10} \end{array}$$

$$\implies x = \frac{158}{240} = \frac{79}{120} = 0.658\overline{3}_{10}, \text{ also } \underline{0.\mathrm{A}\overline{8}_{16} = 0.658\overline{3}_{10}}.$$

Umwandeln einer Dualzahl in eine Hexadezimalzahl:

$1738_{10} = (\underbrace{110}_{6}\,\underbrace{1100}_{\mathrm{C}}\,\underbrace{1010}_{\mathrm{A}})_2 = 6\mathrm{CA}_{16}$

Dualzahl zu Viererblöcken zusammenfassen!

Index

Griechisches Alphabet

A	α	alpha	I	ι	iota	R	ρ	rho
B	β	beta	K	κ	kappa	Σ	σ	sigma
Γ	γ	gamma	Λ	λ	lambda	T	τ	tau
Δ	δ	delta	M	μ	mü	Υ	υ	üpsilon
E	ϵ	epsilon	N	ν	nü	Φ	φ	phi
Z	ζ	zeta	Ξ	ξ	xi	X	χ	chi
H	η	eta	O	o	omicron	Ψ	ψ	psi
Θ	θ	theta	Π	π	pi	Ω	ω	omega

Deutsches Alphabet

n–Fakultät, Binomialkoeffizienten

$$n! = 1 \cdot 2 \cdot 3 \cdots n$$

$0! = 1,\ 1! = 1,\ 2! = 2,\ 3! = 6$

$4! = 1 \cdot 2 \cdot 3 \cdot 4 = 24$

$$\binom{n}{k} = \frac{n!}{k!(n-k)!} = \binom{n}{n-k}, \quad \binom{n}{0} = 1$$

$$\binom{n+1}{k} = \binom{n}{k} + \binom{n}{k-1}$$

Binomische Formeln

$$(a+b)^2 = a^2 + 2ab + b^2$$
$$(a-b)^2 = a^2 - 2ab + b^2$$
$$(a+b)(a-b) = a^2 - b^2$$

Allgemeine binomische Formel

$$(a+b)^n = \sum_{k=0}^{n} \binom{n}{k} a^{n-k} b^k$$
$$= \binom{n}{0} a^n + \cdots + \binom{n}{k} a^{n-k} b^k + \cdots + \binom{n}{n} b^n$$

Umrechnung: Gradmaß – Bogenmaß

Es besteht folgender Zusammenhang zwischen dem

- ⋆ **Winkel** $\boldsymbol{\alpha}$ in Grad und der
- ⋆ **Länge** $\boldsymbol{b}$ des zugehörigen Kreisbogens am **Einheitskreis**, bzw. **Verhältnis** $\boldsymbol{b}$ der Bogenlänge eines Winkels zu seinem Radius.

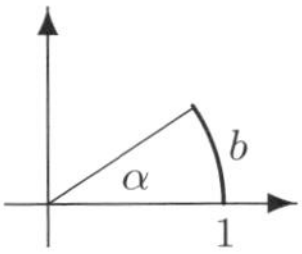

$$\boxed{\frac{\alpha}{180°} = \frac{b}{\pi}}$$

$$\alpha = \frac{180°}{\pi} b \qquad b = \frac{\pi}{180°} \alpha$$

lies: $\alpha° = b$ rad

$$1° = \frac{\pi}{180°} \text{ rad} \approx 0.017 \text{ rad}$$
$$1 \text{ rad} = \frac{180°}{\pi} \approx 57.296°$$

Benutzt man einen Taschenrechner, vergewissere man sich, ob er auf Winkel im Gradmaß (DEG) oder im Bogenmaß (RAD) eingestellt ist.

Umformung

kartesische Koord.

$\boldsymbol{x, y}$

$$x = r \cos \varphi$$
$$y = r \sin \varphi$$

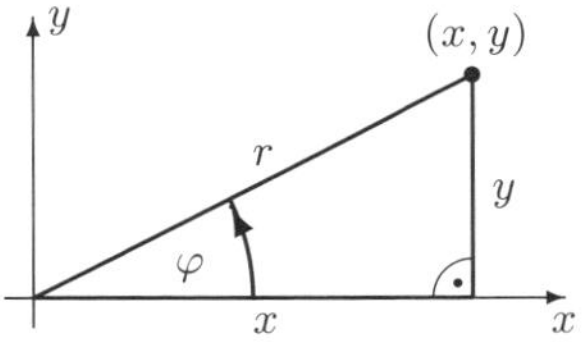

$$(x, y) = (r \cos \varphi, r \sin \varphi)$$

Polarkoordinaten

$\boldsymbol{r, \varphi}$

$$r = \sqrt{x^2 + y^2}$$
$$\tan \varphi = \frac{y}{x} \quad \text{Quadranten beachten!}$$

Umformung

kartesische Koord.

$\boldsymbol{x, y, z}$

$$x = \rho \sin \theta \cos \varphi$$
$$y = \rho \sin \theta \sin \varphi$$
$$z = \rho \cos \theta$$

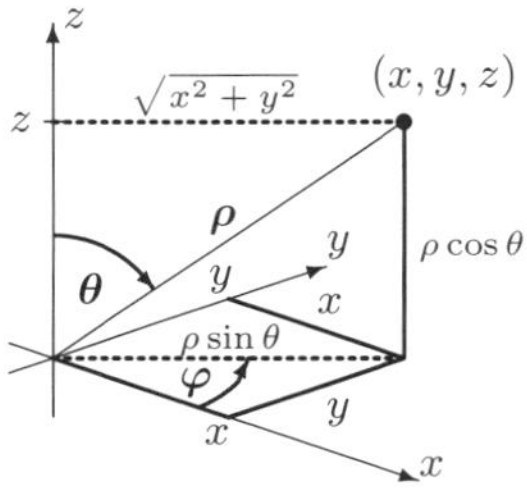

Kugelkoordinaten

$\boldsymbol{\rho, \theta, \varphi}$

$$\rho = \sqrt{x^2 + y^2 + z^2}$$
$$\tan \theta = \frac{\sqrt{x^2+y^2}}{z}$$
$$\tan \varphi = \frac{y}{x} \quad \text{Quadranten beachten!}$$